LOUIS D. TARMIN

# BUCH$^{\text{MAT}}$4.S

AUFGABEN MIT BEARBEITUNGEN ZU BUCH$^{\text{MAT}}$4

*1. Auflage (2004)*

BUCH$^{\text{X}}$VERLAG BERLIN

Man denke sich den Orpheus, der, als ihm ein großer wüster Bauplatz angewiesen war, sich weislich an den schicklichsten Ort niedersetzte und durch die belebenden Töne seiner Leier den geräumigen Marktplatz um sich her bildete. Die von kräftig gebietenden, freundlich lockenden Tönen schnell ergriffenen, aus ihrer massenhaften Ganzheit gerissenen Felssteine mußten, indem sie sich enthusiastisch herbei bewegten, sich kunst- und handwerksgemäß gestalten, um sich sodann in rhythmischen Schichten und Wänden gebührend hinzuordnen. Und so mag sich Straße zu Straßen anfügen! An wohlschützenden Mauern wird's auch nicht fehlen.

Die Töne verhallen, aber die Harmonie bleibt. Die Bürger einer solchen Stadt wandlen und weben zwischen ewigen Melodien; der Geist kann nicht sinken, die Tätigkeit nicht einschlafen. Das Auge übernimmt Funktion, Gebühr und Pflicht des Ohres, und die Bürger am gemeinsten Tage fühlen sich in einem ideellen Zustand: Ohne Reflexion, ohne nach dem Ursprung zu fragen, werden sie des höchsten sittlichen und religiösen Genusses teilhaftig. Man gewöhne sich, in Sankt Peter auf und ab zu gehen, und man wird ein Analogon desjenigen empfinden, was wir auszusprechen gewagt.

Der Bürger dagegen in einer schlecht gebauten Stadt, wo der Zufall mit leidigem Besen die Häuser zusammenkehrte, lebt unbewußt in der Wüste eines düstern Zustandes; dem fremden Eintretenden jedoch ist es zu Mute, als wenn er Dudelsack, Pfeifen und Schellentrommeln hörte und sich bereiten müßte, Bärentanzen und Affensprüngen beiwohnen zu müssen.

*Johann Wolfgang von Goethe* (1749 - 1832)

**Bibliographische Information Der Deutschen Bibliothek**

Die Deutsche Bibliothek verzeichnet diese Publikation in der Deutschen Nationalbibliographie; detaillierte bibliographische Daten sind im Internet über http://dnb.ddb.de abrufbar.



Herstellung: Books on Demand GmbH · 22848 Norderstedt

**ISBN 3-934671-33-0**

## Vorwort $\text{BUCH}^{\text{MAT}}$4.S

> Was beim Licht der Lampe wahr ist, ist
> noch nicht beim Licht der Sonne wahr.
> *Joseph Joubert* (1754 - 1824)

Daß bei der Konstruktion von Aufgaben zu $\text{BUCH}^{\text{MAT}}$4 die Komponenten 4.1 und 4.3 nur mit wenigen Aufgaben vertreten sind, hat seinen Grund vor allem darin, daß dort jeweils in sich geschlossene Einzelthemen in gewissem Maße abgerundet dargestellt und zusätzliche Informationen durch Aufgabeninhalte weniger notwendig sind (wobei der Unsitte, Bausteine aus einem jeweilig folgerichtigen Gedankengang einfach in den Rahmen von Aufgaben zu verlagern, nicht gefolgt ist). Falls sich zusätzliche Aspekte aber doch noch finden und in den Rahmen der Aufgaben einfügen lassen, werden sie in künftige Versionen aufgenommen.

Zu den beiden Komponenten 4.0 einerseits sowie 4.5 und 4.6 andererseits nur folgende Bemerkugen: Da die Theorie der Moduln über beliebigen Ringen der der Vektorräume (als Moduln über Körpern) übergeordnet ist, läßt sich jede Aufgabe zu Moduln zugleich auch als Aufgabe zu Vektorräumen ansehen. Aber im folgenden Sinne auch umgekehrt: Bei jeder Aufgabe zu $K$-Vektorräumen kann man fragen, inwieweit dabei tatsächlich die Körper-Eigenschaft von $K$ verwendet ist oder ob nicht die Ring-Eigenschaft von $K$ schon ausreicht (womit eine solche Aufgabe dann schon eine zu Moduln wäre). Das sei gewissermaßen als stets einzukalkulierende Zusatzaufgabe gestellt.

Im übrigen sind die Aufgaben zu diesen beiden Komponenten nicht ganz disjunkt. Die Idee dabei ist, auch im Rahmen der zunächst etwas abstrakter erscheinenden Modul-Theorie schon Bezüge zu einfacher überblickbaren Konzepten, etwa $\mathbb{R}$-Modul-Strukturen auf $\mathbb{R}^n$, herzustellen, um so auch deutlich zu machen, daß in der eigentlichen Theorie der Vektorräume oft nur die Ring-Eigenschaft von $\mathbb{R}$ verwendet wird. Um weitere Beispiele zu nennen: Betrachtet man etwa die $\mathbb{R}$-Vektorräume $Mat(m,n,\mathbb{R})$ und $Abb(T,\mathbb{R})$ mit $T \subset \mathbb{R}$, so kann man die üblicherweise dazu betrachteten Unterräume auch als (gegebenenfalls endlich-erzeugbare freie) $\mathbb{R}$-Moduln untersuchen.

Die klassische Theorie der Vektorräume (auch im Sinne ihrer historischen Entwicklung) beschäftigt sich in der Hauptsache mit endlich-dimensionalen $\mathbb{R}$-Vektorräumen und ihren Homomorphismen. Dabei spielt wiederum die Hauptrolle das (schon für Moduln formulierte) Wechselspiel zwischen $\mathbb{R}$-Homomorphismen $\mathbb{R}^n \longrightarrow \mathbb{R}^m$ und den Matrizen aus $Mat(m,n,\mathbb{R})$ als zugehörige Abbildungsmatrizen, beispielsweise in der Theorie der Linearen Gleichungssysteme oder auch der Theorie der Eigenwerte.

Ein wesentlicher Teil der Aufgaben zu den Abschnitten 4.5x und 4.6x ist dann auch solchen Themen zugeordnet, schließlich auch ein Blick auf zugehörige geometrische Bedeutungen und Sachverhalte (die dann als zugehörige Themen in $\text{BUCH}^{\text{MAT}}$5 behandelt sind). Kurz: Ein mit diesen Aufgaben verbundenes Hauptziel ist, zu zunächst abstrakt formulierten Begriffen und Methoden eine möglichst klare, präzise Vorstellung zu entwickeln. (*Einsehen* kommt von *Sehen.*)

Der zuletzt genannte Aspekt hat auch zur Folge, daß manche Aufgaben dem sogenannten Fachmann als sehr/zu einfach erscheinen mögen (man sagt dann auch so leichthin: trivial). Das macht aber gar nichts – ganz im Gegenteil: Auch vermeintlich einfache Zusammenhänge können, wenn man sie gut, klar und wahr formulieren soll, dann doch mit (sprachlichen und/oder logischen) Stolpersteinen behaftet sein. Darüber hinaus ist ja niemandem verwehrt, zu einfachen Sachverhalten komplexere Varianten oder abstraktere (und dann weiterreichende) Versionen zu entwickeln, also weitere, eigene Aufgaben und entsprechende Bearbeitungen zu produzieren. Und dieser Aspekt ist dann auch der eigentliche, der tiefere Sinn von Aufgaben. (Der sprachlich-modische Erfindungsreichtum von Mathematik-Lehrern nennt das neuerdings die Kompetenzgewinnung als Leitlinie einer neuen Aufgabenkultur – oh je.)

Schließlich sei noch an die Bitte aus dem Vorwort von $\text{BUCH}^{\text{MAT}}$1.A erinnert: Wenn Sie, verehrte Leser(innen), im Text Fehler irgend welcher Art finden (und das ist der wahrscheinliche Fall), dann bitte Nachricht an den Verlag!

Januar 2004 L. D. T.

**A4.000.01:** Beweisen Sie den in Beispiel 4.000.4/7 genannten Sachverhalt und klären Sie dann die Frage, wie sich eine abelsche Gruppe $E$ auf analoge Weise mit einer Rechtsmodul-Struktur versehen läßt.

**B4.000.01:** Zur Bearbeitung der beiden Aufgabenteile im einzelnen:

1. Bemerkung 4.000.4/7: Jede abelsche Gruppe $E$ bildet einen $End(E)$-Linksmodul, wobei $End(E)$ den Endomorphismenring der abelschen Gruppe $E$ bezeichne, denn:

Auf der abelschen Gruppe $E$ sei eine äußere Komposition $End(E) \times E \longrightarrow E$ definiert durch die Zuordnung $(f,x) \longmapsto fx = f(x)$. Es gelten dann die vier Verträglichkeits-Bedingungen
a) $f(x+z) = f(x) + f(z) = fx + fz$, denn $f$ ist Gruppen-Homomorphismus,
b) $(f+g)x = (f+g)(x) = f(x) + g(x) = fx + gx$, nach Definition der Addition auf $End(E)$,
c) $(f \circ g)x = (f \circ g)(x) = f(g(x)) = f(gx)$, nach Definition der Komposition von Funktionen,
d) $id_E x = id_E(x) = x$, wobei $id_E$ das Einselement in dem Ring $End(E)$ darstellt.

2. Jede abelsche Gruppe $E$ bildet einen $(End(E))^{op}$-Rechtsmodul.

Auf der abelschen Gruppe $E$ sei eine äußere Komposition $E \times (End(E))^{op} \longrightarrow E$ definiert durch die Zuordnung $(x,f) \longmapsto xf = f(x)$. Es gelten dann die vier Verträglichkeits-Bedingungen
a) $(x+z)f = f(x+z) = f(x) + f(z) = xf + zf$, denn $f$ ist Gruppen-Homomorphismus,
b) $x(f+g) = (f+g)(x) = f(x) + g(x) = xf + xg$, nach Definition der Addition auf $End(E)$,
c) $x(f * g) = x(g \circ f)x = (g \circ f)(x) = g(f(x)) = (xf)g$, mit Produkten $f * g = g \circ f$ in $(End(E))^{op}$,
d) $x \cdot id_E = id_E(x) = x$, wobei $id_E$ das Einselement in dem Ring $End(E)$ darstellt.

**A4.000.02:** Beweisen Sie die in den Bemerkungen 4.000.2/6 und 4.000.4/8 genannten Sachverhalte:

1. Eine $A$-Linksmodul-Struktur auf einer beliebigen abelschen Gruppe $E$ ist ein Ring-Homomorphismus $H_E : A \longrightarrow End(E)$ mit der Abkürzung $H_E(a) = H_a$ und der Zuordnung $H_a(x) = ax$, für alle $x \in E$.

2. Eine $A$-Rechtsmodul-Struktur auf einer beliebigen abelschen Gruppe $E$ ist ein Ring-Homomorphismus $H_E : A^{op} \longrightarrow End(E)$ mit der Abkürzung $H_E(a) = H_a$ und der Zuordnung $H_a(x) = ax$, für alle $x \in E$.

**B4.000.02:** Es sei $E$ eine abelsche Gruppe und $A$ ein Ring mit 1. Zur Bearbeitung im einzelnen:

1. Zum Beweis dieser Aussage ist zweierlei zu zeigen:

1a) Jeder Ring-Homomorphismus $H_E : A \longrightarrow End(E)$ erzeugt eine $A$-Linksmodul-Struktur auf $E$, also eine äußere Komposition, die den Eigenschaften *Mod1* bis *Mod4* genügt. Man beachte, daß die Ring-Homomorphie von $H_E$ mit der Schreibweise $H_E(a) = H_a$ die drei Eigenschaften $H_{a+b} = H_a + H_b$, $H_{ab} = H_a \circ H_b$ und $H_1 = id_E$ liefert.
1b) Trägt eine abelsche Gruppe $E$ eine $A$-Linksmodul-Struktur, dann ist daraus ein Ring-Homomorphismus $H_E : A \longrightarrow End(E)$ zu konstruieren.

1a) Auf der abelschen Gruppe $E$ wird durch die Zuordnung $(a,x) \longmapsto H_a(x)$ eine äußere Komposition $A \times E \longrightarrow E$ definiert (denn $H_a(x) \in E$) und es gelten mit der Schreibweise $H_a(x) = ax$ die vier Verträglichkeits-Bedingungen:
a) $a(x+z) = H_a(x+z) = H_a(x) + H_a(z) = ax + az$ (Gruppen-Homomorphie von $H_a$),
b) $(a+b)x = H_{a+b}(x) = H_a(x) + H_b(x) = ax + bx$,
c) $(ab)x = H_{ab}(x) = (H_a \circ H_b)(x) = H_a(H_b(x)) = a(b(x))$,
d) $1 \cdot x = H_1(x) = id_E(x) = x$.

1b) Vertauscht man in den vorstehenden Nachweisen a) bis b) die Rollen der Funktionswerte mit den $A$-Produkten, dann erhält man in b) bis d) gerade die Bedingungen für die Ring-Homomorphie von $H_E$. Definiert man $H_E$ durch $H_E(a)(x) = ax$, dann gilt für alle $a, b \in A$ und für alle $x \in E$:
a) $H_a(x+z) = a(x+z) = ax + az = H_a(x) + H_a(z)$, also ist $H_a \in End(E)$,
b) $H_{a+b}(x) = (a+b)x = ax + bx = H_a(x) + H_b(x) = (H_a + H_b)(x)$, also $H_E(a+b) = H_E(a) + H_E(b)$,
c) $H_{ab}(x) = (ab)x = a(b(x)) = H_a(H_b(x)) = (H_a \circ H_b)(x)$, also $H_E(ab) = H_E(a) \circ H_E(b)$,
d) $H_1(x) = 1 \cdot x = x = id_E(x)$, also $H_E(1) = id_E$.

2. Der Beweis dieser Aussage unterscheidet sich von dem zu Teil 1 nur bezüglich der Multiplikation $b * a = ab$ in $A^{op}$, so daß lediglich die diesbezüglichen Nachweise zu erbringen sind:

2a) $(b * a)x = (ab)x = H_{ab}(x) = (H_a \circ H_b)(x) = H_a(H_b(x)) = a(b(x))$,

2b) $H_{b*a}(x) = H_{ab}(x) = (ab)x = a(b(x)) = H_a(H_b(x)) = (H_a \circ H_b)(x)$, also $H_E(b * a) = H_E(a) \circ H_E(b)$.

**A4.000.03:** Beweisen Sie den in Bemerkung 4.000.5/4 genannten Sachverhalt:

Es seien $E$ und $F$ abelsche Gruppen. Dann bildet die additive abelsche Gruppe $Hom(E, F)$ (siehe Abschnitt 1.508) nach Beispiel 4.000.4/1 einen $\mathbb{Z}$-Modul, darüber hinaus einen $(End(F), End(E))$-Bimodul.

**B4.000.03:** Drei Dinge sind zu zeigen:

1. $Hom(E, F)$ bildet zusammen mit der äußeren Komposition $End(F) \times Hom(E, F) \longrightarrow Hom(E, F)$, definiert durch $(v, f) \longmapsto vf = v \circ f$ einen $End(F)$-Linksmodul, denn es gelten die vier Verträglichkeits-Bedingungen $Mod_1$ bis $Mod_4$ für $v, v' \in End(F)$, $f, g \in Hom(E, F)$:
a) $v(f + g) = v \circ (f + g) = (v \circ f) + (v \circ g) = vf + vg$,
b) $(v + v')f = (v + v') \circ f = (v \circ f) + (v' \circ f) = vf + v'f$,
c) $(v \circ v')f = (v \circ v') \circ f = v \circ (v' \circ f) = v(v'(f))$,
d) $id_F f = id_F \circ f = f$.

2. $Hom(E, F)$ bildet zusammen mit der äußeren Komposition $End(E) \times Hom(E, F) \longrightarrow Hom(E, F)$, definiert durch $(u, f) \longmapsto uf = f \circ u$ einen $End(E)$-Rechtsmodul, denn es gelten die vier Verträglichkeits-Bedingungen $Mod_1$ bis $Mod_4$ für $u, u' \in End(E)$, $f, g \in Hom(E, F)$:
a) $u(f + g) = (f + g) \circ u = (f \circ u) + (g \circ u) = uf + ug$,
b) $(u + u')f = f \circ (u + u') = (f \circ u) + (f \circ u') = uf + u'f$,
c) $(u \circ u')f = f \circ (u \circ u') = (f \circ u) \circ u' = u'(u(f))$,
d) $id_E f = f \circ id_E = f$.

3. Links-und Rechtsmodul-Struktur sind verträglich, denn es gilt $v(uf) = v \circ u f = v \circ (f \circ u) = (v \circ f) \circ u = vf \circ u = u(vf)$.

**A4.000.04:** Beweisen Sie die Beziehung $0x = a0 = 0$, für alle $x \in E$ und für alle $a \in A$, ohne Rückgriff auf die dort genannten Homomorphismen $H_a$ und $M_x$ (siehe Bemerkung 4.000.2/5a).

**B4.000.04:** Nachweis der Behauptung in zwei Teilen:

1. Für alle $x \in E$ gilt $0x = (a + (-a))x = ax + (-a)x = ax + (-ax) = ax - ax = 0$.
2. Für alle $a \in A$ gilt $a0 = a(x + (-x)) = ax + a(-x) = ax + (-ax) = ax - ax = 0$.

**A4.000.05:** Es sei $A$ ein Ring mit 1. Zeigen Sie im einzelnen – aber ohne Verwendung von Satz 4.000.6 – daß die Menge $A^X = Abb(X, A)$ aller Funktionen $X \longrightarrow A$ mit nicht-leerer Menge $X$ zusammen mit der argumentweise definierten Addition $(f, g) \longmapsto f + g$ als innerer Komposition und der argumentweise definierten $A$-Multiplikation $(a, f) \longmapsto af$ als äußerer Komposition einen $A$-Modul bildet.

*Anmerkung:* Im Fall $X = \underline{n} = \{1, ..., n\}$ mit beliebiger natürlicher Zahl $n$ schreibt man $A^X = A^n$.

**B4.000.05:** Zur Bearbeitung der Aufgabe im einzelnen:

1. $A^X$ bildet zusammen mit der durch $(f+g)(x) = f(x)+g(x)$, für alle $x \in X$, argumentweise definierten Addition eine abelsche Gruppe mit der Null-Funktion $0 : X \longrightarrow A$ mit $x \longmapsto 0$ als neutralem Element sowie mit dem zu $f : X \longrightarrow A$ jeweils inversen Element $-f : X \longrightarrow A$ mit $(-f)(x) = -f(x)$, für alle Elemente $x \in X$.

2. Für die auf $A^X$ durch $(af)(x) = af(x)$, für alle $a \in A$ und für alle $x \in X$, argumentweise definierte $A$-Multiplikation gelten die vier in Definition 4.000.1 genannten Verträglichkeits-Bedingungen, denn es gilt beispielsweise $a(f + g) = af + ag$, für alle $a \in A$ und für alle $f, g \in A^X$, denn für alle $x \in X$ gilt $(a(f + g))(x) = a(f + g)(x) = a(f(x) + g(x)) = af(x) + ag(x) = (af + ag)(x)$.

**A4.000.06:** Geben Sie $\mathbb{Z}$-Moduln mit endlich vielen (unendlich vielen) Elementen an.

**B4.000.06:** Beispiele für endliche und nicht-endliche $\mathbb{Z}$-Moduln:

1. $\mathbb{Z}$-Moduln mit endlich vielen Elementen liefern beispielsweise zu $n \in \mathbb{N}$ die abelschen (zyklischen) Gruppen $\mathbb{Z}_n = \mathbb{Z}/n\mathbb{Z}$ mit $ord(\mathbb{Z}_n) = n$ (siehe Abschnitte 1.52x).

2. $\mathbb{Z}$-Moduln mit unendlich vielen Elementen sind beispielsweise $\mathbb{Z}$ selbst sowie $\mathbb{Q}$ und $\mathbb{R}$.

**A4.000.07:** Es seien $A$ und $B$ Ringe mit 1. Geben Sie (mit Nachweis) zu einem $A$-Modul $E$ und einem $B$-Modul $F$ auf dem direkten Produkt $E \times F$ der zugrundeliegenden Gruppen (siehe Abschnitt 1.510) eine $(A \times B)$-Modulstruktur an.

**B4.000.07:** Zunächst ist zu bemerken, daß $A \times B$ ein Ring mit dem Einselement $(1,1)$ ist. Auf der abelschen Gruppe $E \times F$ sei eine $(A \times B)$-Multiplikation durch die Vorschrift $(a,b) \cdot (x,z) = (ax, bz)$ definiert (wobei voraussetzungsgemäß $(ax, bz) \in E \times F$ gilt). Es sind nun die vier Verträglichkeits-Bedingungen *Mod1* bis *Mod4* von Definition 4.000.1 nachzuweisen. Hier nur auszugsweise:

a) Es gilt die Regel in *Mod1*, denn es ist $(a,b) \cdot ((x,z) + (x',z')) = (a,b) \cdot (x+x', z+z')$
$= (a(x+x'), b(z+z')) = (ax+ax', bz+bz') = (ax,bz) + (ax',bz') = (a,b) \cdot (x,z) + (a,b) \cdot (x',z')$.

b) Es gilt die Regel in *Mod4*, denn es ist $(1,1) \cdot (x,z) = (1x, 1z) = (x,z)$.

**A4.000.08:** Geben Sie die Eigenschaften der in den Bemerkungen 4.000.2/6 und 4.000.4/8 betrachteten Ring-Homomorphismen $H_E$ noch einmal explizit für den mit ${}_sA$ bezeichneten $A$-Linksmodul $A$ sowie für den mit $A_d$ bezeichneten $A$-Rechtsmodul $A$ an.

**B4.000.08:** Zur Bearbeitung der Aufgabe im einzelnen:

1. Zu dem $A$-Linksmodul ${}_sA$ ist der Ring-Homomorphismus $H_A^s : A \longrightarrow End(A)$ durch die abkürzende Vorschrift $H_A^s(a) = H_a^s$ mit $H_a^s(x) = ax$ definiert. Dabei wurden die Ring-Homomorphismen $H_a^s$ als Links-Multiplikationen $H_a^s = L_a : A \longrightarrow A$ mit $L_a(x) = ax$ in Beispiel 1.602.6/2 betrachtet. Im einzelnen gelten dann folgende Beziehungen:

a) $H_a^s(x+z) = a(x+z) = ax + az = H_a^s(x) + H_a^s(z)$,

b) $H_{a+b}^s(x) = (a+b)x = ax + bx = H_a^s(x) + H_b^s(x)$, also gilt $H_{a+b}^s = H_a^s + H_b^s$,

c) $H_{ab}^s(x) = (ab)x = a(bx) = H_a^s(H_b^s(x))$, also gilt $H_{ab}^s = H_a^s \circ H_b^s$,

d) $H_1^s(x) = 1 \cdot x = x = id_A(x)$, also gilt $H_1^s = id_A$.

2. Zu dem $A$-Rechtsmodul $A_d$ ist der Ring-Homomorphismus $H_A^d : A^{op} \longrightarrow End(A)$ durch die abkürzende Vorschrift $H_A^d(a) = H_a^d$ mit $H_a^d(x) = xa$ definiert. Entsprechend seien die Ring-Homomorphismen $H_a^d$ als Rechts-Multiplikationen $H_a^d = R_a : A \longrightarrow A$ mit $R_a(x) = xa$ angesehen. Im einzelnen gelten dann folgende Beziehungen:

a) $H_a^d(x+z) = (x+z)a = xa + za = H_a^d(x) + H_a^d(z)$,

b) $H_{a+b}^d(x) = x(a+b) = xa + xb = H_a^d(x) + H_b^d(x)$, also gilt $H_{a+b}^d = H_a^d + H_b^d$,

c) $H_{b*a}^d(x) = x(b*a) = x(ab) = (xa)b = H_b^d(H_a^d(x))$, also gilt $H_{b*a}^d = H_b^d \circ H_a^d$,

d) $H_1^d(x) = x \cdot 1 = x = id_A(x)$, also gilt $H_1^d = id_A$.

# 4.002 $A$-Homomorphismen

**A4.002.01:** Beweisen Sie: Die inverse Funktion eines bijektiven $A$-Homomorphismus $f : E \longrightarrow F$ ist ein $A$-Homomorphismus.

**B4.002.01:** Die zu $f : E \longrightarrow F$ inverse Funktion $g : F \longrightarrow E$ ist ein Gruppen-Homomorphismus und $A$-homogen, denn es gilt:

a) Zu $z, z' \in F$ gibt es wegen der Surjektivität von $f$ Elemente $x, x' \in E$ mit $f(x) = z$ und $f(x') = z'$. Damit ist $g(z + z') = g(f(x) + f(x')) = g(f(x + x')) = id_E(x + x') = x + x'$, woraus $f(g(z + z')) = f(x + x') = f(x) + f(x') = z + z' = f(g(z)) + f(g(z')) = f(g(z) + g(z'))$ folgt. Die Injektivität von $f$ liefert daraus dann $g(z + z') = g(z) + g(z')$.

b) Zu $z \in F$ gibt es wegen der Surjektivität von $f$ ein Element $x \in E$ mit $f(x) = z$. Für alle $a \in A$ gilt dann $g(az) = g(af(x)) = g(f(ax)) = (g \circ f)(ax) = ax = ag(z)$.

**A4.002.02:** Überlegen Sie, ob für den $A$-Linksmodul $A$ und/oder für den $A$-Rechtsmodul $A$ die $A$-Homomorphismen $f : A \longrightarrow A$ gerade die Ring-Homomorphismen $f : A \longrightarrow A$ sind.

**B4.002.02:** Betrachtet man einen Ring $A$ mit 1 als $A$-Linksmodul, so ist die durch $(a, b) \longmapsto ab$ definierte Ringmultiplikation als $A$-Multiplikation anzusehen, denn die vier in Definition 4.000.1 angegebenen Verträglichkeits-Bedingeungen werden durch die beiden Distributivitäten $a(b + c) = ab + ac$ und $(a+b)c = ac+bc$, die Assoziativität $(ab)c = a(bc)$ sowie durch $1a = a$ repräsentiert. Analoge Überlegungen lassen sich für den $A$-Rechtsmodul $A$ anstellen.

**A4.002.03:** Definieren Sie zu einem $A$-Modul $E$ auf der Menge $D = \{(x, x) \mid x \in E\} \subset E \times E$ (Diagonale $D = diag(E)$ zu $E$) eine $A$-Modulstruktur, so daß ein $A$-Isomorphismus $E \longrightarrow D$ existiert.

**B4.002.03:** Zur Bearbeitung der Aufgabe im einzelnen:

1. Die Menge $D = \{(x, x) \mid x \in E\}$ bildet zusammen mit der durch $(x, x) + (z, z) = (x + z, x + z)$ definierten Addition eine abelsche Gruppe mit dem diesbezüglichen neutralen Element $(0, 0)$ und dem zu $(x, x)$ diesbezüglich inversen Element $(-x, -x)$.

2. Auf $D$ wird durch die Vorschrift $a(x, x) = (ax, ax) \in D$ eine $A$-Multiplikation definiert, denn wie man leicht nachrechnet, gelten die in Definition 4.000.1 genannten vier Verträglichkeits-Bedingungen:

a) $a((x, x) + (z, z)) = a(x + z, x + z) = (a(x + z), a(x + z)) = (ax + az, ax + az) = (ax, ax) + (az, az)$ $= a(x, x) + a(z, z)$, für alle $x, z \in E$ und $a \in A$,

b) $(a + b)(x, x) = ((a + b)x, (a + b)x) = (ax + bx, ax + bx) = (ax + az, ax + az) = (ax, ax) + (bx, bx)$ $= a(x, x) + b(x, x)$, für alle $x \in E$ und $a, b \in A$,

c) $(ab)(x, x) = ((ab)x, (ab)x) = (a(bx), a(bx)) = a(bx, bx) = a(b(x, x))$, für alle $x \in E$ und $a, b \in A$,

d) $1(x, x) = (1, 1x) = (x, x)$, für alle $x \in E$.

3. Durch $f(x) = (x, x)$ wird naheliegenderweise eine bijektive Funktion $f : E \longrightarrow D$ mit inverser Funktion $f^{-1} : D \longrightarrow E$ mit $f^{-1}((x, x)) = x$ definiert.

4. Bleibt noch zu zeigen, daß die Funktion $f$ ein $A$-Homomorphismus ist. Daß das der Fall ist, zeigt:

a) $f(x + z) = (x + z, x + z) = (x, x) + (z, z) = f(x) + f(z)$, für alle $x, z \in E$,

b) $af(x) = a(x, x) = (ax, ax) = f(ax)$, für alle $x \in E$ und $a \in A$.

**A4.002.04:** Bearbeiten Sie zu Aufgabe A4.002.03 jeweils eine gleichlautende Aufgabe für die beiden Mengen $D_1 = \{(x_0, x) \mid x \in E\} = \{x_0\} \times E \subset E \times E$ und $D_2 = \{(x, x_0) \mid x \in E\} = E \times \{x_0\} \subset E \times E$ mit einem jeweils konstant gewählten Element $x_0 \in E$. Kann dabei dieselbe Struktur wie bei der Untersuchung von $D$ verwendet werden?

Welche anschauliche Bedeutung haben die Mengen $D$, $D_1$ und $D_2$ für den $\mathbb{R}$-Vektorraum $E = \mathbb{R}$ ?

**B4.002.04:** Zur Bearbeitung der Aufgabe im einzelnen:

1. Die Menge $D_1 = \{(x_0, x) \mid x \in E\}$ bildet zusammen mit der durch $(x_0, x) + (x_0, z) = (x_0, x + z)$ definierten Addition eine abelsche Gruppe mit dem diesbezüglichen neutralen Element $(x_0, 0)$ und dem zu $(x_0, x)$ diesbezüglich inversen Element $(x_0, -x)$.

2. Auf $D_1$ wird durch die Vorschrift $a(x_0, x) = (x_0, ax) \in D_1$ eine $A$-Multiplikation definiert, denn wie man leicht nachrechnet, gelten die in Definition 4.000.1 genannten vier Verträglichkeits-Bedingungen, beispielsweise gilt $a((x_0, x) + (x_0, z)) = a(x_0, x + z) = (x_0, a(x + z)) = (x_0, ax + az) = (x_0, ax) + (x_0, az)$ $= a(x_0, x) + a(x_0, z)$, für alle $x, z \in E$ und $a \in A$,

3. Durch $f(x) = (x_0, x)$ wird naheliegenderweise eine bijektive Funktion $f : E \longrightarrow D_1$ mit inverser Funktion $f^{-1} : D_1 \longrightarrow E$ mit $f^{-1}((x_0, x)) = x$ definiert. (Man beachte dabei $f^{-1} = pr_2 \mid (\{x_0\} \times E)$.)

4. Bleibt noch zu zeigen, daß die Funktion $f$ ein $A$-Homomorphismus ist. Daß das der Fall ist, zeigt:

a) $f(x + z) = (x_0, x + z) = (x_0, x) + (x_0, z) = f(x) + f(z)$, für alle $x, z \in E$,

b) $af(x) = a(x_0, x) = (x_0, ax) = f(ax)$, für alle $x \in E$ und $a \in A$.

5. Zu den Teilen 1 bis 4 analoge Berechnungen lassen sich für die in der Aufgabe genannte Menge $D_2$ anstellen und liefern entsprechende Ergebnisse.

6. Die auf $D_1$ und $D_2$ betrachteten Strukturen stimmen für $x_0 \neq 0$ nicht mit der auf $D$ definierten Struktur überein. Das bedeutet für diesen Fall beispielsweise, daß die Teilmengen-Beziehungen $D_1 \subset D$ und $D_2 \subset D$ keine entsprechenden Untermodul-Beziehungen nach sich ziehen. Anders dagegen für den Fall $x_0 = 0$, in dem alle betrachteten Strukturen übereinstimmen.

7. Zur anschaulichen Bedeutung der Mengen $D$, $D_1$ und $D_2$ bezüglich des $\mathbb{R}$-Vektorraums $E = \mathbb{R}$: In einem üblichen Cartesischen Koordinaten-System $(K_1, K_2)$ repräsentiert

a) $D = diag(\mathbb{R})$ die sogenannte positive Winkelhalbierende (Hauptdiagonale),

b) $D_1 = \{x_0\} \times \mathbb{R}$ eine Parallele zu $K_2$ mit Abstand $d(D_1, K_2) = |x_0|$ (oder $D_1 = K_2$ für $x_0 = 0$),

c) $D_2 = \mathbb{R} \times \{x_0\}$ eine Parallele zu $K_1$ mit Abstand $d(D_2, K_1) = |x_0|$ (oder $D_2 = K_1$ für $x_0 = 0$).

**A4.002.05:** Sind die Gruppen-Homomorphismen $H_a$ in Bemerkung 4.000.2/3 $A$-Homomorphismen?

**B4.002.05:** Die $A$-Homogenität der Gruppen-Homomorphismen $H_a : E \longrightarrow E$ in Bemerkung 4.000.2/3 bedeutete die Gültigkeit der Beziehung $H_a(cx) = a(cx) = c(ax) = cH_a(x)$, für alle $c \in A$, wobei das mittlere Gleichheitszeichen jedoch im allgemeinen nicht gilt.

Gilt jedoch $a \in cen(A) = \{z \in A \mid \text{für alle } c \in A \text{ gilt } cz = zc\}$, dann gilt $ac = ca$, für alle $c \in A$, woraus dann $H_a(cx) = a(cx) = (ac)x = (ca)x = c(ax) = cH_a(x)$, für alle $c \in A$, folgt. Somit ist $H_a : E \longrightarrow E$ genau dann ein $A$-Homomorphismus, wenn $E$ als $cen(A)$-Modul betrachtet wird. (Ist $A$ kommutativ, dann gilt natürlich $cen(A) = A$.)

**A4.002.06:** Im folgenden sei $E$ ein $A$-Linksmodul.

1. Betrachten Sie zunächst die Menge $End_A(E)$ der $A$-Endomorphismen zu $E$ (siehe dazu Bemerkung 4.002.2/4) und setzen Sie weiterhin voraus, daß $End_A(E)$ bezüglich der argumentweise definierten Addition mit $(f + g)(x) = f(x) + g(x)$ eine abelsche Gruppe bildet (siehe dazu auch Abschnitt 4.020). Zeigen Sie nun, daß $End_A(E)$ zusammen mit der Komposition von Funktionen als Multiplikation einen Ring mit Einselement bildet. Wie verhält sich $End_A(E)$ zu $End(E)$ ?

2. Zeigen Sie, daß $E$ einen $(A, End_A(E))$-Bimodul bildet.

3. Geben Sie eine Darstellung des $End_A(E)$-Rechtsmoduls $E$ gemäß Bemerkung 4.000.4/8 an.

4. Geben Sie mit $D = End_A(E)$ einen (kanonischen) Ring-Homomorphismus $L : A \longrightarrow End_D(E)$ an.

**B4.002.06:** Zur Bearbeitung der Aufgabe im einzelnen:

1. Gegenüber dem Ring $End(E)$ der Endomorphismen auf der abelschen Gruppe $E$ ist nur zu zeigen, daß die Komposition von $A$-Endomorphismen $E \longrightarrow E$ des $A$-Moduls $E$ wieder ein $A$-Endomorphismus $E \longrightarrow E$ ist. Das ist aber nach Satz 4.002.4 der Fall. Somit läßt sich $End_A(E)$ als Unterring von $End(E)$ auffassen.

2. Der $A$-Linksmodul $E$ bildet zugleich einen $End_A(E)$-Rechtsmodul vermöge der durch die Zuordnung $(x,u) \longmapsto xu = u(x)$ definierten $End_A(E)$-Rechts-Multiplikation $E \times End_A(E) \longrightarrow E$, denn es gelten die vier Verträglichkeits-Bedingungen gemäß Bemerkung 4.000.3: Für alle $x, z \in E$, für alle $u, v \in End_A(E)$ und dem Einselement $id_E$ in $End_A(E)$ gilt:

a) $(x+z)u = u(x+z) = u(x) + u(z) = xu + zu$,
b) $x(u+v) = (u+v)(x) = u(x) + v(x) = xu + xv$,
c) $x(u \circ v) = (u \circ v)(x) = u(v(x)) = u(xv) = (xv)u$,
d) $x \cdot id_E = id_E(x) = x$.

Die Bedingung $a(xu) = (ax)u$, für alle $a \in A$, für alle $x \in E$ und für alle $u \in End_A(E)$, als Verzahnung zwischen $A$-Links- und $End_A(E)$-Rechts-Modulstruktur wird durch die Beziehung $a(xu) = au(x) = u(ax) = (ax)u$ geliefert (wobei hier nur von der $A$-Homogenität von $u$ Gebrauch gemacht wird).

3. Liegt ein beliebiger Ring-Homomorphismus $H : (End_A(E))^{op} \longrightarrow End(E)$ vor, so bildet die abelsche Gruppe $E$ vermöge der $End_A(E)$-Rechtsmultiplikaton $E \times End_A(E) \longrightarrow E$ mit der Zuordnungsvorschrift $(x,u) \longmapsto xu = H(u)(x)$ einen $End_A(E)$-Rechtsmodul, denn für alle Elemente $x, z \in E$ und für alle Elemente $u, v \in End_A(E)$ gelten die vier Verträglichkeits-Bedingungen

a) $(x+z)u = H(u)(x+z) = H(u)(x) + H(u)(z) = xu + zu$,
b) $x(u+v) = H(u+v)(x) = (H(u) + H(v))(x) = H(u)(x) + H(v)(x) = xu + xv$,
c) $x(u * v) = H(u * v)(x) = H(v \circ u)(x) = (H(v) \circ H(u)(x) = H(v)(H(u)(x)) = H(v)(xu) = (xu)v$,
d) $x \cdot id_E = H(id_E)(x) = id_E(x) = x$.

Liegt umgekehrt ein beliebiger $End_A(E)$-Rechtsmodul $E$ vor, so wird ein zugehöriger Ring-Homomorphismus $H : (End_A(E))^{op} \longrightarrow End(E)$ durch die Zuordnungsvorschrift $H(u)(x) = xu$ definiert.

4. Ein Ring-Homomorphismus $L : A \longrightarrow End_D(E)$ mit $D = End_A(E)$ sei definiert durch $L(a)(x) = ax$. Damit ist $L$ wohldefiniert, denn für alle $a \in A$ sind die Funktionen $L(a) : E \longrightarrow E$ tatsächlich $D$-Homomorphismen des $D$-Rechtsmoduls $E$ in sich, wie die Berechnung $L(a)(xu) = a(xu) = (ax)u = L(a)(x) \cdot u$, für alle $a \in A$, für alle $u \in D$ und für alle $x \in E$, zeigt. Man beachte, daß dabei die Verzahnungs-Bedingung $a(xu) = (ax)u$ für die $(A, D)$-Bimodul-Struktur von Aufgabenteil 2 verwendet wurde.

**A4.004.01:** Beweisen Sie die Aussagen der Bemerkungen 4.004.2.

**B4.004.01:** Zur Bearbeitung von Aussagen in den Bemerkungen 4.004.2./3/4/5 im einzelnen:

3. Für $A$-Untermoduln $U$ von $E$ ist jeweils die Einbettung $in_U : U \longrightarrow E$ ein $A$-Homomorphismus, denn für alle $x, z \in U$ und $a \in A$ gilt $in_U(x+z) = x+z = in_U(x) + in_U(z)$ und $in_U(ax) = ax = a \cdot in_U(x)$.

4. Es sei $U$ ein Untermodul eines $A$-Moduls $E$, ferner $F$ ein beliebiger weiterer $A$-Modul. Eine Funktion $f : F \longrightarrow U$ ist genau dann ein $A$-Homomorphismus, falls die Komposition $in_U \circ f : F \longrightarrow U \longrightarrow E$ ein $A$-Homomorphismus ist, denn:

a) Ist $f$ ein $A$-Homomorphismus, dann ist $in_U \circ f$ als Komposition von $A$-Homomorphismen (siehe vorstehende Bemerkung 3) wieder ein $A$-Homomorphismus.

b) Ist die Komposition $in_U \circ f$ ein $A$-Homomorphismus, dann ist auch $f$ ein $A$-Homomorphismus, denn für alle $x, z \in F$ und für alle $a \in A$ gilt $f(x+z) = in_U(f(x+z)) = (in_U \circ f)(x+z)$
$= (in_U \circ f)(x) + (in_U \circ f)(z) = in_U(f(x)) + in_U(f(z)) = f(x) + f(z)$
und $f(ax) = in_U(f(ax)) = (in_U \circ f)(ax) = a(in_U \circ f)(x)a(in_U(f(x)) = af(x)$.

5. Ist $U$ ein Untermodul eines $A$-Moduls $E$, dann ist die durch $x\, R_U\, z \Leftrightarrow z - x \in U$ definierte Relation $R_U$ eine Äquivalenz-Relation auf $E$, denn im einzelnen gilt:

a) $R_U$ ist reflexiv, denn für alle $x \in E$ gilt $x - x = 0 \in U$ (da $U$ Untermodul ist), also gilt $x\, R_U\, x$.

b) $R_U$ ist symmetrisch, denn aus $x\, R_U\, z$ folgt $z - x \in U$, also auch $-(z-x) = x - z \in U$ (da $U$ Untermodul ist), folglich gilt $z\, R_U\, x$.

c) $R_U$ ist transitiv, denn aus $x\, R_U\, y$ und $y\, R_U\, z$ folgt $y - x \in U$ und $z - y \in U$, also auch $(y-x)-(z-y) = z - x \in U$ (da $U$ Untermodul ist), folglich gilt $x\, R_U\, z$.

**A4.004.02:** Beweisen Sie: Jedes Element $x$ eines $A$-Moduls $E$ erzeugt einen Untermodul $Ax$ von $E$. Man nennt $A$-Moduln der Form $Ax$ *monogen*.

**B4.004.02:** Für jedes Element $x$ eines $A$-Moduls $E$ ist $Ax = \{ax \mid a \in A\}$ ein $A$-Untermodul von $E$ (das gilt insbesondere auch für 0, also $A \cdot 0 = 0$), denn es gilt:
a) $Ax$ ist wegen $x = 1 \cdot x \in Ax$ nicht leer (siehe $Mod_4$),
b) mit $ax, bx \in Ax$ ist auch $ax + bx = (a+b)x \in Ax$ (siehe $Mod_2$),
c) mit $ax \in Ax$ und $c \in A$ ist auch $c(ax) = (ca)x \in Ax$ (siehe $Mod_3$).

**A4.004.03:** Zeigen Sie, daß alle $\mathbb{Z}$-Untermoduln des $\mathbb{Z}$-Moduls $\mathbb{Z}$ die Form $n\mathbb{Z}$ mit $n \in \mathbb{N}_0$ haben.

**B4.004.03:** Zur Bearbeitung der Aufgabe im einzelnen:

Für jedes beliebig, aber fest gewählte $n \in \mathbb{N}_0$ ist $n\mathbb{Z} \neq \emptyset$, denn es gilt stets $0 = n \cdot 0 \in n\mathbb{Z}$, ferner gilt $n\mathbb{Z} + n\mathbb{Z} \subset n\mathbb{Z}$ sowie $\mathbb{Z}(n\mathbb{Z}) \subset n\mathbb{Z}$, wie man durch elementweises Nachrechnen leicht zeigt: Mit $nx, nz \in n\mathbb{Z}$ ist auch $nx + nz = n(x+z) \in n\mathbb{Z}$, mit $c \in \mathbb{Z}$ ist auch $c(nx) = n(cx) \in n\mathbb{Z}$.

*Anmerkung:* Für $n = 0$ ist $0 \cdot \mathbb{Z} = 0$ und für $n = 1$ ist $1 \cdot \mathbb{Z} = \mathbb{Z}$.

**A4.004.04:** Betrachten Sie zu einem $A$-Homomorphismus $f : E \longrightarrow F$ mit $A$-Moduln $E$ und $F$ die Einbettung $in_K = in_{Kern(f)} : Kern(f) \longrightarrow E$ und zeigen Sie dann:

a) Es gilt $f \circ in_K = 0$ (das bedeutet $Bild(in_K) \subset Kern(f)$).

b) Zu jedem $A$-Homomorphismus $g : H \longrightarrow E$ mit $f \circ g = 0$ gibt es genau einen $A$-Homomorphismus $u : H \longrightarrow Kern(f)$, so daß das nebenstehemde Diagramm kommutativ ist:

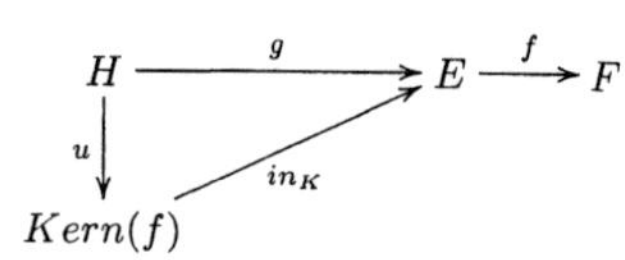

**B4.004.04:** Die beiden genannten Eigenschaften a) und b) lassen sich unmittelbar bestätigen:

a) Für alle $x \in Kern(f)$ gilt $(f \circ in_K)(x) = f(in_K(x)) = f(x) = 0$ (anders gesagt: $f(Kern(f)) = 0$).

b) Die Festlegung $u(x) = g(x)$ liefert mit $g(x) = (in_K \circ u)(x) = u(x)$ das Verlangte.

**A4.004.05:** Betrachten Sie zu $A$-Moduln $E$, $F$ und $H$ einen $A$-Homomorphismus $f : E \longrightarrow F$ sowie einen weiteren $A$-Homomorphismus $g : H \longrightarrow E$ mit den beiden Eigenschaften:

a) Es gelte $f \circ g = 0$ (das bedeutet $Bild(g) \subset Kern(f)$),

b) zu jedem $A$-Homomorphismus $g' : H' \longrightarrow E$ mit $f \circ g' = 0$ gibt es genau einen $A$-Homomorphismus $u' : H' \longrightarrow H$, so daß das nebenstehemde Diagramm kommutativ ist:

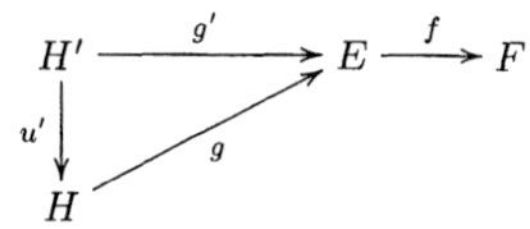


dann existiert ein $A$-Isomorphismus $H \longrightarrow Kern(f)$, so daß das folgende Diagramm kommutativ ist:

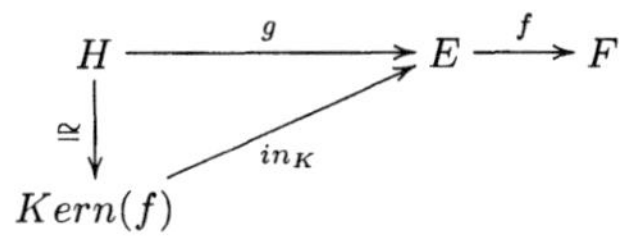


*Anmerkung:* Man bezeichnet den in der Aufgabe geschilderten Sachverhalt als *Isomorphie von Kernen.*

**B4.004.05:** Das erste der beiden folgenden kommutativen Diagramm existiert gemäß Bedingung b), wenn man $H' = Kern(f)$ und $g' = in_K$ verwendet. Das zweite Diagramm wird durch Aufgabe A4.004.04 geliefert:

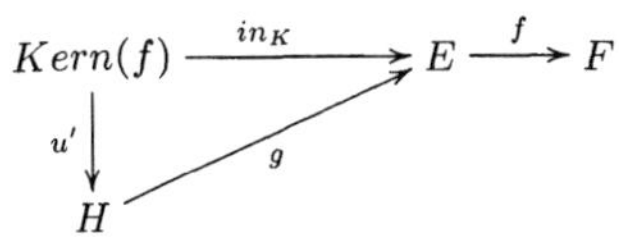


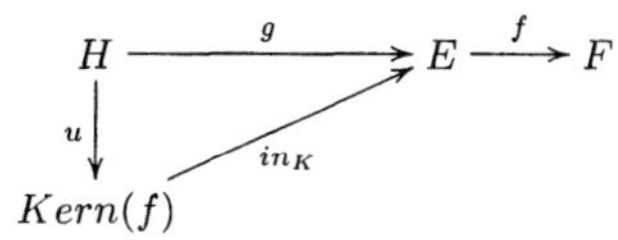


Das erste der beiden folgenden kommutativen Diagramme entsteht einfach durch Zusammensetzen der beiden vorstehenden Diagramme und liefert einen $A$-Homomorphismus $u \circ u' : Kern(f) \longrightarrow Kern(f)$. Daneben ist aber auch $id_k : Kern(f) \longrightarrow Kern(f)$ ein $A$-Homomorhismus mit einem entsprechenden kommutativen Diagramm:

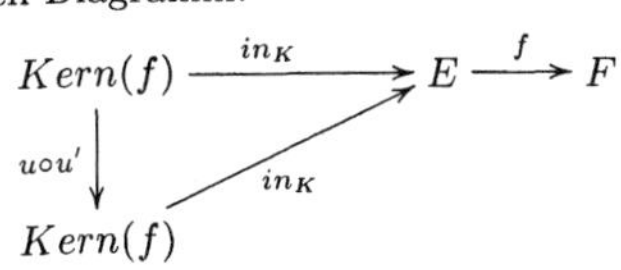


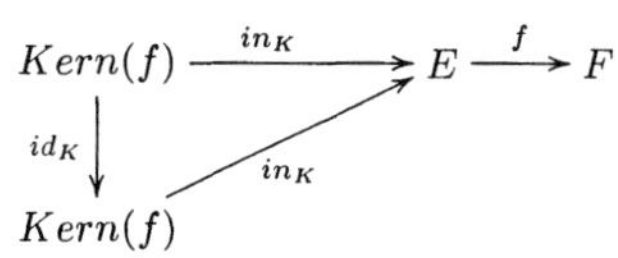


Da nun nach Voraussetzung b) dieser $A$-Homomorphismus $Kern(f) \longrightarrow Kern(f)$ eindeutig bestimmt ist, muß $u \circ u' = id_K$ gelten. Auf die gleiche Weise kann man nun $u' \circ u = id_H$ zeigen, woraus folgt, daß $u : H \longrightarrow Kern(f)$ ein $A$-Isomorphismus ist.

**A4.004.06:** Es sei $A$ ein Ring mit $1 \neq 0$. Zu einer Teilmenge $T \subset E$ eines $A$-Moduls $E$ nennt man $ann_A(T) = \{a \in A \mid aT = 0\}$ den *A-Annihilator von T in E.* Zeigen Sie nun im einzelnen:

1. Für jede Teilmenge $T \subset E$ ist $ann_A(T)$ ein Linksideal in $A$. (Man schreibt $ann_A(x) = ann_A(\{x\})$.)
2. Es sei $\underline{a}$ ein Linksideal in $A$. Für jede Teilmenge $T \subset E$ ist $ann_{\underline{a}}(T)$ ein Linksideal in $A$.
3. Es gilt $ann_{\underline{a}}(T) = \underline{a} \cap ann_A(T)$.
4. Es gilt $ann_A(0) = A$. Ferner gilt $ann_A(T) = A$ genau dann, wenn $T = \{0\}$ gilt.
5. Für alle $a \in A$ und $x \in E$ ist $ann_A(ax) = \{b \in A \mid ba \in ann_A(x)\}$.
6. Für Teilmengen $S \subset T \subset E$ gilt $ann_A(T) \subset ann_A(S)$, also ist $ann_A : Pot(E) \longrightarrow Pot(A)$ antiton.
7. Für jede Teilmenge $\underline{S} \subset Pot(E)$ gilt $ann_A(\bigcup_{T \in \underline{S}}) = \bigcap_{T \in \underline{S}} ann_A(T)$. Ferner: $ann_A(T) = \bigcap_{x \in T} ann_A(x)$.
8. Für alle Untermoduln $U \subset E$ von $E$ ist $ann(U)$ ein zweiseitiges Ideal in $A$.
9. Für alle Untermoduln $U \subset E$ von $E$ ist $ann_A(E/U) = \{a \in A \mid aE \subset u\}$ (siehe Abschnitt 4.406).

10. Für den in Bemerkung 4.000.2/6 betrachteten Ring-Homomorphismus $H_E : A \longrightarrow End(E)$ gilt

$$Kern(H_E) = ann_A(E) \text{ und } Bild(H_E) \cong A/ann_A(E).$$

11. Ist $\underline{a} \subset ann(E)$ ein zweiseitiges Ideal in $A$, dann läßt sich $E$ mit einer $A/\underline{a}$-Modulstruktur versehen.

*Bemerkung:* Man nennt einen $A$-Modul $E$ *$A$-treu*, wenn $ann_A(E) = 0$ gilt. Die Bedeutung treuer Moduln zeigt Teil 10: Ist $E$ $A$-treu, so ist $A \cong Bild(H) \subset End(E)$, das heißt, $A$ ist isomorph zu einem Ring von Endomorphismen von $E$.

12. Für jeden $A$-Modul ist der $A/ann(E)$-Modul $E$ $A/ann(E)$-treu.

13. Ist $U$ $A$-Untermodul von $E$, dann ist $U$ auch $A/ann_A(E)$-Untermodul des $A/ann_A(E)$-Moduls $E$.

*Anmerkung:* Die Annihilatoren des $A$-Moduls $A$ wurden schon in Bemerkung 1.605.3/7 betrachtet.

**B4.004.06:** Zur Bearbeitung der Aufgabe im einzelnen (mit der Abkürzung $ann(T) = ann_A(T)$):

1. Die Menge $ann(T)$ ist zunächst eine Untergruppe der abelschen Gruppe $(A, +)$, denn wegen $0 \in ann(T)$ ist $ann(T)$ nicht leer, ferner gilt mit $a, b \in ann(T)$ auch $a - b \in ann(T)$, denn gilt $ax = 0$ und $bx = 0$, für alle $x \in T$, so gilt auch $(a - b)x = ax - bx = 0$, für alle $x \in T$.

Weiterhin gilt $A \cdot ann(T) \subset ann(T)$, denn für alle $c \in A$ und $a \in ann(T)$ gilt mit $ax = 0$, für alle $x \in T$, auch $(ca)x = c(ax) = 0$, für alle $x \in T$, folglich gilt $ca \in ann(T)$.

2. beweist man wie Teil 1.

3. Es gilt $ann_{\underline{a}}(T) = \{a \in \underline{a} \mid aT = 0\} = \underline{a} \cap \{a \in A \mid aT = 0\} = \underline{a} \cap ann_A(T)$.

4. Gilt $ann(T) = A$, also $aT = 0$, für alle $a \in A$, so gilt $1 \cdot T = 0$ und somit $T = \{0\}$. Umgekehrt liefert $T = \{0\}$ dann $aT = 0$, für alle $a \in A$, folglich ist $ann(0) = A$.

5. Es gilt $b \in ann(ax) \Leftrightarrow b(ax) = 0 \Leftrightarrow (ba)x = 0 \Leftrightarrow ba \in ann(x)$, für Elemente $b \in A$.

6. Wegen $S \subset T$ gilt: $a \in ann(T) \Rightarrow aT = 0 \Rightarrow aS = 0 \Rightarrow a \in ann(S)$, für Elemente $a \in A$.

7. Die behauptete Beziehung folgt unmittelbar aus den folgenden Äquivalenzen:

$a \in ann(\bigcup_{T \in \underline{S}}) \Leftrightarrow ax = 0$, für alle $x \in \bigcup_{T \in \underline{S}} \Leftrightarrow ax = 0$, für alle $x \in T$ und für alle $T \in \underline{S}$

$\Leftrightarrow a \in ann(T)$, für alle $T \in T \in \underline{S} \Leftrightarrow a \in \bigcap_{T \in \underline{S}} ann(T)$. Der zweite Teil folgt daraus mit $T = \bigcup_{x \in T} x$.

8. Es gilt $ann(U) \cdot A \subset ann(U)$, das heißt, $ann(U)$ ist auch Rechtsideal in $A$, denn: Ist $a \in ann(U)$, so gilt $ax = 0$, für alle $x \in U$, damit gilt dann auch $(ab)x = a(bx) = 0$, für alle $b \in A$ und für alle $x \in U$ (denn es ist $bx \in U$). Folglich gilt $ab \in ann(U)$, für alle $b \in A$.

9. Für alle $a \in A$ gilt: $a \cdot E/U = 0 \Leftrightarrow a(x + U) = 0$, für alle $x \in E \Leftrightarrow ax + U = 0$, für alle $x \in E$ $\Leftrightarrow ax \in U$, für alle $x \in E \Leftrightarrow aE \subset U$.

10. Man beachte: $H_E : A \longrightarrow End(E)$ ist definiert durch $H_E(a) = H_a : E \longrightarrow E$ mit $H_a(x) = ax$.

a) $Kern(H_E) = \{a \in A \mid H_a = 0\} = \{a \in A \mid Bild(H_a) = 0 \in E\} = \{a \in A \mid aE = 0 \in E\} = ann(E)$.

b) Die $\mathbb{Z}$-Isomorphie $Bild(H_E) \cong A/ann(E)$ liefert der Homomorphie-Satz für Ringe (Satz 1.607.2) mit folgendem kommutativen Diagramm:

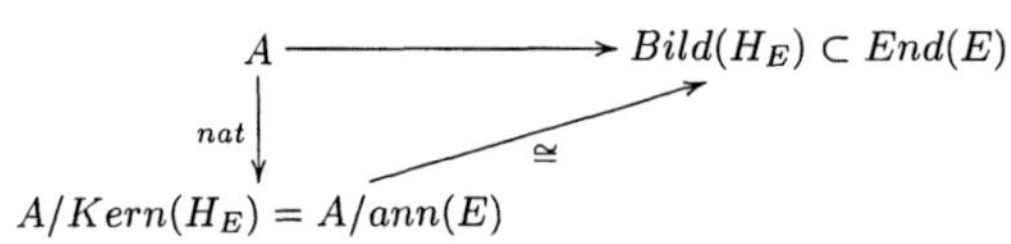


11. Es sei $\underline{a} \subset ann(E)$ ein zweiseitiges Ideal in $A$. Zu der zugrundeliegenden abelschen Gruppe $(E, +)$ kann man zunächst eine Zuordnung der Form $([c], x) \longmapsto cx$ mit $[c] \in A/\underline{a}$ festlegen. Es bleibt aber noch zu zeigen, daß diese Zuordnung zu einer Funktion $A/\underline{a} \times E \longrightarrow E$ und damit zu einer $A/\underline{a}$-Modulstruktur auf $E$ führt: In der Tat ist die Zuordnung $([c], x) \longmapsto cx$ wohldefiniert, denn betrachtet man $c' \in [c] = c + \underline{a}$, dann gilt $c' - c \in \underline{a} \subset ann(E)$, also $(c' - c)x = 0$ und somit $c'x = cx$, für alle $x \in E$.

12. Es gelten die Äquivalenzen: $[c] \in ann(E)$, für den $A/ann(E)$-Modul $E \Leftrightarrow cx = 0$, für alle $x \in E$ $\Leftrightarrow c \in ann(E)$, für den $A$-Modul $E \Leftrightarrow [c] = [0]$.

13. Die Behauptung folgt für die Untergruppe $U$ aus den folgenden Äquivalenzen:

$A/ann(E) \cdot U \subset U \Leftrightarrow ax \in U$, für alle $x \in U \Leftrightarrow AU \subset U$.

**A4.006.01:** Auf der Menge $Umo_A(E)$ der $A$-Untermoduln eines $A$-Moduls $E$ sei eine Relation $\leq$ definiert durch die Vorschrift $U \leq V \Leftrightarrow U \subset V$, die naheliegenderweise eine Ordnungs-Relation auf $Umo_A(E)$ ist. Zeigen Sie nun für $A$-Untermoduln $U$ und $V$ von $E$: Es gilt $U \leq V$ genau dann, wenn es einen $A$-Homomorphismus $k : U \longrightarrow V$ mit dem nebenstehenden kommutativen Diagramm gibt:

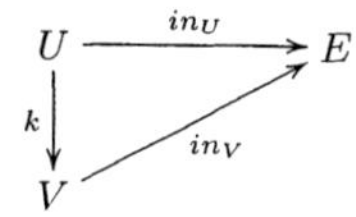


Nennen Sie ein Beispiel dafür, daß $(Umo_A(E), \leq)$ im allgemeinen keine linear geordnete Menge ist.

*Anmerkung:* Die geordnete Menge $(Umo_A(E), \leq)$ bildet einen vollständigen Verband. Dabei ist 0 das kleinste und $E$ das größte Element in $Umo_A(E)$. Ferner gilt: Je zwei Elemente $U$ und $V$ aus $Umo_A(E)$ haben $U \cap V$ als größten gemeinsamen Vorgänger und $U + V$ als kleinsten gemeinsamen Nachfolger (zu beidem siehe Satz 4.004.4).

**B4.006.01:** Zum Beweis beider Implikationen:

1. Gilt $U \leq V$, dann liefert die Vorschrift $k(x) = x$ das Gewünschte.

2. Liegt das angegebene kommutative Diagramm vor, dann gilt für alle $x \in U$ dann $x = in_U(x) = (in_V \circ k)(x) = in_V(k(x)) = k(x) \in V$, folglich gilt $U \subset V$ und somit $U \leq V$.

*Zusatz:* Die geordnete Menge $(Umo_{\mathbb{Z}}(\mathbb{Z}), \leq)$ für den $\mathbb{Z}$-Modul $\mathbb{Z}$ ist nicht linear geordnet, denn zwischen den Untermoduln $2\mathbb{Z}$ und $3\mathbb{Z}$ besteht keine Relation im Sinne von $2\mathbb{Z} \subset 3\mathbb{Z}$ oder $3\mathbb{Z} \subset 2\mathbb{Z}$.

**A4.006.02:** Der Sinn von Aufgabe A4.006.01 liegt darin zu zeigen, wie sich die dort genannte Ordnungs-Relation durch geeignete Homomorphismen und kommutative Diagramme beschreiben läßt. Will man nun eine entsprechende Relation für Quotientenmoduln installieren, dann kann das nicht durch die Inklusion von Quotientenmoduln, sondern muß durch eine entsprechende Beschreibung wie in Aufgabe A4.006.01 geschehen.

Also: Auf der Menge $Qmo_A(E)$ der $A$-Quotientenmoduln eines $A$-Moduls $E$ sei eine Relation $\leq$ definiert durch die Vorschrift $E/U \leq E/V \Leftrightarrow V \subset U$ (je kleiner der Untermodul, desto größer der Quotientenmodul), die naheliegenderweise eine Ordnungs-Relation auf $Qmo_A(E)$ ist. Zeigen Sie nun für $A$-Untermoduln $U$ und $V$ von $E$: Es gilt $E/U \leq E/V$ genau dann, wenn es einen $A$-Homomorphismus $k : E/V \longrightarrow E/U$ mit dem nebenstehenden kommutativen Diagramm gibt:

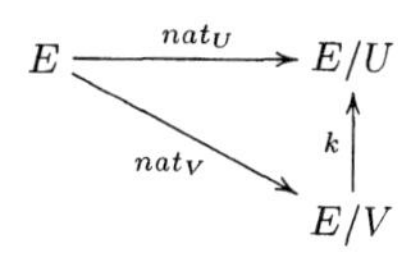


*Hinweis:* Verwenden Sie für einen Teil des Beweises Satz 4.017.1.

**B4.006.02:** Zum Beweis beider Implikationen:

1. Gilt $E/U \leq E/V$, dann gilt $V \subset U$ und damit $V \subset U = Kern(nat_U)$. Der Homomorphie-Satz (Satz 4.017.1) kann somit auf $nat_U : E \longrightarrow E/U$ angewendet werden und liefert dann das Gewünschte.

2. Liegt das angegebene kommutative Diagramm vor, dann gilt – wenn man dabei $U = Kern(nat_U) = \{x \in E \mid nat_U(x) = 0\}$ und $V = Kern(nat_V) = \{x \in E \mid nat_V(x) = 0\}$ beachtet – für alle $x \in V$ dann $nat_V(x) = 0$ und somit $nat_U(x) = (k \circ nat_V)(x) = k(0) = 0$, also $x \in U$. Folglich gilt $V \subset U$ und damit auch $E/U \leq E/V$.

**A4.006.03:** Geben Sie eine bijektive antitone Funktion $g : Umo_A(E) \longrightarrow Qmo_A(E)$ mit antitoner inverser Funktion an.

**B4.006.03:** Wird $g$ durch die Zuordnung $U \longmapsto E/U$ definiert, so gilt $U \leq V \Leftrightarrow g(U) \geq g(V)$ nach den Aufgaben A4.006.01 und A4.006.02, die Funktion $g$ ist also antiton. Ferner ist $g$ bijektiv, denn:

a) $g$ ist surjektiv, denn jeder Quotientenmodul von $E$ hat die Form $E/U$ mit Untermodul $U$ von $E$,

b) $g$ ist injektiv, denn gilt $g(U) = g(V)$, so gilt $g(U) \leq g(V)$ und $g(U) \geq g(V)$, also gilt $V \geq U$ und $U \leq V$, woraus dann $U = V$ folgt.

## 4.014 $A$-Homomorphismen in Diagrammen (Teil 3)

**A4.014.01:** Zeigen Sie: Eine $A$-*mod*-Sequenz $E' \xrightarrow{f'} E \xrightarrow{f} E''$ ist genau dann exakt, wenn es ein kommutatives $A$-*mod*-Diagramm mit exakten Spalten und exakter Zeile der folgenden Form gibt:

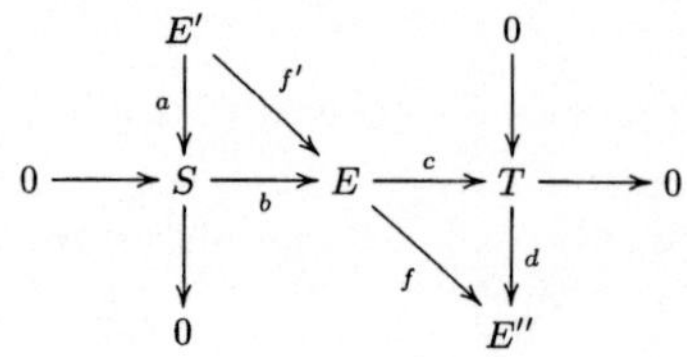


**B4.014.01:** Zur Bearbeitung der Aufgabe die beiden folgenden Implikationen:

*Teil 1:* Die $A$-*mod*-Sequenz $E' \xrightarrow{f'} E \xrightarrow{f} E''$ sei exakt, womit $Kern(f) = Bild(f')$ gilt. Legt man das gesuchte Diagramm in folgender Weise an, wobei $f'_*$ lediglich einen gegenüber $f'$ und $f_*$ lediglich einen gegenüber $f'$ eingeschränkten Wertebereich haben, ferner $in_1$ und $in_2$ die entsprechenden Einschränkungen bezeichnen, so lassen sich alle Einzelbehauptungen daran unmittelbar ablesen:

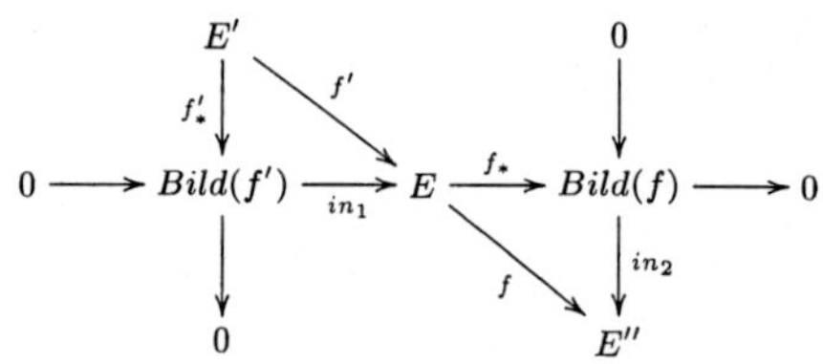


a) Die Surjektivität von $f'_*$ liefert die Exaktheit der Sequenz $E' \xrightarrow{f'_*} Bild(f') \longrightarrow 0$.

b) Die Injektivität von $in_2$ liefert die Exaktheit der Sequenz $0 \longrightarrow Bild(f) \xrightarrow{in_2} E''$.

c) Die Injektivität von $in_1$ liefert die Exaktheit der Sequenz $0 \longrightarrow Bild(f') \xrightarrow{in_1} E$.

d) Die Surjektivität von $f_*$ liefert die Exaktheit der Sequenz $E \xrightarrow{f_*} Bild(f) \longrightarrow 0$.

e) Die Exaktheit der vorgegebenen Sequenz $E' \xrightarrow{f'} E \xrightarrow{f} E''$ liefert die Exaktheit der Sequenz $Bild(f') \xrightarrow{in_1} E \xrightarrow{f_*} Bild(f)$, denn es gilt $Kern(f_*) = Kern(f) = Bild(f') = Bild(in_1)$.

*Teil 2:* Es liege ein kommutatives Diagramm der in der Aufgabe angegebenen Form und den dortigen Bezeichnungen vor, dann gilt im einzelnen:

a) Wegen der Surjektivität von $a$ gilt $Bild(b \circ a) = Bild(b)$, folglich $Bild(f') = Bild(b)$.

b) Wegen der Injektivität von $d$ gilt $Kern(d \circ c) = Kern(c)$, folglich $Kern(f) = Kern(c)$.

c) Da nach Voraussetzung $Kern(c) = Bild(b)$ gilt, folgt $Kern(f) = Bild(f')$ nach a) und b).

**A4.014.02:** Zeigen Sie: Zu $A$-Moduln $E$, $F$ und $G$ über einem kommutativen Ring mit 1 und zu $A$-Homomorphismen $E \xrightarrow{f} F$ und $F \xrightarrow{g} G$ mit $h = g \circ f$ gibt eine exakte $A$-*mod*-Sequenz

$$0 \longrightarrow Kern(f) \longrightarrow Kern(h) \longrightarrow Kern(g) \longrightarrow Cokern(f) \longrightarrow Cokern(h) \longrightarrow Cokern(g) \longrightarrow 0$$

so daß das folgende Diagramm kommutativ ist:

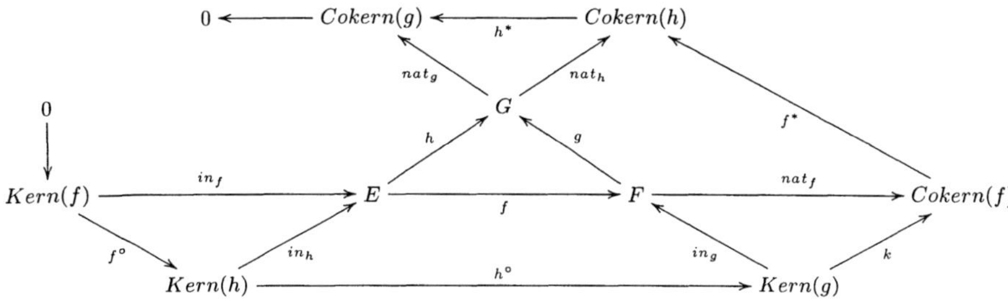


wobei jeweils $in_x = in_{Kern(x)}$ und $nat_x = nat_{Bild(x)}$ für $x \in \{f, g, h\}$ abgekürzt ist und die übrigen fünf $A$-Homomorphismen, $f^\circ$, $h^\circ$, $k$, $f^*$, $h^*$, geeignet zu definieren sind.

**B4.014.02:** Zur Bearbeitung der Aufgabe im einzelnen:

*Vorbemerkung:* Zunächst sind die drei folgenden Sequenzen exakte $A$-*mod*-Sequenzen :

$$0 \longrightarrow Kern(f) \xrightarrow{in_f} E \xrightarrow{f} F \xrightarrow{nat_f} Cokern(f) \longrightarrow 0$$

$$0 \longrightarrow Kern(g) \xrightarrow{in_g} E \xrightarrow{g} F \xrightarrow{nat_g} Cokern(g) \longrightarrow 0$$

$$0 \longrightarrow Kern(h) \xrightarrow{in_h} E \xrightarrow{h} F \xrightarrow{nat_h} Cokern(h) \longrightarrow 0$$

Es werden jeweils zunächst die $A$-Homomorphismen $f^\circ$, $h^\circ$, $k$, $f^*$ und $h^*$ definiert oder ihre Herkunft aus anderer Quelle genannt, wobei nötigenfalls zu zeigen ist, daß sie im ersten Falle auch wohldefiniert sind, das heißt, daß ihre Bildbereiche in den jeweils angegebenen Wertebereichen enthalten sind.

1a) Mit der Festsetzung $f^\circ = in_f$ ist $f^\circ(Kern(f)) \subset Kern(h)$, also $f^\circ$ wohldefiniert, denn:
Für Elemente $x \in Kern(f)$ gilt $f(x) = 0 \in F$ und somit $h(x) = (g \circ f)(x) = g(f(x)) = g(0) = 0 \in G$, folglich ist $x \in Kern(h)$. Nach Definition von $f^\circ$ ist damit $f^\circ(x) = in_f(x) = x \in Kern(h)$.

1b) Das folgende Teildiagramm ist kommutativ, denn für alle Elemente $x \in Kern(f)$ gilt die Beziehung $in_f(x) = x = (in_h \circ in_f)(x) = (in_h \circ f^\circ)(x)$, also gilt $in_h \circ f^\circ = in_f$:

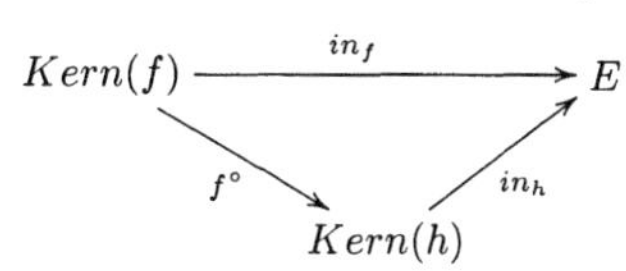


1c) Die Teilsequenz $0 \longrightarrow Kern(f) \xrightarrow{f^\circ} Kern(h)$ ist exakt, denn $f^\circ = in_f$ ist injektiv.

2a) Mit der Festsetzung $h^\circ = f \mid Kern(h)$ ist $h^\circ(Kern(h)) \subset Kern(g)$, also $h^\circ$ wohldefiniert, denn:
Für Elemente $x \in Kern(h)$ gilt $h(x) = 0 \in G$ und somit $g(f(x)) = (g \circ f)(x) = h(x) = 0 \in G$, folglich ist $f(x) \in Kern(g)$. Nach Definition von $h^\circ$ ist damit $h^\circ(x) = (f \mid Kern(h))(x) = f(x) \in Kern(g)$.

2b) Das folgende Teildiagramm ist kommutativ, denn für alle $x \in Kern(h)$ gilt $(in_g \circ h^\circ)(x) = in_g(f(x)) = f(x) = f(in_h(x)) = (f \circ in_h)(x)$, also gilt $in_g \circ h^\circ = f \circ in_h$:

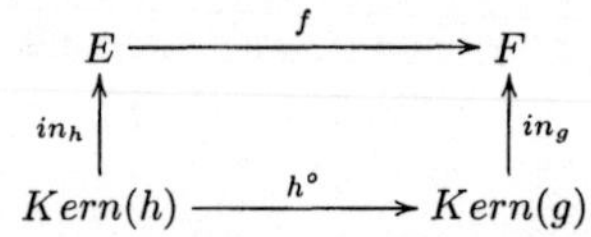


2c) Die Teilsequenz $Kern(f) \xrightarrow{f^\circ} Kern(h) \xrightarrow{h^\circ} Kern(g)$ ist exakt, denn:

Zu zeigen ist $Kern(h^\circ) = Bild(f^\circ)$. Unter Verwendung der Inklusion $Kern(f) \subset Kern(h)$, die in Teil 1a) gezeigt wurde, gilt $Kern(h^\circ) = Kern(f \,|\, Kern(h)) = Kern(f) \cap Kern(h) = Kern(f) = in_f(Kern(f)) = f^\circ(Kern(f)) = Bild(f^\circ)$.

3a) Mit der Festsetzung $k = nat_f \,|\, Kern(g)$ ist $k(Kern(g)) \subset Cokern(f)$, also $k$ wohldefiniert, denn: Für Elemente $x \in Kern(g)$ gilt $x \in F$ und somit $k(x) = nat_f(x) \in F/Bild(f) = Cokern(f)$.

3b) Das folgende Teildiagramm ist kommutativ, denn für alle Elemente $x \in Kern(g)$ gilt die Beziehung $k(x) = (nat_f \,|\, Kern(g))(x) = nat_f(x) = nat_f(in_g(x)) = (nat_f \circ in_g)(x)$, also gilt $k = nat_f \circ in_g$:

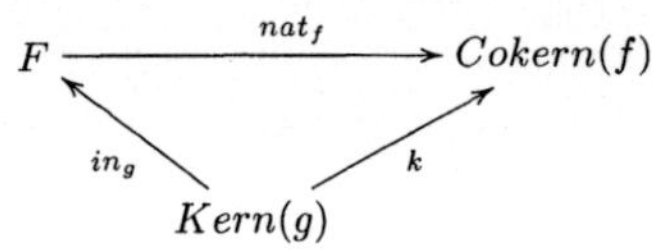


3c) Die Teilsequenz $Kern(h) \xrightarrow{h^\circ} Kern(g) \xrightarrow{k} Cokern(f)$ ist exakt, denn:

Zu zeigen ist $Kern(k) = Bild(h^\circ)$. Unter Verwendung von $Kern(nat_f) = Bild(f)$ als Teil der Exaktheit der ersten Sequenz der Vorbemerkung gilt einerseits die Beziehung $Kern(k) = Kern(nat_f \,|\, Kern(g)) = Kern(nat_f) \cap Kern(g) = Bild(f) \cap Kern(g)$ und andererseits $Bild(h^\circ = Bild(f \,|\, Kern(h))$ $= (f \,|\, Kern(h))(Kern(h) = f(Kern(h))$. Damit bleibt noch $f(Kern(h)) = Bild(f) \cap Kern(g)$ zu zeigen:

$\alpha$) Es gilt $f(Kern(h)) \subset Bild(f) \cap Kern(g)$, denn: Für jedes Element $x \in f(Kern(h))$ gilt einerseits $x \in f(E)$ und somit $x \in Bild(f)$, andererseits aber auch $x \in Kern(g)$, denn wegen $g(f(Kern(h)) = (g \circ f)(Kern(h)) = h(Kern(h)) = 0 \subset G$ gilt die Inklusion $f(Kern(h)) \subset Kern(g)$.

$\beta$) Es gilt $Bild(f) \cap Kern(g) \subset f(Kern(h))$, denn: Für jedes Element $y \in Bild(f) \cap Kern(g)$ gilt $y \in Bild(f)$ und $y \in Kern(g)$, folglich gibt es ein Element $x \in E$ mit $f(x) = y$ sowie $g(y) = 0$. Damit ist dann $g(y) = g(f(x)) = (g \circ f)(x) = h(x) = 0$, also $x \in Kern(h)$ und folglich $y \in f(Kern(h))$.

4a) In dem folgenden Diagramm sind nach der Vorbemerkung die beiden Zeilen exakt, ferner ist nach der Voraussetzung $h = g \circ f$ das linke Teildiagramm kommutativ. Nach Corollar 4.012.4 gibt es dann einen eindeutig bestimmten $A$-Homomorphismus $f^*$, der das Diagramm kommutativ ergänzt:

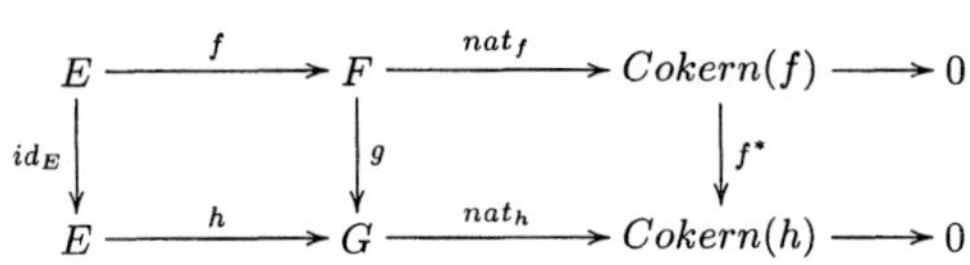


4b) Die Teilsequenz $Kern(g) \xrightarrow{k} Cokern(f) \xrightarrow{f^*} Cokern(h)$ ist exakt, denn:

Zu zeigen ist die Gleichheit $Kern(f^*) = Bild(k)$, im folgenden anhand beider Inklusionen:

Es gilt $Bild(k) \subset Kern(f^*)$, denn es ist $Bild(k) = k(Kern(g)) = (nat_f \circ in_g)(Kern(g))$

$= nat_f(Kern(g)) = nat_f(g^u(0)) \subset nat_f(g^u(Bild(h))) \overset{(1)}{=} nat_f(g^u(Kern(nat_h))) = nat_f(g^u(nat_h^u(0)))$

$\overset{(2)}{=} (f^*)^u(0) = Kern(f^*)$, wobei die dabei genannte Inklusion wegen $0 \in Bild(h)$, das Gleichheitszeichen $\overset{(1)}{=}$ wegen der Exaktheit der unteren Sequenz und das Gleichheitszeichen $\overset{(2)}{=}$ wegen der Kommutativität des Diagramms gilt.

Es gilt $Kern(f^*) \subset Bild(k)$, denn: Zu jedem Element $x \in Kern(f^*)$ gibt es wegen der Surjektivität von $nat_f$ ein Element $y \in F$ mit $nat_f(y) = x$, womit die Kommutativität des Diagramms und die Exaktheit der unteren Zeile des Diagramms dann $0 = f^*(x) = f^*(nat_f(y)) = nat_h(g(y))$ sowie $g(y) \in Kern(nat_h) = Bild(h)$ liefern. Folglich gibt es ein Element $z \in E$ mit $g(f(z)) = g(y)$, woraus dann $0 = g(y) - g(f(z)) = g(y - f(z))$, also $y - f(z) \in Kern(g)$ folgt.

Weiterhin gilt dann $nat_f(y - f(z)) \in nat_f(Kern(g)) = (nat_f \circ in_g)(Kern(g)) \overset{(1)}{=} Bild(k)$ und damit schließlich $x = nat_f(y) = nat_f(y) - 0 = nat_f(y) - nat_f(f(z)) = nat_f(y - f(z)) \in Bild(k)$, wobei das Gleichheitszeichen $\overset{(1)}{=}$ aufgrund der Kommutativität des Diagramms in Teil 3b) gilt.

5a) In dem folgenden Diagramm sind nach der Vorbemerkung die beiden Zeilen exakt, ferner ist nach der Voraussetzung $h = g \circ f$ das linke Teildiagramm kommutativ. Nach Corollar 4.012.4 gibt es dann einen eindeutig bestimmten $A$-Homomorphismus $h^*$, der das Diagramm kommutativ ergänzt:

$$\begin{array}{ccccccc} E & \xrightarrow{h} & G & \xrightarrow{nat_h} & Cokern(h) & \longrightarrow & 0 \\ \downarrow f & & \downarrow id_G & & \downarrow h^* & & \\ F & \xrightarrow{g} & G & \xrightarrow{nat_g} & Cokern(g) & \longrightarrow & 0 \end{array}$$

5b) Die Teilsequenz $Cokern(f) \xrightarrow{f^*} Cokern(h) \xrightarrow{h^*} Cokern(g)$ ist exakt, denn:

Zu zeigen ist $Kern(h^*) = Bild(f^*)$, eine Beziehung, die aus zwei Einzelberechnungen folgt:

$\alpha$) Mit der Surjektivität von $nat_f$ und der Kommutativität des Diagramms in Teil 4a) gilt $Bild(f^*) = Bild(f^* \circ nat_f) = Bild(nat_h \circ g)$.

$\beta$) Die Kommutativität des obigen Diagramms liefert $nat_h^*(Kern(h^*)) = Kern(nat_g)$, woraus die Exaktheit der zweiten Sequenz in der Vorbemerkung $nat_h^*(Kern(h^*)) = Bild(g)$ liefert. Damit gilt dann $Kern(h^*) = nat_h(nat_h^*(Kern(h^*))) = nat_h(Bild(g)) = Bild(nat_h \circ g)$, woraus mit Teil $\alpha$) schließlich $Kern(h^*) = Bild(f^*)$ folgt.

6. Die Teilsequenz $Cokern(h) \xrightarrow{h^*} Cokern(g) \longrightarrow 0$ ist exakt, denn Corollar 4.013.2 liefert die Surjektivität von $h^*$ (da $id_G$ insbesondere surjektiv ist).

*Fazit:* Aus den Bearbeitungsteilen 1 bis 6 folgt, daß es eine exakte Sequenz der in der Aufgabe angegebenen Form gibt, deren Homomorphismen zur Kommutativität aller Teildiagramme und somit zur Kommutativität des gesamten Diagramms führen.

**A4.025.01:** Bestätigen Sie den letzten Satz in Bemerkung 4.025.2/2.

**B4.025.01:** Es gelten die Bedingungen $Mod_1$ bis $Mod_4$ von Definition 4.000.1, denn für alle $a, b, c \in A$, für alle $x \in E$ und für alle $A$-Homomorphismen $f, g : E \longrightarrow A_d$ von $A$-Rechtsmoduln gilt

1. $(a(f+g))(x) = a(f+g)(x) = a(f(x)+g(x)) = af(x) + ag(x) = (af)(x) + (ag)(x) = (af+ag)(x)$, also gilt die Beziehung $a(f+g) = af + ag$,
2. $((a+b)f)(x) = (a+b)f(x) = af(x) + bf(x) = (af)(x) + (bf)(x) = (af+bf)(x)$ also gilt die Beziehung $(a+b)f = af + bf$,
3. $((ab)f)(x) = (ab)f(x) = a(bf(x)) = a((bf)(x)) = (a(bf))(x)$, also gilt die Beziehung $(ab)f = a(bf)$,
4. $(1 \cdot f)(x) = 1 \cdot f(x) = f(x)$, also gilt $1 \cdot f = f$.

**A4.025.02:** Zeigen Sie unter Verwendung der Linkstranslationen $L_a : A \longrightarrow A$ mit $L_a(c) = ac$ und der Rechtstranslationen $R_a : A \longrightarrow A$ mit $R_a(c) = ca$ zu beliebigen Elementen $a \in A$ (siehe Bemerkung 1.601.2/7) folgende Sachverhalte:

1. Die $A$-Rechtsmodul-Struktur auf $Hom_A(E, {}_sA)$ zu einem $A$-Linksmodul $E$ ist definiert als Komposition $fa = R_a \circ f$, für alle $a \in A$.
2. Die $A$-Linksmodul-Struktur auf $Hom_A(E, A_d)$ zu einem $A$-Rechtsmodul $E$ ist definiert als Komposition $af = L_a \circ f$, für alle $a \in A$.
3. Es gibt $A$-Isomorphieen $({}_sA)^* \cong A_d$ und $(A_d)^* \cong {}_sA$.

**B4.025.02:** Zur Bearbeitung der Aufgabe im einzelnen:

1. Mit den Kompositionen $E \xrightarrow{f} A \xrightarrow{R_a} A$ ist $(fa)(x) = (R_a \circ f)(x) = R_a(f(x)) = f(x)a$, für alle $a \in A$.
2. Mit den Kompositionen $E \xrightarrow{f} A \xrightarrow{L_a} A$ ist $(af)(x) = (L_a \circ f)(x) = L_a(f(x)) = af(x)$, für alle $a \in A$.

3a) Die Zuordnung $a \longmapsto R(a) = R_a$ liefert einen $A$-Isomorphismus $R : A_d \longmapsto ({}_sA)^* = Hom_A({}_sA, {}_sA)$ von $A$-Rechtsmoduln, denn im einzelnen gilt:

a$_1$) $R_a : {}_sA \longrightarrow {}_sA$ ist ein $A$-Homomorphismus von $A$-Linksmoduln, denn für alle $a, b, c, x \in A$ gilt $R(a+b)(x) = R_{a+b}(x) = x(a+b) = xa + xb = R_a(x) + R_b(x) = R(a)(x) + R(b)(x) = (R(a) + R(b))(x)$ sowie $R(a)(cx) = R_a(cx) = (cx)a = c(xa) = cR_a(x) = cR(a)(x)$.

a$_2$) Die $A$-Isomorphie $E \cong Hom_A(A, E)$ in Satz 4.023.1 liefert mit $E = {}_sA$, also mit $A_d \cong Hom_A({}_sA, {}_sA)$, die Behauptung $A_d \cong Hom_A({}_sA, {}_sA) = ({}_sA)^*$.

3b) Die Zuordnung $a \longmapsto L(a) = L_a$ liefert einen $A$-Isomorphismus $L : {}_sA \longmapsto (A_d)^* = Hom_A(A_d, A_d)$ von $A$-Linksmoduln, denn im einzelnen gilt:

b$_1$) $L_a : A_d \longrightarrow A_d$ ist ein $A$-Homomorphismus von $A$-Rechtsmoduln, denn für alle $a, b, c, x \in A$ gilt $L(a+b)(x) = L_{a+b}(x) = (a+b)x = ax + bx = L_a(x) + L_b(x) = L(a)(x) + L(b)(x) = (L(a) + L(b))(x)$ sowie $L(a)(xc) = L_a(xc) = a(xc) = (ax)c = (L_a(x))c = (L(a)(x))c$.

b$_2$) Es wird wie in a$_2$) mit $E = A_d$ argumentiert.

**A4.025.03:** Zeigen Sie mit Bezug auf Abschnitt 4.030: Für endliche Familien $(E_i)_{i \in I}$ von $A$-Links- oder $A$-Rechtsmoduln $E_i$ gilt die $A$-Isomorphie $(\bigoplus_{i \in I} E_i)^* \cong \bigoplus_{i \in I} (E_i^*)$.
Insbesondere gilt hinsichtlich Aufgabe A4.025.02: $({}_sA^n)^* \cong A_d^n$ und $(A_d^n)^* \cong {}_sA^n$, für alle $n \in \mathbb{N}$.

**AB.025.03:** Die Behauptung folgt für den Fall von $A$-Linksmoduln $E_i$ und ${}_sA$ unmittelbar aus dem zweiten Teil von Corollar 4.030.8: $(\bigoplus_{i \in I} E_i)^* = Hom_A(\bigoplus_{i \in I} E_i, {}_sA) \cong \bigoplus_{i \in I} Hom_A(E_i, {}_sA) = \bigoplus_{i \in I} (E_i^*)$. Auf gleiche Weise folgt die Behauptung aus dem für $A$-Rechtsmoduln formulierten Corollar 4.030.8.

**A4.034.01:** Betrachten Sie zu $k \in \{1,2\}$ $A$-Moduln $E_k$, die Injektionen $in_k : E_k \longrightarrow E_1 \oplus E_2$ sowie deren Bildmengen, ferner die Funktion $p : E_1 \oplus E_2 \longrightarrow Bild(in_1)$, definiert durch $p(x_1, x_2) = (x_1, 0)$. Zeigen Sie, daß $p$ ein $A$-Homomorphismus ist, ferner $p^2 = p \circ p = p$ sowie $Kern(p) = Bild(in_2)$.

**B4.034.01:** Zur Bearbeitung der Aufgabe im einzelnen:

1. Für alle $x_1, z_1 \in E_1$ und $x_2, z_2 \in E_2$ sowie für alle $a \in A$ gilt:
$p((x_1, x_2) + (z_1, z_2)) = p(x_1 + z_1, x_2 + z_2) = (x_1 + z_1, 0) = (x_1, 0) + (z_1, 0) = p(x_1, x_2) + p(z_1, z_2)$ und $p(a(x_1, x_2)) = p(ax_1, ax_2) = (ax_1, 0) = a(x_1, 0) = ap(x_1, x_2)$, folglich ist $p$ ein $A$-Homomorphismus.

2. Für alle $x_1 \in E_1$ und $x_2 \in E_2$ gilt $p^2(x_1, x_2) = p(p(x_1, x_2)) = p(x_1, 0) = (x_1, 0) = p(x_1, x_2)$, folglich hat $p$ die Eigenschaft $p^2 = p$.

3. Es ist $Kern(p) = \{(x_1, x_2) \mid p(x_1, x_2) = (0, 0)\} = \{(0, x_2) \mid x_2 \in E_2\} = Bild(in_2)$.

**A4.034.02:** Zeigen Sie: Für Untermoduln $U$ und $V$ eines $A$-Moduls $E$ sind äquivalent:

a) $E$ ist direkte Summe von $U$ und $V$, es ist also $E = U \oplus V$.

b) Es gibt einen $A$-Homomorphismus $p : E \longrightarrow E$ mit $p^2 = p$ sowie $Bild(p) = U$ und $Kern(p) = V$.

**B4.034.02:** Es gelten die beiden folgenden Implikationen:

a) $\Rightarrow$ b): Nach Voraussetzung gibt es zu jedem $x \in E$ genau ein Paar $(u, v) \in U \oplus V$ mit $x = u + v$. Somit kann eine Funktion $p : E \longrightarrow E$ definiert werden durch $p(x) = u$, die folgende Eigenschaften besitzt:

1. Die Funktion $p$ ist $A$-homomorph, denn es gilt $p(x + x') = p((u + v) + (u' + v')) = p((u + u') + (v + v')) = u + u' = p(x) + p(x')$, denn es ist $u + u' \in U$ und $v + v' \in V$, ferner $p(ax) = p(a(u + v)) = p(au + av) = au = ap(x)$, denn es ist $au \in U$ und $av \in V$.

2. Für alle Elemente $x \in E$ in der Form $x = u + v$ gilt $p^2(x) = p(p(x)) = p(p(u + v)) = p(u) = p(u + 0) = u = p(u + v) = p(x)$, folglich hat $p$ die Eigenschaft $p^2 = p$.

3. Wie die beiden folgenden Inklusionen zeigen, gilt $U = Bild(p)$:
a) Für $x = u + v \in E$ gilt $p(x) = p(u + v) = u \in U$, folglich gilt $Bild(p) \subset U$.
b) Für $u \in U$ gilt $u = u + 0$ und somit $u = p(u)$, folglich gilt $U \subset Bild(p)$.

4. Wie die beiden folgenden Inklusionen zeigen, gilt $V = Kern(p)$:
a) $x \in Kern(p)$ liefert einerseits $p(x) = 0$, $x = u + v$ liefert andererseits $p(x) = u$, beides zusammen liefert also $u = 0$, woraus $x = 0 + v = v \in V$ folgt. Somit gilt $Kern(p) \subset V$.
b) Für $x \in V$ mit $x = 0 + x$ gilt $p(x) = p(0 + x) = 0$, also $x \in Kern(p)$, folglich gilt $V \subset Kern(p)$.

b) $\Rightarrow$ a): Zu zeigen ist, daß es zu jedem Element $x \in E$ eindeutig bestimmte Elemente $u \in U = Bild(p)$ und $v \in V = Kern(p)$ gibt mit $x = u + v$. Dazu im einzelnen:

1. Zur Existenz solcher Elemente $u$ und $v$: Für jedes $x \in E$ gilt $x = p(x) - p(x) + x = p(x) + (x - p(x))$. Dabei ist $p(x) \in U = Bild(p)$ sowie $x - p(x) \in V = Kern(p)$, denn mit der $A$-Homomorphie von $p$ und der Eigenschaft $p^2 = p$ gilt $p(x - p(x)) = p(x) - p(p(x)) = p(x) - p(x) = 0$.

2. Zur Eindeutigkeit solcher Elemente $u$ und $v$ ist $U \cap V = 0$ zu zeigen: Ist $x \in Bild(p) \cap Kern(p)$, dann zeigt $x \in Bild(p)$, daß es ein $z \in E$ gibt mit $x = p(z)$, ferner zeigt $x \in Kern(p)$ unmittelbar $p(x) = 0$. Damit gilt dann einerseits $p(p(z)) = p(x) = 0$ und wegen $p^2 = p$ andererseits $p(p(z)) = p(z) = x$, woraus zusammen $x = 0$ folgt. Also gilt $Bild(p) \cap Kern(p) = 0$.

**A4.034.03:** Zeigen Sie: Für jeden Untermodul $U$ eines $A$-Moduls $E$ sind äquivalent:

a) $U$ ist direkter Summand von $E$.

b) Es gibt einen $A$-Homomorphismus $p : E \longrightarrow E$ mit $p^2 = p$ sowie $Bild(p) = U$.

c) Es gibt einen $A$-Homomorphismus $p : E \longrightarrow E$ mit $p^2 = p$ sowie und $Kern(p) = U$.

d) Es gibt einen $A$-Homomorphismus $f : E \longrightarrow U$ mit $f \circ in_U = id_U$.

*Hinweis:* Zeigen Sie insbesondere auf direkte Weise die Äquivalenz von b) und d).

**B4.034.03:** Die Äquivalenzen a) $\Leftrightarrow$ b) und a) $\Leftrightarrow$ c) folgen aus A4.034.02 mit $E = U \oplus V = V \oplus U$.

b) $\Rightarrow$ d): Wegen $Bild(p) = U$ kann man die in b) vorgegebene Funktion $p$ als die gesuchte Funktion $g$ verwenden, genauer in der Form $p = in_U \circ g$. Die Eigenschaft $p^2 = p$ liefert dann $(in_U \circ g) \circ (in_U \circ g) = in_U \circ g$, woraus mit der Injektivität von $in_U$ dann $g \circ in_U \circ g = g = id_U \circ g$ (nach der Links-Kürzbarkeit in Satz 1.132.7/1) und mit der Surjektivität von $g$ daraus schließlich $g \circ in_U = id_U$ (nach der Rechts-Kürzbarkeit in Satz 1.132.7/2) folgt.

d) $\Rightarrow$ b): Mit der vorgegebenen Funktion $g : E \longrightarrow U$ sei $p = in_U \circ g : E \longrightarrow E$ festgelegt. Wegen der Vorgabe $g \circ in_U = id_U$ ist $g$ surjektiv (nach Satz 1.132.6b), somit ist $Bild(p) = U$, ferner gilt $p^2 = p \circ p = (in_U \circ g) \circ (in_U \circ g) = in_U \circ (g \circ in_U) \circ g = in_U \circ id_U \circ g = in_U \circ g = p$.

**A4.034.04:** Zeigen Sie die folgende Nuancierung von Satz 4.034.6:

Bezüglich eines surjektiven $A$-Homomorphismus $f : E \longrightarrow U$ sind äquivalent:

a) Es gibt einen zu $U$ isomorphen direkten Summanden in $E$.

b) Es gibt einen $A$-Homomorphismus $e : U \longrightarrow E$ mit $f \circ e = id_U$.

**B4.034.04:** Die Behauptung folgt aus Satz 4.034.6 oder auch aus der Äquivalenz a) $\Leftrightarrow$ d) in Aufgabe A4.034.3, wenn man den zu $U$ isomorphen direkten Summanden $S$ in $E$ (mit Isomorphismus $i$) sowie bezüglich der $A$-Homomorphismen $U \xrightarrow{i} S \xrightarrow{in_S} E \xrightarrow{f} U$ die Festlegung $e = in_S \circ i$ trifft, womit dann $f \circ e = f \circ in_S \circ i = id_U$ gilt.

*Anmerkung:* Man kann $S = Bild(e)$ und $Kern(f)$ als direktes Komplement wählen.

**A4.034.05:** Zeigen Sie anhand eines Beispiels, daß nicht jeder Untermodul direkter Summand ist.

**A4.042.01:** Bearbeiten Sie bezüglich Bemerkung 4.042.7:

1. Beweisen Sie die letzte Äquivalenz in Teil 1.
2. Wie verhalten sich eine Basis $z = (z_i)_{i\in I}$ von $F$ zu der Menge $Z = \{z_i \in F \mid i \in I\}$ ?

**B4.042.01:** Zur Bearbeitung bezüglich Bemerkung 4.042.7 im einzelnen:

1. Zu zeigen ist die Äquivalenz $Kern(h) = 0 \Leftrightarrow (\sum_{i\in I} a_i z_i = 0 \Rightarrow (\forall\, i \in I)(a_i = 0))$:

$\Rightarrow$): Es gilt: $\sum_{i\in I} a_i z_i = 0 \Rightarrow (a_i)_{i\in I} \in Kern(h) \Rightarrow (a_i)_{i\in I} = (0)_{i\in I} \Rightarrow (\forall\, i \in I)(a_i = 0))$.

$\Leftarrow$): Es gilt: $a = (a_i)_{i\in I} \in Kern(h) \Rightarrow h(a) = h(a_i)_{i\in I} = 0 \Rightarrow \sum_{i\in I} a_i z_i = 0 \Rightarrow (\forall\, i \in I)(a_i = 0)) \Rightarrow a = (0)_{i\in I} = 0 \in A^{(I)}$.

2. Generell gilt die Implikation: $z = (z_i)_{i\in I}$ Basis von $F \Rightarrow Z = \{z_i \in F \mid i \in I\}$ Basis von $F$. Diese Implikation gilt allerdings nicht umgekehrt, denn betrachtet man den $A$-Modul $A$, dann ist zwar mit der Basis $z = (1)$ auch $Z = \{1\}$ Basis von $A$, allerdings ist umgekehrt mit der Basis $Z = \{1\} = \{1, 1\}$ von $A$ nicht auch $z = (1, 1)$ Basis von $A$.

**A4.042.02:** Im folgenden bezeichne $\mathbb{Z}_* = \mathbb{Z} \setminus \{0\}$ und $\mathbb{Q}_* = \mathbb{Q} \setminus \{0\}$. Alle folgenden Aufgabenteile beziehen sich auf den $\mathbb{Z}$-Modul $\mathbb{Q}$. Zeigen Sie für diesen Modul im einzelnen:

1. Jede (endliche) Teilmenge $T \subset \mathbb{Q}$ mit $0 \in T$ ist linear abhängig.
2. Jede zweielementige Teilmenge $T \subset \mathbb{Q}_*$ ist linear abhängig.
3. Jede Teilmenge $T \subset \mathbb{Q}_*$ mit $card(T) > 1$ ist linear abhängig.
4. Jede einelementige Teilmenge $T \subset \mathbb{Q}_*$ ist linear unabhängig.
5. Einelementige Teilmengen $T \subset \mathbb{Q}_*$ sind keine $\mathbb{Z}$-Erzeugendensysteme von $\mathbb{Q}$.
6. Der $\mathbb{Z}$-Modul $\mathbb{Q}$ ist nicht frei.

**B4.042.02:** Zur Bearbeitung der Aufgabe im einzelnen:

1. Beispielsweise ist die Menge $T = \{0, x, z\} \subset \mathbb{Q}$ linear abhängig, denn wie etwa die tatsächlich geltende Beziehung $1 \cdot 0 + 0x + 0z = 0$ zeigt, folgt aus ihr nicht, daß jeder der Koeffizienten von $0, x, z$ Null ist.

2. Die Menge $T = \{x, z\} \subset \mathbb{Q}_*$ ist linear abhängig, denn mit $x = \frac{a}{b}$ und $z = \frac{c}{d}$ mit $a, b, c, d \in \mathbb{Z}_*$ sowie $u = bc$ und $v = -ad$ gilt $ux + vz = bc\frac{a}{b} - ad\frac{c}{d} = ac - ac = 0$, wobei die beiden Koeffizienten $u$ und $v$ aber (beide) ungleich Null sind.

3. folgt unmittelbar aus Teil 2.

4. Die Menge $T = \{x\} \subset \mathbb{Q}_*$ ist linear unabhängig, denn aus $ax = 0$ folgt unmittelbar $a = 0$.

5. Die Menge $T = \{x\} \subset \mathbb{Q}_*$ ist jedoch kein $\mathbb{Z}$-Erzeugendensystem von $\mathbb{Q}$, denn mit $x = \frac{a}{b}$ mit $a, b \in \mathbb{Z}_*$ ist $\frac{a}{2b} \notin \mathbb{Z}x$, denn: Angenommen $\frac{a}{2b} \in \mathbb{Z}x$, dann gibt es $n \in \mathbb{Z}$ mit $\frac{a}{2b} = nx = n \cdot \frac{a}{b}$, woraus aber sofort der Widerspruch $n = \frac{1}{2} \notin \mathbb{Z}$ folgt.

6. Die Behauptung dieser Aussage folgt unmittelbar aus den Teilen 4 und 5.

**A4.042.03:** Zeigen Sie im einzelnen:

1. Der $\mathbb{R}$-Modul $\mathbb{C}$ ist frei mit $\mathbb{R}$-Basis $B = \{1, i\}$ (also gilt $dim_{\mathbb{R}}(\mathbb{C}) = 2$).
2. Der $\mathbb{Q}$-Modul $\mathbb{C}$ ist frei mit nicht-endlicher $\mathbb{Q}$-Basis.
3. Der $\mathbb{Q}$-Modul $\mathbb{Q}(\sqrt{2})$ ist frei mit $\mathbb{Q}$-Basis $B = \{1, \sqrt{2}\}$ (also gilt $dim_{\mathbb{Q}}(\mathbb{Q}(\sqrt{2})) = 2$).
4. Der $\mathbb{Q}$-Modul $\mathbb{Q}(\sqrt{2}, \sqrt{3})$ ist frei mit $\mathbb{Q}$-Basis $B = \{1, \sqrt{2}, \sqrt{3}, \sqrt{6}\}$ (also gilt $dim_{\mathbb{Q}}(\mathbb{Q}(\sqrt{2}, \sqrt{3})) = 4$).

**B4.042.03:** Zur Bearbeitung der Aufgabe im einzelnen:

1. In der Gauß-Darstellung komplexer Zahlen (siehe Abschnitt 1.822) besitzt *jedes* Element $x \in \mathbb{C}$ *genau* eine Darstellung der Form $x = a + bi$ mit $a, b \in \mathbb{R}$, folglich ist $B = \{1, i\}$ linear unabhängig und $\mathbb{R}$-Erzeugendensystem des $\mathbb{R}$-Moduls $\mathbb{C}$. Dabei ist $B = \{1, i\}$ linear unabhängig, denn aus $a + bi = 0$ folgt unmittelbar $a = 0$ und $b = 0$.

3. *Jedes* Element $x \in \mathbb{Q}(\sqrt{2})$ besitzt *genau* eine Darstellung der Form $x = a + b\sqrt{2}$ mit $a, b \in \mathbb{Q}$, folglich ist $B = \{1, \sqrt{2}\}$ linear unabhängig und $\mathbb{Q}$-Erzeugendensystem des $\mathbb{Q}$-Moduls $\mathbb{Q}(\sqrt{2})$. Dabei ist $B = \{1, \sqrt{2}\}$ linear unabhängig, denn aus einer Beziehung der Form $a + b\sqrt{2} = 0$ folgt unmittelbar $a = 0$ und $b = 0$.

4. *Jedes* Element $x \in \mathbb{Q}(\sqrt{2}, \sqrt{3})$ besitzt *genau* eine Darstellung der Form $x = a + b\sqrt{2} + c\sqrt{3} + d\sqrt{6}$ mit $a, b, c, d \in \mathbb{Q}$, folglich ist $B = \{1, \sqrt{2}, \sqrt{3}, \sqrt{6}\}$ linear unabhängig und $\mathbb{Q}$-Erzeugendensystem des $\mathbb{Q}$-Moduls $\mathbb{Q}(\sqrt{2}, \sqrt{3})$. Dabei ist $B = \{1, \sqrt{2}, \sqrt{3}, \sqrt{6}\}$ linear unabhängig, denn aus einer Beziehung der Form $a + b\sqrt{2} + c\sqrt{3} + d\sqrt{6} = 0$ folgt unmittelbar $a = b = c = d = 0$.

**A4.042.04:** Für Teilmengen $T$ eines $A$-Moduls $E$ betrachte man die folgenden Aussagen:

a) Die Menge $T$ ist eine Basis von $E$.
b) Die Menge $T$ ist eine maximale linear unabhängige Teilmnge von $E$.
c) Die Menge $T$ ist ein Erzeugendensystem von $E$.

Zeigen sie im vorliegenden Rahmen die Implikationen a) $\Rightarrow$ b) und a) $\Rightarrow$ c) und etwa am Beispiel des $\mathbb{Z}$-Moduls $\mathbb{Q}$, daß die umgekehrten Implikationen im allgemeinen nicht gelten.

*Anmerkung:* Satz 4.512.6 besagt, daß diese Aussagen für $K$-Vektorräume äquivalent sind.

**B4.042.04:** Zur Bearbeitung der Aufgabe im einzelnen:

a) $\Rightarrow$ b): Ist $T$ Basis von $E$, dann ist $T$ zunächst eine linear unabhängige Teilmenge von $E$. Um nun zu zeigen, daß $T$ als solche auch maximal ist, wird gezeigt, daß eine Menge $T^* = T \cup \{z\}$ mit $z \in E$, aber $z \notin T$, nicht linear unabhängig sein kann: Denn betrachtet man die $T$-Darstellung $z = \sum_{t \in T} a_t t$ von $z$ mit $(a_t)_{t \in T} \in A^{(T)}$, so gilt $\sum_{t \in T} a_t t + a_z z = 0$ mit $a_z = -1$. Andererseits ist $\sum_{t \in T} b_t t + b_z z = 0$ eine $T^*$-Darstellung von 0, die aber ungleich der davor genannten ist (denn es gilt $0 = b_z \neq a_z = -1$), womit dann ein Widerspruch zur Eindeutigkeit der Darstellung gemäß der Basiseigenschaft von $T$ vorliegt.

a) $\Rightarrow$ c): Ist $T$ Basis von $E$, dann ist $T$ zunächst ein Erzeugendensystem von $E$. Um nun zu zeigen, daß $T$ als solches auch minimal ist, wird gezeigt, daß eine Menge $T^* = T \setminus \{t_0\}$ mit $t_0 \in T$ kein Erzeugendensystem von $E$ sein kann: Denn betrachtet man die $T^*$-Darstellung $t_0 = \sum_{t \in T^*} a_t t$ von $t_0$ mit $(a_t)_{t \in T^*} \in A^{(T^*)}$, so gilt $\sum_{t \in T^*} a_t t + a_0 t_0 = 0$ mit $a_0 = -1$. Andererseits ist $\sum_{t \in T} b_t t = 0$ eine $T$-Darstellung von 0, die aber ungleich der davor genannten ist (denn es gilt $0 = b_0 \neq a_0 = -1$), womit dann ein Widerspruch zur Eindeutigkeit der Darstellung gemäß der Basiseigenschaft von $T$ vorliegt.

Daß die umgekehrten Implikationen im allgemeinen nicht gelten, kann an dem $\mathbb{Z}$-Modul $\mathbb{Q}$ illustriert werden: Die maximalen linear unabhängigen Teilmengen $T$ dieses Moduls sind höchstens einelementig, es gilt entweder $T = \emptyset$ oder $T = \{a\}$ mit $a \in \mathbb{Q} \setminus \{0\}$, andererseits sind auch die minimalen Erzeugendensysteme von dieser Form $T = \{a\}$, jedoch keine Basen.

**A4.046.01:** Zeigen Sie: Zu einer exakten $A$-*mod*-Sequenz $E' \xrightarrow{h'} E \xrightarrow{h} E''$ und zu einem $A$-Homomorphismus $F \xrightarrow{f} E$ mit freiem $A$-Modul $F$ sowie der Eigenschaft $h \circ f = 0$ gibt es einen $A$-Homomorphismus $F \xrightarrow{f'} E'$, so daß das nebenstehende Diagramm kommutativ ist (also $h' \circ f' = f$ gilt):

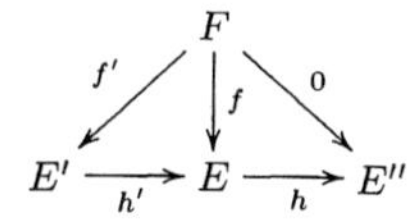


**B4.046.01:** Zunächst eine Vorbemerkung: Einerseits liefert die Bedingung $h \circ f = 0$ die Inklusion $Bild(f) \subset Kern(h)$, andererseits liefert die Exaktheit der Sequenz $E' \xrightarrow{h'} E \xrightarrow{h} E''$ die Beziehung $Kern(h) = Bild(h')$, woraus beides zusammen dann $Bild(f) \subset Bild(h')$ liefert.

Es sei nun $B$ eine Basis von $F$. Zu jedem Element $b \in B$ sei nach der Vorbemerkung ein Element $x_b$ aus der Urbildmenge $(h')^u(f(b)) \subset E'$ von $f(b)$ unter $h'$ beliebig ausgewählt, womit dann also $h'(x_b) = f(b)$ gilt. Damit kann eine Funktion $s : B \longrightarrow E'$ definiert werden durch $s(b) = x_b$, womit zugleich durch $h'(s(b)) = h'(x_b) = f(b)$ die Kommutativität $h' \circ s = f$ vorliegt. Nach dem Satz über Lineare Fortsetzung (Satz 4.044.1) gibt es dann zu $s : B \longrightarrow H$ genau einen $A$-Homomorphismus $f' : F \longrightarrow E'$ mit dem in der Aufgabe angegebenen kommutativen Diagramm (also mit $h' \circ f' = f$).

**A4.046.02:** Zeigen Sie: Zu einer exakten $A$-*mod*-Sequenz $E \xrightarrow{h} E'' \longrightarrow 0$ (also $h$ surjektiv) und zu jedem $A$-Homomorphismus $F \xrightarrow{f''} E''$ mit freiem $A$-Modul $F$ gibt es einen $A$-Homomorphismus $F \xrightarrow{f} E$, so daß das nebenstehende Diagramm kommutativ ist (also $h \circ f = f''$ gilt):

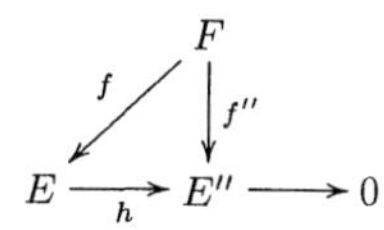


**B4.046.02:** Es sei $B$ eine Basis von $F$. Da $h$ surjektiv ist, gibt es zu jedem Element $z \in E''$ ein Element $x \in E$ mit $h(x) = z$. Insbesondere gilt das für die Elemente der Form $f''(b) \in E''$ mit $b \in B$. Zu jedem $b \in B$ sei nun ein Element aus der Urbildmenge $h^u(f(b)) \subset E$ von $f(b)$ unter $h$ ausgewählt und mit $x_b$ bezeichnet. Damit kann eine Funktion $s : B \longrightarrow E$ definiert werden durch $s(b) = x_b$, womit zugleich durch $h(s(b)) = h(x_b) = f''(b)$ die Kommutativität $h \circ s = f''$ vorliegt. Nach dem Satz über Lineare Fortsetzung (Satz 4.044.1) gibt es dann zu $s : B \longrightarrow E$ genau einen $A$-Homomorphismus $h : F \longrightarrow E$ mit dem in der Aufgabe angegebenen kommutativen Diagramm (also mit $h \circ f = f''$).

**A4.046.03:** Zeigen Sie: Ein $A$-Homomorphismus $E \xrightarrow{u} F$ mit freiem $A$-Modul $F$ ist genau dann surjektiv, wenn es einen $A$-Homomorphismus $F \xrightarrow{v} E$ gibt mit $u \circ v = id_F$. (Man beachte in diesem Zusammenhang auch Satz 1.132.6/b.)

**B4.046.03:** Zu dem identischen $A$-Homomorphismus $id_F : F \longrightarrow F$ mit freiem $A$-Modul $F$ und dem vorgegebenen surjektiven $A$-Homomorphismus $u : E \longrightarrow F$ existiert nach Aufgabe A4.046.02 dann ein $A$-Homomorphismus $v : F \longrightarrow E$, so daß das nebenstehende Diagramm kommutativ ist, das heißt, es gilt $u \circ v = id_F$.

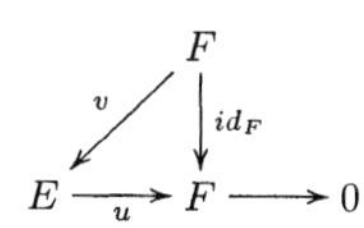


Die umgekehrte Implikation in der Behauptung des Satzes zeigt schon Satz 1.132.6/b.

**A4.046.04:** Hinsichtlich Aufgabe A4.034.04 soll gezeigt werden:
Ist $h : E \longrightarrow F$ ein surjektiver $A$-Homomorphismus mit freiem $A$-Modul $F$, dann besitzt $E$ einen zu $F$ isomorphen direkten Summanden $U$ (mit direktem Komplement $Kern(h)$).

*Hinweis:* Verwenden Sie die Aufgaben A4.034.04 und A4.046.03.

**B4.046.04:** Die Aussage von Aufgabe A4.046.03 ist gerade die Aussage a) in in Aufgabe A4.034.04, die zu der dort genannten Aussage b) äquivalent ist und damit einen direkten Summanden $U$ in $E$ mit $E = U \oplus Kern(h)$ liefert.

**A4.046.05:** Zeigen Sie unter Verwendung von Aufgabe A4.046.04: Ist $U$ ein Untermodul eines $A$-Moduls $E$ und ist $E/U$ frei, dann ist $U$ direkter Summand in $E$.

**B4.046.05:** Die Behauptung folgt unmittelbar aus der Aussage in Aufgabe A4.046.04 mit dem surjektiven $A$-Homomorphismus $nat_U : E \longrightarrow E/U$, die einen zu $E/U$ isomorphen direkten Summanden $S$ in $E$ liefert. Mit $U = Kern(nat_U)$ ist dann $E = S \oplus U$.

**A4.046.06:** Zeigen Sie mit Bezug auf die in Aufgabe A4.404.06 behandelten Annihilatoren:

1. Für beliebige Teilmengen $T \subset E$ eines $A$-Moduls $E$ gilt $ann_A(L_A(T)) \subset ann_A(T)$.

2. Zu einer beliebigen Teilmenge $T \subset E$ eines $A$-Moduls $E$ ist $ann_A(L_A(T)) \subset A$ das größte in $ann_A(T)$ enthaltene zweiseitige Ideal.

3. Für zwei Untermoduln $U$ und $V$ eines $A$-Moduls $E$ gilt $ann_A(U + V) = ann_A(U \cup V)$.

**B4.046.06:** Zur Bearbeitung der Aufgabe im einzelnen:

1. Wegen $T \subset L_A(T)$ folgt die Behauptung aus der in Teil 6 der Aufgabe A4.404.06 zu zeigenden Antitonie der Annihilator-Funktion.

2. Da $L_A(T)$ der kleinste $T$ umfassende Untermodul ist, folgt die Behauptung mit Teil 1.

3. Eine Inklusion: Wegen $U + V = L_A(U \cup V)$ gilt $ann_A(U + V) = ann_A(L_A(U \cup V)) \subset ann_A(U \cup V)$. Die genannte Gleichheit folgt, wenn man die Beziehung $ann_A(U) \cap ann_A(V) \subset ann_A(U + V)$ verwendet, denn dann gilt unter Verwendung von Teil 7 der Aufgabe A4.404.06 die Beziehung
$ann_A(U + V) \subset ann_A(U \cup V) \subset ann_A(U) \cap ann_A(V) \subset ann_A(U + V)$.

Es gilt $ann_A(U) \cap ann_A(V) \subset ann_A(U + V)$ wegen der Implikationen: $a \in ann_A(U) \cap ann_A(V)$
$\Rightarrow\ a \in ann_A(U)$ und $a \in ann_A(V) \ \Rightarrow\ aU = 0$ und $aV = 0 \ \Rightarrow\ a(U + V) = 0 \ \Rightarrow\ a \in ann_A(U + V)$.

**A4.046.07:** Betrachten Sie ein Ideal $\underline{a}$ in einem kommutativen Ring $A$ mit 1 sowie einen $A$-Modul $E$.

1. Zeigen Sie $L_A(S) = \underline{a}E$ für den von der Menge $S = \{ax \mid a \in A,\ x \in E\}$ (gemäß Satz 4.040.3) erzeugten Untermodul $\underline{a}E$ von $E$.

2. Definieren Sie auf der abelschen Gruppe $E/\underline{a}E$ eine $A/\underline{a}$-Modulstruktur.

3. Im folgenden bezeichne $T(E)$ den $A/\underline{a}$-Modul $E/\underline{a}E$. Definieren Sie zu einem $A$-Homomorphismus $f : E \longrightarrow F$ einen $A/\underline{a}$-Homomorphismus $T(f) : T(E) \longrightarrow T(F)$, so daß gilt:

a) $T(g \circ f) = T(g) \circ T(f)$, für Kompositionen $E \xrightarrow{f} F \xrightarrow{g} H$,

b) $T(id_E) = id_{T(E)}$ für alle $A$-Moduln $E$.

4. Zeigen Sie: Ist $E$ ein freier $A$-Modul, dann ist $T(E) = E/\underline{a}E$ ein freier $A/\underline{a}$-Modul.

5. Zeigen Sie schließlich, daß jede exakte $A$-*mod*-Sequenz $0 \longrightarrow E' \xrightarrow{f'} E \xrightarrow{f} E'' \longrightarrow 0$ eine exakte $A/\underline{a}$-*mod*-Sequenz $T(E') \longrightarrow T(E) \longrightarrow T(E'') \longrightarrow 0$, aber nicht notwendigerweise auch eine exakte $A/\underline{a}$-*mod*-Sequenz $0 \longrightarrow T(E') \longrightarrow T(E) \longrightarrow T(E'') \longrightarrow 0$ liefert.

*Anmerkung:* Mit den Aufgabenteilen 2 und 3 liegt ein (covarianter) Funktor $T : A\text{-}mod \longrightarrow A/\underline{a}\text{-}mod$ vor, der nach Teil 5 darüber hinaus rechts-exakt ist.

**B4.046.07:** Zur Bearbeitung der Aufgabe im einzelnen:

1. Die Beziehung $L_A(S) = \underline{a}E$ wird durch die beiden folgenden Inklusionen gezeigt:

a) Zunächst gilt $L_A(S) \subset \underline{a}E$, denn betrachtet man ein beliebiges Element $y \in L_A(S)$, so besitzt es eine $S$-Darstellung $y = \sum\limits_{ax \in S} c_{ax}(ax)$ mit Elementen $c_{ax} \in A$. Damit gilt dann $y = \sum\limits_{ax \in S} c_{ax}(ax) = \sum\limits_{ax \in S} (c_{ax}a)x \in \underline{a}E$, denn für alle $c_{ax} \in A$ und $a \in \underline{a}$ sind die Koeffizienten $c_{ax}c$ Elemente von $\underline{a}$.

b) Da alle Elemente $\sum\limits_{ax \in S} ax \in \underline{a}E$ die Darstellung $\sum\limits_{ax \in S} ax = \sum\limits_{ax \in S} 1 \cdot ax \in L_A(S)$ haben, gilt auch die umgekehrte Inklusion, also $\underline{a}E \subset L_A(S)$.

2. Auf der abelschen Gruppe $E/\underline{a}E$ wird eine $A/\underline{a}$-Multiplikation durch die Vorschrift $[c]_I \cdot [x]_E = [cx]_E$ definiert, wobei $[c]_I = c + \underline{a}$ ein Element von $A/\underline{a}$ und $[x]_E$ ein Element von $E/\underline{a}E$ bezeichne. Zu zeigen

ist, daß diese Vorschrift eine wohldefinierte, also von den jeweils gewählten Repräsentanten unabhängige $A/\underline{a}$-Multiplikation auf $E/\underline{a}E$ darstellt. Das gilt in der Tat, wie folgende Berechnungen zeigen:

a) Für beliebige Elemente $[c]_I \in A/\underline{a}$ und $[x]_E, [y]_E \in E/\underline{a}E$ mit $[x]_E = [y]_E$ gilt zunächst $x - y \in \underline{a}E$, folglich gilt auch $c(x-y) = cx - cy \in \underline{a}E$, woraus dann $[cx]_E = [cy]_E$ folgt.

b) Für beliebige Elemente $[b]_I, [c]_I \in A/\underline{a}$ und $[x]_E \in E/\underline{a}E$ mit $[b]_I = [c]_I$ gilt zunächst $b - c \in \underline{a}$, folglich gilt auch $(b-c)x = bx - cx \in \underline{a}E$, woraus dann $[bx]_E = [cx]_E$ folgt.

Weiterhin ist zu zeigen, daß die vier in Definiton 4.000.1 genannten Verträglichkeits-Bedingungen $Mod_1$ bis $Mod_4$ gelten. Daß sie in der Tat gelten zeigen die folgenden Berechnungen:

$[c]_I([x]_E + [y]_E) = [c]_I \cdot [x+y]_E = [c(x+y)]_E = [cx+cy]_E = [cx]_E + [cy]_E = [c]_I \cdot [x]_E + [c]_I \cdot [y]_E$,

$([b]_I + [c]_I)[x]_E) = [b+c]_I \cdot [x]_E = [(b+c)x]_E = [bx+cx]_E = [bx]_E + [cx]_E = [b]_I \cdot [x]_E + [c]_I \cdot [x]_E$,

$([b]_I \cdot ([c]_I \cdot [x]_E) = [b]_I \cdot [cx]_E = [b(cx)]_E = [(bc)x]_E = [bc]_I \cdot [x]_E = ([b]_I \cdot [c]_I) \cdot [x]_E$,

$[1]_I \cdot [x]_E = [1 \cdot x]_E = [x]_E$.

3. Zu einem beliebig gewählten $A$-Homomorphismus $f : E \longrightarrow F$ sei der zugehörige $A/\underline{a}$-Homomorphismus $T(f) : T(E) \longrightarrow T(F)$ durch die Zuordnungsvorschrift $T(f)([x]_E) = [f(x)]_F$ definiert. Zu zeigen ist zunächst, daß diese Vorschrift wohldefiniert ist:

Beachtet man zunächst, daß für Elemente $x = \sum\limits_{ax \in S} ax \in \underline{a}E$ dann $f(x) = f(\sum\limits_{ax \in S} ax) = \sum\limits_{ax \in S} af(x) \in \underline{a}F$ gilt, kann man weiter feststellen: Für je zwei beliebige Elemente $[x]_E, [y]_E \in E/\underline{a}E$ mit $[x]_E = [y]_E$ gilt $x - y \in \underline{a}E$, folglich gilt $f(x-y) = f(x) - f(y) \in \underline{a}F$, woraus dann $[f(x)]_F = [f(y)]_F$ folgt.

Weiter ist zu zeigen, daß $T(f)$ tatsächlich $A/\underline{a}$-Homomorphismus ist. Dazu folgende Berechnungen:

a) $T(f)([x]_E + [y]_E) = T(f)([x+y]_E) = [f(x+y)]_F = [f(x) + f(y)]_F = [f(x)]_F + [f(y)]_F$
$= T(f)([x]_E) + T(f)([y]_E)$,

b) $T(f)([c]_I \cdot [x]_E) = T(f)([cx]_E) = [f(cx)]_F = [cf(x)]_F = [c]_I \cdot [f(x)]_F = [c]_I \cdot T(f)([x]_E)$.

Schließlich ist die Gültigkeit der Formeln $T(g \circ f) = T(g) \circ T(f)$ und $T(id_E) = id_{T(E)}$ nachzuweisen:

a) $T(g \circ f)([x]_E) = [(g \circ f)(x)]_F = [g(f(x))]_F = T(g)([f(x)]_F) = T(g)(T(f)([x]_E = (T(g) \circ T(f)([x]_E$,

b) $T(id_E)([x]_E) = [id_E(x)]_E = [x]_E = id_{T(E)}([x]_E)$.

4. Ist $B \subset E$ eine $A$-Basis eines freien $A$-Moduls $E$, dann ist die Menge $B^* = \{[b]_E \mid b \in B\}$ eine $A/\underline{a}$-Basis des $A/\underline{a}$-Moduls $E/\underline{a}E$, denn im einzelnen gilt:

a) Da $B$ Basis von $E$ ist, ist $B$ insbesondere Erzeugendensystem von $E$, somit hat jedes Element $x \in E$ eine $B$-Darstellung $x = \sum\limits_{b \in B} a_b b$. Die Berechnung $[x]_E = [\sum\limits_{b \in B} a_b b]_E = \sum\limits_{b \in B} [a_b b]_E = \sum\limits_{b \in B} ([a_b]_I [b]_E$ zeigt, daß $B^*$ ein $A/\underline{a}$-Erzeugendensystem von $E/\underline{a}E$ ist.

b) Die Menge $B^*$ ist linear unabhängig: Liegt eine Beziehung der Form $\sum\limits_{b \in B} ([a_b]_I [b]_E = [0]_E$ vor, dann gilt $\sum\limits_{b \in B} ([a_b]_I [b]_E = [\sum\limits_{b \in B} a_b b]_E = [0]_E$, also $\sum\limits_{b \in B} a_b b \in \underline{a}E$, woraus $[a_b]_I = [0]_I$, für alle $b \in B$, folgt.

5. Es liegt eine exakte $A/\underline{a}$-*mod*-Sequenz $T(E') \longrightarrow T(E) \longrightarrow T(E'') \longrightarrow 0$ vor, denn im einzelnen gilt:

a) Die Funktion $T(f)$ ist surjektiv, denn zu einem Element $[z] \in T(E'') = E''/\underline{a}E''$ liefert die Surjektivität von $f$ ein Element $x \in E$ mit $f(x) = z$ und somit $[x] \in T(E) = E/\underline{a}E$ mit $T(f)[x] = [f(x)] = [z]$.

b) Es gilt $Kern(T(f)) \subset Bild(T(f'))$, denn zu $[z] \in Kern(T(f))$ gibt es wegen $Kern(f) = Bild(f')$ ein Element $x \in E'$ mit $[z] = [f(x)] \in Bild(T(f'))$.

c) Mit $f \circ f' = 0$ ist $T(f) \circ T(f') = T(f \circ f') = T(0) = 0$.

**A4.050.01:** Beweisen Sie Satz 4.050.6 unter Verwendung von Satz 4.050.5 und $A^m \oplus A^n$.

**B4.050.01:** Man betrachte das kommutative $A$-*mod*-Diagramm

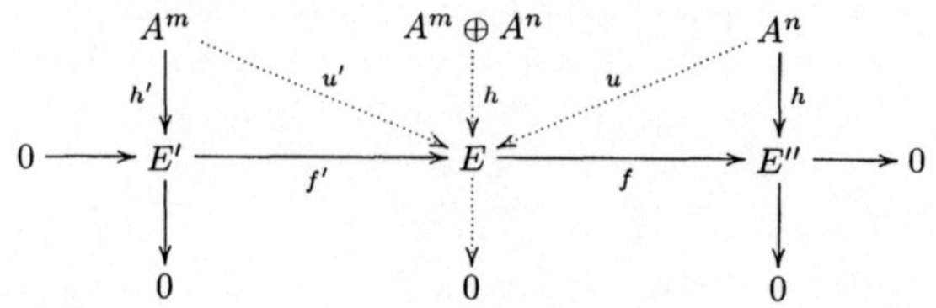


mit einer exakten $A$-*mod*-Sequenz $0 \longrightarrow E' \xrightarrow{f'} E \xrightarrow{f} E'' \longrightarrow 0$ sowie, da $E'$ und $E''$ als endlich-erzeugbar vorausgesetzt sind, den beiden exakten äußeren Spalten. Um nachzuweisen, daß dann auch $E$ endlich-erzeugbar ist, muß gezeigt werden, daß die mittlere Spalte mit $A^m \oplus A^n = A^{m+n}$ existiert und exakt ist, $h$ dabei also surjektiv ist:

Da $f$ surjektiv sind, gibt es einen $A$-Homomorphismus $u : A^n \longrightarrow E$ mit $f \circ u = h$, der auf folgende Weise definiert sei: Zu $a \in A^n$ sei $u(a) = z_a$ mit einem beliebig wählbaren Element $z_a \in f^u(h(a))$ festgelegt. Für alle $a \in A^n$ gilt dann $f(u(a)) = f(z_a) = h(a)$, also gilt $f \circ u = h$. Ferner sei $u'$ als Komposition $u' = f' \circ h'$ definiert. Weiterhin sei ein $A$-Homomorphismus $h : A^m \oplus A^n = A^{m+n} \longrightarrow E$ durch die Vorschrift $h(a,b) = u(a) + u'(b)$, für alle $(a,b) \in A^m \oplus A^n$ definiert. Dabei ist $h$ surjektiv, denn:

Es sei $x \in E$. Da $h$ surjektiv ist, gibt es ein Element $a \in A^n$ mit $h(a) = f(x)$, also mit $0 = h(a) - f(x)$ und wegen $h = f \circ u$ mit $0 = (f \circ u)(a) - f(x) = f(u(a) - x)$. Folglich ist $u(a) - x \in Kern(f) = Bild(f')$. Somit gibt es, da $h'$ surjektiv und $u' = f' \circ h'$ gilt, ein Element $b \in A^m$ mit $u'(b) = u(a) - x$, also mit $x = u(a) - u'(b)$. Damit ist mit $(-b, a)$ ein Element in $A^m \oplus A^n$ mit $h(-b,a) = u(a) + u'(-b) = x$ gefunden, $h$ ist also surjektiv.

**A4.052.01:** Zeigen Sie, daß die in den Definitionen 4.052.1 und 4.052.3 schon als Untermoduln eines $A$-Moduls deklarierten Mengen

$$tor_A(E) = \{x \in E \mid \text{ es gibt } a \in A \setminus \{0\} \text{ mit } ax = 0\} \text{ und}$$
$$div_A(E) = \{x \in E \mid \text{ zu jedem } a \in A \setminus \{0\} \text{ gibt es ein } z \in E \text{ mit } x = az\}$$

tatsächlich Untermoduln von $E$ sind. (Man beachte, daß $A$ definitionsgemäß Integritätsring ist.)

**B4.052.01:** Zur Bearbeitung beider Teilaufgaben im einzelnen:

1. Zunächst ist die Menge $tor_A(E)$ nicht leer, denn wegen $0 \cdot 1 = 0$ ist $0 \in tor_A(E)$. Ferner ist die Summe von Torsionselementen wieder ein Torsionselement, das heißt, für Elemente $x, z \in tor_A(E)$ gilt auch $x + z \in tor_A(E)$, denn zu $x$ und $z$ existieren Elemente $a, b \in A \setminus \{0\}$ mit $ax = 0$ und $bz = 0$, folglich gilt $abx = 0$ und $abz = 0$, woraus $ab(x+y) = 0$ folgt. Schließlich sind $A$-Produkte von Torsionselementen wieder Torsionselemente, das heißt, für $x \in tor_A(E)$ ist auch $cx \in tor_A(E)$, denn denn zu $x$ existiert ein Element $a \in A \setminus \{0\}$ mit $ax = 0$, somit ist $0 = c(ax) = a(cx)$, folglich gilt $cx \in tor_A(E)$.

2. Zunächst ist die Menge $div_A(E)$ nicht leer, denn für alle $a \in A \setminus \{0\}$ gilt $a \cdot 0 = 0$, also ist $0 \in div_A(E)$. Ferner ist die Summe divisibler Elemente wieder divisibel, das heißt, für Elemente $x, z \in div_A(E)$ gilt auch $x + z \in div_A(E)$, denn zu jedem Element $a \in A \setminus \{0\}$ gibt es Elemente $u, v \in E$ mit $x = au$ und $z = av$, also gibt es zu $a \in A \setminus \{0\}$ das Element $u + v \in E$ mit $x + z = a(u + v)$. Schließlich sind $A$-Produkte divisibler Elemente wieder divisibel, das heißt, für $x \in div_A(E)$ ist auch $cx \in div_A(E)$ (zunächst mit $c \neq 0$), denn zu jedem Element $a \in A \setminus \{0\}$ existiert ein Element $z \in E$ mit $x = az$, also gibt es zu $ca \in A \setminus \{0\}$ das Element $az \in E$ mit $cx = c(az) = (ca)z$, folglich gilt $cx \in div_A(E)$. Ist $c = 0$, dann gilt $cx = 0$, für alle $x \in E$.

**A4.052.02:** Zeigen Sie: $tor_A(E)$ ist Torsionsmodul, hingegen ist $E/tor_A(E)$ torsionsfrei.

**B4.052.02:** Zur Bearbeitung beider Teile der Aufgabe im einzelnen:

1. Zu zeigen ist die Beziehung $tor_A(tor_A(E)) = tor_A(E)$, wobei die Inklusion $tor_A(tor_A(E)) \subset tor_A(E)$ schon definitionsgemäß gilt, und die zweite Inklusion, $tor_A(tor_A(E)) \supset tor_A(E)$, anhand der Darstellung $tor_A(tor_A(E)) = \{x \in tor_A(E) \mid \text{ es gibt } a \in A \setminus \{0\} \text{ mit } ax = 0\}$ ebenfalls leicht einzusehen ist: Zu jedem Element $x \in tor_A(E)$ gibt es $a \in A \setminus \{0\}$ mit $ax = 0$, also gilt $x \in tor_A(tor_A(E))$.

2. Zu zeigen ist die Beziehung $tor_A(E/tor_A(E)) = \{[0]\}$, wobei die Inklusion $tor_A(E/tor_A(E)) \supset \{[0]\}$ schon aus der Moduleigenschaft des Quotientenmoduls folgt. Es bleibt also die umgekehrte Inklusion, $tor_A(E/tor_A(E)) \subset \{[0]\}$, zu zeigen: Anhand der Darstellung

$$tor_A(E/tor_A(E)) = \{[x] \in E/tor_A(E) \mid \text{ es gibt } a \in A \setminus \{0\} \text{ mit } a[x] = [0]\}$$

kann man nun sofort sehen: Ist $[x] \in tor_A(E/tor_A(E))$, so gibt es $a \in A \setminus \{0\}$ mit $a[x] = [ax] = [0]$, folglich ist $ax \in tor_A(E)$, womit weiterhin ein Element $b \in A \setminus \{0\}$ mit $b(ax) = (ba)x = 0$ existiert. Dabei gilt $ab \neq 0$, da $A$ Integritätsring ist. Somit gilt $x \in tor_A(E)$, also schließlich $[x] = [0]$.

**A4.052.03:** Zeigen Sie: Ist $E$ ein divisibler $A$-Modul, dann ist auch $tor_A(E)$ divisibel.

**B4.052.03:** Zu zeigen ist: Gilt $div_A(E) = E$, so gilt $div_A(tor_A(E)) = tor_A(E)$.

1. Es gilt die Inklusion $tor_A(E) \subset div_A(tor_A(E))$, denn: Gilt $x \in tor_A(E)$, dann gilt einerseits $x \in E$ und nach Voraussetzung $x \in div_A(E)$, womit es zu jedem Element $a \in A \setminus \{0\}$ ein Element $z \in E$ mit $x = az$ gibt, andererseits zeigt $x \in tor_A(E)$, daß es ein Element $b \in A \setminus \{0\}$ mit $bx = 0$ gibt. Zusammen gibt es also das Element $ba \neq 0$ (da $A$ Integritätsring ist) mit $0 = bx = b(az) = (ba)z$, woraus $z \in tor_A(E)$ folgt. Folglich gilt $x \in div_A(tor_A(E))$.

2. Es gilt die Inklusion $div_A(tor_A(E)) \subset tor_A(E)$, denn nach Aufgabe 4.052.01 ist $div_A(tor_A(E))$ Untermodul von $tor_A(E)$.

**A4.052.04:** Zeigen Sie: Ist $E$ ein torsionsfreier $A$-Modul, dann ist $div_A(E)$ divisibel.

**B4.052.04:** Zu zeigen ist: Gilt $tor_A(E) = 0$, so gilt $div_A(div_A(E)) = div_A(E)$.

1. Es gilt die Inklusion $div_A(E) \subset div_A(div_A(E))$, denn: Ist $x \in div_A(E)$ und $x \neq 0$, dann gibt es zu jedem Element $a \in A\backslash\{0\}$ ein Element $z \in E$ mit $x = az$. Sei weiterhin $b \in A\backslash\{0\}$, dann gibt es zu $ab \neq 0$ ein Element $y \in E$ mit $x = bay$. Zusammen gilt also $x = az$ und $xaby$, woraus $0 = az - aby = a(z - by)$ und wegen der Torsionsfreiheit von $E$ dann $0 = z - by$ folgt. Somit ist $z = by$, also $z \in div_A(E)$, schließlich also $x \in div_A(div_A(E))$.

Für den Fall $div_A(E) = 0$ gilt insbesondere $div_A(E) = 0 = div_A(div_A(E))$.

2. Es gilt die Inklusion $div_A(div_A(E)) \subset div_A(E)$, denn nach Aufgabe 4.052.01 ist $div_A(div_A(E))$ Untermodul von $div_A(E)$.

**A4.052.05:** Zeigen Sie: $A$-homomorphe Bilder von Torsionselementen sind ebenfalls Torsionselemente.

*Anmerkung:* Dieser Sachverhalt zeigt, daß die in Bemerkung 4.052.2/7 als Einschränkungen definierten Funktionen $tor_A(f')$ und $tor_A(f)$ wohldefinierte Funktionen sind.

**B4.052.05:** Bezüglich eines beliebigen $A$-Homomorphismus' $f : E \longrightarrow F$ gilt $f(tor_A(E)) \subset tor_A(F)$, denn ist $x \in tor_A(E)$, dann gibt es ein Element $a \in A\setminus\{0\}$ mit $ax = 0$, also auch mit $0 = f(ax) = af(x)$, woraus $f(x) \in tor_A(F)$ folgt.

**A4.052.06:** Formulieren Sie einen zu Bemerkung 4.052.2/3 analogen Sachverhalt für divisible Moduln.

**B4.052.06:** Ein $A$-Modul $E$ ist genau dann divisibel, wenn für alle $a \in A$, $a \neq 0$, die Funktionen $H_a = a \cdot id_E : E \longrightarrow E$ (siehe Bemerkung 4.000.2/3) surjektiv sind, für alle $a \in A$, $a \neq 0$, also $E = Bild(a \cdot id_E) = div_A(E)$ gilt.

**A4.052.07:** Erläutern Sie noch einmal das Aussehen der Menge $\mathbb{Q}/\mathbb{Z}$ sowie das der auf ihr definierten Addition (auch im Vergleich mit den Gruppen $\mathbb{Q}/2\mathbb{Z}$ und allgemein $\mathbb{Q}/n\mathbb{Z}$ mit beliebiger Zahl $n \in \mathbb{N}$).

Zeigen Sie dann, daß die $\mathbb{Z}$-Moduln $\mathbb{Q}$, $\mathbb{R}$ und $\mathbb{C}$, die $\mathbb{Z}$-Moduln $\mathbb{Q}/\mathbb{Z}$ und $\mathbb{R}/\mathbb{Z}$ sowie der $\mathbb{Q}$-Modul $\mathbb{R}/\mathbb{Q}$ divisibel sind.

**B4.052.07:** Anhand einer Zahlengeraden lassen sich die Elemente, also die Äquivalenzklassen in $\mathbb{Q}/\mathbb{Z}$, auf einfache Weise folgendermaßen illustrieren:

a) Die Klasse $[0]$ besteht gerade aus den ganzen Zahlen, also $[0] = \mathbb{Z}$.

b) Eine Klasse $[x]$ mit $x \in \mathbb{Q} \setminus \mathbb{Z}$ besteht aus denjenigen rationalen Zahlen, deren Abstand durch eine ganze Zahl repräsentiert wird, beispielsweise also $[\frac{3}{4}] = \{\frac{3}{4} + n \mid n \in \mathbb{Z}\} = \frac{3}{4} + \mathbb{Z}$.

**A4.052.08:** Beweisen Sie die Aussage in Bemerkung 4.052.2/6.

**B4.052.08:** Zum Nachweis beider Implikationen, wobei $S \subset E$ eine linear unabhängige Teilmenge sei:

1. Ist $S \subset E$ als linear unabhängige Teilmenge maximal, dann gilt $tor_A(E/L_A(S)) = E/L_A(S)$, wobei die Inklusion $tor_A(E/L_A(S)) \subset E/L_A(S)$ schon aus der Untermodul-Eigenschaft von $tor_A(E/L_A(S))$ folgt, es bleibt also die Inklusion $E/L_A(S) \subset tor_A(E/L_A(S))$ zu zeigen:

Die Maximalität von $S$ bedeutet, daß es zu jedem Element $x \in E$ ein Ringelement $a \in A \setminus \{0\}$ gibt mit $ax \in L_A(S)$. Mit dieser Vorbemerkung gilt nun: Ist $[y] \in E/L_A(S)$, so gibt es zu $y \in E$ ein Element $b \in A \setminus \{0\}$ mit $by \in L_A(S)$, also mit $[0] = [by] = b[y]$. Folglich ist $[y] \in tor_A(E/L_A(S))$.

2. Es gelte $tor_A(E/L_A(S)) = E/L_A(S)$ und es ist zu zeigen, daß $S$ als linear unabhängige Teilmenge von $E$ maximal ist: Angenommen es gibt eine $S$ echt umfassende linear unabhängige Teilmenge $S'$ von $E$, dann gibt es $z \in S' \setminus S$ und dazu ein Element $a \in A \setminus \{0\}$ mit $[0] = a[z] = [az] \in E/L_A(S)$.

Diese Beziehung $[az] = [0]$ bedeutet aber $az \in L_A(S)$, das heißt, $az$ besitzt eine $S$-Darstellung der Form $az = \sum\limits_{s \in S} a_s s$, woraus dann $az - \sum\limits_{s \in S} a_s s = 0$ folgt, wobei aber wegen $a \neq 0$ die Menge $\{z\} \cup S \subset S'$ linear abhängig ist und somit einen Widerspruch zur Annahme der linearen Unabhängigkeit von $S'$ ergibt.

**A4.052.09:** Zeigen Sie: Zu jeder exakten $A$-*mod*-Sequenz $0 \longrightarrow E' \xrightarrow{f'} E \xrightarrow{f} E'' \longrightarrow 0$ gibt es eine ebenfalls exakte $A$-*mod*-Sequenz

$$0 \longrightarrow tor_A(E') \xrightarrow{tor_A(f')} tor_A(E) \xrightarrow{tor_A(f)} tor_A(E'')$$

mit den Definitionen $tor_A(f') = f' \mid tor_A(E')$ und $tor_A(f) = f \mid tor_A(E)$.

Zeigen Sie ferner, daß die folgende $A$-*mod*-Sequenz nicht immer exakt ist:

$$0 \longrightarrow tor_A(E') \xrightarrow{tor_A(f')} tor_A(E) \xrightarrow{tor_A(f)} tor_A(E'') \longrightarrow 0$$

**B4.052.09:** Zur Bearbeitung der Aufgabe im einzelnen:

1a) Der $A$-Homomorphismus $tor_A(f') : tor_A(E') \longrightarrow tor_A(E)$ ist als Einschränkung einer injektiven Funktion ebenfalls injektiv (man beachte also die in der Aufgabe genannte Definition $tor_A(f') = f' \mid tor_A(E')$).

1b) Zu zeigen ist die Gleichheit $Bild(tor_A(f')) = Kern(tor_A(f))$. Sie folgt aus den Beziehungen $Bild(tor_A(f')) = f'(tor_A(E')) = Bild(f') \cap tor_A(E) = Kern(f) \cap tor_A(E) = Kern(tor_A(f))$, wobei das dritte Gleichheitszeichen auf der Exaktheit der vorgegebenen Sequenz, also auf $Kern(f) = Bild(f')$, beruht, das zweite Gleichheitszeichen folgendermaßen erläutert sei:

Nach Aufgabe A4.052.05 gilt $f'(tor_A(E')) \subset tor_A(E)$, also auch $f'(tor_A(E')) \subset Bild(f') \cap tor_A(E)$. Die Gültigkeit der umgekehrten Inklusion beruht aber auf der Injektivität von $f'$, denn liegt ein Element $f'(x) \in Bild(f') \cap tor_A(E)$ vor, dann ist $f'(x) \in tor_A(E)$, folglich gibt es ein Element $a \in A \setminus \{0\}$ mit $0 = af'(x) = f'(ax)$, woraus $ax = 0$ und somit dann $x \in tor_A(E')$, also $f'(x) \in f'(tor_A(E'))$ folgt.

2. Die hinsichtlich fraglicher Exaktheit angegebene Sequenz ist nicht immer exakt, wie das folgende Beispiel zeigt: Betrachtet man die exakte $\mathbb{Z}$-*mod*-Sequenz $0 \longrightarrow 4\mathbb{Z} \xrightarrow{in} \mathbb{Z} \xrightarrow{nat} \mathbb{Z}_4 \longrightarrow 0$ mit der Einbettung $in$ und der natürlichen Funktion $nat$, dann ist wegen $tor_\mathbb{Z}(\mathbb{Z}) = 0$ und $tor_\mathbb{Z}(\mathbb{Z}_4) = \mathbb{Z}_4$ (Bemerkung 4.052.2/2) die Funktion $tor_\mathbb{Z}(nat) : tor_\mathbb{Z}(\mathbb{Z}) \longrightarrow tor_\mathbb{Z}(\mathbb{Z}_4)$ offensichtlich nicht surjektiv.

*Anmerkung:* Anstelle von $\mathbb{Z}_4$ hätte auch $\mathbb{Z}_n$ mit $n > 1$ verwendet werden können.

**A4.052.10:** Es sei $(E_i)_{i\in I}$ eine Familie von $A$-Moduln über einem Integritätsring $A$. Zeigen Sie:

$$tor_A(\bigoplus_{i\in I} E_i) = \bigoplus_{i\in I} tor_A(E_i).$$

**B4.052.10:** Die zu beweisende Gleichheit wird anhand der beiden folgenden Inklusionen gezeigt:

a) Es gilt $tor_A(\bigoplus_{i\in I} E_i) \subset \bigoplus_{i\in I} tor_A(E_i)$, denn: Gilt $(x_i)_{i\in I} \in tor_A(\bigoplus_{i\in I} E_i)$, so gibt es ein Element $a \in A \setminus \{0\}$ mit $0 = a(x_i)_{i\in I} = (ax_i)_{i\in I}$, womit dann also $ax_i = 0$, für alle $i \in I$, gilt. Folglich gilt $x_i \in tor_A(E_i)$, für alle $i \in I$, und somit $(x_i)_{i\in I} \in \bigoplus_{i\in I} tor_A(E_i)$.

b) Es gilt $\bigoplus_{i\in I} tor_A(E_i) \subset tor_A(\bigoplus_{i\in I} E_i)$, denn: Gilt $(x_i)_{i\in I} \in \bigoplus_{i\in I} tor_A(E_i)$, gilt also $x_i \in tor_A(E_i)$, für alle $i \in I$, so gibt es zu jedem $i \in I$ ein Element $a_i \in A \setminus \{0\}$ mit $a_i x_i = 0$. (Im Fall $x_i = 0$ wähle man $a_i = 1$.) Da $(x_i)_{i\in I}$ nur endlich viele Komponenten $x_i \neq 0$ besitzt, etwa $x_1, ..., x_n$, läßt sich das Produkt $a = a_1 \cdot ... \cdot a_n$ bilden, wobei $a \neq 0$ gilt. Damit ist dann $a(x_i)_{i\in I} = (ax_i)_{i\in I} = 0$, folglich gilt $(x_i)_{i\in I} \in tor_A(\bigoplus_{i\in I} E_i)$.

**A4.060.01:** Beweisen Sie für einen Ring-Homomorphismus $f : A \longrightarrow B$ folgende Beziehungen:
1. Für alle $U, V \in Mat(I, K, A)$ und $a \in A$ gilt $f(U+V) = f(U) + f(V)$ und $f(cU) = f(c)f(U)$.
2. Sind die Produkte definiert, so gilt $f(UV) = f(U)f(V)$.
3. Bezüglich des Transponierens gilt $f(U^t) = (f(U))^t$.

**B4.060.01:** Für die Erweiterung $f : Mat(I, K, A) \longrightarrow Mat(I, K, B)$ gelten folgende Beziehungen:

$$f(U+V) = \begin{pmatrix} f(a_{11}+b_{11}) & \cdots & f(a_{1n}+b_{1n}) \\ \vdots & & \vdots \\ f(a_{m1}+b_{m1}) & \cdots & f(a_{mn}+b_{mn}) \end{pmatrix} = \begin{pmatrix} f(a_{11})+f(b_{11}) & \cdots & f(a_{1n})+f(b_{1n}) \\ \vdots & & \vdots \\ f(a_{m1})+f(b_{m1}) & \cdots & f(a_{mn})+f(b_{mn}) \end{pmatrix}$$

$$= \begin{pmatrix} f(a_{11}) & \cdots & f(a_{1n}) \\ \vdots & & \vdots \\ f(a_{m1}) & \cdots & f(a_{mn}) \end{pmatrix} + \begin{pmatrix} f(b_{11}) & \cdots & f(b_{1n}) \\ \vdots & & \vdots \\ f(b_{m1}) & \cdots & f(b_{mn}) \end{pmatrix} = f(U) + f(V),$$

$$f(cU) = \begin{pmatrix} f(ca_{11}) & \cdots & f(ca_{1n}) \\ \vdots & & \vdots \\ f(ca_{m1}) & \cdots & f(ca_{mn}) \end{pmatrix} = \begin{pmatrix} f(c)f(a_{11}) & \cdots & f(c)f(a_{1n}) \\ \vdots & & \vdots \\ f(c)f(a_{m1}) & \cdots & f(c)f(a_{mn}) \end{pmatrix}$$

$$= f(c) \cdot \begin{pmatrix} f(a_{11}) & \cdots & f(a_{1n}) \\ \vdots & & \vdots \\ f(a_{m1}) & \cdots & f(a_{mn}) \end{pmatrix} = f(c)f(U),$$

$$f(U \cdot V) = \begin{pmatrix} f(\sum\limits_{1 \le k \le n} a_{1k}b_{k1}) & \cdots & f(\sum\limits_{1 \le k \le n} a_{1k}b_{kp}) \\ \vdots & & \vdots \\ f(\sum\limits_{1 \le k \le n} a_{mk}b_{k1}) & \cdots & f(\sum\limits_{1 \le k \le n} a_{mk}b_{kp}) \end{pmatrix} = \begin{pmatrix} \sum\limits_{1 \le k \le n} f(a_{1k}b_{k1}) & \cdots & \sum\limits_{1 \le k \le n} f(a_{1k}b_{kp}) \\ \vdots & & \vdots \\ \sum\limits_{1 \le k \le n} f(a_{mk}b_{k1}) & \cdots & \sum\limits_{1 \le k \le n} f(a_{mk}b_{kp}) \end{pmatrix}$$

$$= \begin{pmatrix} \sum\limits_{1 \le k \le n} f(a_{1k})f(b_{k1}) & \cdots & \sum\limits_{1 \le k \le n} f(a_{1k})f(b_{kp}) \\ \vdots & & \vdots \\ \sum\limits_{1 \le k \le n} f(a_{mk})f(b_{k1}) & \cdots & \sum\limits_{1 \le k \le n} f(a_{mk})f(b_{kp}) \end{pmatrix} = f(U) \cdot f(V).$$

$$\text{Mit } f(U) = \begin{pmatrix} f(a_{11}) & \cdots & f(a_{1n}) \\ \vdots & & \vdots \\ f(a_{m1}) & \cdots & f(a_{mn}) \end{pmatrix} \text{ gilt } (f(U))^t = \begin{pmatrix} f(a_{11}) & \cdots & f(a_{m1}) \\ \vdots & & \vdots \\ f(a_{1n}) & \cdots & f(a_{mn}) \end{pmatrix} = f(U^t).$$

**A4.060.02:** Untersuchen Sie die in A4.060.01 genannten Sachverhalte für den Ring-Homomorphismus $op : A \longrightarrow A^{op}$ mit $op(a) = a$ und $op(ab) = op(b) * op(a)$. Zeigen Sie $op(UV) = (op(U^t))^t \cdot op(V^t)$.

**A4.060.03:** Zeigen Sie bezüglich $A^{op}$ die Beziehung $(UV)^t = V^t * U^t$, sofern die Produkte definiert sind, und $(UV)^t = V^tU^t$ für kommutative Ringe $A$.

**B4.060.03:** Folgende Berechnungen liefern die Behauptungen (wobei $b * a = ab$ verwendet ist):

$$U \cdot V = \begin{pmatrix} a_{11} & \cdots & a_{1n} \\ \vdots & & \vdots \\ a_{m1} & \cdots & a_{mn} \end{pmatrix} \cdot \begin{pmatrix} b_{11} & \cdots & b_{1p} \\ \vdots & & \vdots \\ b_{n1} & \cdots & b_{np} \end{pmatrix} = \begin{pmatrix} \sum\limits_{1 \le k \le n} a_{1k}b_{k1} & \cdots & \sum\limits_{1 \le k \le n} a_{1k}b_{kp} \\ \vdots & & \vdots \\ \sum\limits_{1 \le k \le n} a_{mk}b_{k1} & \cdots & \sum\limits_{1 \le k \le n} a_{mk}b_{kp} \end{pmatrix},$$

$$(U \cdot V)^t = \begin{pmatrix} \sum\limits_{1 \le k \le n} a_{1k}b_{k1} & \cdots & \sum\limits_{1 \le k \le n} a_{mk}b_{k1} \\ \vdots & & \vdots \\ \sum\limits_{1 \le k \le n} a_{1k}b_{kp} & \cdots & \sum\limits_{1 \le k \le n} a_{mk}b_{kp} \end{pmatrix},$$

$$V^t * U^t = \begin{pmatrix} b_{11} & \cdots & b_{n1} \\ \vdots & & \vdots \\ b_{1p} & \cdots & b_{np} \end{pmatrix} * \begin{pmatrix} a_{11} & \cdots & a_{m1} \\ \vdots & & \vdots \\ a_{1n} & \cdots & a_{mn} \end{pmatrix} = \begin{pmatrix} \sum\limits_{1 \le k \le n} b_{k1} * a_{1k} & \cdots & \sum\limits_{1 \le k \le n} b_{k1} * a_{mk} \\ \vdots & & \vdots \\ \sum\limits_{1 \le k \le n} b_{kp} * b_{1k} & \cdots & \sum\limits_{1 \le k \le n} b_{kp} * a_{mk} \end{pmatrix}.$$

**A4.060.04:** Weisen Sie nach:

Für $A$-Rechtsmoduln $(A_d)^n$ und $(A_d)^m$ sind nur die Links-Multiplikationen $L_M : (A_d)^n \longrightarrow (A_d)^m$ mit $x \longmapsto Mx$ mit Matrizen $M \in Mat(n, m, A)$ auch $A$-Homomorphismen, nicht aber die entsprechenden Rechts-Multiplikationen $R_M$ mit $x \longmapsto xM$. Dasselbe gilt bei Vertauschung aller Präfixe *Rechts* und *Links*.

**B4.060.04:** Zunächst eine Vorbemerkung:

Zur genaueren Kennzeichnung von $A$-Linksmoduln und $A$-Rechtsmoduln seien noch einmal die folgenden Schreib- und Sprechweisen für Moduln über nicht-kommutativen Ringen $A$ aufgeführt (ausgehend von den Bemerkungen 4.000.3 und 4.000.4/8):

a) Der $A$-Linksmodul $A$ sei mit ${}_sA$ bezeichnet. Seine Struktur wird durch den Ring-Homomorphismus $H_A : A \longrightarrow End(A)$ mit $H_A(a)(x) = ax$ beschrieben. Man bezeichnet $H_A(a) = L_a$ mit $L_a(x) = ax$.

b) Der $A$-Rechtsmodul $A$ sei mit $A_d$ bezeichnet. Seine Struktur wird durch den Ring-Homomorphismus $H_A : A^{op} \longrightarrow End(A)$ mit $H_A(a)(x) = xa$ beschrieben. Man bezeichnet $H_A(a) = R_a$ mit $R_a(x) = xa$.

1. Die Rechts-Multiplikation $R_M : ({}_sA)^n \longrightarrow ({}_sA)^m$ mit einer beliebigen Matrix $M \in Mat(n, m, A)$ für $A$-Linksmoduln ist $A$-homogen, denn für alle $a \in A$ und für alle $x \in A^n$ gilt:

$$R_M(ax) = (ax)M = \begin{pmatrix} ax_1 \\ \vdots \\ ax_n \end{pmatrix} \cdot \begin{pmatrix} a_{11} & \cdots & a_{1m} \\ \vdots & & \vdots \\ a_{n1} & \cdots & a_{nm} \end{pmatrix} = \begin{pmatrix} ax_1a_{11} + \cdots + ax_na_{n1} \\ \vdots \\ ax_1a_{1m} + \cdots + ax_na_{nm} \end{pmatrix}$$

$$= \begin{pmatrix} L_a(x_1)a_{11} + \cdots + L_a(x_n)a_{n1} \\ \vdots \\ L_a(x_1)a_{1m} + \cdots + L_a(x_n)a_{nm} \end{pmatrix} = \begin{pmatrix} L_a(x_1) \\ \vdots \\ L_a(x_n) \end{pmatrix} \cdot \begin{pmatrix} a_{11} & \cdots & a_{1m} \\ \vdots & & \vdots \\ a_{n1} & \cdots & a_{nm} \end{pmatrix} = (ax)M = a(xM) = aR_M(x).$$

2. Die Links-Multiplikation $L_M : (A_d)^m \longrightarrow (A_d)^n$ mit einer beliebigen Matrix $M \in Mat(n, m, A)$ für $A$-Rechtsmoduln ist $A$-homogen, denn für alle $a \in A$ und für alle $x \in A^m$ gilt:

$$L_M(xa) = M(xa) = \begin{pmatrix} a_{11} & \cdots & a_{1m} \\ \vdots & & \vdots \\ a_{n1} & \cdots & a_{nm} \end{pmatrix} \cdot \begin{pmatrix} x_1a \\ \vdots \\ x_ma \end{pmatrix} = \begin{pmatrix} a_{11}x_1a + \cdots + a_{1m}x_ma \\ \vdots \\ a_{n1}x_1a + \cdots + a_{nm}x_ma \end{pmatrix}$$

$$= \begin{pmatrix} a_{11}R_a(x_1) + \cdots + a_{1m}R_a(x_m) \\ \vdots \\ a_{n1}R_a(x_1) + \cdots + a_{nm}R_a(x_m) \end{pmatrix} = \begin{pmatrix} a_{11} & \cdots & a_{1m} \\ \vdots & & \vdots \\ a_{n1} & \cdots & a_{nm} \end{pmatrix} \cdot \begin{pmatrix} R_a(x_1) \\ \vdots \\ R_a(x_m) \end{pmatrix} = M(xa) = (Mx)a = L_M(x)a.$$

**A4.086.01:** Skizzieren Sie gemäß Bemerkung 4.076.8/1a den Gang der Handlung in Bemerkung 4.076.3 für den Fall eines kommutativen Rings $A$ mit 1, der dann schließlich für jeden $A$-Modul $H$ zu der $A$-Isomorphie $Bil_A(E \times F, H) \cong Hom_A(E \otimes_A F, H)$ führt.

**B4.086.01:** Zur Bearbeitung im einzelnen:

1. *Linearisierungsproblem:* Zu $A$-Moduln $E$ und $F$ ist ein $A$-Modul $T$ zusammen mit einer $A$-bilinearen Funktion $t : E \times F \longrightarrow T$ gesucht, so daß

a) zu jeder $A$-bilinearen Funktion $f : E \times F \longrightarrow H$ dann ein eindeutig bestimmter $A$-Homomorphismus $f^* : T \longrightarrow H$ mit kommutativem Diagramm

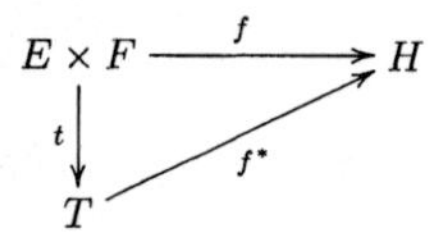


b) und damit zu jedem $A$-Modul $H$ eine $A$-Isomorphie $Bil_A(E \times F, H) \cong Hom_A(E \otimes_A F, H)$ existiert.

2. Die einzelnen Konstruktionsschritte bis zur Definition des Tensorprodukts sind völlig analog zu denen im nicht-kommutativen Fall. Im einzelnen liegen jedoch folgende zusätzlichen Aspekte vor: Betrachtet man das kommutative Diagramm

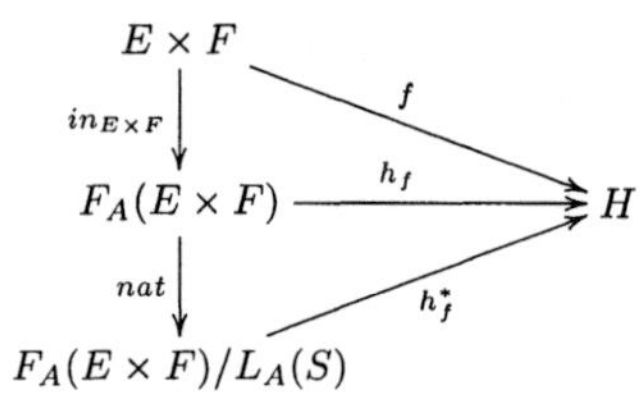


dann ist $F_A(E \times F)$ ein $A$-Modul und die Zuordnung $f \longmapsto h_f$ liefert einen eindeutig bestimmten $A$-Homomorphismus $h_f$. Das gleiche gilt für $F_A(E \times F)/L_A(S)$ und die Zuordnung $h_f \longmapsto h_f^*$.

3. Setzt man $E \otimes_A F = F_A(E \times F)/L_A(S)$ und überlegt, daß $t : E \times F \longrightarrow E \otimes_A F$ $A$-bilinear ist, dann folgt das in Bemerkung 4.076.8/2 genannte Analogon zu Satz 4.076.6.

4. Hinsichtlich der in Bemerkung 4.076.7 genannten Rechenregeln gilt für den $A$-Modul $E \otimes_A F$ noch $a(x \otimes y) = ax \otimes y = x \otimes ay$, für alle $a \in A$, $x \in E$ und $y \in F$, denn es gilt $at(x, y) = t(ax, y) = t(x, ay)$, da die Funktionen $t(-, y)$ und $t(x, -)$ $A$-bilinear sind.

**A4.086.02:** Zeigen Sie, daß die Konstuktion der Funktion $t : E \times F \longrightarrow E \otimes_A F$ das in Bemerkung 4.076.3 und in Satz 4.076.6 behandelte Linearisierungsproblem bis auf Isomorphie eindeutig löst.

*Hinweis:* Nehmen Sie an, es gäbe eine zweite Lösung $s : E \times F \longrightarrow S$ und zeigen Sie $S \cong E \otimes_A F$.

*Anmerkung:* Konstruktionen dieser Art, die bis auf Isomorphie eindeutig bestimmt sind und deswegen auch *universell* genannt werden, werden in den Abschnitten 4.4x noch ausführlicher und in allgemeinerem Rahmen studiert.

**B4.086.02:** Nimmt man an, daß $s : E \times F \longrightarrow S$ ebenfalls eine Lösung des zitierten Linearisierungsproblems ist, dann liefert Satz 4.076.6 neben dem folgenden ersten kommutativen Diagramm ein zweites kommutatives Diagramm

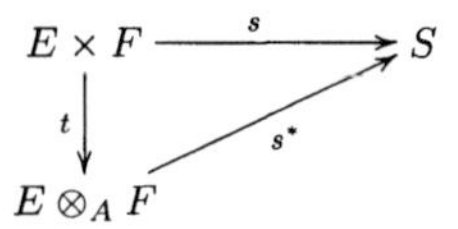

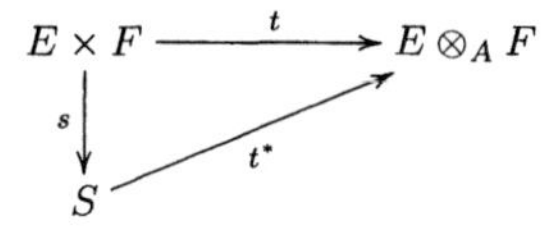


mit jeweils eindeutig bestimmten $\mathbb{Z}$-Homomorphismen $s^*$ und $t^*$, also mit $s^* \circ t = s$ und $t^* \circ s = t$, woraus dann $s^* \circ t^* \circ s = s$ und $t^* \circ s^* \circ t = t$, damit aber $s^* \circ t^* = id_S$ und $t^* \circ s^* = id_{E \otimes_A F}$ folgt, wie die folgende Überlegung zeigt:

Da die Konstruktion $x \longmapsto x^*$ eine Funktion ist, also zu einer Funktion $x$ eine eindeutig bestimmte Funktion $x^*$ liefert, gilt: Sowohl $s^* \circ t^*$ als auch $id_S$ machen das folgende erste Diagramm kommutativ, ferner machen sowohl $t^* \circ s^*$ als auch $id_{E \otimes_A F}$ das folgende zweite Diagramm kommutativ:

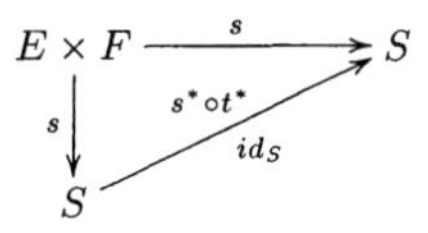

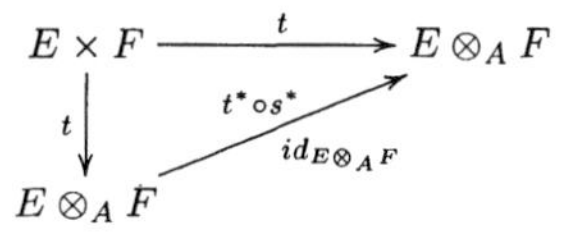


Insgesamt gilt also $s^* \circ t^* = id_S$ und $t^* \circ s^* = id_{E \otimes_A F}$, woraus dann die Isomorphie $S \cong E \otimes_A F$ folgt.

**A4.086.03:** Zeigen Sie, daß die im Beweis von Satz 4.080.1 verwendete Funktion $u : A \times F \longrightarrow F$ mit der Zuordnung $(a, x) \longmapsto ax$ $A$-balanciert ist.

**B4.086.03:** Die $A$-Balanciertheit von $u$ folgt aus den folgenden Berechnungen:

a) $u$ ist $\mathbb{Z}$-bilinear, denn es gilt $u(a, x + x') = a(x + x') = ax + ax' = u(a, x) + u(a, x')$ und $u(a + a', x) = (a + a')x = ax + ax' = u(a, x) + u(a', x)$, für alle $a \in A$ und $x, x' \in F$,

b) ferner gilt $u(a', ax) = a'(ax) = (a'a)x = u(a'a, x)$, für alle $a, a' \in A$ und $x \in F$.

**A4.086.04:** Zeigen Sie, daß die durch die Zuordnung $((x_i)_{i \in I}, (y_k)_{k \in K}) \longmapsto (x_i \otimes y_k)_{(i,k) \in I \times K}$ definierte Funktion $p$ im Beweisteil 1 zu Satz 4.082.1 $A$-balanciert ist.

**B4.086.04:** Die $A$-Balanciertheit von $p$ folgt aus den folgenden Berechnungen:

a) $p((x_i)_{i \in I} + (x_i')_{i \in I}, (y_k)_{k \in K}) = p((x_i + x_i')_{i \in I}, (y_k)_{k \in K}) = ((x_i + x_i') \otimes y_k)_{(i,k) \in I \times K}$
$= (x_i \otimes y_k)_{(i,k) \in I \times K} + (x_i' \otimes y_k)_{(i,k) \in I \times K} = p((x_i)_{i \in I}, (y_k)_{k \in K}) + p((x_i')_{i \in I}, (y_k)_{k \in K})$,

b) $p((x_i)_{i \in I}, (y_k)_{k \in K} + (y_k')_{k \in K}) = p((x_i)_{i \in I}, (y_k)_{k \in K}) + p((x_i)_{i \in I}, (y_k')_{k \in K})$ mit analoger Berechnung,

c) $p((x_i)_{i \in I} a, (y_k)_{k \in K}) = p((x_i a)_{i \in I}, (y_k)_{k \in K}) = (x_i a \otimes y_k)_{(i,k) \in I \times K} = (x_i \otimes a y_k)_{(i,k) \in I \times K}$
$= p((x_i)_{i \in I}, (a y_k)_{k \in K}) = p((x_i)_{i \in I}, a(y_k)_{k \in K})$.

**A4.086.05:** Für den in dieser Aufgabe zu untersuchenden Sachverhalt sei zu einem $A$-Linksmodul $E$ an den dualen $A$-Rechtsmodul $E^* = Hom_A(E, A)$ in Abschnitt 4.025 und an den bidualen $A$-Linksmodul $E^{**} = Hom_A(E^*, A)$ sowie an den kanonischen $A$-Homomorphismus $i_E : E \longrightarrow E^{**}$ mit der Zuordnung $x \longmapsto i_E(x)$ mit $i_E(x)(f) = f(x)$ in Abschnitt 4.026 erinnert.

Im folgenden sei $A$ kommutativ und $E$ frei mit endlicher Basis, womit dann $i_E$ ein $A$-Isomorphismus ist.

Zeigen Sie nun, daß unter diesen Voraussetzungen ein $A$-Isomorphismus

$$E \otimes_A F \xrightarrow{(-)^z} Hom_A(Bil_A(E \times F, A), A) = (Bil_A(E \times F, A))^*$$

existiert, wobei der $A$-Homomorphismus $(x \otimes y)^z : Bil_A(E \times F, A) \longrightarrow A$ durch $(x \otimes y)^z(f) = f(x, y)$ mit $A$-bilinearer Funktion $f : E \times F \longrightarrow A$ definiert ist.

*Hinweis:* Verwenden Sie Bemerkung 4.076.8/3 und die Bildung $Hom_A(-, A)$.

*Anmerkung:* Die zu beweisende Isomorphie wird gelegentlich (insbesondere im Rahmen endlich-dimensionaler $K$-Vektorräume) zur Definition des Tensorprodukts verwendet. Dabei ist allerdings zu beachten, daß $(x \otimes y)^z$ mit $x \otimes y$ identifiziert wird, woraus sich die Definition $(x \otimes y)(f) = f(x, y)$ ergibt.

**B4.086.05:** Zur Bearbeitung der Aufgabe die folgenden Einzelschritte:

1. Nach Bemerkung 4.076.8/3 liegt ein $A$-Isomorphismus $Bil_A(E \times F, A) \xrightarrow{U} Hom_A(E \otimes_A F, A)$ vor, der dort mit $U = (-)^*$ bezeichnet ist, und für den also $U(f)(x \otimes y) = f(x,y)$ gilt.

2. Vermöge $Hom_A(-, A)$ liefert $U$ einen $A$-Isomorphismus

$$(E \otimes_A F)^{**} = Hom_A(Hom_A(E \otimes_A F, A), A) \xrightarrow{H} Hom_A(Bil_A(E \times F, A), A) = (Bil_A(E \times F, A))^*,$$

der durch die Zuordnung $h \longmapsto H(h) = h \circ U$ mit $h : Hom_A(E \otimes_A F, A) \longrightarrow A$ definiert ist, und folglich $h \circ U : Bil_A(E \times F, A) \longrightarrow A$ erzeugt.

3. Wendet man den in der Vorbemerkung genannten kanonischen Isomorphismus auf $E \otimes_A F$ an, so liegt ein $A$-Isomorphismus $I = i_{E \otimes_A F} : E \otimes_A F \longrightarrow (E \otimes_A F)^{**}$ mit der Zuordnung $x \otimes y \longmapsto I(x \otimes y)$ mit $I(x \otimes y)(f) = f(x \otimes y)$ vor.

4. Die Komposition $E \otimes_A F \xrightarrow{I} (E \otimes_A F)^{**} \xrightarrow{H} (Bil_A(E \times F, A))^*$ ist dann die gewünschte Funktion, es sei also $(-)^z = H \circ I$ definiert, wobei noch zu zeigen ist, daß $(-)^z = H \circ I$ die angegebene Zuordnungsvorschrift besitzt: Für alle $x \in E$ und $y \in F$ und für alle $f \in Bil_A(E \times F, A)$ gilt:

$$\begin{array}{rcll} (x \otimes y)^z(f) & = & (H \circ I)(x \otimes y)(f) & \text{(nach Definition von } (-)^z) \\ & = & H(I(x \otimes y))(f) & \text{(nach Definition der Komposition)} \\ & = & (I(x \otimes y) \circ U)(f) & \text{(nach Definition von } H) \\ & = & I(x \otimes y)(U(f)) & \text{(nach Definition der Komposition)} \\ & = & U(f)(x \otimes y) & \text{(nach Definition von } I) \\ & = & f(x,y). & \text{(nach Definition von } U) \end{array}$$

**A4.086.06:** Es sei $\underline{a}$ ein Ideal in einem kommutativen Ring $A$ mit 1. Zeigen Sie:

Zu jedem $A$-Modul $F$ gibt es einen kanonischen $A$-Isomorphismus $d_F = d(\underline{a}, F) : (A/\underline{a}) \otimes_A F \longrightarrow F/\underline{a}F$ mit der Zuordnung $[a] \otimes x \longmapsto [ax]$.

*Hinweis:* Die Aufgabe bezieht sich auf Abschnitt 4.080. Verwenden Sie Aufgabe A4.042.01.

**B4.086.06:** Der genannte Sachverhalt folgt aus der kommutativen Ergänzung $d_F$ des folgenden kommutativen Diagramms mit dem in Satz 4.080.1 erzeugten $A$-Isomorphismus $u_F$, dessen Zeilen exakt sind:

$$\begin{array}{ccccccccc} & & \underline{a} \otimes_A F & \longrightarrow & A \otimes_A F & \longrightarrow & (A/\underline{a}) \otimes_A F & \longrightarrow & 0 \\ & & \downarrow \cong & & \downarrow u_F & & \downarrow d_F & & \\ 0 & \longrightarrow & \underline{a}F & \longrightarrow & F & \longrightarrow & F/\underline{a}F & \longrightarrow & 0 \end{array}$$

Dazu im einzelnen folgende Bemerkungen:

a) Die Exaktheit der oberen Zeile folgt aus der Exaktheit von $0 \longrightarrow \underline{a} \longrightarrow A \longrightarrow A/\underline{a} \longrightarrow 0$ und der Rechtsexaktheit des Tensorierens mit $(-) \otimes_A F$ (siehe Satz 4.078.1).

b) Nach Aufgabe A4.042.01 ist $\underline{a}F$ ein Untermodul von $F$, folglich ist die untere Sequenz exakt.

c) Die bijektive Funktion $\{c \otimes x \mid c \in \underline{a},\ x \in F\} = S_1 \longrightarrow S_2 = \{cx \mid c \in \underline{a},\ x \in F\}$ liefert eine $A$-Isomorphie $\underline{a} \otimes_A F = L_A(S_1) \cong L_A(S_2) = \underline{a}F$.

*Anmerkung:* Ist das betrachtete Ideal $\underline{a}$ in dem Annihilator $ann_A(F)$ von $F$ enthalten, so zeigt Aufgabe A4.004.06, daß $F$ dann auch mit einer $A/\underline{a}$-Modulstruktur versehen werden kann. Betrachtet man ferner Aufgabe A4.042.01, nach der $T(F) = F/\underline{a}F$ ebenfalls ein $A/\underline{a}$-Modul ist, so ist in diesem Rahmen die Funktion $A/\underline{a} \otimes_{A/\underline{a}} F \longrightarrow F/\underline{a}F = T(F)$ dann ein $A/\underline{a}$-Homomorphismus.

**A4.086.07:** Betrachten Sie $M = \begin{pmatrix} 1 & 3 \\ 2 & 4 \end{pmatrix}$, $M' = \begin{pmatrix} 1 & 1 \\ 0 & 1 \end{pmatrix}$, $N = \begin{pmatrix} 2 & 0 \\ 0 & 1 \end{pmatrix}$, $N' = \begin{pmatrix} 2 & 0 \\ 1 & 1 \end{pmatrix}$.

1. Illustrieren Sie anhand dieser Matrizen einige der Rechenregeln in Bemerkung 4.084.5.
2. Ist das Tensorprodukt von Matrizen kommutativ?

**B4.086.07:** Zur Bearbeitung der Aufgabe im einzelnen:

1a) Es gilt einerseits $M \otimes (N+N') = \begin{pmatrix} 1 & 3 \\ 2 & 4 \end{pmatrix} \otimes \begin{pmatrix} 4 & 0 \\ 1 & 2 \end{pmatrix} = \begin{pmatrix} 4 & 0 & 12 & 0 \\ 1 & 2 & 3 & 6 \\ 8 & 0 & 16 & 0 \\ 2 & 4 & 4 & 8 \end{pmatrix}$ und andererseits

$$M \otimes N + M \otimes N' = \begin{pmatrix} 2 & 0 & 6 & 0 \\ 0 & 1 & 0 & 3 \\ 4 & 0 & 8 & 0 \\ 0 & 2 & 0 & 4 \end{pmatrix} + \begin{pmatrix} 2 & 0 & 6 & 0 \\ 1 & 1 & 3 & 3 \\ 4 & 0 & 8 & 0 \\ 2 & 2 & 4 & 4 \end{pmatrix} = \begin{pmatrix} 4 & 0 & 12 & 0 \\ 1 & 2 & 3 & 6 \\ 8 & 0 & 16 & 0 \\ 2 & 4 & 4 & 8 \end{pmatrix}.$$

1b) Es gilt $(M \otimes N) \cdot (M' \otimes N') = \begin{pmatrix} 2 & 0 & 6 & 0 \\ 0 & 1 & 0 & 3 \\ 4 & 0 & 8 & 0 \\ 0 & 2 & 0 & 4 \end{pmatrix} \cdot \begin{pmatrix} 2 & 0 & 2 & 0 \\ 1 & 1 & 1 & 1 \\ 0 & 0 & 2 & 0 \\ 0 & 0 & 1 & 1 \end{pmatrix} = \begin{pmatrix} 4 & 0 & 16 & 0 \\ 1 & 1 & 4 & 4 \\ 8 & 0 & 24 & 0 \\ 2 & 2 & 6 & 6 \end{pmatrix} =$

$$\begin{pmatrix} 1 & 4 \\ 2 & 6 \end{pmatrix} \otimes \begin{pmatrix} 4 & 0 \\ 1 & 1 \end{pmatrix} = \begin{pmatrix} 1 & 3 \\ 2 & 4 \end{pmatrix} \cdot \begin{pmatrix} 1 & 1 \\ 0 & 1 \end{pmatrix} \otimes \begin{pmatrix} 2 & 0 \\ 0 & 1 \end{pmatrix} \cdot \begin{pmatrix} 2 & 0 \\ 1 & 1 \end{pmatrix} = MM' \otimes NN'.$$

*Anmerkung:* Bei der Anwendung dieser Regel sind die Typen der Matrizen zu beachten, tabellarisch:

| $M$ | $M'$ | $MM'$ | $N$ | $N'$ | $NN'$ | $MM' \otimes NN'$ | $M \otimes N$ | $M' \otimes N'$ | $(M \otimes N) \cdot (M' \otimes N')$ |
|---|---|---|---|---|---|---|---|---|---|
| $(m,n)$ | $(n,m')$ | $(m,m')$ | $(u,v)$ | $(v,u')$ | $(u,u')$ | $(mu,m'u')$ | $(mu,nv)$ | $(nv,m'u')$ | $(mu,m'u')$ |

1c) Es gilt $(M \otimes N)^t = \begin{pmatrix} 2 & 0 & 4 & 0 \\ 0 & 1 & 0 & 2 \\ 6 & 0 & 8 & 0 \\ 0 & 3 & 0 & 4 \end{pmatrix} = \begin{pmatrix} 1 & 2 \\ 3 & 4 \end{pmatrix} \otimes \begin{pmatrix} 2 & 0 \\ 0 & 1 \end{pmatrix} = M^t \otimes N^t.$

1d) Es gilt $spur(M \otimes (N+N')) = 30 = 5 \cdot 6 = spur(M) \cdot spur(N+N')$.

*Anmerkung:* Für quadratische Matrizen $M = (a_{ik})_{i,k \in I}$ und $N = (b_{ik})_{i,k \in K}$ mit endlichen Indexmengen gilt $spur(M \otimes N) = spur((a_{ik} \cdot N)_{i,k \in I}) = \sum_{i \in I}(a_{ii} \cdot \sum_{k \in K} b_{kk}) = (\sum_{i \in I} a_{ii}) \cdot (\sum_{k \in K} b_{kk}) = spur(M) \cdot spur(N)$.

2. Das Tensorprodukt von Matrizen ist im allgemeinen nicht kommutativ, wie folgendes Beispiel zeigt:

$$M \otimes (N+N') = \begin{pmatrix} 4 & 0 & 12 & 0 \\ 1 & 2 & 3 & 6 \\ 8 & 0 & 16 & 0 \\ 2 & 4 & 4 & 8 \end{pmatrix} \neq \begin{pmatrix} 4 & 12 & 0 & 0 \\ 8 & 16 & 0 & 0 \\ 1 & 3 & 2 & 6 \\ 2 & 4 & 4 & 8 \end{pmatrix} = (N+N') \otimes M.$$

**A4.086.08:** Beweisen Sie den folgenden Teil des Inhalts von Bemerkung 4.084.6:

Ein Wechsel der Matrix-Darstellung von $(B,D)$ zu $(B',D')$ kann folgendermaßen beschrieben werden: Liegt eine Matrix-Darstellung $M_{BD}(x) = (a_{bd})_{b \in B,\, d \in D}$ vor, dann liefern Darstellungen $b = \sum_{b' \in B'} a_{bb'} b'$ und $d = \sum_{d' \in D'} a_{dd'} d'$ für jedes Element $(b,d) \in B \times D$ die Matrix-Darstellung

$$M_{B'D'}(x) = (a_{b'd'})_{b' \in B',\, d' \in D'} = (\sum_{(b,d) \in B \times D} a_{bd}\, a_{bb'}\, a_{dd'})_{b' \in B',\, d' \in D'}.$$

**B4.086.08:** Mit den in der Aufgabe genannten Daten gilt folgende Berechnung:

$$x = \sum_{(b,d) \in B \times D} a_{bd}(b \otimes d) = \sum_{(b,d) \in B \times D} a_{bd}((\sum_{b' \in B'} a_{bb'} b') \otimes (\sum_{d' \in D'} a_{dd'} d')$$

$$= \sum_{(b,d) \in B \times D} a_{bd}(\sum_{(b',d') \in B' \times D'} a_{bd}\, a_{bb'}\, a_{dd'}(b' \otimes d')) = \sum_{(b',d') \in B' \times D'} a_{bd}((\sum_{(b,d) \in B \times D} a_{bd}\, a_{bb'}\, a_{dd'})(b' \otimes d')).$$

**A4.090.01:** Ziel der Aufgabe ist die Konstruktion der sogenannten $\mathbb{Z}$-*adischen Komplettierung* von $\mathbb{Z}$ als Limes $\hat{\mathbb{Z}} = lim(\mathbb{Z}_n)_{n\in\mathbb{N}}$. Dazu im einzelnen:

1. Zeigen Sie, daß $(\mathbb{N}, |)$ mit der Teilbarkeits-Relation eine prägeordnete Menge ist.

2. Zeigen Sie, daß die prägeordnete Menge $(\mathbb{N}, |)$ gefiltert ist.

3. Konstruieren Sie zu $n, m \in \mathbb{N}$ mit $n\,|\,m$ jeweils einen $\mathbb{Z}$-Homomorphismus $f_{nm} : \mathbb{Z}_m \longrightarrow \mathbb{N}_n$, so daß das System $(\mathbb{Z}_n, f_{nm})_{n,m\in\mathbb{N}}$ ein $\mathbb{N}$-System bildet. Gehen Sie dabei so genau auf die Zuordnung von $f_{nm}$ ein, daß der Nachweis für die Kommutativität der in Definition 4.090.4/1 genannten Diagramme möglichst plausibel ist. Betrachten Sie als Beispiel dazu zunächst die drei dabei auftretenden Äquivalenzklassen für $k = 12$, $m = 6$ und $n = 2$, die jeweils das Element 7 enthalten.

4. Beschreiben Sie die Menge $\hat{\mathbb{Z}} = lim(\mathbb{Z}_n)_{n\in\mathbb{N}}$ gemäß Satz 4.092.1/1.

**B4.090.01:** Zur Bearbeitung der Aufgabe im einzelnen:

1. $(\mathbb{N}, |)$ ist bezüglich der durch $n\,|\,m \Leftrightarrow$ es gibt $t \in \mathbb{N}$ mit $nt = m$ definierten Teilbarkeits-Relation auf $\mathbb{N}$ eine prägeordnete Menge, denn die Teilbarkeits-Relation ist
a) reflexiv, denn für alle $m \in \mathbb{N}$ gilt $m\,|\,m$ (mit $t = 1$) und
b) transitiv, denn $n\,|\,m$ und $m\,|\,k$ liefert $nt_1 = m$ und $mt_2 = k$, also $n(t_1t_2) = mt_2 = k$ und somit $n\,|\,k$.

2. Die prägeordnete Menge $(\mathbb{N}, |)$ ist gefiltert, denn zu jedem Paar $(m, n) \in \mathbb{N} \times \mathbb{N}$ gibt es ein Element $k \in \mathbb{N}$ mit $k\,|\,m$ und $k\,|\,n$, nämlich $k \in Teil(m) \cap Teil(n) = \{1, ..., ggT(m, n)\}$.

3. Zu jedem Paar $(m, n) \in \mathbb{N} \times \mathbb{N}$ mit $n\,|\,m$ sei der $\mathbb{Z}$-Homomorphismus $f_{nm} : \mathbb{Z}_m \longrightarrow \mathbb{N}_n$ mit der Zuordnungsvorschrift $z + m\mathbb{Z} \longmapsto z + n\mathbb{Z}$ oder in anderer Darstellung mit $[z]_m \longmapsto [z]_n$ betrachtet, insbesondere ist damit $f_{nn} = id_{\mathbb{Z}_n}$ festgelegt.

Zu den weiteren Überlegungen seien zunächst die konkreten Daten im folgenden Diagramm betrachtet: Für die drei Indices $n, m, k \in \mathbb{N}$ mit $n = 2$, $m = 6$ und $k = 12$ gilt $n\,|\,k$, $n\,|\,m$ und $m\,|\,k$, womit ein kommutatives Diagramm vorliegt, das heißt, für die genannten Indices gilt $f_{2,6} \circ f_{6,12} = f_{2,12}$.

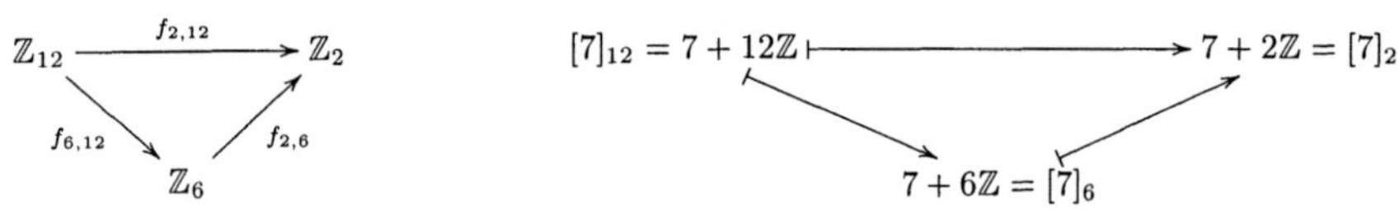


Betrachtet man die dabei verwendenten Äquivalenzklassen,

$$\begin{array}{lclcl} [7]_{12} & = & 7+12\mathbb{Z} & = & \{..., -29, -17, -5, 7, 19, 31, 43, 55, ...\}, \\ [7]_6 & = & 7+6\mathbb{Z} & = & \{........, -11, -5, 1, 7, 13, 19, 25, 31, 37, ...\}, \\ [7]_2 & = & 7+2\mathbb{Z} & = & \{........, -1, 1, 3, 5, 7, \ 9, 11, 13, 15, 17, ...\}, \end{array}$$

so kann man feststellen: Betrachtet man ausgehend von dem Tripel $(7, 7, 7)$ jeweils die drei untereinander stehenden Zahlen, so gelten etwa für das Tripel $(19, 13, 9)$ die Beziehungen $13 = 19 - 6 = 19 + (6 - 12)$ sowie $9 = 19 - 10 = 19 + (2 - 12)$ und $9 = 13 - 4 = 13 + (2 - 6)$, wobei in den Klammern jeweils die negative (nicht-positive) Differenz der beiden beteiligten Indices steht.

Für drei Indices $n, m, k \in \mathbb{N}$ mit $n\,|\,k$, $n\,|\,m$ und $m\,|\,k$, liegt ein kommutatives Diagramm vor, das heißt, es gilt $f_{nm} \circ f_{mk} = f_{nk}$, wie dann die folgende Berechnung auch zeigt:

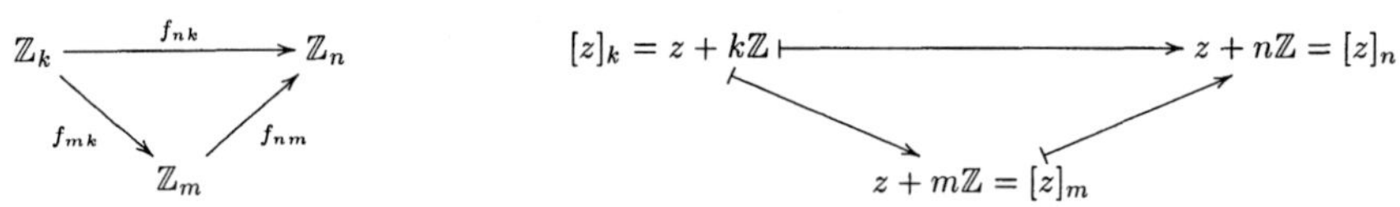


Ausgehend von dem obigen Beispiel entsteht die Zuordnung für den $\mathbb{Z}$-Homomorphismus $f_{nm} : \mathbb{Z}_m \longrightarrow \mathbb{N}_n$ dann nach dem Muster $f_{nm}(z + m\mathbb{Z}) = z + (m + (n - m))\mathbb{Z} = z + n\mathbb{Z}$. Dieses Muster zeigt dann auch die

Kommutativität des vorstehenden Diagramms, denn es gilt $(f_{nm} \circ f_{mk})(z + k\mathbb{Z}) = f_{nm}(z + (k + (m-k))\mathbb{Z}$ $= z + (k + (m-k) + (n-m))\mathbb{Z} = z + n\mathbb{Z} = z + (k + (n-k))\mathbb{Z} = f_{nk}(z + k\mathbb{Z})$.

4. Konstruktion von $\hat{\mathbb{Z}}$ und Funktionen $p_k : \hat{\mathbb{Z}} \longrightarrow \mathbb{Z}_k$: Satz 4.092.1/1 zeigt zunächst:

Zu dem cartesischen Produkt $\prod\limits_{k \in \mathbb{N}} \mathbb{Z}_k$ und seinen Projektionen $pr_k : \prod\limits_{k \in \mathbb{N}} \mathbb{Z}_k \longrightarrow \mathbb{Z}_k$ ist $\hat{\mathbb{Z}}$ die Teilmenge

$$\hat{\mathbb{Z}} = \{x \in \prod_{k \in \mathbb{N}} \mathbb{Z}_k \mid \text{ für } n, m \in \mathbb{N} \text{ mit } n \mid m \text{ gilt } pr_n(x) = (f_{nm} \circ pr_m)(x)\}$$

des cartesischen Produkts sowie zu jedem Index $k \in \mathbb{N}$ die Einschränkung $p_k = pr_k \mid \hat{\mathbb{Z}} : \hat{\mathbb{Z}} \longrightarrow \mathbb{Z}_k$. Damit ist $(\hat{\mathbb{Z}}, p_k)_{k \in \mathbb{N}} = lim(\mathbb{Z}_n)_{n \in \mathbb{N}}$, wobei anhand der in der vorstehenden Menge genannten Bedingung noch die Art der Elemente in $\hat{\mathbb{Z}}$ zu klären ist: Zunächst hat diese Bedingung mit $n \mid m$ die Darstellung

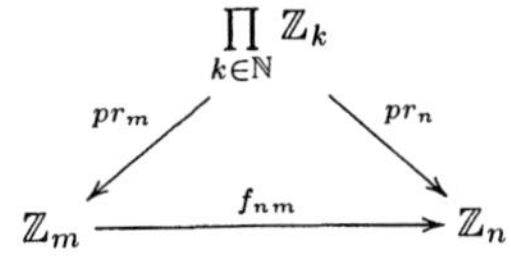


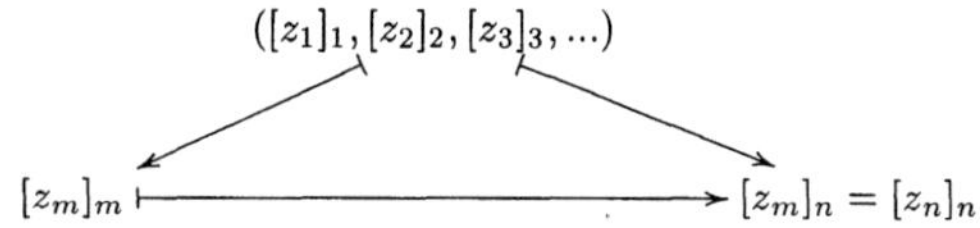


Dabei bezeichne $([z_1]_1, [z_2]_2, [z_3]_3, ...)$ ein beliebiges Element aus $\prod\limits_{k \in \mathbb{N}} \mathbb{Z}_k$ und $z_k$ ein beliebiges Element der Äquivalenzklasse $[z_k]_k = z_k + k\mathbb{Z}$. Die Kommutativität des Diagramms liefert unter der Bedingung $n \mid m$ damit $[z_m]_n = z_m + n\mathbb{Z} = z_n + n\mathbb{Z} = [z_n]_n$, das heißt, es gilt $z_m - z_n \in n\mathbb{Z}$. Insgesamt also:

$\hat{\mathbb{Z}}$ enthält genau die Elemente $([z_1]_1, [z_2]_2, [z_3]_3, ...) = ([z_k]_k)_{k \in \mathbb{N}} \in \prod\limits_{k \in \mathbb{N}} \mathbb{Z}_k$, für die gilt: Für $n \mid m$ gilt für je zwei beliebige Elemente $x \in [z_m]_m = z_m + m\mathbb{Z}$ und $y \in [z_n]_n = z_n + n\mathbb{Z}$ die Beziehung $x - y \in n\mathbb{Z}$.

**A4.090.02:** Zeigen Sie: Aufgabe A4.090.01 liefert zu jeder Primzahl $p$ den Limes $\hat{\mathbb{Z}}_p = lim(\mathbb{Z}_{p^n})_{n \in \mathbb{N}}$.

**B4.090.02:** Im folgenden bezeichne $P = \{p^n \mid n \in \mathbb{N}\}$ die Menge der Primzahlpotenzen zu $p$.

1. $P$ bildet zusammen mit der Teilbarkeits-Relation eine prägeordnete Menge $(P, \mid)$, denn die Teilbarkeits-Relation auf der Menge $P$ ist
a) reflexiv, denn für alle $m \in \mathbb{N}$ gilt $p^m \mid p^m$ (mit $t = 1$) und
b) transitiv, denn $p^n \mid p^m$ und $p^m \mid p^k$ liefert $p^n p^{m-n} = p^m$ und $p^m p^{k-m} = p^k$, also $p^n(p^{m-n}p^{k-m}) = p^m p^{k-m} = p^k$ und somit $p^n \mid p^k$.

2. Die prägeordnete Menge $(\mathbb{N}, \mid)$ ist gefiltert, denn zu jedem Paar $(m, n) \in \mathbb{N} \times \mathbb{N}$ gibt es ein Element $k \in \mathbb{N}$ mit $p^k \mid p^m$ und $p^k \mid p^n$, nämlich $k \in \{1, ..., min(m, n)\}$.

3. Zu jedem Paar $(m, n) \in \mathbb{N} \times \mathbb{N}$ mit $p^n \mid p^m$ sei der $\mathbb{Z}$-Homomorphismus $f_{nm} : \mathbb{Z}_{p^m} \longrightarrow \mathbb{N}_{p^n}$ mit der Zuordnungsvorschrift $z + p^m\mathbb{Z} \longmapsto z + p^n\mathbb{Z}$ oder in anderer Darstellung mit $[z]_{p^m} \longmapsto [z]_{p^n}$ betrachtet, insbesondere ist damit $f_{nn} = id_{\mathbb{Z}_{p^n}}$ festgelegt. Damit liegt ein $P$-System $(\mathbb{Z}_{p^n}, f_{nm})_{n,m \in \mathbb{N}}$ vor, denn:

Für drei Indices $n, m, k \in \mathbb{N}$ mit $p^n \mid p^k$, $p^n \mid p^m$ und $p^m \mid p^k$, liegt ein kommutatives Diagramm vor, das heißt, es gilt $f_{nm} \circ f_{mk} = f_{nk}$, wie die entprechende Berechnung in B4.090.01 auch zeigt:

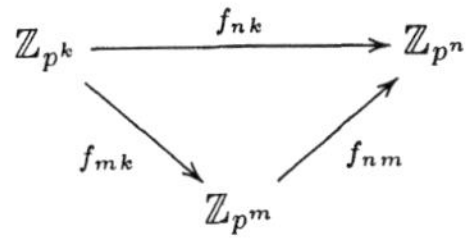


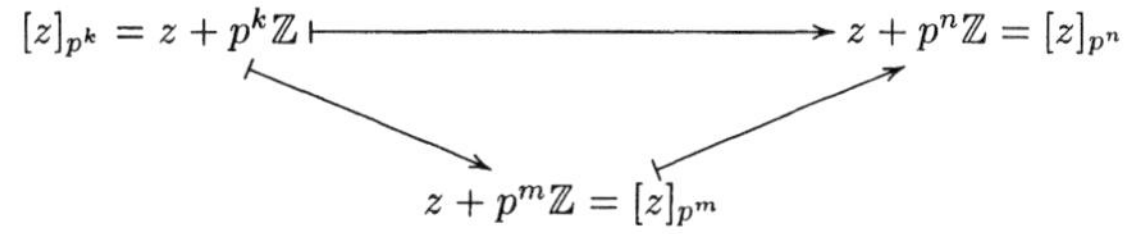


**A4.090.03:** Zu je zwei Zahlen $n, m \in \mathbb{N}$ mit $n \leq m$ sei eine Funktion $f_{nm} : \mathbb{Z} \longrightarrow \mathbb{Z}$ durch die Vorschrift $f_{nm}(x) = 3^{m-n}x$ definiert. Zeigen Sie, daß $(\mathbb{Z}, f_{nm})_{n,m \in \mathbb{N}}$ ein $\mathbb{N}$-System in $\mathbb{Z}$-*mod* bildet und geben Sie unter Verwendung von Satz 4.092.1/1 den Limes dieses Systems an.

Betrachten Sie weiterhin das kommutative Diagramm mit den induzierten Homomorphismen $f^*_{nm}$:

$$\begin{array}{ccccc} \mathbb{Z} & \xrightarrow{nat} & \mathbb{Z}_2 = \mathbb{Z}/2\mathbb{Z} & \longrightarrow & 0 \\ {\scriptstyle f_{nm}}\downarrow & & \downarrow{\scriptstyle f^*_{nm}} & & \\ \mathbb{Z} & \xrightarrow{nat} & \mathbb{Z}_2 = \mathbb{Z}/2\mathbb{Z} & \longrightarrow & 0 \end{array}$$

Zeigen Sie, daß damit $(\mathbb{Z}_2, f^*_{nm})_{n,m\in\mathbb{N}}$ ein $\mathbb{N}$-System in $\mathbb{Z}$-*mod* vorliegt und geben Sie den zugehörigen Limes $L^*$ an. Konstruieren Sie ferner eine gewissermaßen induzierte Funktion $L \longrightarrow L^*$, die aber nicht surjektiv ist.

**B4.090.03:** Zur Bearbeitung der Aufgabe im einzelnen:

1. Zunächst ist trivialerweise festzustellen, daß $f_{nm} : \mathbb{Z} \longrightarrow \mathbb{Z}$ mit $f_{nm}(x) = 3^{m-n}x$ ein $\mathbb{Z}$-Homomorphismus ist, denn für alle $x, y \in \mathbb{Z}$ gilt $f_{nm}(x+y) = 3^{m-n}(x+y) = 3^{m-n}x + 3^{m-n}y = f_{nm}(x) + f_{nm}(y)$.

2. Als geordnete Menge ist $(\mathbb{N}, \leq)$ insbesondere eine prägeordnete Menge.

3. Die prägeordnete Menge $(\mathbb{N}, \leq)$ ist gefiltert, denn zu zu je zwei Zahlen $n, m \in \mathbb{N}$ gibt es eine Zahl $k \in \mathbb{N}$ mit $k \leq n$ und $k \leq m$, nämlich $k \in \{1, ..., min(n,m)\}$.

4. Daß $(\mathbb{Z}, f_{nm})_{n,m\in\mathbb{N}}$ ein $\mathbb{N}$-System in $\mathbb{Z}$-*mod* bildet, zeigen einerseits die zu je drei Indices $n, m, k \in \mathbb{N}$ mit $n \leq k$, $m \leq k$ und $n \leq m$ kommutativen Diagramme, es gilt also $f_{nm} \circ f_{mk} = f_{nk}$,

$$\begin{array}{ccc} \mathbb{Z} & \xrightarrow{f_{nk}} & \mathbb{Z} \\ & {\scriptstyle f_{mk}}\searrow \quad \nearrow{\scriptstyle f_{nm}} & \\ & \mathbb{Z} & \end{array} \qquad \begin{array}{ccc} x & \longmapsto & 3^{k-n}x = 3^{m-n}3^{k-m}x \\ & \searrow \quad \nearrow & \\ & 3^{k-m}x & \end{array}$$

und andererseits $f_{nn} = id_{\mathbb{Z}}$ anhand der Berechnung $f_{nn}(x) = 3^{n-n}x = 3^0x = x = id_{\mathbb{Z}}(x)$.

5. Konstruktion des Limes $L$ und Funktionen $p_k : L \longrightarrow \mathbb{Z}$: Satz 4.092.1/1 zeigt zunächst:
Zu dem cartesischen Produkt $\prod\limits_{k\in\mathbb{N}} \mathbb{Z}$ und seinen Projektionen $pr_k : \prod\limits_{k\in\mathbb{N}} \mathbb{Z} \longrightarrow \mathbb{Z}_k$ ist $L$ die Teilmenge

$$L = \{x \in \prod_{k\in\mathbb{N}} \mathbb{Z} \mid \text{ für } n, m \in \mathbb{N} \text{ mit } n \leq m \text{ gilt } pr_m(x) = (f_{nm} \circ pr_n)(x)\}$$

des cartesischen Produkts sowie zu jedem Index $k \in \mathbb{N}$ die Einschränkung $p_k = pr_k \mid L : L \longrightarrow \mathbb{Z}$. Damit ist $(L, p_k)_{k\in\mathbb{N}}$ der gesuchte Limes, wobei anhand der in der vorstehenden Menge genannten Bedingung noch die Art der Elemente in $L$ zu klären ist: Zunächst hat diese Bedingung mit $n \leq m$ die Darstellung

$$\begin{array}{ccc} & \prod\limits_{k\in\mathbb{N}} \mathbb{Z} & \\ {\scriptstyle pr_n}\swarrow & & \searrow{\scriptstyle pr_m} \\ \mathbb{Z} & \xrightarrow{f_{nm}} & \mathbb{Z} \end{array} \qquad \begin{array}{ccc} & (3^0x, 3^1x, 3^2x, 3^3x, ...) & \\ \swarrow & & \searrow \\ 3^{n-1}x & \longmapsto & 3^{m-n}3^{n-1}x = 3^{m-1}x \end{array}$$

Diese Zuordnung zeigt, daß die Elemente von $L$ die Form $(3^{n-1}x)_{n\in\mathbb{N}}$ mit beliebiger Zahl $x \in \mathbb{Z}$ haben müssen, also ist $L = \{(3^{n-1}x)_{n\in\mathbb{N}} \mid x \in \mathbb{Z}\}$.

*Anmerkung:* Betrachtet man $\prod\limits_{k\in\mathbb{N}} \mathbb{Z}$ in der Form $\mathbb{Z}^{\mathbb{N}} = Abb(\mathbb{N}, \mathbb{Z})$, dann sind die Elemente von $L$ Funktionen $g_x : \mathbb{N} \longrightarrow \mathbb{Z}$ mit Zuordnungsvorschriften $g_x(n) = 3^{n-1}x$, die Menge $L$ ist dann also $L = \{g_x \mid x \in \mathbb{Z}\}$.

6. Betrachtet man zu dem angegebenen Diagramm die Zuordnungsvorschriften,

$$\begin{array}{ccccc} \mathbb{Z} & \xrightarrow{nat} & \mathbb{Z}_2 & \longrightarrow & 0 \\ {\scriptstyle f_{nm}}\downarrow & & \downarrow{\scriptstyle f^*_{nm}} & & \\ \mathbb{Z} & \xrightarrow{nat} & \mathbb{Z}_2 & \longrightarrow & 0 \end{array} \qquad \begin{array}{ccc} x & \longmapsto & [x] = x + 2\mathbb{Z} \\ \downarrow & & \downarrow \\ 3^{m-n}x & \longmapsto & [3^{m-n}x] = 3^{m-n}[x] \end{array}$$

dann ist klar, daß $(\mathbb{Z}_2, f^*_{nm})_{n,m\in\mathbb{N}}$ ein $\mathbb{N}$-System in $\mathbb{Z}$-*mod* bildet. Für die zu dieser Situation gewissermaßen induzierte Funktion $h : L \longrightarrow L^*$ gilt dann offenbar $Bild(h) = \{(3^{n-1}[x])_{n\in\mathbb{N}} \mid x \in \mathbb{Z}\}$. Allerdings ist $h$ nicht surjektiv, denn $L^*$ enthält beispielsweise auch die Menge $L_6 = \{(3^{n-1}[6x])_{n\in\mathbb{N}} \mid x \in \mathbb{Z}\}$.

**A4.092.01:** Vervollständigen Sie den Beweis des ersten Teils von Satz 4.092.1.

**B4.092.01:** Es sind die beiden Bedingungen 1 und 2 in Definition 4.090.5 zu verifizieren:

1. Für je zwei Indices $i, j \in I$ mit $i \leq j$ sind die folgenden Diagramme kommutativ:

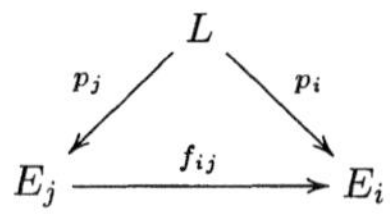


denn für alle $x = (x_i)_{i\in I} \in L$ gilt $p_i(x) = x_i = f_{ij}(x_j) = (f_{ij} \circ p_j)(x)$, folglich gilt $p_i = f_{ij} \circ p_j$.

2. $(L, L \xrightarrow{p_i} E_i)_{i\in I}$ ist bezüglich vorstehender Bedingung universell, das heißt: Zu jedem $I$-System $(F, F \xrightarrow{u_i} E_i)_{i\in I}$, für die die Diagramme

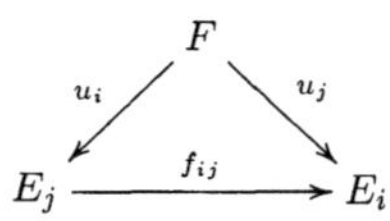


für je zwei Indices $i, j \in I$ mit $i \leq j$ kommutativ sind, gibt es genau eine Funktion $F \xrightarrow{u} L$, so daß für alle $i \in I$ die folgenden Diagramme kommutativ sind:

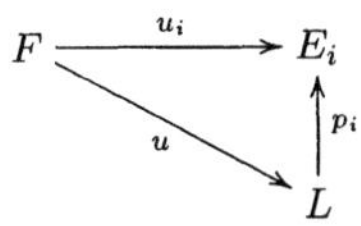


Dazu im einzelnen: Zunächst sei $u : F \longrightarrow L$ definiert durch $u(x) = (u_i(x))_{i\in I}$, für alle $x \in F$. Damit ist $u$ wohldefiniert, wobei noch zu zeigen ist, daß $u(x) \in L$ gilt: Verwendet man für $i \leq j$ die Beziehung $u_i = f_{ij} \circ u_j$, dann gilt $u_i(x) = f_{ij}(u_j(x))$ und somit $pr((u_i(x))_{i\in I} = f_{ij}(pr_j((u_i(x))_{i\in I})$, woraus dann $pr_i(u(x)) = (f_{ij} \circ pr_j)(u(x))$, also $u(x) \in L$ folgt.

Das angegebene Diagramm ist kommutativ, denn für alle $x \in F$ gilt $(p_i \circ u)(x) = p_i(u(x)) = pr_i(u(x)) = pr_i(u_i(x))_{i\in I} = u_i(x)$, also gilt $p_i \circ u = u_i$, für alle $i \in I$.

Schließlich ist damit $u$ eindeutig bestimmt, denn ist $v : F \longrightarrow L$ eine weitere Funktion mit $p_i \circ v = u_i$, für alle $i \in I$, dann gilt $(p_i \circ v)(x) = p_i(v(x)) = u_i(x)$, für alle $i \in I$, und somit $v(x) = (u_i(x))_{i\in I} = u(x)$, für alle $x \in F$, woraus also $v = u$ folgt.

**A4.092.02:** Zeigen Sie bezüglich Satz 4.092.1, Teil 2: Die dort angegebene Relation $R$ auf $\bigcup_{i\in I} E_i$ ist, wie dort behauptet ist, tatsächlich eine Äquivalenz-Relation.

**B4.092.02:** Die Beschreibung von $R$ durch

$$(x, y) \in R \;\Leftrightarrow\; \text{es gibt einen Index } k \in I \text{ mit } i_x, i_y \leq k \text{ und } f_{ki_x}(x) = f_{ki_y}(y)$$

läßt sich auf folgende Weise graphisch ergänzen:

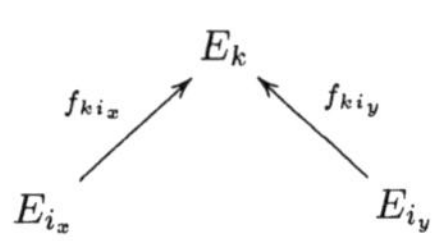


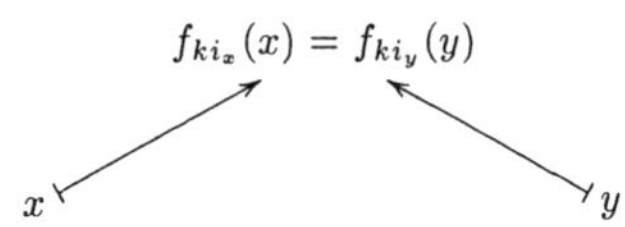


1. Die Relation $R$ ist reflexiv, denn zu jedem Element $x \in \bigcup_{i\in I} E_i$ gibt es genau einen zugehörigen Index $i_x \in I$ mit $x \in E_{i_x}$. Folglich gilt $f_{i_x i_x}(x) = f_{i_x i_x}(x)$ und somit $(x, x) \in R$.

2. Die Relation $R$ ist trivialerweise symmetrisch, wenn man die graphische Darstellung einmal von links nach rechts und dann von rechts nach links betrachtet: Aus $(x, y) \in R$ folgt $(y, x) \in R$.

3. Die Relation ist transitiv, denn bezüglich des durch die folgenden Daten erzeugten kommutativen Diagramms

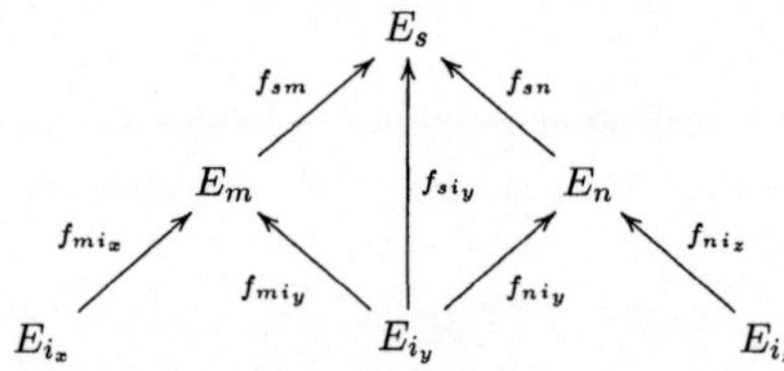


gilt: Die Beziehungen $(x, y) \in R$ und $(y, z) \in R$ liefern für $x \in E_{i_x}$ sowie $y \in E_{i_y}$ und $z \in E_{i_z}$ Indices

$m \in I$ mit $i_x, i_y \leq m$ und $f_{mi_x}(x) = f_{mi_y}(y)$ und $n \in I$ mit $i_y, i_z \leq n$ und $f_{ni_y}(y) = f_{ni_z}(z)$,

woraus $(f_{sm} \circ f_{mi_x})(x) = (f_{sm} \circ f_{mi_y})(y)$ und $(f_{sn} \circ f_{ni_y})(y) = (f_{sn} \circ f_{ni_z})(z)$

und mit der Kommutativität des Diagramms dann

$f_{si_x}(x) = f_{si_y}(y)$ und $f_{si_y}(y) = f_{si_z}(z)$, also $f_{si_x}(x) = f_{si_z}(z)$ und somit $(x, z) \in R$ folgt.

**A4.092.03:** Vervollständigen Sie den Beweis des zweiten Teils von Satz 4.092.1.

**B4.092.03:** Es sind die beiden Bedingungen 1 und 2 in Definition 4.090.5 zu verifizieren:

1. Für je zwei Indices $i, j \in I$ mit $i \leq j$ sind die folgenden Diagramme kommutativ:

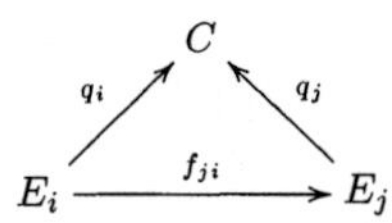


denn für alle $x \in E_i$ und für alle $i, j \in I$ mit $i \leq j$ gelten die Äquivalenzen $f_{jj}(f_{ji}(x)) = f_{ji}(x) \Leftrightarrow (f_{ji}(x), x) \in R \Leftrightarrow [f_{ji}(x)] = [x] \Leftrightarrow q_j(f_{ji}(x)) = q_i(x) \Leftrightarrow (q_j \circ f_{ji})(x) = q_i(x)$, folglich gilt $q_j \circ f_{ji} = q_i$.

2. $(C, E_i \xrightarrow{q_i} C)_{i \in I}$ ist bezüglich vorstehender Bedingung universell, das heißt: Zu jedem Co-$I$-System $(F, E_i \xrightarrow{u_i} F)_{i \in I}$, für die die Diagramme

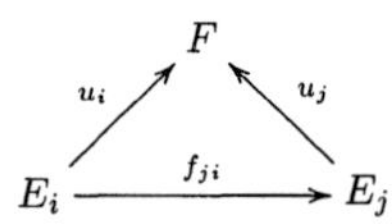


für je zwei Indices $i, j \in I$ mit $i \leq j$ kommutativ sind, gibt es genau eine Funktion $C \xrightarrow{u} F$, so daß für alle $i \in I$ die folgenden Diagramme kommutativ sind:

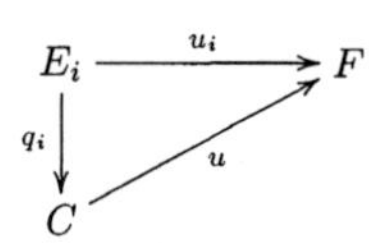


Dazu im einzelnen: Zunächst sei $u : C \longrightarrow F$ definiert durch $u([x]) = u_k(x)$, für $x \in E_k$. Damit ist $u$ wohldefiniert, wobei noch zu zeigen ist, daß für $(x, x') \in R$ mit $x' \in E_j$ dann $u_k(x) = u_j(x')$ gilt: Betrachtet man dazu das kommutative Diagramm mit anschließend verwendeten Daten

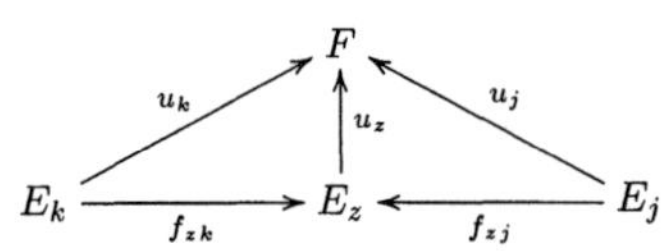

dann liefert $(x,x') \in R$ einen Index $z \in I$ mit $k,j \leq z$ und $f_{zk}(x) = f_{zj}(x')$, folglich gilt $(u_z \circ f_{zk})(x) = (u_z \circ f_{zj})(x')$, woraus dann $u_k(x) = u_j(x')$ folgt.

Das angegebene Diagramm ist kommutativ, denn für alle $x \in E_i$ gilt $(u \circ q_i)(x) = u([x]) = u_i(x)$, also gilt $u \circ q_i = u_i$, für alle $i \in I$.

Schließlich ist damit $u$ eindeutig bestimmt, denn ist $v : C \longrightarrow F$ eine weitere Funktion mit $v \circ q_i = u_i$, für alle $i \in I$, dann gilt $(v \circ q_i)(x) = (u \circ q_i)(x)$, für alle $i \in I$, und somit $v([x]) = (v \circ q_i)(x) = (u \circ q_i)(x) = u([x])$, für alle $[x] \in C$, woraus also $v = u$ folgt.

**A4.092.04:** Beweisen Sie den ersten Teil von Corollar 4.092.3.

**B4.092.04:** Zu einem Ring $A$ sei ein beliebiges $I$-System $(E_i, f_{ij})_{i,j \in I}$ von $A$-Moduln $E_i$ und $A$-Homomorphismen $f_{ij} : E_j \longrightarrow E_i$ vorgelegt.

1. Bezüglich des direkten Produkts $\prod_{i \in I} E_i$ und seinen Projektionen $pr_i : \prod_{i \in I} E_i \longrightarrow E_i$ bidet die Teilmenge $L = \{x \in \prod_{i \in I} E_i \mid \text{ für } i \leq j \text{ gilt } pr_i(x) = (f_{ij} \circ pr_j)(x)\}$ einen Untermodul des direkten Produkts, denn:

a) Es gilt $0 \in L$, folglich ist $L$ nicht leer.

b) Für beliebige Elemente $x, y \in L$ gilt $pr_i(x+y) = pr_i(x) + pr_i(y) = (f_{ij} \circ pr_j)(x) + (f_{ij} \circ pr_j)(y) = (f_{ij} \circ pr_j)(x+y)$, also gilt $x + y \in L$, das heißt, die Addition des direkten Produkts ist auch innere Komposition auf $L$.

c) Für beliebige Elemente $x \in L$ und $a \in A$ gilt $pr_i(ax) = a \cdot pr_i(x) = a \cdot (f_{ij} \circ pr_j)(x) = (f_{ij} \circ pr_j)(ax)$, also gilt $ax \in L$, das heißt, die $A$-Multiplikation des direkten Produkts ist äußere Komposition auf $L$.

2. Die zu jedem Index $i \in I$ als Einschränkungen $p_i = pr_i \,|\, L : L \longrightarrow E_i$ definierten Limes-Funktionen sind als Einschränkungen von $A$-Homomorphismen auf Untermoduln ebenfalls $A$-Homomorphismen.

3. Schließlich bleibt noch zu zeigen, daß die im Rahmen des Nachweises der Universalität von $(L, p_i)_{i \in I} = lim(E_i)_{i \in I}$ anzugebende Funktion $u : F \longrightarrow L$ (siehe Definition 4.090.5, letzter Teil, oder die Bearbeitung zu Aufgabe A4.092.01) auch $A$-homomorph ist: Das ist in der Tat der Fall, denn für alle $a, b \in A$ und $x, z \in F$ gilt $u(ax+bz) = (u_i(ax+bz))_{i \in I} = (au_i(x) + bu_i(z))_{i \in I} = (au_i(x))_{i \in I} + (bu_i(z))_{i \in I} = au(x) + bu(y)$.

**A4.092.05:** Beweisen Sie den zweiten Teil von Corollar 4.092.3.

**B4.092.05:** Zu einem Ring $A$ sei ein beliebiges Co-$I$-System $(E_i, f_{ji})_{i,j \in I}$ von $A$-Moduln $E_i$ und $A$-Homomorphismen $f_{ji} : E_i \longrightarrow E_j$ vorgelegt.

1. Bezüglich der durch $(x,y) \in R \;\Leftrightarrow\;$ es gibt ein $k \in I$ mit $i_x, i_y \leq k$ und $f_{ki_x}(x) = f_{ki_y}(y)$ definierten Äquivalenz-Relation auf der disjunkten Vereinigung $\bigcup_{i \in I} E_i$ bildet die Quotientenmenge $\bigcup_{i \in I} E_i \,/\, R$ einen $A$-Modul vermöge der beiden folgenden Festlegungen:

a) Zu $x \in E_{i_x}$ und $y \in E_{i_y}$ sei eine Summe durch $[x] + [y] = [f_{mi_x}(x) + f_{mi_y}(y)]$ definiert,

b) Zu $x \in E_{i_x}$ und $a \in A$ sei ein $A$-Produkt durch $a[x] = [af_{mi_x}(x)]$ definiert.

Beide Operationen sind dadurch wohldefiniert, wie nun anhand des folgenden Diagramms gezeigt wird:

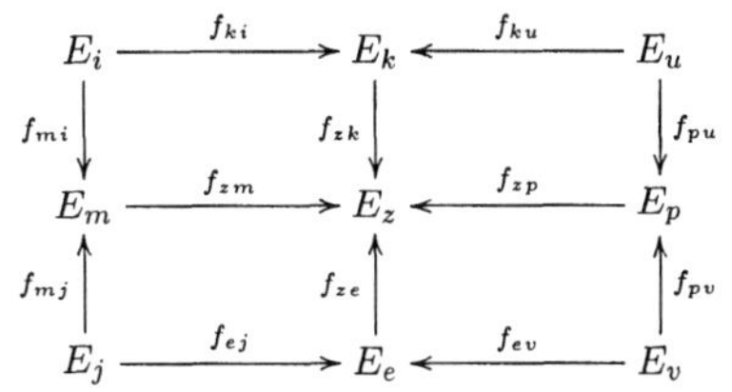


a) Für $(x,x') \in R$ mit $x \in E_i$ und $x' \in E_u$ sowie für $(y,y') \in R$ mit $y \in E_j$ und $y' \in E_v$ ist die Beziehung $[x] + [y] = [x'] + [y']$ zu zeigen. Verwendet man dabei $[x'] + [y'] = [f_{pu}(x') + f_{pv}(y')]$, dann ist zu zeigen: Für $z \in I$ mit $m, p \leq z$ gilt $f_{zm}(f_{mi}(x) + f_{mj}(y)) = f_{zp}(f_{pu}(x') + f_{pv}(y'))$.

$(x,x') \in R \Rightarrow f_{ki}(x) = f_{ku}(x') \Rightarrow (f_{zk} \circ f_{ki})(x) = (f_{zk} \circ f_{ku}(x') \Rightarrow f_{zi}(x) = f_{zu}(x')$,
$(y,y') \in R \Rightarrow f_{ej}(y) = f_{ev}(y') \Rightarrow (f_{ze} \circ f_{ej})(y) = (f_{ze} \circ f_{ev}(y') \Rightarrow f_{zj}(y) = f_{zv}(y')$,
Damit gilt dann: $f_{zm}(f_{mi}(x) + f_{mj}(y) = (f_{zm} \circ f_{mi})(x) + (f_{zm} \circ f_{mj})(y) = f_{zi}(x) + f_{zj}(y)$
$= f_{zu}(x') + f_{zv}(y') = (f_{zp} \circ f_{pu})(x') + (f_{zp} \circ f_{pv})(y') = f_{zp}(f_{pu}(x') + f_{pv}(y')$.

b) Die genannte $A$-Multiplikation ist wohldefiniert, denn: Zu $(x,x') \in R$ mit $x \in E_i$ und $x' \in E_u$ gibt es einen Index $k \in I$ mit $i,u \leq k$ und $f_{ki}(x) = f_{ku}(x')$, ferner gibt es einen Index $z \in I$ mit $m,k \leq z$ und $f_{zm}(f_{mi}(x)) = f_{zi}(x) = f_{zu}(x') = f_{zk}(f_{ku}(x'))$, folglich gilt $[f_{mi}(x)] = [f_{ku}(x')]$ und damit $[af_{mi}(x)] = [af_{ku}(x')]$.

2. Die zu jedem Index $i \in I$ als Einschränkungen $q_i = nat\,|\,E_i : E_i \longrightarrow C = \bigcup_{i\in I} E_i\,/\,R$ definierten Colimes-Funktionen sind $A$-Homomorphismen, denn es gilt:

a) Für $x,z \in E_i$ gilt $f_{mm}(f_{mi}(x+z)) = f_{mi}(x+z)$, also gilt $(f_{mi}(x+z), x+z) \in R$, woraus dann $[f_{mi}(x+z)] = [f_{mi}(x) + f_{mi}(z)] = [x+z]$ und damit $[x]+[z] = [x+z]$ folgt.

b) Für $x \in E_i$ und $a \in A$ gilt $f_{mm}(f_{mi}(ax)) = f_{mi}(ax)$, also gilt $(f_{mi}(ax), ax) \in R$, woraus dann $(a_{mi}(x), ax) \in R$, also $[af_{mi}(x)] = [ax]$ und damit $a[x] = [ax]$ folgt.

3. Schließlich bleibt noch zu zeigen, daß die im Rahmen des Nachweises der Universalität von $(C,q_i)_{i\in I} = colim(E_i)_{i\in I}$ anzugebende Funktion $u : C \longrightarrow F$ (siehe Definition 4.090.5, letzter Teil, oder die Bearbeitung zu Aufgabe A4.092.01) auch $A$-homomorph ist. Das ist in der Tat der Fall, denn:

a) Es sei $x \in E_i$ und $y \in E_j$, ferner $m \in I$ mit $i,j \leq m$. Dann gilt $u([x]+[y]) = u([f_{mi}(x) + f_{mj}(y)]) = u_m(f_{mi}(x) + f_{mj}(y)) = u_i(x) = u_j(y) = u([x]) + u([y])$.

b) Es sei $x \in E_i$ und $a \in A$. Dann gilt $u(a[x]) = u([af_{mi}(x)]) = u_m(af_{mi}(x)) = a(u_m \circ f_{mi})(x) = au_i(x) = au([x])$.

**A4.092.06:** Begründen Sie die beiden Aussagen von Corollar 4.092.2.

**B4.092.06:** Zum Beweis der beiden Aussagen von Corollar 4.092.2:

*Teil 1:* Für den Fall $(I,=)$ besteht ein $I$-System nur aus den identischen Funktionen $f_{ii} = id_{E_i} : E_i \longrightarrow E_i$, folglich haben alle Elemente $x \in \prod_{i\in I} E_i$ die Eigenschaft $pr_i(x) = (id_{E_i} \circ pr_j)(x) = (f_{ii} \circ pr_j)(x)$, also gilt die Gleichheit $lim(E_i)_{i\in I} = \prod_{i\in I} E_i$.

*Teil 2:* Zu der Situation $E_i = E_j$ bezeichne $E = E_i$, für alle $i \in I$, ferner sei $f_{ji} : E_i \longrightarrow E_J$ die Identität $id_E : E \longrightarrow E$, für alle $i,j \in I$ mit $i \leq j$. Betrachtet man $E_i^* = E_i \times \{i\}$, dann sind die Mengen $E_i^*$ paarweise disjunkt und zu jedem $i \in I$ liegt eine bijektive Funktion $h_i : E \longrightarrow E_i^*$ mit der Zuordnung $h_i(x) = (x,i)$ vor.

Definiert man nun auf der Menge $E^* = \bigcup_{i\in I} E_i^*$, die im übrigen auch die *Summe der Familie* $(E_i)_{i\in I}$ genannt wird, eine Relation $R$ durch die Zerlegungs-Mengen $Z_x = \{h_i(x) \mid i \in I\} = \{(x,i) \mid i \in I\}$, so ist $R$ eine Äquivalenz-Relation auf $E^*$, die mit der surjektiven Funktion $h : E^* \longrightarrow E$ mit $(x,i) \longmapsto x$ veträglich ist und nach Corollar 1.142.2 eine bijektive Funktion $colim(E_i)_{i\in I} = E^*/R \longrightarrow E$ mit der Zuordnung $Z_x = [(x,i)] \longmapsto x$ liefert.

**A4.098.01:** Sind $Pot(I)$ und $\{I\}$ Filter über einer nicht-leeren Menge $I$ ?

**B4.098.01:** Zu beiden Mengen im einzelnen:

a) $Pot(I)$ ist wegen $\emptyset \in Pot(I)$ kein Filter.

*Anmerkung:* Man findet Definitionen von Filtern $D$, in denen die Bedingung $\emptyset \notin D$ nicht enthalten ist. Dort werden Filter im hier verwendeten Sinne dann als sogenannte *echte Filter* bezeichnet. In jenem Sinne ist dann $Pot(I)$ ein Filter.

b) Die Menge $\{I\}$ ist ein Filter über $I$, denn es gilt zunächst $\emptyset \notin \{I\}$ sowie $\{I\} \neq \emptyset$, ferner gilt die Beziehung $I \cap I = I \in \{I\}$, schlißlich gilt wegen $I \subset I$ dann $I \in \{I\}$.

**A4.098.02:** Beweisen Sie die Aussage von Bemerkung 4.098.1/2: Ist $I$ eine nicht-endliche Menge, dann ist $D = \{T \subset I \mid C_I(T) \text{ endlich}\}$ ein Filter über $I$.

**B4.098.02:** Hinsichtlich der Definition von Filtern in Bemerkung 4.098.1/1 gilt:

a) Es gilt $\emptyset \notin D$, denn die Annahme $\emptyset \in D$ würde bedeuten, daß $C_I(\emptyset) = I$ im Widerspruch zur Voraussetzung eine endliche Menge wäre.

b) Sind $S$ und $T$ Elemente von $D$, also $C_I(S)$ und $C_I(T)$ endliche Mengen, dann ist auch ihre Vereinigung $C_I(S) \cup C_I(T) = C_I(S \cap T)$ endlich (siehe Satz 1.102.3/7a), woraus dann aber $S \cap T \in D$ folgt.

c) Für Mengen $S \in D$, das heißt, $C_I(S)$ ist endlich, und $T$ mit $S \subset T \subset I$ gilt $C_I(T) \subset C_I(S)$ (siehe Aufgabe A1.102.05/1), also ist auch $C_I(T)$ endlich, woraus $T \in D$ folgt.

**A4.098.03:** Beweisen Sie die Aussage von Bemerkung 4.098.1/3: Die von einer nicht-leeren Teilmenge $Z \subset I$ erzeugte Menge $(Z) = \{T \subset I \mid Z \subset T\}$ ist ein Filter über $I$.

**BA4.098.03:** Zum Nachweis der in Bemerkung 4.098.1/1 genannten Filter-Eigenschaften:

a) Wegen $Z \in (Z)$ gilt $Z \neq \emptyset$, wegen $Z \neq \emptyset$ gilt $\emptyset \notin (Z)$.

b) Mit $S, T \in (Z)$ gilt $Z \subset S$ und $Z \subset T$, folglich gilt $Z = Z \cap Z \subset S \cap T$, also gilt $S \cap T \in (Z)$.

c) Mit $S \in (Z)$ und $T \in Pot(I)$ mit $S \subset T \subset I$ gilt $Z \subset S \subset T$, also $Z \subset T$, und somit gilt $T \in (Z)$.

**A4.098.04:** Es sei $T \subset I$. Beweisen Sie: Zu jedem Filter $D_T$ über $I$, der $C_I(T)$ nicht enthält, ist die Menge $F_T = \{Z \subset I \mid \text{ es gibt } G \in D_T \text{ mit } G \cap T \subset Z\}$ ein Filter über $I$, der einerseits $D_T$ umfaßt und andererseits das Element $T$ enthält.

**B4.098.04:** Zur Bearbeitung der Aufgabe im einzelnen:

1. $F_T$ ist ein Filter über, denn gemäß Bemerkung 4.098.1/1 gilt:

a) Es gilt $\emptyset \notin F_T$, denn die Annahme $\emptyset \in F_T$ hieße: Es gibt ein Element $G \in D_T$ mit $G \cap T = \emptyset$, woraus aber $G \cup C_I(T) = (G \cup C_I(T)) \cap I = (G \cup C_(T)) \cap (T \cup C_(T)) = (G \cap T) \cup C_(T) = \emptyset \cup C_(T) = C_(T)$ folgt. Somit ist wegen $G \cup C_(T) \in D_T$ auch $C_(T) \in D_T$ im Widerspruch zur Konstruktion von $D_T$.

b) Zu Elementen $Z, Z' \in F_T$ gibt es Elemente $G, G' \in D_T$ mit $G \cap T \subset Z$ und $G' \cap T \subset Z'$, somit gilt dann $G \cap T \cap G' \cap T = (G \cap G') \cap T \subset Z \cap Z'$, woraus mit $G \cap G' \in D_T$ dann $Z \cap Z' \in F_T$ folgt.

c) Es sei $Z \in F_T$, ferner $U \subset I$ mit $Z \subset U \subset I$, dann ist auch $Z \cup U \in F_T$, denn es gibt $G \in D_T$ mit $G \cap T \subset Z$. Folglich ist $G \cap T \subset Z \cup U$.

2. Es gilt $D_T \subset F_T$, denn mit $S \in D_T$ gilt $S \cap T \subset S$, folglich ist $S \in F_T$ (mit $G = S$).

3. Es gilt $T \in F_T$, denn es gilt $T \cap T \subset T$ (wobei $T$ anstelle von $G$ verwendet ist).

**A4.098.05:** Beweisen Sie: Ein Filter $D$ über $I$ ist genau dann Ultrafilter, wenn er folgende Eigenschaft besitzt: Für alle $T \subset I$ gilt: $T \in D \Leftrightarrow C_I(T) \notin D$.

**B4.098.05:** Zu beiden Implikationen im einzelnen:

1. Gilt die angegebene Bedingung, dann ist $D$ Ultrafilter, denn: Angenommen es gibt einen Filter $G$ über $I$ mit $F \subset G \subset Pot(I)$ mit $F \neq G$, dann gibt es ein Element $T \in G \setminus D$. Wegen $T \notin D$ gilt dann $C_I(T) \in F \subset G$, also $C_I(T) \in G$, woraus mit $T \in G$ dann aber der Widerspruch $T \cap C_(T) = \emptyset \in G$ zur Filter-Eigenschaft von $G$ folgt.

2. Es sei $D$ Ultrafilter, zu zeigen ist dann die Gültigkeit der angegebenen Bedingung: Ist $T \subset I$ mit $T \notin D$, dann ist $C_I(T) \in D$ zu zeigen: Beachtet man, daß $D \cup \{T\}$ nicht zu einem Filter, der $D$ umfaßt, erweitert werden kann, da $D$ Ultrafilter ist, so kann für den Durchschnitt $U$ einer endlichen Teilmenge von $D$, womit dann $U \in D$ gilt, feststellen: Es gilt $U \cap T = \emptyset$, also gilt $U \subset C_I(T)$, woraus mit $U \in D$ dann schließlich $C_I(T) \in D$ gilt.

**A4.098.06:** Beweisen Sie: $D_z = \{T \subset I \mid z \in T\}$ ist der von $\{z\} \subset I$ erzeugte Haupt-Ultrafilter.

**B4.098.06:** Nach Aufgabe A4.098.02 ist $D_z$ ein Hauptfilter. Darüber hinaus ist $D_z$ nach Aufgabe A4.098.05 auch Ultrafilter, denn: Für alle $T \in D_z$ gilt $z \in T$ und somit $z \notin C_I(T)$, also gilt $C_I(T) \notin D_z$.

**A4.098.07:** Beweisen Sie: Ein Ultrafilter $D$ über $I$ ist genau dann Hauptfilter, wenn er eine endliche Teilmenge von $I$ als Element enthält. (Verwenden Sie Aufgabe A4.098.05.)

**B4.098.07:** Zum Nachweis beider Implikationen im einzelnen:

1. Ist $D$ Hauptfilter, dann hat er nach Bemerkung 4.098.1/3 die Form $(Z) = \{T \subset I \mid Z \subset T\}$ für eine nicht-leere Teilmenge $Z \subset I$. Ist $x \in Z$, dann gilt $Z \not\subset I \setminus \{x\}$, folglich gilt $I \setminus \{x\} \notin D$. Da $D$ Ultrafilter ist, zeigt Aufgabe A4.098.05 dann $C_I(I \setminus \{x\}) = \{x\} \in D$. (Nebenbei: $D$ ist von $\{x\}$ erzeugt, denn für $y$ mit $y \neq x$ gilt $\{y\} \notin D$, denn im anderen Falle wäre $\{x\} \cap \{y\} = \emptyset \in D$.Es ist also $(Z) = (x)$.)

2. Der Ultrafilter $D$ enthalte als Element die endliche Teilmenge $S = \{s_1, ..., s_n\} \subset I$. Dabei gibt es mindestens ein Element $s_k \in S$ mit $\{s_k\} \in D$, denn wäre das nicht der Fall, dann wäre $S \setminus \{s_i\} \in D$, für alle $i \in \underline{n} = \{1, ..., n\}$, und folglich $\bigcap\limits_{i \in \underline{n}} (S \setminus \{s_i\}) = \emptyset \in D$. Es gibt also ein $k$ mit $\{s_k\} \in D$.

Es bleibt noch zu zeigen, daß$\{s_k\} \subset T$ für alle $T \in D$ gilt: Wegen $\{s_k\} \in D$ gilt entweder $\{s_k\} \subset T$ oder $\{s_k\} \subset C_I(T)$. Jedoch kann $\{s_k\} \subset C_I(T)$ nicht der Fall sein, denn dann wäre $\{s_k\} \cap T = \emptyset$ und lieferte somit den Widerspruch $\emptyset \in D$.

**A4.098.08:** Zeigen Sie: Jeder Ultrafilter $D$ über einer endlichen Menge $I$ ist Haupt-Ultrafilter.

**B4.098.08:** Die Behauptung folgt unmittelbar aus Aufgabe A4.098.07 mit $I \in D$.

**A4.098.09:** Zeigen Sie: Jeder Filter über $I$ kann in einen Ultrafilter über $I$ eingebettet werden.

**B4.098.09:** Die Menge $F$ der einen Filter $D$ über $I$ umfassenden Filter über $I$ ist induktiv geordnet (das heißt, jede vollständig geordnete Teilmenge von $F$ besitzt ein Supremum, nämlich ihre Vereinigung) und besitzt nach dem *Lemma von Zorn* (siehe Abschnitt 1.333) ein maximales Element $D_m$, womit also $D \subset D_m$ gilt. $D_m$ ist darüber hinaus aber auch Ultrafilter, wie aus Aufgabe A4.098.05 folgt, denn wäre $D$ kein Ultrafilter, dann könnte zu $D$ ein Element $X \in Pot(I)$ gefunden werden mit $X \notin D$ und $C_I(X) \notin D$.

**A4.098.10:** Weisen Sie zu Satz 4.098.2/1 nach:

1. Durch $(x, y) \in R_D \Leftrightarrow \{i \in I \mid x(i) = y(i)\} \in D$ wird eine Äquivalenz-Relation $R_D$ auf dem direkten Produkt $\prod\limits_{i \in I} E_i = \{x \mid x : I \longrightarrow \bigcup\limits_{i \in I} E_i\}$ definiert.

2. Betrachten Sie gemäß Teil 2 in Satz 4.092.1 die Darstellung $colim(E_F)_{F \in D} = \bigcup\limits_{F \in D} E_F \; / \; R$. Geben Sie für den vorliegenden Fall die dabei verwendete Äquivalenz-Relation $R$ an. Betrachten Sie andererseits die in Definition 4.098.2/1 verwendete Äquivalenz-Relation $R_D$ und zeigen Sie dann: Zu $(x, y) \in R$ gibt es Elemente $f_x, f_y : I \longrightarrow \bigcup\limits_{i \in I} E_i$ mit $(f_x, f_y) \in R_D$.

**B4.098.10:** Zur Bearbeitung der Aufgabe im einzelnen:

1. Die Relation $R_D$ ist eine Äquivalenz-Relation, denn sie ist

a) reflexiv, denn wegen $\{i \in I \mid x(i) = x(i)\} = I$ und $I \in D$ gilt $(x, x) \in R_D$, für alle $x \in \prod_{i \in I} E_i$,

b) symmetrisch, denn mit $\{i \in I \mid x(i) = y(i)\} \in D$ gilt auch $\{i \in I \mid y(i) = x(i)\} \in D$,

c) transitiv, denn aus den Vorgaben $(x, y) \in R_D$ und $(y, z) \in R_D$ folgt $T_1 = \{i \in I \mid x(i) = y(i)\} \in D$ und $T_2 = \{i \in I \mid y(i) = z(i)\} \in D$, somit gilt $T_1 \cap T_2 \in D$, wobei $T_1 \cap T_2 = \{i \in I \mid x(i) = z(i)\}$ gilt. Folglich gilt $(x, z) \in R_D$.

*Anmerkung:* Der vorstehende Beweis ist für Mengen $E_i$ formuliert. Liegen Moduln $E_i$ vor, so lassen sich gemäß Amerkung 2 zu Definition 4.098.2/1 die einzelnen Nachweise etwas kürzer mit den Nullstellenmengen $N(x-y) = \{i \in I \mid x(i) = y(i)\}$ formulieren, etwa in Teil c) die Transitivität: Aus den Vorbaben $(x, y) \in R_D$ und $(y, z) \in R_D$ folgt $N(x-y) \in D$ und $N(y-z) \in D$, woraus $N(x-y) \cap N(y-z) \in D$ folgt (da $D$ Filter ist), ferner gilt $N(x-y) \cap N(y-z) = N((x-y)+(y-z)) = N(x-z)$ wegen $(x-y)+(y-z) = x-z$.

2a) Die in der Darstellung $colim(E_F)_{F \in D} = \bigcup_{F \in D} E_F \,/\, R$ verwendete Relation $R$ ist definiert durch:

$$(x, y) \in R \iff \begin{cases} \text{es gibt einen Index } K \in D \text{ mit } x \in N_x \subset K \in D \text{ und } y \in N_y \subset K \in D \\ \text{und mit } p_{KN_x}(x) = p_{KN_y}(y) \text{ für } p_{KN_x} : E_{N_x} \longrightarrow E_K \text{ und } p_{KN_y} : E_{N_y} \longrightarrow E_K. \end{cases}$$

2b) Es gilt $R = R_D$, denn: Zu $(x, y) \in R$ gibt es ein entsprechendes Element $K \in D$ mit $p_{KN_x}(x) = p_{KN_y}(y)$. Mit den Abkürzungen $f_x = p_{KN_x}(x) : I \longrightarrow E_K$ und $f_y = p_{KN_y}(y) : I \longrightarrow E_K$ gilt dann $f_x \mid K = f_y \mid K$, folglich ist $N(f_x - f_y) = \{i \in I \mid f_x(i) = f_y(i)\} = K \in D$ und somit gilt $(f_x, f_y) \in R_D$.

**A4.098.11:** Erläutern und beweisen Sie Bemerkung 4.098.4/1.

**B4.098.11:** Zur Bearbeitung der Aufgabe im einzelnen:

1. Zunächst als Vorbemerkung: Filter- und Ultraprodukte lassen sich in allen solchen Kategorien definieren, die über Produkte und Colimites (induktive Limites) verfügen, beispielsweise liegt für die Kategorie *Ann* der Ringe eine Filterpotenz-Bildung $D : Ann \longrightarrow Ann$ mit $A \longmapsto DA$ vor.

2. Filterpotenzen (und Filterprodukte) von $A$-Moduln lassen sich also auf zeierlei Weisen erzeugen, einmal durch $D : A\text{-}mod \longrightarrow A\text{-}mod$ mit $X \longmapsto DX$, zum anderen durch $D_* : A\text{-}mod \longrightarrow DA\text{-}mod$ mit $X \longmapsto D_*X$, wobei $DX = D_*X$ in $\mathbb{Z}\text{-}mod$ gilt und auf der abelschen Gruppe $DX$ eine $DA$-Multiplikation folgendermaßen definiert sei:

Für $[a] \in DA$ und für $[x] \in DX$ ist $a \in \{F \longrightarrow A \mid F \in D\}$ und $x \in \{F \longrightarrow X \mid F \in D\}$, folglich liegt für $F.G \in D$ eine Funktion $F \cap G \xrightarrow{ax} X$ mit der Vorschrift $(ax)(i) = a(i)x(i)$ vor. Somit liefert dann die Zuordnung $([a], [x]) \longmapsto [ax]$ eine äußere Komposition $DA \times DX \longrightarrow DX$ auf $DX$.

3. Betrachtet man den Ring $A$ und den $A$-Modul $A$, dann stimmen $DA \in DA\text{-}mod$ und $D_*A \in DA\text{-}mod$ überein. Die Diagonal-Einbettung $d_A : A \longrightarrow DA$ in der Kategorie *Ann* liefert dann den Restriktions-Funktor $d_* : DA\text{-}mod \longrightarrow A\text{-}mod$. Für die exakten und treuen Funktoren $d_*$ und $D_*$ gilt dabei der Zusammenhang $d_* \circ D_* = D$ und man schreibt $DX \in DA\text{-}mod$ für $D_*X$.

**A4.098.12:** Zeigen Sie: Im Beweis zu Satz 4.098.5 hat $Cokern(h_F)$ die Form $\prod_{j \in F} ( \prod_{i \in I \setminus \{j\}} X_i)$.

**B4.098.12:** Beachtet man $h_F = \prod_{j \in F} in_{jI}$ mit $X_j \xrightarrow{in_{jI}} X_I$ sowie die Homomorphismen

$$X_F = \prod_{j \in F} X_j \xrightarrow{h_F = \prod_{j \in F} in_{jI}} \prod_{j \in F} X_I = (X_I)^F \longrightarrow Cokern(h_F),$$

so gilt $Cokern(h_F) = \prod_{j \in F} (\prod_{i \in I} X_i) / \prod_{j \in F} X_j = \prod_{j \in F} ((\prod_{i \in I} X_i) / X_j) = \prod_{j \in F} ( \prod_{i \in I \setminus \{j\}} X_i)$.

**A4.098.13:** Zeigen Sie für die in Bemerkung 4.098.6/3 angegebene Funktion $g$:

a) Die Menge $g(U) = D_U = \{N_x \mid x \in U\}$ ist ein Filter über $I$.

b) Die Funktion $g$ ist injektiv.

**B4.098.13:** Zur Bearbeitung beider Aufgabenteile im einzelnen:

a) Wegen $0 \in U$ gilt zunächst $N_0 = I \in D_U$, ferner ist für zwei Elemente $N_x, N_y \in D_U$ auch ihr Durchschnitt $N_x \cap N_y = N_{x+y} \in D_U$. Schließlich ist $D_U$ gegen Obermengen abgeschlossen, denn zu $N_x \subset F \subset I$ definiere man $a \in A^I$ durch

$$a_i = \begin{cases} 1, & \text{für } i \in I \setminus F, \\ 0, & \text{für } i \in F, \end{cases}$$

dann gilt $ax \in U$ und somit $N_{ax} = F \in D_U$.

b) Für Untermoduln $U, V \in Umo_{A^I}(\prod_{i \in I} E_i)$ ist zu zeigen: Gilt $U \neq V$, dann gilt für ihre Bilder unter $g$ ebenfalls $g(U) = D_U \neq D_V = g(V)$. Diese Implikation zeigt die folgnde Überlegung: Gilt $U \neq V$, dann gibt es o.B.d.A. eine Element $x \in U$ mit $x \notin V$ und $N_x \neq N_y$, für alle $y \in V$. Angenommen nun, es gibt ein $y \in V$ mit $N_x = N_y$, dann gilt: Ist $i \in I \setminus N_y$, also $y_i \neq 0$, dann gibt es $a_i \in A$ mit $a_i y_i = x_i$, da $E_i$ einfach ist. Definiert man nun $a \in A^I$ entsprechend durch

$$a(i) = \begin{cases} a_i, & \text{für } i \in I \setminus N_y = I \setminus N_x, \\ 0, & \text{sonst,} \end{cases}$$

dann ist $x = ay \in V$ im Widerspruch zur Annahme. Folglich gilt mit $U \neq V$ auch $D_U \neq D_V$.

**A4.146.01:** Begründen/beweisen Sie die Aussagen von Satz 4.146.5.

**B4.146.01:** Zu den Aussagen von Satz 4.146.5 im einzelnen:

1. Die Aussagen beruhen im wesentlichen auf Satz 4.020.3.

2. Es bleibt nur noch zu zeigen, daß $f^c = Hom_A(f, \mathbb{Q}/\mathbb{Z}) : F^c \longrightarrow E^c$ $A$-homogen, also mit der $A$-Rechtsmultiplikation auf $F^c$ und $E^c$ verträglich ist: Für alle $u \in F^c$, für alle $a \in A$ und für alle $x \in F$ gilt $f^c(ua)(x) = (ua \circ f)(x) = (ua)(f(x)) = u(af(x)) = u(f(ax)) = (u \circ f)(ax) = f^c(u)(ax) = (f^c(u)a)(x)$, also gilt $f^c(ua) = f^c(u)a$, für alle $a \in A$.

**A4.146.02:** Begründen/beweisen Sie die Aussage von Satz 4.146.6.

**B4.146.02:** Obgleich der folgende Teil 1 des Beweises der Aussage von Satz 4.146.6 schon durch die Injektivität von $\mathbb{Q}/\mathbb{Z}$ geliefert wird, sei der Beweis in beiden Implikationsrichtungen vollständig erbracht:

Teil 1: Ist die $A$-*mod*-Sequenz $E \xrightarrow{f} F \xrightarrow{g} H$ exakt, dann ist auch die *mod*-$A$-Sequenz $H^c \xrightarrow{g^c} F^c \xrightarrow{f^c} E^c$ exakt, denn im einzelnen gilt:

a) Wegen $g \circ f = 0$ gilt $(f^c \circ g^c)(u) = f^c(g^c(u)) = f^c(u \circ g) = u \circ g \circ f = u \circ 0 = 0$, für alle $u \in H^c$, folglich gilt $f^c \circ g^c = 0$.

b) Es gilt $Kern(f^c) \subset Bild(g^c)$, denn: Ist $u \in Kern(f^c)$, so gilt $u \circ f = 0$. Damit liegt nach Satz 4.012.1 in folgendem kommutativen Diagramm (mit $g'(x) = g(x)$) eine kommutative Ergänzung $s$ vor:

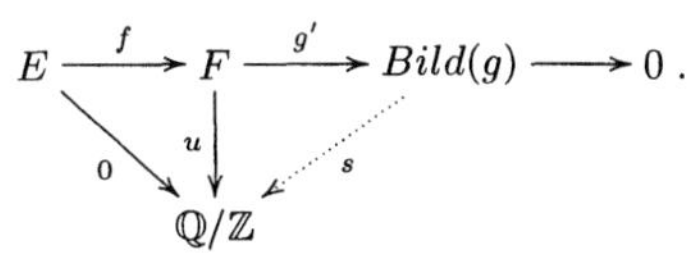

Die Injektivität von $\mathbb{Q}/\mathbb{Z}$ liefert dann zu $s$ das folgende, durch $v$ kommutativ ergänzte Diagramm:

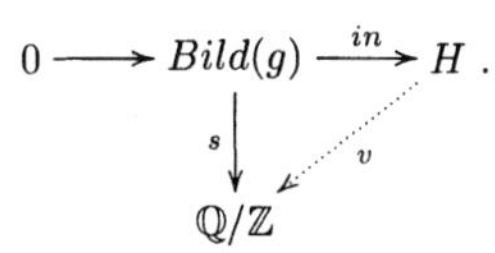

Damit ist $u = s \circ g' = v \circ in \circ g' = v \circ g = g^c(v)$ und somit $u \in Bild(g^c)$.

Teil 2: Ist die *mod*-$A$-Sequenz $H^c \xrightarrow{g^c} F^c \xrightarrow{f^c} E^c$ exakt, dann ist auch die $A$-*mod*-Sequenz $E \xrightarrow{f} F \xrightarrow{g} H$ exakt, denn im einzelnen gilt:

a) Für alle $u \in F^c$ gelten zunächst die Äquivalenzen: $Bild(f) \subset Kern(u) \Leftrightarrow u \circ f = 0$ $\Leftrightarrow u \in Kern(f^c) \Leftrightarrow u \in Bild(f^c) \Leftrightarrow$ es gibt $v \in H^c$ mit $g^c(v) = v \circ g = u$.
Wie nun gezeigt wird, ist die zuletzt genannte Aussage äquivalent zu $Kern(g) \subset Kern(u)$:

a$_1$) $v \circ g = u$ liefert sofort $Kern(g) \subset Kern(v \circ g) = Kern(u)$.

a$_2$) Zu der exakten Sequenz $0 \longrightarrow Kern(g) \xrightarrow{in} F \longrightarrow F/Kern(g) \cong Bild(g) \longrightarrow 0$ liefert Satz 4.012.1 im folgenden kommutativen Diagramm eine kommutative Ergänzung $s$:

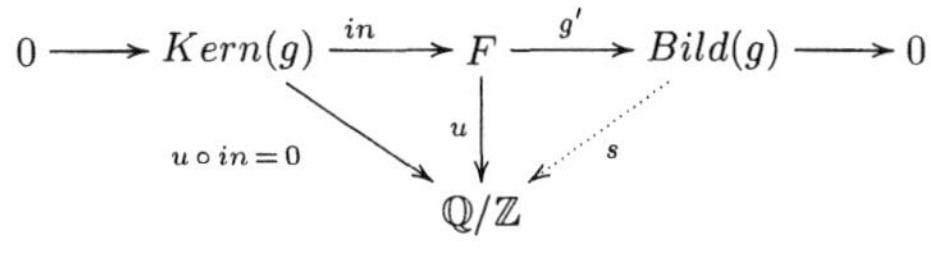

denn wegen $Kern(g) \subset Kern(u)$ ist $u \circ in = 0$. Die Injektivität von $\mathbb{Q}/\mathbb{Z}$ liefert dann zu $s$ das folgende, durch $v$ kommutativ ergänzte Diagramm:

$$\begin{array}{ccccc} 0 & \longrightarrow & Bild(g) & \xrightarrow{in} & H\ . \\ & & {\scriptstyle s}\big\downarrow & \swarrow{\scriptstyle v} & \\ & & \mathbb{Q}/\mathbb{Z} & & \end{array}$$

Damit ist dann, wie behauptet, $u = s \circ g' = v \circ in \circ g' = v \circ g$.

Nach den Teilen $a_1$) und $a_2$) gilt dann mit den oben genannten Äquivalenzen schließlich die Äquivalenz $Kern(g) \subset Kern(u) \Leftrightarrow Bild(f) \subset Kern(u)$.

b) Nach Corollar 4.146.3 gelten die Äquivalenzen:
$x \in F \setminus Kern(g) \Leftrightarrow$ es gibt $h_x \in F^c$ mit $Kern(g) \subset Kern(h_x)$ und $h_x(x) \neq 0$
$\Leftrightarrow$ es gibt $h_x \in F^c$ mit $Bild(f) \subset Kern(h_x)$ und $h_x(x) \neq 0 \Leftrightarrow x \in F \setminus Bild(f)$.
Diese Äquivalenzen liefern dann schließlich $Kern(g) = Bild(f)$.

**A4.146.03:** Beweisen Sie unter Verwendung von Bemerkung 4.078.5:
Zu $E \in A\text{-}mod$ und zu $F \in mod\text{-}A$ gibt es eine $\mathbb{Z}$-Isomorphie $(F \otimes_A E)^c \cong_{\mathbb{Z}} Hom_A(F, E^c)$.

**B4.146.03:** Der in Bemerkung Bemerkung 4.078.5 genannte $\mathbb{Z}$-Isomorphismus

$$Hom_B(F \otimes_A E, H) \xrightarrow{L_{EH}} Hom_A(E, Hom_B(F, H))$$

liefert mit dem Ring $B = \mathbb{Z}$, dem $(\mathbb{Z}, A)$-Bimodul $F$ und dem $\mathbb{Z}$-Modul $H = \mathbb{Q}/\mathbb{Z}$ die $\mathbb{Z}$-Isomorphie

$$(F \otimes_A E)^c = Hom_{\mathbb{Z}}(F \otimes_A E, \mathbb{Q}/\mathbb{Z}) \xrightarrow{\cong} Hom_A(E, Hom_{\mathbb{Z}}(F, \mathbb{Q}/\mathbb{Z})) = Hom_A(F, E^c)\ .$$

**A4.158.01:** Zeigen Sie, daß $E \times_N F$ in Satz 4.158.1 ein $A$-Untermodul von $E \times F = E \oplus F$ ist.

**B4.158.01:** Gemäß Satz 4.004.3/2 wird folgendes gezeigt:

1. $E \times_N F$ ist nicht leer, denn wegen $u_E(0) = 0 = u_F(0)$ gilt $(0,0) \in E \times_N F$.

2. Es gilt $(E \times_N F) + (E \times_N F) \subset E \times_N F$, denn für Elemente $(x,z),(x',z') \in E \times_N F$ gilt zunächst $u_E(x) = u_F(z)$ und $u_E(x') = u_F(z')$, somit gilt dann $u_E(x) + u_E(x') = u_F(z) + u_F(z')$, woraus die Gruppen-Homomorphie von $u_E$ und $u_F$ dann $u_E(x+x') = u_F(z+z')$, also $(x+x', z+z') \in E \times_N F$ und damit schließlich $(x,z) + (x',z') = (x+x', z+z') \in E \times_N F$ liefert.

3. Es gilt $A \cdot (E \times_N F) \subset E \times_N F$, denn für Elemente $(x,z) \in E \times_N F$ gilt zunächst $u_E(x) = u_F(z)$, somit gilt für Elemente $a \in A$ dann $au_E(x) = au_F(z)$, woraus die $A$-Homogenität von $u_E$ dann weiterhin $u_E(ax) = u_F(az)$, also $(ax, az) \in E \times_N F$ und damit schließlich $a(x,z) = (ax, az) \in E \times_N F$ liefert.

**A4.158.02:** Liefert Satz 4.158.1 eine exakte Sequenz $0 \longrightarrow E \times_N F \xrightarrow{in} E \oplus F \xrightarrow{h} N$ ?

**B4.158.02:** Wird $h : E \oplus F \longrightarrow N$ durch die Vorschrift $h(x,z) = u_E(x) - u_F(z)$ definiert, so liegt damit ein $A$-Homomorphismus $h$ vor, so daß die Sequenz $0 \longrightarrow E \times_N F \xrightarrow{in} E \oplus F \xrightarrow{h} N$ exakt ist.

**A4.158.03:** Liefert Satz 4.158.3 eine exakte Sequenz $N \xrightarrow{h} E \oplus F \xrightarrow{nat} E \times_N F \longrightarrow 0$ ?

**B4.158.03:** Wird $h : N \longrightarrow E \oplus F$ durch $h(y) = (u_E, -u_F)(y) = (u_E(y), -u_F(y))$ definiert, so liegt damit ein $A$-Homomorphismus $h$ vor, so daß die Sequenz $N \xrightarrow{h} E \oplus F \xrightarrow{nat} E \times_N F \longrightarrow 0$ exakt ist.

**A4.162.01:** Einige der Sachverhalte dieses Abschnitts noch einmal in der Form exakter Sequenzen genannt, wobei Teil 2 zum Nachweis von Teil 3 anzuwenden ist. Zeigen Sie:

1. Ein $A$-Modul $E$ ist genau dann endlich-präsentierbar, wenn es eine exakte $A$-*mod*-Sequenz der Form $0 \longrightarrow K \longrightarrow F \longrightarrow E \longrightarrow 0$ mit endlich-erzeugbarem $A$-Modul $K$ und endlich-erzeugbarem freien $A$-Modul $F$ gibt.

2. Liegen exakte $A$-*mod*-Sequenzen $0 \longrightarrow K \longrightarrow P \longrightarrow E \longrightarrow 0$ und $0 \longrightarrow K' \longrightarrow P' \longrightarrow E \longrightarrow 0$ mit projektiven $A$-Modul $P$ und $P'$ vor, dann gibt es eine $A$-Isomorphie $P \oplus K' \cong_A P' \oplus K$.

3. Liegt eine exakte $A$-*mod*-Sequenz $0 \longrightarrow K \longrightarrow F \longrightarrow E \longrightarrow 0$ mit endlich-präsentierbarem $A$-Modul $E$ sowie endlich-erzeugbarem freien $A$-Modul $F$ vor, dann ist $K$ endlich-erzeugbar.

**B4.162.01:** Zur Bearbeitung der Aufgabe im einzelnen:

1a) Ist ein $A$-Modul $E$ endlich-präsentierbar, so liegt definitionsgemäß eine exakte $A$-*mod*-Sequenz der Form $A^m \xrightarrow{g} A^n \xrightarrow{f} E \longrightarrow 0$ vor, wobei also $K = Kern(f) = Bild(g)$ gilt. Da die Einschränkung $g' = g \mid Bild(g)$ surjektiv ist, ist die Sequenz $A^m \xrightarrow{g'} K \longrightarrow 0$ exakt und $E$ folglich endlich-erzeugbar. Damit ist dann $0 \longrightarrow K \xrightarrow{in} A^n \xrightarrow{f} E \longrightarrow 0$ die gesuchte exakte Sequenz.

1b) Liegt zu $E$ eine exakte $A$-*mod*-Sequenz der Form $0 \longrightarrow K \xrightarrow{g} F \xrightarrow{h} E \longrightarrow 0$ mit endlich-erzeugbarem $A$-Modul $K$ und endlich-erzeugbarem freien $A$-Modul $F$ vor, dann existiert einerseits zu $K$ eine exakte Sequenz $A^m \longrightarrow K \longrightarrow 0$, andererseits hat $F$ die Form $F \cong_A A^n$. Man betrachte nun das folgende kommutative $A$-*mod*-Diagramm mit exakter Zeile und exakter Spalte:

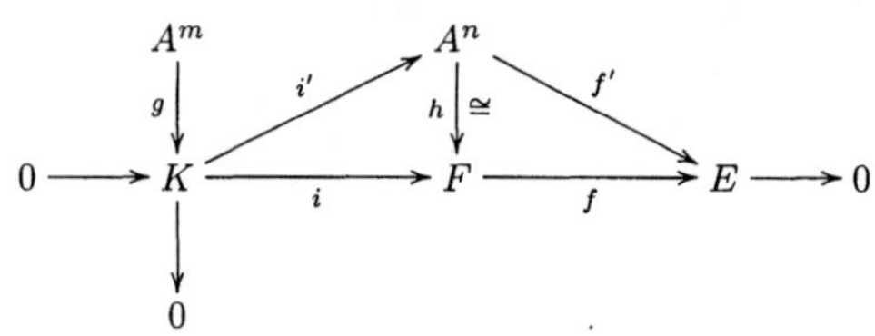


Dieses Diagramm liefert die exakte $A$-*mod*-Sequenz $A^m \xrightarrow{i' \circ g} A^n \xrightarrow{f'} E \longrightarrow 0$, also ist $E$ endlich-präsentierbar.

2. Man betrachte das folgende kommutative Diagramm mit der Pullback-Konstruktion $P \times_E P'$

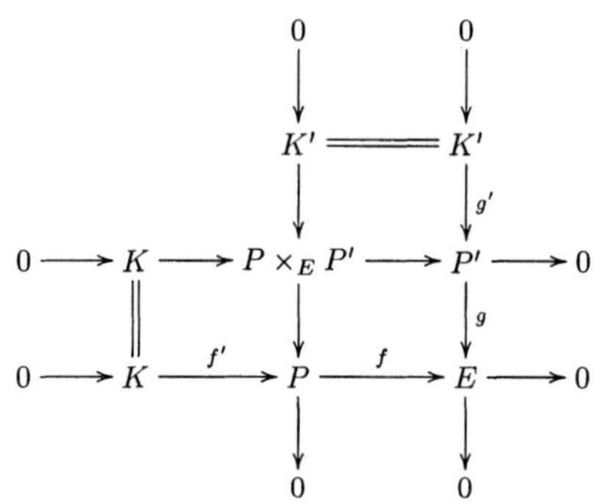


Da $P$ und $P'$ projektiv sind, sind die erste Zeile und die erste Spalte split-exakt, folglich liegt damit die Isomorphie $P \oplus K' \cong P \times_E P' \cong P' \oplus K$ vor.

3. Nach Teil 1 liegt eine exakte Sequenz $0 \longrightarrow K' \longrightarrow F' \longrightarrow E \longrightarrow 0$ mit endlich-erzeugbarem $A$-Modul $K'$ und endlich-erzeugbarem freien $A$-Modul $F'$ vor. Nach Teil 2 gilt $K' \oplus F \cong K \oplus F'$, mit $K' \oplus F$ ist also auch $K' \oplus F$ endlich-erzeugbar. Ist nun $(k_i, f_i')_{1 \leq i \leq n}$ ein Erzeugendensystem von $K \otimes F'$, dann ist $(k_i)_{1 \leq i \leq n}$ ein Erzeugendensystem von $K$, das heißt also, daß $K$ endlich-erzeugbar ist.

**A4.162.02:** Im folgenden seien Rechtsideale eines Ringes $A$ stets als Untermoduln des $A$-Rechtsmoduls $A$ betrachtet. Zeigen Sie für endlich-präsentierbare Rechtsideale $\underline{a}_1$ und $\underline{a}_2$ (mit Aufgabe A4.162.01):

$\underline{a}_1 + \underline{a}_2$ ist genau dann endlich-präsentierbar, wenn $\underline{a}_1 \cap \underline{a}_2$ endlich-erzeugbar ist.

**B4.162.02:** Zu zwei endlich-erzeugbaren Rechtsidealen $\underline{a}_1$ und $\underline{a}_2$ liegen zunächst exakte *mod-A*-Sequenzen $0 \longrightarrow K_1 = Kern(f_1) \longrightarrow F_1 \xrightarrow{f_1} \underline{a}_1 \longrightarrow 0$ und $0 \longrightarrow K_2 = Kern(f_2) \longrightarrow F_2 \xrightarrow{f_2} \underline{a}_2 \longrightarrow 0$ mit endlich-erzeugbaren freien $A$-Moduln $F_1$ und $F_2$ vor. Im folgenden bezeichne $F = F_1 \oplus F_2$ sowie $\underline{a} = \underline{a}_1 + \underline{a}_2$, ferner sei $f : K \longrightarrow \underline{a}$ der von $f_1$ und $f_2$ induzierte $A$-Homomorphismus. Damit liegt dann das folgende kommutative Diagramm mit exakten Zeilen und exakten Spalten vor:

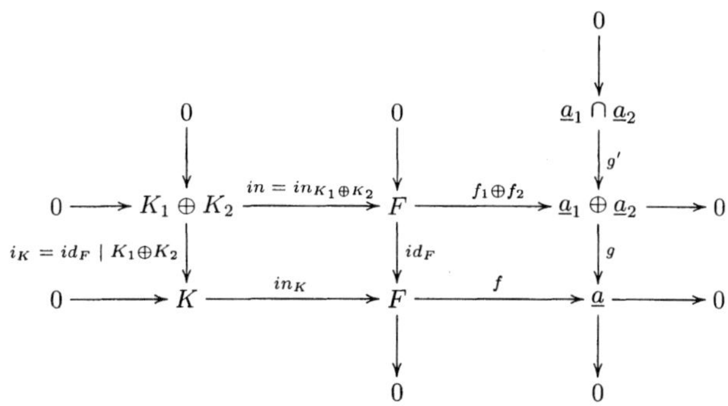


Dabei ist $g'(a) = (a, -a)$ und $g(a, b) = a + b$. Es wird nun ein $A$-Homomorphismus $h : K \longrightarrow \underline{a}_1 \cap \underline{a}_2$ konstruiert, der dann eine exakte Sequenz $S : 0 \longrightarrow K_1 \oplus K_2 \xrightarrow{i_K} K \xrightarrow{h} \underline{a}_1 \cap \underline{a}_2 \longrightarrow 0$ liefert:

a) Die Funktion $h$ sei definiert durch $h(k) = (g')^{-1}(((f_1 \oplus f_2) \circ in_K)(k))$, für alle Elemente $k \in K$, und ist damit auch wohldefiniert, das heißt, es gilt tatsächlich $((f_1 \oplus f_2) \circ in_K)(k) \in Bild(g')$, denn es gilt $g(f_1 \oplus f_2(in_K(k))) = f(in_K(k)) = 0$, woraus aber $((f_1 \oplus f_2) \circ in_K)(k) \in Kern(g) = Bild(g')$ folgt.

b) $h$ ist $A$-Homomorphismus, denn $g'$, $f_1 \oplus f_2$ und $in_K$ sind $A$-Homomorphismen.

c) $h$ ist surjektiv, wofür zu zeigen ist, daß die Einschränkung $(f_1 \oplus f_2) \circ in_K \mid Bild(g')$ surjektiv ist: Es sei $b \in Bild(g')$, dann gibt es ein Element $x \in F$ mit $(f_1 \oplus f_2)(x) = b$. Wegen $Bild(g') = Kern(g)$ gilt $f(x) = (f_1 \oplus f_2)g(x)) = 0$. Es folgt $x \in Kern(f) = Bild(in_K)$, also existiert ein Element $k \in K$ mit $(f_1 \oplus f_2)(in_K(k)) = (f_1 \oplus f_2)(x) = b$.

d) Schließlich bleibt noch die Beziehung $Bild(i_K) = Bild(id_F \mid K_1 \oplus K_2) = Kern(h)$ zu zeigen:

$d_1$) Es gilt $Kern(h) \subset Bild(i_K)$, denn: Für alle Elemente $(k_1, k_2) \in K_1 \oplus K_2$ gilt $(h \circ i_K)(k_1, k_2) = (g')^{-1}(((f_1 \oplus f_2) \circ in_K \circ i_K)(k)) = (g')^{-1}(((f_1 \oplus f_2) \circ in_{K_1 \oplus K_2})(k)) = (g')^{-1}(0(k)) = 0$.

$d_2$) Es gilt $Bild(i_K) \subset Kern(h)$, denn: Ist $k \in Bild(i_K)$, so gibt es ein Element $(k_1, k_2) \in K_1 \oplus K_2$ mit $k = i_K(k_1, k_2)$, also gilt $h(k) = (h \circ i_K)(k_1, k_2) = (g')^{-1}(((f_1 \oplus f_2) \circ in_K \circ id_{K_1 \oplus K_2})(k_1, k_2)) = (g')^{-1}(((f_1 \oplus f_2) \circ in_{K_1 \oplus K_2})(k_1, k_2)) = (g')^{-1}(0(k_1, k_2)) = 0$, also ist $k \in Kern(h)$.

Damit ist gezeigt, daß eine exakte Sequenz $S$ der angegebenen Form vorliegt. Somit gilt im einzelnen:

Sind die Rechtsideale $\underline{a}_1$ und $\underline{a}_2$ endlich-präsentierbar, dann ist auch $\underline{a}_1 \oplus \underline{a}_2$ endlich-präsentierbar. Wegen der Exaktheit der ersten Zeile des obigen Diagramms ist $K_1 \oplus K_2$ nach Aufgabe A4.162.01/3 endlich-erzeugbar. Wegen der Exaktheit der Sequenz $S$ und Satz 4.050.6 ist dann $K$ genau dann endlich-erzeugbar, wenn $\underline{a}_1 \cap \underline{a}_2$ endlich-erzeugbar ist. Andererseits ist $K$ genau dann endlich-erzeugbar, wenn $\underline{a}_1 + \underline{a}_2$ endlich-präsentierbar ist. Somit gilt also: $\underline{a}_1 + \underline{a}_2$ ist genau dann endlich-präsentierbar, wenn $\underline{a}_1 \cap \underline{a}_2$ endlich-erzeugbar ist.

**A4.162.03:** Beweisen Sie die folgenden Aussagen:

1. Zu einem Ring-Homomorphismus $u : A \longrightarrow B$ liefert eine $B$-Modul-Struktur auf einer abelschen Gruppe $E$ auch eine $A$-Modul-Struktur auf $E$ vermöge $A \times E \longrightarrow E$ mit $ax = u(a)x$, für alle $(a, x) \in A \times E$.

2a) Ist $B$ als $A$-Modul endlich-erzeugbar, so gilt: Ist ein $A$-Modul $E$ endlich-präsentierbar, so ist auch der $B$-Modul $E$ endlich-präsentierbar.

2b) Ist $B$ als $A$-Modul endlich-präsentierbar, so gilt: Ein $A$-Modul $E$ ist genau dann endlich-präsentierbar, wenn auch der $B$-Modul $E$ endlich-präsentierbar ist.

**B4.162.03:** Zur Bearbeitung der Teilaufgaben im einzelnen:

1. Die abelsche Gruppe $E$ bildet zusammen mit der angegebenen und wegen $u(a)x \in E$ wohldefinierten $A$-Multiplikation $A \times E \longrightarrow E$einen $A$-Modul, wofür lediglich die in Definition 4.000.1 genannten Verträglichkeits-Bedingungen nachzuweisen sind: Für alle $a, b \in A$ und für alle $x, y \in E$ gilt

$Mod_1$: $a(x+y) = u(a)(x+y) = u(a)x + u(a)y = ax + ay$,

$Mod_2$: $(a+b)x = u(a+b)x = (u(a)+u(b))x = u(a)x + u(b)x = ax + bx$,

$Mod_3$: $(ab)x = u(ab)x = (u(a) \cdot u(b))x = u(a)(u(b)x) = a(bx)$,

$Mod_4$: $1 \cdot x = u(1) \cdot x = x$.

2a) Nach Voraussetzung ist $E$ ein endlich-erzeugbarer $B$-Modul, womit eine exakte $B$-*mod*-Sequenz der Form $S: 0 \longrightarrow Kern(f) \longrightarrow B^n \xrightarrow{f} E \longrightarrow 0$ vorliegt. Beachtet man, daß $B$ und damit auch $B^n$ sowie $Kern(f)$ nach Teil 1 auch als $A$-Moduln betrachtet werden können, dann ist die Sequenz $S$ auch als $A$-*mod*-Sequenz exakt. Weiterhin gilt: Da $B^n$ als $A$-Modul endlich-erzeugbar und $E$ als $A$-Modul voraussetzungsgemäß endlich-präsentierbar ist, ist $Kern(f)$ als $A$-Modul endlich-erzeugbar. Somit ist $Kern(f)$ auch als $B$-Modul endlich-erzeugbar, womit die Exaktheit der $B$-*mod*-Sequenz $S$ zeigt, daß der $B$-Modul $E$ endlich-präsentierbar ist.

2b) Nach Aufgabenteil 2a) bleibt zu zeigen: Ist $E$ als $B$-Modul endlich-präsentierbar, dann ist $E$ auch als $A$-Modul endlich-präsentierbar. Zu dem endlich-präsentierbaren $B$-Modul $E$ betrachte man zunächst das folgende kommutative Diagramm mit exakten Zeilen und Spalten:

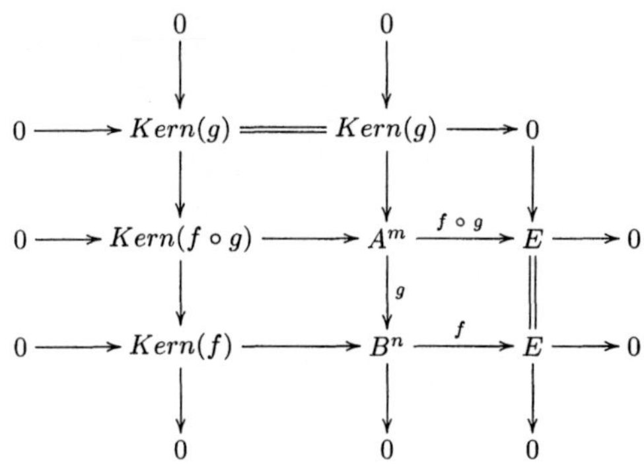


Zu zeigen ist, daß die mittlere Zeile eine exakte $A$-*mod*-Sequenz und $Kern(f \circ g)$ als $A$-Modul endlich-erzeugbar ist. Dazu im einzelnen:

a) Da $E$ endlich-erzeugbarer $B$-Modul ist, ist die untere Zeile eine exakte $B$-*mod*-Sequenz,

b) da $B$ endlich-präsentierbarer $A$-Modul ist, ist die mittlere Spalte eine exakte $A$-*mod*-Sequenz,

c) folglich ist auch die mittlere Zeile eine exakte $A$-*mod*-Sequenz.

d) Da $E$ endlich-präsentierbarer $B$-Modul ist, ist $Kern(f)$ endlich-erzeugbarer $B$-Modul, also ist $Kern(f)$ auch ein endlich-erzeugbarer $A$-Modul,

e) da $B$ endlich-präsentierbarer $A$-Modul ist, ist $Kern(g)$ endlich-erzeugbarer $A$-Modul.

f) Da die $A$-*mod*-Sequenz $0 \longrightarrow Kern(g) \longrightarrow Kern(f \circ g) \longrightarrow Kern(f) \longrightarrow 0$ exakt ist, ist $Kern(f \circ g)$ ein endlich-erzeugbarer $A$-Modul, woraus mit der Exaktheit der mittleren Zeile dann schließlich folgt, daß $E$ ein endlich-präsentierbarer $A$-Modul ist.

# 4.166 Rein-exakte Sequenzen (Teil 1)

**A4.166.01:** Beweisen Sie den zweiten Teil von Lemma 4.166.4:
Zu einem beliebigen $A$-Modul $E$ und für eine Unterraum-Situation der Form $U \subset V \subset E$ gilt: Ist $U$ reiner Untermodul in $E$, dann ist $U$ reiner Untermodul in $V$.

**B4.166.01:** Man betrachte das folgende $A$-*mod*-Diagramm:

$$
\begin{array}{ccccccccc}
 & & 0 & & 0 & & 0 & & \\
 & & \downarrow & & \downarrow & & \downarrow & & \\
0 & \longrightarrow & U & \longrightarrow & V & \xrightarrow{f} & V/U & \longrightarrow & 0 \\
 & & \downarrow{=} & & \downarrow & & \downarrow & & \\
0 & \longrightarrow & U & \longrightarrow & E & \longrightarrow & E/U & \longrightarrow & 0 \\
 & & \downarrow & & \downarrow & & \downarrow & & \\
0 & \longrightarrow & 0 & \longrightarrow & E/V & \xrightarrow{=} & E/V & \longrightarrow & 0 \\
 & & \downarrow & & \downarrow & & \downarrow & & \\
 & & 0 & & 0 & & 0 & &
\end{array}
$$

Nach Voraussetzung ist die mittlere Zeile eine rein-exakte Sequenz. Ferner sind die erste Spalte und die dritte Zeile als split-exakte Sequenzen ebenfalls rein-exakt.

Zu zeigen ist nun, daß die erste Zeile eine rein-exakte Sequenz ist. Dazu wendet man auf dieses Diagramm den (links-exakten) Funktor $Hom_A(F,-)$ mit einem endlich-präsentierbaren $A$-Modul $F$ an, wodurch rein-exakte (und auch split-exakte) Sequenzen in exakte Sequenzen überführt werden, also liegt das folgende kommutative Diagramm mit der Abkürzung $f^* = Hom_A(F,f)$ vor:

$$
\begin{array}{ccccccccc}
 & & 0 & & 0 & & 0 & & \\
 & & \downarrow & & \downarrow & & \downarrow & & \\
0 & \longrightarrow & Hom_A(F,U) & \longrightarrow & Hom_A(F,V) & \xrightarrow{f^*} & Hom_A(F,V/U) & & \\
 & & \downarrow{=} & & \downarrow & & \downarrow & & \\
0 & \longrightarrow & Hom_A(F,U) & \longrightarrow & Hom_A(F,E) & \longrightarrow & Hom_A(F,E/U) & \longrightarrow & 0 \\
 & & \downarrow & & \downarrow & & \downarrow & & \\
0 & \longrightarrow & 0 & \longrightarrow & Hom_A(F,E/V) & \xrightarrow{=} & Hom_A(F,E/V) & \longrightarrow & 0 \\
 & & \downarrow & & \downarrow & & \downarrow & & \\
 & & 0 & & 0 & & 0 & &
\end{array}
$$

Das *Kern-Cokern-Lemma* (Satz 4.013.3) liefert dann eine exakte Sequenz

$$Hom_A(F,V) \xrightarrow{f^*} Hom_A(F,V/U) \xrightarrow{d} 0,$$

somit ist $f$ rein-surjektiv und folglich die erste Zeile im ersten Diagramm eine rein-exakte Sequenz.

**A4.175.01:** Es sei $F$ ein freier $A$-Linksmodul mit Basis $(x_b)_{b\in B}$, ferner $0 \longrightarrow K \longrightarrow F \longrightarrow E \longrightarrow 0$ eine exakte $A$-*mod*-Sequenz mit $K \subset F$. Besitzt ein Element $u \in F$ eine Darstellung $u = a_1x_{b_1}+...+a_nx_{b_n}$ mit $a_i \in A$ und Basiselementen $x_{b_i} \in B$, so sei $\underline{a}_u$ das von der Menge $\{a_1,...,a_n\}$ erzeugte Rechtsideal in $A$. Zeigen Sie, daß dann folgende Aussagen äquivalent sind:

a) Der $A$-Modul $E$ ist flach.

b) Gilt $u \in K$, dann gilt $u \in \underline{a}_u K$.

**B4.175.01:** Zum Beweis der Äquivalenz beider Aussagen folgende Implikationen:

a) $\Rightarrow$ b): Ist $E \cong F/K$ flach, dann gilt $K \cap \underline{a}_u F = \underline{a}_u K$ nach Lemma 4.175.3. Gemäß der Definition von $\underline{a}_u$ gilt $u \in \underline{a}_u F$. Gilt nun $u \in K$, dann folgt $u \in K \cap \underline{a}_u F = \underline{a}_u K$. (Man beachte dabei, daß $\underline{a}_u$ endlich-erzeugbar ist und somit Lemma 4.175.3 tatsächlich auch angewendet werden kann.)

b) $\Rightarrow$ a): Es sei $\underline{a} \subset A$ ein beliebiges Rechtsideal in $A$. Es wird nun gezeigt, daß $K \cap \underline{a}F = \underline{a}K$ gilt, woraus dann mit Lemma 4.175.3 folgt, daß $F/K \cong E$ flach ist. Also: Zunächst gilt stets $\underline{a}K \subset K \cap \underline{a}F$, denn für den $A$-Modul $K$ gilt $\underline{a}K \subset K$, ferner gilt $\underline{a}K \subset \underline{a}F$ wegen $K \subset F$. Weiterhin sei nun ein Element $u \in K \cap \underline{a}F$ mit der in der Aufgabe genannten Darstellung $u = a_1x_{b_1} + ... + a_nx_{b_n}$ betrachtet, dann gilt $u \in \underline{a}F$, wobei, da $F$ frei ist, die Elemente $a_1,...,a_n$ in $\underline{a}$ enthalten sein müssen. Daraus folgt dann $\underline{a}_u \subset \underline{a}$. Außerdem ist $u \in K$, womit nach Voraussetzung b) dann $u \in \underline{a}_u K$ gilt. Zusammen gilt dann also $u \in \underline{a}_u K \subset \underline{a}K$. Da diese Betrachtung nun für alle $u \in K \cap \underline{a}F$ gilt, gilt auch $K \cap \underline{a}F \subset \underline{a}K$.

**A4.175.02:** Es sei $F$ ein freier $A$-Linksmodul mit Basis $(x_b)_{b\in B}$, ferner $0 \longrightarrow K \xrightarrow{g} F \longrightarrow E \longrightarrow 0$ eine exakte $A$-*mod*-Sequenz mit $K \subset F$. Zeigen Sie (unter Verwendung von Aufgabe A4.175.01), daß dann die beiden folgenden Aussagen (Kennzeichnung flacher Moduln durch eine *lokale Umkehrbarkeit* von $g$) äquivalent sind:

a) Der $A$-Modul $E$ ist flach.

b) Zu jedem Element $u \in K$ existiert ein $A$-Homomorphismus $f: F \longrightarrow K$ mit $f(u) = u$.

c) Zu jeder endlichen Teilmenge $U \subset K$ existiert ein $A$-Homomorphismus $f: F \longrightarrow K$ mit $f(u) = u$, für alle Elemente $u \in U$.

**B4.175.02:** Zum Beweis der Äquivalenz der drei Aussagen folgende Implikationen:

a) $\Rightarrow$ b): Es sei $u \in K$ mit einer Darstellung $u = a_1x_{b_1} + ... + a_nx_{b_n}$ mit Elementen $a_i \in A$ und Basiselementen $x_{b_i}$, ferner sei $\underline{a}_u = a_1A + ... + a_nA$ das von der Menge $\{a_1,...,a_n\}$ erzeugte Rechtsideal in $A$. Da $E$ flach ist, gilt $u \in \underline{a}_u K$ nach Aufgabe 4.175.01, somit besitzt $u$ eine Darstellung der Form $u = \sum\limits_{1\le i\le r} d_iv_i$ mit Elementen $d_i \in \underline{a}_u$ und $v_i \in K$. Wegen $d_i \in \underline{a}_u$ lassen sich die Elemente $d_i$ ihrerseits darstellen in der Form $d_i = \sum\limits_{1\le j\le n} a_jc_{ij}$. Damit gilt dann $u = \sum\limits_{1\le i\le r} d_iv_i = \sum\limits_{1\le i\le r}\sum\limits_{1\le j\le n} a_jc_{ij}v_i = \sum\limits_{1\le j\le n}(a_j \sum\limits_{1\le i\le r} c_{ij}v_i) = \sum\limits_{1\le j\le n} a_jy_j$ mit $y_j = \sum\limits_{1\le i\le r} c_{ij}v_i$. Damit kann $f: F \longrightarrow K$ definiert werden durch die Vorschrift

$$f(x_b) = \begin{cases} y_i, & \text{falls } b = a_i \text{ mit } i \in \{1,...,n\}, \\ 0, & \text{sonst,} \end{cases}$$

für alle Elemente $x_b$ der Basis $(x_b)_{b\in B}$ von $F$, womit $f$ als lineare Fortsetzung dann wohldefiniert ist. Schließlich gilt $f(u) = u$, denn es ist $f(u) = f(\sum\limits_{1\le i\le n} a_ix_{b_i}) = \sum\limits_{1\le i\le n} a_if(x_{b_i}) = \sum\limits_{1\le i\le n} a_iy_i = u$.

b) $\Rightarrow$ c): Der Beweis wird nach dem Prinzip der Vollständigen Induktion (Abschnitt 1.802) geführt:

Induktionsanfang: Für $n = 1$ folgt Aussage c) unmittelbar aus Aussage b).

Induktionsschritt von $n-1$ nach $n$ bezüglich einer endlichen Teilmenge $U = \{u_1,...,u_n\}$ von $K$: Aussage c) gelte für alle $k \le n-1$ mit $n \ge 2$. Nach Aussage b) (oder nach Induktionsannahme) existiert zu $u_n$ ein $A$-Homomorphismus $f_n: F \longrightarrow K$ mit $f_n(u_n) = u_n$. Betrachtet man nun $y_i = u_i - f_n(u_i)$, für alle $i \in \{1,...,n-1\}$, dann existiert nach Induktionsannahme ein $A$-Homomorphismus $f' : F \longrightarrow K$ mit $f'(y_i) = y_i$, für alle $i \in \{1,...,n-1\}$. Damit sei nun ein $A$-Homomorphismus $f : F \longrightarrow K$ definiert durch die Vorschrift $f(x) = f_n(x) + f'(x - f_n(x))$, für alle $x \in F$.

Da $f_n$ und $f'$ $A$-Homomorphismen sind, ist auch $f$ ein $A$-Homomorphismus, denn es gilt: $f(ax+cy) = f_n(ax+cy)+f'(ax+cy-f_n(ax+cy)) = af_n(x)+cf_n(y)+af'(x-f_n(x))+cf'(y-f_n(y)) = af(x)+cf(y)$, für alle Elemente $a, c \in A$ und $x, y \in F$.

Schließlich gelten die gewünschten Beziehungen $f(u_i) = u_i$, für alle $i \in \{1,...,n-1\}$ sowie $f(u_n) = u_n$, denn es ist $f(u_i) = f_n(u_i) + f'(u_i - f_n(u_i)) = f_n(u_i) + f'(y_i) = f_n(u_i) + u_i - f_n(u_i) = u_i$ sowie $f(u_n) = f_n(u_n) + f'(u_n - f_n(u_n)) = u_n + f'(u_n - u_n) = u_n$ gemäß der Definitionen von $f_n$ und $f'$.

c) $\Rightarrow$ b): ist klar mit $n = 1$.

b) $\Rightarrow$ a): Es sei $u \in K$ mit einer Darstellung $u = a_1x_{b_1} + ... + a_nx_{b_n}$ mit Elementen $a_i \in A$ und Basiselementen $x_{b_i}$, ferner ein $A$-Homomorphismus $f : F \longrightarrow K$ mit $f(u) = u$ betrachtet. Dafür gilt $u = f(a_1x_{b_1} + ... + a_nx_{b_n}) = a_1f(x_{b_1}) + ... + a_nf(x_{b_n})$, womit aber $u \in \underline{a}_u$ gilt. Da $u \in K$ beliebig gewählt war, folgt nach Aufgabe A4.175.01, daß $E$ flach ist.

**A4.175.03:** Es sei $A$ ein beliebiger Ring. Zeigen Sie unter Verwendung von Aufgabe A4.175.02: Für jeden $A$-Linksmodul $E$ sind die folgenden Aussagen äquivalent:

a) Der $A$-Modul $E$ ist flach.

b) Liegen ein $A$-Homomorphismus $f_a : E^r \longrightarrow E$ mit Matrix $a \in Mat(1,r,A)$ und ein $r$-Tupel $x \in E^r$ mit $f_a(x) = 0$ vor, dann gibt es einen $A$-Homomorphismus $f_B : E^n \longrightarrow E^r$ mit Matrix $B \in Mat(r,n,A)$ und ein $n$-Tupel $y \in E^n$ mit den Eigenschaften $f_B(y) = x$ und $aB = 0$ (das bedeutet also, daß es $f_B$ und $y$ gibt mit $f_{aB}(y) = f_a(f_B(y)) = f_a(x) = 0$).

c) Liegen ein $A$-Homomorphismus $f_A : E^r \longrightarrow E^s$ mit Matrix $A \in Mat(s,r,A)$ und ein $r$-Tupel $x \in E^r$ mit $f_A(x) = 0$ vor, dann gibt es einen $A$-Homomorphismus $f_B : E^n \longrightarrow E^r$ mit Matrix $B \in Mat(r,n,A)$ und ein $n$-Tupel $y \in E^n$ mit den Eigenschaften $f_B(y) = x$ und $AB = 0$ (das bedeutet also, daß es $f_B$ und $y$ gibt mit $f_{AB}(y) = f_A(f_B(y)) = f_A(x) = 0$).

*Anmerkung 1:* Die Aussagen b) und c) lassen sich auch folgendermaßen formulieren, etwa Aussage c):

c') Zu jedem Element $x \in Kern(f_A)$ gibt es eine Sequenz $E^n \xrightarrow{f_B} E^r \xrightarrow{f_A} E^s$ mit $x \in Bild(f_B)$.

*Anmerkung 2:* Die Aussagen b) und c) lassen sich auch nur mit Matrizen formulieren, etwa Aussage c):

c") Liegen eine Matrix $A \in Mat(s,r,A)$ und ein $r$-Tupel $x \in E^r$ mit $Ax = 0$ vor, dann gibt es eine Matrix $B \in Mat(r,n,A)$ und ein $n$-Tupel $y \in E^n$ mit den Eigenschaften $By = x$ und $AB = 0$.

**B4.175.03:** Zum Beweis der Äquivalenz der drei Aussagen folgende Implikationen:

a) $\Rightarrow$ c): Es seien eine Matrix $A = (a_{kj}) \in Mat(s,r,A)$ und ein $r$-Tupel $x \in E^r$ mit Komponenten $x_1, ..., x_r$ mit der Eigenschaft $Ax = 0$ vorgegeben, dann ist eine Matrix $B = (b_{ji}) \in Mat(r,n,A)$ und ein $n$-Tupel $y \in E^n$ mit Komponenten $y_1, ..., y_n$ mit den genannten Eigenschaften zu konstruieren. Zunächst betrachte man zu $E$ eine exakte $A$-*mod*-Sequenz $0 \longrightarrow K = Kern(f) \xrightarrow{in} F \xrightarrow{f} E \longrightarrow 0$ mit freiem $A$-Modul $F$, der eine Basis $(x_b)_{b \in B}$ besitze. Da $f$ surjektiv ist, existieren Elemente $v_j \in F$ mit $f(v_j) = x_j$, für alle $j \in \{1,...,r\}$. Nun seien zu jedem $k \in \{1,...,s\}$ Elemente $u_k \in F$ definiert durch $u_k = \sum_{1 \le j \le r} a_{kj}v_j$, womit dann $f(u_k) = \sum_{1 \le j \le r} a_{kj}f(v_j) = \sum_{1 \le j \le r} a_{kj}x_j$, für alle $k \in \{1,...,s\}$, folgt.

Da $E$ nach Voraussetzung jedoch flach ist, gibt es nach Aufgabe A4.175.02 einen $A$-Homomorphismus $g : F \longrightarrow K$ mit $g(u_k) = u_k$, für alle $k \in \{1,...,s\}$. Weiterhin lassen sich für alle $j \in \{1,...,r\}$ die Elemente $(v_j - g(v_j)) \in F$ jeweils eindeutig als endliche Summen von Basiselementen darstellen: Es seien nun $x_{b_1}, ..., x_{b_n}$ die endlich vielen Basiselemente, die zur Darstellung aller Elemente $v_j - g(v_j)$ benötigt werden, sowie $b_{ji} \in A$ mit $j \in \{1,...,r\}$ und $i \in \{1,...,n\}$ die eindeutig bestimmten Ringelemente mit $v_j - g(v_j) = \sum_{1 \le i \le n} b_{ji}x_{b_i}$. Damit ist die gewünschte Matrix $B$ konstruiert (siehe (i)).

Legt man ferner $y \in E^n$ durch $y_i = f(x_{b_i})$, für alle $i \in \{1,...,n\}$, fest, dann gilt im einzelnen:

(i) Es gilt $x_j = f(v_j) = f(v_j - g(v_j)) = \sum_{1 \le i \le n} b_{ji}f(x_{b_i}) = \sum_{1 \le i \le n} b_{ji}y_i$ (unter Verwendung der Beziehung $g(v_j) \in Kern(f) = K$), für alle $j \in \{1,...,r\}$. Somit gilt $x = By$.

(ii) Für alle $k \in \{1,...,s\}$ gilt $0 = u_k - g(u_k) = \sum\limits_{1\leq j\leq r} a_{kj}v_j - \sum\limits_{1\leq j\leq r} a_{kj}g(v_j) = \sum\limits_{1\leq j\leq r} a_{kj}(v_j - g(v_j)) = \sum\limits_{1\leq j\leq r} a_{kj}(\sum\limits_{1\leq i\leq n} b_{ji}x_{b_i}) = \sum\limits_{1\leq i\leq n}(\sum\limits_{1\leq j\leq r} a_{kj}b_{ji})x_{b_i}$. Da $(x_b)_{b\in B}$ aber Basis von $F$ ist, liefert diese Beziehung dann $\sum\limits_{1\leq j\leq r} a_{kj}b_{ji} = 0$, für alle $k \in \{1,...,s\}$ und für alle $i \in \{1,...,n\}$, womit $AB = 0$ gilt.

c) $\Rightarrow$ b): folgt sofort, wenn man $s = 1$ in Aussage c) verwendet.

b) $\Rightarrow$ a): Unter Verwendung der Aussage b) in Aufgabe A4.175.02 wird gezeigt, daß $E$ flach ist. Dazu sei wieder eine exakte $A$-*mod*-Sequenz $0 \longrightarrow K = Kern(f) \xrightarrow{in} F \xrightarrow{f} E \longrightarrow 0$ mit freiem $A$-Modul $F$, der eine Basis $(x_b)_{b\in B}$ besitze, betrachtet. Es sei nun $u \in K$ mit einer Darstellung $u = a_1x_{b_1} + ... + a_nx_{b_n}$ mit Elementen $a_i \in A$ und Basiselementen $x_{b_i}$ vorgegeben. Durch die Festlegung $x_j = f(x_{b_j})$ seien für alle $j \in \{1,...,r\}$ Elemente $x_j \in E$ definiert, wofür wegen $u \in K = Kern(f)$ dann $u = a_1x_1 + ... + a_rx_r = a_1f(x_{b_1}) + ... + a_nf(x_{b_n}) = f(a_1x_{b_1} + ... + a_nx_{b_n}) = f(u) = 0$ gilt.

Nach Voraussetzung b) existieren daher Elemente $y_1,...,y_n \in E$ sowie für alle $j \in \{1,...,r\}$ und für alle $i \in \{1,...,n\}$ Ringelemente $b_{ji} \in A$ mit den Eigenschaften $x_j = \sum\limits_{1\leq i\leq n} b_{ji}y_i$, für alle $j \in \{1,...,r\}$, und $\sum\limits_{1\leq j\leq r} a_jb_{ji} = 0$, für alle $i \in \{1,...,n\}$.

Da $f$ surjektiv ist, existieren für alle $i \in \{1,...,n\}$ Elemente $v_i \in F$ mit $f(v_i) = y_i$. Damit sei nun ein $A$-Homomorphismus $g' : F \longrightarrow F$ definiert durch die Vorschrift

$$g'(x_b) = \begin{cases} x_b - \sum\limits_{1\leq i\leq n} b_{ji}v_i\,, & \text{für } b = a_j \text{ mit } j \in \{1,...,r\}, \\ 0\,, & \text{sonst,} \end{cases}$$

für alle Elemente $x_b$ der Basis $(x_b)_{b\in B}$ von $F$, womit $g'$ als lineare Fortsetzung dann wohldefiniert ist.

Damit gilt nun $f(g'(x_{b_j})) = f(x_{b_j}) - \sum\limits_{1\leq i\leq n} b_{ji}f(v_i) = x_j - \sum\limits_{1\leq i\leq n} b_{ji}y_i = 0$ gemäß der Definitionen von $g'$ sowie von $x_j$ und $y_i$. Also gilt für alle $b \in B$ dann $f(g'(x_b)) = 0$ und damit $g'(x_b) \in Kern(f) = K$, also gilt $g'(F) \subset K$. Der gesuchte $A$-Homomorphismus $g : F \longrightarrow K$ ist nun definiert als Einschränkung $g = g' \mid K$, denn $g(u) = g'(u) = g'(a_1x_{b_1} + ... + a_nx_{b_n}) = a_1g'(x_{b_1}) + ... + a_ng'(x_{b_n}) = a_1(x_{b_1} - \sum\limits_{1\leq i\leq n} b_{1i}v_i) + ... + a_r(x_{b_r} - \sum\limits_{1\leq i\leq n} b_{ri}v_i) = \sum\limits_{1\leq j\leq r} a_jx_{b_j} - \sum\limits_{1\leq j\leq r}(a_j \sum\limits_{1\leq i\leq n} b_{ji}v_i) = u - \sum\limits_{1\leq i\leq n}(\sum\limits_{1\leq j\leq r} a_jb_{ji})v_i = u - \sum\limits_{1\leq i\leq n} 0v_i = u$.

Da $u \in K$ beliebig gewählt war, ist $E$ flach nach Aussage b) von Aufgabe A4.175.02.

**A4.177.01:** Zeigen Sie (Bemerkung 4.177.2/8): Ist $A$ ein rechts-cohärenter Ring und $\underline{a} \subset A$ ein endlich-erzeugbares Ideal, dann ist $A/\underline{a}$ rechts-cohärent.

**B4.177.01:** Die endlich-erzeugbaren Rechtsideale in $A/\underline{a}$ haben die Form $\underline{b}/\underline{a}$ mit Rechtsideal $\underline{b} \subset A$. Ist $\underline{a}$ nun endlich-erzeugbar, so liefern die exakte Sequenz $0 \longrightarrow \underline{a} \longrightarrow \underline{b} \longrightarrow \underline{b}/\underline{a} \longrightarrow 0$ einerseits und Satz 4.050.6 andererseits, daß $\underline{b}/\underline{a}$ genau dann endlich-erzeugbar ist, wenn $\underline{b}$ endlich-erzeugbar ist. Mit der Rechts-Cohärenz von $A$ ist dann definitionsgemäß auch $\underline{b}$ endlich-präsentierbar, womit eine exakte Sequenz $0 \longrightarrow A^m \longrightarrow A^n \xrightarrow{u} \underline{b} \longrightarrow 0$ vorliegt. Mit der Komposition $v = nat \circ u$ ist dann auch die Sequenz $0 \longrightarrow A^m \longrightarrow A^n \xrightarrow{u} \underline{b}/\underline{a} \longrightarrow 0$ exakt, also $\underline{b}/\underline{a}$ endlich-präsentierbar. Nach Definition 4.117.1 ist $A/\underline{a}$ damit rechts-cohärent.

**A4.177.02:** Zeigen Sie (Bemerkung 4.177.2/7): Ist der Polynom-Ring $A[X]$ eines Ringes $A$ rechts-cohärent, so ist $A$ selbst ein rechts-cohärenter Ring.

**B4.177.02:** Für den Ring $A$ wird die Aussage b) von Satz 4.177.5 nachgewiesen: Zunächst kann jedes Element $a \in A$ in natürlicher Weise als Element von $A[X]$ aufgefaßt werden. Da nun $A[X]$ rechts-cohärent sein soll, besitzt $Rann_{A[X]}(a)$ ein endliches Erzeugendensystem $\{p_1, ..., p_n\}$. Die Polynome $p_{ij} \in \{p_1, ..., p_n\}$ vom Grad Null bilden dann ein endliches Erzeugendensystem von $Rann_A(a)$.
Es seien nun $\underline{a}$ und $\underline{b}$ endlich-erzeugbare Rechtsideale in $A$, dann sind $\underline{a}[X]$ und $\underline{b}[X]$ endlich-erzeugbare Rechtsideale in $A[X]$. Wegen der Rechts-Cohärenz von $A[X]$ gibt es endlich viele Polynome $p_i$, die $\underline{a}[X] \cap \underline{b}[X]$ erzeugen (nach Teil b) von Satz 4.177.5). Die Polynome $p_{ij} \in \{p_1, ..., p_m\}$ vom Grad Null erzeugen dann $\underline{a} \cap \underline{b}$. Also hat $A$ die in Teil b) von Satz 4.177.5 genannte Eigenschaft und ist dann nach Teil a) dieses Satzes rechts-cohärent.

**A4.177.03:** Es sei $C \subset A$ eine Teilmenge (Untergruppe) eines Ringes $A$. Man betrachte

a) zu einem Linksideal $\underline{a} \subset A$ die Teilmenge $linc_A(\underline{a}, C) = \{a \in A \mid aC \subset \underline{a}\} \subset A$,

b) zu einem Rechtsideal $\underline{b} \subset A$ die Teilmenge $rinc_A(C, \underline{b}) = \{a \in A \mid Ca \subset \underline{b}\} \subset A$.

*Anmerkung:* Ist $C$ endlich der Form $C = \{c_1, ..., c_n\}$, so schreibt man $linc_A(\underline{a}, c_1, ..., c_n) = linc_A(\underline{a}, C)$ und entsprechend $rinc_A(c_1, ..., c_n, \underline{b}) = rinc_A(C, \underline{b})$, insbesondere auch für den Fall $C = \{c\}$.

1. Womit stimmen jeweils $linc_A(0, c)$ und $rinc_A(c, 0)$ für das Nullideal $0 \subset A$ überein?
2. Zeigen Sie, daß $linc_A(\underline{a}, C)$ ein Linksideal und $rinc_A(C, \underline{b})$ ein Rechtsideal in $A$ ist.
3. Zeigen Sie, daß für Familien $(C_i)_{i \in I}$ von Teilmengen von $A$ folgende Beziehungen gelten:

$$linc_A(\underline{a}, \bigcup_{i \in I} C_i) = \bigcap_{i \in I} linc_A(\underline{a}, C_i) \quad \text{und} \quad rinc_A(\bigcup_{i \in I} C_i, \underline{b}) = \bigcap_{i \in I} rinc_A(C_i, \underline{b}).$$

**B4.177.03:** Zur Bearbeitung der Aufgabe im einzelnen:

1. Es gilt $linc_A(0, c) = \{a \in A \mid ac = 0\} = lann_A(c)$ und $rinc_A(c, 0) = \{a \in A \mid ca = 0\} = rann_A(c)$. (Zur Definition des Links-Annihilators $lann_A(c)$ und des Rechts-Annihilators $rann_A(c)$ eines Elements $c \in A$ vergleiche man Bemerkung 1.605.3/7.)

2. Es ist $linc_A(\underline{a}, C)$ ein Linksideal in $A$, denn: Für Elemente $a, b \in linc_A(C, \underline{a})$ gilt $aC \subset \underline{a}$ und $bC \subset \underline{a}$, folglich gilt $(a + b)C \subset aC + bC \subset \underline{a} + \underline{a} \subset \underline{a}$, also gilt $a + b \in linc_A(\underline{a}, C)$. Weiterhin gilt: Für Elemente $a \in linc_A(C, \underline{a})$ und $s \in A$ gilt mit $aC \subset \underline{a}$ dann $(sa)C = s(aC) \subset s \cdot \underline{a} \subset \underline{a}$, also gilt $sa \in linc_A(\underline{a}, C)$. (Entsprechend zeigt man, daß $rinc_A(C, \underline{b})$ ein Rechtsideal in $A$ ist.)

3. Nachweis für die erste Beziehung (die zweite zeigt man dann analog): Es gelten die Äquivalenzen $a \in linc_A(\underline{a}, \bigcup_{i \in I} C_i) \Leftrightarrow a \cdot \bigcup_{i \in I} C_i \subset \underline{a} \Leftrightarrow aC_i \subset \underline{a}$, für alle $i \in I \Leftrightarrow a \in \bigcap_{i \in I} linc_A(\underline{a}, C_i)$.

**A4.177.04:** Betrachten Sie zu einem Ring $A$ die endlich-erzeugten Rechtsideale $\underline{a} = a_1A + ... + a_nA$ und $\underline{b} = \underline{a} + bA$ zu einem Element $b \in A$. Ferner sei $F$ ein $A$-Rechtsmodul mit Basis $B = \{x_1, ..., x_{n+1}\}$ sowie $f : F \longrightarrow \underline{b}$ der durch die Vorschrift

$$f(x_i) = \begin{cases} a_i, & \text{falls } i \le n, \\ b, & \text{falls } i = n+1, \end{cases}$$

definierte (linear fortgesetzte) $A$-Homomorphismus, der wegen seiner Surjektivität die exakte $A$-*mod*-Sequenz $0 \longrightarrow K = Kern(f) \xrightarrow{in} F \xrightarrow{f} \underline{b} \longrightarrow 0$ liefert. Weiterhin seien definiert $F' = x_1A + ... + x_nA$, also $F' \subset F$, und $K' = K \cap F'$.

Zeigen Sie nun, daß es eine exakte $A$-*mod*-Sequenz $0 \longrightarrow K' \xrightarrow{in} K \xrightarrow{g} rinc_A(b, \underline{a}) \longrightarrow 0$ gibt.

**B4.177.04:** Jedes Element $u \in K$ besitzt zunächst eine eindeutige Darstellung als Summe der Form $u = x_1c_1 + ... + x_nc_n + x_{n+1}c_u$ mit Elementen $c_1, ..., c_n, c_u \in A$. Wegen $u \in K = Kern(f)$ gilt $0 = f(u) = f(x_1)c_1 + ... + f(x_n)c_n + f(x_{n+1})c_u = a_1c_1 + ... + a_nc_n + bc_u$, folglich gilt $bc_u = -a_1c_1 - ... - a_nc_n \in \underline{a}$, also gilt $c_u \in rinc_A(b, \underline{a})$.

Es sei nun ein $A$-Homomorphismus $g : K \longrightarrow rinc_A(b, \underline{a})$ definiert durch $g(u) = c_u$, für alle $u \in K$, wobei $c_u$ nach der obigen Einrichtung zu $u$ eindeutig bestimmt ist. Damit ist $g$ der gesuchte $A$-Homomorphismus, denn es gilt $K' = Kern(g)$, denn:

(i) Für alle $u \in K$ gilt: Mit $g(u) = 0$ gilt $c_u = 0$, woraus $u = x_1c_1 + ... + x_nc_n \in F'$ und damit $u \in F' \cap K = K'$ folgt. Somit gilt $Kern(g) \subset K'$.

(ii) Mit $u \in K'$ gilt $u \in F'$, folglich gilt $u = x_1c_1 + ... + x_nc_n + x_{n+1} \cdot 0$, woraus $c_u = 0$ und damit $g(u) = 0$ folgt. Somit gilt auch $K' \subset Kern(g)$.

Schließlich ist noch zu zeigen, daß $g$ surjektiv ist: Es sei $c \in rinc_A(b, \underline{a})$, dann ist $bc \in \underline{a}$. Somit existieren Elemente $c_1, ..., c_n \in A$ mit $bc = a_1c_1 + ... + a_nc_n$, womit dann $f(x_{n+1}c - x_1c_1 - ... - x_nc_n) = bc - a_1c_1 - ... - a_nc_n = 0$, also $(x_1(-c_1) + ... + x_n(-c_n) + x_{n+1}c) \in K$ folgt. Nach Definition von $g$ ist damit $g(x_1(-c_1) + ... + x_n(-c_n) + x_{n+1}c) = c$, also ist $c \in Bild(g)$ und damit $g$ surjektiv.

**A4.177.05:** Zeigen Sie mit Hilfe der Aufgaben A4.177.04 und A4.162.01 sowie der Aussage i) in Bemerkung 4.177.7, daß für einen Ring $A$ die drei folgenden Aussagen äquivalent sind:

a) Der Ring $A$ ist rechts-cohärent.

b) Für alle Elemente $b \in A$ und für alle endlich-erzeugbaren Rechtsideale $\underline{a} \subset A$ ist das Rechtsideal $rinc_A(b, \underline{a})$ endlich-erzeugbar.

c) Für alle endlichen Teilmengen $C \subset A$ und für alle endlich-erzeugbaren Rechtsideale $\underline{a} \subset A$ ist das Rechtsideal $rinc_A(C, \underline{a})$ endlich-erzeugbar.

**B4.177.05:** Der Nachweis der Implikationen im einzelnen:

a) $\Rightarrow$ b): Man betrachte die beiden endlich-erzeugten Rechtsideale $\underline{a} = a_1A + ... + a_nA$ sowie $\underline{b} = \underline{a} + bA$ zu einem Element $b \in A$. Damit liegt dann – wie in Aufgabe A4.177.4 angegeben – eine exakte $A$-*mod*-Sequenz $0 \longrightarrow K = Kern(f) \xrightarrow{in} F \xrightarrow{f} \underline{b} \longrightarrow 0$ vor. Da nach Voraussetzung a) das Ideal $\underline{b}$ definitionsgemäß endlich-präsentierbar ist, denn $\underline{b}$ ist endlich-erzeugt, ist nach Aufgabe A4.162.01/3 dann auch $K$ endlich-erzeugbar, das heißt, es gibt ein Element $m \in \mathbb{N}$ mit exakter $A$-*mod*-Sequenz $A^m \xrightarrow{h} K \longrightarrow 0$. Nach Aufgabe A4.175.04 gibt es dann eine exakte $A$-*mod*-Sequenz $0 \longrightarrow K' \xrightarrow{in} K \xrightarrow{g} rinc_A(b, \underline{a}) \longrightarrow 0$. Folglich ist auch $A^m \xrightarrow{g \circ h} rinc_A(b, \underline{a}) \longrightarrow 0$ exakt und somit $rinc_A(b, \underline{a})$ endlich-erzeugbar.

b) $\Rightarrow$ a): Der Beweis wird nach dem Prinzip der Vollständigen Induktion (siehe Abschnitt 1.802) nach der Anzahl $n$ der erzeugenden Elemente bezüglich $\underline{a} = a_1A + ... + a_nA$ geführt.

Induktionsanfang mit $n = 1$: Es sei $\underline{a} = a_1A$ das von einem Element erzeugte Rechtsideal in $A$. Da das Nullideal 0 endlich-erzeugt ist (nämlich von dem Element $0 \in A$), ist nach Voraussetzung auch das Rechtsideal $rinc_A(a_1, 0) = rann_A(a_1)$ endlich-erzeugbar (siehe dazu auch Aufgabe A4.177.03). Somit liegt eine exakte $A$-*mod*-Sequenz $0 \longrightarrow rinc_A(a_1, 0) \xrightarrow{in} A \xrightarrow{f} a_1A \longrightarrow 0$ vor mit $in = id \mid rinc_A(a_1, 0)$ und der Links-Translation $f = L_{a_1}$, denn es gilt $Bild(in) = rann_A(a_1) = Kern(L_{a_1})$. Da $A$ frei und $rinc_A(a_1, 0)$ endlich-erzeugbar ist, ist $\underline{a} = a_1A$ endlich-präsentierbar.

Induktionsschritt: Es sei $n > 1$ und Aussage b) gelte für alle $k < n$. Ferner sei $\underline{a} = a_1A + ... + a_nA$ ein von $n$ Elementen erzeugtes Rechtsideal in $A$, $F$ ein freier $A$-Rechtsmodul mit Basis $B = \{x_1, ..., x_n\}$ sowie $f : F \longrightarrow \underline{a}$ der durch $f(x_i) = a_i$, für alle $i \in \{1, ..., n\}$, definierte $A$-Homomorphismus mit exakter $A$-*mod*-Sequenz $S_1 : 0 \longrightarrow K \xrightarrow{in} F \xrightarrow{f} \underline{a} \longrightarrow 0$. Betrachtet man nun $\underline{a}' = a_1A + ... + a_{n-1}A$ sowie $F' = \bigoplus_{1 \leq i \leq n-1} x_iA \subset F$ und $K' = K \cap F'$, dann liegt nach Aufgabe A4.175.04 die exakte $A$-*mod*-Sequenz $S_2 : 0 \longrightarrow K' \xrightarrow{in} K \xrightarrow{g} rinc_A(a_n, \underline{a}) \longrightarrow 0$ vor, womit für $f' = f \,|\, F'$ auch die folgende exakte $A$-*mod*-Sequenz vorliegt: $S_3 : 0 \longrightarrow K' \xrightarrow{in} F' \xrightarrow{f'} \underline{a}' \longrightarrow 0$.

Nach Voraussetzung b) ist $rinc_A(a_n, \underline{a})$ endlich-erzeugbar. Nach Induktionsannahme ist $\underline{a}'$ endlich-präsentierbar, denn $\underline{a}'$ wird von $n-1$ Elementen erzeugt. Nach Aufgabe A4.162.01/3 ist $K'$ mit der exakten Sequenz $S_3$ endlich-erzeugbar. Da nun $K'$ und $rinc_A(a_n, \underline{a})$ endlich-erzeugt sind, ist mit der Exaktheit von Sequenz $S_2$ und Satz 4.050.6 auch $K$ endlich-erzeugbar. Mit der Exaktheit der Sequenz $S_1$ zeigt Aufgabe 4.162.01/1, daß $\underline{a}$ endlich-präsentierbar ist.

c) $\Rightarrow$ b): ist klar mit $C = \{c\}$.

b) $\Rightarrow$ c): Es sei $\underline{a}$ ein endlich-erzeugbares Rechtsideal und $C \subset A$ eine endliche Teilmenge in $A$. Nach Aufgabe A4.177.03/3 gilt dann $rinc_A(C, \underline{a}) = rinc_A((\bigcup_{c \in C} \{c\}), \underline{a}) = \bigcap_{c \in C} rinc_A(c, \underline{a})$. Nach Voraussetzung b) sind alle Rechtsideale $rinc_A(c, \underline{a})$ endlich-erzeugbar, woraus mit der Aussage i) in Bemerkung 4.177.7 auch ihr Durchschnitt und damit $rinc_A(C, \underline{a})$ endlich-erzeugbar ist.

**A4.177.06:** Zeigen Sie mit Hilfe von Aufgabe A4.162.02, daß für einen Ring $A$ äquivalent sind:

a) Der Ring $A$ ist rechts-cohärent.

b) Für alle $a \in A$ ist $rann_A(a)$ endlich-erzeugbar und der Durchschnitt zweier (endlich vieler) endlich-erzeugbarer Rechtsideale in $A$ ist stets endlich-erzeugbar.

**B4.177.06:** Der Nachweis beider Implikationen im einzelnen:

a) $\Rightarrow$ b): Zu jedem Element $a \in A$ ist das endlich-erzeugte Rechtsideal $aA$ endlich-präsentierbar, folglich ist das Rechtsideal $rann_A(a)$ endlich-erzeugbar, wie Aufgabe A4.162.01 anhand der exakten *mod*-$A$-Sequenz $0 \longrightarrow rann_A(a) \xrightarrow{in} A \xrightarrow{L_a} aA \longrightarrow 0$ zeigt: $rann_A(a)$ ist genau dann endlich-erzeugbar, wenn $aA$ endlich-präsentierbar ist.

Es seien nun $\underline{a}_1$ und $\underline{a}_2$ endlich-erzeugbare Rechtsideale in $A$, dann ist zunächst $\underline{a}_1 + \underline{a}_2$ endlich-erzeugbar. Nach Voraussetzung a) sind dann die Rechtsideale $\underline{a}_1$ sowie $\underline{a}_2$ und $\underline{a}_1 + \underline{a}_2$ endlich-präsentierbar. Nach Aufgabe A4.162.02 ist dann aber $\underline{a}_1 \cap \underline{a}_2$ endlich-erzeugbar.

b) $\Rightarrow$ a): Der Beweis wird nach dem Prinzip der Vollständigen Induktion (siehe Abschnitt 1.802) nach der Anzahl $n$ der erzeugenden Elemente bezüglich $\underline{a} = a_1A + ... + a_nA$ geführt:

Induktionsanfang für $n = 1$: Ist $\underline{a} = a_1A$ das von einem Element erzeugte Rechtsideal in $A$, dann ist das Rechtsideal $rann_A(a_1)$ nach Voraussetzung b) endlich-erzeugbar und liefert die exakte *mod*-$A$-Sequenz $0 \longrightarrow rann_A(a_1) \xrightarrow{in} A \xrightarrow{L_{a_1}} a_1A \longrightarrow 0$, womit $\underline{a} = a_1A$ dann endlich-präsentierbar ist.

Induktionsschritt: Bezüglich des Rechtsideals $\underline{a} = a_1A + ... + a_nA$ gelte Aussage b) für $k < n$ und $k \geq 2$. Betrachtet man $\underline{a}_1 = a_1A + ... + a_{n-1}A$ sowie $\underline{a}_2 = a_nA$, so gilt $\underline{a} = \underline{a}_1 + \underline{a}_2$. Nach Induktionsannahme sind die Ideale $\underline{a}_1$ und $\underline{a}_2$ endlich-präsentierbar (denn $\underline{a}_1$ ist von $n-1$ Elementen und $\underline{a}_2$ von einem Element erzeugt). Nach Aufgabe A4.162.02 ist aber $\underline{a} = \underline{a}_1 + \underline{a}_2$ genau dann endlich-präsentierbar, wenn $\underline{a}_1 \cap \underline{a}_2$ endlich-erzeugbar ist. Das ist aber nach Voraussetzung b) erfüllt, also ist $\underline{a}$ endlich-präsentierbar.

**A4.177.07:** Ein $A$-Linksmodul $E$ heißt *cohärent*, falls jeder endlich-erzeugbare Untermodul von $E$ endlich-präsentierbar ist. Beweisen Sie unter Verwendung von Aufgabe A4.162.03 und der dort genannten Daten die folgenden Aussagen:

1a) Ist $B$ als $A$-Modul endlich-erzeugbar, so gilt: Ist ein $A$-Modul $E$ cohärent, so ist auch der $B$-Modul $E$ cohärent.

1b) Ist $B$ als $A$-Modul endlich-präsentierbar, so gilt: Ein $A$-Modul $E$ ist genau dann cohärent, wenn auch der $B$-Modul $E$ cohärent ist.

2. Ein beliebiger Ring $C$ (wie üblich mit Einselement) ist genau dann links-cohärent, wenn jeder endlich-präsentierbare $C$-Linksmodul $E$ cohärent ist.

3a) Ist $B$ als $A$-Linksmodul endlich-präsentierbar, so gilt: Ist $A$ links-cohärent, so ist auch der $B$ links-cohärent.

3b) Ist $B$ als $A$-Linksmodul endlich-präsentierbar und ist $A$ als $B$-Linksmodul endlich-präsentierbar, so gilt: $A$ ist genau dann links-cohärent, wenn $B$ links-cohärent ist.

**B4.177.07:** Zur Bearbeitung der Teilaufgaben im einzelnen:

1a) Ist $B$ als $A$-Modul endlich-erzeugbar, so gilt: Jeder endlich-erzeugbare $B$-Untermodul von $E$ ist auch als $A$-Untermodul von $E$ endlich-erzeugbar.

1b) Ist $B$ als $A$-Modul endlich-präsentierbar, so gilt: Jeder Untermodul von $E$ ist genau dann endlich-erzeugbarer $B$-Untermodul von $E$, wenn er endlich-erzeugbarer $A$-Untermodul von $E$ ist.

3a) Ist $B$ als $A$-Linksmodul endlich-präsentierbar, so ist nach Teil 2 dann $B$ ein cohärenter $A$-Linksmodul und damit auch ein cohärenter $B$-Linksmodul (folgt mit $E = B$ aus Aufgabenteil 1a)), folglich ist der Ring $B$ links-cohärent.

3b) Ist $A$ als $B$-Linksmodul endlich-präsentierbar, so ist nach Teil 2 dann $A$ ein cohärenter $B$-Linksmodul und damit auch ein cohärenter $A$-Linksmodul (folgt mit $E = A$ aus Aufgabenteil 1b)), folglich ist der Ring $A$ links-cohärent.

**A4.194.01:** Beweisen Sie die Aussage von Bemerkung 4.194.3/4:
Ein $A$-Modul $Q$ ist genau dann $e$-injektiv, wenn zu jedem $n \in \mathbb{N}$ und zu jedem $A$-Homomorphismus $t : A^n \longrightarrow A$ gilt: Jedes kommutative $A$-*mod*-Diagramm der folgenden Form läßt sich durch einen $A$-Homomorphismus $v$ kommutativ ergänzen:

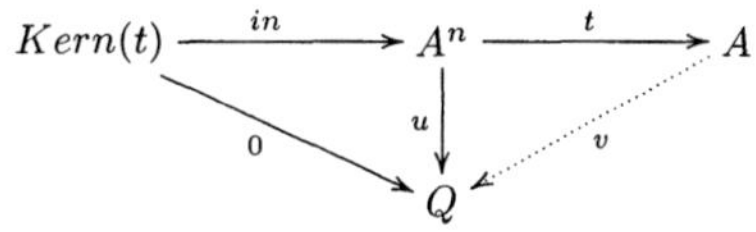


**B4.194.01:** Zum Nachweis beider Implikationen:
1. Es sei $Q$ ein $e$-injektiver $A$-Modul. Dann gilt: Zu jedem kommutativen $A$-*mod*-Diagramm der Form

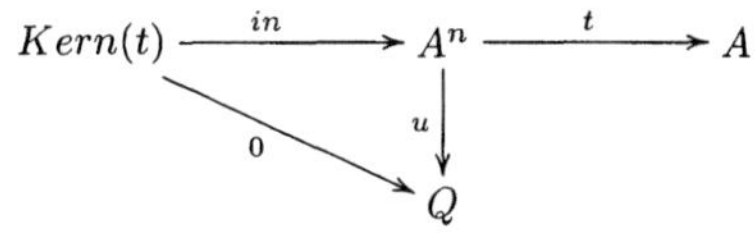


gibt es ein kommutativ ergänztes $A$-*mod*-Diagramm der Form

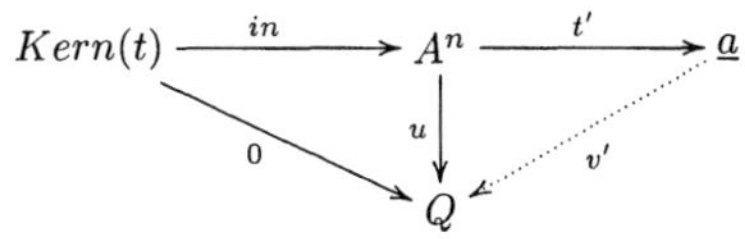


wobei $\underline{a} = Bild(t)$ das von einer Menge $X_{\underline{a}} = \{t_1, ..., t_n\}$ endlich-erzeugte Linksideal in $A$ sei. Nach Voraussetzung liegt damit dann ein kommutativ ergänztes $A$-*mod*-Diagramm mit $t = i' \circ t'$ vor:

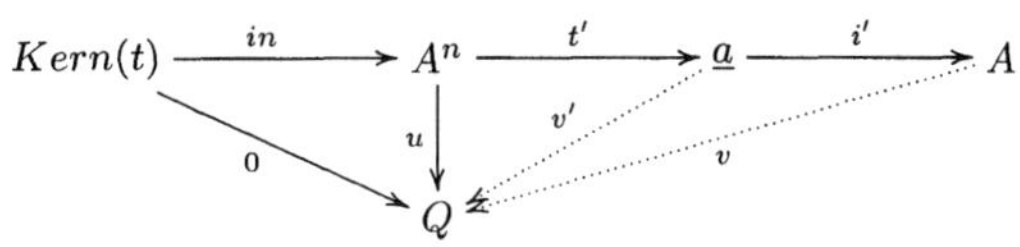


2. Es sei ein $A$-Homomorphismus $\underline{a} \xrightarrow{w} Q$ mit einem durch $X_{\underline{a}} = \{t_1, ..., t_n\}$ endlich-erzeugten Linksideal $\underline{a}$ in $A$ betrachtet. Dazu sei ein $A$-Homomorphismus $A^n \xrightarrow{u} Q$ durch $u = (w(t_1), ..., w(t_n))$ definiert, womit nach Voraussetzung dann ein kommutatives $A$-*mod*-Diagramm der Form

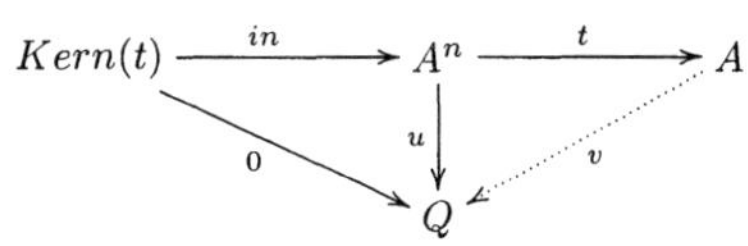


vorliegt, denn nach Konstruktion von $u$ gilt $u \circ in = 0$. Somit gilt $v \circ t = u$, also $v(t_i) = w(t_i)$, für alle $i \in \{1, ..., n\}$, und damit liegt dann das folgende kommutative $A$-*mod*-Diagramm vor:

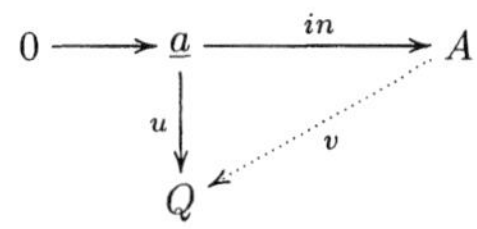

**A4.308.01:** Zeigen Sie im einzelnen, daß *A-Kom* tatsächlich eine Kategorie ist.

**B4.308.01:** Die Kategorie *A-Kom* wird gemäß den Angaben in Bemerkung 4.308.1 gebildet aus
den $A$-Komplexen $X^\bullet$ als $A$-*mod*-Familien $X^\bullet = (X^{n-1} \xrightarrow{v^{n-1}} X^n)_{n\in\mathbb{Z}}$ als Objekte,
den $A$-Translationen $f^\bullet : X^\bullet \longrightarrow Y^\bullet$ zu je zwei $A$-Komplexen $X^\bullet$ und $Y^\bullet$ als Morphismen,
der Komposition $Trans(X^\bullet, Y^\bullet) \times Trans(Y^\bullet, Z^\bullet) \longrightarrow Trans(X^\bullet, Z^\bullet)$, definiert durch die Vorschrift $(f^\bullet, g^\bullet) \longmapsto g^\bullet \circ f^\bullet = (g^n \circ f^n)_{n\in\mathbb{Z}}$ mit kommutativen Diagrammen gemäß Bemerkung 4.308.1/3.
Es bleibt zu zeigen, daß die beiden Bedingungen $Kat_1$ und $Kat_2$ in Definition 4.402.1 erfüllt sind:
$Kat_1$: Die Komposition ist wegen $(g^\bullet \circ f^\bullet) \circ h^\bullet = ((g^n \circ f^n) \circ h^n)_{n\in\mathbb{Z}} = (g^n \circ (f^n \circ h^n))_{n\in\mathbb{Z}} = g^\bullet \circ (f^\bullet \circ h^\bullet)$ assoziativ.
$Kat_2$: Zu jedem $A$-Komplex $Y^\bullet$ ist die Identische Translation $id_{Y^\bullet}$ definiert als $id_{Y^\bullet} = (id_{Y^n})_{n\in\mathbb{Z}}$. Sie hat mit komponierbaren $A$-Translationen $f^\bullet$ und $g^\bullet$ die beiden Eigenschaften

$$id_{Y^\bullet} \circ f^\bullet = (id_{Y^n} \circ f^n)_{n\in\mathbb{Z}} = (f^n)_{n\in\mathbb{Z}} = f^\bullet \quad \text{und} \quad g^\bullet \circ id_{Y^\bullet} = (g^n \circ id_{Y^n})_{n\in\mathbb{Z}} = (g^n)_{n\in\mathbb{Z}} = g^\bullet.$$

**A4.308.02:** Definieren und beschreiben Sie im Rahmen allgemeiner $A$-Komplexe die beiden Begriffe *A-Unterkomplex* und *A-Quotientenkomplex*. Zeigen Sie dann zu einer $A$-Translation $f^\bullet : X^\bullet \longrightarrow Y^\bullet$ anhand geeigneter Definitionen, daß und wie sich $Kern(f^\bullet)$ und $Bild(f^\bullet)$ jeweils als $A$-Unterkomplexe betrachten lassen.
*Anmerkung:* Im Fall $Kern(f^\bullet) = 0^\bullet$ nennt man $f^\bullet$ injektiv, im Fall $Bild(f^\bullet) = Y^\bullet$ surjektiv.

**B4.308.02:** Zur Bearbeitung der Aufgabe im einzelnen:

1. Ein allgemeiner $A$-Komplex $U^\bullet = (U^{n-1} \xrightarrow{u^{n-1}} U^n)_{n\in\mathbb{Z}}$ heißt *A-Unterkomplex* eines $A$-Komplexes $X^\bullet = (X^{n-1} \xrightarrow{v^{n-1}} X^n)_{n\in\mathbb{Z}}$, falls $U^n$ Untermodul von $X^n$ und $u^n = v^n \mid U^n$ für alle $n \in \mathbb{Z}$ ist.
*Anmerkung 1:* Da $U^\bullet$ als $A$-Komplex vorausgesetzt ist, gilt $u^{n-1} \in Hom_A(U^{n-1}, U^n)$, für alle $n \in \mathbb{Z}$.
*Anmerkung 2:* Wegen $u^n \circ u^{n-1} = 0$, für alle $n \in \mathbb{Z}$, liegt tatsächlich ein $A$-Komplex vor.

2. Ist $U^\bullet = (U^{n-1} \xrightarrow{u^{n-1}} U^n)_{n\in\mathbb{Z}}$ ein $A$-Unterkomplex eines $A$-Komplexes $X^\bullet = (X^{n-1} \xrightarrow{v^{n-1}} X^n)_{n\in\mathbb{Z}}$, so nennt man den $A$-Komplex $X^\bullet/U^\bullet = (X^{n-1}/U^{n-1} \xrightarrow{v_*^{n-1}} X^n/U^n)_{n\in\mathbb{Z}}$, mit den auf Quotientenmoduln induzierten $A$-Homomorphismen $v_*^{n-1}$, den von $X^\bullet$ und $U^\bullet$ erzeugten *A-Quotientenkomplex*.
*Anmerkung 1:* Da $U^\bullet$ als $A$-Unterkomplex vorausgesetzt ist, gilt $v^{n-1}(U^{n-1}) \subset U^n$, für alle $n \in \mathbb{Z}$, also existieren die jeweiligen induzierten $A$-Homomorphismen $v_*^{n-1}$.
*Anmerkung 2:* Wegen $v_*^n \circ v_*^{n-1} = 0$, für alle $n \in \mathbb{Z}$, liegt tatsächlich ein $A$-Komplex vor, denn für alle Elemente $[x] \in X^n/U^n$ gilt $(v_*^n \circ v_*^{n-1})([x]) = v_*^n(v_*^{n-1}([x])) = v_*^n([v_*^{n-1}(x)]) = [(v_*^n \circ v_*^{n-1})(x)] = [0]$.

3. Zu einer $A$-Translation $f^\bullet : X^\bullet \longrightarrow Y^\bullet$ mit zwei $A$-Komplexen $X^\bullet = (X^{n-1} \xrightarrow{u^{n-1}} X^n)_{n\in\mathbb{Z}}$ und $Y^\bullet = (X^{n-1} \xrightarrow{v^{n-1}} X^n)_{n\in\mathbb{Z}}$ ist $Kern(f^\bullet) = (Kern(f^{n-1}) \xrightarrow{k^{n-1}} Kern(f^n))_{n\in\mathbb{Z}}$ mit den Einschränkungen $k^{n-1} = u^{n-1} \mid Kern(f^{n-1})$ ein $A$-Unterkomplex von $X^\bullet$. Dabei ist noch zu zeigen, daß $k^{n-1}$ im Sinne von $u^{n-1}(Kern(f^{n-1})) \subset Kern(f^n)$ wohldefiniert ist. Das zeigt aber die Berechnung: Für alle Elemente $x \in Kern(f^{n-1})$ gilt $f^{n-1}(x) = 0$, also gilt $0 = (v^{n-1} \circ f^{n-1})(x) = (f^n \circ u^{n-1})(x)$, woraus aber $u^{n-1}(x) \in Kern(f^n)$ folgt. Insgesamt gilt also $u^{n-1}(Kern(f^{n-1})) \subset Kern(f^n)$.

4. Zu einer $A$-Translation $f^\bullet : X^\bullet \longrightarrow Y^\bullet$ mit zwei $A$-Komplexen $X^\bullet = (X^{n-1} \xrightarrow{u^{n-1}} X^n)_{n\in\mathbb{Z}}$ und $Y^\bullet = (X^{n-1} \xrightarrow{v^{n-1}} X^n)_{n\in\mathbb{Z}}$ ist $Bild(f^\bullet) = (Bild(f^{n-1}) \xrightarrow{b^{n-1}} Bild(f^n))_{n\in\mathbb{Z}}$ mit den Einschränkungen $b^{n-1} = v^{n-1} \mid Bild(f^{n-1})$ ein $A$-Unterkomplex von $Y^\bullet$. Dabei ist noch zu zeigen, daß $b^{n-1}$ im Sinne von $v^{n-1}(Bild(f^{n-1})) \subset Bild(f^n)$ wohldefiniert ist. Das zeigt aber die folgende Berechnung: Es gilt $v^{n-1}(Bild(f^{n-1})) = (v^{n-1} \circ f^{n-1})(X^{n-1}) = (f^n \circ v^{n-1})(X^{n-1}) \subset f^n(X^n) = Bild(f^n)$.

**A4.308.03:** Beweisen Sie die einzelnen Aussagen in Beispiel 4.308.2.

**B4.308.03:** Mit den zu Anfang von Beispiel 4.308.2 genannten Bezeichnungen gilt im einzelnen:

$$
\begin{array}{ccccccccc}
X^\bullet & & \cdots \longrightarrow & X^{n-1} & \xrightarrow{\;u^{n-1}\;} & X^n & \xrightarrow{\;u^n\;} & X^{n+1} & \longrightarrow \cdots \\
{\scriptstyle f^\bullet}\downarrow & & & {\scriptstyle f^{n-1}}\downarrow & & \downarrow{\scriptstyle f^n} & & \downarrow{\scriptstyle f^{n+1}} & \\
Y^\bullet & & \cdots \longrightarrow & Y^{n-1} & \xrightarrow{\;v^{n-1}\;} & Y^n & \xrightarrow{\;v^n\;} & Y^{n+1} & \longrightarrow \cdots
\end{array}
$$

1. Das angegebene Objekt $C(f^\bullet)$ ist tatsächlich ein $A$-Komplex, denn die genannten Bestandteile,

$$C(f^\bullet) = (X^n \oplus Y^{n-1} \xrightarrow{w^n} X^{n+1} \oplus Y^n)_{n\in\mathbb{Z}} \quad \text{mit} \quad w^n = \begin{pmatrix} u^n & 0 \\ (-1)^n f^n & v^{n-1} \end{pmatrix},$$

sind $A$-Moduln bzw. $A$-Homomorphismen. Ferner gilt $w^{n+1} \circ w^n = 0$, wie die folgende Berechnung zeigt:

Es gilt $(w^{n+1} \circ w^n) \begin{pmatrix} x \\ y \end{pmatrix} = w^{n+1} \begin{pmatrix} u^n(x) \\ (-1)^n f^n(x) + v^{n-1}(y) \end{pmatrix}$

$$= \begin{pmatrix} (u^{n+1} \circ u^n)(x) \\ (-1)^{n+1} f^{n+1}(u^n(x)) + v^n((-1)^n f^n(x) + v^{n-1}(y)) \end{pmatrix}$$

$$= \begin{pmatrix} 0 \\ (-1)^{n+1} f^{n+1}(u^n(x)) + (-1)^n (v^n \circ f^n)(x) + 0 \end{pmatrix} = (-1)^n \begin{pmatrix} 0 \\ (-f^{n+1} \circ u^n + v^n \circ f^n)(x) \end{pmatrix} = \begin{pmatrix} 0 \\ 0 \end{pmatrix}.$$

2. Zum Nachweis der Exaktheit der $A$-*Kom*-Sequenz $0 \longrightarrow S(Y^\bullet) \xrightarrow{i^\bullet} C(f^\bullet) \xrightarrow{p^\bullet} X^\bullet \longrightarrow 0$ mit $i^n$ als der 2. Injektion $i^n = in_2$ und $p^n$ als 1. Projektion $p^n = pr_1$ sei das folgende $A$-*mod*-Diagramm betrachtet:

$$
\begin{array}{ccccccccc}
 & & \vdots & & \vdots & & \vdots & & \\
 & & {\scriptstyle u^{n+1}}\downarrow & & \downarrow{\scriptstyle v^{n+1}} & & \downarrow{\scriptstyle w^{n+1}} & & \\
0 & \longrightarrow & SY^n = Y^{n-1} & \xrightarrow{\;i^n\;} & X^n \oplus Y^{n-1} & \xrightarrow{\;p^n\;} & X^n & \longrightarrow & 0 \\
 & & {\scriptstyle v^{n-1}}\downarrow & & \downarrow{\scriptstyle w^n} & & \downarrow{\scriptstyle u^n} & & \\
0 & \longrightarrow & SY^{n+1} = Y^n & \xrightarrow{\;i^{n+1}\;} & X^{n+1} \oplus Y^n & \xrightarrow{\;p^{n+1}\;} & X^{n+1} & \longrightarrow & 0 \\
 & & {\scriptstyle u^{n-1}}\downarrow & & \downarrow{\scriptstyle v^{n-1}} & & \downarrow{\scriptstyle w^{n-1}} & & \\
 & & \vdots & & \vdots & & \vdots & &
\end{array}
$$

Dabei ist nach der Festlegung von $i^n$ und $p^n$ klar, daß alle Zeilen dieses Diagramms exakt sind, es bleibt also zu zeigen, daß die Einzeldiagramme kommutativ sind. Das ist in der Tat der Fall, wie die folgenden Berechnungen zeigen:

a) Für das links stehende Teildiagramm mit beliebigem Element $y \in Y^{n-1}$ gilt

einerseits $(i^{n+1} \circ v^{n-1})(y) = v^{n-1}(y) = \begin{pmatrix} 0 \\ v^{n-1}(y) \end{pmatrix}$ und

andererseits $(w^n \circ i^n)(y) = w^n \begin{pmatrix} 0 \\ y \end{pmatrix} = \begin{pmatrix} u^n(0) \\ (-1)^n f^n(0) + v^{n-1}(y) \end{pmatrix} = \begin{pmatrix} 0 \\ v^{n-1}(y) \end{pmatrix}$.

b) Für das rechts stehende Teildiagramm mit beliebigem Element $\binom{x}{y} \in X^n \oplus Y^{n-1}$ gilt

einerseits $(p^{n+1} \circ w^n) \begin{pmatrix} x \\ y \end{pmatrix} = p^{n+1} \begin{pmatrix} u^n(x) \\ (-1)^n f^n(x) + v^{n-1}(y) \end{pmatrix} = u^n(x)$ und

andererseits $(u^n \circ p^n) \begin{pmatrix} x \\ y \end{pmatrix} = u^n(x)$.

3. Um zu zeigen, daß die angegebene Sequenz

$$\cdots \longrightarrow H^{n-1}X^\bullet \xrightarrow{f^{n-1*}} H^{n-1}Y^\bullet \xrightarrow{i^{n*}} H^nC(f^\bullet) \xrightarrow{p^{n*}} H^nX^\bullet \xrightarrow{f^{n*}} H^nY^\bullet \xrightarrow{i^{n+1*}} H^{n+1}C(f^\bullet) \xrightarrow{p^{n+1*}} \cdots$$

exakt ist, sind für beliebiges $n \in \mathbb{Z}$ die folgenden drei Nachweise zu erbringen:

a) Das Paar $(f^{n*}, i^{n+1*})$ ist exakt, das heißt, es ist $Kern(i^{n+1*}) = Bild(f^{n*})$ zu zeigen,

b) das Paar $(p^{n*}, f^{n*})$ ist exakt, das heißt, es ist $Kern(f^{n*}) = Bild(p^{n*})$ zu zeigen,

c) das Paar $(i^{n*}, p^{n*})$ ist exakt, das heißt, es ist $Kern(p^{n*}) = Bild(i^{n*})$ zu zeigen:

ad a) Es werden die beiden Inklusionen $Kern(i^{n+1*}) \subset Bild(f^{n*})$ und $Bild(f^{n*}) \subset Kern(i^{n+1*})$ gezeigt:

a$_1$) Es gilt $Kern(i^{n+1*}) \subset Bild(f^{n*})$, denn: Ist $[z] \in Kern(i^{n+1*})$, so gilt $[i^{n+1*}(z)] = 0$, also gilt $z \in i^{n+1}(Bild(v^{n-1}) = Bild(i^{n+1} \circ v^{n-1}) = Bild(w^n \circ i^n) = 0 \oplus Bild(w^n)$, das heißt, es gibt ein Element $\binom{x}{y} \in X^n \oplus Y^{n-1}$ mit $w^n\binom{x}{y} = \binom{0}{z}$. Somit gilt $\begin{pmatrix} u^n(x) \\ (-1)^n f^n(x) + v^{n-1}(y) \end{pmatrix} = \begin{pmatrix} 0 \\ z \end{pmatrix}$, woraus dann $u^n(x) = 0$ und $f^n((-1)^n x) = z - v^{n-1}(y)$ folgt. Das liefert dann schließlich $f^{n*}([(-1)^n x]) = [f^n((-1)^n x)] = [z - v^{n-1}(y)] = [z] - [v^{n-1}(y)] = [z] - [0] = [z]$, wobei bei der vorletzten Gleichheit die Beziehung $[v^{n-1}(y)] = [0]$ in $Kern(v^n)/Bild(v^{n-1}) = H^nY^\bullet$ verwendet ist.

a$_2$) Es gilt $Bild(f^{n*}) \subset Kern(i^{n+1*})$, oder äquivalent dazu, $i^{n+1*} \circ f^{n*} = 0$, denn $(i^{n+1*} \circ f^{n*})([x]) = [\begin{pmatrix} 0 \\ f^n(x) \end{pmatrix}] = [\begin{pmatrix} 0 \\ 0 \end{pmatrix}]$, denn mit Hilfe von $u^n(x) = 0$ (wegen $[x] \in Kern(u^n)/Bild(u^{n-1}) = H^nX^\bullet$) gilt $\begin{pmatrix} 0 \\ f^n(x) \end{pmatrix} = \begin{pmatrix} (-1)^n u^n(x) \\ (-1)^{2n} f^n(x) \end{pmatrix} = \begin{pmatrix} (-1)^n u^n(x) \\ (-1)^n f^n((-1)^n x) + v^{n-1}(0) \end{pmatrix} = w^n \begin{pmatrix} (-1)^n x \\ 0 \end{pmatrix} \in Bild(w^n)$.

ad b) Es werden die beiden Inklusionen $Kern(f^{n*}) \subset Bild(p^{n*})$ und $Bild(p^{n*}) \subset Kern(f^{n*})$ gezeigt:

b$_1$) Es gilt $Kern(f^{n*}) \subset Bild(p^{n*})$, denn im einzelnen: Ist $[x] \in Kern(f^{n*})$, so gilt $f^{n*}([x]) = 0$ und $f^n(x) \in Bild(v^{n-1})$. Es sei nun $y \in Y^{n-1}$ mit $v^{n-1}(y) = f^n(x)$, mithin gilt

$$w^n \begin{pmatrix} x \\ (-1)^{n-1} y \end{pmatrix} = \begin{pmatrix} u^n(x) \\ (-1)^n f^n(x) + v^{n-1}((-1)^{n-1} y) \end{pmatrix} = \begin{pmatrix} 0 \\ (-1)^n (f^n(x) - v^{n-1}(y)) \end{pmatrix} = \begin{pmatrix} 0 \\ 0 \end{pmatrix},$$

also gilt dann schließlich $[\begin{pmatrix} x \\ (-1)^{n-1} y \end{pmatrix}] \in H^nC(f^\bullet)$ und $p^{n*}[\begin{pmatrix} x \\ (-1)^{n-1} y \end{pmatrix}] = [x]$.

b$_2$) Es gilt $Bild(p^{n*}) \subset Kern(f^{n*})$, oder äquivalent dazu, $f^{n*} \circ pf^{n*} = 0$, denn $(f^{n*} \circ p^{n*})([\binom{x}{y}]) = f^{n*}(p^{n*}([\binom{x}{y}])) = f^{n*}([p^n(\binom{x}{y})]) = f^{n*}([x]) = [f^n(x)] = [0] \in Kern(v^n)/Bild(v^{n-1}) = H^nY^\bullet$, wobei verwendet wurde: Es gilt $[\binom{x}{y}] \in Kern(w^n)/Bild(w^{n-1}) = H^nC(f^\bullet)$ und somit $w^n\binom{x}{y} = \binom{0}{0}$, also $(-1)^n f^n(x) + v^{n-1}(y) = 0$, und damit dann $f^n(x) = v^{n-1}((-1)^n y) \in Bild(v^{n-1})$.

ad c) Diese Gleichheit wird analog zu der in b) gezeigt.

4. Die beiden genannten Aussagen a) und b) sind äquivalent, wie die beiden folgenden Implikationen, jeweils für alle $n \in \mathbb{Z}$ gemeint, zeigen:

a) $\Rightarrow$ b): Da $f^{n-1*}$ Isomorphismus ist, gilt zunächst $Bild(f^{n-1*}) = H^{n-1}Y^\bullet$, woraus zusammen mit $Bild(f^{n-1*}) = Kern(i^{n*})$ dann $H^{n-1}Y^\bullet = Kern(i^{n*})$ und somit $Bild(i^{n*}) = 0$ folgt.

Da $f^{n*}$ Isomorphismus ist, gilt $Kern(f^{n*}) = 0$, woraus zusammen mit $Bild(p^{n*}) = Kern(f^{n*})$ dann $Bild(p^{n*}) = 0$ und somit $Kern(p^{n*}) = H^nC(f^\bullet)$ folgt.

Wegen $Kern(p^{n*}) = Bild(i^{n*})$ ist dann insgesamt $H^nC(f^\bullet) = 0$.

b) $\Rightarrow$ a): Die in Teil 3 betrachtete exakte Sequenz hat unter den Voraussetzungen $H^nC(f^\bullet) = 0$ und $H^{n+1}C(f^\bullet) = 0$ dann die Form ... $\longrightarrow 0 \longrightarrow H^nX^\bullet \xrightarrow{f^{n*}} H^nY^\bullet \longrightarrow 0$..., also ist $f^{n*}$ Isomorphismus.

5. Mit der Voraussetzung $id_{C(f^\bullet)} \sim 0$ ist gemäß Bemerkung 4.310.5 das Ziel der Bearbeitung:
Es gibt zu $f^\bullet : X^\bullet \longrightarrow Y^\bullet$ eine $A$-Translation $g^\bullet : Y^\bullet \longrightarrow X^\bullet$ mit $g^\bullet \circ f^\bullet \sim id_{X^\bullet}$ und $f^\bullet \circ g^\bullet \sim id_{Y^\bullet}$.

Dazu sei zunächst die Voraussetzung $id_{C(f^\bullet)} \sim 0$ gemäß der für allgemeine $A$-Komplexe entsprechend formulierten Definition 4.306.1 erläutert: Sie besagt, daß es gemäß folgendem Diagramm eine Homotopie-Familie $(X^n \oplus Y^{n-1} \xrightarrow{D^n} X^{n-2} \oplus Y^{n-1})_{n \in \mathbb{N}}$ gibt (siehe Definition 4.306.1, Teil 2) mit der Homotopie-Bedingung $id = id - 0 = w^{n-1} \circ D^n + D^{n+1} \circ w^n$, für alle Indices $n \in \mathbb{Z}$, wobei $id = id_{X^n \oplus Y^{n-1}}$ abgekürzt ist:

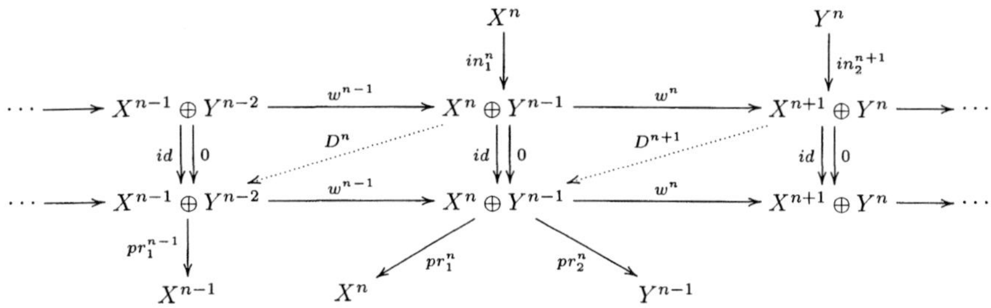

Für die weiteren Betrachtungen werden nun folgende (Familien von) Homomorphismen definiert:

a) Zu jedem $n \in \mathbb{Z}$ sei $Y^n \xrightarrow{g^n} X^n$ durch $g^n = (-1)^n pr_1^n \circ D^{n+1} \circ in_2^{n+1}$ definiert,

b) für $g^\bullet \circ f^\bullet \sim id_{X^\bullet}$ eine Homotopie-Familie $(X^n \xrightarrow{H^n} X^{n-1})_{n \in \mathbb{N}}$ durch $H^n = pr_1^{n-1} \circ D^n \circ in_1^n$,

c) für $f^\bullet \circ g^\bullet \sim id_{Y^\bullet}$ eine Homotopie-Familie $(Y^n \xrightarrow{G^n} Y^{n-1})_{n \in \mathbb{N}}$ durch $G^n = pr_2^n \circ D^{n+1} \circ in_2^{n+1}$.

ad a) Zunächst wird gezeigt, daß die Definition von $g^n$ eine $A$-Translation $g^\bullet : Y^\bullet \longrightarrow X^\bullet$ liefert, wozu zu zeigen ist, daß die folgenden Diagramme kommutativ sind:

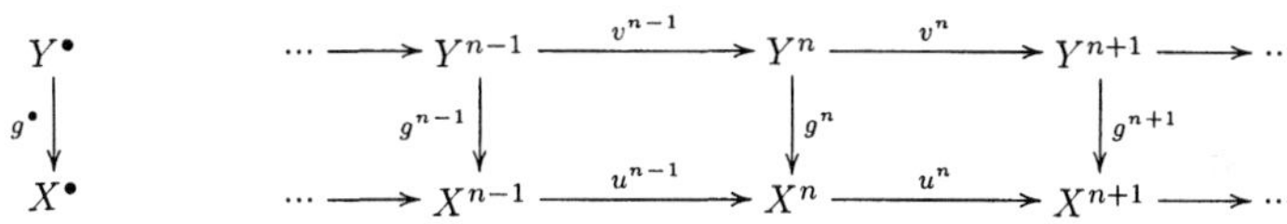

Zunächst liefert die oben genannte Homotopie-Bedingung durch Linkskomposition mit $pr_1^n$ und Rechtskomposition mit $in_2^n$ die Beziehung $0 = pr_1^n \circ id \circ in_2^n = pr_1^n \circ w^{n-1} \circ D^n \circ in_2^n + pr_1^n \circ D^{n+1} \circ w^n \circ in_2^n$ und damit $-(pr_1^n \circ D^{n+1} \circ w^n \circ in_2^n) = pr_1^n \circ w^{n-1} \circ D^n \circ in_2^n$. Beachtet man $w^n \circ in_2^n = in_2^{n+1} \circ v^{n-1}$ sowie $pr_1^n \circ w^{n-1} = u^{n-1} \circ pr_1^{n-1}$, dann folgt $-(pr_1^n \circ D^{n+1} \circ in_2^{n+1} \circ v^{n-1} = u^{n-1} \circ pr_1^{n-1} \circ D^n \circ in_2^n$. Multiplikation beider Seiten mit $(-1)^{n-1}$ liefert daraus dann $(-1)^n (pr_1^n \circ D^{n+1} \circ in_2^{n+1} \circ v^{n-1}) = (-1)^{n-1}(u^{n-1} \circ pr_1^{n-1} \circ D^n \circ in_2^n)$. Verwendet man nun die in a) genannte Definition von $g^n$ sowie die zu $g^{n-1}$, dann liefert in vorstehender Beziehung die linke Seite gerade $g^n \circ v^{n-1}$ und die rechte Seite $u^{n-1} \circ g^{n-1}$, insgesamt liegt also die Gleichheit $g^n \circ v^{n-1} = u^{n-1} \circ g^{n-1}$ und damit die Kommutativität der obigen Diagramme vor.

ad b) Zum Nachweis dafür, daß eine Homotopie $g^\bullet \circ f^\bullet \sim id_{X^\bullet}$ vermöge der oben genannten Homotopie-Familie $(X^n \xrightarrow{H^n} X^{n-1})_{n \in \mathbb{N}}$ durch $H^n = pr_1^{n-1} \circ D^n \circ in_1^n$ vorliegt, ist die zugehörige Homotopie-Bedingung $id_{X^n} - g^n \circ f^n = u^{n-1} \circ H^n + H^{n+1} \circ u^n$ (für alle $n \in \mathbb{Z}$) nachzuweisen. Dazu im einzelnen:

Zunächst gilt $u^{n-1} \circ pr_1^{n-1} = pr_1^n \circ w^{n-1}$, woraus Rechtskomposition mit $D^n \circ in_1^n$ dann die Beziehung $u^{n-1} \circ pr_1^{n-1} \circ D^n \circ in_1^n = pr_1^n \circ w^{n-1} \circ D^n \circ in_1^n$ liefert. Addiert man nun $pr_1^n \circ D^{n-1} \circ in_1^{n+1} \circ u^n$ auf beiden Seiten dieser Beziehung, so entsteht die Gleichheit folgender Summen:

b$_1$) $u^{n-1} \circ pr_1^{n-1} \circ D^n \circ in_1^n + pr_1^n \circ D^{n-1} \circ in_1^{n+1} \circ u^n$,

b$_2$) $pr_1^n \circ w^{n-1} \circ D^n \circ in_1^n + pr_1^n \circ D^{n-1} \circ in_1^{n+1} \circ u^n$.

Die Berechnung beider Summen liefert in der Tat die oben genannte Homotopie-Bedingung, denn:

ad b$_1$) Unter Verwendung der in b) genannten Definition der Homotopie-Familie $(H_n)_{n \in \mathbb{Z}}$ gilt unmittelbar $u^{n-1} \circ pr_1^{n-1} \circ D^n \circ in_1^n + pr_1^n \circ D^{n-1} \circ in_1^{n+1} \circ u^n = u^{n-1} \circ H^n + H^{n-1} \circ u^n$.

ad b$_2$) Diese Berechnung ist etwas komplizierter und verwendet die unten bewiesene Beziehung $(*)$. Ausgehend von $w^{n-1} \circ D^n + D^{n+1} \circ w^n = id$ mit der oben schon verwendeten Abkürzung $id = id_{X^n \oplus Y^{n-1}}$ liefert Linkskomposition mit $pr_1^n$ und Rechtskomposition mit $in_1^n$ dann

$$pr_1^n \circ w^{n-1} \circ D^n \circ in_1^n + pr_1^n \circ D^{n+1} \circ w^n \circ in_1^n = pr_1^n \circ id \circ in_1^n = id_{X^n}.$$

Subtrahiert man nun $g^n \circ f^n$ auf beiden Seiten, so liegt folgende Beziehung vor:

$$pr_1^n \circ w^{n-1} \circ D^n \circ in_1^n + pr_1^n \circ D^{n+1} \circ w^n \circ in_1^n - g^n \circ f^n = id_{X^n} - g^n \circ f^n.$$

Verwendet man in dieser Beziehung nun die Definition von $g^n$, so entsteht die Beziehung:

$$pr_1^n \circ w^{n-1} \circ D^n \circ in_1^n + pr_1^n \circ D^{n+1} \circ w^n \circ in_1^n - (-1)^n pr_1^n \circ D^{n+1} \circ in_2^{n+1} \circ f^n = id_{X^n} - g^n \circ f^n.$$

Durch „Ausklammern" von $pr_1^n \circ D^{n+1}$ entsteht daraus dann:

$$pr_1^n \circ w^{n-1} \circ D^n \circ in_1^n + pr_1^n \circ D^{n+1} \circ (w^n \circ in_1^n - (-1)^n in_2^{n+1} \circ f^n) = id_{X^n} - g^n \circ f^n.$$

Verwendet man schließlich die unten genannte Beziehung $(*)$, so folgt:

$$pr_1^n \circ w^{n-1} \circ D^n \circ in_1^n + pr_1^n \circ D^{n+1} \circ in_1^{n+1} \circ u^n = id_{X^n} - g^n \circ f^n.$$

Die linke Seite dieser Beziehung ist nun aber gerade der in oben in $b_2$) angegebene Summand, woraus mit den beiden vorstehenden Einzelberechnungen dann schließlich die behauptete Homotopie-Bedingung, nämlich $id_{X^n} - g^n \circ f^n = u^{n-1} \circ H^n + H^{n+1} \circ u^n$, folgt.

Es bleibt nun noch die Beziehung $(*) : in_1^{n+1} \circ u^n = w^n \circ in_1^n - (-1)^n in_2^{n+1} \circ f^n$ nachzuweisen. Es gilt:

$$(in_1^{n+1} \circ u^n)(x) = \begin{pmatrix} u^n(x) \\ 0 \end{pmatrix} = \begin{pmatrix} u^n(x) \\ (-1)^n f^n(x) - (-1)^n f^n(x) \end{pmatrix} = \begin{pmatrix} u^n(x) \\ (-1)^n f^n(x) \end{pmatrix} - (-1)^n \begin{pmatrix} 0 \\ f^n(x) \end{pmatrix}$$

$$= (w^n \circ in_1^n)(x) - ((-1)^n in_2^{n+1} \circ f^n)(x) = (w^n \circ in_1^n - (-1)^n in_2^{n+1} \circ f^n)(x).$$

ad c) Zum Nachweis dafür, daß eine Homotopie $f^\bullet \circ g^\bullet \sim id_{Y^\bullet}$ vermöge der oben genannten Homotopie-Familie $(Y^n \xrightarrow{G^n} Y^{n-1})_{n \in \mathbb{N}}$ durch $G^n = pr_2^n \circ D^{n+1} \circ in_2^{n+1}$ vorliegt, ist die zugehörige Homotopie-Bedingung $id_{Y^n} - f^n \circ g^n = v^{n-1} \circ G^n + G^{n+1} \circ v^n$ (für alle $n \in \mathbb{Z}$) nachzuweisen. Dieser Nachweis wird auf die gleiche Weise wie der zu b) geführt, wobei anstelle der dort verwendeten Beziehung $(*)$ nun die Beziehung $(**) : v^{n-1} \circ pr_2^n = pr_2^{n+1} \circ w^n - (-1)^n f^n \circ pr_1^n$ verwendet wird.

**A4.402.01:** Zwei Einzelaufgaben:

1. Was bezeichnet $\mathbb{R}$-*mod* ? Geben Sie Beispiele für Elemente von $ob(\mathbb{R}\text{-}mod)$ und $mor(\mathbb{R}\text{-}mod)$ an.

2. Bildet die Menge aller Aussagen zusammen mit Implikationen $p \Rightarrow q$ als Morphismen eine Kategorie?

**B4.402.01:** Zur Bearbeitung beider Einzelaufgaben:

1. $\mathbb{R}$-*mod* bezeichnet die Kategorie der $\mathbb{R}$-Vektorräume und $\mathbb{R}$-Homomorphismen. Insbesondere bezeichnet $\mathbb{R}\text{-}mod^{ee}$ die volle Unterkatorie der endlich-erzeugbaren $\mathbb{R}$-Vektorräume. Dabei bildet die Familie (Menge) $(\mathbb{R}^n)_{n\in\mathbb{N}}$ ein kleines Skelett von $\mathbb{R}\text{-}mod^{ee}$ im Sinne von Bemerkung 4.406.2/9. Beispiele für Elemente aus $mor(\mathbb{R}\text{-}mod^{ee})$ sind etwa die durch Matrizen $A \in Mat(m,n,\mathbb{R})$ definierten $\mathbb{R}$-Homomorphismen $f_A : \mathbb{R}^n \longrightarrow \mathbb{R}^m$ mit $f_A(x) = Ax$.

2. Eine Kategorie *Sen* (von: Sentences) wird gebildet durch die Objekt-Menge $ob(Sen)$ aller Aussagen gemäß Definition 1.001.1 sowie durch die einelementigen Morphismen-Mengen $mor(p,q) = \{p \Rightarrow q\}$ (unabhängig davon, ob eine solche Implikation wahr oder falsch ist) und durch eine Komposition von Morphismen, definiert (als Konjunktion) durch $mor(p,q) \times mor(p,t) \longrightarrow mor(p,t)$ mit der Zuordnung $(p \Rightarrow q,\ q \Rightarrow t) \longmapsto p \Rightarrow t$. Dabei sind die beiden Bedingungen von Definition 4.402.1 erfüllt:

$Kat_1$: Die Komposition ist assoziativ im Sinne der Äquivalenz:
$((p_1 \Rightarrow p_2 \wedge p_2 \Rightarrow p_3) \wedge p_3 \Rightarrow p_4) \Leftrightarrow (p_1 \Rightarrow p_2 \wedge (p_2 \Rightarrow p_3) \wedge p_3 \Rightarrow p_4))$

$Kat_2$: Die identischen Morphismen sind die Implikationen $p \Rightarrow p$.

**A4.402.02:** Zwei Einzelaufgaben:

1. Was bedeutet $U \subset V \subset C$ für Kategorien?

2. Betrachten Sie die folgenden Paare von Kategorien und diskutieren Sie die Frage, ob jeweils die erste Kategorie eine Unterkategorie der zweiten Kategorie ist (mit Ring $A$ und Körper $K$):

$$(Ann,\ abGrup),\ (\mathbb{Z}\text{-}mod,\ \mathbb{R}\text{-}mod),\ (abGrup,\ \mathbb{Z}\text{-}mod),\ (A\text{-}mod,\ K\text{-}mod),\ (K\text{-}mod,\ A\text{-}mod)$$

3. Inwiefern kann man sagen, daß konkrete Kategorien Unterkategorien der Kategorie *Ens* sind?

**B4.402.02:** Zwei Einzelaufgaben:

1. Die Inklusionen $U \subset V \subset C$ für Kategorien bedeuten, daß $U$ Unterkategorie von $V$ und $V$ Unterkategorie von $C$ ist, woraus folgt, daß $U$ auch eine Unterkategorie von $C$ ist.

2a) Die Kategorie *Ann* bildet keine Unterkategorie der Kategorie *abGrup*, denn auf einer additiven abelschen Gruppe $(A,+)$ lassen sich mehrere Multiplikationen mit Ringstruktur definieren (beispielsweise auf der additiven abelschen Gruppe $\mathbb{R} \times \mathbb{R}$ die Ringmultiplikation und die komplexe Multiplikation), so daß also die Bedingung $ob(Ann) \subset ob(abGrup)$ nicht gilt.

3. Jede konkrete Kategorie $C$ ist Unterkategorie der Kategorie *Ens*, denn es gelten die drei in Definition 4.402.5 genannten Eigenschaften: $ob(C) \subset ob(Ens)$ sowie $mor_C(X,Y) \subset Abb(X,Y)$, ferner ist die auf $C$ eingeschränkte Komposition dieselbe wie die der jeweils zugrunde liegenden Funktionen. Allrdings ist $C$ in der Regel $C$ keine volle Unterkategorie von *Ens*, denn für *Grup* beispielsweise ist $Hom(X,Y) \subset Abb(X,Y)$ eine echte Inklusion.

**A4.402.03:** *(Halbgruppen und Ringe als kleine Kategorien)*

1. Es bezeichne $H$ eine konkatenativ geschriebene Halbgruppe mit neutralem Element $e$. Zeigen Sie, daß eine Kategorie $\tilde{H}$ gebildet wird durch $ob(\tilde{H}) = \{H\}$, $mor_{\tilde{H}}(H,H) = H$ und $x * y = xy$ als Komposition in $\tilde{H}$. Was bedeutet es für $H$, wenn $\tilde{H} = \tilde{H}^{op}$ gilt?

2. Es sei $A$ ein Ring mit Einselement $1 \neq 0$. Zeigen Sie, daß eine Kategorie $\tilde{A}$ gebildet wird durch $ob(\tilde{A}) = \{A\}$, $mor_{\tilde{A}}(A,A) = A$ und $a \circ b = ab$ (mit Produkt $ab$ in $A$) als Komposition in $\tilde{A}$. Was bedeutet es für $A$, wenn $\tilde{A} = \tilde{A}^{op}$ gilt?

Zeigen Sie ferner, daß die Addition in $A$ zu einer Gruppenstruktur auf der Menge $mor_{\tilde{A}}(A,A)$ führt, und beschreiben Sie die Bedeutung der Distributivitäten $a(b+c) = ab + ac$ und $(a+b)c = ac + bc$ in diesem Zusammenhang, also für die Morphismen in der Kategorie $\tilde{A}$.

*Anmerkung:* Der zweite Aufgabenteil bezieht sich auf die später definierten *Additiven Kategorien.*

**B4.402.03:** Zur Bearbeitung der Aufgabe im einzelnen:

1a) Die durch die Vorschrift $x * y = xy$ definierte Komposition liefert zu den beiden $\tilde{H}$-Morphismen $H \xrightarrow{x} H \xrightarrow{y} H$ den $\tilde{H}$-Morphismus $H \xrightarrow{xy} H$.

1b) Es gilt die Bedingung $Kat_1$, denn, wie man leicht nachrechnet, ist die Komposition von Morphismen in $\tilde{H}$ assoziativ, da gilt: $(x * y) * z = (xy)z = x(yz) = x * (y * z)$.

1c) Es gilt $Kat_2$, denn das neutrale Element $e$ in $H$ ist ein $\tilde{H}$-Morphismus mit $e*x = ex = x = xe = x*e$.

1d) Schließlich: Es gilt $\tilde{H} = \tilde{H}^{op}$ genau dann, wenn die Halbgruppe $H$ abelsch ist.

2a) Die durch die Vorschrift $a \circ b = ab$ definierte Komposition liefert zu den beiden $\tilde{A}$-Morphismen $A \xrightarrow{a} A \xrightarrow{b} A$ den $\tilde{A}$-Morphismus $A \xrightarrow{ab} A$.

2b) Es gilt die Bedingung $Kat_1$, denn, wie man leicht nachrechnet, ist die Komposition von Morphismen in $\tilde{A}$ assoziativ, da gilt: $(a \circ b) \circ c = (ab)c = a(bc) = a \circ (b \circ c)$.

2c) Es gilt $Kat_2$, denn das Einselement 1 in $A$ ist ein $\tilde{A}$-Morphismus mit $1 \circ a = 1 \cdot a = a = a \cdot 1 = a \circ 1$.

2d) Weiterhin: Es gilt $\tilde{A} = \tilde{A}^{op}$ genau dann, wenn der Ring $A$ kommutativ ist.

2e) Mit Elementen $a, b \in A$ ist auch die Summe $a + b$ Element von $A$, folglich ist $a + b : A \longrightarrow A$ ein Morphismus in der Kategorie $\tilde{A}$. Die Distributivität $a(b+c) = ab + ac$ in $A$ bedeutet dann, daß in $\tilde{A}$ die Beziehung $a \circ (b+c) = (a \circ b) + (a \circ c)$ gilt, das heißt in anderen Worten, daß $a \circ - : A \longrightarrow A$ Gruppen-Homomorphismus, also $\mathbb{Z}$-linear ist. Die zweite Distributivität bedeutet entsprechend, daß $- \circ a : A \longrightarrow A$ ebenfalls $\mathbb{Z}$-linear ist. Zusammen also: Die Komposition von $\tilde{A}$-Morphismen ist $\mathbb{Z}$-bilinear.

**A4.402.04:** *(Relationen und kleine Kategorien)*

1. Zu einer geordneten Menge $(M, \leq)$ seien definiert eine Menge $ob(\tilde{M}) = M$ und eine Klasse $mor(\tilde{M})$ von Mengen $mor_{\tilde{M}}(x,y) = \{(x,y)\}$ im Fall $x \leq z$ und sonst $mor_{\tilde{M}}(x,y) = \emptyset$. Zeigen Sie, daß dadurch eine kleine Kategorie $\tilde{M}$ installiert wird.

2. Definieren Sie auf analoge Weise eine kleine Kategorie $\tilde{M}$ für eine Menge $M$ zusammen mit einer Äquivalenz-Relation $R$ auf $M$.

3. Lassen sich beiden Aufgaben in allgemeinerer Form als eine einzige Aufgabe formulieren?

**B4.402.04:** Zur Bearbeitung der Aufgabe im einzelnen:

1. Eine Komposition $\circ : mor_{\tilde{M}}(x,y) \times mor_{\tilde{M}}(y,z) \longrightarrow mor_{\tilde{M}}(x,z)$ wird vermöge der Transitivität der Ordnungs-Relation durch die Vorschrift $(x,y) \circ (y,z) = (x,z)$ geliefert. Diese Komposition ist assoziativ, da die Mengen $mor_{\tilde{M}}(x,y)$ jeweils höchstens ein Element besitzen. Haben Sie im folgenden jeweils ein Element, so gilt $(u,v) \circ ((v,x) \circ (x,z)) = (u,v) \circ (v,z) = (u,z) = (u,x) \circ (x,z) = ((u,v) \circ (v,x)) \circ (x,z)$, womit die Bedingung $Kat_1$ erfüllt ist. Weiter liefert die Reflexivität der Ordnungs-Relation die Menge $mor_{\tilde{M}}(x,y) = \{(x,y)\} = \{id_x\}$, womit die Bedingung $Kat_2$ erfüllt ist.

2. Wird anstelle einer Ordnungs-Relation $\leq$ eine Äquivalenz-Relation $R$ auf einer Menge $M$ betrachtet, so wird auf gleiche Weise durch $ob(\tilde{M}) = M$ und eine Klasse $mor(\tilde{M})$ von Mengen $mor_{\tilde{M}}(x,y) = \{(x,y)\}$ im Fall $(x,y) \in R$ und sonst $mor_{\tilde{M}}(x,y) = \emptyset$ eine kleine Kategorie $\tilde{M}$ installiert. Da Äquivalenz-Relationen ebenfalls reflexiv und transitiv sind, sind die weiteren Nachweise schon mit der vorstehenden Bearbeitung erbracht.

3. Man kann die beiden Teilaufgaben 1 und 2 einheitlich formulieren, wenn man auf einer Menge $M$ eine reflexive und transitive Relation vorgibt (die Symmetrie oder Antisymmetrie ist dabei nicht erforderlich).

**A4.402.05:** *(Kategorie $Rel(I)$ der Relations-Strukturen)*

Zu einer Menge $X$ und einer nicht-leeren Indexmenge $I$ seien Paare $(X, R_I)$ mit jeweils einer Familie $R_I = (R_i)_{i \in I}$ von Relationen $R_i$ auf $X$ betrachtet. Installieren Sie nun eine Kategorie $Rel(I)$, deren Objekte solche Paare $(X, R_I)$ und deren Morphismen auf Funktionen $f : X \longrightarrow Y$ basieren, die mit den allen Relationen der jeweiligen Relations-Familien verträglich sind.

*Anmerkung:* Im Fall $card(I) = 1$ schreibt man dementsprechend $Rel(1)$.

**B4.402.05:** Zur Bearbeitung der Aufgabe im einzelnen:

1. Nach den Vorgaben ist $ob(Rel(I))$ die Klasse der Paare $(X, R_I)$ beliebiger Mengen $X$ und beliebiger Familien $R_I = (R_i)_{i \in I}$ von Relationen $R_i$ auf $X$.

2. Zur Festlegung der Klasse $mor(Rel(I))$ der Morphismen in $Rel(I)$ genauer folgende Beschreibung: Ein $Rel(I)$-Morphismus $f : (X, R_I) \longrightarrow (Y, S_I)$ ist eine Funktion $f : X \longrightarrow Y$ mit folgender Verträglichkeits-Eigenschaft zwischen $R_I$ und $S_I$: Für alle Elemente $x, x' \in X$ und für alle Indices $i \in I$ gelte:

$$(x, x') \in R_i \ \Rightarrow \ (f(x), f(x')) \in S_i.$$

Kurz: Ein $Rel(I)$-Morphismus $f : (X, R_I) \longrightarrow (Y, S_I)$ ist eine $Rel(I)$-verträgliche Funktion $f : X \longrightarrow Y$.

3. Die Komposition $(X, R_I) \xrightarrow{f} (Y, S_I) \xrightarrow{g} (Z, T_I)$ von $Rel(I)$-Morphismen ist naheliegenderweise wieder ein $Rel(I)$-Morphismus, denn für alle Elemente $x, x' \in X$ und für alle Indices $i \in I$ gilt:

$$(x, x') \in R_i \ \Rightarrow \ (f(x), f(x')) \in S_i \ \Rightarrow \ ((g \circ f)(x), (g \circ f)(x') = (g(f(x)), g(f(x'))) \in T_i.$$

4. Die Bedingung $Kat_1$ ist naheliegenderweise erfüllt, da sie in *Ens* erfüllt ist.

5. Die Bedingung $Kat_2$ ist mit $(X, R_I) \xrightarrow{id_X} (X, R_I)$ für jedes $Rel(I)$-Objekt $(X, R_I)$ ebenfalls erfüllt.

**A4.404.01:** Zeigen Sie, daß in den Beispielen 4.404.1 bis 4.404.3 tatsächlich Kategorien erzeugt sind.

**B4.404.01:** Zu den Beispielen 4.404.1 bis 4.404.3 fehlen noch die Nachweise für die Gültigkeit der Bedingungen $Kat_1$ und $Kat_2$. Wir begügen uns hier mit dem Nachweis für Beispiel 4.404.2, wobei Beispiel 4.404.3 auf gleiche und Beispiel 4.404.1 auf ähnliche Weise zu bearbeiten ist.

$Kat_1$: Betrachtet man drei $(E,C)$-Morphismen $f \xrightarrow{u} f' \xrightarrow{v} f'' \xrightarrow{w} f'''$ mit kommutativen Diagrammen

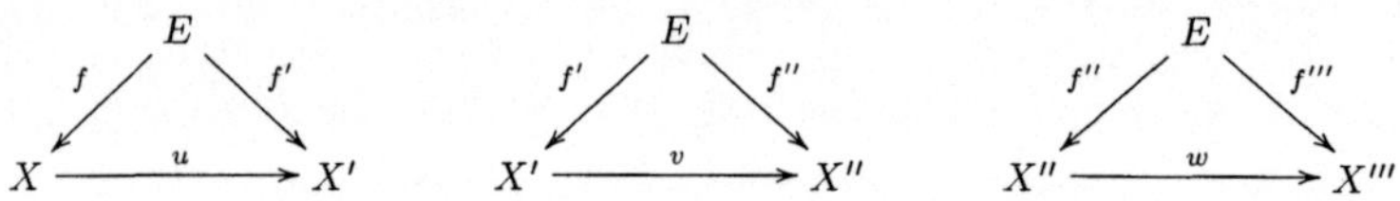


dann zeigt $w \circ (v \circ u) = (w \circ v) \circ u$, daß die Komposition von $(E,C)$-Morphismen assoziativ ist. Man kann auch etwas formaler argumentieren, indem man $(E,C)$-Morphismen $f \xrightarrow{u} f'$ als Tripel $(f, f', u)$ mit der Eigenschaft $u \circ f = f'$ betrachtet und dann die folgende Beziehung nachrechnet:

$$(f,f',u) \circ ((f',f'',v) \circ (f'',f''',w)) = ((f,f',u) \circ (f',f'',v)) \circ (f'',f''',w).$$

**A4.404.02:** *(Kategorie der kurzen exakten Sequenzen)*

Installieren Sie eine Kategorie *exSeq*, deren Objekte exakte $A$-*mod*-Sequenzen folgender Form seien:

$$S_E \ : \quad 0 \longrightarrow E' \xrightarrow{f'} E \xrightarrow{f} E'' \longrightarrow 0.$$

**B4.404.02:** Zur Bearbeitung der Aufgabe im einzelnen:

1. Morphismen $S_E \longrightarrow S_F$ in der Kategorie *exSeq* sollen Tripel $U = (u', u, u'')$ von $A$-Homomorphismen mit einem kommutativen Diagramm der folgenden Form sein:

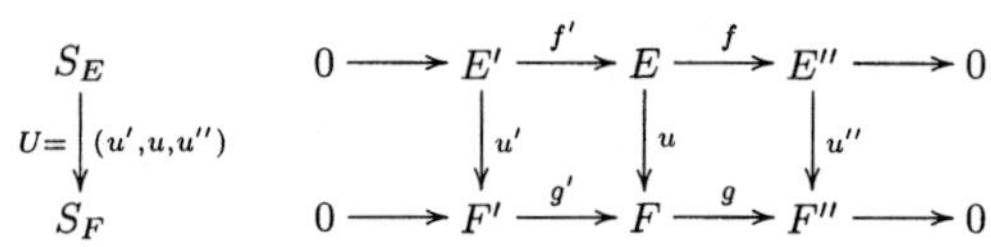


2. Da die Komposition von $A$-Homomorphismen wieder ein $A$-Homomorphismus ist und passendes Aneinandersetzen kommutativer Diagramm ein insgesamt kommutatives Diagramm erzeugt, liefert die Komposition $S_E \xrightarrow{U} S_F \xrightarrow{V} S_H$ von *exSeq*-Morphismen $U = (u', u, u'')$ und $V = (v', v, v'')$ den *exSeq*-Morphismus $V \circ U = (v' \circ u', v \circ u, v'' \circ u'')$.

3. Die Bedingung $Kat_1$ ist erfüllt, denn sie ist schon in der Kategorie *Ens* erfüllt.

4. Die Bedingung $Kat_2$ ist mit $id_{S_E} = (id_{S_{E'}}, id_{S_E}, id_{S_{E''}}) : S_E \longrightarrow S_E$ zu jedem *exSeq*-Objekt erfüllt.

**A4.404.03:** *(Kategorie der kurzen exakten Sequenzen zum X-Lemma (Sätze 4.014.2 und 4.443.2))*

Installieren Sie eine Kategorie *exSeq(E)*, deren Objekte exakte $A$-*mod*-Sequenzen folgender Form seien:

$$S_E \ : \quad 0 \longrightarrow X' \xrightarrow{f'} E \xrightarrow{f} X'' \longrightarrow 0,$$

wobei der mittlere Modul $E$ stets derselbe sei.

**B4.404.03:** Die Kategorie *exSeq(E)* kann als Unterkategorie von *exSeq* angesehen werden.

**A4.404.04:** *(Kategorie der (gerichteten) Graphen)*

Ein Paar $Z \xleftarrow{u} A \xrightarrow{v} Z$ von Funktionen mit (endlichen) Mengen $A$ und $Z$ heißt *(Gerichteter) Graph.* Installieren Sie mit diesen Objekten eine Kategorie *Graph.*

**B4.404.04:** Zur auszugsweisen Bearbeitung der Aufgabe:

1. *Graph*-Objekte seien Paare $Z \xleftarrow{u} A \xrightarrow{v} Z$ von Funktionen, kurz mit $(u,v)$ bezeichnet.
2. *Graph*-Morphismen seien Paare $(f_A, f_Z)$ von Funktionen mit kommutativen Diagrammen der Form:

$$\begin{array}{ccc} (u,v) & & Z \xleftarrow{\;u\;} A \xrightarrow{\;v\;} Z \\ {\scriptstyle (f_A, f_Z)} \big\downarrow & & \big\downarrow {\scriptstyle f_Z} \qquad \big\downarrow {\scriptstyle f_A} \qquad \big\downarrow {\scriptstyle f_Z} \\ (u',v') & & Z' \xleftarrow{\;u'\;} A' \xrightarrow{\;v'\;} Z' \end{array}$$

3. Die weiteren Nachweise werden ähnlich wie zu Aufgabe A4.404.02 geführt.

**A4.404.05:** *(Kategorie der (Endlichen) Automaten)*

Ein Paar $A \xleftarrow{u} E \times Z \xrightarrow{v} Z$ von Funktionen heißt *Automat*, insbesondere *Endlicher Automat*, falls die beteiligten Mengen endlich sind, und bezeichnet ihn abkürzend mit $(u,v)$.

Dabei repräsentiert $E$ eine Menge von Eingangssymbolen, $Z$ eine Menge von Zustandssymbolen und $A$ eine Menge von Ausgabesymbolen, ferner nennt man $v$ eine Überführungs- und $u$ eine Ausgabe-Funktion.

Installieren Sie mit diesen Objekten eine Kategorie *Aut* bzw. *eAut* der (endlichen) Automaten.

*Anmerkung:* Sind $u$ und $v$ Morphismen in *K-mod*, nennt man $(u,v)$ einen *K-linearen Automaten* und kann dann auf entsprechende Weise eine Kategorie *K-Aut* installieren.

**B4.404.05:** Zur auszugsweisen Bearbeitung der Aufgabe:

1. *Aut*-Objekte seien Paare $A \xleftarrow{u} E \times Z \xrightarrow{v} Z$ von Funktionen, kurz mit $(u,v)$ bezeichnet.
2. *Aut*-Morphismen seien Tripel $(f_A, f_{E\times Z}, f_Z)$ von Funktionen mit kommutativen Diagrammen der Form, wobei im allgemeinen aber nicht $f_{E\times Z} = f_E \times f_Z$ gilt:

$$\begin{array}{ccc} (u,v) & & A \xleftarrow{\;u\;} E \times Z \xrightarrow{\;v\;} Z \\ {\scriptstyle (f_A, f_{E\times Z}, f_Z)} \big\downarrow & & \big\downarrow {\scriptstyle f_A} \qquad \big\downarrow {\scriptstyle f_{E\times Z}} \qquad \big\downarrow {\scriptstyle f_Z} \\ (u',v') & & A' \xleftarrow{\;u'\;} E' \times Z' \xrightarrow{\;v'\;} Z' \end{array}$$

3. Die weiteren Nachweise werden ähnlich wie zu Aufgabe A4.404.02 geführt.

**A4.406.01:** Beweisen Sie die Aussage von Bemerkung 4.406.2/1.

**B4.406.01:** Für einen $C$-Morphismus $X \xrightarrow{f} Y$ und für beliebige $C$-Objekte $Z$ gilt:

1. $mor_C(Z, f)$ ist injektiv $\Leftrightarrow$ für alle $u, v \in mor_C(Z, X)$ gilt $(mor_C(Z, f)(u) = mor_C(Z, f)(v) \Rightarrow u = v)$ $\Leftrightarrow$ für alle $u, v \in mor_C(Z, X)$ gilt $(f \circ u = f \circ v \Rightarrow u = v)$ $\Leftrightarrow$ $f$ ist Monomorphismus.
2. $mor_C(f, Z)$ ist injektiv $\Leftrightarrow$ für alle $u, v \in mor_C(Y, Z)$ gilt $(mor_C(f, Z)(u) = mor_C(f, Z)(v) \Rightarrow u = v)$ $\Leftrightarrow$ für alle $u, v \in mor_C(Y, Z)$ gilt $(u \circ f = v \circ f \Rightarrow u = v)$ $\Leftrightarrow$ $f$ ist Epimorphismus.

**A4.406.02:** Weisen Sie mit Hilfe der Bemerkungen 4.406.1/2 die Bemerkung 4.406.3 nach, also: $f : X \longrightarrow Y$ ist genau dann ein $C$-Epimorphismus, wenn $f^{op} : Y \longrightarrow X$ ein $C^{op}$-Monomorphismus ist.

**B4.406.02** Zur Bearbeitung der Aufgabe:

1. Ist $f$ $C$-Epimorphismus, dann ist $f^{op}$ ein $C^{op}$-Monomorphismus. Dazu ist zu zeigen, daß für alle Objekte $Z$ die Funktionen $L_{f^{op}} = mor_{C^{op}} : mor_{C^{op}}(Z, Y) \longrightarrow mor_{C^{op}}(Z, X)$, definiert durch die Vorschrift $L_{f^{op}}(u) = f^{op} \circ u^{op} = (u \circ f)^{op}$, injektiv sind. Das ist in der Tat der Fall, wie die folgenden Implikationen zeigen: $f^{op} \circ u^{op} = f^{op} \circ v^{op} \Rightarrow (u \circ f)^{op} = (v \circ f)^{op} \Rightarrow u \circ f = v \circ f \Rightarrow u = v \Rightarrow u^{op} = v^{op}$.
2. Die umgekehrte Implikation beweist man entsprechend.

**A4.414.01:** Beweisen Sie den zweiten Teil von Lemma 4.414.5.

**B.414.01:** Es sei $q = dcokern(f,g)$ mit $Q = dCokern(f,g)$. Ferner seien Morphismen $v, w : Q \longrightarrow Q'$ mit $v \circ q = w \circ q$ vorgegeben, wofür dann $v = w$ zu zeigen ist: Zunächst gilt $(v \circ q) \circ f) = (v \circ q) \circ g$, wozu es nach der Eigenschaft von Differenzcokernen genau einen Morphismus $u : Q \longrightarrow Q'$ mit $v \circ q = u \circ q$ und entsprechend mit $w \circ q = u \circ q$ gibt. Wegen dieser Eigenschaft von $u$, eindeutig bestimmt zu sein, muß dann $u = v = w$ gelten.

**A4.414.02:** Beweisen Sie die Aussage der Anmerkung zu Definition 4.414.6.

**B4.414.02:** Ist $X \xrightarrow{f} Y$ eine Coretraktion vermöge des links stehenden Diagramms, dann liefert dessen Drehung (um 120° gegen den Uhrzeigersinn) das rechts stehende Diagramm, das zeigt, daß $Y \xrightarrow{g} X$ eine Retraktion ist:

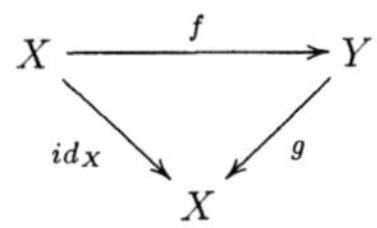


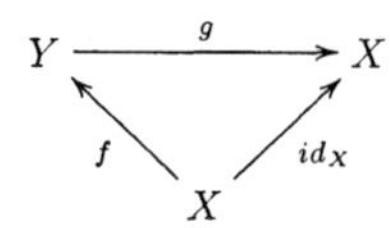


**A4.414.03:** Beweisen Sie den zweiten Teil von Lemma 4.414.7, also die Aussage:

Retraktionen lassen sich als Differenzcokerne darstellen.

**B4.414.03:** Es sei $X \xrightarrow{f} Y$ eine Retraktion sowie $Y \xrightarrow{g} X$ eine zugehörige Coretraktion. Es wird nun $f = dcokern(g \circ f, id_X)$ gezeigt:

a) Zunächst liefert $g \circ f = id_X$ die Beziehung $(f \circ g) \circ f = f \circ (g \circ f) = g \circ id_X = g$.

b) Es sei nun ein beliebiger Morphismus $X \xrightarrow{f'} Y'$ mit der Eigenschaft $f' \circ (g \circ f) = f' \circ id_X$ betrachtet, womit $(f' \circ g) \circ f = f' \circ id_X = f'$ gilt, das heißt, es gibt eine Faktorisierung von $f'$ durch $f' = (f' \circ g) \circ f$. Betrachtet man ferner eine zweite Faktorisierung von $f'$ durch $f' = u \circ f$ gemäß folgendem kommutativen Diagramm

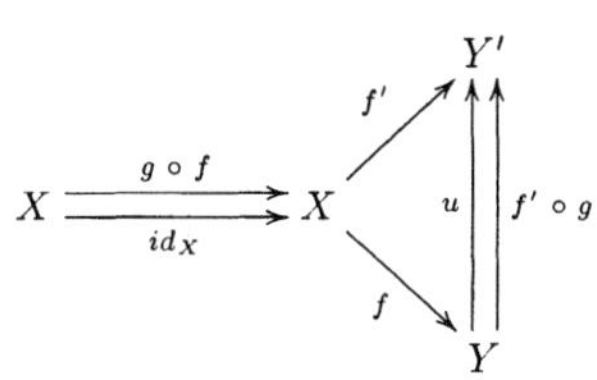


dann folgt $f' \circ g = u \circ f \circ g = u \circ id_Y = u$, also sind beide Faktorisierungen gleich, woraus die Behauptung folgt.

**A4.414.04:** Beweisen Sie den zweiten Teil von Lemma 4.414.8, also die Aussage:

Ein $C$-Morphismus $X \xrightarrow{f} Y$ ist genau dann eine Retraktion, falls zu jedem $C$-Objekt $Z$ die Funktion $mor_C(Z,f) : mor_C(Z,X) \longrightarrow mor_C(Z,Y)$ mit $mor_C(Z,f)(v) = f \circ v$ surjektiv ist.

**B4.414.04:** Es sei $X \xrightarrow{f} Y$ eine Retraktion sowie $Y \xrightarrow{g} X$ eine zugehörige Coretraktion, ferner $u \in mor_C(Z,Y)$. Dann gilt $u = id_Y \circ u = (f \circ g) \circ u = f \circ (g \circ u) = mor_C(Z,f)(g \circ u)$, also ist $mor_C(Z,f)$ surjektiv. Ist umgekehrt $mor_C(Z,f)$ zu jedem $C$-Objekt $Z$ surjektiv, dann gibt es für $Z = Y$ ein Element $g \in mor_C(Y,X)$ mit $mor_C(Y,f)(g) = id_Y$, das heißt aber, mit $f \circ g = id_Y$, womit $f$ definitionsgemäß Retraktion ist.

**A4.420.01:** Noch einmal zu Bemerkung 4.420.2/1: Ein Funktor $C \xrightarrow{F} D$ wird beschrieben durch ein Paar zweier Funktionen: Die erste Funktion $ob(C) \xrightarrow{F_o} ob(D)$ ist definiert durch $X \longmapsto F(X)$, die zweite Funktion $mor(C) \xrightarrow{F_m} mor(D)$ ist definiert durch $f \longmapsto F(f)$.

1. Zeigen Sie, daß das Paar $(Bild(F_o), Bild(F_m))$ von Klassen in $D$ nur dann eine Katgorie (und damit eine Unterkategorie von $D$) bildet, wenn $F_o$ injektiv ist. Diese Kategorie wird dann *Bildkategorie* von $F$ genannt und mit $Bild(F)$ bezeichnet.

2. Zeigen Sie: Ein voller und treuer Funktor $C \xrightarrow{F} D$ liefert stets eine Bildkategorie.

3. Betrachten Sie zu einem vollen und treuen Funktor $C \xrightarrow{F} D$ das folgende links stehende kommutative $D$-Diagramm und zeigen Sie, das es von einem $C$-Diagramm der rechts stehenden Form stammt:

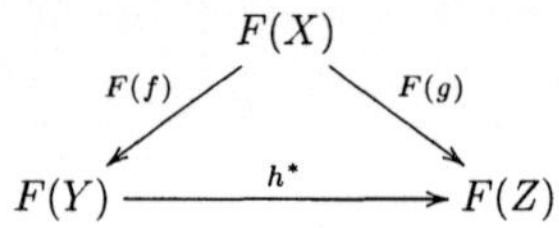


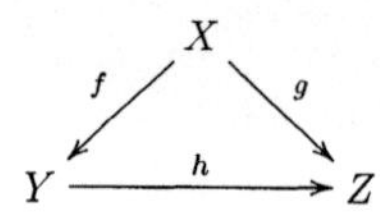


**B4.420.01:** Zur Bearbeitung der Aufgaben im einzelnen:

1. Ist die Funktion $ob(C) \xrightarrow{F_o} ob(D)$ nicht injektiv, dann gibt es $C$-Objekte $X$ und $Y$ mit $X \neq Y$, aber mit $F(X) = F(Y)$. Betrachtet man weiterhin $C$-Morphismen $U \xrightarrow{u} X$ und $Y \xrightarrow{v} V$, dann lassen sich $u$ und $v$ nicht komponieren, hingegen existiert die Komposition $F(U) \xrightarrow{F(u)} F(X) = F(Y) \xrightarrow{F(v)} F(V)$, das heißt aber, daß die Komposition $F(v) \circ F(u)$ nicht in $Bild(F_m)$ enthalten ist.

2. Es seien $C$-Morphismen $U \xrightarrow{u} X$ und $Y \xrightarrow{v} V$ mit der Eigenschaft $F(X) = F(Y)$ betrachtet. Zu zeigen ist dann $F(v) \circ F(u) \in Bild(F_m)$: Da $F$ nach Voraussetzung voll und treu ist, liegen mit $F(X) = F(Y)$ bijektive Funktionen $(\cong)$ vor:

$$mor_C(X,Y) \cong mor_D(F(X), F(Y)) = mor_D(F(X), F(X)),$$

also gibt es zu $id_{F(X)}$ einen $C$-Morphismus $X \xrightarrow{f} Y$ mit $F(f) = id_{F(X)}$,

$$mor_C(Y,X) \cong mor_D(F(Y), F(X)) = mor_D(F(X), F(X)),$$

also gibt es zu $id_{F(X)}$ einen $C$-Morphismus $Y \xrightarrow{g} X$ mit $F(g) = id_{F(X)}$.

Darüber hinaus sind $f$ und $g$ zueinander inverse Morphismen, denn aus den Beziehungen $F(g \circ f) = id_{F(Y)} = F(id_Y)$ und $F(f \circ g) = id_{F(X)} = F(id_X)$ folgt mit der Injektivität von $F_m$ dann $g \circ f = id_Y$ und $f \circ g = id_X$. Damit gilt dann schließlich $F(v) \circ F(u) = F(v) \circ id_{F(B)} \circ F(u) = F(v) \circ F(f) \circ F(u) = F(v \circ f \circ u) \in Bild(F_m)$.

3. Wegen der Bijektivität $mor_C(Y,Z) \cong mor_D(F(Y), F(Z))$ gibt es zu jedem $h^* \in mor_D(F(Y), F(Z))$ genau einen Morphismus $h \in mor_C(Y,Z)$ mit $F(h) = h^*$. (Etwas grob gesagt: Bei vollen und treuen Funktoren $C \xrightarrow{F} D$ kann die Existenz von Morphismen in $D$ durch die Existenz von Morphismen in $C$ gewährleistet werden.)

**A4.420.02:** Zwei Einzelaufgaben:

1. Beschreiben Sie weitere Beispiele für Vergiß-Funktoren (Beispiele 4.420.5/2).

2. Kann man Vergiß-Funktoren mit dem Begriff der Unterkategorie in Zusammenhang setzen?

**B4.420.02:** Zur Bearbeitung der Aufgaben im einzelnen:

1. Weitere Beispiele für Vergiß-Funktoren sind etwa:

a) der Funktor $ordEns \longrightarrow Ens$ ordnet jeder geordneten Menge die ihr zugrunde liegende Trägermenge und jeder momotonen Funktion die ihr zugrunde liegende bloße Funktion zu,

b) der Funktor $ordGrup \longrightarrow Grup$ ordnet jeder geordneten Gruppe die ihr zugrunde liegende Gruppe und jedem momotonen Homomorphismus den ihm zugrunde liegenden Homomorphismus zu,

c) der Funktor *ordGrup* $\longrightarrow$ *ordEns* ordnet jeder geordneten Gruppe die ihr zugrunde liegende geordnete Menge und jedem momotonen Homomorphismus die ihr zugrunde liegende monotone Funktion zu,

d) der Funktor $K$-*mod* $\longrightarrow$ *abGrup* ordnet jedem $K$-Vektorraum die ihm zugrunde liegende abelsche Gruppe und jedem $K$-Homomorphismus den ihm zugrunde liegenden Gruppen-Homomorphismus zu,

e) der Funktor $\mathbb{C}$-*mod* $\longrightarrow$ *abGrup* ordnet jedem $\mathbb{C}$-Vektorraum die ihm zugrunde liegende abelsche Gruppe und jedem $\mathbb{C}$-Homomorphismus den ihm zugrunde liegenden Gruppen-Homomorphismus zu.

2. Ist $F : C \longrightarrow D$ ein Vergiß-Funktor, dann ist $Bild(F)$ eine Unterkategorie von $D$, aber $C$ selbst nicht. Beispielsweise ist bei dem Vergiß-Funktor $Ann \longrightarrow abGrup$ die Funktion $ob(Ann) \longrightarrow ob(abGrup)$ nicht injektiv (siehe dazu auch Aufgabe A4.402.02/2).

**A4.420.03:** Zeigen Sie: Die Darstellungs-Funktoren in Beispiel 4.420.5/3 sind tatsächlich Funktoren.

**B4.420.03:** Es wird gezeigt, daß der Funktor $mor_C(X,-) : C \longrightarrow Ens$ tatsächlich Funktor ist:

1. $Fun_1$: Bezüglich einer Komposition $Y \xrightarrow{f} Y' \xrightarrow{g} Y''$ gilt für alle $u \in mor_C(X,Y)$ die Beziehung $mor_C(X, g \circ f)(u) = (g \circ f) \circ u = g \circ (f \circ u) mor_C(X,g)(f \circ u) = mor_C(X,g)(mor_C(X,f)(u)) = (mor_C(X,g) \circ mor_C(X,f))(u)$, folglich gilt $mor_C(X, g \circ f) = mor_C(X,g) \circ mor_C(X,f)$.

2. $Fun_2$: Bezüglich des identischen Morphismus' $Y \xrightarrow{id_Y} Y$ gilt für alle $u \in mor_C(X,Y)$ die Beziehung $mor_C(X, id_Y)(u) = id_Y \circ u = u = id_{mor_C(X,Y)}(u)$, folglich gilt $mor_C(X, id_Y) = id_{mor_C(X,Y)}$.

**A4.420.04:** *(Kranzprodukt von Halbgruppen)*

Im folgenden werden (multiplikativ geschriebene) Halbgruppen $H$ und $T$ betrachtet. Abkürzend werden Halbgruppen-Homomorphismen kurzerhand nur Homomorphismen genannt. Bekanntlich bildet die Menge $T^H = Abb(H,T)$ zusammen mit der argumentweise definierten Multiplikation $(fg)(t) = f(t)g(t)$ ebenfalls eine Halbgruppe. Zeigen Sie nun im einzelnen:

1. Die Menge $Hom(T^H, T^H)$ der Homomorphismen $T^H \longrightarrow T^H$ bildet zusammen mit der durch die Vorschrift $(u \cdot v)(f) = u(v(f))$ definierten Multiplikation eine Halbgruppe.
2. Die Funktion $Z : H \longrightarrow Hom(T^H, T^H)$, definiert durch $(Z(h))(f)(g) = f(hg)$, für alle $h, g \in H$ und für alle $f \in T^H$, ist ein Homomorphismus.
3. Die Menge $T^H \times H$ bildet zusammen mit der durch $(f,h) \cdot (f',h') = (Z(h)(f') \cdot f,\ hh')$ definierten Multiplikation eine Halbgruppe. Diese Halbgruppe wird das *Kranzprodukt* von $T$ mit $H$ genannt und mit $T \odot H$ bezeichnet.
4. Erweitern Sie die Zuordnung $T \longmapsto T \odot H$ zu einem Funktor $(-) \odot H : Sem \longrightarrow Sem$.
5. Liefert auch die Zuordnung $H \longmapsto T \odot H$ einen entsprechenden Funktor?

**B4.420.04:** Zur Bearbeitung der Aufgabe im einzelnen:

1a) Die angegebene Multiplikation, das ist de facto die Komposition von Funktionen, ist eine innere Komposition auf $Hom(T^H, T^H) = End(T^H)$, denn für $f : H \longrightarrow T$ ist $v(f) : H \longrightarrow T$ und somit ebenfalls $(u \cdot v)(f) = u(v(f)) : H \longrightarrow T$ eine solche Funktion.

1b) Die angegebene Multiplikation ist als Komposition von Funktionen assoziativ.

2a) Die in der Aufgabe angegebene Zuordnungsvorschrift ist wohldefiniert, denn für den Homomorphismus $Z(h) : T^H \longrightarrow T^H$ ist $Z(h)(f) : H \longrightarrow T$ eine Funktion der gewünschten Art.

2b) Für die Homomorphie von $Z$ ist die Beziehung $Z(hh') = Z(h) \cdot Z(h')$ zu zeigen, wofür wiederum $Z(hh')(f) = (Z(h) \cdot Z(h'))(f)$, für alle $f \in T^H$ zu zeigen ist. Beachtet man nach der Multiplikationsvorschrift in Teil 1 die Beziehung $(Z(h) \cdot Z(h'))(f) = Z(h)(Z(h')(f))$, dann gilt $(Z(h) \cdot Z(h'))(f)(g) = Z(h)(Z(h')(f))(g) = Z(h)(f(h'g)) = f(hh'g) = Z(hh')(f)(g)$, für alle $g \in H$, für alle $f \in T^H$ und für alle $h, h' \in H$, folglich gilt $Z(hh') = Z(h) \cdot Z(h')$.

3a) Die angegebene Multiplikationsvorschrift ist tatsächlich wohldefiniert, denn mit $Z(h) : T^H \longrightarrow T^H$ ist $Z(h)(f') : H \longrightarrow T$ und mit $f : H \longrightarrow T$ ist auch $Z(h)(f') \cdot f : H \longrightarrow T$ eine solche Funktion. Folglich ist $(Z(h)(f') \cdot f,\ hh')$ ein Element von $T^H \times H$, die angegebene Multiplikation ist also eine innere

Komposition auf $T^H \times H$.

3b) Es bleibt die Assoziativität dieser Multiplikation zu zeigen. Sie gilt, denn mit der Kompositions-Darstellung in Teil 2b) (hier das letzte Gleichheitszeichen) gilt einerseits $(f,h) \cdot ((f',h') \cdot (f'',h'')) = (f,h) \cdot (Z(h')(f'') \cdot f',\ h'h'') = (Z(h)(Z(h')(f'')(f') \cdot f,\ hh'h'') = (Z(h) \cdot Z(h'))(f'') \cdot Z(h)(f') \cdot f,\ hh'h'')$ und andererseits $((f,h) \cdot (f',h')) \cdot (f'',h'') = (Z(h)(f') \cdot f,\ hh') \cdot (f'',h'') = (Z(hh')(f'') \cdot Z(h)(f') \cdot f,\ hh'h'') = (Z(h) \cdot Z(h'))(f'') \cdot Z(h)(f') \cdot f,\ hh'h'')$.

4. Die in der Aufgabe genannte Zuordnung $T \longmapsto T \odot H$ für *Sem*-Objekte $T$ soll nun zu einem Funktor $(-) \odot H : Sem \longrightarrow Sem$ erweitert werden, das heißt, es muß also noch eine zugehörige Zuordnung für *Sem*-Morphismen definiert werden. Das soll auf folgende Weise geschehen: Jedem Homomorphismus $u : T \longrightarrow S$ sei die Funktion $u \odot id_H : T \odot H \longrightarrow S \odot H$, definiert durch $(f,h) \longmapsto (u \circ f, h)$, zugeordnet.

5. Zunächst ist allerdings zu zeigen, daß die so definierte Funktion $u \odot id_H : T \odot H \longrightarrow S \odot H$ auch ein Homomorphismus ist. Das gilt in der Tat, wie die folgende Berechnung zeigt: Für alle Elemente $(f,h), (f',h') \in T \odot H = T^H \times H$ ist zunächst
einerseits $(u \odot id_H)((f,h) \cdot (f',h')) = (u \odot id_H)(Z(h)(f') \cdot f,\ hh') = (u \circ (Z(h)(f') \cdot f,\ hh')$
und andererseits $(u \odot id_H)(f,h) \cdot (u \odot id_H)(f',h') = (u \circ f, h) \cdot (u \circ f', h') = (Z(h)(u \circ f') \cdot (u \circ f),\ hh')$.
Dabei sind auch die ersten Komponenten beider Paare gleich, denn für alle Elemente $g \in H$ gilt einerseits $(u \circ (Z(h)(f') \cdot f)(g) = u(Z(h)(f')(g) \cdot f(g)) = u(f'(hg) \cdot f(g))$ und andererseits $(Z(h)(u \circ f') \cdot (u \circ f))(g) = Z(h)(u \circ f')(g) \cdot (u \circ f)(g) = (u \circ f')(hg) \cdot (u \circ f)(g) = u(f'(hg)) \cdot u(f(g)) = u(f'(hg) \cdot f(g))$.

6. Schließlich ist die Gültigkeit der beiden Bedingungen $Fun_1$ und $Fun_2$ nachzuweisen:

a) Für Kompositionen $T \xrightarrow{u} S \xrightarrow{v} R$ gilt $(v \circ u) \odot id_H = (v \odot id_H) \circ (u \odot id_H)$.

b) Für jeden identischen Homomorphismus $T \xrightarrow{id_T} T$ gilt $id_T \odot id_H = id_{T \odot H}$.

**A4.420.05:** *(Halbdirektes Produkt von Halbgruppen)*

Im folgenden werden (multiplikativ geschriebene) Halbgruppen $H$ und $T$ betrachtet (ferner seien Halbgruppen-Homomorphismen kurzerhand wieder nur Homomorphismen genannt).

1. Bezüglich eines beliebig gewählten Homomorphismus' $T^* : H \longrightarrow Hom(T,T)$ (wobei die innere Komposition auf der Menge $Hom(T,T) = End(T)$ wie in Aufgabe A4.420.04 definiert sei) soll gezeigt werden: Die Menge $T \times H$ bildet zusammen mit der durch $(t,h) \cdot (t',h') = (T^*(h)(t') \cdot t,\ hh')$ definierten Multiplikation eine Halbgruppe. Diese Halbgruppe wird das $T^*$*-Halbdirekte Produkt* von $T$ mit $H$ genannt und mit $T \times^* H$ bezeichnet.

2. Unter welcher Bedingung liefert die Zuordnung $(T,T^*) \longmapsto T \times^* H$ einen Funktor $Sem(H) \longrightarrow Sem$ ?

**B4.420.05:** Zur Bearbeitung der Aufgabe im einzelnen:

1a) Die angegebene Multiplikation ist wohldefiniert, denn mit $T^*(h) : T \longrightarrow T$ ist $T^*(h)(t') \in T$, woraus mit $t \in T$ dann $T^*(h)(t') \cdot t \in T$ folgt.

1b) Die angegebene Multiplikation ist assoziativ, wie die folgenden Berechnungen zeigen:
Es gilt einerseits $(t,h) \cdot ((t',h') \cdot (t'',h'')) = (t,h) \cdot (T^*(h')(t'') \cdot t',\ h'h'') = (T^*(h)(T^*(h')(t'') \cdot t') \cdot t,\ hh'h'')$
und andererseits $((t,h) \cdot (t',h')) \cdot (t'',h'') = (T^*(h)(t') \cdot t,\ hh') \cdot (t'',h'') = (T^*(hh')(t'') \cdot T^*(h)(t') \cdot t,\ hh'h'')$.
Dabei sind die ersten Komponenten beider Paare gleich, denn es gilt $T^*(hh')(t'') \cdot T^*(h)(t') \cdot t$
$= (T^*(h) \cdot T^*(h')(t'') \cdot T^*(h)(t') \cdot t = (T^*(h)(T^*(h')(t'')) \cdot T^*(h)(t') \cdot t = T^*(h)(T^*(h')(t'') \cdot t') \cdot t$.

2a) Die in der Aufgabe genannte Zuordnung $(T,T^*) \longmapsto T \times^* H$ zeigt, daß die Objekte der Kategorie *Sem(H)* Paare $(T,T^*)$ beliebiger Halbgruppen $T$ und Homomorphismen $T^* : H \longrightarrow End(T)$ sein sollen. Diese Zuordnung soll nun zu einem Funktor *Sem(H)* $\longrightarrow$ *Sem* erweitert werden, das heißt, es müssen Morphismen in *Sem(H)* so definiert werden, daß ein solcher Funktor erzeugt werden kann.

2b) Ausgangspunkt dafür ist die folgende Idee: Jedem Homomorphismus $u : T \longrightarrow S$ soll die Funktion $u \times^* id_H = u \times id_H : T \times^* H \longrightarrow S \times^* H$, definiert durch $(t,h) \longmapsto (u(t),h)$, zugeordnet werden.

2c) Dabei ist nun zu prüfen, wann die so definierte Funktion $u \times^* id_H : T \times^* H \longrightarrow S \times^* H$ auch ein Homomorphismus ist. Dazu werden im folgenden die beiden Seiten einer zugehörigen Homomorphie-Beziehung erst einmal einzeln berechnet: Für alle Elemente $(t,h), (t',h') \in T \times^* H = T \times H$ gilt

$c_1$) $(u \times id_H)((t,h) \cdot (t',h')) = (u \times id_H)(T^*(h)(t') \cdot t,\ hh') = (u(T^*(h)(t') \cdot t),\ hh')$

$= (u(T^*(h)(t')) \cdot u(t),\ hh'),$

c2) $(u \times id_H)(t,h) \cdot (u \times id_H)(t',h') = (u(t),h) \cdot (u(t'),h') = (S^*(h)(u(t')) \cdot u(t),\ hh').$

c3) Zu prüfen ist nun die Gleichheit der ersten Komponenten beider Paare: Sie gilt offenbar genau dann, wenn für Elemente $h \in H$ die folgenden Diagramme kommutativ sind:

$$\begin{array}{ccc} T & \xrightarrow{\ u\ } & S \\ {\scriptstyle T^*(h)}\downarrow & & \downarrow{\scriptstyle S^*(h)} \\ T & \xrightarrow{\ u\ } & S \end{array}$$

2d) Morphismen in *Sem(H)* seien also Homomorphismen $u : T \longrightarrow S$, die mit den Homomorphismen $T^*$ und $S^*$ im Sinne solcher kommutativen Diagramme verträglich sind. Weiterhin sei die Komposition von Homomorphismen die Komposition von *Sem(H)*-Morphismen. Dabei liefern Kompositionen der Form $T \xrightarrow{u} S \xrightarrow{v} R$ entsprechende, für alle $h \in H$ kommutativen Diagramme

$$\begin{array}{ccccc} T & \xrightarrow{\ u\ } & S & \xrightarrow{\ v\ } & R \\ {\scriptstyle T^*(h)}\downarrow & & \downarrow{\scriptstyle S^*(h)} & & \downarrow{\scriptstyle R^*(h)} \\ T & \xrightarrow{\ u\ } & S & \xrightarrow{\ v\ } & R \end{array}$$

denn für alle $h \in H$ gilt die Beziehung

$$R^*(h) \circ (v \circ u) = (R^*(h) \circ v) \circ u = (v \circ S^*(h)) \circ u = v \circ (S^*(h) \circ u) = v \circ (u \circ T^*(h) = (v \circ u) \circ T^*(h).$$

Weiterhin gelten die beiden Bedingungen $Kat_1$ und $Kat_2$, denn die Komposition von Funktionen ist assoziativ und zu jeder Halbgruppe $T$ gibt es einen zugehörigen identischen Homomorphismus $id_T$ mit den entsprechenden Eigenschaften.

2e) Schließlich ist die Gültigkeit der beiden Bedingungen $Fun_1$ und $Fun_2$ nachzuweisen:

a) Für Kompositionen $T \xrightarrow{u} S \xrightarrow{v} R$ gilt $(v \circ u) \times id_H = (v \times id_H) \circ (u \times id_H)$.

b) Für jeden identischen Homomorphismus $T \xrightarrow{id_T} T$ gilt $id_T \times id_H = id_{T \times H}$.

**A4.420.06:** Zeigen Sie: Jeder Funktor überführt Coretraktionen in Coretraktionen.

**B4.420.06:** Es sei $F : C \longrightarrow D$ ein beliebiger Funktor, ferner $f : X \longrightarrow Y$ eine Coretraktion in $C$ mit einer zugehörigen Retraktion $f : Y \longrightarrow X$, es gilt also $g \circ f = id_Y$. Mit $F(g \circ f) = F(id_Y)$ folgt dann $F(g) \circ F(f) = F(g \circ f) = F(id_Y) = id_{F(Y)}$, also ist $F(f)$ Coretraktion in $D$ mit einer zugehörigen Retraktion $F(g)$.

**A4.422.01:** Beweisen Sie Satz 4.422.5 unter Verwendung von Lemma 4.422.4, also:

Es seien $C$ und $D$ additive Kategorien. Ein Funktor $F : C \longrightarrow D$ ist genau dann additiv, wenn er endliche Coprodukte sowie die zugehörigen Injektionen und Projektionen erhält.

*Hinweis:* Verwenden Sie dabei die in Bemerkung 4.412.5 angegebene Definition der Addition.

**B4.422.01:** Der Beweis besteht aus den beiden folgenden Einzelnachweisen:

1. Ist $F$ additiv, so erhält $F$ die Bedingung c) von Lemma 4.422.4.

2. $F$ habe die angegebenen Erhaltungs-Eigenschaften. Betrachtet man für $i \in \{1,2\}$ nun $C$-Objekte $X_i$ und $Y_i$ sowie $C$-Morphismen $f_i : X_i \longrightarrow Y_i$, so ist das Coprodukt $f_1 \oplus f_2$ definiert durch die beiden, für $i \in \{1,2\}$ kommutativen Diagramme

$$\begin{array}{ccc} X_i & \xrightarrow{\quad f_i \quad} & Y_i \\ {\scriptstyle in_i}\downarrow & & \downarrow{\scriptstyle in_i} \\ X_1 \oplus Y_1 & \xrightarrow{f_1 \oplus f_2} & X_2 \oplus Y_2 \end{array}$$

Im folgenden sei $X = X_1 = Y_1$ und $Y = X_2 = Y_2$ sowie $f = f_1$ und $g = f_2$. Da $F$ Injektionen und Projektionen erhält, erhält $F$ auch Diagonalen und Codiagonalen, folglich wird das links stehende kommutative Diagramm (siehe Bemerkung 4.412.5) in das rechts stehende kommutative Diagramm überführt:

$$\begin{array}{ccc} X & \xrightarrow{f+g} & Y \\ {\scriptstyle \Delta_X}\downarrow & & \uparrow{\scriptstyle \nabla_Y} \\ X \oplus X & \xrightarrow{f \oplus g} & Y \oplus Y \end{array} \qquad \begin{array}{ccc} F(X) & \xrightarrow{\qquad F(f+g) \qquad} & F(Y) \\ {\scriptstyle \Delta_{F(X)} = F(\Delta_X)}\downarrow & & \uparrow{\scriptstyle F(\nabla_Y) = \nabla_{F(Y)}} \\ F(X) \oplus F(Y) = F(X \oplus X) & \xrightarrow{F(f \oplus g)} & F(Y \oplus Y) = F(Y) \oplus F(Y) \end{array}$$

Damit gilt dann $F(f+g) = F(\nabla_Y) \circ F(f \oplus g) \circ F(\Delta_X) = \nabla_{F(Y)} \circ (F(f) \oplus F(g)) \circ \Delta_{F(X)} = F(f) + F(g)$, wobei voraussetzungsgemäß $F(f \oplus g) = F(f) \oplus F(g)$ gilt und beim letzten Gleichheitszeichen wieder die Definition der Summe verwendet wurde.

**A4.422.02:** Beweisen Sie Satz 4.422.6 unter Verwendung von Satz 4.422.5, also:

Es seien $C$ und $D$ abelsche Kategorien. Jeder halb-exakte Funktor $F : C \longrightarrow D$ ist additiv.

**B4.422.02:** Nach Aufgabe A4.422.01 (also nach Satz 4.422.5) ist zu zeigen, daß ein halb-exakter Funktor $F : C \longrightarrow D$ endliche Coprodukte sowie die zugehörigen Injektionen und Projektionen erhält. Dazu im einzelnen:

1. Mit einem Coprodukt $C = X_1 \oplus X_2$ gelten für $k \in \{1,2\}$ die Beziehungen $pr_k \circ in_k = id_{X_k}$ und es liegen die beiden folgenden exakten $C$-Sequenzen vor:

$$0 \longrightarrow X_1 \xrightarrow{in_1} C \xrightarrow{pr_2} X_2 \longrightarrow 0 \quad \text{und} \quad 0 \longrightarrow X_2 \xrightarrow{in_2} C \xrightarrow{pr_1} X_1 \longrightarrow 0.$$

2. Da $F$ halb-exakt ist, liefert $F$ die beiden folgenden exakten $D$-Sequenzen:

$$F(X_1) \xrightarrow{F(in_1)} F(C) \xrightarrow{F(pr_2)} F(X_2) \qquad F(X_2) \xrightarrow{F(in_2)} F(C) \xrightarrow{F(pr_1)} F(X_1)$$

3. Darüber hinaus liefern für $k \in \{1,2\}$ die Beziehungen $pr_k \circ in_k = id_{X_k}$ dann die beiden Beziehungen $F(pr_k) \circ F(in_k) = F(pr_k \circ in_k) = F(id_{X_k}) = id_{F(X_k)}$, woraus die Monomorphie von $F(in_k)$ und die Epimorphie von $F(pr_k)$ folgt. Somit liegen dann die beiden folgenden exakten $D$-Sequenzen vor:

$$0 \longrightarrow F(X_1) \xrightarrow{F(in_1)} F(C) \xrightarrow{F(pr_2)} F(X_2) \longrightarrow 0 \quad 0 \longrightarrow F(X_2) \xrightarrow{F(in_2)} F(C) \xrightarrow{F(pr_1)} F(X_1) \longrightarrow 0$$

**A4.452.01:** Zeigen Sie: Kleine filtrierende Kategorien $I$ liefern cogefilterte Mengen $(ob(I), \leq)$ vermöge

$$i \leq j \;\Leftrightarrow\; \text{es gibt einen } I\text{-Morphismus } i \xrightarrow{u_{ji}} j.$$

**B4.452.01:** Zur Bearbeitung der Aufgabe im einzelnen:

1. Die angegebene Relation $\leq$ auf $ob(I)$ ist eine Präordnung (siehe Definition 4.090.1), nämlich

a) reflexiv, denn mit den Idntitäten $i \xrightarrow{id_i} i$, also $u_{ii} = id_i$, für alle $i \in ob(I)$, gilt $i \leq i$, für alle $i \in ob(I)$,

b) transitiv, denn die Situation $i \leq j$ und $j \leq k$ liefert $I$-Morphismen $i \xrightarrow{u_{ji}} j$ und $j \xrightarrow{u_{kj}} k$, deren Komposition $i \xrightarrow{u_{ki}} k$ dann die Beziehung $i \leq k$ zeigt.

2. Die prägeordnete Menge $(ob(I), \leq)$ ist cogefiltert (siehe Definition 4.092.2), denn zu je zwei Elementen $i, j \in ob(I)$ gibt es nach Definition 4.451.1/1 ein drittes Element $k \in ob(I)$ sowie $I$-Morphismen

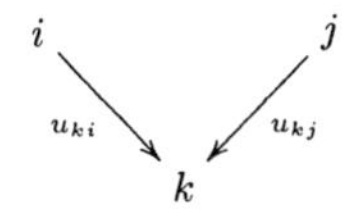


womit dann $i \leq k$ und $j \leq k$ gilt.

**A4.452.02:** Hinsichtlich Lemma 4.452.1 und seiner Verwendung:

1. Beweisen Sie die beiden Aussagen in Lemma 4.452.1.
2. Zeigen Sie unter Verwendung von Lemma 4.452.1, daß $R$ Äquivalenz-Relation auf $S$ ist.

**B4.452.02:** Zur Bearbeitung beider Aufgabenteile im einzelnen:

1a) Zu dem Paar $(u_1, u_2)$ gibt es nach dem ersten Teil von Definition 4.451.1 zunächst $I$-Morphismen $u_3$ und $u_4$ (womit aber noch kein kommutatives Diagramm vorliegt). Nach dem zweiten Teil dieser Definition gibt es dann zu dem Paar $(u_4, u_5)$ einen $I$-Morphismus $u_5$ mit der Eigenschaft $u_6 \circ u_5 = u_6 \circ u_4$, folglich gilt $(u_6 \circ u_5) \circ u_3 = (u_6 \circ u_4) \circ u_2$, womit das äußere Diagramm dann kommutativ ist:

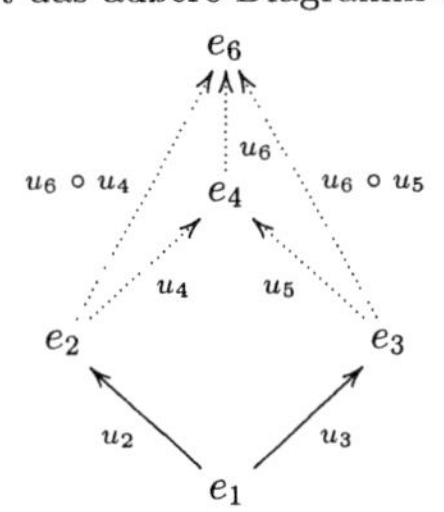


1b) Der zweite Teil von Lemma 4.452.1 folgt unmittelbar aus dem vorstehenden Teil 1a).

2. Die Reflexivität von $R$ folgt unmittelbar mit den Identitäten $id_e$, für alle $e \in ob(I)$. Ferner ist die Symmetrie klar. Zur Transitivität: Gilt $((e,a),(e',a')) \in R$ und $((e',a'),(e'',a'')) \in R$, so gibt es gemäß dem folgenden Diagramm $I$-Morphismen $u, u'v, v'$ mit $T(u)(a) = T(u')(a')$ und $T(v)(a') = T(v')(a'')$.

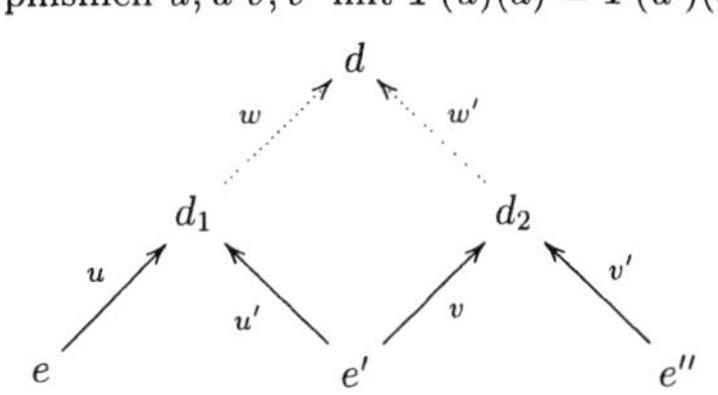


Damit gilt $T(w \circ u)(a) = T(w)(T(u)(a)) = T(w)(T(u')(a')) = T(w')(v)(a')) = T(w')(T(v')(a'')) = T(w' \circ v')(a'')$, folglich ist $((e,a),(e'',a'')) \in R$, wobei $w$ und $w'$ durch Lemma 4.452.1 geliefert sind.

**A4.504.01:** Beweisen Sie: Für jedes Element $x$ eines $K$-Vektorraums $E$ ist $Kx$ ein $K$-Vektorraum.

**B4.504.01:** Für jedes Element $x$ eines $K$-Vektorraums $E$ ist $Kx = \{ax \mid a \in K\}$ ein $K$-Unterraum von $E$ (das gilt insbesondere auch für 0, also $K \cdot 0 = 0$), denn es gilt:
a) $Kx$ ist wegen $x = 1 \cdot x \in Kx$ nicht leer (siehe $VR_4$),
b) mit $ax, bx \in Kx$ ist auch $ax + bx = (a+b)x \in Kx$ (siehe $VR_2$),
c) mit $ax \in Kx$ und $c \in K$ ist auch $c(ax) = (ca)x \in Kx$ (siehe $VR_3$).

**A4.504.02:** Betrachten Sie Funktionen $f : \mathbb{R} \longrightarrow \mathbb{R}$ und beschreiben Sie die Menge $\mathbb{R} \cdot f$, insbesondere die Mengen $\mathbb{R} \cdot id^2$ und $\mathbb{R} \cdot exp_e$. Kann man diese Mengen als Unterräume des $\mathbb{R}$-Vektorraums $Abb(\mathbb{R}, \mathbb{R})$ ansehen? (Beweis oder Gegenbeispiel)

**B4.504.02:** Für jede Funktion $f : \mathbb{R} \longrightarrow \mathbb{R}$ bildet die Menge $\mathbb{R} \cdot f = \{af \mid a \in \mathbb{R}\}$ nach Aufgabe A4.504.01 einen $\mathbb{R}$-Unterraum des $\mathbb{R}$-Vektorraums $Abb(\mathbb{R}, \mathbb{R})$. Das gilt dann insbesondere für die Mengen $\mathbb{R} \cdot id^2$ und $\mathbb{R} \cdot exp_e$, da beide Funktionen auf ganz $\mathbb{R}$ definiert sind.

**A4.504.03:** Bildet die Menge $K(\mathbb{R}, \mathbb{R})$ der konstanten Funktionen $f : \mathbb{R} \longrightarrow \mathbb{R}$ einen Unterraum des $\mathbb{R}$-Vektorraums $Abb(\mathbb{R}, \mathbb{R})$ ?

**B4.504.03:** Die Menge $K(\mathbb{R}, \mathbb{R})$ der konstanten Funktionen $a^* : \mathbb{R} \longrightarrow \mathbb{R}$ mit $a^*(x) = a$ bildet einen $\mathbb{R}$-Unterraum des $\mathbb{R}$-Vektorraums $Abb(\mathbb{R}, \mathbb{R})$ aller Funktionen $\mathbb{R} \longrightarrow \mathbb{R}$, denn es gilt:
a) Die Menge $K(\mathbb{R}, \mathbb{R})$ enthält die Null-Funktion $0^*$ (Abszisse), somit ist $K(\mathbb{R}, \mathbb{R})$ nicht leer.
b) Mit $a^*$ und $b^*$ in $K(\mathbb{R}, \mathbb{R})$ ist auch $a^* + b^* = (a+b)^*$ Element in $K(\mathbb{R}, \mathbb{R})$.
c) Mit $a^*$ in $K(\mathbb{R}, \mathbb{R})$ und $c \in \mathbb{R}$ ist auch $c(a^*) = (ca)^*$ Element in $K(\mathbb{R}, \mathbb{R})$.

**A4.504.04:** Zeigen Sie, daß $Kon(\mathbb{R}, 0) = \{x \in Kon(\mathbb{R}) \mid lim(x) = 0\}$ ein Unterraum von $Kon(\mathbb{R})$ ist. Gilt das auch, wenn man die Menge der konvergenten $\mathbb{R}$-Folgen $x$ mit $lim(x) = a \neq 0$ betrachtet?

**B4.504.04:** Die Menge $Kon(\mathbb{R}, 0) = \{x \in Kon(\mathbb{R}) \mid lim(x) = 0\}$ bildet einen $\mathbb{R}$-Unterraum des $\mathbb{R}$-Vektorraums $Kon(\mathbb{R})$ aller konvergenten Folgen $\mathbb{N} \longrightarrow \mathbb{R}$, denn es gilt:
a) Die Nullfolge $0 : \mathbb{N} \longrightarrow \mathbb{R}$ ist nullkonvergent, also ist $Kon(\mathbb{R}, 0)$ nicht leer.
b) Die Summe $x + z : \mathbb{N} \longrightarrow \mathbb{R}$ nullkonvergenter Folgen $x, z : \mathbb{N} \longrightarrow \mathbb{R}$ ist nullkonvergent.
c) Alle $\mathbb{R}$-Produkte $ax : \mathbb{N} \longrightarrow \mathbb{R}$ nullkonvergenter Folgen $x : \mathbb{N} \longrightarrow \mathbb{R}$ sind nullkonvergent.
Für $a \neq 0$ ist $Kon(\mathbb{R}, a)$ kein Unterraum von $Kon(\mathbb{R})$, denn beispielsweise ist die Addition wegen der Beziehung $lim(x) + lim(z) = a + a = 2a$ keine innere Komposition auf $Kon(\mathbb{R}, a)$.

**A4.504.05:** Betrachten Sie den $\mathbb{R}$-Vektorraum $K(\mathbb{R}, \mathbb{R})$ der konstanten Funktionen $\mathbb{R} \longrightarrow \mathbb{R}$ und geben Sie einen naheliegenden $\mathbb{R}$-Isomorphismus $K(\mathbb{R}, \mathbb{R}) \longrightarrow \mathbb{R}$ an.

**B4.504.05:** Die Funktion $h : \mathbb{R} \longrightarrow K(\mathbb{R}, \mathbb{R})$ mit $a \longmapsto a^*$ (siehe Aufgabe A4.504.03) ist bijektiv mit der durch $a^* \longmapsto a^*(1) = a$ definierten inversen Funktion $h^{-1} : K(\mathbb{R}, \mathbb{R}) \longrightarrow \mathbb{R}$. Darüber hinaus ist $h$ ein $\mathbb{R}$-Homomorphismus, denn für alle $a, b, c \in \mathbb{R}$ gilt $h(a+b) = (a+b)^* = a^* + b^* = h(a) + h(b)$ und $c \cdot h(a) = c(a)^* = (ca)^* = h(ac)$. Insgesamt ist $h$ also ein $\mathbb{R}$-Isomorphismus.

**A4.504.06:** Betrachten Sie gemäß Satz 4.504.6 den $\mathbb{R}$-Vektorraum $Hom_{\mathbb{R}}(\mathbb{R}, \mathbb{R})$ und geben Sie mit Hilfe von Bemerkung 4.504.7/2/3 einen $\mathbb{R}$-Isomorphismus $Hom_{\mathbb{R}}(\mathbb{R}, \mathbb{R}) \longrightarrow \mathbb{R}$ an. Beschreiben Sie die graphischen Darstellungen der Elemente von $Hom_{\mathbb{R}}(\mathbb{R}, \mathbb{R})$. Welche Bedeutung hat dieser Isomorphismus, wenn man allgemein untersucht, welche Funktionen $\mathbb{R} \longrightarrow \mathbb{R}$ auch $\mathbb{R}$-homomorph sind ?

**B4.504.06:** Nach Bemerkung 4.504.7/2 liefert die Zuordnung $c \longmapsto c \cdot id_{\mathbb{R}}$ zu $c$ eine $\mathbb{R}$-homomorphe Funktion $c \cdot id_{\mathbb{R}} : \mathbb{R} \longrightarrow \mathbb{R}$, das heißt, die durch $h(c) = c \cdot id_{\mathbb{R}}$ definierte Funktion $h : \mathbb{R} \longrightarrow Hom_{\mathbb{R}}(\mathbb{R}, \mathbb{R})$ ist wohldefiniert im Sinne des Wertebereichs.

Die Funktion $h : \mathbb{R} \longrightarrow Hom_{\mathbb{R}}(\mathbb{R}, \mathbb{R})$ besitzt die durch die Zuordnung $f \longmapsto f(1)$ definierte inverse Funktion $h^{-1} : Hom_{\mathbb{R}}(\mathbb{R}, \mathbb{R}) \longrightarrow \mathbb{R}$, wie auch die beiden Kompositionen $c \longmapsto c \cdot id_{\mathbb{R}} \longmapsto (c \cdot id_{\mathbb{R}})(1) = c$ und $f \longmapsto f(1) \longmapsto f(1) \cdot id_{\mathbb{R}} = f$ von Zuordnungen zeigen, wobei die zuletzt genannte Gleichheit $f(1) \cdot id_{\mathbb{R}} = f$ wegen $(f(1) \cdot id_{\mathbb{R}})(x) = f(1) \cdot x = f(1 \cdot x) = f(x)$ gilt. Die Funktion $h$ ist also bijektiv.

Darüber hinaus ist $h$ $\mathbb{R}$-homomorph, denn für alle $c, d, a \in \mathbb{R}$ gilt $h(c+d) = (c+d) \cdot id_{\mathbb{R}} = c \cdot id_{\mathbb{R}} + d \cdot id_{\mathbb{R}} = h(c) + h(d)$ sowie $a \cdot h(c) = a \cdot (c \cdot id_{\mathbb{R}}) = (ac) \cdot id_{\mathbb{R}} = h(ac)$.

*Kommentar:* Die Elemente von $Hom_{\mathbb{R}}(\mathbb{R}, \mathbb{R})$ sind die sogenannten Nullpunkts-Geraden $\mathbb{R} \longrightarrow \mathbb{R}$. Die $\mathbb{R}$-Isomorphie $Hom_{\mathbb{R}}(\mathbb{R}, \mathbb{R}) \cong \mathbb{R}$, zeigt, daß es außer den Nullpunkts-Geraden $c \cdot id : \mathbb{R} \longrightarrow \mathbb{R}$ keine weiteren $\mathbb{R}$-Homomorphismen $\mathbb{R} \longrightarrow \mathbb{R}$ gibt.

**A4.504.07:** Beweisen Sie: Die inverse Funktion eines bijektiven $K$-Homomorphismus $f : E \longrightarrow F$ ist ebenfalls ein $K$-Homomorphismus.

**B4.504.07:** Die zu $f : E \longrightarrow F$ inverse Funktion $g : F \longrightarrow E$ ist ein Gruppen-Homomorphismus und $K$-homogen, denn es gilt:

a) Zu $z, z' \in F$ gibt es wegen der Surjektivität von $f$ Elemente $x, x' \in E$ mit $f(x) = z$ und $f(x') = z'$. Damit ist $g(z + z') = g(f(x) + f(x')) = g(f(x + x')) = id_E(x + x') = x + x'$, woraus $f(g(z + z')) = f(x + x') = f(x) + f(x') = z + z' = f(g(z)) + f(g(z')) = f(g(z) + g(z'))$ folgt. Die Injektivität von $f$ liefert daraus dann $g(z + z') = g(z) + g(z')$.

b) Zu $z \in F$ gibt es wegen der Surjektivität von $f$ ein Element $x \in E$ mit $f(x) = z$. Für alle $a \in A$ gilt dann $g(az) = g(af(x)) = g(f(ax)) = (g \circ f)(ax) = ax = ag(z)$.

**A4.504.08:** Begründen Sie im einzelnen, daß die Isomorphie eine Äquivalenz-Relation auf der Klasse aller $K$-Vektorräume ist (siehe Bemerkung 4.504.2/4).

**B4.504.08:** Die $K$-Isomorphie ist eine Äquivalenz-Relation auf der Klasse aller $K$-Vektorräume, denn
a) die identischen Funktionen $id_E : E \longrightarrow E$ liefern als $K$-Isomorphismen die Reflexivitäten $E \cong_K E$,
b) die zu $h : E \longrightarrow F$ inverse Funktion $h^{-1} : E \longrightarrow F$ liefert Symmetrie: $E \cong_K F \Rightarrow F \cong_K E$,
c) die Kompositionen $f \circ h : E \longrightarrow F \longrightarrow G$ liefern Transitivität: $E \cong_K F$ und $F \cong_K G \Rightarrow E \cong_K G$,
wobei in b) und c) jeweils $K$-Isomorphismen $f$ und $h$ gemeint sind.

**A4.504.09:** Berechnen Sie den Kern der Differentiation $D : D(I, \mathbb{R}) \longrightarrow Abb(I, \mathbb{R})$ (diese Funktion ist in Beispiel 4.504.9/2 genannt).

**B4.504.09:** $Kern(D)$ der Differentiation $D : D(I, \mathbb{R}) \longrightarrow Abb(I, \mathbb{R})$ besteht aus denjenigen differenzierbaren Funktionen $I \longrightarrow \mathbb{R}$, deren Ableitungsfunktion die Null-Funktion ist. Folglich ist $Kern(D) = K(I, \mathbb{R})$ der Unterraum der konstanten Funktionen. (Man beachte, daß die konstanten Funktionen $I \longrightarrow \mathbb{R}$ nicht nur die Darstellung $a^*$ wie in Aufgabe A4.504.03 haben können, denn beispielsweise ist auch $sin^2 + cos^2$ eine konstante Funktion.)

**A4.504.10:** Zeigen Sie: Die Menge $Fix(f) = \{x \in E \mid f(x) = x\}$ zu einem $K$-Homomorphismus $f : E \longrightarrow F$ bildet einen Unterraum von $E$.

**A4.504.10:** Die Menge $Fix(f)$ bildet einen Unterraum von $E$, denn es gilt:
a) Zunächst ist wegen $f(0) = 0$ die Menge $Fix(f)$ nicht leer.
b) Für $x, z \in Fix(f)$ gilt $f(x + z) = f(x) + f(z) = x + z$, folgtlich ist $x + z \in Fix(f)$.
c) Für $a \in K$ und $x \in Fix(f)$ gilt $f(ax) = af(x) = ax$, folgtlich ist $ax \in Fix(f)$.

**A4.510.01:** Bekanntlich bildet die abelsche Gruppe $(\mathbb{R}, +)$ zusammen mit der üblichen Multiplikation $\mathbb{R} \times \mathbb{R} \longrightarrow \mathbb{R}$ mit der Zuordnung $(a, b) \longmapsto ab$ als $\mathbb{R}$-Multiplikation einen $\mathbb{R}$-Vektorraum. Liefert $(\mathbb{R}, +)$ in analoger Weise auch einen $\mathbb{Q}$-Vektorraum, einen $\mathbb{Z}$-Vektorraum oder einen $\mathbb{Q}(\sqrt{2})$-Vektorraum, wobei $\mathbb{Q}(\sqrt{2}) = \mathbb{Q} + \mathbb{Q}\sqrt{2}$ bezeichne? Wenn ja, so untersuchen Sie für diesen Fall die Menge $T = \{1, \sqrt{2}, \sqrt{3}\}$ auf lineare Unabhängigkeit.

**B4.510.01:** Zur Bearbeitung im einzelnen:

1. $\mathbb{R}$ ist ein $\mathbb{Q}$-Vektorraum , denn die Produkte $qa$ mit $q \in \mathbb{Q}$ und $a \in \mathbb{R}$ sind Zahlen in $\mathbb{R}$. Somit ist die $\mathbb{Q}$-Multiplikation $\mathbb{Q} \times \mathbb{R} \longrightarrow \mathbb{R}$ eine äußere Komposition auf $\mathbb{R}$. Die für die Vektorraum-Struktur erforderlichen vier Verträglichkeits-Bedingungen gelten für $\mathbb{Q}$, da sie für ganz $\mathbb{R}$ gelten.

$\mathbb{R}$ ist aus definitorischen Gründen kein $\mathbb{Z}$-Vektorraum, denn bei der Definition von $K$-Vektorräumen wird $K$ als Körper vorausgesetzt, was $\mathbb{Z}$ bekanntlich nicht ist. (Würde das allerdings nicht verlangt, dann wären alle übrigen Forderungen erfüllt.)

$\mathbb{Q}(\sqrt{2})$ ist ein Körper (mit $\mathbb{Q} \subset \mathbb{Q}(\sqrt{2}) \subset \mathbb{R}$) und mit gleicher Begründung wie für den $\mathbb{Q}$-Vektorraum $\mathbb{R}$ ist $\mathbb{R}$ auch ein $\mathbb{Q}(\sqrt{2})$-Vektorraum.

2. In dem $\mathbb{Q}$-Vektorraum $\mathbb{R}$ ist die angegebene Menge $T$ linear unabhängig, denn: Mit $a, b, c \in \mathbb{Q}$ sei $a + b\sqrt{2} + c\sqrt{3} = 0$. Zunächst ist $a = -b\sqrt{2} - c\sqrt{3}$ und nach Quadrieren dann $a^2 = 2b + bc\sqrt{6} + 3c$. Folgende Einzeluntersuchungen liefern dann $a = b = c = 0$: Angenommen, $bc \neq 0$, dann folgt $bc = \frac{1}{\sqrt{6}}(a^2 - 2b - 3c) \notin \mathbb{Q}$, somit ist $bc = 0$. Damit ist eine Fallunterscheidung zu treffen:

a) Ist $b = 0$, dann folgt $a + c\sqrt{3} = 0$, also $a = -c\sqrt{3}$, woraus wegen $\sqrt{3} \notin \mathbb{Q}$ aber $a = 0$ und damit aus $c\sqrt{3} = 0$ auch $c = 0$ folgen muß.
b) Entsprechend liefert $c = 0$ aus $a + b\sqrt{2} = 0$ zunächst $b = 0$ und dann auch $a = 0$.

In dem $\mathbb{Q}(\sqrt{2})$-Vektorraum $\mathbb{R}$ ist $T$ linear abhängig, denn schon die Teilmenge $S = \{1, \sqrt{2}\}$ von $T$ ist linear abhängig, denn: Betrachtet man $(a + b\sqrt{2}) \cdot 1 + (c + d\sqrt{2}) \cdot \sqrt{2} = 0$, dann gilt diese Beziehung in der ausgerechneten Form $a + 2d + b\sqrt{2} + c\sqrt{2} = 0$ für $a = -2d$ und $b = -c$.

**A4.510.02:** Weisen Sie im einzelnen nach, daß die Menge $(\mathbb{R}^+)^2$ zusammen mit der inneren Komposition $\begin{pmatrix} x_1 \\ x_2 \end{pmatrix} + \begin{pmatrix} z_1 \\ z_2 \end{pmatrix} = \begin{pmatrix} x_1 z_1 \\ x_2 z_2 \end{pmatrix}$ und der $\mathbb{R}$-Multiplikation $a \cdot \begin{pmatrix} x_1 \\ x_2 \end{pmatrix} = \begin{pmatrix} x_1^a \\ x_2^a \end{pmatrix}$ mit $a \in \mathbb{R}$ einen $\mathbb{R}$-Vektorraum mit Basis $B = \left\{ \begin{pmatrix} e \\ 1 \end{pmatrix}, \begin{pmatrix} 1 \\ e \end{pmatrix} \right\}$ bildet ($e$ bezeichne die Eulersche Zahl).

**B4.510.02:** Zur Bearbeitung im einzelnen:

1. Als cartesisches Produkt der abelschen Gruppe $(\mathbb{R}^+, \cdot)$ bildet $(\mathbb{R}^+)^2$ ebenfalls eine abelsche Gruppe mit neutralem Element $\begin{pmatrix} 1 \\ 1 \end{pmatrix}$ und zu $\begin{pmatrix} x_1 \\ x_2 \end{pmatrix}$ inversem Element $\begin{pmatrix} x_1^{-1} \\ x_2^{-1} \end{pmatrix}$, wobei die komponentenweise definierte Multiplikation auf $(\mathbb{R}^+)^2$ hier mit $+$ bezeichnet ist.

2. Da die angegebene $\mathbb{R}$-Multiplikation tatsächlich eine äußere Komposition auf $(\mathbb{R}^+)^2$ ist (denn mit $x \in \mathbb{R}^+$ und $a \in \mathbb{R}$ ist $x^a \in \mathbb{R}^+$), bleibt die Gültigkeit der vier Verträglichkeits-Bedingungen nachzuprüfen. Es gilt für alle $a, b \in \mathbb{R}$:

$$a \cdot \left( \begin{pmatrix} x_1 \\ x_2 \end{pmatrix} + \begin{pmatrix} z_1 \\ z_2 \end{pmatrix} \right) = a \cdot \begin{pmatrix} x_1 z_1 \\ x_2 z_2 \end{pmatrix} = \left( \begin{pmatrix} (x_1 z_1)^a \\ (x_2 z_2)^a \end{pmatrix} \right) = \begin{pmatrix} x_1^a z_1^a \\ x_2^a z_2^a \end{pmatrix} = \begin{pmatrix} x_1^a \\ x_2^a \end{pmatrix} + \begin{pmatrix} z_1^a \\ z_2^a \end{pmatrix} =$$
$$a \cdot \begin{pmatrix} x_1 \\ x_2 \end{pmatrix} + a \cdot \begin{pmatrix} z_1 \\ z_2 \end{pmatrix},$$

$$(a+b)\cdot\begin{pmatrix}x_1\\x_2\end{pmatrix}=\begin{pmatrix}x_1^{(a+b)}\\x_2^{(a+b)}\end{pmatrix}=\begin{pmatrix}x_1^a x_1^b\\x_2^a x_2^b\end{pmatrix}=\begin{pmatrix}x_1^a\\x_2^a\end{pmatrix}+\begin{pmatrix}x_1^b\\x_2^b\end{pmatrix}=a\cdot\begin{pmatrix}x_1\\x_2\end{pmatrix}+b\cdot\begin{pmatrix}x_1\\x_2\end{pmatrix},$$

$$(ab)\cdot\begin{pmatrix}x_1\\x_2\end{pmatrix}=\begin{pmatrix}x_1^{ab}\\x_2^{ab}\end{pmatrix}=b\cdot\begin{pmatrix}x_1^a\\x_2^a\end{pmatrix}=a\cdot\left(b\cdot\begin{pmatrix}x_1\\x_2\end{pmatrix}\right)\text{ und } 1\cdot\begin{pmatrix}x_1\\x_2\end{pmatrix}=\begin{pmatrix}x_1^1\\x_2^1\end{pmatrix}=\begin{pmatrix}x_1\\x_2\end{pmatrix}.$$

3. Jedes Element $\begin{pmatrix}x_1\\x_2\end{pmatrix}\in(\mathbb{R}^+)^2$ hat bezüglich $B$ die Darstellung

$$\begin{pmatrix}x_1\\x_2\end{pmatrix}=\log_e(x_1)\cdot\begin{pmatrix}e\\1\end{pmatrix}+\log_e(x_2)\cdot\begin{pmatrix}1\\e\end{pmatrix},$$

$B$ ist also ein Erzeugendensystem von $(\mathbb{R}^+)^2$. Ferner ist $B$ linear unabhängig, denn aus $a\cdot\begin{pmatrix}e\\1\end{pmatrix}+b\cdot\begin{pmatrix}1\\e\end{pmatrix}=\begin{pmatrix}1\\1\end{pmatrix}$ folgt $\begin{pmatrix}e^a\cdot 1\\1\cdot e^b\end{pmatrix}=\begin{pmatrix}1\\1\end{pmatrix}$, also ist $e^a=e^b=1$, woraus $a=b=0$ folgt. Insgesamt ist $B$ also eine Basis von $(\mathbb{R}^+)^2$.

**A4.510.03:** Weisen Sie im einzelnen nach, daß die Menge $\mathbb{Q}(\sqrt{2})=\mathbb{Q}+\mathbb{Q}\sqrt{2}$ zusammen mit der inneren Komposition $(a_1+b_1\sqrt{2})+(a_2+b_2\sqrt{2})=(a_1+a_2)+(b_1+b_2)\sqrt{2}$ und der $\mathbb{Q}$-Multiplikation $c(a+b\sqrt{2})=(ca+cb\sqrt{2})$ einen $\mathbb{Q}$-Vektorraum mit Basis $B=\{1,\sqrt{2}\}$ bildet. Geben Sie die Menge $\underline{B}$ aller Basen von $\mathbb{Q}+\mathbb{Q}\sqrt{2}$ und ihre Kardinalzahl $card(\underline{B})$ an. Zeigen Sie ferner $\mathbb{Q}\times\mathbb{Q}\sqrt{2}\cong\mathbb{Q}+\mathbb{Q}\sqrt{2}$ für das cartesische Produkt $\mathbb{Q}\times\mathbb{Q}\sqrt{2}$.

**B4.510.03:** Zur Bearbeitung im einzelnen:

1. Die angegebene Addition ist, wie man leicht nachrechnet, assoziativ und kommutativ (da + auf $\mathbb{Q}$ diese Eigenschaften hat), das neutrale Element bezüglich + ist $0+0\sqrt{2}=0$, das zu $a+b\sqrt{2}$ inverse Element bezüglich + ist $-a-b\sqrt{2}=-a+(-b)\sqrt{2}$.

2. Da die angegebene $\mathbb{Q}$-Multiplikation eine äußere Komposition auf $\mathbb{Q}+\mathbb{Q}\sqrt{2}$ ist, bleibt die Gültigkeit der vier Verträglichkeits-Bedingungen nachzurechnen. Es gilt für alle $a_1+b_1\sqrt{2}$, $a_2+b_2\sqrt{2}\in\mathbb{Q}+\mathbb{Q}\sqrt{2}$ und $a,b\in\mathbb{Q}$ beispielsweise:
$a((a_1+b_1\sqrt{2})+(a_2+b_2\sqrt{2}))=a((a_1+a_2)+(b_1+b)\sqrt{2})=a(a_1+a_2)+a(b_1+b_2)\sqrt{2}$
$=aa_1+aa_2+ab_1\sqrt{2}+ab_2\sqrt{2}=a(a_1+b_1\sqrt{2})+a(a_2+b_2\sqrt{2})$.

3. $B$ ist Erzeugendensystem von $\mathbb{Q}+\mathbb{Q}\sqrt{2}$, denn jedes Element $a+b\sqrt{2}\in\mathbb{Q}+\mathbb{Q}\sqrt{2}$ hat die Darstellung $a+b\sqrt{2}=a\cdot 1+b\cdot\sqrt{2}$. $B$ ist linear unabhängig, denn aus $a\cdot 1+b\cdot\sqrt{2}=0$ folgt $a=b=0$ (denn es gibt kein $b\in\mathbb{Q}$ mit $b\sqrt{2}\in\mathbb{Q}$).

4. Die Menge aller Basen von $\mathbb{Q}+\mathbb{Q}\sqrt{2}$ ist $\underline{B}=\{\{a,b\sqrt{2}\}\mid a,b\in\mathbb{Q}\setminus\{0\}\}$ mit $card(\underline{B})=card(\mathbb{Q}\times\mathbb{Q})=card(\mathbb{N}\times\mathbb{N})=card(\mathbb{N})$.

5. Das cartesische Produkt $\mathbb{Q}\times\mathbb{Q}\sqrt{2}$ der $\mathbb{Q}$-Vektorräume $\mathbb{Q}$ und $\mathbb{Q}\sqrt{2}$ hat die Basis $\{(1,0),(0,\sqrt{2})\}$, folglich ist $\dim_{\mathbb{Q}}(\mathbb{Q}\times\mathbb{Q}\sqrt{2})=2=\dim_{\mathbb{Q}}(\mathbb{Q}+\mathbb{Q}\sqrt{2})$, woraus $\mathbb{Q}\times\mathbb{Q}\sqrt{2}\cong\mathbb{Q}+\mathbb{Q}\sqrt{2}$ folgt.

**A4.510.04:** Weisen Sie nach, daß die abelsche Gruppe

1a) $(\mathbb{R}^2,+)$ zusammen mit der $\mathbb{R}$-Multiplikation $\mathbb{R}\times\mathbb{R}^2\longrightarrow\mathbb{R}^2$, $a\cdot\begin{pmatrix}x_1\\x_2\end{pmatrix}=\begin{pmatrix}a\,x_1\\0\end{pmatrix}$,

1b) $(\mathbb{R}^3,+)$ zusammen mit der $\mathbb{R}$-Multiplikation $\mathbb{R}\times\mathbb{R}^3\longrightarrow\mathbb{R}^2$, $a\cdot\begin{pmatrix}x_1\\x_2\\x_3\end{pmatrix}=\begin{pmatrix}|a|\,x_1\\|a|\,x_2\\|a|\,x_3\end{pmatrix}$

keinen $\mathbb{R}$-Vektorraum bildet.

2. Zeigen Sie, daß im ersten Beispiel $(\mathbb{R}^2)$ die sogenannte Kürzungsregel, $ax=0\Rightarrow a=0$ oder $x=0$, nicht gilt.

**B4.510.04:** Zur Bearbeitung im einzelnen:

1. In $\mathbb{R}^2$ mit der angegebenen $\mathbb{R}$-Multiplikation gelten drei der notwendigen Verträglichkeits-Bedingungen, es gilt jedoch nicht $1 \cdot x = x$, denn für $x = \begin{pmatrix} 1 \\ 1 \end{pmatrix} \in \mathbb{R}^2$ ist $1 \cdot x = 1 \cdot \begin{pmatrix} 1 \\ 1 \end{pmatrix} = \begin{pmatrix} 1 \\ 0 \end{pmatrix} \neq \begin{pmatrix} 1 \\ 1 \end{pmatrix} = x$.

2. In $\mathbb{R}^3$ mit der angegebenen $\mathbb{R}$-Multiplikation gelten ebenfalls drei der notwendigen Verträglichkeits-Bedingungen, es gilt jedoch nicht $(a+b)\,x = a\,x + b\,x$, denn beispielsweise ist

$$(1+(-1)) \cdot \begin{pmatrix} 3 \\ 3 \\ 3 \end{pmatrix} = 0 \cdot \begin{pmatrix} 3 \\ 3 \\ 3 \end{pmatrix} = \begin{pmatrix} 0 \\ 0 \\ 0 \end{pmatrix} \neq \begin{pmatrix} 6 \\ 6 \\ 6 \end{pmatrix} = \begin{pmatrix} 3 \\ 3 \\ 3 \end{pmatrix} + \begin{pmatrix} 3 \\ 3 \\ 3 \end{pmatrix} = 1 \cdot \begin{pmatrix} 3 \\ 3 \\ 3 \end{pmatrix} + (-1) \cdot \begin{pmatrix} 3 \\ 3 \\ 3 \end{pmatrix}.$$

3. Für $3 \neq 0$ aus $\mathbb{R}$ und $\begin{pmatrix} 0 \\ 5 \end{pmatrix} \neq \begin{pmatrix} 0 \\ 0 \end{pmatrix}$ aus $\mathbb{R}^2$ gilt $3 \cdot \begin{pmatrix} 0 \\ 5 \end{pmatrix} = \begin{pmatrix} 3 \cdot 0 \\ 0 \end{pmatrix} = \begin{pmatrix} 0 \\ 0 \end{pmatrix}$.

**A4.530.01:** Es seien $E$ und $F$ endlich-dimensionale $K$-Vektorräume mit Basen $B = \{b_1, ..., b_n\}$ und $D = \{d_1, ..., d_m\}$, es gelte also $dim_K(E) = n$ und $dim_K(F) = m$. Zeigen Sie nun im einzelnen:

1. Zu jeder Teilmenge $T = \{t_1, ..., t_n\}$ von $F$ gibt es genau einen $K$-Homomorphismus $f : E \longrightarrow F$ mit der Zuordnungsvorschrift $f(b_i) = t_i$, für alle $i \in \{1, ..., n\}$.

2. Zu jeder Matrix $A \in Mat(n, m, K)$ mit Koffizienten $a_{ik}$ gibt es genau einen $K$-Homomorphismus $f : E \longrightarrow F$ mit der Zuordnungsvorschrift $f(b_i) = \sum_{1 \leq k \leq m} a_{ik} d_k$, für alle $i \in \{1, ..., n\}$.

3. Zu jeder Matrix $A = (a_1, ..., a_n) \in Mat(1, n, K)$ gibt es genau einen $K$-Homomorphismus $f : E \longrightarrow K$ mit der Zuordnungsvorschrift $f(b_i) = a_i$, für alle $i \in \{1, ..., n\}$.

4. Ist $U$ ein $K$-Unterraum von $E$ mit Basis $B_U \subset B$, dann gibt es genau einen $K$-Homomorphismus $f : E \longrightarrow K$ mit der Zuordnungsvorschrift

$$f(b) = \begin{cases} 0\,, & \text{für alle } b \in B_U, \\ 1\,, & \text{für alle } b \in B \setminus B_U. \end{cases}$$

Damit gilt insbesondere $f(u) = 0$, für alle $u \in U$, also $U \subset Kern(f)$, sowie $f(z) \neq 0$, für alle $z \in E \setminus U$.

**B4.530.01:** Zur Bearbeitung der Aufgabe im einzelnen:

1. Zunächst sei $f : E \longrightarrow F$ bezüglich von $B$-Darstellungen $x = \sum_{1 \leq i \leq n} c_i b_i$ definiert durch die Zuordnungsvorschrift $f(x) = f(\sum_{1 \leq i \leq n} c_i b_i) = \sum_{1 \leq i \leq n} c_i t_i$. Damit gilt dann:

a) $f$ ist ein $K$-Homomorphismus, denn es gilt $f(x+z) = f(\sum_{1 \leq i \leq n} c_i b_i + \sum_{1 \leq i \leq n} c_i' b_i) = f(\sum_{1 \leq i \leq n} (c_i + c_i') b_i) = \sum_{1 \leq i \leq n} (c_i + c_i') t_i = \sum_{1 \leq i \leq n} c_i t_i + \sum_{1 \leq i \leq n} c_i' t_i = f(x) + f(z)$ sowie $f(cx) = f(\sum_{1 \leq i \leq n} c c_i b_i) = \sum_{1 \leq i \leq n} c c_i t_i = c f(x)$.

b) Mit obiger Beschreibung ist $f$ eindeutig bestimmt, genauer: Ist $g : E \longrightarrow F$ ein $K$-Homomorphismus mit $g(b_i) = t_i$, für alle $i \in \{1, ..., n\}$, dann gilt $g(x) = g(\sum_{1 \leq i \leq n} c_i b_i) = \sum_{1 \leq i \leq n} a_i g(b_i) = \sum_{1 \leq i \leq n} c_i t_i = f(x)$, für alle $x \in E$, folglich gilt $g = f$.

2. Die Behauptung folgt aus Teil 1, wenn man dort $t_i$ durch $\sum_{1 \leq k \leq m} a_{ik} d_k$, für alle $i \in \{1, ..., n\}$, ersetzt.

3. Die Behauptung folgt aus Teil 2 mit $F = K$ und $D = \{1\}$.

4. Die Behauptung folgt aus Teil 3, wenn man die Basis $B_U$ disjunkt zu einer Basis $B = B_U \cup B' = \{b_1, ..., b_u\} \cup \{b_{u+1}, ..., b_n\}$ ergänzt und dann das $n$-Tupel $A = (a_1, ..., a_n) = (0, ..., 0, 1, ..., 1)$ mit $a_i = 0$, für alle $i \in \{1, ..., u\}$, und $a_i = 1$, für alle $i \in \{u + 1, ..., n\}$ verwendet.

**A4.534.01:** Beweisen Sie Corollar 4.534.4 unabhängig von Satz 4.534.2.

**A4.534.02:** Geben Sie einen tabellarischen Überblick über formal analoge Eigenschaften/Berechnungen für Kardinalzahlen bei Mengen einerseits und für Dimensionen bei $K$-Vektorräumen andererseits.

**B4.534.02:** Man kann etwa folgende Analogien betrachten:

1a) $card(N) = card(M) \Leftrightarrow$ es gibt eine bijektive Funktion $N \longrightarrow M$.
1b) $dim_K(E) = dim_K(F) \Leftrightarrow$ es gibt einen $K$-Isomorphismus $E \longrightarrow F$.

2a) Für Funktionen $f : N \longrightarrow M$ zwischen Mengen mit $card(N) = card(M) \in \mathbb{N}$ gilt:
$f$ injektiv $\Leftrightarrow$ $f$ surjektiv $\Leftrightarrow$ $f$ bijektiv.

2b) Für $K$-Homomorphismen $f : E \longrightarrow F$ zwischen $K$-Vektorräumen mit $dim_K(E) = dim_K(F) \in \mathbb{N}$ gilt:
$f$ injektiv $\Leftrightarrow$ $f$ surjektiv $\Leftrightarrow$ $f$ $K$-Isomorphismus.

3a) Ist eine Funktion $f : N \longrightarrow M$ surjektiv, dann gilt $card(N) \geq card(M)$.
3a) Ist ein $K$-Homomorphismus $f : E \longrightarrow F$ surjektiv, dann gilt $dim_K(E) \geq dim_K(F)$.

4a) Gilt $T \subset M$, ist $T$ also Teilmenge einer Menge $M$, dann gilt $card(T) \leq card(M)$.
4b) Gilt $U \subset E$, ist $U$ also Unterraum eines $K$-Vektorraums $E$, dann gilt $dim_K(U) \leq dim_K(E)$.

**A4.540.01:** Bearbeiten Sie folgende Einzelaufgaben:

1. Wie lassen sich zu Elementen $u$, $x$ und $z$ aus $\mathbb{R}^3$ die Mengen $\{x\}$, $\mathbb{R}x$, $\mathbb{R}z$, $\mathbb{R}x + \mathbb{R}z$, $u + \mathbb{R}x$ und $u + \mathbb{R}x + \mathbb{R}z$ bezüglich eines Cartesischen Koordinaten-Systems geometrisch beschreiben? Welche dieser Mengen bilden Unterräume von $\mathbb{R}^3$, gegebenenfalls mit welcher zugehörigen Dimension? Nennen und verwenden Sie dabei ein Kriterium gewissermaßen zur Früherkennung dafür, daß eine Teilmenge $T \subset \mathbb{R}^3$ keinen Unterraum von $\mathbb{R}^3$ darstellen kann.

2. Nennen Sie mit geometrischer Beschreibung alle Unterräume von $\mathbb{R}^3$. Welche dieser Unterräume sind jeweils isomorph? Geben Sie dann jeweils einen möglichst einfachen Repräsentanten dieser Isomorphieklassen an. Lassen sich entsprechende Sachverhalte auf $\mathbb{R}^n$ mit beliebigem $n \in \mathbb{N}$ oder auf beliebige endlich-dimensionale $K$-Vektorräume (mit beliebigen Körpern $K$) übertragen?

3. Betrachten Sie beliebige Elemente $x, z \in \mathbb{R}^3$. Welcher Sachverhalt wird durch die Eigenschaft $\mathbb{R}x \cap \mathbb{R}z = \{0\}$ für die Menge $\mathbb{R}x + \mathbb{R}z$ beschrieben? Welcher Zweck ist mit dieser Eigenschaft bei der Darstellung von Elementen $u \in \mathbb{R}x + \mathbb{R}z$ durch Summanden aus $\mathbb{R}x$ und $\mathbb{R}z$ verbunden?

4. Es seien $U$ und $V$ Unterräume (Geraden und/oder Ebenen) in $\mathbb{R}^3$ Bearbeiten Sie die Fragen:

a) Wenn $\{0, x\} \subset U \cap V$ für $x \neq 0$ gilt, muß dann $U \subset V$ oder auch $V \subset U$ gelten?

b) Können für $x \neq 0$ Durchschnitte der Form $U \cap V = \{x\}$ oder auch $U \cap V = \{0, x\}$ auftreten?

5. Kennzeichnen Sie anschaulich den $\mathbb{R}$-Vektorraum $\mathbb{C}$ sowie den $\mathbb{C}$-Vektorraum $\mathbb{C}$.

**B4.540.01:** Zur Bearbeitung der Aufgaben im einzelnen:

1a) Zur letzten Frage vorweg: Enthält eine Teilmenge $T \subset \mathbb{R}^3$ nicht das Nullelement 0, anschaulich also den sogenannten Ursprung des Koordinaten-Systems, so kann $T$ keinen Unterraum von $\mathbb{R}^3$ bilden. Dieses einfache Kriterium wird im folgenden auch verwendet.

1b) Einelementige Teilmengen $\{x\} \subset \mathbb{R}^3$ bilden also im Fall $x \neq 0$ keine Unterräume, anders gesagt, $\{0\}$ ist der einzige einelementige Unterraum von $\mathbb{R}^3$, ihm wird die $\mathbb{R}$-Dimension $dim_{\mathbb{R}}(\{0\}) = 0$ zugeordnet (also als einziger Unterraum der Diemnsion Null).

1c) Im Fall $x \neq 0$ und $z \neq 0$ repräsentieren die drei Mengen $\mathbb{R}x$, $\mathbb{R}z$, $\mathbb{R}(x+z)$ Geraden, hingegen $\mathbb{R}x + \mathbb{R}z$ eine Ebene. Alle vier Mengen enthalten jeweils den Nullpunkt. Weiterhin ist $u + \mathbb{R}x$ eine Gerade und $u + \mathbb{R}x + \mathbb{R}z$ eine Ebene, die im Fall $u = 0$ beide den Nullpunkt enthalten, im Fall $u \neq 0$ jedoch nicht.

Hinsichtlich der Unterraum-Eigenschaft dieser Teilmengen von $\mathbb{R}^3$ gilt nun folgendes: Die Mengen $\mathbb{R}x$, $\mathbb{R}z$ und $\mathbb{R}(x+z)$, wobei $x + z \in \mathbb{R}^3$ gilt, sind Unterräume von $\mathbb{R}^3$, jeweils mit der Dimension 1, ferner ist $\mathbb{R}x + \mathbb{R}z$ ebenfalls ein Unterraum von $\mathbb{R}^3$ mit der Dimension 2, sofern $\{x, z\}$ linear unabhängig ist, sonst mit der Dimension 1 (wobei man $x$ und $z$ in diesem Fall auch kollinear nennt). Schließlich: Nur im Fall $u = 0$ sind auch $u + \mathbb{R}x$ und $u + \mathbb{R}x + \mathbb{R}z$ Unterräume von $\mathbb{R}^3$, wobei die Geraden die Dimension 1, die Ebenen die Dimension 2 haben.

1d) Im Fall $x \neq 0$ und $z = 0$ ist $\mathbb{R}z = \mathbb{R} \cdot 0 = \{0\}$ derjenige Unterraum von $\mathbb{R}^3$ mit $\dim_{\mathbb{R}}(\{0\}) = 0$ (siehe Teil 1a)), ferner sind $\mathbb{R}(x+z) = \mathbb{R}x$ sowie $\mathbb{R}x + \mathbb{R}z = \mathbb{R}x$ und $u + \mathbb{R}x + \mathbb{R}z = u + \mathbb{R}x$ Geraden, die im Fall $u = 0$ den Nullpunkt enthalten (und gleich sind) und die Dimension 1 haben. Der Fall $u + \mathbb{R}x$ mit $u \neq 0$ wurde schon in Teil 1c) behandelt.

Ist nun umgekehrt $x = 0$ und $z \neq 0$, so liegen die entsprechenden Sachverhalte mit vertauschten Rollen von $x$ und $z$ vor.

1e) Schließlich: Im Fall $x = 0$ und $z = 0$ sind die zu untersuchenden Mengen entweder $\{0\}$ oder $\{u\}$. Der Unterraum $\{0\}$ wurde schon in Teil 1a) besprochen, im Fall $u \neq 0$ ist $\{u\}$, wie aus Teil 1b) folgt, kein Unterraum von $\mathbb{R}^3$.

2. Alle Unterräume von $\mathbb{R}^3$ lassen sich in vier Klassen untereinander isomorpher Unterräume einteilen, wobei, da diese Klassen gerade durch die Dimension etikettiert sind, genau die vier Dimensionen 0, 1, 2 und 3 auftreten:

2a) Das Element $0 = \begin{pmatrix} 0 \\ 0 \\ 0 \end{pmatrix}$ bildet den einzigen Unterraum von $\mathbb{R}^3$ mit $\dim_{\mathbb{R}}(\{0\}) = 0$.

2b) Für alle Elemente $x \in \mathbb{R}^3$ mit $x \neq 0$ bilden die Geraden $\mathbb{R}x = L_{\mathbb{R}}(\{x\})$ die eindimensionalen Unterräume von $\mathbb{R}^3$. Es gilt damit $\mathbb{R}x \cong \mathbb{R}$, für alle $x \in \mathbb{R}^3 \setminus \{0\}$.

2c) Für jede linear unabhängige Teilmenge $\{x, z\}$ von $\mathbb{R}^3$ (das bedeutet insbesondere $x \neq 0$ und $z \neq 0$) bilden die Ebenen $\mathbb{R}x + \mathbb{R}z = L_{\mathbb{R}}(\{x, z\})$ die zweidimensionalen Unterräume von $\mathbb{R}^3$. Es gilt in diesem Fall also $\mathbb{R}x + \mathbb{R}z \cong \mathbb{R}^2$.

2d) Jede dreielementige linear unabhängige Teilmenge $\{x, y, z\}$ von $\mathbb{R}^3$ liefert $\mathbb{R}^3$ selbst, denn es gilt $\mathbb{R}x + \mathbb{R}y + \mathbb{R}z = L_{\mathbb{R}}(\{x, y, z\}) = \mathbb{R}^3$, das heißt also, $\mathbb{R}^3$ selbst ist der einzige dreidimensionale Unterraum von $\mathbb{R}^3$.

2e) Die Überlegungen in den Teilen 2a) bis 2d) lassen sich in allgemeiner Weise auch für $\mathbb{R}^n$ mit beliebiger Zahl $n \in \mathbb{N}$ formulieren (wobei hier $n > 3$ gemeint ist, der einfache Fall $n = 2$ läßt sich leicht den obigen Betrachtungen entnehmen): $\mathbb{R}^n$ enthält als einzigen Unterraum der Dimension 0 das $n$-Tupel, das nur Nullen enthält. Jede linear unabhängige Teilmenge $T = \{t_1, ..., t_k\}$ mit $1 \leq k \leq n$ liefert den $k$-dimensionalen Unterraum $\mathbb{R}t_1 + ... + \mathbb{R}t_k = L_{\mathbb{R}}(T) \cong \mathbb{R}^k$ von $\mathbb{R}^n$. Für den Fall $k = n$ ist $L_{\mathbb{R}}(T) = \mathbb{R}^n$ der einzige $n$-dimensionale Unterraum von $\mathbb{R}^n$. Beachtet man weiterhin die Isomorphien $E \cong K^n$ mit jeweils geeignetem $n$ für endlich-dimensionale $K$-Vektorräume $E$, so lassen sich anhand dieser Isomorphien insbesondere für endlich-dimensionale Unterräume ganz analoge Sachverhalte formulieren.

3. Für zwei Geraden $\mathbb{R}x$, $\mathbb{R}z \subset \mathbb{R}^3$ gelten folgende Äquivalenzen:

$\mathbb{R}x \cap \mathbb{R}z = \{0\} \Leftrightarrow \{x, z\}$ ist linear unabhängig $\Leftrightarrow \mathbb{R}x + \mathbb{R}z$ ist eine Ebene (also mit Dimension 2),

$\mathbb{R}x \cap \mathbb{R}z \neq \{0\} \Leftrightarrow \{x, z\}$ ist linear abhängig $\Leftrightarrow \mathbb{R}x = \mathbb{R}z = \mathbb{R}x + \mathbb{R}z$ (als Negationen).

Nun zum Zweck der genannten Eigenschaft: Im Fall $\mathbb{R}x \cap \mathbb{R}z = \{0\}$ besitzt jedes Element $u \in \mathbb{R}x + \mathbb{R}z$ *genau eine* Darstellung der Form $u = ax + bz$ mit Zahlen $a, b \in \mathbb{R}$, im anderen Fall hingegen, wenn also $\mathbb{R}x = \mathbb{R}z$ gilt, kann ein Element $u \in \mathbb{R}x + \mathbb{R}z$ Darstellungen $u = ax + bz = cx + dz$ mit beliebig vielen Zahlenpaaren $(c, d) \in \mathbb{R}^2$ haben. (Man betrachte in diesem Zusammenhang die Euklidische Divsion bei ganzen Zahlen, bei der ebenfalls durch eine Zusatzbedingung die Eindeutigkeit der Darstellung (durch Divisionsfaktor und -rest) garantiert wird.)

4a) Ist $U = \mathbb{R}z$ eine Gerade und $V$ eine Gerade $V = \mathbb{R}v$ oder eine Ebene $V = \mathbb{R}v + \mathbb{R}w$, so bedeutet die *Inklusion* $\{0, x\} \subset U \cap V$ mit $x \neq 0$ dann $\mathbb{R}z = \mathbb{R}v = \mathbb{R}x$ oder $\mathbb{R}z = \mathbb{R}x \subset \mathbb{R}v + \mathbb{R}w$. Sind $U = \mathbb{R}v + \mathbb{R}w$ und $V = \mathbb{R}\overline{v} + \mathbb{R}\overline{w}$ Ebenen, dann bedeutet $x \in U \cap V$ wegen $x \in U$ und $x \in V$ lediglich $\mathbb{R}x \subset U$ und $\mathbb{R}x \subset V$, es ist also $\mathbb{R}x \subset U \cap V$. In diesem Fall braucht also nicht $U \subset V$ oder $V \subset U$ zu gelten.

4b) Für Unterräume $U$ und $V$ von $\mathbb{R}^3$ kann der Fall $U \cap V = \{x\}$ mit $x \neq 0$ nicht auftreten, da sowohl $0 \in U$ als auch $0 \in V$, also $0 \in U \cap V$, gelten muß. Aber auch der Fall $U \cap V = \{0, x\}$ mit $x \neq 0$ kann nicht auftreten, da mit $x \in U$ und $x \in V$ auch $\mathbb{R}x = L_{\mathbb{R}}(\{x\}) \subset U$ und $\mathbb{R}x \subset V$ gelten muß (das heißt, die gesamte Gerade $\mathbb{R}x$ ist in $U \cap V$ enthalten).

5. Zunächst sind die abelschen Gruppen von $\mathbb{R}^2$ und $\mathbb{C}$ definitionsgemäß gleich. Da die $\mathbb{R}$-Vektorräume $\mathbb{R}^2$ und $\mathbb{C}$ mit derselben $\mathbb{R}$-Multiplikation ausgestattet sind, sind die $\mathbb{R}$-Vektorräume $\mathbb{R}^2$ und $\mathbb{C}$ insgesamt gleich. Hingegen ist die $\mathbb{C}$-Multiplikation auf dem $\mathbb{C}$-Vektorraum die komplexe Multiplikation.

**A4.540.02:** Bearbeiten Sie folgende Einzelaufgaben:

1. Beweisen Sie, daß Durchschnitte $U \cap V$ und Summen $U + V$ von Unterräumen $U$ und $V$ eines $K$-Vektorraums $E$ ebenfalls Unterräume von $E$ sind, hingegen aber $U \cup V$ im allgemeinen kein Unterraum von $E$ ist. Welche Bedeutung und welche Darstellung hat in diesem Zusammenhang die lineare Hülle $L_K(U \cup V)$ von $U \cup V$ ? Erläutern Sie Ihre Antwort auch an einem Beispiel mit Unterräumen $U, V \subset \mathbb{R}^2$.

2. Betrachten Sie die Unterräume $U = \mathbb{R}\begin{pmatrix} 1 \\ 0 \\ 0 \end{pmatrix} + \mathbb{R}\begin{pmatrix} 0 \\ 1 \\ 0 \end{pmatrix}$ und $V = \mathbb{R}\begin{pmatrix} 1 \\ 0 \\ 0 \end{pmatrix} + \mathbb{R}\begin{pmatrix} 0 \\ 0 \\ 1 \end{pmatrix}$ von $\mathbb{R}^3$.

Nennen Sie die drei Unterräume $U \cap V$ sowie $U + V$ und $L_{\mathbb{R}}(U \cup V)$ und beschreiben Sie Lage aller fünf Unterräume, also auch die $U$ und $V$, in dem üblichen Cartesischen Koordinaten-System $(K_1, K_2, K_3)$.

**B4.540.02:** Zur Bearbeitung der Aufgabe im einzelnen:

1. Hinsichtlich der drei nachzuweisenden Unterraum-Eigenschaften in Satz 4.502.2/2 gilt im einzelnen:

a) Die von $U$ und $V$ erzeugten Mengen $U \cap V$, $U + V$ und auch $U \cup V$ enthalten jeweils das schon in den Unterräumen $U$ und $V$ existierende Nullelement, somit sind diese drei Mengen also nicht leer.

b) Es gilt zunächst $(U \cap V) + (U \cap V) \subset U \cap V$, denn mit zwei beliebigen Elementen $x, z \in U \cap V$ gilt $x, z \in U$ und $x, z \in V$, woraus dann aber $x + z \in U$ und $x + z \in V$, insgesamt also $x + z \in U \cap V$ folgt. Es gilt ferner $K(U \cap V) \subset KU \cap KV \subset U \cap V$, denn es gilt $KU \subset U$ und $KV \subset V$.

c) Es gilt $(U + V) + (U + V) = (U + U) + (V + V) \subset U + V$ und $K(U + V) \subset KU + KV \subset U + V$.

d) Daß $U \cup V$ im allgemeinen kein Unterraum von $E$ ist, zeigt etwa die Menge $\mathbb{R}\begin{pmatrix}1\\0\end{pmatrix} \cup \mathbb{R}\begin{pmatrix}0\\1\end{pmatrix}$: Für $\begin{pmatrix}3\\0\end{pmatrix} \in \mathbb{R}\begin{pmatrix}1\\0\end{pmatrix}$ und $\begin{pmatrix}0\\3\end{pmatrix} \in \mathbb{R}\begin{pmatrix}0\\1\end{pmatrix}$ ist die Summe $\begin{pmatrix}3\\0\end{pmatrix} + \begin{pmatrix}0\\3\end{pmatrix} = \begin{pmatrix}3\\3\end{pmatrix}$ kein Element von $\mathbb{R}\begin{pmatrix}1\\0\end{pmatrix} \cup \mathbb{R}\begin{pmatrix}0\\1\end{pmatrix}$. Dieses Beispiel macht deutlich, daß $U \cup V$ in der Regel zu klein ist, um tatsächlich *alle* Summen von Elementen aus $U$ und $V$ zu enthalten. Vergrößert man aber $U \cup V$ genau um diese fehlenden Elemente, so bedeutet das gerade, die lineare Hülle $L_K(U \cup V) = U + V$ von $U \cup V$ zu bilden. Die Gleichheit $L_K(U \cup V) = U + V$ beruht auf folgender Überlegung: Ist $W$ ein Unterraum mit $U \subset W$ und $V \subset W$, dann gilt für $x + z \in U + V$ auch $x + z \in W$, also ist $U + V \in W$ und damit $U + V$ der kleinste $U \cup V$ umfassende Unterraum, das heißt aber gerade $U + V = L_K(U \cup V)$. Dazu ein Beispiel:

Es gilt $\mathbb{R}\begin{pmatrix}1\\0\end{pmatrix} + \mathbb{R}\begin{pmatrix}0\\1\end{pmatrix} = L_{\mathbb{R}}(\mathbb{R}\begin{pmatrix}1\\0\end{pmatrix} \cup \mathbb{R}\begin{pmatrix}0\\1\end{pmatrix}) = \mathbb{R}^2$, denn $L_{\mathbb{R}}(\mathbb{R}\begin{pmatrix}1\\0\end{pmatrix} \cup \mathbb{R}\begin{pmatrix}0\\1\end{pmatrix})$ ist ebenfalls die von den beiden Elementen $\begin{pmatrix}1\\0\end{pmatrix}$ und $\begin{pmatrix}0\\1\end{pmatrix}$ erzeugte Ebene $L_{\mathbb{R}}(\{\begin{pmatrix}1\\0\end{pmatrix}, \begin{pmatrix}0\\1\end{pmatrix}\}) = \mathbb{R}^2$.

2. Die beiden vorgegebenen Unterräume $U$ und $V$ sind Ebenen in $\mathbb{R}^3$ ($U$ ist die $K_1K_2$-Ebene, $V$ ist die $K_1K_3$-Ebene im Koordinaten-System $(K_1, K_2, K_3) = (\mathbb{R}e_1, \mathbb{R}e_2, \mathbb{R}e_3)$). Somit ist $U \cap V = \mathbb{R}\begin{pmatrix}1\\0\\0\end{pmatrix} = K_1$ und $L_{\mathbb{R}}(U \cup V) = U + V = \mathbb{R}\begin{pmatrix}1\\0\\0\end{pmatrix} + \mathbb{R}\begin{pmatrix}0\\1\\0\end{pmatrix} + \mathbb{R}\begin{pmatrix}0\\0\\1\end{pmatrix} = \mathbb{R}^3$ der vollständige Raum $\mathbb{R}^3$.

**A4.540.03:** Bearbeiten Sie die folgenden Einzelaufgaben:

1. Nennen Sie zunächst noch einmal die beiden Standard-Verfahren zum Nachweis (oder auch zur Falsifikation im negativen Falle) der $K$-Isomorphie zweier endlich-dimensionaler $K$-Vektorräume.

2. Wenden Sie Teil 1 an auf $\mathbb{R}\begin{pmatrix}2\\0\\0\end{pmatrix} \cong \mathbb{R}\begin{pmatrix}1\\2\\3\end{pmatrix}$ und $\mathbb{R}\begin{pmatrix}1\\2\end{pmatrix} + \mathbb{R}\begin{pmatrix}1\\0\end{pmatrix} \cong \mathbb{R}\begin{pmatrix}1\\3\end{pmatrix} + \mathbb{R}\begin{pmatrix}0\\1\end{pmatrix}$.

3. Welche Beziehungen müssen zu Elementen $x, z, \overline{x}, \overline{z} \in \mathbb{R}^3$ bestehen, so daß $\mathbb{R}x + \mathbb{R}z \cong \mathbb{R}\overline{x} + \mathbb{R}\overline{z}$ gilt?

4. Welche Beziehung besteht zwischen $\mathbb{R}x$ (mit $x \neq 0$) und $\mathbb{R}(ax)$ für beliebige Zahlen $a \in \mathbb{R}$ ?

**B4.540.03:** Zur Bearbeitung der Aufgaben im einzelnen:

1. Um zu zeigen (oder zu falsifizieren), daß zwei endlich-dimensionale $K$-Vektorräume $E$ und $F$ $K$-isomorph sind, also $E \cong F$ gilt, kann man auf zweierlei Weise verfahren: Sind die Dimensionen von $E$ und $F$ bekannt, so liefert die Äquivalenz $dim_K(E) = dim_K(F) \Leftrightarrow E \cong F$ (lediglich) die Existenz eines $K$-Isomorphismus' $E \longrightarrow F$. Ist jedoch, zweite Variante, ein solcher Isomorphismus explizit anzugeben, so muß eine bijektive und $K$-homomorphe Funktion $E \longrightarrow F$ konstruiert werden.

2. Zur Bearbeitung von Teil 2 werden jeweils beide Verfahrens-Varianten angegeben, also in vier Teilen:

$2a_1$) Es bezeichne $x = \begin{pmatrix}2\\0\\0\end{pmatrix}$ und $z = \begin{pmatrix}1\\2\\3\end{pmatrix}$. Wegen $dim_{\mathbb{R}}(\mathbb{R}x) = 1 = dim_{\mathbb{R}}(\mathbb{R}z)$ gilt $\mathbb{R}x \cong \mathbb{R}z$. (Da die Menge $\{x, z\}$ aber linear unabhängig ist, sind beide Geraden jedoch nicht gleich.)

2a$_2$) Es wird eine bijektive und $\mathbb{R}$-homomorphe Funktion $f : \mathbb{R}x \longrightarrow \mathbb{R}z$ konstruiert: Da jedes Element von $\mathbb{R}x$ die Darstellung $ax$ mit $a \in \mathbb{R}$ besitzt, wird durch die Zuordnungsvorschrift $ax \longmapsto az$ zunächst eine Funktion $f : \mathbb{R}x \longrightarrow \mathbb{R}z$ geliefert. Dabei ist $f$ erstens injektiv, denn aus $ax = \begin{pmatrix} 2a \\ 0 \\ 0 \end{pmatrix} \neq \begin{pmatrix} 2b \\ 0 \\ 0 \end{pmatrix} = bx$ folgt $a \neq b$, folglich gilt $az = \begin{pmatrix} a \\ 2a \\ 3a \end{pmatrix} \neq \begin{pmatrix} b \\ 2a \\ 3b \end{pmatrix} = bz$, zweitens auch surjektiv, denn jedes Element $az \in \mathbb{R}z$ besitzt $ax$ als Urbild $ax$, es gilt also $f(ax) = az$. Schließlich ist $f$ $\mathbb{R}$-homomorph, denn für alle $ax, bx \in \mathbb{R}x$ und $c \in \mathbb{R}$ gilt $f(ax + bx) = f((a+b)x) = (a+b)z = az + bz = f(ax) + f(bz)$ und $f(c(ax)) = f((ca)x) = (ca)z = c(az) = cf(az)$. Insgesamt ist $f$ also ein $\mathbb{R}$-Isomorphismus.

2b$_1$) Es bezeichne $x = \begin{pmatrix} 1 \\ 2 \end{pmatrix}, z = \begin{pmatrix} 1 \\ 0 \end{pmatrix}, \overline{x} = \begin{pmatrix} 1 \\ 3 \end{pmatrix}, \overline{z} = \begin{pmatrix} 0 \\ 1 \end{pmatrix}$. Da die Mengen $\{x, z\}$ und $\{\overline{x}, \overline{z}\}$ jeweils linear unabhängig sind, gilt $\dim_{\mathbb{R}}(\mathbb{R}x + \mathbb{R}z) = 2 = \dim_{\mathbb{R}}(\mathbb{R}\overline{x} + \mathbb{R}\overline{z})$, also $\mathbb{R}x + \mathbb{R}z \cong \mathbb{R}\overline{x} + \mathbb{R}\overline{z}$. (Da $\{x, z\} \neq \{\overline{x}, \overline{z}\}$ gilt, sind die Räume wegen unterschiedlicher Darstellungen von $u \in \mathbb{R}^2$ nicht gleich.)

2b$_2$) Es wird wieder eine bijektive und $\mathbb{R}$-homomorphe Funktion $f : \mathbb{R}x + \mathbb{R}z \longrightarrow \mathbb{R}\overline{x} + \mathbb{R}\overline{z}$ konstruiert: Da jedes Element aus $\mathbb{R}x + \mathbb{R}z$ die eindeutige Darstellung $ax + bz$ besitzt, liefert die Zuordnungsvorschrift $ax + bz \longmapsto a\overline{x} + b\overline{z}$ eine Funktion $f : \mathbb{R}x + \mathbb{R}z \longrightarrow \mathbb{R}\overline{x} + \mathbb{R}\overline{z}$. Dabei ist $f$ erstens injektiv, denn aus $f(ax + bz) = a\overline{x} + b\overline{z} = \begin{pmatrix} a \\ 3a + b \end{pmatrix} = \begin{pmatrix} c \\ 3c + d \end{pmatrix} = c\overline{x} + d\overline{z} = f(cx + dz)$ folgt $a = c$ und $b = d$, folglich ist $ax + bx = cx + dx$, zweitens auch surjektiv, denn jedes Element aus $\mathbb{R}\overline{x} + \mathbb{R}\overline{z}$ mit der eindeutigen Darstellung $a\overline{x} + b\overline{z}$ hat das Urbild $ax + bz$, es gilt also $f(ax + bz) = a\overline{x} + b\overline{z}$.
Schließlich ist $f$ auch $\mathbb{R}$-homomorph, denn für alle $ax + bz, \overline{a}x + \overline{b}z \in \mathbb{R}x + \mathbb{R}z$ und $c \in \mathbb{R}$ gilt $f((ax + bz) + (\overline{a}x + \overline{b}z)) = f((a + \overline{a})x + (b + \overline{b})z) = (a + \overline{a})\overline{x} + (b + \overline{b})\overline{z} = (a\overline{x} + b\overline{z}) + (\overline{a}\overline{x} + \overline{b}\overline{z})$
$= f(ax + bz) + f(\overline{a}x + \overline{b}z)$ und $f(c(ax + bz)) = f(cax + cbz) = ca\overline{x} + cb\overline{z} = c(a\overline{x} + b\overline{z}) = cf(ax + b\overline{z})$.

*Anmerkung:* In beiden Fällen kann man die Bijektivität von $f$ auch durch Angabe einer inversen Funktion $f^{-1}$ und den Nachweis $f^{-1} \circ f = id$ und $f \circ f^{-1} = id$ (mit der identischen Funiktion $id$ auf $\mathbb{R}^2$) erbringen.

3. Es gilt $\mathbb{R}x + \mathbb{R}z \cong \mathbb{R}\overline{x} + \mathbb{R}\,\overline{z}$ genau dann, wenn die beiden Mengen $\{x, z\}$ und $\{\overline{x}, \overline{z}\}$ linear unabhängig sind. Dabei kann sogar $\{\overline{x}, \overline{z}\} = \{x, z\}$ oder $\{\overline{x}, \overline{z}\} = \{ax, bz\}$ mit $a, b \in \mathbb{R} \setminus \{0\}$ gelten.

4. Für $a \neq 0$ gilt $\mathbb{R} = \mathbb{R}a$ und somit auch $\mathbb{R}x = (\mathbb{R}a)x = \mathbb{R}(ax)$. Für $a = 0$ gilt $\mathbb{R}(ax) = \{0\}x = \{\begin{pmatrix} 0 \\ 0 \end{pmatrix}\}$.

**A4.540.04:** Bearbeiten Sie die folgenden Einzelaufgaben:

1. Zeigen Sie, daß die Menge $T = \{\begin{pmatrix} 1 \\ 2 \end{pmatrix}, \begin{pmatrix} 2 \\ 0 \end{pmatrix}, \begin{pmatrix} 2 \\ 1 \end{pmatrix}\}$ ein Erzeugendensystem von $\mathbb{R}^2$ ist. Nennen Sie dann vier verschiedene $T$-Darstellungen $x = \begin{pmatrix} x_1 \\ x_2 \end{pmatrix} = a_1 \cdot \begin{pmatrix} 1 \\ 2 \end{pmatrix} + a_2 \cdot \begin{pmatrix} 2 \\ 0 \end{pmatrix} + a_3 \cdot \begin{pmatrix} 2 \\ 1 \end{pmatrix}$ von $x \in \mathbb{R}^2$ mit $x \neq 0$. Schildern Sie dabei allgemein ein Verfahren zur Herstellung solcher $T$-Darstellungen und erklären Sie den Zusammenhang zwischen der linearen Hülle $L_{\mathbb{R}}(T)$ von $T$ und $\mathbb{R}^2$.

2. Begründen Sie folgenden Sachverhalt: Eine Teilmenge $T$ von $\mathbb{R}^3$, die drei Elemente ungleich dem Nullelement hat und (entweder) ein Erzeugendensystem von $\mathbb{R}^3$ oder linear unabhängig in $\mathbb{R}^3$ ist, ist eine Basis von $\mathbb{R}^3$. Formulieren Sie diesen Sachverhalt auch in möglichst allgemeiner Form (ohne Beweis).

3. Zeigen Sie, daß jede zweielementige Teilmenge von $T$ in Aufgabenteil 1 eine Basis von $\mathbb{R}^2$ ist.

4. Sind $D = \{\begin{pmatrix} 1 \\ 0 \\ 0 \end{pmatrix}, \begin{pmatrix} 2 \\ 2 \\ 0 \end{pmatrix}, \begin{pmatrix} 3 \\ 3 \\ 3 \end{pmatrix}\}$ und $T = \{\begin{pmatrix} 0 \\ 2 \\ -1 \end{pmatrix}, \begin{pmatrix} 4 \\ 0 \\ -1 \end{pmatrix}, \begin{pmatrix} 4 \\ -2 \\ 0 \end{pmatrix}\}$ Basen von $\mathbb{R}^3$?

**B4.540.04:** Zur Bearbeitung der Aufgabe im einzelnen:

1. $T$ ist genau dann Erzeugendensystem von $\mathbb{R}^2$, wenn es zu jedem $x \in \mathbb{R}^2$ Zahlen $a_1, a_2, a_3 \in \mathbb{R}$ gibt mit

$$x = \begin{pmatrix} x_1 \\ x_2 \end{pmatrix} = a_1 \begin{pmatrix} 1 \\ 2 \end{pmatrix} + a_2 \begin{pmatrix} 2 \\ 0 \end{pmatrix} + a_3 \begin{pmatrix} 2 \\ 1 \end{pmatrix} \text{ bzw. mit } \begin{array}{rcll} x_1 & = & a_1 + 2a_2 + 2a_3 & \text{(I)} \\ x_2 & = & 2a_1 + a_3 & \text{(II).} \end{array}$$

a) Betrachtet man der Reihe nach $a_1 = 0$, dann $a_2 = 0$ und schließlich $a_3 = 0$, so liefert das vorstehende lineare Gleichungssystem für $x$ die ersten drei $T$-Darstellungen, wählt man weiter etwa $a_1 = 1$, so liefert das System dann die vierte Darstellung:

$$\begin{aligned}
\begin{pmatrix} x_1 \\ x_2 \end{pmatrix} &= 0 \cdot \begin{pmatrix} 1 \\ 2 \end{pmatrix} + \left(\frac{1}{2}x_1 - x_2\right) \cdot \begin{pmatrix} 2 \\ 0 \end{pmatrix} + x_2 \cdot \begin{pmatrix} 2 \\ 1 \end{pmatrix}, \\
\begin{pmatrix} x_1 \\ x_2 \end{pmatrix} &= \frac{1}{3}(2x_2 - x_1) \cdot \begin{pmatrix} 1 \\ 2 \end{pmatrix} + 0 \cdot \begin{pmatrix} 2 \\ 0 \end{pmatrix} + \frac{1}{3}(2x_1 - x_2) \cdot \begin{pmatrix} 2 \\ 1 \end{pmatrix}, \\
\begin{pmatrix} x_1 \\ x_2 \end{pmatrix} &= \frac{1}{2}x_2 \cdot \begin{pmatrix} 1 \\ 2 \end{pmatrix} + \left(\frac{1}{2}x_1 - \frac{1}{4}x_2\right) \cdot \begin{pmatrix} 2 \\ 0 \end{pmatrix} + 0 \cdot \begin{pmatrix} 2 \\ 1 \end{pmatrix}, \\
\begin{pmatrix} x_1 \\ x_2 \end{pmatrix} &= \begin{pmatrix} 1 \\ 2 \end{pmatrix} + \frac{1}{2}(x_1 - 2x_2 + 3) \cdot \begin{pmatrix} 2 \\ 0 \end{pmatrix} + (x_2 - 2) \cdot \begin{pmatrix} 2 \\ 1 \end{pmatrix}.
\end{aligned}$$

b) Allgemeiner kann man feststellen: Die Wahl eines Parameters $a_k \in \{a_1, a_2, a_3\}$ läßt sich als Funktionswert der Form $a_k = f_k(x_1, x_2)$ einer beliebig wählbaren Funktion $f_k : \mathbb{R}^2 \longrightarrow \mathbb{R}$ betrachten. Wenn keine besonderen Bedingungen an $f_k$ gestellt sind, kann man $f_k$ besonders einfach wählen, etwa $f_3(x_1, x_2) = 0$ bei der dritten und $f_1(x_1, x_2) = 1$ bei der vierten Darstellung. Schließlich: Da $T$ offensichtlich frei linear unabhängige Elemente enthält, gilt $L_{\mathbb{R}}(T) = \mathbb{R}^2$.

2. Zur Begründung der Aussage im einzelnen:

a) Ist $T$ mit $card(T) = 3$ Erzeugendensystem von $\mathbb{R}^3$, dann ist $T$ auch Basis, denn: Jedes Erzeugendensystem $T$ von $\mathbb{R}^3$ enthält eine Basis $B$ von $\mathbb{R}^3$, es gilt also $B \subset T$. Wegen $\dim_{\mathbb{R}}(\mathbb{R}^3) = 3$ ist $card(B) = 3$, woraus mit $card(T) = 3$ dann $B = T$ folgt.

b) Ist $T$ mit $card(T) = 3$ eine linear unabhängige Teilmenge von $\mathbb{R}^3$, dann ist $T$ auch Basis, denn: Für jede linear unabhängige Teilmenge $T$ von $\mathbb{R}^3$ gilt $card(T) \leq 3$. Da es dann zu $T$ eine Basis $B$ von $\mathbb{R}^3$ mit $T \subset B$ gibt, folgt aus $card(T) = 3 = card(B)$ dann $T = B$.

c) Ersetzt man die Zahl 3 durch eine beliebige Zahl $n \in \mathbb{N}$, gilt der Satz entsprechend für $\mathbb{R}^n$ und $card(T) = n$. Wegen der Isomorphie $E \cong K^n$ für beliebige endlich-dimensionale $K$-Vektorräume $E$ mit $dim_K(E) = n$ gilt entsprechend:

Ist $E$ ein endlich-dimensionaler $K$-Vektorraum, ferner $T \subset E$ eine Teilmenge mit $card(T) = dim_K(E)$, dann gilt: Ist $T$ Erzeugendensystem von $E$ oder eine linear unabhängige Teilmenge von $E$, dann ist $T$ Basis von $E$.

3. Läßt man in den drei Darstellungen von $x$ in Aufgabenteil 1 jeweils den Summand mit dem Faktor 0 weg, so zeigen sie, daß die drei zweielementigen Teilmengen von $T$ Erzeugendensysteme von $\mathbb{R}^2$ sind. Nach Aufgabenteil 2 sind diese Teilmengen auch Basen von $\mathbb{R}^2$.

4. Mit Bezug zu Aufgabenteil 2 gilt im einzelnen:

a) Die Teilmenge $D$ ist ein Erzeugendensystem von $\mathbb{R}^3$, denn: Nimmt man an, daß es zu $x = \begin{pmatrix} x_1 \\ x_2 \\ x_3 \end{pmatrix}$ aus $\mathbb{R}^3$, einem beliebig gewählten Element, Zahlen $a, b, c \in \mathbb{R}$ mit

$$x = \begin{pmatrix} x_1 \\ x_2 \\ x_3 \end{pmatrix} = a_1 \cdot \begin{pmatrix} 1 \\ 0 \\ 0 \end{pmatrix} + b \cdot \begin{pmatrix} 2 \\ 2 \\ 0 \end{pmatrix} + c \cdot \begin{pmatrix} 3 \\ 3 \\ 3 \end{pmatrix} = \begin{pmatrix} a + 2b + 3c \\ 2b + 3c \\ 3c \end{pmatrix}$$

gibt, so folgt $c = \frac{1}{3}x_3$ sowie $b = \frac{1}{2}(x_2 - x_3)$ und $a = x_1 - x_2$. Wegen $card(D) = 3$ ist $D$ nach Teil 2 auch eine Basis von $\mathbb{R}^3$.

b) Die Menge $T$ ist keine Basis von $\mathbb{R}^3$, denn sie ist linear abhängig, denn beispielsweise ist

$$\begin{pmatrix} 0 \\ 2 \\ -1 \end{pmatrix} = 1 \cdot \begin{pmatrix} 4 \\ 0 \\ -1 \end{pmatrix} + (-1) \cdot \begin{pmatrix} 4 \\ -2 \\ 0 \end{pmatrix}.$$

**A4.540.05:** Zeigen Sie für $n = 3$, daß die in Beispiel 4.510.5 genannte Menge $B$ eine Basis von $K^3$ ist.

**B4.540.05:** Zunächst ist $B$ ein Erzeugendensystem von $K^3$, denn aus der Darstellung

$$\begin{pmatrix} x_1 \\ x_2 \\ x_3 \end{pmatrix} = c_1 \begin{pmatrix} a_{11} \\ 0 \\ 0 \end{pmatrix} + c_2 \begin{pmatrix} a_{12} \\ a_{22} \\ 0 \end{pmatrix} + c_3 \begin{pmatrix} a_{13} \\ a_{23} \\ a_{33} \end{pmatrix}$$

folgt zunächst $x_3 = c_3 a_{33}$, also ist $c_3 = a_{33}^{-1} x_3$ . Der zweite Schritt liefert $x_2 = c_2 a_{22} + c_3 a_{23}$, woraus $c_2 = a_{22}^{-1}(x_2 - c_3 a_{23})$ folgt. Im dritten (und hier letzten) Schritt ist dann $x_1 = c_1 a_{11} + c_2 a_{12} + c_3 a_{13}$, woraus dann schließlich $c_1 = a_{11}^{-1}(x_1 - c_2 a_{12} - c_3 a_{13})$ folgt.

*Anmerkung:* Diese Berechnungen liefern gewissermaßen eine rekursive Darstellung der Koeffizienten $c_3, c_2, c_1$ mit Rekursionsanfang $c_3$ und können leicht auf Dimensionen $n > 3$ übertragen werden.

$B$ ist darüber hinaus auch linear unabhängig, denn aus der Beziehung

$$c_1 \begin{pmatrix} a_{11} \\ 0 \\ 0 \end{pmatrix} + c_2 \begin{pmatrix} a_{12} \\ a_{22} \\ 0 \end{pmatrix} + c_3 \begin{pmatrix} a_{13} \\ a_{23} \\ a_{33} \end{pmatrix} = \begin{pmatrix} 0 \\ 0 \\ 0 \end{pmatrix} = 0$$

folgt wegen $a_{33} \neq 0$ zunächst $c_3 = 0$. Damit ist wegen $c_2 a_{22} = 0$ und $a_{22} \neq 0$ auch $c_2 = 0$, schließlich ist wegen $c_1 a_{11} = 0$ und $a_{11} \neq 0$ dann auch $c_1 = 0$.

**A4.540.06:** Bearbeiten Sie die folgenden Einzelaufgaben:

1. Beweisen Sie: Eine Teilmenge $D = \{b_1, b_2, b_3\}$ eines (endlich-dimensionalen) $K$-Vektorraums $E$ ist genau dann linear unabhängig, falls die Menge $sD = \{b_1, b_1 + b_2, b_1 + b_2 + b_3\}$ linear unabhängig ist.

2. Kann man diesen Sachverhalt für Teilmengen $D \subset \mathbb{R}^3$ noch verschärfen? Untersuchen Sie diesen Sachverhalt für die beiden Mengen $D$ und $T$ aus Aufgabe A4.540.04.

*Anmerkung:* Die Konstruktion von $sD$ aus $D$ ist die gleiche wie die einer Reihe aus einer Folge (daher auch die Bezeichnung $sD$ zu $D$). Allerdings müßte man solche Mengen $D$ mit einer Anordnung der Elemente, also Tupel (endliche Folgen), betrachten, worauf hier der Einfachheit halber verzichtet ist. Ferner lassen sich auf gleiche Weise anstelle von $sD$ etwa Konstruktionen der Form $\{b_1, b_2 - b_1, b_3 - b_2 - b_1\}$ oder $\{-b_1, -b_1 - b_2, -b_1 - b_2 - b_3\}$ untersuchen. Schließlich liegt die Frage nahe, ob eine solche Aussage auch für den allgemeinen Fall $card(D) = n \in \mathbb{N}$ gilt und wie gegebenenfalls ein entsprechender Beweis auszusehen hätte.

**B4.540.06:** Zur Bearbeitung der Aufgaben im einzelnen:

1. Die zu beweisende Äquivalenz wird durch die beiden zugehörigen Implikationen nachgewiesen:

a) Ist $D = \{b_1, b_2, b_3\}$ linear unabhängig, dann ist auch $sD = \{b_1, b_1 + b_2, b_1 + b_2 + b_3\}$ linear unabhängig, denn: Gezeigt wird, daß aus $a_1 b_1 + a_2 (b_1 + b_2) + a_3 (b_1 + b_2 + b_3) = 0$ dann $a_1 = a_2 = a_3 = 0$ folgt:

Aus $0 = a_1 b_1 + a_2(b_1 + b_2) + a_3(b_1 + b_2 + b_3) = a_1 b_1 + a_2 b_1 + a_2 b_2 + a_3 b_1 + a_3 b_2 + a_3 b_3 = (a_1 + a_2 + a_3)b_1 + (a_2 + a_3)b_2 + a_3 b_3$ liefert die lineare Unabhängigkeit von $D$ zunächst $a_3 = 0$, dann $a_2 + a_3 = 0$, also auch $a_2 = 0$, schließlich $a_1 + a_2 + a_3 = 0$, also auch $a_1 = 0$.

b) Ist $sD$ linear unabhängig, dann ist auch $D$ linear unabhängig, denn:
Gezeigt wird, daß aus $a_1 b_1 + a_2 b_2 + a_3 b_3 = 0$ dann $a_1 = a_2 = a_3 = 0$ folgt:

Aus $0 = a_1 b_1 + a_2 b_2 + a_3 b_3 = a_1 b_1 + a_2 b_2 + a_3 b_3 + (a_2 b_1 + a_3 b_1 + a_3 b_2) - a_2 b_1 - a_3 b_1 - a_3 b_2 = (a_1 - a_2)b_1 + a_2(b_1 + b_2) - a_3(b_1 + b_2) + a_3(b_1 + b_2 + b_3) = (a_1 - a_2)b_1 + (a_2 - a_3)(b_1 + b_2) + a_3(b_1 + b_2 + b_3)$ folgt wegen der linearen Unabhängigkeit von $sD$ zunächst $a_3 = 0$, dann $a_2 - a_3 = 0$, also $a_2 = 0$, schließlich $a_1 - a_2 = 0$, also auch $a_1 = 0$.

2a) Betrachtet man $D$ und $sD$ als Teilmengen von $\mathbb{R}^3$, dann gilt $card(D) = card(sD) = 3 = \dim_{\mathbb{R}}(\mathbb{R}^3)$. Nach Aufgabe A4.540.04/2 bedeutet dann die lineare Unabhängigkeit von $D$ und $sD$, jeweils zugleich Basis von $\mathbb{R}^3$ zu sein. Das heißt, im Fall $E = \mathbb{R}^3$ gilt folgender Sachverhalt: Die Menge $D = \{b_1, b_2, b_3\}$ ist genau dann eine Basis von $\mathbb{R}^3$, wenn die Menge $sD = \{b_1, b_1 + b_2, b_1 + b_2 + b_3\}$ eine Basis von $\mathbb{R}^3$ ist.

2b) Für die Mengen $D$ und $T$ in Aufgabe A4.540.04/2 4 gilt: $D$ ist eine Basis von $\mathbb{R}^3$, dasselbe gilt nach

Aufgabe A4.540.05 auch für $sD$:

$$D = \{\begin{pmatrix}1\\0\\0\end{pmatrix}, \begin{pmatrix}2\\2\\0\end{pmatrix}, \begin{pmatrix}3\\3\\3\end{pmatrix}\} \quad \text{und} \quad sD = \{\begin{pmatrix}1\\0\\0\end{pmatrix}, \begin{pmatrix}3\\2\\0\end{pmatrix}, \begin{pmatrix}6\\5\\3\end{pmatrix}\}.$$

Im Gegensatz zu $D$ ist die Menge $T$ eine linear abhängige Teilmenge von $\mathbb{R}^3$. Beachtet man nun den logischen Satz $(p \Leftrightarrow q) \Leftrightarrow (\neg p \Leftrightarrow \neg q)$, so ist die in Teil 1 bewiesene Aussage äquivalent zu: $D$ ist genau dann linear abhängig, wenn $sD$ linear abhängig ist.

Da die Menge $T$ also linear abhängig ist, gilt dasselbe auch für die Menge $sT$:

$$T = \{\begin{pmatrix}0\\2\\-1\end{pmatrix}, \begin{pmatrix}4\\0\\-1\end{pmatrix}, \begin{pmatrix}4\\-2\\0\end{pmatrix}\} \quad \text{und} \quad sT = \{\begin{pmatrix}0\\2\\-1\end{pmatrix}, \begin{pmatrix}4\\2\\-2\end{pmatrix}, \begin{pmatrix}8\\0\\-2\end{pmatrix}\},$$

denn es gilt etwa die Beziehung $\begin{pmatrix}0\\2\\-1\end{pmatrix} = 1 \cdot \begin{pmatrix}4\\2\\-2\end{pmatrix} + (-\frac{1}{2}) \cdot \begin{pmatrix}8\\0\\-2\end{pmatrix}$ für die Elemente von $T$.

**A4.540.07:** Bearbeiten Sie die folgenden Einzelaufgaben:

1. Beweisen Sie, daß für je zwei Teilmengen $S$ und $T$ eines endlich-dimensionalen $K$-Vektorraums $E$ und ihre linearen Hüllen die folgende Implikation gilt: $S \subset T \Rightarrow L_K(S) \subset L_K(T)$.

2. Welche Eigenschaft welcher Funktion wird durch diese Implikation repräsentiert?

3. Bilden Sie dazu zwei Beispiele $S_1$ und $S_2$ zu der Menge $T$ aus der Aufgabe A4.540.06 mit $card(S_1) = 1$ und $card(S_2) = 2$ und beschreiben Sie das geometrische Aussehen der Objekte $L_{\mathbb{R}}(S_1)$ und $L_{\mathbb{R}}(S_2)$.

**B4.540.07:** Zur Bearbeitung der Aufgabe im einzelnen:

1. Für $S \subset T$ gilt $L_K(S) \subset L_K(T)$, denn: Ist $x = \sum_{s \in S} a_s s \in L_K(S)$, dann gilt auch $x = \sum_{t \in T} a_t t \in L_K(T)$ mit $a_t t = a_s s$ für $s \in S$ und $a_t = 0$ für $t \in T \setminus S$.

2. Die in Teil 1 genannte Eigenschaft ist gerade die Monotonie der Funktion $L_K : Pot(E) \longrightarrow Pot(E)$ bezüglich der Potenzmenge $Pot(E) = \{A \mid A \subset E\}$ (und der Inklusion als Ordnung auf $Pot(E)$, also bezüglich der geordneten Menge $(Pot(E), \subset)$). Zu beachten ist, daß dabei $L_K(\emptyset) = \{0\}$ definiert ist. (Man nennt $L_K$ auch einen *Hüllenoperator*, siehe Definition 1.333.6.)

3. Für jede zweielementige Teilmenge $B = \{b_1, b_2\} \subset T$ der genannten Menge $T$ gilt $L_{\mathbb{R}}(B) = L_{\mathbb{R}}(T)$, wobei $L_{\mathbb{R}}(B)$ der von $b_1$ und $b_2$ erzeugte Unterraum $\mathbb{R} \cdot b_1 + \mathbb{R} \cdot b_2$ (die von $b_1$ und $b_2$ aufgespannte Ebene) in $\mathbb{R}^3$ ist. Für $b \in B$ ist $L_{\mathbb{R}}(\{b\}) = \mathbb{R} \cdot b$ die von $b$ erzeugte Gerade $\mathbb{R} \cdot b$, die in der Ebene $\mathbb{R} \cdot b_1 + \mathbb{R} \cdot b_2$ enthalten ist.

**A4.542.01:** Bearbeiten Sie folgende Einzelaufgaben:

1. Es sei $f : E \longrightarrow F$ ein $K$-Homomorphismus zwischen $K$-Vektorräumen $E$ und $F$. Beweisen Sie:

a) Das Bild $f(U) = \{f(x) \in F \mid x \in U\}$ eines $K$-Unterraums $U$ von $E$ unter $f$ ist ein $K$-Unterraum von $F$, insbesondere ist die Bildmenge $Bild(f) = f(E)$ von $f$ ein $K$-Unterraum von $F$.

b) Für Teilmengen $T$ von $E$ und ihre linearen Hüllen gilt $L_K(f(T)) = f(L_K(T))$.

2. Zeigen Sie zunächst, daß die beiden Funktionen $f, g : \mathbb{R}^3 \longrightarrow \mathbb{R}^2$, definiert durch

$$f(x) = \begin{pmatrix} 1 & 2 & 3 \\ 0 & 0 & 0 \end{pmatrix} \cdot x \quad \text{und} \quad g(x) = \begin{pmatrix} 1 & 0 & 3 \\ 0 & 2 & 0 \end{pmatrix} \cdot x,$$

$\mathbb{R}$-Homomorphismen sind. Berechnen Sie dann $f(C)$ und $g(C)$ für die kanonische Basis $C = \{e_1, e_2, e_3\}$ von $\mathbb{R}^3$ und bestimmen Sie schließlich $Bild(f)$ und $Bild(g)$. Wie kann man diese beiden Bildmengen $f(C)$ und $g(C)$ geometrisch-anschaulich beschreiben?

3. Es sei $f : E \longrightarrow F$ ein $K$-Homomorphismus zwischen endlich-dimensionalen $K$-Vektorräumen, ferner sei $T$ eine Teilmenge von $E$. Untersuchen Sie die Gültigkeit der drei Aussagen:

Wenn $T$ ein Erzeugendensystem (linear unabhängige Teilmenge, Basis) von $E$ ist, dann ist $f(T)$ Erzeugendensystem (linear unabhängige Teilmenge, Basis) von $Bild(f)$.

*Hinweis:* Gilt eine Aussage generell, so geben Sie einen zugehörigen Beweis an, gilt sie nicht generell, so geben Sie zunächst ein Gegenbeispiel an und versuchen Sie dann, zusätzliche Voraussetzungen zu finden, so daß damit dann doch eine generell gültige positive Aussage vorliegt.

**B4.542.01:** Zur Bearbeitung der Aufgabe im einzelnen:

1a) Ist $U$ ein $K$-Unterraum von $E$, dann ist sein $K$-homomorphes Bild $f(U)$ ein $K$-Unterraum von $F$, denn die drei Kriterien von Satz 4.502.2/2 sind erfüllt:

Wegen $0 \in U$ und $0 = f(0) \in f(U)$ ist $f(U)$ nicht leer. Sind $f(x)$ und $f(z)$ Elemente von $f(U)$, dann ist wegen $x + z \in U$ auch die Summe $f(x) + f(z) = f(x + z) \in f(U)$. Für $f(x) \in f(U)$ und $a \in K$ ist $ax \in U$, also ist $a \cdot f(x) = f(ax) \in f(U)$.

Die drei Beweisteile lassen sich unter Verwendung von Komplexsummen und -produkten auch elementefrei formulieren: Wegen $U \neq \emptyset$ ist auch $f(U) \neq \emptyset$, ferner gilt $f(U) + f(U) = f(U + U) \subset f(U)$ (wegen $U + U \subset U$) und $K \cdot f(U) = f(K \cdot U) \subset f(U)$ (wegen $K \cdot U \subset U$).

Schließlich gilt: Wegen $Bild(f) = f(E)$ ist $Bild(f)$ ein $K$-Unterraum von $F$.

1b) Es gilt $L_K(f(T)) = f(L_K(T))$, denn für alle $z \in F$ gelten die folgenden Äquivalenzen:

$$z \in L_K(f(T)) \Leftrightarrow z = \sum_{t \in T} a_t f(t) = \sum_{t \in T} f(a_t t) = f(\sum_{t \in T} a_t t) \Leftrightarrow z \in f(L_K(T)).$$

2a) Die angebene Funktion $f$ ist ein $\mathbb{R}$-Homomorphismus, denn für alle $x, z \in \mathbb{R}^3$ und $a \in \mathbb{R}$ gilt:

$$\begin{aligned} f(x+z) &= \begin{pmatrix} 1 & 2 & 3 \\ 0 & 0 & 0 \end{pmatrix} \cdot \begin{pmatrix} x_1 + z_1 \\ x_2 + z_2 \\ x_3 + z_3 \end{pmatrix} = \begin{pmatrix} x_1 + z_1 + 2(x_2 + z_2) + 3(x_3 + z_3) \\ 0 \end{pmatrix} \\ &= \begin{pmatrix} x_1 + 2x_2 + 3x_3 \\ 0 \end{pmatrix} + \begin{pmatrix} z_1 + 2z_2 + 3z_3 \\ 0 \end{pmatrix} = \begin{pmatrix} 1 & 2 & 3 \\ 0 & 0 & 0 \end{pmatrix} \cdot x + \begin{pmatrix} 1 & 2 & 3 \\ 0 & 0 & 0 \end{pmatrix} \cdot z \\ &= f(x) + f(z), \\ f(ax) &= \begin{pmatrix} 1 & 2 & 3 \\ 0 & 0 & 0 \end{pmatrix} \cdot \begin{pmatrix} a x_1 \\ a x_2 \\ a x_3 \end{pmatrix} = \begin{pmatrix} a x_1 + 2a x_2 + 3a x_3 \\ 0 \end{pmatrix} = a \cdot \begin{pmatrix} x_1 + 2x_2 + 3x_3 \\ 0 \end{pmatrix} \\ &= a \cdot \begin{pmatrix} 1 & 2 & 3 \\ 0 & 0 & 0 \end{pmatrix} \cdot x = a \cdot f(x) \end{aligned}$$

Eine ganz analoge Berechnung liefert die $\mathbb{R}$-Homomorphie der Funktion $g$.

2b) Die Elemente der kanonischen Basis $C = \{e_1, e_2, e_3\}$ haben unter $f$ und $g$ die Funktionswerte

$$f(e_1) = \begin{pmatrix} 1 & 2 & 3 \\ 0 & 0 & 0 \end{pmatrix} \cdot \begin{pmatrix} 1 \\ 0 \\ 0 \end{pmatrix} = \begin{pmatrix} 1 \\ 0 \end{pmatrix} \quad \text{sowie} \quad f(e_2) = \begin{pmatrix} 2 \\ 0 \end{pmatrix} \quad \text{und} \quad f(e_3) = \begin{pmatrix} 3 \\ 0 \end{pmatrix},$$

$$g(e_1) = \begin{pmatrix} 1 & 0 & 3 \\ 0 & 2 & 0 \end{pmatrix} \cdot \begin{pmatrix} 1 \\ 0 \\ 0 \end{pmatrix} = \begin{pmatrix} 1 \\ 0 \end{pmatrix} \quad \text{sowie} \quad g(e_2) = \begin{pmatrix} 0 \\ 2 \end{pmatrix} \quad \text{und} \quad g(e_3) = \begin{pmatrix} 3 \\ 0 \end{pmatrix},$$

$$\text{also ist} \quad f(C) = \{\begin{pmatrix} 1 \\ 0 \end{pmatrix}, \begin{pmatrix} 2 \\ 0 \end{pmatrix}, \begin{pmatrix} 3 \\ 0 \end{pmatrix}\} \quad \text{und} \quad g(C) = \{\begin{pmatrix} 1 \\ 0 \end{pmatrix}, \begin{pmatrix} 0 \\ 2 \end{pmatrix}, \begin{pmatrix} 3 \\ 0 \end{pmatrix}\}.$$

*Anmerkung:* Man beachte in diesem Zusammenhang: Die kanonische Abbildungsmatrix $mat(f)$ eines $K$-Homomorphismus' $f : K^n \longrightarrow K^m$ hat die Spaltendarstellung $mat(f) = [f(e_1), ..., f(e_n)]$ bezüglich der kanonischen Basis $C = \{e_1, ..., e_n\}$ von $\mathbb{R}^n$ (wobei das $m$-Tupel $f(e_k)$ gerade die $k$-te Spalte der $(m, n)$-Matrix $mat(f)$ ist).

2c) Die Mengen $f(C)$ und $g(C)$ sind Erzeugendensysteme von $Bild(f)$ bzw. $Bild(g)$. Somit ist $Bild(f) = L_{\mathbb{R}}(f(C)) = \mathbb{R} \cdot \begin{pmatrix} 1 \\ 0 \end{pmatrix}$ und $Bild(g) = L_{\mathbb{R}}(g(C)) = L_{\mathbb{R}}(\{\begin{pmatrix} 1 \\ 0 \end{pmatrix}, \begin{pmatrix} 0 \\ 2 \end{pmatrix}\}) = \mathbb{R} \cdot \begin{pmatrix} 1 \\ 0 \end{pmatrix} + \mathbb{R} \cdot \begin{pmatrix} 0 \\ 1 \end{pmatrix} = \mathbb{R}^2$. $Bild(f)$ ist also die Koordinate $K_1$, $Bild(g)$ die vollständige Ebene $\mathbb{R}^2$.

3. Im folgenden werden die drei zu untersuchenden Einzelaussagen jeweils separat geprüft:

a) Ist $T$ Erzeugendensystem von $E$, dann ist $f(T)$ Erzeugendensystem von $Bild(f)$ (im Fall der Surjektivität von $f$ auch von $F$, denn in diesem Fall ist $Bild(f) = F$), denn es gilt: Ist $z \in Bild(f)$, dann gibt es $x \in E$ mit $f(x) = z$ und eine Darstellung $x = \sum_{t \in T} a_t t$ von $x$ bezüglich $T$. Damit hat $z$ die Darstellung $z = f(x) = f(\sum_{t \in T} a_t t) = \sum_{t \in T} a_t f(t)$ bezüglich $f(T)$, also ist $f(T)$ Erzeugendensystem von $Bild(f)$.

b) Ist $T \subset E$ linear unabhängig, dann ist $f(T) \subset F$ im allgemeinen nicht linear unabhängig, wie die Mengen $C$ und $f(C)$ in Aufgabenteil 2b) zeigen. Daraus folgt auch: Das homomorphe Bild $f(T)$ einer Basis $T$ ist im allgemeinen keine Basis von $Bild(f)$.

c) Wie die Beispiele $f(C)$ und $g(C)$ in Aufgabenteil 2 zeigen, enthalten die Erzeugendensysteme $f(C)$ und $g(C)$ von $Bild(f) = \mathbb{R} \cdot \begin{pmatrix} 1 \\ 0 \end{pmatrix}$ und $Bild(g) = \mathbb{R}^2$ jeweils Basen:

$c_1$) Jedes Element $x$ von $f(C)$ liefert eine Basis $\{x\}$ des eindimensionalen Unterraums $\mathbb{R} \cdot x$ von $\mathbb{R}^2$.

$c_2$) Die beiden Teilmengen $\{\begin{pmatrix} 1 \\ 0 \end{pmatrix}, \begin{pmatrix} 0 \\ 2 \end{pmatrix}\}$ und $\{\begin{pmatrix} 3 \\ 0 \end{pmatrix}, \begin{pmatrix} 0 \\ 2 \end{pmatrix}\}$ sind jeweils Basen der Räume $\mathbb{R} \cdot \begin{pmatrix} 1 \\ 0 \end{pmatrix} + \mathbb{R} \cdot \begin{pmatrix} 0 \\ 2 \end{pmatrix} = \mathbb{R}^2$ bzw. von $\mathbb{R} \cdot \begin{pmatrix} 3 \\ 0 \end{pmatrix} + \mathbb{R} \cdot \begin{pmatrix} 0 \\ 2 \end{pmatrix} = \mathbb{R}^2$.

*Zusammenfassung:* Die homorphen Bilder $f(T)$ von Basen $T$ von $E$ sind im allgemeinen zwar keine Basen von $F$, sie enthalten aber Basen von Unterräumen. Ist $f$ jedoch ein $K$-Isomorphismus, dann ist das isomorphe Bild $f(T)$ einer Basis $T$ von $E$ eine Basis von $F$, denn:

1. Ist $f$ surjektiv, dann ist $f(T)$ Erzeugendensystem von $Bild(f) = F$.

2. Ist $f$ injektiv, dann gilt die Implikation $f(x) = 0 \Rightarrow x = 0$, damit gelten dann die folgenden Implikationen, die die lineare Unabhängigkeit von $f(T)$ zeigen:

$$\sum_{t \in T} a_t f(t) = 0 \;\Rightarrow\; f(\sum_{t \in T} a_t t) = 0 \;\Rightarrow\; \sum_{t \in T} a_t t = 0 \;\Rightarrow\; \text{für alle } t \in T \text{ gilt } a_t = 0.$$

**A4.542.02:** Bearbeiten Sie die folgenden Aufgabenteile:

1. Es sei $f : E \longrightarrow F$ ein $K$-Homomorphismus zwischen $K$-Vektorräumen $E$ und $F$. Beweisen Sie: Das Urbild $f^u(V) = \{x \in E \mid f(x) \in V\}$ eines $K$-Unterraums $V$ von $F$ ist ein $K$-Unterraum von $E$; insbesondere ist $Kern(f) = \{x \in E \mid f(x) = 0\}$ ein $K$-Unterraum von $E$. Wann ist $Kern(f) = E$ ?

2. Bestimmen Sie jeweils die Kerne von $f$, $g$ und $g \circ f$ für die folgenden $\mathbb{R}$-Homomorphismen und beschreiben Sie sie jeweils mit geometrischen Begriffen (als Teilmengen des zwei- bzw. dreidimensionalen Raums $\mathbb{R}^2$ bzw. $\mathbb{R}^3$):

a) $f : \mathbb{R}^2 \longrightarrow \mathbb{R}^2, \quad \begin{pmatrix} x_1 \\ x_2 \end{pmatrix} \longmapsto \begin{pmatrix} x_1 + x_2 \\ 0 \end{pmatrix} \qquad g : \mathbb{R}^2 \longrightarrow \mathbb{R}, \quad \begin{pmatrix} x_1 \\ x_2 \end{pmatrix} \longmapsto x_1 + 2\,x_2$

b) $f : \mathbb{R}^3 \longrightarrow \mathbb{R}^2, \quad \begin{pmatrix} x_1 \\ x_2 \\ x_3 \end{pmatrix} \longmapsto \begin{pmatrix} x_1 + x_2 + 3x_3 \\ 2x_2 \end{pmatrix} \qquad g : \mathbb{R}^2 \longrightarrow \mathbb{R}, \quad \begin{pmatrix} x_1 \\ x_2 \end{pmatrix} \longmapsto x_1 + x_2$

c) $f : \mathbb{R}^3 \longrightarrow \mathbb{R}^2, \quad \begin{pmatrix} x_1 \\ x_2 \\ x_3 \end{pmatrix} \longmapsto \begin{pmatrix} 2x_1 + 4x_2 + 8x_3 \\ x_1 - 2x_2 + 4x_3 \end{pmatrix} \qquad g : \mathbb{R}^2 \longrightarrow \mathbb{R}^2, \quad \begin{pmatrix} x_1 \\ x_2 \end{pmatrix} \longmapsto \begin{pmatrix} x_2 \\ x_1 \end{pmatrix}$

3. Beweisen Sie: Für $K$-Homomorphismen $f : E \longrightarrow F$ und $g : F \longrightarrow H$ zwischen $K$-Vektorräumen $E$, $F$ und $H$ gilt $Kern(f) \subset Kern(g \circ f)$. Welche Rolle spielt die Homomorphie von $f$ und $g$ dabei? Geben Sie ein Beispiel an, das zeigt, daß $Kern(g \circ f) \subset Kern(f)$ im allgemeinen nicht gilt. Unter welcher zusätzlichen Bedingung gilt jedoch die Gleichheit?

4. Beweisen Sie die beiden folgenden Aussagen:
a) Für jeden $K$-Homomorphismus $f : E \longrightarrow F$ gilt die Äquivalenz: $Kern(f) = 0 \Leftrightarrow f$ injektiv.
b) Ist $E$ endlich-dimensional und $F = E$, dann gilt sogar: $Kern(f) = 0 \Leftrightarrow f$ bijektiv.

5. Untersuchen Sie für einen $K$-Homomorphismus $f : E \longrightarrow F$ zwischen endlich-dimensionalen $K$-Vektorräumen $E$ und $F$ das Verhältnis zwischen $L_K(f^u(T))$ und $f^u(L_K(T))$ für Teilmengen $T$ von $F$ (Hinweis: $T \subset L_K(T)$). Führen Sie einen zweiten Beweis von Aufgabe A4.542.01, Aufgabenteil 1b).

**B4.542.02:** Zur Bearbeitung der Aufgabe im einzelnen:

1. Ist $V$ ein Unterraum von $F$, dann ist sein homomorphes Urbild $f^u(V)$ ein Unterraum von $E$, denn die drei Kriterien von Satz 4.502.2/2 sind erfüllt:

Wegen $f(0) = 0 \in V$ ist $0 \in f^u(V)$, also ist $f^u(V)$ nicht leer. Sind $x$ und $z$ Elemente von $f^u(V)$, dann sind $f(x)$ und $f(z)$ Elemente von $V$ und es gilt $f(x + z) = f(x) + f(z) \in V$. Somit ist $x + z \in f^u(V)$. Für $x \in f^u(V)$ und $a \in K$ ist $f(x) \in V$, also $f(ax) = af(x) \in V$. Somit ist $ax \in f^u(V)$.
Die drei Beweisteile lassen sich unter Verwendung von Komplexsummen und -produkten wieder elementefrei formulieren: Wegen $V \neq \emptyset$ ist auch $f^u(V) \neq \emptyset$. Ferner gilt $f^u(V) + f^u(V) \subset f^u(V + V) \subset f^u(V)$ (wegen $V + V \subset V$) und $K \cdot f^u(V) \subset f^u(K \cdot V) \subset f^u(V)$ (wegen $K \cdot V \subset V$).
Wegen $Kern(f) = f^u(\{0\})$ für den Unterraum $\{0\}$ von $F$ ist $Kern(f)$ ein Unterraum von $E$. Der Fall $Kern(f) = E$ tritt genau dann auf, wenn $f$ die Null-Funktion $f = 0$ ist (die auch ein $K$-Homomorphismus $E \longrightarrow F$ ist).

2a) Die Kerne von $f$, $g$ und $g \circ f$ lassen sich jeweils wie folgt berechnen:

$Kern(f)$ ist die Gerade $\mathbb{R}\begin{pmatrix} -3 \\ 1 \end{pmatrix}$, denn: $\begin{pmatrix} x_1 \\ x_2 \end{pmatrix} \in Kern(f) \Leftrightarrow f\begin{pmatrix} x_1 \\ x_2 \end{pmatrix} = \begin{pmatrix} x_1 + 3x_2 \\ 0 \end{pmatrix} = \begin{pmatrix} 0 \\ 0 \end{pmatrix}$
$\Leftrightarrow x_1 + 3\,x_2 = 0 \Leftrightarrow x_1 = -3\,x_2 \Leftrightarrow \begin{pmatrix} x_1 \\ x_2 \end{pmatrix} = \begin{pmatrix} -3x_2 \\ x_2 \end{pmatrix} = x_2 \cdot \begin{pmatrix} -3 \\ 1 \end{pmatrix} \in \mathbb{R} \cdot \begin{pmatrix} -3 \\ 1 \end{pmatrix}$.

$Kern(g)$ ist die Gerade $\mathbb{R}\begin{pmatrix} -2 \\ 1 \end{pmatrix}$, denn: $\begin{pmatrix} x_1 \\ x_2 \end{pmatrix} \in Kern(g) \Leftrightarrow g\begin{pmatrix} x_1 \\ x_2 \end{pmatrix} = x_1 + x_2 = 0$
$\Leftrightarrow x_1 = -2\,x_2 \Leftrightarrow \begin{pmatrix} x_1 \\ x_2 \end{pmatrix} = \begin{pmatrix} -2x_2 \\ x_2 \end{pmatrix} = x_2 \cdot \begin{pmatrix} -2 \\ 1 \end{pmatrix} \in \mathbb{R}\begin{pmatrix} -2 \\ 1 \end{pmatrix}$.

$Kern(g \circ f)$ ist die Gerade $\mathbb{R}\begin{pmatrix} -3 \\ 1 \end{pmatrix} = Kern(f)$ (obgleich die Funktion $g$ nicht injektiv ist), denn:

$$\begin{pmatrix} x_1 \\ x_2 \end{pmatrix} \in Kern(g) \Leftrightarrow (g \circ f)\begin{pmatrix} x_1 \\ x_2 \end{pmatrix} = g\begin{pmatrix} x_1 + 3x_2 \\ 0 \end{pmatrix} = x_1 + 3x_2 = 0 \Leftrightarrow \begin{pmatrix} x_1 \\ x_2 \end{pmatrix} \in Kern(f).$$

2b) $Kern(f)$ ist $\mathbb{R}\begin{pmatrix} -3 \\ 0 \\ 1 \end{pmatrix}$, denn: $\begin{pmatrix} x_1 \\ x_2 \\ x_3 \end{pmatrix} \in Kern(f) \Leftrightarrow f\begin{pmatrix} x_1 \\ x_2 \\ x_3 \end{pmatrix} = \begin{pmatrix} x_1 + x_2 + 3x_3 \\ 2x_2 \end{pmatrix} = \begin{pmatrix} 0 \\ 0 \end{pmatrix}$

$\Leftrightarrow\ x_2 = 0$ und $x_1 = -3x_3 \Leftrightarrow \begin{pmatrix} x_1 \\ x_2 \\ x_3 \end{pmatrix} = x_3 \cdot \begin{pmatrix} -3 \\ 0 \\ 1 \end{pmatrix} \in \mathbb{R} \cdot \begin{pmatrix} -3 \\ 0 \\ 1 \end{pmatrix}$, also eine Gerade.

$Kern(g)$ ist die Gerade $\mathbb{R}\begin{pmatrix} 1 \\ -1 \end{pmatrix}$, denn: $\begin{pmatrix} x_1 \\ x_2 \end{pmatrix} \in Kern(g) \Leftrightarrow g\begin{pmatrix} x_1 \\ x_2 \end{pmatrix} = x_1 + x_2 = 0$

$\Leftrightarrow\ x_2 = -x_1 \Leftrightarrow \begin{pmatrix} x_1 \\ x_2 \end{pmatrix} = x_1 \cdot \begin{pmatrix} 1 \\ -1 \end{pmatrix} \in \mathbb{R}\begin{pmatrix} 1 \\ -1 \end{pmatrix}$.

Mit $(g \circ f)\begin{pmatrix} x_1 \\ x_2 \\ x_3 \end{pmatrix} = g\begin{pmatrix} x_1 + x_2 + 3x_3 \\ 2x_2 \end{pmatrix} = x_1 + 3x_2 + 3x_3$ gilt $\begin{pmatrix} x_1 \\ x_2 \\ x_3 \end{pmatrix} \in Kern(g \circ f)$ genau dann, wenn $x_1 + 3x_2 + 3x_3 = 0$ gilt. Zur weiteren Bearbeitung beachte man das generelle Verfahren, Gleichungen des Typs $ax_1 + bx_2 + cx_3 = 0$ zu lösen: Man kann eine der Zahlen $x_1$, $x_2$, $x_3$ Null wählen, eine der beiden anderen dann ungleich Null (sonst wäre auch die dritte Null), aber nach Möglichkeit so, daß einfach gebaute (vielleicht sogar ganze) Zahlen entstehen. Diesen Prozeß kann man zweimal ausführen und erhält so zwei linear unabhängige Lösungen $\begin{pmatrix} x_1 \\ x_2 \\ x_3 \end{pmatrix}$. Also: Die Wahl $x_1 = 0$ und $x_2 = 1$ liefert $x_3 = -1$, die Wahl $x_2 = 0$ und $x_1 = 3$ liefert $x_3 = -1$, damit sind $\begin{pmatrix} 0 \\ 1 \\ -1 \end{pmatrix}$ und $\begin{pmatrix} 3 \\ 0 \\ -1 \end{pmatrix}$ zwei linear unabhängige Lösungen von $x_1 + 3x_2 + 3x_3 = 0$ und die obige Äquivalenz kann fortgesetzt werden mit

$x_1 + 3x_2 + 3x_3 = 0 \Leftrightarrow \begin{pmatrix} x_1 \\ x_2 \\ x_3 \end{pmatrix} \in \mathbb{R} \cdot \begin{pmatrix} 0 \\ 1 \\ -1 \end{pmatrix} + \mathbb{R}\begin{pmatrix} 3 \\ 0 \\ -1 \end{pmatrix}$, womit $Kern(g \circ f)$ gefunden ist.

*Anmerkung:* Eine andere Variante zur Bestimmung von $Kern(g \circ f)$ liefert $x_1 + 3x_2 + 3x_3 = 0$ in der Darstellung als skalares Produkt $\begin{pmatrix} x_1 \\ x_2 \\ x_3 \end{pmatrix} \cdot \begin{pmatrix} 1 \\ 3 \\ 3 \end{pmatrix} = 0$, also als definierende Gleichung für eine Normalen-Form einer Ebene.

2c) $Kern(f)$ ist die Ebene $\mathbb{R}\begin{pmatrix} 0 \\ 2 \\ -1 \end{pmatrix} + \mathbb{R}\begin{pmatrix} 4 \\ 0 \\ -1 \end{pmatrix}$, denn nach dem oben geschilderten Verfahren gilt:

$$\begin{pmatrix} x_1 \\ x_2 \\ x_3 \end{pmatrix} \in Kern(f) \Leftrightarrow f\begin{pmatrix} x_1 \\ x_2 \\ x_3 \end{pmatrix} = \begin{pmatrix} 2x_1 + 4x_2 + 8x_3 \\ x_1 + 2x_2 + 4x_3 \end{pmatrix} = \begin{pmatrix} 0 \\ 0 \end{pmatrix}$$

$$\Leftrightarrow\ x_1 + 2x_2 + 4x_3 = 0 \Leftrightarrow \begin{pmatrix} x_1 \\ x_2 \\ x_3 \end{pmatrix} \in \mathbb{R}\begin{pmatrix} 0 \\ 2 \\ -1 \end{pmatrix} + \mathbb{R}\begin{pmatrix} 4 \\ 0 \\ -1 \end{pmatrix}$$

Offensichtlich ist $Kern(g) = 0$, denn es gilt $g\begin{pmatrix} x_1 \\ x_2 \end{pmatrix} = \begin{pmatrix} x_2 \\ x_1 \end{pmatrix} = \begin{pmatrix} 0 \\ 0 \end{pmatrix} \Leftrightarrow x_1 = 0$ und $x_2 = 0$. Damit ist, da $g$ nur die Zeilen vertauscht, $Kern(g \circ f) = Kern(f)$. (Das Aussehen von $Kern(g)$ und $Kern(g \circ f)$ im vorstehenden Beispiel liefert auch der Aufgabenteil 4b).

3. Es gelten folgende Implikationen für $x \in E$:
$x \in Kern(f) \Rightarrow f(x) = 0 \Rightarrow g(f(x)) = 0$ (denn $g(0) = 0$) $\Rightarrow (g \circ f)(x) = 0 \Rightarrow x \in Kern(g \circ f)$.
Nur bei der zweiten Implikation wird von einer Gruppenhomomorphie (der von $g$) Gebrauch gemacht. Betrachtet man Kerne als Nullstellenmengen, dann gilt $N(f) \subset N(g \circ f)$, sofern $g(0) = 0$ ist (beispielsweise ist das bei Nullpunktsgeraden $g$ der Fall).

Ein Beispiel dafür, daß $Kern(g \circ f) \subset Kern(f)$ im allgemeinen nicht gilt, ist in Teil 2b) berechnet. Ein anderes Beispiel ist: Für die identische Funktion $id : \mathbb{R} \longrightarrow \mathbb{R}$ und die Nullfunktion $0 : \mathbb{R} \longrightarrow \mathbb{R}$, die beide $\mathbb{R}$-Homomorphismen sind, gilt $Kern(id) = 0$ und $Kern(0 \circ id) = Kern(0) = \mathbb{R}$, es ist also $Kern(0 \circ id) \neq Kern(id)$.

4a) Die Gültigkeit der behaupteten Äquivalenz wird durch die beiden folgenden Implikationen gezeigt:
1. Es gelte $Kern(f) = 0$. Für $x, z \in E$ sei $x \neq z$, also ist $x - z \neq 0$ und somit $f(x-z) = f(x) - f(z) \neq 0$ (denn wegen $Kern(f) = 0$ kann $x - z \neq 0$ nicht in $Kern(f)$ enthalten sein). Damit ist $f(x) \neq f(z)$, $f$ also injektiv.
2. $f$ sei injektiv. Für $x \in Kern(f)$ gilt $f(x) = 0$. Daneben ist aber auch $f(0) = 0$. Aus beiden liefert die Injektivität von $f$ aber $x = 0$, somit ist $Kern(f) = 0$.

b) Für $K$-Homomorphismen$f : E \longrightarrow E$ endlich-dimensionaler $K$-Vektorräume $E$ gelten unter Verwendung des Dimensionssatzes (Corollar 4.534.5) die folgenden Äquivalenzen: $f$ injektiv $\Leftrightarrow$ $Kern(f) = 0$ $\Leftrightarrow$ $\dim_K(Kern(f)) = 0$ $\Leftrightarrow$ $\dim_K(E) = \dim_K(Bild(f))$ $\Leftrightarrow$ $E = Bild(f)$ $\Leftrightarrow$ $f$ surjektiv.
In diesem Fall ist die Injektivität äquivalent zur Surjektivität und damit auch zur Bijektivität von $f$.

5. Im folgenden wird die für lineare Hüllen wesentlichste Eigenschaft benutzt: $L_K(S)$ ist der kleinste eine Menge $S$ umfassende Unterraum. Das heißt, für alle Unterräume $U$, die auch $S$ umfassen, gilt stets $S \subset L_K(S) \subset U$.

a) Es gilt $L_K(f^u(T)) \subset f^u(L_K(T))$ für alle Teilmengen $T$ von $F$, denn: Zu beachten ist zunächst, daß $L_K(f^u(T))$ als lineare Hülle und $f^u(L_K(T))$ als Urbild eines Unterraums Unterräume von $E$ sind; ferner gilt generell $T \subset L_K(T)$. Nun zwei Beweise:

1. Mit $T \subset L_K(T)$ ist $f^u(T) \subset f^u(L_K(T))$, damit ist $f^u(T) \subset L_K(f^u(T)) \subset f^u(L_K(T))$, denn $L_K(f^u(T))$ ist der kleinste $f^u(T)$ umfassende Unterraum von $E$.
2. Mit $T \subset L_K(T)$ ist $f^u(T) \subset f^u(L_K(T))$ und damit $L_K(f^u(T)) \subset L_K(f^u(L_K(T))) = f^u(L_K(T))$, da $L_K$ Inklusionen erhält und $L_K(V) = V$ für Unterräume gilt.

Die Inklusion $f^u(L_K(T)) \subset L_K(f^u(T))$ gilt im allgemeinen nicht, denn für die Nullfunktion $f = 0$ und $T = \emptyset$ ist $f^u(L_K(T)) = f^u(0) = \mathbb{R}^2$ und $L_K(f^u(T)) = L_K(\emptyset) = 0$.

b) Die Gleichheit $L_K(f(T)) = f(L_K(T))$ für $T \subset E$ wird durch die Gültigkeit der beiden Inklusionen gezeigt:
1. Es gilt $L_K(f(T)) \subset f(L_K(T))$, denn wegen $T \subset L_K(T)$ ist $f(T) \subset f(L_K(T))$. Nach der Vorbemerkung gilt dann $f(T) \subset L_K(f(T)) \subset f(L_K(T))$.
2. $f^u(L_K(f(T)))$ ist ein Unterraum von $E$, der $T$ und somit auch $L_K(T)$ umfaßt. Damit ist dann $f(L_K(T)) \subset f(f^u(L_K(f(T)))) \subset L_K(f(T))$ unter Verwendung der Formel $f(f^u(S)) \subset S$.

**A4.542.03:** Bearbeiten Sie die folgenden Aufgaben:

1. Es sei $E$ ein zweidimensionaler $K$-Vektorraum mit Basen $B = \{b_1, b_2\}$ und $D = \{d_1, d_2\}$. Beweisen Sie ohne Verwendung des Satzes über lineare Fortsetzungen den folgenden Sachverhalt:
Zu jeder bijektiven Funktion $s : B \longrightarrow D$ gibt es genau einen $K$-Isomorphismus $f_s : E \longrightarrow E$ mit $f_s \mid B = s$ (wobei $f_s \mid B$ die Einschränkung von $f_s$ auf $B$ bezeichne).

2. Betrachten Sie die Basen $B = \{b_1 = \begin{pmatrix} 0 \\ 1 \end{pmatrix}, b_2 = \begin{pmatrix} 2 \\ 2 \end{pmatrix}\}$ und $D = \{d_1 = \begin{pmatrix} 1 \\ 2 \end{pmatrix}, d_2 = \begin{pmatrix} 1 \\ 0 \end{pmatrix}\}$ des $\mathbb{R}$-Vektorraums $\mathbb{R}^2$. Geben Sie zu den beiden bijektiven Funktionen $s, \bar{s} : B \longrightarrow D$ die zugehörigen $\mathbb{R}$-Isomorphismen $f_s, f_{\bar{s}} : \mathbb{R}^2 \longrightarrow \mathbb{R}^2$ an und zeigen Sie insbesondere $f_s \neq f_{\bar{s}}$.

3. Erläutern Sie im einzelnen, wie der Sachverhalt in Aufgabenteil 1 unter Verwendung des Satzes über Lineare Fortsetzungen bewiesen werden kann. Welche Rolle spielen dabei $Bild(s)$ und $Bild(f_{\bar{s}})$ ?

4. Geben Sie zu den beiden $\mathbb{R}$-Isomorphismen $f, g : \mathbb{R}^2 \longrightarrow \mathbb{R}^2$, definiert durch die Vorschriften

$$f\begin{pmatrix} x_1 \\ x_2 \end{pmatrix} = \begin{pmatrix} x_1 + 3x_2 \\ 2x_1 + 4x_2 \end{pmatrix} \quad \text{und} \quad g\begin{pmatrix} x_1 \\ x_2 \end{pmatrix} = \begin{pmatrix} x_2 \\ x_1 \end{pmatrix}$$

jeweils Basen $B$ und $D$ von $\mathbb{R}^2$ sowie jeweils eine Funktion $s : B \longrightarrow D$ an, so daß $f = f_s$ bzw. $g = g_s$ gilt (also $f_s$ bzw. $g_s$ jeweils die lineare Fortsetzung von $s$ ist).

5. Warum liefert die Zuordnung $s \longmapsto f_s$ eine Funktion $u : Abb(B,E) \longrightarrow Aut_K(E)$ mit $u(s) = f_s$? Untersuchen sie dann für die Funktion $Aut_K(E) \stackrel{v}{\longrightarrow} Abb(B,E)$, $f \longmapsto f \mid B$ (Einschränkung von $f$ auf $B$) die beiden Kompositionen $u \circ v$ und $v \circ u$. Welche Bedeutung hat das Ergebnis für $u$ und $v$?

**B4.542.03:** Zur Bearbeitung der Aufgabe im einzelnen:

1. Im folgenden wird o.B.d.A. die Funktion $s : B \longrightarrow D$ mit $s(b_1) = d_1$ und $s(b_2) = d_2$ als eine der beiden bijektiven Funktionen $B \longrightarrow D$ betrachtet.

a) Die von $s$ erzeugte Funktion $f_s : E \longrightarrow E$ hat vermöge der Basisdarstellungen von $x \in E$ durch $B$ und $f_s(x) \in E$ durch $D$ die Zuordnungsvorschrift

$$x = a_1b_1 + a_2b_2 \longmapsto f_s(x) = a_1 \cdot s(b_1) + a_2 \cdot s(b_2) = a_1d_1 + a_2d_2 \text{ mit } a_1, a_2 \in K.$$

b) $f_s$ ist ein $K$-Homorphismus, denn für alle $x = a_1b_1 + a_2b_2$, $z = c_1b_1 + c_2b_2 \in E$ und $a \in K$ ist

$$\begin{aligned} f_s(x+z) &= f_s((a_1b_1 + a_2b_2) + (c_1b_1 + c_2b_2)) = f_s((a_1 + c_1)b_1 + (a_2 + c_2)b_2) \\ &= (a_1 + c_1)d_1 + (a_2 + c_2)d_2 = (a_1d_1 + a_2d_2) + (c_1d_1 + c_2d_2) \\ &= f_s(x) + f_s(z) \end{aligned}$$

$$\begin{aligned} f_s(ax) &= f_s(a(a_1b_1 + a_2b_2)) = f_s((aa_1)b_1 + (aa_2)b_2) \\ &= (aa_1)d_1 + (aa_2)d_2 = a(a_1d_1) + a(a_2d_2) \\ &= a \cdot (a_1d_1 + a_2d_2) = a \cdot f_s(x). \end{aligned}$$

c) Um zu zeigen, daß $f_s$ bijektiv ist, betrachte man den zu der inversen Funktion $s^{-1} : D \longrightarrow B$ analog zu a) definierten $K$-Homomorphismus $f_{s^{-1}} : E \longrightarrow E$ mit $f_{s^{-1}}(z) = a_1b_1 + a_2b_2$ für $z = a_1d_1 + a_2d_2$. Damit gilt $f_s^{-1} = f_{s^{-1}}$, denn es ist für alle $z = a_1d_1 + a_2d_2$ dann

$$\begin{aligned} (f_s \circ f_{s^{-1}})(z) &= f_s(f_{s^{-1}}(z)) = f_s(f_{s^{-1}}(a_1\, d_1 + a_2\, d_2)) \\ &= f_s(a_1 \cdot s^{-1}(d_1) + a_2 \cdot s^{-1}(d_2)) = a_1 \cdot (s \circ s^{-1})(d_1) + a_2 \cdot (s \circ s^{-1})(d_2) \\ &= a_1\, d_1 + a_2\, d_2 = z \end{aligned}$$

und entsprechend $(f_{s^{-1}} \circ f_s)(x) = x$, für alle $x = a_1b_1 + a_2b_2$. Somit gilt $f_s \circ f_{s^{-1}} = id$ und $f_{s^{-1}} \circ f_s = id$, also ist $f_s$ bijektiv mit Umkehrfunktion $f_s^{-1} = f_{s^{-1}}$.

d) $f_s : E \longrightarrow E$ ist durch $f_s \mid B = s$ eindeutig bestimmt, denn: Angenommen es gibt einen zweiten $K$-Homomorphismus $h : E \longrightarrow E$ mit $h \mid B = s$, dann ist

$$\begin{aligned} h(x) &= h(a_1b_1 + a_2b_2) = a_1 \cdot h(b_1) + a_2 \cdot h(b_2) \\ &= a_1 \cdot s(b_1) + a_2 \cdot s(b_2) = a_1 \cdot f_s(b_1) + a_2 \cdot f_s(b_2) \\ &= f_s(a_1\, b_1 + a_2\, b_2) = f(x), \text{ für alle } x \in E, \end{aligned}$$

somit ist $h = f_s$.

2. Die beiden bijektiven Funktionen $s, \bar{s} : B \longrightarrow D$ sind definiert durch

$$s(b_1) = d_1 \text{ und } s(b_2) = d_2 \quad \text{sowie} \quad \bar{s}(b_1) = d_2 \text{ und } \bar{s}(b_2) = d_1.$$

Betrachtet man nun zu $x \in \mathbb{R}^2$ die Darstellung $x = \begin{pmatrix} x_1 \\ x_2 \end{pmatrix} = (x_2 - x_1) \cdot \begin{pmatrix} 0 \\ 1 \end{pmatrix} + \frac{1}{2}x_1 \cdot \begin{pmatrix} 2 \\ 2 \end{pmatrix}$ bezüglich $B$, dann haben die von $s$ und $\bar{s}$ erzeugten $\mathbb{R}$-Isomorphismen $f_s, f_{\bar{s}} : \mathbb{R}^2 \longrightarrow \mathbb{R}^2$ die Zuordnungsvorschriften

$$\begin{aligned} f_s(x) &= (x_2 - x_1) \cdot s\begin{pmatrix} 0 \\ 1 \end{pmatrix} + \tfrac{1}{2}x_1 \cdot \begin{pmatrix} 2 \\ 2 \end{pmatrix} = (x_2 - x_1) \cdot \begin{pmatrix} 1 \\ 2 \end{pmatrix} + \tfrac{1}{2}x_1 \cdot \begin{pmatrix} 1 \\ 0 \end{pmatrix} \\ &= \begin{pmatrix} x_2 - x_1 \\ 2x_2 - 2x_1 \end{pmatrix} + \begin{pmatrix} \frac{1}{2}x_1 \\ 0 \end{pmatrix} = \begin{pmatrix} x_2 - \frac{1}{2}x_1 \\ 2x_2 - 2x_1 \end{pmatrix}, \\ f_{\bar{s}}(x) &= (x_2 - x_1) \cdot \bar{s}\begin{pmatrix} 0 \\ 1 \end{pmatrix} + \tfrac{1}{2}x_1 \cdot \bar{s}\begin{pmatrix} 2 \\ 2 \end{pmatrix} = (x_2 - x_1) \cdot \begin{pmatrix} 1 \\ 0 \end{pmatrix} + \tfrac{1}{2}x_1 \cdot \begin{pmatrix} 1 \\ 2 \end{pmatrix} \\ &= \begin{pmatrix} x_2 - x_1 \\ 0 \end{pmatrix} + \begin{pmatrix} \frac{1}{2}x_1 \\ x_1 \end{pmatrix} = \begin{pmatrix} x_2 - \frac{1}{2}x_1 \\ x_1 \end{pmatrix}. \end{aligned}$$

Dabei gilt beispielsweise

$$f_s\begin{pmatrix}2\\1\end{pmatrix} = \begin{pmatrix}1-1\\2-4\end{pmatrix} = \begin{pmatrix}0\\-2\end{pmatrix} \neq \begin{pmatrix}0\\2\end{pmatrix} = \begin{pmatrix}1-1\\2\end{pmatrix} = f_{\bar{s}}\begin{pmatrix}2\\1\end{pmatrix},$$

also ist $f_s \neq f_{\bar{s}}$.

3. Der Satz über lineare Fortsetzungen liefert zunächst einen eindeutig bestimmten $K$-Homomorphismus $f_s : E \longrightarrow E$ zu der Funktion $s : B \longrightarrow D \subset \mathbb{R}^2$. Dabei gilt allgemein: $Bild(s)$ ist ein Erzeugendensystem von $Bild(f)$. Da im vorliegenden Fall jedoch $Bild(s) = D$ eine zweielementige Basis von $E$ ist, ist $Bild(f) = L_K(D) = E$, $f$ also surjektiv und damit auch bijektiv. Somit ist $f$ insgesamt ein $K$-Isomorphismus.

4a) Die Darstellung $f\begin{pmatrix}x_1\\x_2\end{pmatrix} = \begin{pmatrix}x_1+3x_2\\2x_1+4x_2\end{pmatrix} = x_1\begin{pmatrix}1\\2\end{pmatrix} + x_2\begin{pmatrix}3\\4\end{pmatrix}$ zeigt, wie die Funktionswerte von $f$ durch die Basis $D = \{d_1 = \begin{pmatrix}1\\2\end{pmatrix}, d_2 = \begin{pmatrix}3\\4\end{pmatrix}\}$ von $\mathbb{R}^2$ dargestellt werden. Betrachtet man nun die kanonische Basis $C = \{e_1 = \begin{pmatrix}1\\0\end{pmatrix}, e_2 = \begin{pmatrix}0\\1\end{pmatrix}\}$ von $\mathbb{R}^2$ und definiert eine Funktion $s : C \longrightarrow D \subset \mathbb{R}^2$ durch $s(e_1) = d_1$ und $s(e_2) = d_2$, dann ist die lineare Fortsetzung $f_s : \mathbb{R}^2 \longrightarrow \mathbb{R}^2$ gerade die vorgelegte Funktion $f$, denn es ist

$$f_s\begin{pmatrix}x_1\\x_2\end{pmatrix} = f_s(x_1 \cdot e_1 + x_2 \cdot e_2) = x_1 \cdot s(e_1) + x_2 \cdot s(e_2) = x_1 \cdot d_1 + x_2 \cdot d_2 = f\begin{pmatrix}x_1\\x_2\end{pmatrix}.$$

4b) Die Darstellung $g\begin{pmatrix}x_1\\x_2\end{pmatrix} = \begin{pmatrix}x_2\\x_1\end{pmatrix} = x_1\begin{pmatrix}0\\1\end{pmatrix} + x_2\begin{pmatrix}1\\0\end{pmatrix}$ zeigt, wie die Funktionswerte von $g$ durch die kanonische Basis $C = \{e_1, e_2\}$ von $\mathbb{R}^2$ dargestellt werden. Betrachtet man die Funktion $s : C \longrightarrow C$ mit $s(e_1) = e_2$ und $s(e_2) = e_1$, dann gilt $g_s = g$, denn es ist

$$g_s\begin{pmatrix}x_1\\x_2\end{pmatrix} = g_s(x_1\, e_1 + x_2\, e_2) = x_1 \cdot s(e_1) + x_2 \cdot s(e_2) = x_1 \cdot e_2 + x_2 \cdot e_1 = g\begin{pmatrix}x_1\\x_2\end{pmatrix}.$$

5. Da zu vorgelegter Funktion $u : B \longrightarrow E$ die Funktion $f_s : E \longrightarrow E$ eindeutig bestimmt ist, ist die Zuordnung $s \longmapsto f_s$ tatsächlich eine Funktion. Die Kompositionen $u \circ v$ und $v \circ u$,

$$f \overset{v}{\longmapsto} f \mid B \overset{u}{\longmapsto} f_{f \mid B} = f = (u \circ v)(f) \quad \text{und} \quad s \overset{u}{\longmapsto} f_s \overset{v}{\longmapsto} f_s \mid B = s = (v \circ u)(s),$$

sind jeweils die identische Funktion, das bedeutet, daß $u$ bijektiv mit $u^{-1} = v$ und ebenfalls $v$ bijektiv mit $v^{-1} = u$ ist. Fazit: Jede Basis $B$ von $E$ liefert eine bijektive Funktion $u : Abb(B, E) \longrightarrow Aut_K(E, E)$ mit der Zuordnung $s \longmapsto f_s$. (Da man überdies weiß, daß $Abb(B, E)$ und $Aut_K(E, E)$ selbst $K$-Vektorräume sind, kann man sogar zeigen, daß $u$ ein $K$-Isomorphismus ist.)

## 4.550 Unterräume von $Abb(K,K)$ (Polynom-Funktionen)

**A4.550.01:** Bearbeiten Sie die folgenden Einzelaufgaben:

1. Weisen Sie nach, daß die Menge $Pol(K)$ aller Polynom-Funktionen $K \longrightarrow K$ zusammen mit der argumentweise definierten Addition, $(f+g)(x) = f(x) + g(x)$, und der argumentweise definierten $K$-Multiplikation, $(af)(x) = af(x)$, mit $a \in K$, einen $K$-Vektorraum bildet.

2. Bilden für alle Elemente $n \in \mathbb{N}_0$ die beiden Mengen $Pol_n(K) = \{f \in Pol(K) \mid grad(f) = n\}$ und $Pol_g(K) = \{f = \sum\limits_{1 \le i \le n} a_i \cdot id^i \mid a_i = 0$ für $i$ ungerade $\}$ jeweils Unterräume von $Pol(K)$?

3. Weisen Sie nach, daß für jedes Element $n \in \mathbb{N}_0$ die Menge $Pol_{(n)}(K) = \{f \in Pol(K) \mid grad(f) \le n\}$ einen Unterraum von $Pol(K)$ bildet.

4. Weisen Sie im einzelnen nach, daß die Funktion $u : K^3 \longrightarrow Pol_{(2)}(K)$ mit der Zuordnungsvorschrift $\begin{pmatrix} a_0 \\ a_1 \\ a_2 \end{pmatrix} \longmapsto a_0 + a_1 id + a_2 id^2$ ein $K$-Isomorphismus ist. Erläutern Sie, wie man diesen Sachverhalt auch für $K^{n+1} \longrightarrow Pol_{(n)}(K)$ mit $n \in \mathbb{N}$ und sogar für $K^{(\mathbb{N}_0)} \longrightarrow Pol(K)$ beweisen kann, wobei $K^{(\mathbb{N}_0)}$ den $K$-Vektorraum aller Folgen $a : \mathbb{N}_0 \longrightarrow K$ mit $a(n) = 0$, für fast alle $n \in \mathbb{N}_0$ (nur endlich viele Folgenglieder $a(n)$ sind ungleich Null) bezeichne. (Man kann $a$ auch als $\mathbb{N}_0$-Tupel mit dieser Eigenschaft ansehen.)

**B4.550.01:** Zur Bearbeitung der Aufgabe im einzelnen:

1. $Pol(K)$ ist gemäß den Kriterien in Satz 4.502.2/2 ein Unterraum von $Abb(K,K)$, denn:

a) Die Menge $Pol(K)$ enthält mindestens die konstanten Funktionen $c_a : K \longrightarrow K$ mit $x \longmapsto a$ mit $grad(c_a) = 0$, für alle $a \in K \setminus \{0\}$. Die Menge $Pol(K)$ ist also eine nicht-leere Menge.

b) Die argumentweise definierte Addition von Funktionen ist eine innere Komposition auf $Pol(K)$: Die Summe $f + g$ von Polynom-Funktionen $f$ und $g$ ist wieder eine Polynom-Funktion, dabei gilt $grad(f+g) \le \max(grad(f), grad(g))$, wie die folgende ausführliche Begründung zeigt: Haben $f$ und $g$ die Darstellungen $f = \sum\limits_{0 \le i \le u} a_i \cdot id^i$ und $g = \sum\limits_{0 \le i \le v} b_i \cdot id^i$, sei ferner $m = \max(u,v) \le n$, dann ist $f + g = \sum\limits_{0 \le i \le m} (a_i + b_i) \cdot id^i$, wobei für den Fall $u < v$ dann $a_j = 0$, für $u < j \le v = m$, für den Fall $v < u$ dann $b_j = 0$, für $v < j \le u = m$, zu setzen ist. Wegen $m \le n$ ist folglich $f + g$ Element von $Pol(K)$.

c) Die argumentweise definierte $K$-Multiplikation von Funktionen ist eine äußere Komposition auf $Pol(K)$, denn für alle $a \in K$ und $f = \sum\limits_{0 \le i \le u} a_i \cdot id^i \in Pol(K)$, also $u \le n$, ist $af = a \cdot \sum\limits_{0 \le i \le u} a_i \cdot id^i = \sum\limits_{0 \le i \le u} (aa_i) \cdot id^i$ wieder ein Element von $Pol(K)$, wobei $grad(af) \le grad(f) \le n$ gilt.

2. Man beachte: Die Menge der konstanten Funkionen $c_a : K \longrightarrow K$ mit $x \longmapsto a$ bildet einen Unterraum von $Abb(K,K)$, denn sie ist nicht leer (enthält mindestens die Nullfunktion) und Summen sowie $K$-Produkte konstanter Funktionen sind wieder konstante Funktionen.

a) Für alle $n \in \mathbb{N}_0$ bilden die Mengen $Pol_n(K)$ keine Unterräume von $Pol(K)$, da sie nicht die Nullfunktion, und somit kein neutrales Element bezüglich Addition enthalten.

b) $Pol_g(K)$ bildet einen Unterraum von $Pol(K)$, denn offensichtlich (mit 0 und etwa $id^2$) ist diese Menge nicht leer und es gilt:

Für $f, g \in Pol_g(K)$ ist auch $f + g \in Pol_g(K)$, denn für alle Summanden $a_i \cdot id^i$ von $f$ und $b_i \cdot id^i$ von $g$ haben die Summanden $(a_i + b_i) id^i$ ebenfalls nur Exponenten aus $2\mathbb{N}_0$ (wobei 0 als gerade Zahl gilt).
Für $f \in Pol_g(K)$ ist auch jedes $K$-Produkt $af$ mit $a \in K$ Element aus $Pol_g(K)$, denn die $K$-Produkte $aa_i \cdot id^i$ behalten ihren geraden Exponenten (sofern er durch $a = 0$ nicht die Form $0 \cdot id^0$ (0 als gerade Zahl) erhält).

3. Der Beweis in Aufgabenteil 1 wurde so formuliert, daß er wortwörtlich mit $Pol_{(n)}(K)$ anstelle von $Pol(K)$ auch für $Pol_{(n)}(K)$ gilt. $Pol_{(n)}(K)$ ist also ein Unterraum von $Abb(K,K)$ und damit auch von $Pol(K)$ (denn es gilt $Pol_{(n)}(K) \subset Pol(K) \subset Abb(K,K)$).

4a) Zu zeigen ist, daß die angegebene Funktion $u : K^3 \longrightarrow Pol_{(2)}(K)$ sowohl bijektiv als auch $K$-homomorph ist. Zur Bijektivität von $u$ wird gezeigt, daß die Funktion $v : Pol_{(2)}(K) \longrightarrow K^3$, definiert durch die Zuordnungsvorschrift $a_0 + a_1 \cdot id + a_2 \cdot id^2 \longmapsto \begin{pmatrix} a_0 \\ a_1 \\ a_2 \end{pmatrix}$, die Umkehrfunktion zu $u$ ist. Das folgt jedoch sofort aus der Berechnung der beiden Kompositionen $u \circ v$ und $v \circ u$,

$$a_0 + a_1 \cdot id + a_2 \cdot id_2 \overset{v}{\longmapsto} \begin{pmatrix} a_0 \\ a_1 \\ a_2 \end{pmatrix} \overset{u}{\longmapsto} a_0 + a_1 \cdot id + a_2 \cdot id_2,$$

$$\begin{pmatrix} a_0 \\ a_1 \\ a_2 \end{pmatrix} \overset{u}{\longmapsto} a_0 + a_1 \cdot id + a_2 \cdot id_2 \overset{v}{\longmapsto} \begin{pmatrix} a_0 \\ a_1 \\ a_2 \end{pmatrix},$$

die also beide die jeweilige identische Funktion darstellen.

Schließlich: $u$ ist $K$-homomorph, denn es gilt für alle $\begin{pmatrix} a_0 \\ a_1 \\ a_2 \end{pmatrix}, \begin{pmatrix} b_0 \\ b_1 \\ b_2 \end{pmatrix} \in K^3$ und $c \in K$ dann

$$u(\begin{pmatrix} a_0 \\ a_1 \\ a_2 \end{pmatrix} + \begin{pmatrix} b_0 \\ b_1 \\ b_2 \end{pmatrix}) = u \begin{pmatrix} a_0 + b_0 \\ a_1 + b_1 \\ a_2 + b_2 \end{pmatrix} = (a_0 + b_0) + (a_1 + b_1) \cdot id + (a_2 + b_2) \cdot id^2$$

$$= (a_0 + a_1 \cdot id + a_2 \cdot id^2) + (b_0 + b_1 \cdot id + b_2 \cdot id^2) = u \begin{pmatrix} a_0 \\ a_1 \\ a_2 \end{pmatrix} + u \begin{pmatrix} b_0 \\ b_1 \\ b_2 \end{pmatrix} \quad \text{und}$$

$$u(c \cdot \begin{pmatrix} a_0 \\ a_1 \\ a_2 \end{pmatrix}) = u \begin{pmatrix} ca_0 \\ ca_1 \\ ca_2 \end{pmatrix} = ca_0 + ca_1 \cdot id + ca_2 \cdot id^2 = c(a_0 + a_1 \cdot id + a_2 \cdot id^2) = c \cdot u \begin{pmatrix} a_0 \\ a_1 \\ a_2 \end{pmatrix}.$$

4b) Die einzelnen Teile des Beweises in 4a) lassen sich wörtlich auf $(n+1)$-Tupel $\begin{pmatrix} a_0 \\ \vdots \\ a_n \end{pmatrix} \in K^{n+1}$ (mit $n \in \mathbb{N}_0$) und entsprechende Polynom-Funktionen $\sum\limits_{0 \leq i \leq n} a_i id^i$ übertragen, womit dann ein $K$-Isomorphismus $u : K^{n+1} \longrightarrow Pol_{(n)}(K)$ vorliegt.

Betrachtet man nun Folgen $a : \mathbb{N}_0 \longrightarrow K$ mit $a(n) = 0$, für fast alle $n \in \mathbb{N}_0$, dann gibt es einen maximalen Index $m$ mit $a_m \neq 0$. Der Folge $a$ entspricht dann das $(m+1)$-Tupel $a = \begin{pmatrix} a_0 \\ \vdots \\ a_m \end{pmatrix}$, dem analog zu dem obigen Verfahren die Polynom-Funktion $f_a = \sum\limits_{0 \leq i \leq m} a_i id^i$ zugeordnet wird. Jede solche Folge $a$ kann man also als Koeffizientenfolge der zugehörigen Polynom-Funktion $f_a$ mit $grad(f_a) = \max\{n \in \mathbb{N}_0 \mid a(n) \neq 0\}$ ansehen, womit die Zuordnung $a \longmapsto f_a$ einen $K$-Isomorphismus $K^{(\mathbb{N}_0)} \longmapsto Pol(K)$ liefert.

**A4.550.02:** Bearbeiten Sie die folgenden Einzelaufgaben:

1. Beweisen Sie, daß die Mengen $B = \{id^0, id^1, id^2\}$ und $D = \{id^0, 1 - id, 1 - id^2\}$ Basen von $Pol_{(2)}(K)$ sind, und geben Sie jeweils die Zuordnungsvorschrift der durch $B$ bzw. $D$ gelieferten $K$-Isomorphismen $K^3 \longrightarrow Pol_{(2)}(K)$ unter Verwendung der Sätze über lineare Fortsetzung an. Geben Sie davon unabhängig einen Beweis für die Injektivität des durch $B$ gelieferten $K$-Isomorphismus' $K^3 \longrightarrow Pol_{(2)}(K)$ an.

2. Begründen Sie, daß $Pol(K)$ keine endliche Basis haben kann.

3. Beweisen Sie, daß die Menge $B = \{f_1, f_2, f_3, f_4\}$ mit den vier Funktionen $f_1 = id^3 - 2 \cdot id$, $f_2 = 2 \cdot id^3 - 3 \cdot id^2$, $f_3 = id^3 - 1$, $f_4 = id^3 - 2 \cdot id + 1$ eine Basis von $Pol_{(3)}(\mathbb{R})$ ist. Stellen Sie dann ein beliebiges Element $f = a_0 + a_1 \cdot id + a_2 \cdot id^2 + a_3 \cdot id^3$ durch $B$ dar. Schließlich: Betrachten Sie die Funktion $s : B \longrightarrow Pol_{(2)}(\mathbb{R})$, definiert durch $s(f_i) = f_i'$ (Ableitungsfunktion), und prüfen Sie nach, ob

der von $s$ durch lineare Fortsetzung erzeugte $\mathbb{R}$-Homomorphismus $D_s : Pol_{(3)}(\mathbb{R}) \longrightarrow Pol_{(2)}(\mathbb{R})$ mit der üblichen Differentiation $D$, definiert durch $D(f) = f'$, übereinstimmt.

4. Zeigen Sie, daß für alle $n \in \mathbb{N}_0$ die Mengen $P_n = K \cdot id^n$ Unterräume von $Pol(K)$ bilden. Beschreiben Sie dann die Elemente von $P_0$, $P_1$, $P_2$ und $P_3$ für $K = \mathbb{R}$.

5. Zeigen Sie, daß es $K$-Isomorphismen $P_2 \times P_3 \longrightarrow P_2 + P_3$ und $P_2 + P_3 \longrightarrow K^m$ für eine passende Zahl $m$ gibt.

6. Welche Polynom-Funktionen enthält $L_K(P_0 \cup P_1 \cup \cdots \cup P_n)$, welche enthält $L_K(\bigcup\limits_{n \in \mathbb{N}_0} P_n)$?

**B4.550.02:** Zur Bearbeitung der Aufgabe im einzelnen:

1. Nachzuweisen ist im folgenden, daß die Mengen $B$ und $D$ Erzeugendensysteme und darüber hinaus linear unabhängige Teilmengen von $Pol_{(2)}(K)$ sind.

a) Da jede Polynom-Funktion $f$ mit $grad(f) \leq 2$ die Form $f = a_0 \cdot id^0 + a_1 \cdot id^1 + a_2 \cdot id^2$ mit $(a_0, a_1, a_2) \in K^3$ hat, ist $B = \{id^0,\ id^1,\ id^2\}$ ein Erzeugendensystem von $Pol_{(2)}(K)$. (Man kann auch mit dem Begriff der linearen Hülle so argumentieren: Offensichtlich ist $L_K(B) = K \cdot id^0 + K \cdot id^1 + K \cdot id^2 = Pol_{(2)}(K)$.)

$B$ ist linear unabhängig, denn: Ist $f = a_0 \cdot id^0 + a_1 \cdot id^1 + a_2 \cdot id^2 = 0$ die Nullfunktion, so ist $a_1 = a_2 = 0$ und damit $a_0 = f(0) = 0$. Man beachte: In etwas allgemeinerer Form bedeutet das, daß eine Potenzfunktion $id^n$, $n > 0$, niemals als Polynom-Funktion $f$ mit $grad(f) < n$ dargestellt werden kann.

Nach dem Satz über lineare Fortsetzung liefert die bijektive Funktion $s : C \longrightarrow B$ mit $e_i \longmapsto id^{i-1}$ für $i = 1, 2, 3$ mit der kanonischen Basis $C$ von $K^3$ einen $K$-Isomorphismus $f_s : K^3 \longrightarrow Pol_{(2)}(K)$ durch die

Zurodnung $\begin{pmatrix} a_0 \\ a_1 \\ a_2 \end{pmatrix} = a_0e_1 + a_1e_2 + a_2e_3 \longmapsto a_0\, s(e_1) + a_1\, s(e_2) + a_2\, s(e_3) = a_0\, id^0 + a_1 id^1 + a_2\, id^2.$

Zusätzlicher Nachweis der Injektivität der angegebenen Funktion $f_s$:
Gilt $f = g$ für Elemente $f = a_0 + a_1 \cdot id + a_2 \cdot id^2$ und $f = b_0 + b_1 \cdot id + b_2 \cdot id^2$ aus $Pol_{(2)}(K)$, dann ist $f - g = (a_0 - b_0) + (a_1 - b_1) \cdot id + (a_2 - b_2) \cdot id^2 = 0$, woraus wie oben dann $a_0 - b_0 = a_1 - b_1 = a_2 - b_2 = 0$, also $(a_0, a_1, a_2) = (b_0, b_1, b_2)$ folgt.

b) $D$ ist ein Erzeugendensystem von $Pol_{(2)}(K)$, denn jedes Element $f = b_0 + b_1 \cdot id + b_2 \cdot id^2$ hat mit $f = a_0 + a_1 + a_2 - a_1 \cdot (1 - id) - a_2 \cdot (1 - id^2)$ eine Darstellung durch $D$.

$D$ ist linear unabhängig, denn ist $f = c_0 + c_1 \cdot (1 - id) + c_2 \cdot (1 - id^2) = 0$, also $f = c_0 + c_1 + c_2 - c_1 \cdot id - c_2 \cdot id^2 = 0$, dann ist $c_1 = c_2 = 0$, ferner $c_0 + c_1 + c_2 = f(0) = 0$, also ist auch $c_0 = 0$.

Nach dem Satz über lineare Fortsetzung liefert die bijektive Funktion $\bar{s} : C \longrightarrow D$ mit $e_1 \longmapsto id^0$ sowie $e_i \longmapsto 1 - id^{i-1}$, $i = 2, 3$, einen $K$-Isomorphimus $f_{\bar{s}} : K^3 \longrightarrow Pol_{(2)}(K)$ durch die Zuordnung

$$\begin{aligned} \begin{pmatrix} a_0 \\ a_1 \\ a_2 \end{pmatrix} = a_0e_1 + a_1e_2 + a_2e_3 \quad \longmapsto \quad & a_0\, \bar{s}(e_1) + a_1\, \bar{s}(e_2) + a_2 \cdot \bar{s}(e_3) \\ &= a_0 + a_1\, (1 - id) + a_2\, (1 - id^2) \\ &= a_0 + a_1 + a_2 - a_1\, id - a_2\, id^2. \end{aligned}$$

2. Hätte $Pol(K)$ eine endliche Basis $B$ mit $card(B) = m$, dann gäbe es eine $K$-Isomorphie $Pol(K) \cong K^m \cong Pol_{(m-1)}(K)$. Das bedeutete aber, daß $Pol(K)$ nur Polynom-Funktionen $f$ mit $grad(f) \leq m - 1$ enthielte. Da das aber falsch ist, kann die Annahme nicht stimmen.

*Hinweis:* Man kann mit der Zahl $m$ auch so argumentieren: Jede Teilmenge $B = \{f_1, \ldots, f_m\} \subset Pol(K)$ mit $0 \leq grad(f_1) < \cdots < grad(f_m)$ ist linear unabhängig (Nachweis!). Somit ist auch $B \cup \{id^{m+1}\}$ linear unabhängig, das heißt, $B$ kann keine Basis von $Pol(K)$ sein.

3. Da $card(B) = 4 = dim_{\mathbb{R}}(Pol_{(3)}(\mathbb{R}))$ gilt, ist nur die lineare Unabbhängigkeit von $B$ nachzuweisen: Es gelte $af_1 + bf_2 + cf_3 + df_4 = 0$ mit Zahlen $a, b, c, d \in \mathbb{R}$, dann heißt das nach Umordnen der Summanden $(a + 2b + c + d) \cdot id^3 + (-3b) \cdot id^2 + (-2a - 2d) \cdot id + (-c + d) = 0$.
Vergleicht man diese Darstellung der Nullfunktion durch die kanonische Basis $C = \{1, id, id^2, id^3\}$ mit der Darstellung $0 \cdot id^3 + 0 \cdot id^2 + 0 \cdot id + 0 = 0$ der Nullfunktion ebenfalls durch $C$, dann liefert die

Eindeutigkeit der Darstellung (man nennt das Koeffizientenvergleich) das lineare Gleichungssystem

$$\begin{array}{lrcrcrcrcl}
\text{(I)} & a & + & 2b & + & c & + & d & = & 0 \\
\text{(II)} & & - & 3b & & & & & = & 0 \\
\text{(III)} & -2a & & & & & - & 2d & = & 0 \\
\text{(IV)} & & & & - & c & + & d & = & 0.
\end{array}$$

(II) liefert unmittelbar $b = 0$, (IV) liefert $c = d$, (III) liefert $a = -d$, womit dann (I) aus $a+2b+c+d = 0$ dann $-d+d+d = 0$, also $d = 0$ liefert. Damit ist dann $a = c = 0$.

Die Darstellung von $f = a_0 + a_1 \cdot id + a_2 \cdot id^2 + a_3 \cdot id^3$ aus $Pol_{(3)}(\mathbb{R})$ bezüglich $B$ hat die Form

$$\begin{aligned}
a_0 + a_1 id + a_2 id^2 + a_3 id^3 &= af_1 + bf_2 + cf_3 + df_4 \\
&= (-c+d) + (-2a-2d)id + (-3b) \cdot id^2 + (a+2b+c+d))id^4
\end{aligned}$$

Die Eindeutigkeit der Darstellung durch die kanonische Basis $C$ von $Pol_{(3)}(\mathbb{R})$ liefert durch Koeffizientenvergleich das lineare Gleichungssystem

$$\begin{array}{lrcrcrcrcl}
\text{(I)} & & & & - & c & + & d & = & a_0 \\
\text{(II)} & -2a & & & & & - & 2d & = & a_1 \\
\text{(III)} & & - & 3b & & & & & = & a_2 \\
\text{(IV)} & a & + & 2b & + & c & + & d & = & a_3.
\end{array}$$

(I) bis (III) liefern $c = d - a_0, a = -d - \frac{1}{2}a_1$ und $b = -\frac{1}{3}a_2$. (IV) liefert damit dann $d = a_3 - a - 2b - c = a_3 + d + \frac{1}{2}a_1 + \frac{2}{3}a_2 - d + a_0 = a_0 + \frac{1}{2}a_1 + \frac{2}{3}a_2 + a_3$, womit dann $c = \frac{1}{2}a_1 + \frac{2}{3}a_2 + a_3$ und $a = -a_0 - a_1 - \frac{2}{3}a_2 - a_3$ folgt.

$f$ hat bezüglich $B$ also die Darstellung

$$f = -(a_0 + a_1 + \frac{2}{3}a_2 + a_3)f_1 + (-\frac{1}{3}a_2)f_2 + (\frac{1}{2}a_1 + \frac{2}{3}a_2 + a_3)f_3 + (a_0 + \frac{1}{2}a_1 + \frac{2}{3}a_2 + a_3)f_4.$$

Betrachtet man nun $s(f_i) = f_i'$ mit $1 \leq i \leq 4$, dann hat die lineare Fortsetzung $D_s$ von $s$ die Zuordnungsvorschrift

$$\begin{aligned}
D_s(f) &= D_s(af_1 + bf_2 + cf_3 + df_4) \\
&= a \cdot s(f_1) + b \cdot s(f_2) + c \cdot s(f_3) + d \cdot s(f_4) \\
&= a \cdot f_1' + b \cdot f_2' + c \cdot f_3' + d \cdot f_4' \\
&= a \cdot (3 \cdot id^2 - 2) + 6b \cdot (id^2 - id) + 3c \cdot id^2 + d \cdot (3 \cdot id^2 - 2) \\
&= -(a_0 + a_1 + \tfrac{2}{3}a_2 + a_3) \cdot (3 \cdot id^2 - 2) \\
&= -2a_2 \cdot (id^2 - id) + (\tfrac{3}{2}a_1 + 2a_2 + 3a_3) \cdot id^2 + (a_0 + \tfrac{1}{2}a_1 + \tfrac{2}{3}a_2 + a_3) \cdot (3 \cdot id^2 - 2) \\
&= (-3a_0 - 3a_1 - 2a_2 - 3a_3 - 2a_2 + \tfrac{3}{2}a_1 + 2a_2 + 3a_3 + 3a_0 + \tfrac{3}{2}a_1 + 2a_2 + 3a_3) \cdot id^2 + \\
&\quad (2a_2) \cdot id + (2a_0 + 2a_1 + \tfrac{4}{3}a_2 + 2a_3 - 2a_0 - a_1 - \tfrac{4}{3}a_2 - 2a_3) \\
&= 3a_3 \cdot id^2 + 2a_2 \cdot id + a_1 \ = \ f' \ = \ D(f).
\end{aligned}$$

Die Funktionen $D_s$ und $D$ stimmen also überein (womit auch gezeigt ist, daß $D : Pol_{(3)}(\mathbb{R}) \longrightarrow Pol_{(2)}(\mathbb{R})$ ein $\mathbb{R}$-Homomorphismus ist, ein Sachverhalt, der aber für die Differentiation generell gilt).

4. Für jedes $n \in \mathbb{N}_0$ ist $P_n = K \cdot id^n$ Unterraum von $Pol(K)$, denn:

Für $a = 0$ ist $a \cdot id^n = 0 \cdot id^n = 0$, also ist die Nullfunktion $0 : K \longrightarrow K,\ x \longmapsto 0$, Element von $P_n$.
Mit $a \cdot id^n,\ b \cdot id^n \in P_n$ ist auch $a \cdot id^n + b \cdot id^n = (a+b) \cdot id^n \in P_n$.
Mit $a \cdot id^n \in P_n$ ist auch $c \cdot (a \cdot id^n) = (ca) \cdot id^n \in P_n$, für alle $c \in K$.

$P_0$ ist die Menge der konstanten Funktionen $\mathbb{R} \longrightarrow \mathbb{R}$,
$P_1$ ist die Menge der Geraden $\mathbb{R} \longrightarrow \mathbb{R}$ durch den Koordinatenursprung,
$P_2$ ist die Menge der Vielfachen der quadratischen Normalparabel $id^2 : \mathbb{R} \longrightarrow \mathbb{R}$,
$P_3$ ist die Menge der Vielfachen der kubischen Normalparabel $id^3 : \mathbb{R} \longrightarrow \mathbb{R}$.

5. Zu Isomorphien $P_2 \times P_3 \cong P_2 + P_3 \cong K^m$ für geeignetes $m \in \mathbb{N}$: (Man beachte: Da bei dieser Aufgabe die Isomorphien selbst nicht angegeben werden müssen, reicht es, ihre Existenz nach dem Satz über lineare Fortsetzung anzugeben. Das bedeutet wiederum, daß es genügt, gleichmächtige Basen aller drei Vektorräume zu nennen.)

$B_p = \{(id^2, 0), (0, id^3)\}$ ist die kanonische Basis von $P_2 \times P_3$, $B_s = \{id^2, id^3\}$ ist die kanonische Basis von $P_2 + P_3$. Da $card(B_p) = 2 = card(B_s)$ gilt, gilt $P_2 \times P_3 \cong P_2 + P_3 \cong K^2$. Die Basis $B_p$ des cartesischen Produkts $P_2 \times P_3$ ist ganz analog zu der kanonischen Basis $\{\begin{pmatrix} 1 \\ 0 \end{pmatrix}, \begin{pmatrix} 0 \\ 1 \end{pmatrix}\}$ von $K^2$ gebildet.

6. $L_K(P_0 \cup ... \cup P_n)$ ist gerade die Menge (und als lineare Hülle auch der $K$-Vektorraum) der Polynom-Funktionen $f : K \longrightarrow K$ mit $grad(f) \leq n$, denn jedes Element von $L_K(P_0 \cup .... \cup P_n)$ hat die Form $f = a_0 \cdot id^0 + a_1 \cdot id^1 + .... + a_n \cdot id^n$, wobei allerdings (wegen $0 \in K$) einige (oder sogar alle) Koeffizienten $a_i$ Null sein können. Also ist $L_K(P_0 \cup ... \cup P_n) = Pol_{(n)}(K)$.

Entsprechend enhält $L_K(\bigcup\limits_{n \in \mathbb{N}_0} P_n)$ alle Polynom-Funktionen $f : K \longrightarrow K$, da $grad(f)$ in dieser Menge beliebig groß sein kann, also nicht beschränkt ist. Also ist $L_K(\bigcup\limits_{n \in \mathbb{N}_0} P_n) = Pol(K)$.

**A4.550.03:** Betrachten Sie im folgenden den $\mathbb{R}$-Vektorraum $P_{(5)} = Pol_{(5)}(\mathbb{R}, \mathbb{R})$ der Polynom-Funktionen $f : \mathbb{R} \longrightarrow \mathbb{R}$ mit $grad(f) \leq 5$. Betrachten Sie ferner in diesem Vektorraum die beiden Teilmengen $S_{(5)} = \{f \in P_{(5)} \mid f = a_1 id + a_3 id^3 + a_5 id^5\} \subset P_{(5)}$ der bezüglich $(0,0)$ punktsymmetrischen Funktionen aus $P_{(5)}$ sowie $T_{(5)} = \{f \in P_{(5)} \mid grad(f) \geq 3\} \subset P_{(5)}$.

1. Weisen Sie nach, daß $S_{(5)}$, aber nicht $T_{(5)}$ Unterraum von $P_{(5)}$ ist.
2. Zeigen Sie durch einen formalen Nachweis, daß die Menge $A = \{f_1, f_2\}$ mit $f_1 = -id^3 + id^5$ und $f_2 = id - id^3$ keine Basis von $P_{(5)}$ ist.
3. Ergänzen Sie $A$ zu einer Basis $B \supset A$ (mit Nachweis) und geben Sie dann $dim_{\mathbb{R}}(P_{(5)})$ an.

**B4.550.03:** Zur Bearbeitung der Aufgabe im einzelnen:

1a) Die Menge $S_{(5)}$ bildet einen Unterraum von $P_{(5)}$, denn es gilt:

a) Zunächst ist $f = id + id^3 + id^5 \in S_{(5)}$, also ist $S_{(5)}$ eine nicht-leere Menge.

b) Für beliebige Elemente $f = a_1 id + a_3 id^3 + a_5 id^5$ und $g = b_1 id + b_3 id^3 + b_5 id^5$ aus $S_{(5)}$ und beliebige Zahlen $c \in \mathbb{R}$ sind die Summe $f + g = (a_1 + b_1)id + (a_3 + b_3)id^3 + (a_5 + b_5)id^5$ und das $\mathbb{R}$-Produkt $cf = (ca_1)id + (ca_3)id^3 + (ca_5)id^5$ wieder Elemente aus $S_{(5)}$.

Somit gilt $S_{(5)} \neq \emptyset$ sowie $S_{(5)} + S_{(5)} \subset S_{(5)}$ und $\mathbb{R} \cdot S_{(5)} \subset S_{(5)}$, also bildet $S_{(5)}$ einen Unterraum von $P_{(5)}$.

1b) Die Menge $T_{(5)}$ bildet keinen Unterraum von $P_{(5)}$, denn beispielsweise ist für die beiden Elemente $f = id + id^3 + id^5$ und $g = id - id^3 - id^5$ aus $T_{(5)}$ die Summe $f + g = 2 \cdot id$ wegen $grad(f + g) = 1 < 3$ kein Element aus $T_{(5)}$. Diese Menge ist also bezüglich der Addition auf $P_{(5)}$ nicht abgeschlossen.

2. Die Menge $A = \{f_1, f_2\}$ mit $f_1 = -id^3 + id^5$ und $f_2 = id - id^3$ ist kein Erzeugendensystem (und folglich keine Basis) von $P_{(5)}$, denn beispielsweise ist die Funktion $id \in P_{(5)}$ nicht als Linearkombination von $f_1$ und $f_2$ darstellbar, da eine Darstellung der Form $id = c_1 f_1 + c_2 f_2 = -c_1 id^3 + c_1 id^5 + c_2 id - c_2 id^3 = c_2 id - (c_1 + c_2)id^3 + c_1 id^5$ mit $c_1 = 0$ die Darstellung $id = c_2(id - id^3)$, also die Darstellung $(c_2 - 1)id = id^3$ lieferte. Eine solche Zahl $c_2$ existiert jedoch nicht.

3a) Die Menge $B = \{id, f_1, f_2\}$ ist ein Erzeugendensystem von $P_{(5)}$, denn: Zunächst sei eine beliebige Linearkombination über $B$ berechnet: $u_0 id + u_1 f_1 + u_2 f_2 = u_0 id + u_1(-id^3 + id^5) + u_2(id - id^3) = u_0 id - u_1 id^3 + u_1 id^5 + u_2 id - u_2 id^3 = (u_0 + u_2)id + (-u_1 - u_2)id^3 + u_1 id^5$. Betrachtet man nun ein beliebiges Elment $f = a_1 id + a_3 id^3 + a_5 id^5$ und setzt $u_0 = a_1 + a_3$ sowie $u_1 = -a_3 - a_5$ und $u_2 = a_5$, so gilt $u_0 id + u_1 f_1 + u_2 f_2 = (a_1 + a_3)id + (-a_3 - a_5)f_1 + a_5 f_2 = a_1 id + a_3 id^3 + a_5 id^5 = f$, das heißt, jedes Element $f$ aus $P_{(5)}$ kann als Linearkombination über $B$ dargestellt werden.

3b) Die Menge $B = \{id, f_1, f_2\}$ ist eine linear unabhängige Teilmenge von $P_{(5)}$, wie die folgenden Implikationen zeigen: $u_0 id + u_1 f_1 + u_2 f_2 = 0 \Rightarrow u_0 id + u_1(-id^3 + id^5) + u_2(id - id^3) = 0 \Rightarrow u_0 id - u_1 id^3 + u_1 id^5 + u_2 id - u_2 id^3 = 0 \Rightarrow (u_0 + u_2)id + (-u_1 - u_2)id^3 + u_1 id^5 = 0 \Rightarrow u_0 + u_2 = 0$ und $-(u_1 + u_2) = 0$ und $u_1 = 0 \Rightarrow u_0 = u_1 = u_2 = 0$.

3c) Nach der Bearbeitung der Aufgabenteile 3a) und 3b) ist die Menge $B = \{id, f_1, f_2\}$ eine Basis von $P_{(5)}$, folglich gilt $dim_{\mathbb{R}}(P_{(5)}) = card(B) = 3$, denn je zwei Basen eines endlich-dimensionalen Vektorraums haben dieselbe Anzahl von Elementen (es kann also etwa keine zweielementige Basis von $P_{(5)}$ geben).

**A4.552.01:** Eine Folge $x : \mathbb{N}_0 \longrightarrow \mathbb{R}$ sei rekursiv definiert durch die Vorschrift $x_0, x_1 \in \mathbb{R}$ (beliebig) und $x(n+2) = x(n+1) + x(n)$, $n \geq 0$. Weisen Sie nach, daß die Menge $F$ aller Folgen $\mathbb{N}_0 \longrightarrow \mathbb{R}$, die dieser Rekursion genügen, einen $\mathbb{R}$-Unterraum von $Abb(\mathbb{N}_0,\mathbb{R})$ bildet und die Basis $B = \{u, v\}$ mit $u, v : \mathbb{N}_0 \longrightarrow \mathbb{R}$,

$$u(n) = \begin{cases} 1, \text{ für } n = 0 \\ 0, \text{ für } n = 2 \\ u(n-1) + u(n-2), \text{ sonst,} \end{cases} \qquad v(n) = \begin{cases} 0, \text{ für } n = 0 \\ 1, \text{ für } n = 1 \\ v(n-1) + v(n-2), \text{ sonst,} \end{cases}$$

hat und somit $\dim_{\mathbb{R}}(F) = 2$ gilt. (Für $x_0 = x_1 = 1$ ist die so definierte Folge $x$ die sogenannte spezielle Fibonacci-Folge $x = (1, 1, 2, 3, 5, 8, 11, ....)$.)

**B4.552.01:** $F$ ist gemäß den Kriterien in Satz 4.502.2/2 ein Unterraum von $Abb(\mathbb{N}_0,\mathbb{R})$, denn:

Die Nullfolge $0 : \mathbb{N}_0 \longrightarrow \mathbb{R}$, $0(n) = 0$, ist Element von $F$, also ist $F$ nicht leer. Sind $x, y \in F$, dann ist $x_0 + y_0, x_1 + y_1 \in \mathbb{R}$, und es gilt für $x + y$ die Rekursionsformel $(x+y)(n+2) = x(n+2) + y(n+2) = x(n+1) + x(n) + y(n+1) + y(n) = (x+y)(n+1) + (x+y)(n)$, also ist $x + y \in F$.
Ist $x \in F$ und $a \in \mathbb{R}$, dann ist $ax_0$, $ax_1 \in \mathbb{R}$, und es gilt für $ax$ die Rekursionsformel

$$(ax)(n+2) = a \cdot (x(n+2)) = a(x(n+1) + x(n)) = a(x(n+1) + a\,(x(n)) = (ax)(n+1) + (ax)(n),$$

also ist $ax \in F$.

Die Menge $B = \{u, v\}$ ist linear unabhängig, denn: Ist $au + bv = 0$ mit $a, b \in \mathbb{R}$, gilt also die Beziehung $a\,u(n) + b\,v(n) = 0$, für alle $n \in \mathbb{N}_0$, dann gilt für $n = 0$ und $n = 1$ insbesondere

$$0 = a\,u(0) + b\,v(0) = a \cdot 1 + b \cdot 0 = a \quad \text{und} \quad 0 = a\,u(1) + b\,v(1) = a \cdot 0 + b \cdot 1 = b,$$

also ist $a = b = 0$.

$B$ ist ferner ein Erzeugendensystem von $F$, denn zu jeder Folge $x$ aus $F$ gibt es Zahlen $a, b \in \mathbb{R}$ mit $x = a\,u + b\,v$, wofür $x(n) = a\,u(n) + b\,v(n)$ für alle $n \in \mathbb{N}_0$ zu zeigen ist. Der Nachweis dazu wird nach dem Satz über Vollständige Induktion (siehe Abschnitt 1.802) geführt:

a) Induktionsanfang: Für $n = 0$ ist $x(0) = x_0 = x_0 \cdot 1 + x_0 \cdot 0 = x_0 \cdot u(0) + x_0 \cdot v(0)$ und für $n = 1$ ist $x(1) = x_1 = x_1 \cdot 0 + x_1 \cdot 1 = x_1 \cdot u(1) + x_1 \cdot v(1)$.

b) Induktionsschritt: Die Rekursionsformel gelte für alle $k$ mit $2 \leq k \leq n-1$ (also mit gleichen Zahlen $a$ und $b$), dann gilt sie auch für $n$, wie die folgende Berechnung zeigt:
$x(n) = x(n-1) + x(n+2) = au(n-1) + bv(n-1) + au(n-2) + bv(n-2)$
$= a(u(n-1) + u(n-2)) + b(v(n-1) + v(n-2)) = au(n) + bv(n)$.

**A4.552.02:** (Bei den Bearbeitungen genügt es, Sachverhalte aus der Analysis (vollständig) zu zitieren.)

1. Bilden die Mengen $Div(\mathbb{R})$ (resp. $BF(\mathbb{R})$, $Kon(\mathbb{R})$, $Kon(\mathbb{R},a)$, $CF(\mathbb{R})$) der divergenten (resp. beschränkten, konvergenten, gegen $a$ konvergenten, Cauchy-konvergenten) Folgen $\mathbb{N} \longrightarrow \mathbb{R}$ jeweils Unterräume von $Abb(\mathbb{N},\mathbb{R})$?
Ferner: Welche algebraische Eigenschaft hat die durch die Vorchrift $x \longmapsto lim(x)$ definierte Funktion?

2. Bilden die Mengen $Kon([0,1])$ der konvergenten Folgen $\mathbb{N} \longrightarrow [0,1]$, $Kon(\mathbb{R},\star)$ der monotonen (monoton steigenden) und unbeschränkten Folgen $\mathbb{N} \longrightarrow \mathbb{R}$ sowie $CF(\mathbb{Q})$ der Cauchy-konvergenten Folgen $\mathbb{N} \longrightarrow \mathbb{Q}$ jeweils Vektorräume (mit den entsprechenden Operationen für Funktionen)?

**B4.552.02:** Zur Bearbeitung der Aufgabe im einzelnen:

1a) $Div(\mathbb{R})$ ist kein Unterraum von $Abb(\mathbb{N},\mathbb{R})$, da die nullkonvergente Nullfolge $0 : \mathbb{N} \longrightarrow \mathbb{R}$ nicht in $Div(\mathbb{R})$ enthalten ist. (Man kann auch mit $(n)_{n\in\mathbb{N}} + (-n)_{n\in\mathbb{N}} = (0)_{n\in\mathbb{N}}$ argumentieren.)

1b) $BF(\mathbb{R})$ ist ein Unterraum von $Abb(\mathbb{N},\mathbb{R})$, denn:
Da die Nullfolge $0 : \mathbb{N} \longrightarrow \mathbb{R}$ durch 0 beschränkt ist, ist $BF(\mathbb{R})$ nicht leer. Ist $x$ durch $c_x$ und $z$ durch $c_z$ beschränkt, so ist $x + z$ durch $c_x + c_z$ beschränkt. Ist $x$ durch $c_x$ beschränkt, so ist ein $\mathbb{R}$-Produkt $ax$ $(a \in \mathbb{R})$ durch $ac_x$ beschränkt.

1c) $Kon(\mathbb{R})$ ist Unterraum von $Abb(\mathbb{N},\mathbb{R})$, denn:

$Kon(\mathbb{R})$ enthält die nullkonvergente Nullfolge $0 : \mathbb{N} \longrightarrow \mathbb{R}$, ist also nicht leer. Summen $x + z$ und $\mathbb{R}$-Produkte $ax$ konvergenter Folgen $x, z : \mathbb{N} \longrightarrow \mathbb{R}$ sind konvergent (mit Limites in $\mathbb{R}$).

1d) $Kon(\mathbb{R}, 0)$ ist ein Unterraum von $Abb(\mathbb{N}, \mathbb{R})$ (und sogar von $Kon(\mathbb{R})$). Für $a \neq 0$ ist $Kon(\mathbb{R}, a)$ jedoch kein Unterraum von $Abb(\mathbb{N}, \mathbb{R})$, denn für $x, z \in Kon(\mathbb{R}, a)$ ist $lim(x + z) = lim(x) + lim(z) = 2a \neq a$, also ist $x + z \notin Kon(\mathbb{R}, a)$.

1e) Wegen $CF(\mathbb{R}) = Kon(\mathbb{R})$ ist $CF(\mathbb{R})$ Unterraum von $Abb(\mathbb{N}, \mathbb{R})$.

1f) Die Funktion $lim : Kon(\mathbb{R}) \longrightarrow \mathbb{R}$ ist in der Tat ein $\mathbb{R}$-Homomorphismus, wie für konvergente Folgen $x, z : \mathbb{N} \longrightarrow \mathbb{R}$ die Formeln $lim(x + z) = lim(x) + lim(z)$ und $lim(ax) = a \cdot lim(x)$ mit $a \in \mathbb{R}$ zeigen. Nebenbei: Die Funktion $lim$ ist surjektiv, aber naheliegenderweise nicht injektiv.

2. $Kon([0, 1])$ und $Abb(\mathbb{N}, [0, 1])$ sind keine $\mathbb{R}$-Vektorräume, denn beispielsweise ist $2 \cdot (1 - \frac{1}{n})_{n \in \mathbb{N}} = (2 - \frac{2}{n})_{n \in \mathbb{N}}$ nicht wieder eine Folge des Typs $\mathbb{N} \longrightarrow [0, 1]$, denn für $n > 2$ ist $2 - \frac{2}{n} > 1$.

$Kon(\mathbb{R}, \star)$ ist kein Unterraum von $Abb(\mathbb{N}, \mathbb{R})$, denn $\mathbb{R}$-Produkte $ax$ monotoner (monoton steigender) Folgen sind für $a < 0$ antiton (monoton fallend).

$CF(\mathbb{Q})$ ist ein Unterraum des $\mathbb{Q}$-Vektorraums $Abb(\mathbb{N}, \mathbb{Q})$. (Beachte: Es gilt lediglich $Kon(\mathbb{Q}) \subset CF(\mathbb{Q})$, aber nicht $CF(\mathbb{Q}) \subset Kon(\mathbb{Q})$.)

Die beiden folgenden Aufgaben behandeln die in Abschnitt 2.011 definierten und untersuchten arithmetischen und geometrischen Folgen $\mathbb{N} \longrightarrow \mathbb{R}$ sowie deren Mengen $Ari(\mathbb{R})$ und $Geo(\mathbb{R})$. Beide Typen von Folgen lassen sich sowohl in expliziter als auch in rekursiver Darstellung angeben: Wie Lemma 2.011.3 zeigt, sind die Darstellungen in a) und b) jeweils äquivalent:

1. Es sei eine arithmetische Folge $x : \mathbb{N} \longrightarrow \mathbb{R}$ mit erstem Folgenglied $x(1)$ vorgelegt. Es gibt dann ein Element $d_x \in \mathbb{R}$, für das die beiden folgenden Darstellungen äquivalent sind:
a) rekursiv: $x(n) = x(n-1) + d_x$, b) explizit: $x(n) = x(1) + (n-1)d_x$.

2. Es sei eine geometrische Folge $x : \mathbb{N} \longrightarrow \mathbb{R}$ mit erstem Folgenglied $x(1)$ vorgelegt. Es gibt dann ein Element $c_x \in \mathbb{R} \setminus \{0\}$, für das die beiden folgenden Darstellungen äquivalent sind:
a) rekursiv: $x(n) = c_x \cdot x(n-1)$, b) explizit: $x(n) = x(1) \cdot c_x{}^{n-1}$.

**A4.552.03:** Bearbeiten Sie die folgenden Einzelaufgaben:

1. Weisen Sie nach, daß $Ari(\mathbb{R})$ einen Unterraum des $\mathbb{R}$-Vektorraums $Abb(\mathbb{N}, \mathbb{R})$ bildet.

2. Zeigen Sie, daß die Menge $B = \{b, c\}$ mit den beiden Folgen $b, c : \mathbb{N} \longrightarrow \mathbb{R}$ mit $b(n) = 1$ und $c(n) = n - 1$ eine Basis (die kanonische Basis) von $Ari(\mathbb{R})$ ist.

3. Bildet auch die Menge $B = \{b, c\}$ mit den beiden Folgen $b, c : \mathbb{N} \longrightarrow \mathbb{R}$ mit $b(n) = n$ und $c(n) = 2n - 1$ eine Basis von $Ari(\mathbb{R})$ ?

4. Begründen Sie zunächst die $\mathbb{R}$-Isomorphie $Ari(\mathbb{R}) \cong \mathbb{R}^2$ und geben Sie dann einen $\mathbb{R}$-Isomorphismus $h : Ari(\mathbb{R}) \longrightarrow \mathbb{R}^2$ sowie das Bild der in 2. genannten Basis $B$ unter $h$ an.

**B4.552.03:** Im folgenden werden arithmetische Folgen in expliziter Darstellung verwendet.

1. $Ari(\mathbb{R})$ ist Unterraum von $Abb(\mathbb{N}, \mathbb{R})$, denn:

a) Da die Nullfolge $0 : \mathbb{N} \longrightarrow \mathbb{R}$, $0(n) = 0$, in $Ari(\mathbb{R})$ enthalten ist, ist $Ari(\mathbb{R})$ nicht leer.

b) Es gilt $Ari(\mathbb{R}) + Ari(\mathbb{R}) \subset Ari(\mathbb{R})$, denn für arithmetische Folgen $x, z \in Ari(\mathbb{R})$ mit $x(n) = x_1 + (n-1)d_x$ und $z(n) = z_1 + (n-1)d_z$ ist $(x+z)(n) = x(n) + z(n) = x_1 + z_1 + (n-1)(d_x + d_z)$, also ist $x + z \in Ari(\mathbb{R})$.

c) Es gilt $\mathbb{R} \cdot Ari(\mathbb{R}) \subset Ari(\mathbb{R})$, denn für $a \in \mathbb{R}$ und arithmetische Folgen $x \in Ari(\mathbb{R})$ mit $x(n) = x_1 + (n-1)d_x$ ist $(ax)(n) = ax(n) = a(x_1 + (n-1)d_x) = ax_1 + (n-1)ad_x$, also ist $ax \in Ari(\mathbb{R})$.

*Anmerkung:* Betrachtet man die rekursive Darstellung arithmetischer Folgen, dann kann folgendermaßen argumentiert werden: Die Summe $x + z$ arithmetischer Folgen $x$ und $z$ mit $x(1) = x_1$, $z(1) = z_1$ sowie $x(n) = x_{n-1} + d_x$, $z(n) = z_{n-1} + d_z$ für $n > 1$ ist definiert durch $(x + z)(1) = x_1 + z_1$ und $(x + z)(n) = x_{n-1} + z_{n-1} + (d_x + d_z)$ für $n > 1$, also eine arithmetische Folge $\mathbb{N} \longrightarrow \mathbb{R}$.

2a) $B$ ist zunächst Erzeugendensystem von $Ari(\mathbb{R})$, denn wegen $x(n) = x_1 + (n-1)d_x = x_1 \cdot 1 + d_x(n-1) = x_1 b(n) + d_x c(n) = (x_1 b + d_x c)(n)$ läßt sich jedes Element $x \in Ari(\mathbb{R})$ als Linearkombination $x = x_1 b + d_x c$ über $B$ darstellen.

2b) Ferner ist $B$ linear unabhängig, denn aus $a_1 b + a_2 c = 0$ folgt $a_1 b(n) + a_2 c(n) = a_1 + a_2(n-1) = 0$, für alle

$n \in \mathbb{N}$. Damit ist für $n = 1$ insbesondere $0 = a_1 + a_2 \cdot 0 = a_1$, mit $n = 2$ dann $0 = a_1 + a_2 \cdot 1 = 0 + a_2 = a_2$.

3. Die angegebene Menge $B$ ist ebenfalls eine Basis in $Ari(\mathbb{R})$, denn:

3a) $B$ ist zunächst Erzeugendensystem von $Ari(\mathbb{R})$, denn wegen $x(n) = x_1 + (n-1)d_x = x_1 + nd_x - d_x = x_1 - nd_x + 2nd_x - d_x = 2x_1n - nd_x + 2nd_x - d_x - 2x_1n + x_1 = (2x_1 - d_x)n + (d_x - x_1)(2n-1) = (2x_1 - d_x)b(n) + (d_x - x_1)c(n)$ läßt sich jedes Element $x \in Ari(\mathbb{R})$ als Linearkombination der Form $x = a_1b(n) + a_2c(n)$ über $B$ darstellen. (Bemerkung: $a_1 = 2x_1 - d_x$ und $a_2 = d_x - x_1$ findet man aus der Annahme $x(n) = x_1 + (n-1)d_x = a_1n + a_2(n-1)$, die dann $x_1 = a_1 + a_2$ für $n = 0$ und $d_x = a_1 + 2a_2$ für $n = 1$ mit $x_1$ liefert.)

3b) Ferner ist $B$ linear unabhängig, denn aus $a_1b + a_2c = 0$ folgt $a_1b(n) + a_2c(n) = a_1n + a_2(2n-1) = 0$, für alle $n \in \mathbb{N}$. Damit ist für $n = 1$ insbesondere $0 = a_1 + a_2$, mit $n = 2$ ist dann $0 = 2a_1 + 3a_2 = -2a_2 + 3a_2 = a_2$ und somit auch $a_1 = -a_2 = 0$.

4a) Wegen $dim_{\mathbb{R}}(Ari(\mathbb{R})) = 2 = dim_{\mathbb{R}}(\mathbb{R}^2)$ gilt $Ari(\mathbb{R}) \cong \mathbb{R}^2$.

4b) Ein $\mathbb{R}$-Isomorphismus $h : Ari(\mathbb{R}) \longrightarrow \mathbb{R}^2$ läßt sich entweder direkt oder als lineare Fortsetzung $h = h_s$ einer Funktion $s : B \longrightarrow \mathbb{R}^2$ angeben:

Für das erste Verfahren sei $h$ definiert durch $h(x) = (x_1, d_x)$, wobei $x_1$ und $d_x$ die definierenden Daten von $x$ in $x(n) = x_1 + (n-1)d_x$ seien. Die so definierte Funktion $h$ ist naheliegenderweise bijektiv, ferner ein $\mathbb{R}$-Homomorphismus, denn es gilt $h(x+z) = (x_1 + z_1, d_x + d_z) = (x_1, d_x) + (z_1, d_z) = h(x) + h(z)$ und $ah(x) = a(x_1, d_x) = (ax_1, ad_x) = h(ax)$, für alle $a \in \mathbb{R}$. Das Bild $h(B) = \{h(b), h(c)\}$ von $B = \{b, c\}$ unter $h$ enthält die Elemente $h(b) = (1, 0)$, denn $b(n) = 1 + (n-1)0$, und $h(c) = (0, 1)$, denn $c(n) = n - 1 = 0 + (n-1)1$.

Zum zweiten Verfahren: Betrachtet man in $\mathbb{R}^2$ die kanonische Basis $C = \{e_1, e_2\}$, dann liefert die bijektive Funktion $s : B \longrightarrow C$ mit $s(b) = e_1$ und $s(c) = e_2$ gemäß nebenstehendem kommutativen Diagramm einen entsprechenden $\mathbb{R}$-Isomorphismus $h_s : Ari(\mathbb{R}) \longrightarrow \mathbb{R}^2$ als lineare Fortsetzung von $s$.

$$\begin{array}{ccc} B & \xrightarrow{\;s\;} & C \\ {\scriptstyle in_B}\downarrow & & \downarrow{\scriptstyle in_C} \\ Ari(\mathbb{R}) & \xrightarrow{\;h_s\;} & \mathbb{R}^2 \end{array}$$

**A4.552.04:** Bearbeiten Sie die folgenden Einzelaufgaben:

1. Weisen Sie nach, daß die Menge $Geo(\mathbb{R}^+)$ der geometrischen Folgen $x : \mathbb{N} \longrightarrow \mathbb{R}^+$, definiert durch $x(n) = x_1 {c_x}^{n-1}$ mit $x_1, c_x > 0$, bezüglich der durch $(x+z)(n) = x_1z_1(c_xc_z)^{n-1}$ definierten Addition und der durch $(ax)(n) = {x_1}^a({c_x}^a)^{n-1}$ definierten $\mathbb{R}$-Multiplikation einen $\mathbb{R}$-Vektorraum bildet.

2. Zeigen Sie, daß die Menge $B = \{b, c\}$ mit den beiden Folgen $b, c : \mathbb{N} \longrightarrow \mathbb{R}^+$ mit $b(n) = e$ und $c(n) = e^{n-1}$ (mit der Eulerschen Zahl $e$) eine Basis (die kanonische Basis) von $Geo(\mathbb{R}^+)$ ist.

3. Weisen Sie nach, daß die Menge $(\mathbb{R}^+)^2$ zusammen mit der durch $(x_1, x_2) + (z_1, z_2) = (x_1z_1, x_2z_2)$ definierten Addition und der durch $a(x_1, x_2) = ({x_1}^a, {x_2}^a)$ definierten $\mathbb{R}$-Multiplikation einen zweidimensionalen $\mathbb{R}$-Vektorraum mit Basis $B = \{(e, 1), (1, e)\}$, der kanonischen Basis, bildet.

4. Geben Sie zu den im nebenstehenden Diagramm enthaltenen $\mathbb{R}$-Vektorräumen jeweils die kanonischen Basen und vier bijektive Funktionen $s$, $t$, $u$, $v$ zwischen ihnen an, deren lineare Fortsetzungen $h_s$, $h_t$, $h_u$, $h_v$ jeweils $\mathbb{R}$-Isomorphismen sind. Zeigen Sie die Kommutativität des Diagramms.

$$\begin{array}{ccc} Ari(\mathbb{R}) & \xrightarrow{\;h_s\;} & \mathbb{R}^2 \\ {\scriptstyle h_v}\downarrow & & {\scriptstyle h_u =}\downarrow{\scriptstyle exp_e \times exp_e} \\ Geo(\mathbb{R}^+) & \xrightarrow{\;h_t\;} & (\mathbb{R}^+)^2 \end{array}$$

*Anmerkung:* Diese Aufgabe behandelt eine Vektorraum-Struktur auf der Menge $Geo(\mathbb{R}^+)$, also einer Teilmenge von $Geo(\mathbb{R})$. Dabei werden – anders als bei Aufgabe A4.552.01 – nicht die dort genannten kanonischen Strukturen auf $Abb(\mathbb{N}, \mathbb{R})$, sondern andere Operationen verwendet. Das bedeutet insbesondere, daß der im folgenden zu untersuchende $\mathbb{R}$-Vektorraum $Geo(\mathbb{R}^+)$ keine Unterstruktur, also kein Unterraum von $Abb(\mathbb{N}, \mathbb{R})$ ist.

**B4.552.04:** Im folgenden werden geometrische Folgen in expliziter Darstellung verwendet.

1a) $Geo(\mathbb{R}^+)$ bildet zusammen mit der genannten Addition eine abelsche Gruppe, denn:

$a_1$) Da die Einsfolge $1 : \mathbb{N} \longrightarrow \mathbb{R}$, $1(n) = 1$, in $Geo(\mathbb{R}^+)$ enthalten ist, ist $Geo(\mathbb{R}^+)$ nicht leer.

$a_2$) Es gilt $Geo(\mathbb{R}^+) + Geo(\mathbb{R}^+) \subset Geo(\mathbb{R}^+)$, denn für geometrische Folgen $x, z \in Geo(\mathbb{R}^+)$ der Form $x(n) = x_1{c_x}^{n-1}$ und $z(n) = z_1{c_z}^{n-1}$ ist $x_1z_1 > 0$ und $c_xc_z > 0$ und somit $(x+z)(n) = x_1z_1(c_xc_z)^{n-1}$ ein Element von $\mathbb{R}^+$, also ist $x + z \in Geo(\mathbb{R}^+)$.

a$_3$) Die oben genannte Einsfolge ist das bezüglich Additon neutrale Element in $Geo(\mathbb{R}^+)$. Das zu einem Element $x \in Geo(\mathbb{R}^+)$ bezüglich Addition inverse Element ist $-x$ mit $(-x)(n) = \frac{1}{x_1}(\frac{1}{c_x})^{n-1}$.

1b) Die abelsche Gruppe $Geo(\mathbb{R}^+)$ bildet darüber hinaus zusammen mit der genannten $\mathbb{R}$-Multiplikation einen $\mathbb{R}$-Vektorraum, denn:

b$_1$) Es gilt $\mathbb{R} \cdot Geo(\mathbb{R}^+) \subset Geo(\mathbb{R}^+)$, denn für $a \in \mathbb{R}$ und geometrische Folgen $x \in Geo(\mathbb{R}^+)$ mit $x(n) = x_1 {c_x}^{n-1}$ ist ${x_1}^a > 0$ und ${c_x}^a > 0$ und somit $(ax)(n) = {x_1}^a({c_x}^a)^{n-1} \in \mathbb{R}^+$, also ist $ax \in Geo(\mathbb{R}^+)$.

b$_2$) Es gelten die vier Verträglichkeits-Bedingungen $VR_1$ bis $VR_4$ in Definition 4.500.1, denn:

Es gilt $a(x + z) = ax + az$, denn $(a(x + z))(n) = (x_1 z_1)^a((c_x c_z)^a)^{n-1} = {x_1}^a {z_1}^a({c_x}^a)^{n-1}({c_z}^a)^{n-1} = (ax + az)(n)$,

es gilt $(a + b)x = ax + bx$, denn $((a + b)x)(n) = {x_1}^{a+b}({c_x}^{a+b})^{n-1} {x_1}^a {x_1}^b({c_x}^a)^{n-1}({c_x}^b)^{n-1} = (ax + bx)(n)$,

es gilt $(ab)x = a(bx)$, denn $((ab)x)(n) = {x_1}^{ab}({c_x}^{ab})^{n-1} = ({x_1}^b)^a(({c_x}^a)^a)^{n-1} = (a(bx))(n)$,

es gilt $1 \cdot x = x$, denn $(1 \cdot x)(n) = {x_1}^1({c_x}^1)^{n-1} = x_1(c_x)^{n-1} = x(n)$, für alle $n \in \mathbb{N}$.

2a) $B$ ist ein Erzeugendensystem von $Geo(\mathbb{R}^+)$, denn wegen $x(n) = x_1(c_x)^{n-1} = e^{log_e(x_1)} \cdot (e^{log_e(c_x)})^{n-1} = e^{log_e(x_1)} \cdot 1^{log_e(c_x)} \cdot (1^{log_e(x_1)} \cdot e^{log_e(c_x)})^{n-1} = (log_e(x_1) \cdot b + log_e(c_x) \cdot c)(n)$, für alle $n \in \mathbb{N}$, läßt sich jedes Element $x \in Geo(\mathbb{R}^+)$ als Linearkombination der Form $x = log_e(x_1) \cdot b + log_e(c_x) \cdot c$ über $B = \{b, c\}$ darstellen.

2b) Ferner ist $B$ linear unabhängig, denn aus $a_1 b + a_2 c = 0$ folgt $1 = (a_1 b + a_2 c)(n) = e^{a_1} e^{a_2(n-1)} = e^{a_1 + a_2(n-1)}$, für alle $n \in \mathbb{N}$, also $a_1 + a_2(n-1) = 0$, für alle $n \in \mathbb{N}$. Das liefert mit $n = 1$ und $n = 2$ dann $a_1 = a_2 = 0$.

4a) Zunächst seien noch einmal die kanonischen Basen der vier $\mathbb{R}$-Vektorräume genannt:

$B_a = \{b, c\}$ mit $b, c : \mathbb{N} \longrightarrow \mathbb{R}$, wobei $b(n) = 1$ und $c(n) = n - 1$ sei, ist die kanonische Basis von $Ari(\mathbb{R})$.
$B_g = \{b', c'\}$ mit $b', c' : \mathbb{N} \longrightarrow \mathbb{R}^+$, wobei $b'(n) = e$ und $c'(n) = e^{n-1}$ sei, ist die kanonische Basis von $Geo(\mathbb{R}^+)$.
$C = \{(1, 0), (0, 1)\}$ ist die kanonische Basis von $\mathbb{R}^2$.
$C^+ = \{(e, 1), (1, e)\}$ ist die kanonische Basis von $(\mathbb{R}^+)^2$.

4b) Die im Diagramm genannten $\mathbb{R}$-Isomorphismen lassen sich jeweils durch lineare Fortsetzung erzeugen:

4b$_1$) Die Funktion $s : B_a \longrightarrow C$ sei definiert durch die beiden Funktionswerte $s(b) = e_1$ und $s(c) = e_2$ und ist somit bijektiv. Ihre lineare Fortsetzung $h_s : Ari(\mathbb{R}) \longrightarrow \mathbb{R}^2$ hat dann für $x$ mit $x(n) = x_1 + (n-1)d_x$ unter Verwendung der $B_a$-Darstellung $x = x_1 b + d_x c$ von $x$ die Zuordnung $h_s(x) = h_s(x_1 b + d_x c) = x_1 s(b) + d_x s(c) = x_1 e_1 + d_x e_2 = x_1(1, 0) + d_x(0, 1) = (x_1, d_x)$.

4b$_2$) Die Funktion $exp_e : \mathbb{R} \longrightarrow \mathbb{R}^+$ liefert die Funktionswerte $exp_e(1) = e$ und $exp_e(0) = 1$, folglich liefern die beiden Zuordnungen $(1, 0) \longmapsto (exp_e(1), exp_e(0)) = (e, 1)$ und $(0, 1) \longmapsto (exp_e(0), exp_e(1)) = (1, e)$ eine bijektive Funktion $u : C \longrightarrow C^+$, deren lineare Fortsetzung $h_u = exp_e \times exp_e : \mathbb{R}^2 \longrightarrow (\mathbb{R}^+)^2$ ist, denn es gilt $h_u(x_1, x_2) = x_1 u(1, 0) + x_2 u(0, 1) = x_1(e, 1) + x_2(1, e) = (e^{x_1}, 1^{x_1}) + (1^{x_2}, e^{x_2}) = (e^{x_1}, e^{x_2}) = (exp_e(x_1), exp_e(x_2)) = (exp_e \times exp_e)(x_1, x_2)$.

4b$_3$) Die Funktion $v : B_a \longrightarrow B_g$ sei definiert durch die beiden Funktionswerte $v(b) = b'$ und $v(c) = c'$ und ist somit bijektiv. Ihre lineare Fortsetzung $h_v : Ari(\mathbb{R}) \longrightarrow Geo(\mathbb{R}^+)$ hat dann für $x$ mit $x(n) = x_1 + (n-1)d_x$ unter Verwendung der $B_a$-Darstellung $x = x_1 b + d_x c$ von $x$ die Zuordnungsvorschrift $h_v(x) = h_v(x_1 b + d_x c) = x_1 v(b) + d_x v(c) = x_1 b' + d_x c' = log_e(e^{x_1})b' + log_e(e^{d_x})c'$, womit dann $h_v(x)(n) = e^{x_1} \cdot (e^{d_x})^{n-1}$ ist.

4b$_4$) Die Funktion $t : B_g \longrightarrow C^+$ sei definiert durch die beiden Funktionswerte $t(b') = (e, 1)$ und $t(c') = (1, e)$ und ist somit bijektiv. Ihre lineare Fortsetzung $h_t : Geo(\mathbb{R}^+) \longrightarrow (\mathbb{R}^+)^2$ hat dann für $x$ mit $x(n) = x_1 {c_x}^{n-1}$ unter Verwendung der $B_g$-Darstellung $x = log_e(x_1)b' + log_e(c_x)c'$ von $x$ die Vorschrift $h_t(x) = h_t(log_e(x_1)b' + log_e(c_x)c') = log_e(x_1)t(b') + log_e(c_x)t(c') = log_e(x_1)(e, 1) + log_e(c_x)(1, e) = (e^{log_e(x_1)}, 1^{log_e(x_1)}) + (1^{log_e(c_x)}, e^{log_e(c_x)}) = (e^{log_e(x_1)} \cdot 1^{log_e(c_x)}, 1^{log_e(x_1)} \cdot e^{log_e(c_x)}) = (x_1, c_x)$.

4c) Das oben angegebene Diagramm ist kommutativ, wie die folgenden Zuordnungen zeigen:

$$\begin{array}{ccc} x : \mathbb{N} \longrightarrow \mathbb{R}, x(n) = x_1 + (n-1)d_x & \xmapsto{h_s} & (x_1, d_x) \\ \downarrow h_v & & \downarrow h_u = exp_e \times exp_e \\ h_v(x) : \mathbb{R} \longrightarrow \mathbb{R}^+, h_v(x)(n) = e^{x_1}(e^{d_x})^{n-1} & \xmapsto{h_t} & (e^{x_1}, e^{d_x}) \end{array}$$

**A4.554.01:** Bearbeiten Sie folgende Einzelaufgaben:

1. Begründen Sie, daß die Mengen $C(I,\mathbb{R})$, $D^2(I,\mathbb{R})$, $C^2(I,\mathbb{R})$, $Int(I,\mathbb{R})$ und $Rin(I,\mathbb{R})$ der (in dieser Reihenfolge) stetigen, differenzierbaren, zweimal differenzierbaren, zweimal stetig differenzierbaren, integrierbaren und Riemann-integrierbaren Funktionen $I \longrightarrow \mathbb{R}$ $\mathbb{R}$-Unterräume von $Abb(I,\mathbb{R})$ bilden.
*Hinweis:* Zu den Beweisen benötigte Sachverhalte aus der Analysis sollen hier nur (vollständig) zitiert, aber nicht bewiesen werden. Ferner bezeichne $I$ ein jeweils geeignetes Intervall in $\mathbb{R}$.

2. Nennen Sie die durch die Zuordnungen $f \longmapsto f'$, $f \longmapsto f''$, $f \longmapsto \int f$ und $f \longmapsto \int_a^b f$ mit $I = [a,b]$ definierten Funktionen vollständig, also mit Definitions- und Wertebereich. Nennen Sie dann (mit Begründung nach dem Hinweis aus Aufgabenteil 1) die im Zusammenhang mit der Vektorraum-Struktur stehenden algebraischen Eigenschaften dieser Funktionen.

**B4.554.01:** Zur Bearbeitung der Aufgabe im einzelnen:

1. Die angegebenen Mengen bilden jeweils Unterräume von $Abb(I,\mathbb{R})$, denn nach den drei Kriterien für Unterräume in Satz 4.502.2/2 gilt:

$C(I,\mathbb{R})$ und $D(I,\mathbb{R})$ sind nicht leer, denn beispielsweise ist die identische Funktion $id : I \longrightarrow I \subset \mathbb{R}$ stetig und differenzierbar. Weiter gilt: Summen $f+g : I \longrightarrow \mathbb{R}$ und $\mathbb{R}$-Produkte $af : I \longrightarrow \mathbb{R}$, mit $a \in \mathbb{R}$, stetiger (differenzierbarer) Funktionen $f,g : I \longrightarrow \mathbb{R}$ sind ebenfalls stetig (differenzierbar).

$D^2(I,\mathbb{R})$ ist nicht leer, denn beispielsweise ist $sin : I \longrightarrow \mathbb{R}$ zweimal differenzierbar ($sin'' = cos' = -sin$). Weiter gilt: Summen $f+g : I \longrightarrow \mathbb{R}$ und $\mathbb{R}$-Produkte $af : I \longrightarrow \mathbb{R}$, mit $a \in \mathbb{R}$, zweimal differenzierbarer Funktionen $f,g : I \longrightarrow \mathbb{R}$ sind ebenfalls zweimal differenzierbar, wobei $(f+g)'' = ((f+g)')' = (f'+g')' = f''+g''$ und $(af)'' = ((af)')' = (af')' = a(f')' = af''$ gilt.

Der Beweis für $C^2(I,\mathbb{R})$ ist mit den vorstehenden Nachweisen ebenfalls erbracht.

$Int(I,\mathbb{R})$ ist nicht leer, denn beispielsweise ist $id : I \longrightarrow I \subset \mathbb{R}$ integrierbar mit $\int id = \frac{1}{2}id^2$. Weiter gilt: Summen $f+g : I \longrightarrow \mathbb{R}$ und $\mathbb{R}$-Produkte $af : I \longrightarrow \mathbb{R}$ integrierbarer Funktionen $f,g : I \longrightarrow \mathbb{R}$ sind ebenfalls integrierbar, wobei $\int(f+g) = \int f + \int g$ und $\int(af) = a\int f$ gilt.

$Rin(I,\mathbb{R})$ mit $I = [a,b]$ ist nicht leer, denn beispielsweise ist $id : I \longrightarrow I \subset \mathbb{R}$ Riemann-integrierbar mit $\int_a^b id = \frac{1}{2}(b^2 - a^2)$. Weiter gilt: Summen $f+g : I \longrightarrow \mathbb{R}$ und $\mathbb{R}$-Produkte $af : I \longrightarrow \mathbb{R}$ Riemann-integrierbarer Funktionen $f,g : I \longrightarrow \mathbb{R}$ sind ebenfalls wieder Riemann-integrierbar, wobei die Formeln $\int_a^b(f+g) = \int_a^b f + \int_a^b g$ und $\int_a^b(af) = a\int_a^b f$ gelten.

2. Die genannten Zuordnungen liefern die vier Funktionen

$D : D(I,\mathbb{R}) \longrightarrow Abb(I,\mathbb{R})$ mit $f \longmapsto f'$, $\quad D^2 : D^2(I,\mathbb{R}) \longrightarrow Abb(I,\mathbb{R})$ mit $f \longmapsto f''$,

$\int : Int(I,\mathbb{R}) \longrightarrow Abb(I,\mathbb{R})$ mit $f \longmapsto \int f$, $\quad \int_a^b : Rin([a,b],\mathbb{R}) \longrightarrow \mathbb{R}$ mit $f \longmapsto \int_a^b f$.

Nach Teil 1 der Aufgabe sind alle Definitionsbereiche der zu betrachtenden Funktionen $\mathbb{R}$-Vektorräume. Das gleiche gilt für $Abb(I,\mathbb{R})$ und $\mathbb{R}$. Somit hat es Sinn, die vier Funktionen hinsichtlich $\mathbb{R}$-Homomorphie zu untersuchen: In der Tat sind alle vier Funktionen $\mathbb{R}$-Homomorphismen, wie zum Teil die in der Bearbeitung von Teil 1 angegebenen Formeln schon zeigen. So gilt für Funktionen $f$ und $g$, die jeweils im angegebenen Definitionsbereich liegen sollen, und $u,v \in \mathbb{R}$ im einzelnen:

$$\begin{aligned}
D(uf+vg) &= (uf+vg)' = uf'+vg' &&= u\,D(f) + v\,D(g),\\
D^2(uf+vg) &= (uf+vg)'' = uf''+vg'' &&= u\,D^2(f) + v\,D^2(g),\\
\int(uf+vg) &= \int(uf) + \int(vg) &&= u\int f + v\int g,\\
\int_a^b(uf+vg) &= \int_a^b(uf) + \int_a^b(vg) &&= u\int_a^b f + v\int_a^b g.
\end{aligned}$$

**A4.554.02:** Bearbeiten Sie folgende Einzelaufgaben:

1. Betrachten Sie eine Funktion $f : \mathbb{R} \longrightarrow \mathbb{R}$, in allgemeinerer Bezeichnung also $f \in Abb(\mathbb{R}, \mathbb{R})$, und weisen Sie allein unter Verwendung der Definitionen nach, daß die Menge $\mathbb{R} \cdot f$ zusammen mit der argumentweise definierten Addition von Funktionen eine abelsche Gruppe bildet. Zeigen Sie dann, daß diese abelsche Gruppe zusammen mit der argumentweise definierten $\mathbb{R}$-Multiplikation von Funktionen einen $\mathbb{R}$-Vektorraum bildet. Inwieweit sind dabei die Fälle $f = 0$ und $f \neq 0$ zu unterscheiden?

2. Weisen Sie anhand geeigneter Kriterien nach, daß die zu zwei Funktionen $f, g : \mathbb{R} \longrightarrow \mathbb{R}$ gebildete Menge $\mathbb{R}f + \mathbb{R}g$ einen Unterraum von $Abb(\mathbb{R}, \mathbb{R})$ bildet.

3. Geben Sie für die in Aufgabenteil 1 betrachteten $\mathbb{R}$-Vektorräume $\mathbb{R}f$ und $\mathbb{R}f + \mathbb{R}g$ jeweils alle Basen und alle Unterräume an.

4. Wie lassen sich die $\mathbb{R}$-Vektorräume $\mathbb{R}f$ und $\mathbb{R}$ hinsichtlich Isomorphie und Dimension untereinander vergleichen? Kann man die Antwort darauf für $\mathbb{R}f + \mathbb{R}g$ analogisieren (Antwort mit Nachweis)?

5. Welche Ergebnisse zu den Aufgabenteilen 1 bis 3 lassen sich für endliche Mengen $F = \{f_1, \dots, f_n\}$ von Funktionen $f_k : \mathbb{R} \longrightarrow \mathbb{R}$ analogisieren (Aufzählung ohne Nachweise)?

6. Es bezeichne $D^2(\mathbb{R}, \mathbb{R})$ die Menge der zweimal differenzierbaren Funktionen $\mathbb{R} \longrightarrow \mathbb{R}$. Zeigen Sie, daß die Menge $M = \{\mathbb{R} \xrightarrow{u} \mathbb{R} \mid u + u'' = 0\} \subset D^2(\mathbb{R}, \mathbb{R})$ einen Unterraum von $Abb(\mathbb{R}, \mathbb{R})$ bildet. Weisen Sie dann anschließend nach, daß $M = \mathbb{R} \cdot sin + \mathbb{R} \cdot cos$ gilt, das heißt, daß $M$ ein zweidimensionaler Unterraum von $Abb(\mathbb{R}, \mathbb{R})$ mit Basis $B = \{sin, cos\}$ ist. (Hinweis: Betrachten Sie zum Nachweis von $M = \mathbb{R} \cdot sin + \mathbb{R} \cdot cos$ für $u \in M$ die Funktion $v = u - u'(0) \cdot sin + u(0) \cdot cos$ und zeigen Sie dann, daß $v^2 + (v')^2 = 0$ gilt.)

**B4.554.02:** Zur Bearbeitung der Aufgabe im einzelnen:

1a) Die Menge $\mathbb{R} \cdot f$ bildet eine additive abelsche Gruppe, denn die Summe $af + bf$ zweier Elemente $af, bf \in \mathbb{R}f$ hat wegen $(af + bf)(x) = (af)(x) + (bf)(x) = af(x) + bf(x) = (a + b)f(x) = ((a + b)f)(x)$, für alle $x \in \mathbb{R}$, die Form $(a + b)f$ und ist somit wieder ein Element von $\mathbb{R}f$,

die Addition ist assoziativ, denn für alle $af, bf, cf \in \mathbb{R}f$ $((af + bf) + cf)(x) = (af + bf)(x) + cf(x) = (af(x) + bf(x)) + cf(x) = af(x) + (bf(x) + cf(x)) = (af)(x) + (bf + cf)(x) = (af + (bf + cf))(x)$, somit ist $(af + bf) + cf = af + (bf + cf)$,

die Addition ist kommutativ, denn für alle $af, bf \in \mathbb{R}f$ und $x \in \mathbb{R}$ gilt $(af + bf)(x) = af(x) + bf(x) = (a + b)f(x) = (b + a)f(x) = bf(x) + af(x) = (bf + af)(x)$, somit ist $af + bf = bf + af$,

wegen $(0 \cdot f)(x) = 0 \cdot f(x) = 0 = 0(x)$, für alle $x \in \mathbb{R}$, ist $0 \cdot f = 0$ die Nullfunktion $\mathbb{R} \longrightarrow \mathbb{R}$ und damit in $\mathbb{R}\,f$ als neutrales Element (bezüglich Addition) enthalten,

zu $af \in \mathbb{R}f$ ist $-af = (-a)f$ das inverse Element in $\mathbb{R}f$, denn für alle $x \in \mathbb{R}$ ist $(af + (-a)f))(x) = af(x) + (-a)f(x) = (a + (-a))f(x) = 0 \cdot f(x) = (0 \cdot f)(x) = 0(x)$, also ist $(a)f + (-a)f = 0$ die Nullfunktion.

1b) $\mathbb{R}$-Produkte $c(af)$ von Elementen $af \in \mathbb{R}f$ sind wieder Elemente von $\mathbb{R}f$, denn wie die Berechnung $(c(af))(x) = c(af(x)) = (ca)f(x) = ((ca)f)(x)$, für alle $x \in \mathbb{R}$ zeigt, ist $c(af) = (ca)f$.

Schließlich sind noch die vier Verträglichkeits-Bedingungen $VR_1$ bis $VR_4$ für Vektorräume nachzuweisen (Definition 4.500.1). Es gilt (wie man auch argumentweise nachrechnen kann):

$$\begin{aligned}
&c(af + bf) = c((a + b)f) = (c(a + b))f = (ca + cb)f = (ca)f + (cb)f, \\
&(c + d)(af) = ((c + d)a)f = (ca + da)f = (ca)f + (da)f, \\
&c(b(af)) = c((ba)f) = (c(ba))f = ((cb)a)f = (cb)(af), \\
&1 \cdot f = f.
\end{aligned}$$

Bei den Nachweisen in 1a) und 1b) brauchen die Fälle $f = 0$ und $f \neq 0$ nicht unterschieden zu werden. Es sei jedoch angemerkt, daß im Fall $f = 0$ die Menge $\mathbb{R}f = \{0\}$ einelementig ist (und nur die Nullfunktion enthält), im Fall $f \neq 0$ gilt nach Teil 3 jedoch $\mathbb{R}f \cong \mathbb{R}$.

2. $\mathbb{R}f + \mathbb{R}g$ ist ein Unterraum von $Abb(\mathbb{R}, \mathbb{R})$, denn mit $0 \cdot f + 0 \cdot g = 0 + 0 = 0$ ist die Nullfunktion $0 : \mathbb{R} \longrightarrow \mathbb{R}$ ein Element von $\mathbb{R}f + \mathbb{R}g$, somit ist die Menge $\mathbb{R}f + \mathbb{R}g$ also nicht leer, die Summe $(af + bg) + (cf + dg)$ von Elementen $af + bg$ und $cf + dg)$ aus $\mathbb{R}f + \mathbb{R}g$ ist wieder Element von $\mathbb{R}f + \mathbb{R}g$ , denn es gilt $(af + bg) + (cf + dg) = af + cf + bg + dg = (a + c)f + (b + d)g$, $\mathbb{R}$-Produkte $c(af + bg)$ von Elementen $af + bg$ aus $\mathbb{R}f + \mathbb{R}g$ sind wieder Elemente von $\mathbb{R}f + \mathbb{R}g$, denn es gilt $c(af + bg) = c(af) + c(bg) = (ca)f + (cb)g$.

Unabhängig von der Gültigkeit der obigen Nachweise liegen folgende Sonderfälle vor:
Gilt $f = 0$, dann ist $\mathbb{R}f + \mathbb{R}g = \mathbb{R}g$, gilt $g = 0$, dann ist $\mathbb{R}f + \mathbb{R}g = \mathbb{R}f$,
gilt $f = 0$ und $g = 0$, dann ist $\mathbb{R}f + \mathbb{R}g = \{0\}$, gilt $f = g$ oder $f = -g$, dann ist $\mathbb{R}f + \mathbb{R}g = \mathbb{R}f = \mathbb{R}g$.

3a) Betrachtungen zu $\mathbb{R}f$: Für den Fall $f \neq 0$ ist jede einelementige Menge $B = \{a\,f\}$ mit $a \neq 0$ eine Basis von $\mathbb{R}\,f$, denn $B$ ist wegen $cf = \frac{c}{a}\cdot(af)$ Erzeugendensystem von $\mathbb{R}f$, ferner ist $B$ linear unabhängig, denn aus $af = 0$ muß wegen $f \neq 0$ (wobei es mindestens ein $x \in \mathbb{R}$ mit $f(x) \neq 0$ geben muß) $a = 0$ folgen. Im Fall $f = 0$ ist $B = \{0\}$ die Basis von $\mathbb{R}\,f = \mathbb{R}\cdot 0 = \{0\} = B$.

Ferner gilt: $\mathbb{R}\,f$ besitzt nur die sogenannten trivialen Unterräume, nämlich $\{0\}$ und $\mathbb{R}\,f$ selbst, denn im Fall $f \neq 0$ hätte jede echte Teilmenge von $\mathbb{R}\,f$ die Form $T \cdot f$ mit echter Teilmenge $T \subset \mathbb{R}$ und wäre bezüglich Addition nicht abgeschlossen.

3b) Betrachtungen zu $\mathbb{R}f + \mathbb{R}g$: Nach den Überlegungen in Teil 2 bleibt hinsichtlich 3a) nur der Fall $f \neq 0, g \neq 0, f \neq g$ und $f \neq -g$ zu untersuchen. Aber auch dieser Fall kann zu $\mathbb{R}f + \mathbb{R}g = \mathbb{R}f$ führen, wenn es nämlich eine Zahl $a \in \mathbb{R}$ $(a \neq 0)$ mit $g = af$ gibt. Also sei im folgenden auch dieser Fall ausgeschlossen, es sei als $g \neq a\,f$, für alle $a \in \mathbb{R}$.
Dann gilt: Jede zweielementige Menge $B = \{af, bg\}$ mit $a \neq 0$ und $b \neq b$ ist eine Basis von $\mathbb{R}f + \mathbb{R}g$, denn $B$ ist wegen $cf + dg = \frac{c}{a}(af) + \frac{d}{b}(bf)$ Erzeugendensystem von $\mathbb{R}f + \mathbb{R}g$, ferner ist $B$ linear unabhängig, denn aus $af + bg = 0$ folgt $a = 0$ und $b = 0$, wie folgender Widerspruchsbeweis zeigt: Angenommen es gibt $a, b \in \mathbb{R}$ mit o.B.d.A. $a \neq 0$ und $af + bg = 0$, dann folgt $f = -\frac{b}{a}g$ im Widerspruch zu der genannten Voraussetzung.

Ferner gilt: $\mathbb{R}f + \mathbb{R}g$ besitzt die vier Unterräume $\{0\}$, $\mathbb{R}f$, $\mathbb{R}g$ und $\mathbb{R}f + \mathbb{R}g$. Dabei haben die beiden echten Unterräume die Darstellung $\mathbb{R}f = \mathbb{R}f + 0g$ sowie $\mathbb{R}g = 0f + \mathbb{R}g$.

4. Für die $\mathbb{R}$-Vektorräume $\mathbb{R}f$ $(f \neq 0)$ und $\mathbb{R}$ gilt $\mathbb{R}f \cong \mathbb{R}$ und folglich $\dim_{\mathbb{R}}(\mathbb{R}f) = \dim_{\mathbb{R}}(\mathbb{R}) = 1$. Dieser Sachverhalt wird durch den $\mathbb{R}$-Isomorphismus $H : \mathbb{R}f \longrightarrow \mathbb{R}$, $af \longmapsto a$, und seiner durch $a \longmapsto af$ definierten Umkehrfunktion $G$ geliefert:

$H$ ist bijektiv, denn wegen $(H \circ G)(a) = H(G(a)) = H(af) = a = id_{\mathbb{R}}(a)$ und $(G \circ H)(af) = G(H(af)) = G(a) = af = id_{\mathbb{R}f}(af)$ gilt $G = H^{-1}$.
$H$ ist $\mathbb{R}$-Homomorphismus, denn es gilt: $H(af + bf) = H((a + b)f) = a + b = H(af) + H(bf)$ und $H(c(af)) = H((ca)f) = ca = cH(af)$.

Für die $\mathbb{R}$-Vektorräume $\mathbb{R}f + \mathbb{R}g$, wobei $f$ und $g$ alle in 3b) genannten Voraussetzungen erfüllen, und $\mathbb{R}^2$ gilt $\mathbb{R}f + \mathbb{R}g \cong \mathbb{R}^2$ und folglich $dim_{\mathbb{R}}(\mathbb{R}f + \mathbb{R}g) = dim_{\mathbb{R}}(\mathbb{R}^2) = 2$. Dieser Sachverhalt wird durch den $\mathbb{R}$-Isomorphismus $H : \mathbb{R}f + \mathbb{R}g \longrightarrow \mathbb{R}^2$, $(af + bg) \longmapsto (a, b)$, und seiner durch $(a, b) \longmapsto af + bg$ definierten Umkehrfunktion $G$ geliefert. Wie in oben wird $G = H^{-1}$ und die $\mathbb{R}$-Homomorphie von $H$ nachgerechnet.

5. Betrachtet man die Voraussetzungen an $f$ und $g$ in den Aufgabenteilen 3 und 4 und überträgt sie auf eine Menge $F = \{f_1, ..., f_n\} \subset Abb(\mathbb{R}, \mathbb{R})$, so bedeutet das: Ist $F$ linear unabhängig, dann ist $L_{\mathbb{R}}(F) = \mathbb{R}f_1 + \cdots + \mathbb{R}f_n$ der von $F$ erzeugte Unterraum von $Abb(\mathbb{R}, \mathbb{R})$ mit $F$ als Basis und es gilt $\mathbb{R}f_1 + \cdots + \mathbb{R}f_n \cong \mathbb{R}^n$ mit $dim_{\mathbb{R}}(\mathbb{R}f_1 + \cdots + \mathbb{R}f_n) = dim_{\mathbb{R}}(\mathbb{R}^n) = n$.

6a) $M$ ist Unterraum von $Abb(\mathbb{R}, \mathbb{R})$, denn es gilt im einzelnen:
Die Nullfunktion $0 : \mathbb{R} \longrightarrow \mathbb{R}$ hat die Eigenschaft $0 + 0'' = 0 + 0 = 0$ und ist folglich Element von $M$, also ist $M$ nicht leer, die Summe $u + v$ zweier Elemente $u, v \in M$ ist wieder Element von $M$, denn es gilt $(u + v) + (u + v)'' = u + v + u'' + v'' = (u + u'') + (v + v'') = 0 + 0 = 0$, $\mathbb{R}$-Produkte $au$ von Elementen $u \in M$ sind wieder Elemente von $M$, denn es gilt $au + (au)'' = au + au'' = a(u + u'') = a \cdot 0 = 0$.

6b) Die Behauptung $M = \mathbb{R} \cdot sin + \mathbb{R} \cdot cos$ wird in zwei Schritten gezeigt:
a) Es gilt $\mathbb{R}\cdot sin + \mathbb{R}\cdot cos \subset M$, denn für $u = a\cdot sin + b\cdot cos$ gilt $u + u'' = (a\cdot sin + b\cdot cos) + (a\cdot sin + b\cdot cos)'' = a \cdot sin + b \cdot cos - a \cdot sin - b \cdot cos = 0$, also ist $u \in M$.
b) Es gilt $M \subset \mathbb{R} \cdot sin + \mathbb{R} \cdot cos$, denn im folgenden wird gezeigt, daß $u \in M, u \neq 0$, die Darstellung $u = u'(0) \cdot sin + u(0) \cdot cos$ hat, also in $\mathbb{R} \cdot sin + \mathbb{R} \cdot cos$ enthalten ist (für $u = 0$ ist $u = 0 \cdot sin + 0 \cdot cos$):
Betrachtet man nämlich $v = u - u'(0) \cdot sin - u(0) \cdot cos$, dann gilt:

$\alpha$) $v \in M$, denn nach 6a) ist die Differenz $v = u - (u'(0) \cdot sin + u(0) \cdot cos)$ ein Element von $M$,
$\beta$) $(v^2 + (v')^2)' = 0$, denn es ist $(v^2 + (v')^2)' = (v^2)' + ((v')^2)' = 2v'v + 2v''v' = 2v'(v + v'') = 2v' \cdot 0 = 0$,
$\gamma$) $v^2 + (v')^2$ ist nach ($\beta$) eine konstante Funktion,
$\delta$) $v^2 + (v')^2 = 0$, denn das folgt aus $\gamma$) mit

$v(0) = u(0) - u'(0) \cdot sin(0) - u(0) \cdot cos(0) = u(0) - u'(0) \cdot 0 - u(0) \cdot 1 = 0$ und
$v'(0) = u'(0) - u'(0) \cdot cos(0) + u(0) sin(0) = u'(0) - u'(0) \cdot 1 + u(0) \cdot 0 = 0$,
$\varepsilon$) $v = 0$ nach ($\delta$).
Somit hat $u$ die Darstelllung $u = u'(0) \cdot sin + u(0) \cdot cos$ und ist Element von $\mathbb{R} \cdot sin + \mathbb{R} \cdot cos$.

**A4.554.03:** Bearbeiten Sie folgende Einzelaufgaben:

1. Untersuchen Sie den $\mathbb{R}$-Homomorphismus *Differentiation* $D : D(\mathbb{R}, \mathbb{R}) \longrightarrow Abb(\mathbb{R}, \mathbb{R})$, definiert durch $D(u) = u'$, hinsichtlich Surjektivität und Injektivität und geben Sie dabei $Kern(D)$ an. Geben Sie ferner die Lösungsmengen $L(D, 0)$ und $L(D, id)$ der Gleichungen $(D, 0)$ und $(D, id)$ über $D$ an. Schließlich: Was haben die sogenannten Stammfunktionen mit Gleichungen der Form $(D, h)$ zu tun?

2. Zeigen Sie zunächst in allgemeiner Form, also für $K$-Vektorräume $E$, $F$ und $G$, daß
a) Summen $f + g : E \longrightarrow F$ und $K$-Produkte $cf : E \longrightarrow F$ von $K$-Homomorphismen $f, g : E \longrightarrow F$,
b) Kompositionen $g \circ f : E \longrightarrow G$ von $K$-Homomorphismen $f : E \longrightarrow F$ und $g : F \longrightarrow G$
wieder $K$-Homomorphismen sind.

3. Begründen Sie im einzelnen, daß die Funktion $D_a : D(\mathbb{R}, \mathbb{R}) \longrightarrow Abb(\mathbb{R}, \mathbb{R})$, definiert durch die Vorschrift $D_a(u) = a_0 \cdot D^0(u) + a_1 \cdot D^1(u)$, wobei $D^0 = id$, $D^1 = D$ und der Index $a$ ein Hinweis auf das Koeffiziententupel $a = (a_0, a_1)$ sei, ein $\mathbb{R}$-Homomorphismus ist. Geben Sie dann die Funktionswerte von $sin$, $cos$, $exp_e$, $c_0 + id$ unter $D_a$ und von $c_0 + c_1 id + c_2 id^2$ unter $D_{(1,1)}$ an.

4. Betrachten Sie zu jedem der drei Koeffiziententupel $a = (1, -1)$, $a = (1, 1)$ und $a = (a_0, 1)$ mit $a_0 \neq 0$ jeweils die Gleichung $(D_a, 0)$ und nennen Sie die Eigenschaft, durch die die Elemente der jeweiligen Lösungsmengen $L(D_a, 0) = Kern(D_a)$ definiert sind.
Weisen Sie dann die Beziehung $L(D_{(1,-1)}, 0) = \mathbb{R} \cdot exp_e$ nach (Hinweis: Verwenden Sie $\int \frac{u'}{u} = \log_e \circ u$ und ohne nähere Begründung $N(u) = \emptyset$) und geben Sie $dim_{\mathbb{R}}(Kern(D_{(1,-1)}))$ an.

5. Bearbeiten Sie die zu Teil 3 analogen Aufgaben für die Funktion $D_a : D^2(\mathbb{R}, \mathbb{R}) \longrightarrow Abb(\mathbb{R}, \mathbb{R})$, definiert durch $D_a(u) = a_0 \cdot D^0(u) + a_1 \cdot D^1(u) + a_2 \cdot D^2(u)$, wobei $D^2$ die Komposition $D^2 = D \circ D$ und $a = (a_0, a_1, a_2)$ bezeichne. (Nebenbei: Können Sie sich noch an eine Funktion erinnern, die einmal, aber nicht zweimal differenzierbar ist?)

6. Beschreiben Sie den Inhalt von Aufgabe A4.554.02/6 in der Sprache der Aufgabenteile 4 und 5.

**B4.554.03:** Zur Bearbeitung der Aufgabe im einzelnen:

1. Die Funktion $D$ ist nicht surjektiv, anders gesagt, die Menge $Bild(D) = Int(\mathbb{R}, \mathbb{R})$ der integrierbaren Funktionen ist eine echte Teilmenge von $Abb(\mathbb{R}, \mathbb{R})$. Beipielsweise ist die durch

$$h(x) = \begin{cases} -1, & \text{für } x \leq 0, \\ 1, & \text{für } x > 0, \end{cases}$$

definierte Funktion $h : \mathbb{R} \longrightarrow \mathbb{R}$ nicht integrierbar.

Die Funktion $D$ ist auch nicht injektiv, denn diese Eigenschaft ist zu $Kern(D) = 0$ äquivalent. Wie man aber weiß, ist $Kern(D)$ die Menge aller konstanten Funktionen $\mathbb{R} \longrightarrow \mathbb{R}$ (zu denen beispielsweise auch $sin^2 + cos^2$ gehört).

Da $D$ ein Homomorphismus ist, haben die Lösungsmengen $L(D, h)$ beliebiger Gleichungen $(D, h)$ über $D$ die Form $L(D, h) = u + Kern(D)$, insbesondere $L(D, 0) = Kern(D)$. Die Frage nach dem Aussehen von $L(D, 0)$ ist damit aber schon beantwortet: Identifiziert man die konstanten Funktionen $c_a : \mathbb{R} \longrightarrow \mathbb{R}$, $x \longmapsto a$, jeweils mit ihrem Funktionswert, dann kann man $L(D, 0) = Kern(D) = \mathbb{R}$ schreiben.
Die Lösungsmenge $L(D, id)$ besteht definitionsgemäß aus allen Funktionen $u : \mathbb{R} \longrightarrow \mathbb{R}$ mit $u' = id$. Eine solche Funktion ist beispielsweise $\frac{1}{2} id^2$. Mit obiger genereller Bemerkung ist damit $L(D, id) = \frac{1}{2} id^2 + Kern(D) = \frac{1}{2} id^2 + \mathbb{R}$.

Die Menge aller Stammfunktionen einer integrierbaren Funktion $h : \mathbb{R} \longrightarrow \mathbb{R}$ ist nach den vorstehenden Überlegungen gerade $L(D, h)$. (Man nennt diese Menge (oder einen ihrer Repräsentanten) das Integral von $h$ und schreibt $\int h = L(D, h) = u + Kern(D)$ mit sogenannter spezieller Lösung $u \in L(D, h)$.)

2. Für $K$-Homomorphismen $f, g$ sowie $x, z \in E$ und $a, b, c \in K$ gilt

$$(f + g)(ax + bz) \;=\; f(ax + bz) + g(ax + bz) \;=\; af(x) + bf(z) + ag(x) + bg(z)$$

$$
\begin{aligned}
&= af(x)+ag(x)+bf(z)+bg(z) \;=\; a(f+g)(x)+b(f+g)(z),\\
(cf)(ax+bz) &= c\cdot f(ax+bz) \;=\; c(af(x)+bf(z)) \;=\; ca\,f(x)+cb\,f(z)\\
&= a(cf)(x)+b(cf)(x) \qquad \text{und}\\
(g\circ f)(ax+bz) &= g(af(x)+bf(z)) \;=\; a\,(g\circ f)(x)+b\,(g\circ f)(z).
\end{aligned}
$$

3. Da die identische Funktion $id = D^0 : D(\mathbb{R},\mathbb{R}) \longrightarrow D(\mathbb{R},\mathbb{R}) \subset Abb(\mathbb{R},\mathbb{R})$ und die Differentiation $D^0 : D(\mathbb{R},\mathbb{R}) \longrightarrow Abb(\mathbb{R},\mathbb{R})$ $\mathbb{R}$-Homomorphismen sind, ist nach Aufgabenteil 2 dann auch die Summe $a_0D^0 + a_1D^1$ der beiden $\mathbb{R}$-Produkte ein $\mathbb{R}$-Homomorphismus.

Die anzugebenden Funktionswerte sind

$$
\begin{aligned}
D_a(sin) &= a_0D^0(sin)+a_1D^1(sin) \;=\; a_0 sin + a_1 cos,\\
D_a(cos) &= a_0D^0(cos)+a_1D^1(cos) \;=\; a_0 cos - a_1 sin,\\
D_a(\exp_e) &= a_0D^0(\exp_e)+a_1D^1(exp_e) \;=\; (a_0+a_1)exp_e,\\
D_a(c+id) &= a_0D(c+id)+a_1D^1(c+id) \;=\; (a_0c+a_1)+a_0 id,\\
D_{(1,1)}(c_0+c_1id+c_2id^2) &= c_0+c_1id+c_2id^2+c_1+2c_2id\\
&= (c_0+c_1)+(c_1+2c_2)id+c_2id^2.
\end{aligned}
$$

4. Die jeweiligen Lösungsmengen sind

$$
\begin{aligned}
L(D_{(1,-1)},0) &= \{u\in D(\mathbb{R},\mathbb{R}) \mid u-u'=0\},\\
L(D_{(1,1)},0) &= \{u\in D(\mathbb{R},\mathbb{R}) \mid u+u'=0\},\\
L(D_{(a_0,1)},0) &= \{u\in D(\mathbb{R},\mathbb{R}) \mid a_0\,u+u'=0\}.
\end{aligned}
$$

Der Nachweis der Gleichheit $L = L(D_{(1,-1)},0) = \mathbb{R}\cdot exp_e$ wird in zwei Schritten erbracht:

a) Es gilt $\mathbb{R}\cdot exp_e \subset L$, denn für $a\cdot exp_e \in \mathbb{R}\cdot exp_e$ gilt $a\cdot exp_e - (a\cdot exp_e)' = a\cdot exp_e - a\cdot exp_e = 0$, also ist $a\cdot exp_e \in L$.

b) Es gilt $L \subset \mathbb{R}\cdot exp_e$, denn: Ist $u\in L$, dann gilt $u-u'=0$, also $u=u'$ und somit $\frac{u'}{u}=1$ (mit $N(u)=\emptyset$). Integration liefert dann $id+c_1 = \int 1 = \int \frac{u'}{u} = (\log_e \circ u)+c_2$, also $id = (\log_e \circ u)+(c_2-c_1)$. Komposition mit $\exp_e$ von links liefert daraus

$$exp_e = exp_e\circ id = exp_e\circ((log_e\circ u)+(c_2-c_1)) = u\cdot exp_e(c_2-c_1),$$

woraus mit der Abkürzung $\frac{1}{c} = exp_e(c_2-c_1)\neq 0$ schließlich $c\cdot exp_e = u$ folgt.

An der Gleicheit $Kern(D_{(1,-1)}) = L(D_{(1,-1)},0) = \mathbb{R}\cdot\exp_e$ kann unmittelbar $dim_{\mathbb{R}}(Ker(D_{(1,-1)})) = 1$ abgelesen werden.

5. Da nach Aufgabenteil 2 auch die Komposition von $K$-Homomorphismen ein $K$-Homomorphismus ist, hat $D^2 = D\circ D$ und nach Teil 2 auch $a_2D^2$, zusammen mit Teil 3 schließlich auch die Summe $D_a = a_0D^0 + a_1D^1 + a_2D^2$ der jeweils auf $D^2(\mathbb{R},\mathbb{R})$ eingeschränkten Summanden diese Eigenschaft.

Entsprechend den Berechnungen in Aufgabenteil 3 ist

$$
\begin{aligned}
D_a(sin) &= a_0 sin + a_1 cos - a_2 sin \;=\; (a_0-a_2)sin + a_1 cos,\\
D_a(cos) &= a_0 cos - a_1 sin - a_2 cos \;=\; (a_0-a_2)cos - a_1 sin,\\
D_a(exp_e) &= (a_0+a_1+a_2)exp_e,\\
D_a(c+id) &= (a_0c+a_1)+a_0id,\\
D_a(c_0+c_1id+c_2id^2) &= a_0(c_0+c_1id+c_2id^2)+a_1(c_1+2c_2id)+a_2\,2c_2\\
&= (a_0c_0+a_1c_1+2a_2c_2)+(a_0c_1+2a_1c_2)\cdot id+a_0c_2\cdot id^2
\end{aligned}
$$

6. In Aufgabe A4.554.02 wurde zu $a = (1,0,1)$ die Gleichung $(D_a,0)$ über dem $\mathbb{R}$-Homomorphismus $D_a : D^2(\mathbb{R},\mathbb{R}) \longrightarrow Abb(\mathbb{R},\mathbb{R})$ betrachtet und $L(D_a,0) = \mathbb{R}\cdot sin + \mathbb{R}\cdot cos$ mit $dim_{\mathbb{R}}(Kern(D_a)) = 2$ ermittelt.

**A4.560.01:** Zur Illustration der behandelten Sachverhalte folgende Einzelaufgaben:

1. Nennen Sie Beweisschritte zum Nachweis von: $Hom_{\mathbb{R}}(\mathbb{R}^2, \mathbb{R}^2)$ und $Mat(2, \mathbb{R})$ sind $\mathbb{R}$-Vektorräume.

2. Weisen Sie nach, daß die Funktion $mat : Hom_{\mathbb{R}}(\mathbb{R}^2, \mathbb{R}^2) \longrightarrow Mat(2, \mathbb{R})$ mit $mat(f) = [f(e_1), f(e_2)]$ (Abbildungsmatrix von $f$) und $hom : Mat(2, \mathbb{R}) \longrightarrow Hom_{\mathbb{R}}(\mathbb{R}^2, \mathbb{R}^2)$, definiert durch $hom(M) = f_M$ mit $f_M(x) = M \cdot x$, zueinander inverse Funktionen sind.

3. Geben Sie die kanonischen Basen von $Mat(2, \mathbb{R})$ und $Hom_{\mathbb{R}}(\mathbb{R}^2, \mathbb{R}^2)$ an. Definieren Sie ferner eine Funktion zwischen diesen Basen, deren lineare Fortsetzung die Funktion $hom$ oder $mat$ ist.

**B4.560.01:**

1a) $Hom_{\mathbb{R}}(\mathbb{R}^2, \mathbb{R}^2)$ ist ein Unterraum des $\mathbb{R}$-Vektorraums $Abb(\mathbb{R}^2, \mathbb{R}^2)$, wofür dreierlei nachzuweisen ist: Einerseits ist $Hom_{\mathbb{R}}(\mathbb{R}^2, \mathbb{R}^2)$ nicht leer, andererseits sind die argumentweise definierte Summe $f + g$ $\mathbb{R}$-homomorpher Funktionen $f, g : \mathbb{R}^2 \longrightarrow \mathbb{R}^2$ und das argumentweise definierte Produkt $af$ einer $\mathbb{R}$-homomorphen Funktion $f : \mathbb{R}^2 \longrightarrow \mathbb{R}^2$ mit $a \in \mathbb{R}$ wieder $\mathbb{R}$-homomorph.

1b) Zunächst ist nachzuweisen, daß $Mat(2, \mathbb{R})$ eine abelsche Gruppe bezüglich der koeffizientenweise definierten Addition von Matrizen ist. Dann ist festzustellen, daß auch die koeffizientenweise definierten $\mathbb{R}$-Produkte $a \cdot \begin{pmatrix} a_{11} & a_{12} \\ a_{21} & a_{22} \end{pmatrix} = \begin{pmatrix} a\,a_{11} & a\,a_{12} \\ a\,a_{21} & a\,a_{22} \end{pmatrix}$ von Matrizen aus $Mat(2, \mathbb{R})$ wieder Matrizen in $Mat(2, \mathbb{R})$ sind. Schließlich sind noch die folgenden vier Verträglichkeitsbedingungen nachzurechnen:

$$a(M + N) = aM + aN,\ (a + b)M = aM + bM,\ a(bM) = (ab)M \text{ und } 1 \cdot M = M.$$

2. Es gelten die beiden Beziehungen $mat \circ hom = id_{Mat(2,\mathbb{R})}$ und $hom \circ mat = id_{Hom_{\mathbb{R}}(\mathbb{R}^2,\mathbb{R}^2)}$, denn:

Für alle Matrizen $A \in Mat(2, \mathbb{R})$ mit Spaltendarstellung $A = [a_1, a_2]$ gilt die Beziehung $(mat \circ hom)(A) = mat(hom(A)) = mat(f_A) = [f_A(e_1), f_A(e_2)] = [a_1, a_2] = A$, wobei $f_A(e_1) = A \cdot e_1 = a_1$ und $f_A(e_2) = A \cdot e_2 = a_2$ verwendet wird. Somit ist also $(mat \circ hom)(A) = A$.

Für alle $\mathbb{R}$-Homomorphismen $f : \mathbb{R}^2 \longrightarrow \mathbb{R}^2$ gilt $(hom \circ mat)(f) = hom(mat(f)) = hom([f(e_1), f(e_2)]) = f_{[f(e_1), f(e_2)]} = f$, denn beide Homomorphismen stimmen auf der kanonischen Basis $\{e_1, e_2\}$ von $\mathbb{R}^2$ überein und sind folglich (als lineare Fortsetzungen) gleich.

3a) Die Menge $C_M = \{E_{11} = \begin{pmatrix} 1 & 0 \\ 0 & 0 \end{pmatrix}, E_{12} = \begin{pmatrix} 0 & 1 \\ 0 & 0 \end{pmatrix}, E_{21} = \begin{pmatrix} 0 & 0 \\ 1 & 0 \end{pmatrix}, E_{22} = \begin{pmatrix} 0 & 0 \\ 0 & 1 \end{pmatrix}\}$ ist (die als kanonisch bezeichnete) Basis des $\mathbb{R}$-Vektorraums $Mat(2, \mathbb{R})$, denn $C_M$ ist wegen der Möglichkeit, alle Matrizen aus $Mat(2, \mathbb{R})$ darzustellen als

$$\begin{pmatrix} a_{11} & a_{12} \\ a_{21} & a_{22} \end{pmatrix} = a_{11} \begin{pmatrix} 1 & 0 \\ 0 & 0 \end{pmatrix} + a_{12} \begin{pmatrix} 0 & 1 \\ 0 & 0 \end{pmatrix} + a_{21} \begin{pmatrix} 0 & 0 \\ 1 & 0 \end{pmatrix} + a_{22} \begin{pmatrix} 0 & 0 \\ 0 & 1 \end{pmatrix}$$

ein Erzeugendensystem von $Mat(2, \mathbb{R})$, ferner auch linear unabhängig, denn aus

$$\begin{pmatrix} a_{11} & a_{12} \\ a_{21} & a_{22} \end{pmatrix} = a_{11} \begin{pmatrix} 1 & 0 \\ 0 & 0 \end{pmatrix} + a_{12} \begin{pmatrix} 0 & 1 \\ 0 & 0 \end{pmatrix} + a_{21} \begin{pmatrix} 0 & 0 \\ 1 & 0 \end{pmatrix} + a_{22} \begin{pmatrix} 0 & 0 \\ 0 & 1 \end{pmatrix} = \begin{pmatrix} 0 & 0 \\ 0 & 0 \end{pmatrix}$$

folgt unmittelbar $a_{11} = a_{12} = a_{21} = a_{22} = 0$.

3b) Die Menge $C_H = \{f_{ik} : \mathbb{R}^2 \longrightarrow \mathbb{R}^2 \mid f_{ik}(x) = E_{ik}x, \text{ mit } i, k \in \{1, 2\}\}$, wobei die vier Matrizen $E_{ik}$ der Basis $C_M$ von $Mat(2, \mathbb{R})$ verwendet sind, ist (die als kanonisch bezeichnete) Basis von $Hom_{\mathbb{R}}(\mathbb{R}^2, \mathbb{R}^2)$, denn:

3b$_1$) $C_H$ ist zunächst ein Erzeugendensystem von $Hom_{\mathbb{R}}(\mathbb{R}^2, \mathbb{R}^2)$, wie im folgenden für ein beliebiges Element $f \in Hom_{\mathbb{R}}(\mathbb{R}^2, \mathbb{R}^2)$ gezeigt wird: Betrachtet man nun etwa das Element $e_1$ der kanonischen Basis $C_2 = \{e_1, e_2\}$ von $\mathbb{R}^2$, dann hat $f(e_1)$ eine $C_2$-Darstellung der Form $f(e_1) = a_{11}e_1 + a_{21}e_2$. Damit gilt dann $f(e_1) = a_{11}e_1 + a_{12}0 + a_{21}e_2 + a_{22}0 = a_{11}E_{11}e_1 + a_{12}E_{12}e_1 + a_{21}E_{21}e_1 + a_{22}E_{22}e_1$
$= a_{11}f_{11}(e_1) + a_{12}f_{12}(e_1) + a_{21}f_{21}(e_1) + a_{22}f_{22}(e_1) = (a_{11}f_{11} + a_{12}f_{12} + a_{21}f_{21} + a_{22}f_{22})(e_1)$.

Auf gleiche Weise zeigt man $f(e_2) = (b_{11}f_{11} + b_{12}f_{12} + b_{21}f_{21} + b_{22}f_{22})(e_2)$, beide Beziehungen zusammen zeigen also, daß die Funktionswerte der beiden Elemente der Basis $C_2 = \{e_1, e_2\}$ sich als Linearkombinationen über $C_H$ darstellen lassen. Damit besitzt jeder Funktionswert $f(x)$ eine $C_H$-Darstellung $f(x) = f(x_1e_1 + x_2e_2) = x_1f(e_1) + x_2f(e_2)$.

3b$_2$) Die Menge $C_H$ ist weiterhin linear unabhängig, denn gilt $c_{11}f_{11} + c_{12}f_{12} + c_{21}f_{21} + c_{22}f_{22} = 0$, so gilt etwa für $e_1$ die Beziehung $(c_{11}f_{11}+c_{12}f_{12}+c_{21}f_{21}+c_{22}f_{22})(e_1) = 0$ und somit $f(e_1) = 0$, folglich gilt $f(e_1) = c_{11}e_1 + c_{21}e_2 = 0$, woraus dann aber $c_{11} = c_{21} = 0$ folgt, da $\{e_1, e_2\}$ eine Basis ist. Auf analogem Wege zeigt man $c_{12} = c_{22} = 0$, wobei $e_2$ verwendet wird. Damit ist $C_H$ linear unabhängig.

*Anmerkung:* Mit $\dim_{\mathbb{R}}(Mat(2,\mathbb{R})) = 4$ und $\dim_{\mathbb{R}}(Hom_{\mathbb{R}}(\mathbb{R}^2,\mathbb{R}^2)) = 4$ liefert die Gleichheit der Dimensionen die Isomorphie $Mat(2,\mathbb{R}) \cong Hom_{\mathbb{R}}(\mathbb{R}^2,\mathbb{R}^2)$.

**A4.560.02:** Beweisen Sie: Es gibt eine kanonische $K$-Isomorphie $Hom_K(K^n, K^m) \cong Mat(m,n,K)$.

**B4.560.02:** Zum Beweis der $K$-Isomorphie der Funktion $Hom_K(K^n, K^m) \longrightarrow Mat(m,n,K)$ werden zwei Beweisvarianten angeboten. Zur bequemeren Schreibweise wird für Matrizen $M \in Mat(m,n,K)$ wieder ihre Spaltendarstellung $M = [a_1, ..., a_n]$ verwendet.

*Beweis 1:* Zunächst seien definiert

a) eine Funktion $mat : Hom_K(K^n, K^m) \longrightarrow Mat(m,n,K)$ vermöge der kanonischen Basis $C_n = \{e_1, ..., e_n\}$ des $K$-Vektorraums $K^n$ durch die Zuordnung $f \longmapsto mat(f) = [f(e_1), ..., f(e_n)]$,

b) eine Funktion $hom : Mat(m,n,K) \longrightarrow Hom_K(K^n, K^m)$ durch die Zuordnung $M \longmapsto hom(M) = f_M$ mit $f_M(x) = Mx$, womit $f_M$ ein $K$-Homomorphismus ist.

Es wird nun weiter gezeigt, daß die Funktionen *mat* und *hom* invers zueinander sind, daß also die beiden Gleichheiten $mat \circ hom = id_{Mat(m,n,K)}$ und $hom \circ mat = id_{Hom_K(K^n,K^m)}$ gelten:

Für alle Matrizen $M \in Mat(m,n,K)$ mit einer Spaltendarstellung $M = [a_1, ..., a_n]$ gilt die Beziehung $(mat \circ hom)(M) = mat(hom(M)) = mat(f_M) = [f_M(e_1), ..., f_M(e_n)] = [a_1, ..., a_n] = M$, wobei $f_M(e_k) = M \cdot e_k = a_k$ verwendet wird. Somit ist also $(mat \circ hom)(M) = M$.

Für alle $K$-Homomorphismen $f : K^n \longrightarrow K^m$ gilt nun umgekehrt $(hom \circ mat)(f) = hom(mat(f)) = hom([f(e_1), ..., f(e_n)]) = f_{[f(e_1),...,f(e_n)]} = f$, denn beide Homomorphismen stimmen auf der kanonischen Basis $C_n = \{e_1, ..., e_n\}$ von $K^n$ überein und sind folglich (als lineare Fortsetzungen) gleich.

Damit ist gezeigt, daß die Funktionen *mat* und *hom* bijektive Funktionen sind. Es bleibt noch zu zeigen, daß *hom* ein $K$-Homomorphismus ist, womit dann *mat* als inverse Funktion ebenfalls $K$-homomorph ist:

Es gilt $hom(M + N) = f_{M+N} = f_M + f_N = hom(M) + hom(N)$, denn wegen $hom(M + N)(e_k) = f_{M+N}(e_k) = (M + N)e_k = Me_k + Ne_k = f_M(e_k) + f_N(e_k) = (f_M + f_N)(e_k) = (hom(M) + hom(N))(e_k)$ stimmen die Funktionen $hom(M + N)$ und $hom(M) + hom(N)$ auf der kanonischen Basis $C_n$ von $K^n$ überein.

Für alle $c \in K$ gilt $hom(cM) = f_{cM} = cf_M = c \cdot hom(M)$, denn wegen $hom(cM)(e_k) = f_{cM}(e_k) = (cM)e_k = c(Me_k) = cf_M(e_k) = (cf_M)(e_k) = c(hom(M))(e_k)$ stimmen die Funktionen $hom(cM)$ und $c \cdot hom(M)$ auf der kanonischen Basis $C_n$ von $K^n$ überein.

*Beweis 2:* Bei diesem Beweis wird gezeigt, daß die $K$-Vektorräume $Hom_K(K^n, K^m)$ und $Mat(m,n,K)$ dieselbe $K$-Dimension haben und folglich die Isomorphie $Hom_K(K^n, K^m) \cong Mat(m,n,K)$ gilt.

a) $Mat(m,n,K)$ besitzt die kanonische Basis $C_M = \{E_{ik} \in Mat(m,n,K) \mid 1 \leq i \leq m,\ 1 \leq k \leq m\}$ mit $mn$ Elementen, wobei $e_{ik} = 1$, alle anderen Koeffizienten 0 sind.

b) $Hom_K(K^n, K^m)$ besitzt die kanonische Basis $C_H = \{f_{ik} : K^n \longrightarrow K^m \mid 1 \leq i \leq m,\ 1 \leq k \leq m\}$ mit ebenfalls $mn$ Elementen, wobei $f_{ik}(x) = E_{ik}x$ definiert ist.

Die behauptete $K$-Isomorphie folgt dann aus $dim_K(Hom_K(K^n, K^m)) = mn = dim_K(Mat(m,n,K))$.

**A4.562.01:** Betrachten Sie den $\mathbb{R}$-Homomorphismus $u : \mathbb{R}^2 \longrightarrow \mathbb{R}^3$, definiert durch die Zuordnungsvorschrift $u(x) = u\begin{pmatrix} x_1 \\ x_2 \end{pmatrix} = \begin{pmatrix} x_1 + 2x_2 \\ x_2 \\ 2x_1 + x_2 \end{pmatrix}$, sowie das folgende Paar von Basen $B$ von $\mathbb{R}^2$ und $H$ von $\mathbb{R}^3$: $B = \{b_1 = \begin{pmatrix} 0 \\ 1 \end{pmatrix}, b_2 = \begin{pmatrix} 2 \\ 2 \end{pmatrix}\}$ und $H = \{h_1 = \begin{pmatrix} 1 \\ 0 \\ 1 \end{pmatrix}, h_2 = \begin{pmatrix} 1 \\ 1 \\ 1 \end{pmatrix}, h_3 = \begin{pmatrix} 0 \\ 2 \\ 2 \end{pmatrix}\}$.
(Mit Ausnahme der Basis $H$ stimmen alle anderen Daten mit denen von Beispiel 4.562.1 überein.)
Bestimmen Sie die Abbildungsmatrix $M_{HB}(u)$ und beweisen Sie die Beziehung $u_{HB}(z) = M_{HB}(u) \cdot z$, für alle Elemente $z = \begin{pmatrix} z_1 \\ z_2 \end{pmatrix} \in \mathbb{R}^2$.

**B4.562.01:** Zur Bearbeitung der Aufgabe im einzelnen:
Die zu diesen Basen $B$ von $\mathbb{R}^2$ und $H$ von $\mathbb{R}^3$ zugehörige Abbbildungsmatrix ist in Spaltendarstellung $M_{HB}(u) = [(k_H \circ u)(b_1), (k_H \circ u)(b_1)]$ und wird durch die $H$-Darstellungen von $u(b_1)$ und $u(b_2)$ geliefert:

$$\text{Mit } u(b_1) = \begin{pmatrix} 2 \\ 1 \\ 1 \end{pmatrix} = 0 \cdot \begin{pmatrix} 1 \\ 0 \\ 1 \end{pmatrix} + 2 \cdot \begin{pmatrix} 1 \\ 1 \\ 1 \end{pmatrix} - \tfrac{1}{2} \cdot \begin{pmatrix} 0 \\ 2 \\ 2 \end{pmatrix} = 0h_1 + 2h_2 - \tfrac{1}{2}h_3$$

$$\text{und } u(b_2) = \begin{pmatrix} 6 \\ 2 \\ 6 \end{pmatrix} = 4 \cdot \begin{pmatrix} 1 \\ 0 \\ 1 \end{pmatrix} + 2 \cdot \begin{pmatrix} 1 \\ 1 \\ 1 \end{pmatrix} + 0 \cdot \begin{pmatrix} 0 \\ 2 \\ 2 \end{pmatrix} = 4h_1 + 2h_2 + 0h_3$$

ist dann $M_{HB}(u) = [(k_H \circ u)(b_1), (k_H \circ u)(b_1)] = \begin{pmatrix} 0 & 4 \\ 2 & 2 \\ -\frac{1}{2} & 0 \end{pmatrix}$.

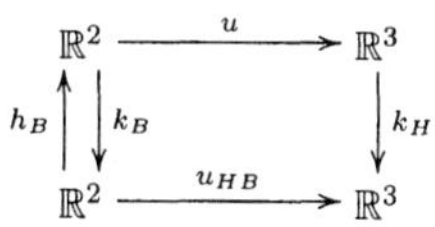


Durch die Matrix $M_{HB}(u)$ wird ein $\mathbb{R}$-Homomorphismus $h : \mathbb{R}^2 \longrightarrow \mathbb{R}^3$ mit der Zuordnungsvorschrift $h(z) = M_{HB}(u) \cdot z$ definiert. Es wird nun gezeigt, daß für diesen $\mathbb{R}$-Homomorphismus $h = u_{HB}$ gilt, womit gezeigt ist, daß der durch $u_{HB} = k_H \circ u \circ h_B$ definierte $\mathbb{R}$-Homomorphismus $h : \mathbb{R}^2 \longrightarrow \mathbb{R}^3$ die Form $u_{HB}(z) = M_{HB}(u) \cdot z$ hat:

Für alle Elemente $z = \begin{pmatrix} z_1 \\ z_2 \end{pmatrix} \in \mathbb{R}^2$ gilt: $u_{HB}(z) = (k_H \circ u \circ h_B)(z) = (k_H \circ u)(z_1 b_1 + z_2 b_2) = (k_H(u(z_1 b_1) + u(z_2 b_2)) = k_H(z_1 u(b_1) + (z_2 u(b_2)) = k_H(z_1(0h_1 + 2h_2 - \frac{1}{2}h_3) + z_2(4h_1 + 2h_2 + 0h_3)) = k_H(4z_2 h_1 + (2z_1 + 2z_2)h_2 - \frac{1}{2}z_1 h_3) = \begin{pmatrix} 4z_2 \\ 2z_1 + 2z_2 \\ -\frac{1}{2}z_1 \end{pmatrix} = \begin{pmatrix} 0 & 4 \\ 2 & 2 \\ -\frac{1}{2} & 0 \end{pmatrix} \cdot \begin{pmatrix} z_1 \\ z_2 \end{pmatrix} = M_{HB}(u) \cdot z = h(z)$.

Man kann den Nachweis von $u_{HB}(z) = M_{HB}(u) \cdot z$ auch durch die Kommutativität des Diagramms erbringen, indem man $M_{HB}(u) \cdot k_B(x) = (u_{HB} \circ k_B)(x) = (k_H \circ u)(x)$, für alle $x \in \mathbb{R}^2$ zeigt: Beachtet man zunächst die $B$-Darstellung von $x = \begin{pmatrix} x_1 \\ x_2 \end{pmatrix} = (x_2 - x_1)b_1 + \frac{1}{2}x_1 b_1$, dann ist $k_B(x) = \begin{pmatrix} x_2 - x_1 \\ \frac{1}{2}x_1 \end{pmatrix}$ und damit dann $M_{HB}(u) \cdot k_B(x) = \begin{pmatrix} 0 & 4 \\ 2 & 2 \\ -\frac{1}{2} & 0 \end{pmatrix} \cdot \begin{pmatrix} x_2 - x_1 \\ \frac{1}{2}x_1 \end{pmatrix} = \begin{pmatrix} 2x_1 \\ 2x_2 - x_1 \\ \frac{1}{2}x_1 - \frac{1}{2}x_2 \end{pmatrix}$. Andererseits hat $u(x)$ die $H$-Darstellung $u(x) = 2x_1 h_1 + (2x_2 - x_1)h_2 + \frac{1}{2}(x_1 - x_2)h_3$, woraus sofort $(k_D \circ u)(x) = k_D(u(x)) = k_D(2x_1 h_1 + (2x_2 - x_1)h_2 + \frac{1}{2}(x_1 - x_2)h_3) = \begin{pmatrix} 2x_1 \\ 2x_2 - x_1 \\ \frac{1}{2}x_1 - \frac{1}{2}x_2 \end{pmatrix}$ folgt.

**A4.562.02:** Betrachten Sie den $\mathbb{R}$-Homomorphismus $u : \mathbb{R}^2 \longrightarrow \mathbb{R}^2$, definiert durch die Zuordnungsvorschrift $u(x) = u\begin{pmatrix} x_1 \\ x_2 \end{pmatrix} = \begin{pmatrix} x_2 - \frac{1}{2}x_1 \\ 2x_2 - 2x_1 \end{pmatrix}$, sowie das folgende Paar von Basen $B$ von $\mathbb{R}^2$ und $H$ von $\mathbb{R}^3$: $B = \{b_1 = \begin{pmatrix} 0 \\ 1 \end{pmatrix}, b_2 = \begin{pmatrix} 2 \\ 2 \end{pmatrix}\}$ und $H = \{h_1 = \begin{pmatrix} 1 \\ 2 \end{pmatrix}, h_2 = \begin{pmatrix} 1 \\ 0 \end{pmatrix}\}$.

Bestimmen Sie die Abbildungsmatrix $M_{HB}(u)$ und beweisen Sie die Beziehung $u_{HB}(z) = M_{HB}(u) \cdot z$, für alle Elemente $z = \begin{pmatrix} z_1 \\ z_2 \end{pmatrix} \in \mathbb{R}^2$.

**B4.562.02:** Zur Bearbeitung der Aufgabe im einzelnen:

Die zu diesen Basen $B$ von $\mathbb{R}^2$ und $H$ von $\mathbb{R}^2$ zugehörige Abbbildungsmatrix ist in Spaltendarstellung $M_{HB}(u) = [(k_H \circ u)(b_1), (k_H \circ u)(b_1)]$ und wird durch die $H$-Darstellungen von $u(b_1)$ und $u(b_2)$ geliefert:

$$\text{Mit } u(b_1) = \begin{pmatrix} 1 \\ 2 \end{pmatrix} = 1 \cdot \begin{pmatrix} 1 \\ 2 \end{pmatrix} + 0 \cdot \begin{pmatrix} 1 \\ 0 \end{pmatrix} = 1h_1 + 0h_2$$

$$\text{und } u(b_2) = \begin{pmatrix} 1 \\ 0 \end{pmatrix} = 0 \cdot \begin{pmatrix} 1 \\ 2 \end{pmatrix} + 1 \cdot \begin{pmatrix} 1 \\ 0 \end{pmatrix} = 0h_1 + 1h_2$$

ist dann $M_{HB}(u) = [(k_H \circ u)(b_1), (k_H \circ u)(b_1)] = \begin{pmatrix} 1 & 0 \\ 0 & 1 \end{pmatrix}$.

Durch die Matrix $M_{HB}(u)$ wird ein $\mathbb{R}$-Homomorphismus $h : \mathbb{R}^2 \longrightarrow \mathbb{R}^2$ mit der Zuordnungsvorschrift $h(z) = M_{HB}(u) \cdot z$ definiert. Es wird nun gezeigt, daß für diesen $\mathbb{R}$-Homomorphismus $h = u_{HB}$ gilt, womit gezeigt ist, daß der durch $u_{HB} = k_H \circ u \circ h_B$ definierte $\mathbb{R}$-Homomorphismus $h : \mathbb{R}^2 \longrightarrow \mathbb{R}^2$ die Form $u_{HB}(z) = M_{HB}(u) \cdot z$ hat:

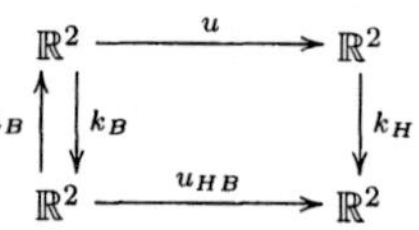


Für alle Elemente $z = \begin{pmatrix} z_1 \\ z_2 \end{pmatrix} \in \mathbb{R}^2$ gilt: $u_{HB}(z) = (k_H \circ u \circ h_B)(z) = (k_H \circ u)(z_1 b_1 + z_2 b_2) = (k_H(u(z_1 b_1) + u(z_2 b_2)) = k_H(z_1 u(b_1) + (z_2 u(b_2)) = k_H(z_1(1h_1 + 0h_2) + z_2(0h_1 + 1h_2))$
$= k_H(z_1 h_1 + z_2 h_2) = \begin{pmatrix} 1 & 0 \\ 0 & 1 \end{pmatrix} \cdot \begin{pmatrix} z_1 \\ z_2 \end{pmatrix} = M_{HB}(u) \cdot z = h(z)$.

Man kann den Nachweis von $u_{HB}(z) = M_{HB}(u) \cdot z$ auch durch die Kommutativität des Diagramms erbringen, indem man $M_{HB}(u) \cdot k_B(x) = (u_{HB} \circ k_B)(x) = (k_H \circ u)(x)$, für alle $x \in \mathbb{R}^2$ zeigt: Beachtet man zunächst die $B$-Darstellung von $x = \begin{pmatrix} x_1 \\ x_2 \end{pmatrix} = (x_2 - x_1)b_1 + \frac{1}{2}x_1 b_1$, dann ist $k_B(x) = \begin{pmatrix} x_2 - x_1 \\ \frac{1}{2}x_1 \end{pmatrix}$ und damit dann $M_{HB}(u) \cdot k_B(x) = \begin{pmatrix} 1 & 0 \\ 0 & 1 \end{pmatrix} \cdot \begin{pmatrix} x_2 - x_1 \\ \frac{1}{2}x_1 \end{pmatrix} = \begin{pmatrix} x_2 - x_1 \\ \frac{1}{2}x_1 \end{pmatrix}$. Andererseits hat $u(x)$ die $H$-Darstellung $u(x) = (x_2 - x_1)h_1 + \frac{1}{2}x_1 h_2$, woraus dann sofort die Beziehung $(k_H \circ u)(x) = k_H(u(x)) = k_H((x_2 - x_1)h_1 + \frac{1}{2}x_1 h_2) = \begin{pmatrix} x_2 - x_1 \\ \frac{1}{2}x_1 \end{pmatrix}$ folgt.

## 4.564 Beispiele für Abbildungsmatrizen (Teil 3)

**A4.564.01:** In dieser Aufgabe soll untersucht werden, wie geometrische Beschreibungen zu Funktionen $f_k : \mathbb{R}^2 \longrightarrow \mathbb{R}^2$ und gegebenenfalls zu $\mathbb{R}$-homomorphen Funktionen $f_k$ führen. Dabei bezeichne jeweils
– einerseits in Spaltendarstellung die Matrix $A_k = [f_k(e_1), f_k(e_2)]$, die von den Funktionswerten $f_k(e_1)$ und $f_k(e_2)$ der Elemente $e_1 = \begin{pmatrix} 1 \\ 0 \end{pmatrix}$ und $e_2 = \begin{pmatrix} 0 \\ 1 \end{pmatrix}$ der kanonischen Basis von $\mathbb{R}^2$ erzeugt ist
– andererseits $mat(f_k)$ die zu einem $\mathbb{R}$-Homomorphismus $f_k : \mathbb{R}^2 \longrightarrow \mathbb{R}^2$ zugehörige, mit $mat(f_k)$ bezeichnete Abbildungsmatrix, vermöge der $f_k$ also durch die Vorschrift $f_k(x) = mat(f_k) \cdot x$ definiert ist.

Bilden Sie zunächst jeweils die Zuordnungsvorschrift von $f_k$, dann die Matrix $A_k = [f_k(e_1), f_k(e_2)]$ und prüfen Sie dann nach, ob $A_k$ die Abbildungsmatrix zu $f_k$ ist. Ist das nicht der Fall, so versuchen Sie $f_k$ durch eine Komposition von Einzelprozessen zu beschreiben, wobei möglicherweise einer der Kompositionsfaktoren homomorph ist. Nun zunächst die geometrischen Beschreibungen der Funktionen $f_k$:

1. $f_1$ sei die Spiegelung von Punkten an der Koordinate $K_1$,
2. $f_2$ sei die Spiegelung von Punkten an der Koordinate $K_2$,
3. $f_3$ sei die Spiegelung von Punkten an der Parallelen zu $K_1$ durch (eine $K_2$-Höhe) $c > 0$,
4. $f_4$ sei die Spiegelung von Punkten an der Diagonalen $diag(\mathbb{R}^2) = \mathbb{R} \cdot \begin{pmatrix} 1 \\ 1 \end{pmatrix}$,
5. $f_5$ sei die Drehung von Punkten um den Koordinatenursprung mit dem Winkelmaß 90°,
6. $f_6$ sei die entsprechende Drehung von Punkten mit dem Winkelmaß 180°,
7. $f_7$ sei die entsprechende Drehung von Punkten mit dem Winkelmaß 45° (hier ist nur $A_7$ anzugeben),
8. $f_8$ und $f_9$ seien die beiden Komposition der Funktionen $f_1$ und $f_2$.

**B4.564.01:** Zur Bearbeitung der Aufgabe im einzelnen:

1. Die Funktion $f_1 : \mathbb{R}^2 \longrightarrow \mathbb{R}^2$ ist durch die Zuordnungsvorschrift $f_1\begin{pmatrix} x_1 \\ x_2 \end{pmatrix} = \begin{pmatrix} x_1 \\ -x_2 \end{pmatrix}$ definiert. Die gesuchte Matrix $A_1$ ist $A_1 = [f_1\begin{pmatrix} 1 \\ 0 \end{pmatrix}, f_1\begin{pmatrix} 0 \\ 1 \end{pmatrix}] = \begin{pmatrix} 1 & 0 \\ 0 & -1 \end{pmatrix}$. Für alle $x = \begin{pmatrix} x_1 \\ x_2 \end{pmatrix} \in \mathbb{R}^2$ ist $A_1 \cdot \begin{pmatrix} x_1 \\ x_2 \end{pmatrix} = \begin{pmatrix} 1 & 0 \\ 0 & -1 \end{pmatrix}\begin{pmatrix} x_1 \\ x_2 \end{pmatrix} = \begin{pmatrix} x_1 \\ -x_2 \end{pmatrix} = f_1\begin{pmatrix} x_1 \\ x_2 \end{pmatrix}$. Es gilt also $f_1(x) = A_1 x$ für alle Elemente $x \in \mathbb{R}^2$, folglich ist $A_1 = mat(f_1)$ tatsächlich die Abbildungsmatrix des $\mathbb{R}$-Homomorphismus' $f_1$.

2. Die Funktion $f_2 : \mathbb{R}^2 \longrightarrow \mathbb{R}^2$ ist durch die Zuordnungsvorschrift $f_2\begin{pmatrix} x_1 \\ x_2 \end{pmatrix} = \begin{pmatrix} -x_1 \\ x_2 \end{pmatrix}$ definiert. Die gesuchte Matrix $A_2$ ist $A_2 = [f_2\begin{pmatrix} 1 \\ 0 \end{pmatrix}, f_2\begin{pmatrix} 0 \\ 1 \end{pmatrix}] = \begin{pmatrix} -1 & 0 \\ 0 & 1 \end{pmatrix}$. Für alle Elemente $x \in \mathbb{R}^2$ ist dann $A_2 \cdot \begin{pmatrix} x_1 \\ x_2 \end{pmatrix} = \begin{pmatrix} -1 & 0 \\ 0 & 1 \end{pmatrix}\begin{pmatrix} x_1 \\ x_2 \end{pmatrix} = \begin{pmatrix} -x_1 \\ x_2 \end{pmatrix}$. Es gilt also $f_2(x) = A_2 x$ für alle $x \in \mathbb{R}^2$, folglich ist $A_2 = mat(f_2)$ tatsächlich die Abbildungsmatrix des $\mathbb{R}$-Homomorphismus' $f_2$.

3. Die Funktion $f_3 : \mathbb{R}^2 \longrightarrow \mathbb{R}^2$ ist durch die Zuordnungsvorschrift $f_3\begin{pmatrix} x_1 \\ x_2 \end{pmatrix} = \begin{pmatrix} x_1 \\ 2c - x_2 \end{pmatrix}$ definiert. Die gesuchte Matrix $A_3$ ist $A_3 = [f_3\begin{pmatrix} 1 \\ 0 \end{pmatrix}, f_3\begin{pmatrix} 0 \\ 1 \end{pmatrix}] = \begin{pmatrix} 1 & 0 \\ 2c & 2c-1 \end{pmatrix}$. Für ein beliebiges Element $x \in \mathbb{R}^2$ gilt nun $A_3 \cdot x = \begin{pmatrix} 1 & 0 \\ 2c & 2c-1 \end{pmatrix}\begin{pmatrix} x_1 \\ x_2 \end{pmatrix} = \begin{pmatrix} x_1 \\ 2c(x_1 + x_2) - x_2 \end{pmatrix} \neq f_3(x)$, sofern $x_1 + x_2 \neq 1$ gilt (das heißt, wenn der Punkt $x$ nicht zufällig Punkt der Geraden mit $x_2 = 1 - x_1$ ist). Das bedeutet, daß zu $f_3$ keine Abbildungsmatrix $M(f_3)$ existiert und folglich $f_3$ kein Homomorphismus ist. Man kann nun aber $f_3$ in der Form $f_3\begin{pmatrix} x_1 \\ x_2 \end{pmatrix} = \begin{pmatrix} x_1 \\ -x_2 \end{pmatrix} + \begin{pmatrix} 0 \\ 2c \end{pmatrix}$ zerlegen, das heißt, man kann $f_3$ darstellen als Komposition $f_3 = f_1 \circ v_{2c}$, wobei $v_{2c}$ eine Verschiebung von Punkten parallel zu $K_2$ in positiver Richtung bewirkt. Die Funktion $v_{2c}$ ist, wie man leicht nachprüft, kein Homomorphismus. (Wäre $v_{2c}$ Homomorphismus, dann wäre auch die Komposition $f_3$ als Komposition $f_3 = f_1 \circ v_{2c}$ zweier Homomorphismen wieder ein Homomorphismus.)

4. Die Funktion $f_4 : \mathbb{R}^2 \longrightarrow \mathbb{R}^2$ ist durch die Zuordnungsvorschrift $f_2\begin{pmatrix} x_1 \\ x_2 \end{pmatrix} = \begin{pmatrix} x_2 \\ x_1 \end{pmatrix}$ definiert. Die gesuchte Matrix $A_4$ ist $A_4 = [f_4\begin{pmatrix} 1 \\ 0 \end{pmatrix}, f_4\begin{pmatrix} 0 \\ 1 \end{pmatrix}] = \begin{pmatrix} 0 & 1 \\ 1 & 0 \end{pmatrix}$. Für alle Elemente $x \in \mathbb{R}^2$ ist $A_4 \cdot \begin{pmatrix} x_1 \\ x_2 \end{pmatrix} = \begin{pmatrix} 0 & 1 \\ 1 & 0 \end{pmatrix}\begin{pmatrix} x_1 \\ x_2 \end{pmatrix} = \begin{pmatrix} x_2 \\ x_1 \end{pmatrix}$. Es gilt also $f_4(x) = A_4x$, für alle $x \in \mathbb{R}^2$, und somit ist $A_4 = mat(f_4)$ tatsächlich die Abbildungsmatrix des $\mathbb{R}$-Homomorphismus' $f_4$.

5./6. Die Drehungen um die Maße 90° und 180° werden durch die Funktionen $f_5, f_6 : \mathbb{R}^2 \longrightarrow \mathbb{R}^2$ mit $f_5\begin{pmatrix} x_1 \\ x_2 \end{pmatrix} = \begin{pmatrix} -x_2 \\ x_1 \end{pmatrix}$ und $f_6\begin{pmatrix} x_1 \\ x_2 \end{pmatrix} = \begin{pmatrix} -x_1 \\ -x_2 \end{pmatrix}$ beschrieben. Die zu berechnenden Matrizen sind $A_5 = [f_5\begin{pmatrix} 1 \\ 0 \end{pmatrix}, f_5\begin{pmatrix} 0 \\ 1 \end{pmatrix}] = \begin{pmatrix} 0 & -1 \\ 1 & 0 \end{pmatrix}$ und $A_6 = [f_6\begin{pmatrix} 1 \\ 0 \end{pmatrix}, f_6\begin{pmatrix} 0 \\ 1 \end{pmatrix}] = \begin{pmatrix} -1 & 0 \\ 0 & -1 \end{pmatrix}$. Wie in den obigen Bearbeitungen wird gezeigt, daß $A_5 = mat(f_5)$ und $A_6 = mat(f_6)$ tatsächlich die Abbildungsmatrizen der $\mathbb{R}$-Homomorphismen $f_5$ und $f_6$ sind.

7. Zur Drehung um 45°: Da für die zugehörige Funktion $f_7$ keine Zuordnungsvorschrift vorliegt, kann mit Hilfe der Funktionswerte $f_7\begin{pmatrix} 1 \\ 0 \end{pmatrix} = \frac{1}{2}\sqrt{2}\begin{pmatrix} 1 \\ 1 \end{pmatrix}$ und $f_7\begin{pmatrix} 0 \\ 1 \end{pmatrix} = \frac{1}{2}\sqrt{2}\begin{pmatrix} -1 \\ 1 \end{pmatrix}$, also mit $A_7 = [f_7\begin{pmatrix} 1 \\ 0 \end{pmatrix}, f_7\begin{pmatrix} 0 \\ 1 \end{pmatrix}] = \frac{1}{2}\sqrt{2}\begin{pmatrix} 1 & -1 \\ 1 & 1 \end{pmatrix}$ die Beziehung $A_7 = mat(f_7)$ lediglich vermutet werden.

8. Zu den Funktionen $f_1$ und $f_2$ lassen sich die beiden Kompositionen $f_1 \circ f_2, f_2 \circ f_1 : \mathbb{R}^2 \longrightarrow \mathbb{R}^2$ mit den Zuordnungsvorschriften $(f_1 \circ f_2)\begin{pmatrix} x_1 \\ x_2 \end{pmatrix} = f_1\begin{pmatrix} -x_1 \\ x_2 \end{pmatrix} = \begin{pmatrix} -x_1 \\ -x_2 \end{pmatrix}$ und $(f_2 \circ f_1)\begin{pmatrix} x_1 \\ x_2 \end{pmatrix} = f_2\begin{pmatrix} x_1 \\ -x_2 \end{pmatrix} = \begin{pmatrix} -x_1 \\ -x_2 \end{pmatrix}$ bilden. Wie auch geometrisch-anschaulich klar ist, gilt $f_1 \circ f_2 = f_8$ und $f_2 \circ f_1 = f_8$. Für die zugehörigen Abbildungsmatrizen gilt entsprechend $A(f_8) = mat(f_1 \circ f_2) = mat(f_1) \cdot mat(f_2)$ sowie $A(f_8) = mat(f_2 \circ f_1) = mat(f_2) \cdot mat(f_1)$.

*Anmerkung:* Bei diesen Kompositionen liegt ein Beispiel dafür vor, daß ausnahmsweise die Komposition von Funktionen sowie die Multiplikation von Matrizen kommutativ sein können.

**A4.564.02:** Untersuchen Sie auf gleiche Weise wie in Aufgabe A4.564.01 die Spiegelung von Punkten $x \in \mathbb{R}^3$ zunächst an der $K_1K_3$-Ebene, anschließend dann allgemein an der $K_iK_k$-Ebene $(i < k)$.

**B4.564.02:** Die Spiegelung von Punkten $x \in \mathbb{R}^3$ an der $K_1K_3$-Ebene wird in diesem Fall durch die Funktion $f : \mathbb{R}^3 \longrightarrow \mathbb{R}^3$ mit der Vorschrift $f\begin{pmatrix} x_1 \\ x_2 \\ x_3 \end{pmatrix} = \begin{pmatrix} x_1 \\ -x_2 \\ x_3 \end{pmatrix}$ beschrieben. Analog zu A4.564.01/1 ist die Funktion $f$ $\mathbb{R}$-homomorph mit der kanonischen Abbildungsmatrix $mat(f) = \begin{pmatrix} 1 & 0 & 0 \\ 0 & -1 & 0 \\ 0 & 0 & 1 \end{pmatrix}$.

Der allgemeine Fall: Ersetzt man in der Einheitsmatrix $E = \begin{pmatrix} 1 & 0 & 0 \\ 0 & 1 & 0 \\ 0 & 0 & 1 \end{pmatrix} = (e_{ik})_{1 \leq i,k \leq 3}$ die Zahl $e_{11} = 1$ $(e_{22} = 1, e_{33} = 1)$ durch $-1$, so wird an der $K_2K_3$-Ebene ($K_1K_3$-Ebene, $K_1K_2$-Ebene) gespiegelt. Ersetzt man also $e_{ii} = 1$ durch $-1$, so wird an der $K_jK_k$-Ebene $(j < k,\ j \neq i,\ k \neq i)$ gespiegelt.

**A4.564.03:** Die kanonischen Abbildungsmatrizen $M(f)$ zu $\mathbb{R}$-Homomorphismen $f : \mathbb{R}^n \longrightarrow \mathbb{R}^m$, mit denen $f$ durch $f(x) = M(f) \cdot x$ definiert werden kann, haben als Spaltendarstellung die Form $M(f) = [f(e_1), ..., f(e_n)]$. Sie lassen sich also leicht angeben, wenn man die Bilder $f(e_i)$ der Elemente $e_i$ der kanonischen Basis $C = \{e_1, e_2\}$ von $\mathbb{R}^n$ kennt. Für die in der Aufgabe genannten Funktionen $u$ und $v \circ u$ lassen sich die zugehörigen Abbildungsmatrizen dann unmittelbar angeben.

Zu den Aufgabenteilen 1 bis 4: Betrachten Sie neben der kanonischen Basis $C = \{e_1, e_2\}$ von $\mathbb{R}^2$ noch die beiden Basen $B = \{b_1 = \begin{pmatrix} 0 \\ 1 \end{pmatrix}, b_2 = \begin{pmatrix} 2 \\ 2 \end{pmatrix}\}$ und $D = \{d_1 = \begin{pmatrix} 1 \\ 2 \end{pmatrix}, d_2 = \begin{pmatrix} 1 \\ 0 \end{pmatrix}\}$ von $\mathbb{R}^2$. Ferner seien zwei $\mathbb{R}$-Homomorphismen $u, v : \mathbb{R}^2 \longrightarrow \mathbb{R}^2$ definiert durch lineare Fortsetzung mit $u(e_1) = b_1$ und $u(e_2) = b_2$ sowie mit $v(b_1) = d_1$ und $v(b_2) = d_2$. Im folgenden werden Abbildungsmatrizen stets mit $M(-)$, also ohne Nennung von Basen in Indexform, notiert.

1. Bestimmen Sie die kanonischen Abbildungsmatrizen $M(u)$, $M(v \circ u)$, $M(v)$ ohne inverse Matrizen.
2. Bestimmen Sie auf gleiche Weise die Abbildungsmatrizen $M(u^{-1})$, $M(v^{-1})$ und $M((v \circ u)^{-1})$.
3. Wie läßt sich $M((v \circ u)^{-1})$ aus $M(u^{-1})$ und $M(v^{-1})$ gewinnen? (mit allgemeiner Berechnung)
4. Wie läßt sich $M(v)$ aus $M(v \circ u)$ und $M(u)$ gewinnen? (Berechnung für den konkreten Fall)
5. Verwenden Sie das in Aufgabenteil 4 gefundene Verfahren zur Bestimmung der Abbildungsmatrix $M(v)$, wobei $v$ durch lineare Fortsetzung definiert sei jeweils durch die Vorgaben

   a) $v(b_1) = \begin{pmatrix} 1 \\ 2 \end{pmatrix}$ und $v(b_2) = \begin{pmatrix} 3 \\ 6 \end{pmatrix}$, b) $v(b_1) = v(b_2) = \begin{pmatrix} 1 \\ 2 \end{pmatrix}$.
6. Kommentieren Sie jeweils den Zusammenhang zwischen der Menge $\{v(b_1), v(b_2)\}$, der Abbildungsmatrix $M(v)$ und dem Unterraum $Bild(v)$ in $\mathbb{R}^2$ zunächst für die Daten vom Anfang der Aufgabe, anschließend dann mit denen von Aufgabenteil 5.

**B4.564.03:** Zur Bearbeitung der Aufgabe im einzelnen:

1a) $u$ besitzt die Abbildungsmatrix $M(u) = [u(e_1), u(e_2)] = [b_1, b_2] = \begin{pmatrix} 0 & 2 \\ 1 & 2 \end{pmatrix}$.

1b) $v \circ u$ besitzt die Abbildungsmatrix $M(v \circ u) = [(v \circ u)(e_1), (v \circ u)(e_2)] = [d_1, d_2] = \begin{pmatrix} 1 & 1 \\ 2 & 0 \end{pmatrix}$.

1c) Zunächst muß die durch lineare Fortsetzung zu gewinnende Zuordnungsvorschrift von $v$ ermittelt werden: Da jedes $x = \begin{pmatrix} x_1 \\ x_2 \end{pmatrix} \in \mathbb{R}^2$ die $B$-Darstellung $x = \begin{pmatrix} x_1 \\ x_2 \end{pmatrix} = (x_2 - x_1) \cdot \begin{pmatrix} 0 \\ 1 \end{pmatrix} + \frac{1}{2}x_1 \cdot \begin{pmatrix} 2 \\ 2 \end{pmatrix}$ hat, hat $v(x)$ die $D$-Darstellung $v(x) = (x_2 - x_1)d_1 + \frac{1}{2}x_1 d_2 = (x_2 - x_1) \cdot \begin{pmatrix} 1 \\ 2 \end{pmatrix} + \frac{1}{2}x_1 \cdot \begin{pmatrix} 1 \\ 0 \end{pmatrix} = \begin{pmatrix} x_2 - \frac{1}{2}x_1 \\ 2x_2 - 2x_1 \end{pmatrix}$. Mit dieser Zuordnungsvorschrift von $v$ lassen sich nun die Bilder $v(e_1)$ und $v(e_2)$ berechnen. $v$ besitzt dann die Abbildungsmatrix $M(v) = [v(e_1), v(e_2)] = \begin{pmatrix} -\frac{1}{2} & 1 \\ -2 & 2 \end{pmatrix} = \frac{1}{2}\begin{pmatrix} -1 & 2 \\ -4 & 4 \end{pmatrix}$.

*Anmerkung:* Man beachte hinsichtlich der folgenden Aufgabenteile: Wie man leicht sieht, sind die Determinanten der drei vorstehenden Matrizen jeweils ungleich Null, also existieren zugehörige inverse Matrizen (anders gesagt, die genannten Homomorphismen sind Isomorphismen).

2a) Nach 1c) hat $x \in \mathbb{R}^2$ die $B$-Darstellung $x = \begin{pmatrix} x_1 \\ x_2 \end{pmatrix} = (x_2 - x_1)\, b_1 + \frac{1}{2}x_1 b_2$. Damit hat $u^{-1}(x)$ die $C$-Darstellung $u^{-1}(x) = (x_2 - x_1) \cdot e_1 + \frac{1}{2}x_1 \cdot e_1 = \begin{pmatrix} x_2 - x_1 \\ \frac{1}{2}x_1 \end{pmatrix}$. Mit dieser Zuordnungsvorschrift von $u^{-1}$ ist $M(u^{-1}) = [u^{-1}(e_1), u^{-1}(e_2)] = \begin{pmatrix} -1 & 1 \\ \frac{1}{2} & 0 \end{pmatrix} = \frac{1}{2}\begin{pmatrix} -2 & 2 \\ 1 & 0 \end{pmatrix}$.

2b) Zunächst hat $x \in \mathbb{R}^2$ die $D$-Darstellung $x = \begin{pmatrix} x_1 \\ x_2 \end{pmatrix} = \frac{1}{2}x_2 \begin{pmatrix} 1 \\ 2 \end{pmatrix} + (x_1 - \frac{1}{2}x_2) \begin{pmatrix} 1 \\ 0 \end{pmatrix}$, also hat $v^{-1}(x)$ die $B$-Darstellung $v^{-1}(x) = \frac{1}{2}x_2 b_1 + (x_1 - \frac{1}{2}x_2)b_2 = \frac{1}{2}x_2 \begin{pmatrix} 0 \\ 1 \end{pmatrix} + (x_1 - \frac{1}{2}x_2) \begin{pmatrix} 2 \\ 2 \end{pmatrix} = \begin{pmatrix} 2x_1 - x_2 \\ 2x_1 - \frac{1}{2}x_2 \end{pmatrix}$. Mit der so gewonnenen Zuordnungsvorschrift von $v^{-1}$ ist $M(v^{-1}) = [v^{-1}(e_1), v^{-1}(e_2)] = \begin{pmatrix} 2 & -1 \\ 2 & -\frac{1}{2} \end{pmatrix}$.

2c) Nach 3a) hat $x \in \mathbb{R}^2$ die $D$-Darstellung $x = \begin{pmatrix} x_1 \\ x_2 \end{pmatrix} = \frac{1}{2}x_2 d_1 + (x_1 - \frac{1}{2}x_2)d_2$, folglich hat $(v \circ u)^{-1}(x)$ die $C$-Darstellung $(v \circ u)^{-1}(x) = \frac{1}{2}x_2 e_1 + (x_1 - \frac{1}{2}x_2)e_2 = \begin{pmatrix} \frac{1}{2}x_2 \\ x_1 - \frac{1}{2}x_2 \end{pmatrix}$. Mit dieser Zuordnungsvorschrift von $(v \circ u)^{-1}$ ist $M((v \circ u)^{-1}) = [(v \circ u)^{-1}(e_1), (v \circ u)^{-1}(e_2)] = \begin{pmatrix} 0 & \frac{1}{2} \\ 1 & -\frac{1}{2} \end{pmatrix} = \frac{1}{2}\begin{pmatrix} 0 & 1 \\ 2 & -1 \end{pmatrix}$.

3. Allgemein gilt $M(v \circ u)^{-1} = M((v \circ u)^{-1}) = M(u^{-1} \circ v^{-1}) = M(u^{-1}) \cdot M(v^{-1}) = M(u)^{-1} \cdot M(v)^{-1}$. Im konkreten Fall ist $M(u)^{-1} \cdot M(v)^{-1} = \begin{pmatrix} -1 & 1 \\ \frac{1}{2} & 0 \end{pmatrix} \cdot \begin{pmatrix} 2 & -1 \\ 2 & -\frac{1}{2} \end{pmatrix} = \begin{pmatrix} 0 & \frac{1}{2} \\ 1 & -\frac{1}{2} \end{pmatrix} = -\frac{1}{2} \cdot \begin{pmatrix} 0 & -1 \\ -2 & 1 \end{pmatrix}$

$= \begin{pmatrix} 1 & 1 \\ 2 & 0 \end{pmatrix}^{-1} = M(v \circ u)^{-1}$. (Man beachte dabei die Kurzschreibweise $M(u)^{-1} = (M(u))^{-1}$.)

4. Mit $M(v) \cdot M(u) = M(v \circ u)$ ist $M(v) = M(v \circ u \circ u^{-1}) = M(v \circ u) \cdot M(u)^{-1} = M(v \circ u) \cdot M(u^{-1})$. Im konkreten Fall ist $M(v \circ u) \cdot M(u^{-1}) = \begin{pmatrix} 1 & 1 \\ 2 & 0 \end{pmatrix} \cdot \begin{pmatrix} -1 & 1 \\ \frac{1}{2} & 0 \end{pmatrix} = \begin{pmatrix} \frac{1}{2} & 1 \\ -2 & 2 \end{pmatrix} = M(v)$.

5a) Mit der Matrix $M(v \circ u) = [(v \circ u)(e_1), (v \circ u)(e_2)] = [v(b_1), v(b_2)] = \begin{pmatrix} 1 & 3 \\ 2 & 6 \end{pmatrix}$ ist die Matrix $M(v)$ dann $M(v) = M(v \circ u) \cdot M(u^{-1}) = \begin{pmatrix} 1 & 3 \\ 2 & 6 \end{pmatrix} \cdot \begin{pmatrix} -1 & 1 \\ \frac{1}{2} & 0 \end{pmatrix} = \begin{pmatrix} \frac{1}{2} & 1 \\ 1 & 2 \end{pmatrix}$.

5b) Mit der Matrix $M(v \circ u) = [(v \circ u)(e_1), (v \circ u)(e_2)] = [v(b_1), v(b_2)] = \begin{pmatrix} 1 & 1 \\ 2 & 2 \end{pmatrix}$ ist die Matrix $M(v)$ dann$M(v) = M(v \circ u) \cdot M(u^{-1}) = \begin{pmatrix} 1 & 1 \\ 2 & 2 \end{pmatrix} \cdot \begin{pmatrix} -1 & 1 \\ \frac{1}{2} & 0 \end{pmatrix} = \begin{pmatrix} -\frac{1}{2} & 1 \\ -1 & 2 \end{pmatrix}$.

6. Für die Daten vom Anfang der Aufgabe, also mit $D = \{v(b_1), v(b_2)\}$, ist $D$ eine Basis von $\mathbb{R}^2$ und folglich gilt $Bild(v) = L_{\mathbb{R}}(D) = \mathbb{R}^2$. In diesem Fall ist $rang(M(v)) = 2 = dim_{\mathbb{R}}(Bild(v))$.

Für die Daten des Aufgabenteils 5 ist die Menge $\{v(b_1), v(b_2)\}$ linear abhängig (bzw. einelementig im zweiten Fall), somit ist in diesen beiden Fällen jeweils $Bild(v) = L_{\mathbb{R}}\{v(b_1), v(b_2)\} = \mathbb{R} \begin{pmatrix} 1 \\ 2 \end{pmatrix} \cong \mathbb{R}$ und es gilt $rang(M(v)) = 1 = dim_{\mathbb{R}}(Bild(v))$.

**A4.564.04:** Betrachten Sie einerseits die Basis $B = \{b_1 = \begin{pmatrix} 1 \\ 1 \end{pmatrix}, b_2 = \begin{pmatrix} 2 \\ 1 \end{pmatrix}\}$ von $\mathbb{R}^2$ und andererseits die Funktion $s : B \longrightarrow \mathbb{R}^3$, definiert durch die Vorschrift $s(b_1) = \begin{pmatrix} 1 \\ 2 \\ 3 \end{pmatrix}$ und $s(b_2) = \begin{pmatrix} 1 \\ 0 \\ 1 \end{pmatrix}$.

1. Bestimmen Sie die kanonische Abbildungsmatrix $M(f_s)$ der linearen Fortsetzung $f_s : \mathbb{R}^2 \longrightarrow \mathbb{R}^3$ der Funktion $s$ ohne Verwendung des Homomorphismus' $f_s$.
2. Bestimmen Sie die Zuordnungsvorschrift von $f_s$ und vergleichen Sie sie mit $M(f_s) \cdot x$ aus Teil 1.
3. Erläutern Sie die Beziehung $Bild(f_s) = L_{\mathbb{R}}(Bild(s))$ anhand von $f_s(x)$ aus Teil 2 und zeigen Sie $Bild(f_s) = \mathbb{R} \cdot f_s(e_1) + \mathbb{R} \cdot f_s(e_2)$ unter Verwendung von $M(f_s) = [f_s(e_1), f_s(e_2)]$ aus Teil 1.

**B4.564.04:** Zur Bearbeitung der Aufgabe im einzelnen:

1. Definiert man zu der Basis $B$ eine Funktion $t : C \longrightarrow B$ auf der kanonischen Basis $C$ von $\mathbb{R}^2$ durch $t(e_1) = b_1$ und $t(e_2) = b_2$, dann ist ihre lineare Fortsetzung $f_t : \mathbb{R}^2 \longrightarrow \mathbb{R}^2$ ein $\mathbb{R}$-Isomorphismus.
Wegen $M(f_s \circ f_t) = M(f_s) \cdot M(f_t)$ gilt $M(f_s) = M(f_s \circ f_t) \cdot M(f_t)^{-1}$, ferner gilt $M(f_s \circ f_t)$ $= [(f_s \circ f_t)(e_1), (f_s \circ f_t)(e_2)] = [f_s(b_1), f_s(b_2)] = [s(b_1), s(b_2)]$ und $M(f_t) = [t(e_1), t(e_2)] = [b_1, b_2]$.

Mit der weiteren Berechnung $[b_1, b_2]^{-1} = \begin{pmatrix} 1 & 2 \\ 1 & 1 \end{pmatrix}^{-1} = (-1) \cdot \begin{pmatrix} 1 & -2 \\ -1 & 1 \end{pmatrix} = \begin{pmatrix} -1 & 2 \\ 1 & -1 \end{pmatrix}$ ist dann schließlich $M(f_s) = [s(b_1), s(b_2)] \cdot [b_1, b_2]^{-1} = \begin{pmatrix} 1 & 1 \\ 2 & 0 \\ 3 & 1 \end{pmatrix} \cdot \begin{pmatrix} -1 & 2 \\ 1 & -1 \end{pmatrix} = \begin{pmatrix} 0 & 1 \\ -2 & 4 \\ -2 & 5 \end{pmatrix}$.

2. Für beliebige Elemente $x \in \mathbb{R}^2$ ist zunächst die $B$-Darstellung zu ermitteln. Es gelten folgende äquivalente Aussagen: $x = \begin{pmatrix} x_1 \\ x_2 \end{pmatrix} = a_1 b_1 + a_2 b_2 = a_1 \cdot \begin{pmatrix} 1 \\ 1 \end{pmatrix} + a_2 \cdot \begin{pmatrix} 2 \\ 1 \end{pmatrix} = \begin{pmatrix} a_1 + 2a_2 \\ a_1 + a_2 \end{pmatrix}$
$\Leftrightarrow$ $x_1 = a_1 + 2a_2$ und $x_2 = a_1 + a_2$ $\Leftrightarrow$ $a_1 = -x_1 + 2x_2$ und $a_2 = x_1 - x_2$.

Folglich hat $x$ die $B$-Darstellung $x = (-x_1 + 2x_2)\, b_1 + (x_1 - x_2)\, b_2$. Die lineare Fortsetzung $f_s$ von $s$ ist dann definiert durch die Zuordnungsvorschrift $f_s(x) = (-x_1 + 2x_2) \cdot s(b_1) + (x_1 - x_2) \cdot s(b_2)$
$= (-x_1 + 2x_2) \cdot \begin{pmatrix} 1 \\ 2 \\ 3 \end{pmatrix} + (x_1 - x_2) \cdot \begin{pmatrix} 1 \\ 0 \\ 1 \end{pmatrix} = \begin{pmatrix} x_2 \\ -2x_1 + 4x_2 \\ -2x_1 + 5x_2 \end{pmatrix}$. Diese Zuordnungsvorschrift stimmt

mit $M(f_s) \cdot x$ überein, denn es ist $M(f_s) \cdot x = \begin{pmatrix} 0 & 1 \\ -2 & 4 \\ -2 & 5 \end{pmatrix} \cdot \begin{pmatrix} x_1 \\ x_2 \end{pmatrix}$ das oben angegebene $f_s(x)$.

3. Die allgemein gültige Darstellung $Bild(f_s) = L_{\mathbb{R}}(Bild(s))$ liefert $Bild(f_s) = \mathbb{R} \cdot s(b_1) + \mathbb{R} \cdot s(b_2) = \mathbb{R} \cdot \begin{pmatrix} 1 \\ 2 \\ 3 \end{pmatrix} + \mathbb{R} \cdot \begin{pmatrix} 1 \\ 0 \\ 1 \end{pmatrix}$. Andererseits gilt $Bild(f_s) = \mathbb{R} \cdot f_s(e_1) + \mathbb{R} \cdot f_s(e_2) = \mathbb{R} \cdot \begin{pmatrix} 0 \\ -2 \\ -2 \end{pmatrix} + \mathbb{R} \begin{pmatrix} 1 \\ 4 \\ 5 \end{pmatrix}$ mit $M(f_s) = [f_s(e_1), f_s(e_2)]$. Beide Darstellungen sind tatsächlich gleich, denn bezeichnet man die erste Darstellung mit $U_1$, die zweite mit $U_2$, dann gilt $U_1 = U_2$, wie die folgende Berechnung zeigt:

a) Ist $z \in U_1$, dann gilt auch $z \in U_2$, denn wegen $z \in U_1$ gibt es $a, b \in \mathbb{R}$ mit

$$z = a \cdot \begin{pmatrix} 1 \\ 2 \\ 3 \end{pmatrix} + b \cdot \begin{pmatrix} 1 \\ 0 \\ 1 \end{pmatrix} = \begin{pmatrix} a+b \\ 2a \\ 3a+b \end{pmatrix} = (a+2b) \cdot \begin{pmatrix} 0 \\ -2 \\ -2 \end{pmatrix} + (a+b) \cdot \begin{pmatrix} 1 \\ 4 \\ 5 \end{pmatrix}.$$

Dabei werden die Koeffizienten $v = a + 2b$ und $w = a + b$ ermittelt als Lösungen des Gleichungssystems:

$$\begin{aligned} a+b &= w \\ 2a &= -2v + 4w \\ 3a+b &= -2v + 5w \end{aligned}$$

b) Ist $z \in U_2$, dann gilt auch $z \in U_1$, denn wegen $z \in U_2$ gibt es $v, w \in \mathbb{R}$ mit

$$z = v \cdot \begin{pmatrix} 0 \\ -2 \\ -2 \end{pmatrix} + w \cdot \begin{pmatrix} 1 \\ 4 \\ 5 \end{pmatrix} = \begin{pmatrix} w \\ -2v+4w \\ -2v+5w \end{pmatrix} = (-v+2w) \cdot \begin{pmatrix} 1 \\ 2 \\ 3 \end{pmatrix} + (v-w) \cdot \begin{pmatrix} 1 \\ 0 \\ 1 \end{pmatrix}.$$

Die Koeffizienten $a = -v + 2w$ und $b = v - w$ liefern ebenfalls das in a) genannte Gleichungssystem.

**A4.564.05:** Bearbeiten Sie die folgenden Einzelaufgaben:

1. Beweisen Sie: Für 2-reihige Matrizen $A \in Mat(2, \mathbb{R})$ und 2-Tupel $x, z \in \mathbb{R}^2$ gilt $[Ax, Az] = A \cdot [x, z]$.

2. Läßt sich der in Teil 1 genannte Sachverhalt allgemeiner für Matrizen $A \in Mat(m, n, \mathbb{R})$ formulieren? (Begründen Sie Ihre Aussage, ohne jedoch einen vollständigen Beweis auszuführen.)

3. Betrachten Sie die Elemente $u = \begin{pmatrix} 3 \\ 1 \end{pmatrix}$ und $v = \begin{pmatrix} 4 \\ 3 \end{pmatrix}$ aus $\mathbb{R}^2$. Nennen Sie mit Beweis alle $\mathbb{R}$-Homomorphismen $f : \mathbb{R}^2 \longrightarrow \mathbb{R}^2$ in der Form $f(x) = M(f) \cdot x$ mit Matrix $M(f) \in Mat(2, \mathbb{R})$, die die Bedingungen $f(u) = 3u$ und $f(v) = 4v$ erfüllen. (Betrachten Sie dazu die Matrizen $[u, v]$ und $[f(u), f(v)]$.)

4. Geben Sie mit Beweis zwei eindimensionale Unterräume $U$ von $\mathbb{R}^2$ an, für die mit den in Teil 3 zu ermittelnden Homomorphismen $f$ dann $f(U) = U$ gilt. Besitzen diese Unterräume Fixpunkte?
*Hinweis:* Fixpunkte einer beliebigen Funktion $f$ sind Elemente $x \in D(f)$ mit $f(x) = x$.

5. Berechnen Sie zu $a \in \mathbb{R}$ und $A \in Mat(2, \mathbb{R})$ die Determinante $det(aA)$ und verwenden Sie das Ergebnis zu der Beantwortung der Frage: Durch welche Abbildungsmatrix $M(g)$ ist derjenige $\mathbb{R}$-Homomorphismus $g : \mathbb{R}^2 \longrightarrow \mathbb{R}^2$ definiert, der $u$ auf $\begin{pmatrix} 1 \\ \frac{1}{3} \end{pmatrix}$ und $v$ auf $\begin{pmatrix} 1 \\ \frac{3}{4} \end{pmatrix}$ abbildet?

**B4.564.05:** Zur Bearbeitung der Aufgabe im einzelnen:

1. Mit $A = \begin{pmatrix} a_{11} & a_{12} \\ a_{21} & a_{22} \end{pmatrix}$, $x = \begin{pmatrix} x_1 \\ x_2 \end{pmatrix}$ und $z = \begin{pmatrix} z_1 \\ z_2 \end{pmatrix}$ hat die Matrix $[Ax, Az]$ dann die Darstellung $[Ax, Az] = \begin{pmatrix} a_{11}x_1 + a_{12}x_2 & a_{11}z_1 + a_{12}z_2 \\ a_{21}x_1 + a_{22}x_2 & a_{21}z_1 + a_{22}z_2 \end{pmatrix} = \begin{pmatrix} a_{11} & a_{12} \\ a_{21} & a_{22} \end{pmatrix} \cdot \begin{pmatrix} x_1 & z_1 \\ x_2 & z_2 \end{pmatrix} = A \cdot [x, z]$.

2. Ist eine Matrix $A \in Mat(m, n, \mathbb{R})$ vorgegeben, dann muß die Matrix $[x_1, ..., x_p]$ mit den Spalten $x_i = \begin{pmatrix} x_{i1} \\ \vdots \\ x_{in} \end{pmatrix}$ vom Typ $(n, p)$ sein, damit das Produkt $A \cdot [x_1, ..., x_p]$ gebildet werden kann. Damit gilt dann: Ist $A \in Mat(m, n, \mathbb{R})$ und $[x_1, \dots, x_p] \in Mat(n, p, \mathbb{R})$, so gilt $[Ax_1, ..., Ax_n] = A \cdot [x_1, ..., x_n]$.

3. Die Bedingungen $f(u) = 3u$ und $f(v) = 4v$ liefern mit der gesuchten Darstellung $f(x) = Mx$ zunächst

$[f(u), f(v)] = [Mu, Mv] = M[u, v]$. Ist die Matrix $[u, v]$ nicht-singulär (das heißt $det[u, v] \neq 0$), so ist $M = [f(u), f(v)] \cdot [u, v]^{-1}$ die gesuchte Matrix. Im vorliegenden Fall existiert $[u, v]^{-1}$, nämlich $[u, v]^{-1} = \begin{pmatrix} 3 & 4 \\ 1 & 3 \end{pmatrix}^{-1} = \frac{1}{5}\begin{pmatrix} 3 & -4 \\ -1 & 3 \end{pmatrix}$, somit ist $M = \begin{pmatrix} 9 & 16 \\ 3 & 12 \end{pmatrix} \cdot \frac{1}{5}\begin{pmatrix} 3 & -4 \\ -1 & 3 \end{pmatrix} = \frac{1}{5}\begin{pmatrix} 11 & 12 \\ -3 & 24 \end{pmatrix}$ die einzige Matrix, die die vorgegebenen Bedingungen erfüllt. Folglich gibt es nur einen einzigen entsprechenden $\mathbb{R}$-Homomorphismen $f : \mathbb{R}^2 \longrightarrow \mathbb{R}^2$ mit $f(x) = M(f) \cdot x$.

4. Die von $u$ und $v$ jeweils erzeugten Unterräume $\mathbb{R}u$ und $\mathbb{R}v$ werden auf sich selbst abgebildet, denn es gilt $f(\mathbb{R}u) = \mathbb{R} \cdot f(u) = \mathbb{R} \cdot 3u = \mathbb{R}u$ und in entsprechender Weise $f(\mathbb{R}v) = \mathbb{R} \cdot f(v) = \mathbb{R} \cdot 4v = \mathbb{R}v$. Wie nun das Gleichungssystem $f(x) = Mx = x$ oder das dazu äquivalente Gleichungssystem $(M - E)x = 0$ (mit Einheitsmatrix $E$) in der ausgeschriebenen Form

$$\begin{aligned} 11\,x_1 + 12\,x_2 &= 5\,x_1 \\ -3\,x_1 + 24\,x_2 &= 5\,x_2 \end{aligned}$$

zeigt, gilt $Mx = x$ nur für $0 = \begin{pmatrix} 0 \\ 0 \end{pmatrix}$. $\mathbb{R}u$ und $\mathbb{R}v$ haben neben diesem Element 0 (das stets Fixpunkt von Homomorphismen ist) keine weiteren Fixpunkte. (Nebenbei: Daß das angegebene Gleichungssystem nur die Lösung 0 hat, kann man auch an der Eigenschaft $rang(M - E) = 2 = dim_{\mathbb{R}}(\mathbb{R}^2)$ erkennen.)

5. Für $A \in Mat(2, \mathbb{R})$ gilt $det(aA) = a^2 \cdot det(A)$, denn es ist $det(a\begin{pmatrix} a_{11} & a_{12} \\ a_{21} & a_{22} \end{pmatrix}) = det\begin{pmatrix} a\,a_{11} & a\,a_{12} \\ a\,a_{21} & a\,a_{22} \end{pmatrix}$ $= aa_{11} \cdot aa_{22} - aa_{12} \cdot aa_{21} = a^2 \cdot (a_{11}a_{22} - a_{12}a_{21}) = a^2 \cdot det(A)$.

Die beiden Bedingungen $g(u) = \begin{pmatrix} 1 \\ \frac{1}{3} \end{pmatrix} = \frac{1}{3}\begin{pmatrix} 3 \\ 1 \end{pmatrix} = \frac{1}{3}u$, insbesondere also $g(3u) = u$, und entsprechend berechnet $g(4v) = v$, legen nahe, daß $g$ die Umkehrfunktion zu $f$ ist. Die Funktion $g = f^{-1}$ existiert, wenn die in Teil 3 zu $f$ zu ermittelnde Matrix $M$ invertierbar, wenn also $det(M) \neq 0$ ist. Das ist in der Tat der Fall, denn mit $det(M) = (\frac{1}{5})^2 \cdot 300 = 12$ ist $M^{-1} = \frac{1}{12} \cdot \frac{1}{5}\begin{pmatrix} 24 & -12 \\ 3 & 11 \end{pmatrix} = \frac{1}{60}\begin{pmatrix} 24 & -12 \\ 3 & 11 \end{pmatrix}$ und $g = f^{-1} : \mathbb{R}^2 \longrightarrow \mathbb{R}^2$ dann definiert durch $g(x) = f^{-1}(x) = M^{-1} \cdot x$.

**A4.564.06:** Bearbeiten Sie die folgenden Einzelaufgaben:

1. Betrachten Sie die $\mathbb{R}$-Homomorphismen $f, g : \mathbb{R}^2 \longrightarrow \mathbb{R}^2$, definiert durch ihre Abbildungsmatrizen $M(f) = \begin{pmatrix} -1 & 3 \\ 0 & 1 \end{pmatrix}$ und $M(g) = \begin{pmatrix} 1 & 2 \\ 0 & -1 \end{pmatrix}$. Bestimmen Sie die Mengen $Fix(f)$, $Fix(f^{-1})$, $Fix(g)$, $Fix(g^{-1})$, $Fix(f \circ g)$ und $Fix(g \circ f)$. Hat die Eigenschaft *Isomorphie* Einfluß auf die Größe von $Fix(f)$? Noch allgemeiner gefragt: Für welche Funktionen $h$ gilt die Beziehung $Fix(h) = D(h)$?

2. Bestimmen Sie alle $\mathbb{R}$-Homomorphismen $f : \mathbb{R}^2 \longrightarrow \mathbb{R}^2$, die das Fixelement $u = \begin{pmatrix} 2 \\ 1 \end{pmatrix}$ haben. Also:

a) Bestimmen Sie mit $u$ und $v = \begin{pmatrix} 0 \\ 1 \end{pmatrix}$ die von $v$ abhängige Abbildungsmatrix $M_v$ zu $f$.
*Hinweis:* Verwenden Sie die Beziehung $[M_v u, M_v v] = M_v \cdot [u, v]$ gemäß Aufgabe A4.564.05.
b) Unterscheiden Sie zunächst die Fälle $f(v) = v$ und $f(v) \neq v$ und untersuchen Sie dann $f$ und $Bild(f)$ im Hinblick auf $rang(M_v)$.
c) Konkretisieren Sie dann die Ergebnisse von 2b) jeweils mit $f(v) = \begin{pmatrix} 4 \\ 2 \end{pmatrix}$ und $f(v) = \begin{pmatrix} 1 \\ 3 \end{pmatrix}$ und kontrollieren Sie diese Ergebnisse an den jeweils durch lineare Fortsetzung von $s : B = \{u, v\} \longrightarrow \mathbb{R}^2$ mit den Festlegungen $s(u) = u$ und $s(v) = f(v)$ gewonnenen $\mathbb{R}$-Homomorphismen $f : \mathbb{R}^2 \longrightarrow \mathbb{R}^2$.

3. Untersuchen Sie die gleichen Fragen wie in Teil 2 mit $w = \begin{pmatrix} 2 \\ 3 \end{pmatrix}$ anstelle von $v$.

**B4.564.06:** Zur Bearbeitung der Aufgabe im einzelnen:

1a) Die Äquivalenzen $x \in Fix(f) \Leftrightarrow f(x) = x \Leftrightarrow (M(f) - E)\,x = 0 \Leftrightarrow \begin{pmatrix} -2 & 3 \\ 0 & 0 \end{pmatrix} \cdot \begin{pmatrix} x_1 \\ x_2 \end{pmatrix} = \begin{pmatrix} 0 \\ 0 \end{pmatrix}$

$\Leftrightarrow\ -2x_1 + 3x_2 = 0 \ \Leftrightarrow\ x \in \mathbb{R} \cdot \begin{pmatrix} 3 \\ 2 \end{pmatrix}$ liefern die Fixpunktmenge $Fix(f) = \mathbb{R} \cdot \begin{pmatrix} 3 \\ 2 \end{pmatrix}$ zu $f$.

Zur Plausibilität folgende kleine Kontrolle: $f\begin{pmatrix} 6 \\ 4 \end{pmatrix} = \begin{pmatrix} -1 & 3 \\ 0 & 1 \end{pmatrix} \cdot \begin{pmatrix} 6 \\ 4 \end{pmatrix} = \begin{pmatrix} -6+12 \\ 4 \end{pmatrix} = \begin{pmatrix} 6 \\ 4 \end{pmatrix}$.

1b) Wegen $M(f)^{-1} = (-1) \cdot \begin{pmatrix} 1 & -3 \\ 0 & -1 \end{pmatrix} = \begin{pmatrix} -1 & 3 \\ 0 & 1 \end{pmatrix} = M(f)$ gilt die Beziehung $Fix(f^{-1}) = Fix(f)$.

1c) Die Äquivalenzen $x \in Fix(g) \Leftrightarrow g(x) = x \Leftrightarrow (M(g) - E)x = 0 \Leftrightarrow \begin{pmatrix} 0 & 2 \\ 0 & -2 \end{pmatrix} \cdot \begin{pmatrix} x_1 \\ x_2 \end{pmatrix} = \begin{pmatrix} 0 \\ 0 \end{pmatrix}$

$\Leftrightarrow\ 2x_2 = 0$ und $-2x_2 = 0 \ \Leftrightarrow\ x \in \mathbb{R} \cdot \begin{pmatrix} 1 \\ 0 \end{pmatrix}$ liefern die Menge $Fix(g) = \mathbb{R} \cdot \begin{pmatrix} 1 \\ 0 \end{pmatrix}$.

1d) Wegen $M(g)^{-1} = (-1) \cdot \begin{pmatrix} -1 & -2 \\ 0 & 1 \end{pmatrix} = \begin{pmatrix} 1 & 2 \\ 0 & -1 \end{pmatrix} = M(g)$ gilt die Beziehung $Fix(g^{-1}) = Fix(g)$.

1e) $f \circ g : \mathbb{R}^2 \longrightarrow \mathbb{R}^2$ ist definiert durch die Abbildungsmatrix $M(f \circ g) = M(f) \cdot M(g) = \begin{pmatrix} -1 & -5 \\ 0 & -1 \end{pmatrix}$.
Entsprechend dem Verfahren in 1a) gelten die Äquivalenzen: $x \in Fix(f \circ g) \ \Leftrightarrow\ (M(f \circ g) - E)x = 0$
$\Leftrightarrow \begin{pmatrix} -2 & -5 \\ 0 & -2 \end{pmatrix} \cdot \begin{pmatrix} x_1 \\ x_2 \end{pmatrix} = \begin{pmatrix} 0 \\ 0 \end{pmatrix} \Leftrightarrow -2x_1 - 5x_2 = 0$ und $-2x_2 = 0 \Leftrightarrow x \in \mathbb{R} \cdot \begin{pmatrix} 0 \\ 0 \end{pmatrix} = \{0\}$.

1f) $g \circ f : \mathbb{R}^2 \longrightarrow \mathbb{R}^2$ ist definiert durch die Abbildungsmatrix $M(g \circ f) = M(g) \cdot M(f) = \begin{pmatrix} -1 & 5 \\ 0 & -1 \end{pmatrix}$.
Entsprechend dem Verfahren in b) gelten die Äquivalenzen: $x \in Fix(g \circ f) \Leftrightarrow (M(g \circ f) - E)x = 0$
$\Leftrightarrow \begin{pmatrix} -2 & 5 \\ 0 & -2 \end{pmatrix} \cdot \begin{pmatrix} x_1 \\ x_2 \end{pmatrix} = \begin{pmatrix} 0 \\ 0 \end{pmatrix} \Leftrightarrow -2x_1 + 5x_2 = 0$ und $-2x_2 = 0 \Leftrightarrow x \in \mathbb{R} \cdot \begin{pmatrix} 0 \\ 0 \end{pmatrix} = \{0\} = Fix(f \circ g)$.

1g) Die vorstehenden Berechnungen zeigen: Die Funktionen $f, g, f \circ g$ und $g \circ f$ sind jeweils Isomorphismen, allerdings mit unterschiedlich großen Mengen von Fixelementen, also hat die Eigenschaft *Isomorphie* offenbar keinen Einfluß auf die Größe von $Fix(f)$. Weiterhin: Die einzige Funktion $f$ mit $Fix(f) = D(f)$ ist die identische Funktion $id_X : X \longrightarrow X$ für jede beliebige Menge $X \neq \emptyset$.

2a) $M_v$ läßt sich aus der Beziehung $[f(u), f(v)] = [M_v \cdot u, M_v \cdot v] = M_v \cdot [u, v]$ ermitteln, denn nach Wahl von $v$ existiert die inverse Matrix von $[u, v]$, und es ist mit $f(v) = \begin{pmatrix} y_1 \\ y_2 \end{pmatrix}$ dann $M_v = [f(u), f(v)] \cdot [u, v]^{-1} =$
$\begin{pmatrix} 2 & y_1 \\ 1 & y_2 \end{pmatrix} \cdot \begin{pmatrix} 2 & 0 \\ 1 & 1 \end{pmatrix}^{-1} = \frac{1}{2} \cdot \begin{pmatrix} 2 & y_1 \\ 1 & y_2 \end{pmatrix} \cdot \begin{pmatrix} 1 & 0 \\ -1 & 2 \end{pmatrix} = \frac{1}{2} \cdot \begin{pmatrix} 2 - y_1 & 2y_1 \\ 1 - y_2 & 2y_2 \end{pmatrix}$ die Abbildungsmatix $M_v$.

2b₁) Für den Fall, daß neben der Voraussetzung $f(u) = u$ auch $f(v) = v$ gilt, ist $M_v = [u, v] \cdot [u, v]^{-1} = E$. Das bedeutet: Hat ein $\mathbb{R}$-Homomorphismus $f : \mathbb{R}^2 \longrightarrow \mathbb{R}^2$ zwei von 0 verschiedene Fixelemente, dann ist $f = id_{\mathbb{R}^2}$, das heißt insbesondere $Fix(f) = Fix(id_{\mathbb{R}^2}) = \mathbb{R}^2$.

2b₂) Für den Fall $f(u) = u$ und $f(v) \neq v$ kann $f(v) = \begin{pmatrix} y_1 \\ y_2 \end{pmatrix}$ so gewählt werden, daß gilt:

Fall $\alpha$): $rang(M_v) = 1 \ \Leftrightarrow\ y_1 = 2y_2 \ \Leftrightarrow\ f$ ist weder injektiv noch surjektiv
Fall $\beta$): $rang(M_v) = 2 \ \Leftrightarrow\ y_1 \neq 2y_2 \ \Leftrightarrow\ f$ ist bijektiv.

Im Fall $\alpha$) ist $Bild(f) = \mathbb{R} \cdot u = \mathbb{R} \cdot \begin{pmatrix} 2 \\ 1 \end{pmatrix}$, im Fall $\beta$) ist $Bild(f) = \mathbb{R} \cdot u + \mathbb{R} \cdot f(v) = \mathbb{R} \cdot \begin{pmatrix} 2 \\ 1 \end{pmatrix} + \mathbb{R} \cdot \begin{pmatrix} y_1 \\ y_2 \end{pmatrix}$.

2c) Zur Konkretion der Ergebnisse in Teil 2b) seien die beteiligten Daten noch einmal gnannt:

$u = f(u) = \begin{pmatrix} 2 \\ 1 \end{pmatrix}$ sowie $v = \begin{pmatrix} 0 \\ 1 \end{pmatrix}$ mit $f(v) = \begin{pmatrix} 4 \\ 2 \end{pmatrix}$ in 2c₁) und $f(v) = \begin{pmatrix} 1 \\ 3 \end{pmatrix}$ in 2c₂).

2c₁) Mit $f(v) = \begin{pmatrix} 4 \\ 2 \end{pmatrix}$ gilt $M_v = \frac{1}{2} \cdot \begin{pmatrix} -2 & 8 \\ -1 & 4 \end{pmatrix}$ sowie $rang(M_v) = 1$. Damit hat $f$ dann die Vorschrift
$f\begin{pmatrix} x_1 \\ x_2 \end{pmatrix} = \frac{1}{2} \cdot \begin{pmatrix} -2 & 8 \\ -1 & 4 \end{pmatrix} \cdot \begin{pmatrix} x_1 \\ x_2 \end{pmatrix} = \frac{1}{2}\begin{pmatrix} -2x_1 + 8x_2 \\ -x_1 + 4x_2 \end{pmatrix} \in \mathbb{R} \cdot \begin{pmatrix} 2 \\ 1 \end{pmatrix}$.

Betrachtet man andererseits die Darstellung $\begin{pmatrix} x_1 \\ x_2 \end{pmatrix} = \frac{1}{2}x_1 \cdot \begin{pmatrix} 2 \\ 1 \end{pmatrix} + (x_2 - \frac{1}{2}x_2) \cdot \begin{pmatrix} 0 \\ 1 \end{pmatrix}$ bezüglich $B = \{u, v\} = \left\{ \begin{pmatrix} 2 \\ 1 \end{pmatrix}, \begin{pmatrix} 0 \\ 1 \end{pmatrix} \right\}$, dann hat die lineare Fortsetzung $f_s$ von $s$ die Form $f_s \begin{pmatrix} x_1 \\ x_2 \end{pmatrix} =$

$= \frac{1}{2}x_1 \cdot s \begin{pmatrix} 2 \\ 1 \end{pmatrix} + (x_2 - \frac{1}{2}x_1) \cdot s \begin{pmatrix} 0 \\ 1 \end{pmatrix} = \frac{1}{2}x_1 \cdot \begin{pmatrix} 2 \\ 1 \end{pmatrix} + (x_2 - \frac{1}{2}x_1) \cdot \begin{pmatrix} 4 \\ 2 \end{pmatrix} = \begin{pmatrix} -x_1 + 4x_2 \\ -\frac{1}{2}x_1 + 2x_2 \end{pmatrix} \in \mathbb{R} \cdot \begin{pmatrix} 2 \\ 1 \end{pmatrix}.$

2c$_2$) Mit $f(v) = \begin{pmatrix} 1 \\ 3 \end{pmatrix}$ ist $M_v = \frac{1}{2} \cdot \begin{pmatrix} 1 & 2 \\ -2 & 6 \end{pmatrix}$ und $rang(M_v) = 2$. Damit hat $f$ die Zuordnungsvorschrift $f \begin{pmatrix} x_1 \\ x_2 \end{pmatrix} = \frac{1}{2} \cdot \begin{pmatrix} 1 & 2 \\ -2 & 6 \end{pmatrix} \cdot \begin{pmatrix} x_1 \\ x_2 \end{pmatrix} = \frac{1}{2} \begin{pmatrix} x_1 + 2x_2 \\ -2x_1 + 6x_2 \end{pmatrix} \in \mathbb{R} \cdot \begin{pmatrix} 1 \\ -2 \end{pmatrix} + \mathbb{R} \begin{pmatrix} 1 \\ 3 \end{pmatrix}.$

Betrachtet man andererseits die in 1. genannte Darstellung von $\begin{pmatrix} x_1 \\ x_2 \end{pmatrix}$ bezüglich $B$, so hat die lineare Fortsetzung $f_s$ von $s$ dann die Darstellung $f \begin{pmatrix} x_1 \\ x_2 \end{pmatrix} = \frac{1}{2}x_1 \cdot s \begin{pmatrix} 2 \\ 1 \end{pmatrix} + (x_2 - \frac{1}{2}x_1) \cdot s \begin{pmatrix} 0 \\ 1 \end{pmatrix} =$
$\frac{1}{2}x_1 \cdot \begin{pmatrix} 2 \\ 1 \end{pmatrix} + (x_2 - \frac{1}{2}x_1) \cdot \begin{pmatrix} 1 \\ 3 \end{pmatrix} = \begin{pmatrix} \frac{1}{2}x_1 + x_2 \\ -x_1 + 3x_2 \end{pmatrix} \in \mathbb{R} \cdot \begin{pmatrix} 1 \\ -2 \end{pmatrix} + \mathbb{R} \cdot \begin{pmatrix} 1 \\ 3 \end{pmatrix}.$

3a) Die Wahl $w = \begin{pmatrix} 2 \\ 3 \end{pmatrix}$ liefert mit $f(w) = \begin{pmatrix} z_1 \\ z_2 \end{pmatrix}$ die Abbildungsmatrix $M_w = [f(u), f(w)] \cdot [u, w]^{-1}$
$= \begin{pmatrix} 2 & z_1 \\ 1 & z_2 \end{pmatrix} \cdot \begin{pmatrix} 2 & 2 \\ 1 & 3 \end{pmatrix}^{-1} = \frac{1}{4} \cdot \begin{pmatrix} 2 & z_1 \\ 1 & z_2 \end{pmatrix} \cdot \begin{pmatrix} 3 & -2 \\ -1 & 2 \end{pmatrix} = \frac{1}{4} \cdot \begin{pmatrix} 6 - z_1 & -4 + 2z_1 \\ 3 - z_2 & -2 + 2z_2 \end{pmatrix}.$

3b$_1$) Für den Fall, daß neben der Voraussetzung $f(u) = u$ auch $f(w) = w$ gilt, ist $M_v = [u, w] \cdot [u, w]^{-1} = E$. In diesem Fall gilt also wieder $f = id_{\mathbb{R}^2}$, folglich wieder $Fix(f) = Fix(id_{\mathbb{R}^2}) = \mathbb{R}^2$.

3b$_2$) Für den Fall $f(u) = u$ und $f(w) \neq w$ kann $f(w) = \begin{pmatrix} z_1 \\ z_2 \end{pmatrix}$ so gewählt werden, daß gilt:

Fall $\alpha$): $rang(M_w) = 1 \Leftrightarrow z_1 = 2z_2 \Leftrightarrow f$ ist weder injektiv noch surjektiv

Fall $\beta$): $rang(M_w) = 2 \Leftrightarrow z_1 \neq 2z_2 \Leftrightarrow f$ ist bijektiv.

Im Fall $\alpha$) ist $Bild(f) = \mathbb{R} \cdot u = \mathbb{R} \cdot \begin{pmatrix} 2 \\ 1 \end{pmatrix}$, im Fall $\beta$) ist $Bild(f) = \mathbb{R} \cdot u + \mathbb{R} \cdot f(w) = \mathbb{R} \cdot \begin{pmatrix} 2 \\ 1 \end{pmatrix} + \mathbb{R} \cdot \begin{pmatrix} z_1 \\ z_2 \end{pmatrix}$.

3c) Es sei $u = f(u) = \begin{pmatrix} 2 \\ 1 \end{pmatrix}$ sowie $w = \begin{pmatrix} 2 \\ 3 \end{pmatrix}$ mit $f(w) = \begin{pmatrix} 4 \\ 2 \end{pmatrix}$ in 3c$_1$) und $f(w) = \begin{pmatrix} 1 \\ 3 \end{pmatrix}$ in 3c$_2$).

3c$_1$) Mit $f(w) = \begin{pmatrix} 4 \\ 2 \end{pmatrix}$ ist $M_w = \frac{1}{4} \cdot \begin{pmatrix} 2 & 4 \\ 1 & 2 \end{pmatrix}$ und $rang(M_w) = 1$. Damit hat $f$ die Vorschrift $f \begin{pmatrix} x_1 \\ x_2 \end{pmatrix} = \frac{1}{4} \cdot \begin{pmatrix} 2 & 4 \\ 1 & 2 \end{pmatrix} \cdot \begin{pmatrix} x_1 \\ x_2 \end{pmatrix} = \frac{1}{4} \cdot \begin{pmatrix} 2x_1 + 4x_2 \\ x_1 + 2x_2 \end{pmatrix} \in \mathbb{R} \cdot \begin{pmatrix} 2 \\ 1 \end{pmatrix}$. Betrachtet man andererseits die Darstellung $\begin{pmatrix} x_1 \\ x_2 \end{pmatrix} = \frac{1}{4}(3x_1 - 2x_2) \cdot \begin{pmatrix} 2 \\ 1 \end{pmatrix} + \frac{1}{4}(2x_2 - x_1) \cdot \begin{pmatrix} 2 \\ 3 \end{pmatrix}$ bezüglich $B = \{u, v\} = \{\begin{pmatrix} 2 \\ 1 \end{pmatrix}, \begin{pmatrix} 2 \\ 3 \end{pmatrix}\}$, so hat $f_s$ die Form $f_s \begin{pmatrix} x_1 \\ x_2 \end{pmatrix} = \frac{1}{4}(3x_1 - 2x_2) \cdot s \begin{pmatrix} 2 \\ 1 \end{pmatrix} + \frac{1}{4}(2x_2 - x_1) \cdot s \begin{pmatrix} 2 \\ 3 \end{pmatrix} =$
$\frac{1}{4}(3x_1 - 2x_2) \cdot \begin{pmatrix} 2 \\ 1 \end{pmatrix} + \frac{1}{4}(2x_2 - x_1) \cdot \begin{pmatrix} 4 \\ 2 \end{pmatrix} = \frac{1}{4} \cdot \begin{pmatrix} 2x_1 + 4x_2 \\ x_1 + 2x_2 \end{pmatrix} \in \mathbb{R} \cdot \begin{pmatrix} 2 \\ 1 \end{pmatrix}.$

3c$_2$) Mit $f(w) = \begin{pmatrix} 1 \\ 3 \end{pmatrix}$ ist $M_w = \frac{1}{4} \cdot \begin{pmatrix} 5 & -2 \\ 0 & 4 \end{pmatrix}$ und $rang(M_w) = 2$. Damit hat $f$ die Zuordnungsvorschrift $f \begin{pmatrix} x_1 \\ x_2 \end{pmatrix} = \frac{1}{4} \cdot \begin{pmatrix} 5 & -2 \\ 0 & 4 \end{pmatrix} \cdot \begin{pmatrix} x_1 \\ x_2 \end{pmatrix} = \frac{1}{4} \cdot \begin{pmatrix} 5x_1 - 2x_2 \\ 4x_2 \end{pmatrix} \in \mathbb{R} \cdot \begin{pmatrix} 2 \\ 1 \end{pmatrix} + \mathbb{R} \cdot \begin{pmatrix} 1 \\ 3 \end{pmatrix}.$

Betrachtet man andererseits die in 1. genannte Darstellung von $\begin{pmatrix} x_1 \\ x_2 \end{pmatrix}$ bezüglich $B$, dann hat die lineare Fortsetzung $f_s$ von s die Form $f_s \begin{pmatrix} x_1 \\ x_2 \end{pmatrix} = \frac{1}{4}(3x_1 - 2x_2) \cdot s \begin{pmatrix} 2 \\ 1 \end{pmatrix} + \frac{1}{4}(2x_2 - x_1) \cdot s \begin{pmatrix} 2 \\ 3 \end{pmatrix} =$
$\frac{1}{4}(3x_1 - 2x_2) \cdot \begin{pmatrix} 2 \\ 1 \end{pmatrix} + \frac{1}{4}(2x_2 - x_1) \cdot \begin{pmatrix} 1 \\ 3 \end{pmatrix} = \frac{1}{4} \cdot \begin{pmatrix} 5x_1 - 2x_2 \\ 4x_2 \end{pmatrix} \in \mathbb{R} \cdot \begin{pmatrix} 2 \\ 1 \end{pmatrix} + \mathbb{R} \cdot \begin{pmatrix} 1 \\ 3 \end{pmatrix}.$

**A4.568.01:** Betrachten Sie der Reihe nach die folgenden Matrizen $A$:

$$\begin{pmatrix} 1 & 1 \\ 0 & 0 \end{pmatrix} \quad \begin{pmatrix} 0 & 0 \\ 1 & 1 \end{pmatrix} \quad \begin{pmatrix} 1 & 0 \\ 1 & 0 \end{pmatrix} \quad \begin{pmatrix} 0 & 1 \\ 0 & 1 \end{pmatrix}$$

1. Wie sehen die Funktionswerte (Bildpunkte) von Punkten $x = \begin{pmatrix} x_1 \\ x_2 \end{pmatrix}$ unter der durch die Vorschrift $f_A(x) = x^* = A \cdot x$ definierten Funktion $f_A : \mathbb{R}^2 \longrightarrow \mathbb{R}^2$ aus ?

2. Zeichnen Sie im Cartesischen Koordinaten-System $(K_1, K_2)$ vier sinnvoll verteilte Punkte $x \in \mathbb{R}^2$ sowie ihre Bildpunkte $x^*$ (mit Pfeilen von $x$ nach $x^*$).

3. Beschreiben Sie anhand dieser Skizzen die geometrische Wirkung dieser Multiplikation der Matrix $A$ mit Punkten $x \in \mathbb{R}^2$. Welche Punkte haben denselben Bildpunkt ?

4. Beschreiben Sie die Lage der Punkte $x$, die auf den Koordinatenursprung abgebildet werden. Nennen Sie ferner die Lage aller Bildpunkte. Anders gesagt: Bestimmen Sie zu dem $\mathbb{R}$-Homomorphismus $f_A$ jeweils die Unterräume $Kern(f_A)$ und $Bild(f_A)$ sowie deren Dimensionen.

**B4.568.01:**

a$_1$) Die Bildpunkte $x^*$ unter $f_A$ haben die Form

$$x^* = A \cdot x = \begin{pmatrix} 1 & 1 \\ 0 & 0 \end{pmatrix} \cdot \begin{pmatrix} x_1 \\ x_2 \end{pmatrix} = \begin{pmatrix} x_1 + x_2 \\ 0 \end{pmatrix}.$$

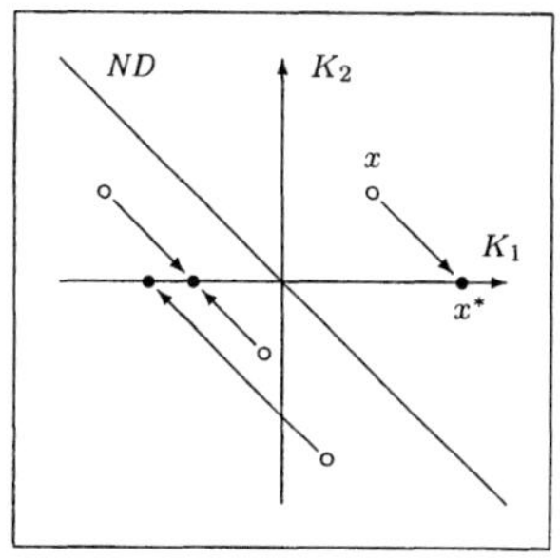


a$_3$) Die Bildpunkte $x^*$ unter $f_A$ entstehen durch Verschiebung der Punkte $x$ parallel zur Nebendiagonalen zur Koordinate $K_1$. Dabei haben alle Punkte $x$, die auf einer Parallelen zur Nebendiagonale $ND$ liegen, denselben Bildpunkt.

a$_4$) Es ist $Kern(f_A) = \{\begin{pmatrix} -x \\ x \end{pmatrix} \in \mathbb{R}^2 \mid x \in \mathbb{R}\}$ mit der Dimension $dim_{\mathbb{R}}(Kern(f_A)) = 1$ die Menge der Punkte auf der Nebendiagonalen $ND$.

Ferner ist $Bild(f_A) = \{\begin{pmatrix} x \\ 0 \end{pmatrix} \in \mathbb{R}^2 \mid x \in \mathbb{R}\} = K_1$ mit der Dimension $dim_{\mathbb{R}}(Bild(f_A)) = 1$.

b$_1$) Die Bildpunkte $x^*$ unter $f_A$ haben die Form

$$x^* = A \cdot x = \begin{pmatrix} 0 & 0 \\ 1 & 1 \end{pmatrix} \cdot \begin{pmatrix} x_1 \\ x_2 \end{pmatrix} = \begin{pmatrix} 0 \\ x_1 + x_2 \end{pmatrix}.$$

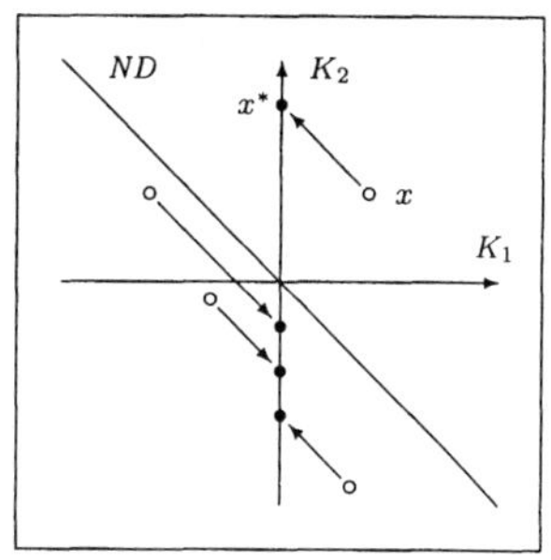


b$_3$) Die Bildpunkte $x^*$ unter $f_A$ entstehen durch Verschiebung der Punkte $x$ parallel zur Nebendiagonalen zur Koordinate $K_2$. Dabei haben alle Punkte $x$, die auf einer Parallelen zur Nebendiagonale liegen, denselben Bildpunkt.

b$_4$) Es ist $Kern(f_A) = \{\begin{pmatrix} -x \\ x \end{pmatrix} \in \mathbb{R}^2 \mid x \in \mathbb{R}\}$ mit der Dimension $dim_{\mathbb{R}}(Kern(f_A)) = 1$ die Menge der Punkte auf der Nebendiagonalen $ND$.

Ferner ist $Bild(f_A) = \{\begin{pmatrix} 0 \\ x \end{pmatrix} \in \mathbb{R}^2 \mid x \in \mathbb{R}\} = K_2$ mit der Dimension $dim_{\mathbb{R}}(Bild(f_A)) = 1$.

$c_1$) Die Bildpunkte $x^*$ unter $f_A$ haben die Form

$$x^* = A \cdot x = \begin{pmatrix} 1 & 0 \\ 1 & 0 \end{pmatrix} \cdot \begin{pmatrix} x_1 \\ x_2 \end{pmatrix} = \begin{pmatrix} x_1 \\ x_1 \end{pmatrix}.$$

$c_3$) Die Bildpunkte $x^*$ unter $f_A$ entstehen durch Verschiebung der Punkte $x$ parallel zur Koordinate $K_2$ zur Hauptdiagonalen *HD*. Dabei haben alle Punkte $x$, die auf einer Parallelen zur Koordinate $K_2$ liegen, denselben Bildpunkt.

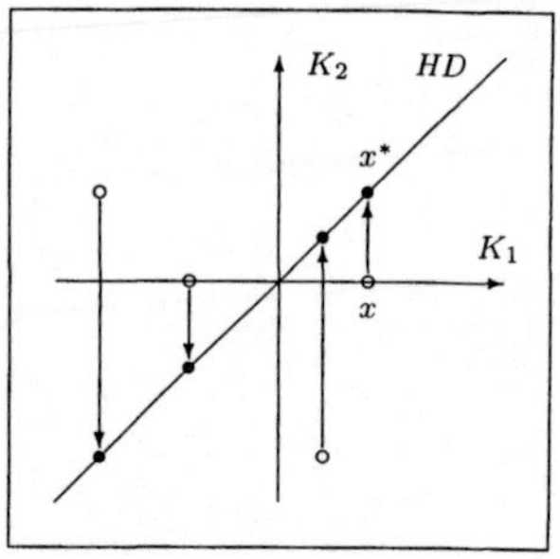


$c_4$) Es ist $Kern(f_A) = \{\begin{pmatrix} 0 \\ x \end{pmatrix} \in \mathbb{R}^2 \mid x \in \mathbb{R}\} = K_2$ mit der Dimension $dim_{\mathbb{R}}(Kern(f_A)) = 1$ die Menge der Punkte auf der Koordinate $K_2$.

Ferner ist $Bild(f_A) = \{\begin{pmatrix} x \\ x \end{pmatrix} \in \mathbb{R}^2 \mid x \in \mathbb{R}\} = HD$ mit der Dimension $dim_{\mathbb{R}}(Bild(f_A)) = 1$.

$d_1$) Die Bildpunkte $x^*$ unter $f_A$ haben die Form

$$x^* = A \cdot x = \begin{pmatrix} 0 & 1 \\ 0 & 1 \end{pmatrix} \cdot \begin{pmatrix} x_1 \\ x_2 \end{pmatrix} = \begin{pmatrix} x_2 \\ x_2 \end{pmatrix}.$$

$d_3$) Die Bildpunkte $x^*$ unter $f_A$ entstehen durch Verschiebung der Punkte $x$ parallel zur Koordinate $K_1$ bis zur Hauptdiagonalen *HD*. Dabei haben alle Punkte $x$, die auf einer Parallelen zur Koordinate $K_1$ liegen, denselben Bildpunkt.

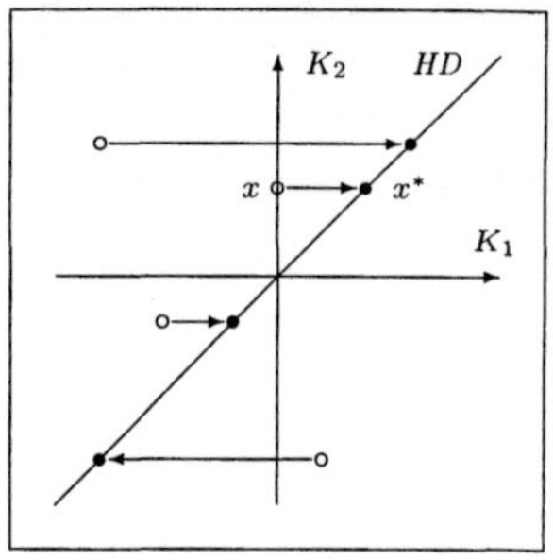


$d_4$) Es ist $Kern(f_A) = \{\begin{pmatrix} x \\ 0 \end{pmatrix} \in \mathbb{R}^2 \mid x \in \mathbb{R}\} = K_1$ mit der Dimension $dim_{\mathbb{R}}(Kern(f_A)) = 1$ die Menge der Punkte auf der Koordinate $K_1$.

Ferner ist $Bild(f_A) = \{\begin{pmatrix} x \\ x \end{pmatrix} \in \mathbb{R}^2 \mid x \in \mathbb{R}\} = HD$ mit der Dimension $dim_{\mathbb{R}}(Bild(f_A)) = 1$.

**A4.568.02:** Betrachten Sie der Reihe nach die folgenden Matrizen $A$:

$$\begin{pmatrix} -1 & -1 \\ 0 & 0 \end{pmatrix} \quad \begin{pmatrix} 0 & 0 \\ -1 & -1 \end{pmatrix} \quad \begin{pmatrix} -1 & 0 \\ -1 & 0 \end{pmatrix} \quad \begin{pmatrix} 0 & -1 \\ 0 & -1 \end{pmatrix}$$

1. Wie sehen die Funktionswerte (Bildpunkte) von Punkten $x = \begin{pmatrix} x_1 \\ x_2 \end{pmatrix}$ unter der durch die Vorschrift $f_A(x) = x^* = A \cdot x$ definierten Funktion $f_A : \mathbb{R}^2 \longrightarrow \mathbb{R}^2$ aus ?
2. Zeichnen Sie im Cartesischen Koordinaten-System $(K_1, K_2)$ vier sinnvoll verteilte Punkte $x \in \mathbb{R}^2$ sowie ihre Bildpunkte $x^*$ (mit Pfeilen von $x$ nach $x^*$).
3. Beschreiben Sie anhand dieser Skizzen die geometrische Wirkung dieser Multiplikation der Matrix $A$ mit Punkten $x \in \mathbb{R}^2$. Welche Punkte haben denselben Bildpunkt ?
4. Beschreiben Sie die Lage der Punkte $x$, die auf den Koordinatenursprung abgebildet werden. Nennen Sie ferner die Lage aller Bildpunkte. Anders gesagt: Bestimmen Sie zu dem $\mathbb{R}$-Homomorphismus $f_A$ jeweils die Unterräume $Kern(f_A)$ und $Bild(f_A)$ sowie deren Dimensionen.

**A4.568.03:** Betrachten Sie der Reihe nach die folgenden Matrizen $A$:

$$\begin{pmatrix} 1 & 0 \\ 0 & 0 \end{pmatrix} \quad \begin{pmatrix} 0 & 0 \\ 0 & 1 \end{pmatrix} \quad \begin{pmatrix} 0 & 0 \\ 1 & 0 \end{pmatrix} \quad \begin{pmatrix} 0 & 1 \\ 0 & 0 \end{pmatrix}$$

1. Wie sehen die Funktionswerte (Bildpunkte) von Punkten $x = \begin{pmatrix} x_1 \\ x_2 \end{pmatrix}$ unter der durch die Vorschrift $f_A(x) = x^* = A \cdot x$ definierten Funktion $f_A : \mathbb{R}^2 \longrightarrow \mathbb{R}^2$ aus ?
2. Zeichnen Sie im Cartesischen Koordinaten-System $(K_1, K_2)$ vier sinnvoll verteilte Punkte $x \in \mathbb{R}^2$ sowie ihre Bildpunkte $x^*$ (mit Pfeilen von $x$ nach $x^*$).
3. Beschreiben Sie anhand dieser Skizzen die geometrische Wirkung dieser Multiplikation der Matrix $A$

mit Punkten $x \in \mathbb{R}^2$. Welche Punkte haben denselben Bildpunkt ?

4. Beschreiben Sie die Lage der Punkte $x$, die auf den Koordinatenursprung abgebildet werden. Nennen Sie ferner die Lage aller Bildpunkte. Anders gesagt: Bestimmen Sie zu dem $\mathbb{R}$-Homomorphismus $f_A$ jeweils die Unterräume $Kern(f_A)$ und $Bild(f_A)$ sowie deren Dimensionen.

**B4.568.03:**

a$_1$) Die Bildpunkte $x^*$ unter $f_A$ haben die Form

$$x^* = A \cdot x = \begin{pmatrix} 1 & 0 \\ 0 & 0 \end{pmatrix} \cdot \begin{pmatrix} x_1 \\ x_2 \end{pmatrix} = \begin{pmatrix} x_1 \\ 0 \end{pmatrix}.$$

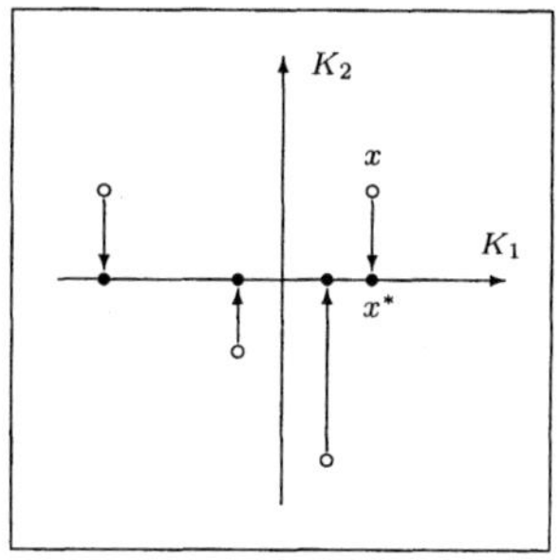


a$_3$) Die Bildpunkte $x^*$ unter $f_A$ entstehen durch Verschiebung der Punkte $x$ parallel zur Koordinate $K_2$ hin zur Koordinate $K_1$. Dabei haben alle Punkte $x$, die auf einer Parallelen zur Koordinate $K_2$ liegen, denselben Bildpunkt.

a$_4$) Es ist $Kern(f_A) = \{ \begin{pmatrix} 0 \\ x \end{pmatrix} \in \mathbb{R}^2 \mid x \in \mathbb{R}\} = K_2$ mit der Dimension $dim_{\mathbb{R}}(Kern(f_A)) = 1$ die Menge der Punkte auf der Koordinate $K_2$.

Ferner ist $Bild(f_A) = \{ \begin{pmatrix} x \\ 0 \end{pmatrix} \in \mathbb{R}^2 \mid x \in \mathbb{R}\} = K_1$ mit der Dimension $dim_{\mathbb{R}}(Bild(f_A)) = 1$.

b$_1$) Die Bildpunkte $x^*$ unter $f_A$ haben die Form

$$x^* = A \cdot x = \begin{pmatrix} 0 & 0 \\ 0 & 1 \end{pmatrix} \cdot \begin{pmatrix} x_1 \\ x_2 \end{pmatrix} = \begin{pmatrix} 0 \\ x_2 \end{pmatrix}.$$

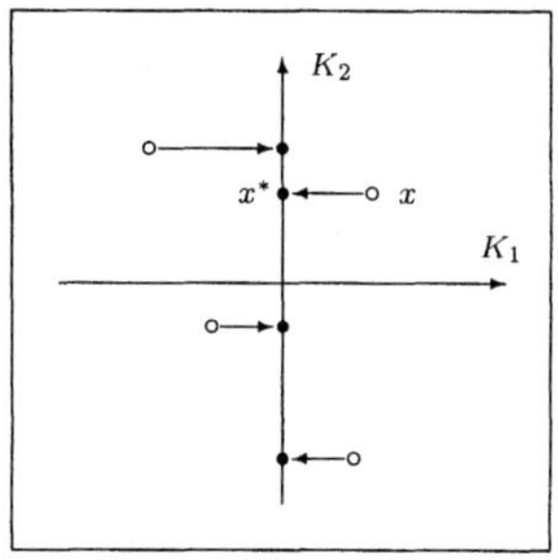


b$_3$) Die Bildpunkte $x^*$ unter $f_A$ entstehen durch Verschiebung der Punkte $x$ parallel zur Koordinate $K_1$ hin zur Koordinate $K_2$. Dabei haben alle Punkte $x$, die auf einer Parallelen zur Koordinate $K_1$ liegen, denselben Bildpunkt.

b$_4$) Es ist $Kern(f_A) = \{ \begin{pmatrix} x \\ 0 \end{pmatrix} \in \mathbb{R}^2 \mid x \in \mathbb{R}\} = K_1$ mit der Dimension $dim_{\mathbb{R}}(Kern(f_A)) = 1$ die Menge der Punkte auf der Koordinate $K_1$.

Ferner ist $Bild(f_A) = \{ \begin{pmatrix} 0 \\ x \end{pmatrix} \in \mathbb{R}^2 \mid x \in \mathbb{R}\} = K_2$ mit der Dimension $dim_{\mathbb{R}}(Bild(f_A)) = 1$.

c$_1$) Die Bildpunkte $x^*$ unter $f_A$ haben die Form

$$x^* = A \cdot x = \begin{pmatrix} 0 & 0 \\ 1 & 0 \end{pmatrix} \cdot \begin{pmatrix} x_1 \\ x_2 \end{pmatrix} = \begin{pmatrix} 0 \\ x_1 \end{pmatrix}.$$

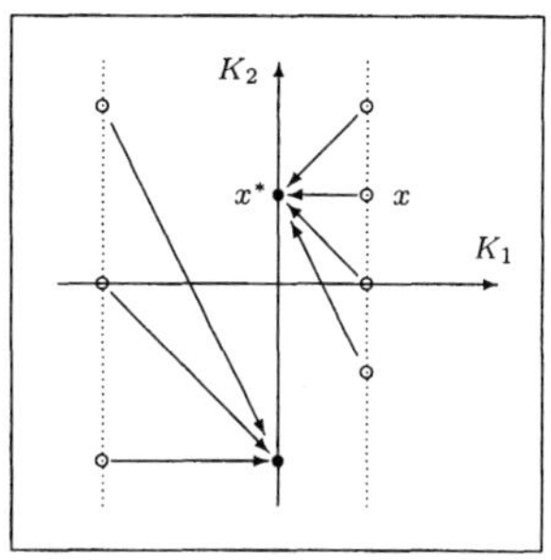


c$_3$) Die Bildpunkte $x^*$ unter $f_A$ entstehen durch Verschiebung der Punkte $x$ parallel zu $K_2$ bis hin zu $K_1$ und einer *anschließenden* Verschiebung parallel zur Nebendiagonalen bis zu $K_2$. Dabei haben alle Punkte $x$, die auf einer Parallelen zur Koordinate $K_2$ liegen, denselben Bildpunkt.

c$_4$) Es ist $Kern(f_A) = \{ \begin{pmatrix} 0 \\ x \end{pmatrix} \in \mathbb{R}^2 \mid x \in \mathbb{R}\} = K_2$ mit der Dimension $dim_{\mathbb{R}}(Kern(f_A)) = 1$ die Menge der Punkte auf der Koordinate $K_2$.

Ferner ist $Bild(f_A) = \{ \begin{pmatrix} 0 \\ x \end{pmatrix} \in \mathbb{R}^2 \mid x \in \mathbb{R}\} = Kern(f_A) = K_2$ mit der Dimension $dim_{\mathbb{R}}(Bild(f_A)) = 1$.

d$_1$) Die Bildpunkte $x^*$ unter $f_A$ haben die Form

$$x^* = A \cdot x = \begin{pmatrix} 0 & 1 \\ 0 & 0 \end{pmatrix} \cdot \begin{pmatrix} x_1 \\ x_2 \end{pmatrix} = \begin{pmatrix} x_2 \\ 0 \end{pmatrix}.$$

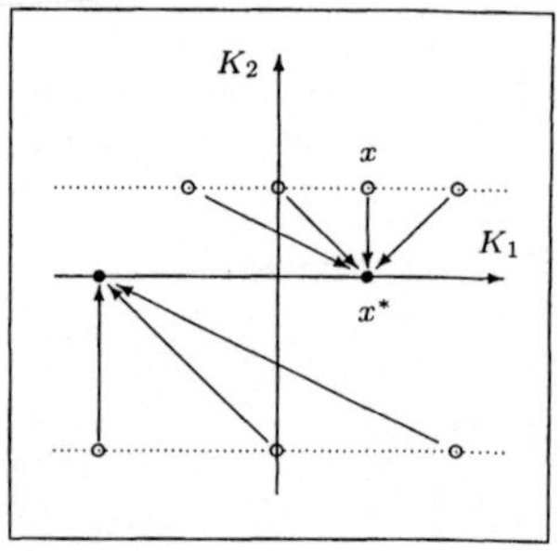


d$_3$) Die Bildpunkte $x^*$ unter $f_A$ entstehen durch Verschiebung der Punkte $x$ parallel zu $K_1$ bis hin zu $K_2$ und einer *anschließenden* Verschiebung parallel zur Nebendiagonalen bis zu $K_1$. Dabei haben alle Punkte $x$, die auf einer Parallelen zur Koordinate $K_1$ liegen, denselben Bildpunkt.

d$_4$) Es ist $Kern(f_A) = \{\begin{pmatrix} x \\ 0 \end{pmatrix} \in \mathbb{R}^2 \mid x \in \mathbb{R}\} = K_1$ mit der Dimension $dim_{\mathbb{R}}(Kern(f_A)) = 1$ die Menge der Punkte auf der Koordinate $K_1$.

Ferner ist $Bild(f_A) = \{\begin{pmatrix} x \\ 0 \end{pmatrix} \in \mathbb{R}^2 \mid x \in \mathbb{R}\} = Kern(f_A) = K_1$ mit der Dimension $dim_{\mathbb{R}}(Bild(f_A)) = 1$.

**A4.568.06:** Allen bislang genannten Beispielen ist eines gemein: Die durch die jeweils angegebenen Matrizen $A$ bewirkten Verschiebungen $x \longmapsto x^*$ von Punkten $x \in \mathbb{R}^2$ lassen sich nicht umkehren (rückgängig machen) im Sinne von $x \longmapsto x^* \longmapsto x$, das heißt genauer: Die jeweils betrachteten Funktionen $f_A : \mathbb{R}^2 \longrightarrow \mathbb{R}^2$ mit $f_A(x) = x^* = A \cdot x$ besitzen keine inversen Funktionen.

1. Zeigen Sie nun: Besitzt $A \in Mat(2, \mathbb{R})$ eine inverse Matrix $A^{-1}$, dann ist $f_{A^{-1}} : \mathbb{R}^2 \longrightarrow \mathbb{R}^2$ die inverse Funktion zu $f_A$, es gilt also $f_{A^{-1}} = (f_A)^{-1}$.

2. Finden Sie Beispiele invertierbarer Matrizen $A \in Mat(2, \mathbb{R})$, auch sogenannte selbst-inverse Matrizen $A$, womit die Eigenschaft $A^{-1} = A$ gemeint ist, und beschreiben Sie die durch $f_A$ und $(f_A)^{-1}$ bewirkten Verschiebungen $x \longmapsto x^*$.

**B4.568.06:**

1. Für die Funktionen $f_A, f_{A^{-1}} : \mathbb{R}^2 \longrightarrow \mathbb{R}^2$ gilt $f_{A^{-1}} = (f_A)^{-1}$, denn wie die beiden folgenden Berechnungen zeigen, ist $f_{A^{-1}}$ die zu $f_A$ inverse Funktion:

a) Es gilt $(f_{A^{-1}} \circ f_A)(x) = f_{A^{-1}}(Ax) = A^{-1}(Ax) = (A^{-1}A)x = Ex = x$, für alle $x \in \mathbb{R}^2$.

b) Es gilt $(f_A \circ f_{A^{-1}})(x) = f_A(A^{-1}x) = A(A^{-1}x) = (AA^{-1})x = Ex = x$, für alle $x \in \mathbb{R}^2$.

2a) Die Matrix $A = \begin{pmatrix} 0 & 1 \\ 1 & 0 \end{pmatrix}$ ist selbst-invers, denn mit $det(A) = -1$ gilt $A^{-1} = (-1)\begin{pmatrix} 0 & -1 \\ -1 & 0 \end{pmatrix} = A$. Die zugehörige Funktion $f_A : \mathbb{R}^2 \longrightarrow \mathbb{R}^2$ ist definiert durch $f_A(x) = \begin{pmatrix} 0 & 1 \\ 1 & 0 \end{pmatrix} \cdot \begin{pmatrix} x_1 \\ x_2 \end{pmatrix} = \begin{pmatrix} x_2 \\ x_1 \end{pmatrix}$ und bewirkt eine Spiegelung aller Punkte an der positiven Diagonalen.

2b) Die Matrix $A = \begin{pmatrix} 0 & -1 \\ -1 & 0 \end{pmatrix}$ ist ebenfalls selbst-invers, denn mit ihrer Determinante $det(A) = -1$ gilt $A^{-1} = (-1)\begin{pmatrix} 0 & 1 \\ 1 & 0 \end{pmatrix} = A$. Die zugehörige Funktion $f_A : \mathbb{R}^2 \longrightarrow \mathbb{R}^2$ ist definiert durch $f_A(x) = \begin{pmatrix} 0 & -1 \\ -1 & 0 \end{pmatrix} \cdot \begin{pmatrix} x_1 \\ x_2 \end{pmatrix} = \begin{pmatrix} -x_2 \\ -x_1 \end{pmatrix}$ und bewirkt nacheinander zunächst eine Punktspiegelung und anschließend eine Spiegelung aller Punkte an der positiven Diagonalen.

*Anmerkung:* Die Beschreibung von $f_A$ als Komposition zweier Einzelprozesse bedeutet, daß $A$ als Produkt $A = BC$ zweier Matrizen darstellbar ist, die diese Einzelprozesse bewirken. Dabei ist $B$ die Matrix aus 2a) und $C = -E$.

**A4.568.07:** Für die Matrix $A = \begin{pmatrix} 1 & 2 \\ 2 & 1 \end{pmatrix}$ gilt $f_A\begin{pmatrix} a \\ a \end{pmatrix} = A \cdot \begin{pmatrix} a \\ a \end{pmatrix} = \begin{pmatrix} 3a \\ 3a \end{pmatrix} = 3 \cdot \begin{pmatrix} a \\ a \end{pmatrix}$. Für alle $n \in \mathbb{R}$ gilt für die Matrizen $A_n = \begin{pmatrix} n & 3-n \\ n & 3-n \end{pmatrix}$ ebenfalls $f_{A_n}\begin{pmatrix} a \\ a \end{pmatrix} = A \cdot \begin{pmatrix} a \\ a \end{pmatrix} = 3 \cdot \begin{pmatrix} a \\ a \end{pmatrix}$. Kann man daraus (also von der Gleichheit $f_A \mid diag(\mathbb{R}^2) = f_{A_n} \mid diag(\mathbb{R}^2)$ für die Diagonale) auf die Gleichheit $f_A = f_{A_n}$ schließen?

**B4.568.07:** Man kann im allgemeinen nicht von der Gleichheit $f_A \mid diag(\mathbb{R}^2) = f_{A_n} \mid diag(\mathbb{R}^2)$ für die Diagonale auf die Gleichheit $f_A = f_{A_n}$ schließen, denn beispielsweise gilt

einerseits $f_A \begin{pmatrix} 1 \\ 2 \end{pmatrix} = A \cdot \begin{pmatrix} 1 \\ 2 \end{pmatrix} = \begin{pmatrix} 1 & 2 \\ 2 & 1 \end{pmatrix} \cdot \begin{pmatrix} 1 \\ 2 \end{pmatrix} = \begin{pmatrix} 5 \\ 4 \end{pmatrix} \notin diag(\mathbb{R}^2)$ und

andererseits $f_{A_n} \begin{pmatrix} 1 \\ 2 \end{pmatrix} = A_n \cdot \begin{pmatrix} 1 \\ 2 \end{pmatrix} = \begin{pmatrix} n & 3-n \\ n & 3-n \end{pmatrix} \cdot \begin{pmatrix} 1 \\ 2 \end{pmatrix} = \begin{pmatrix} 6-n \\ 6-n \end{pmatrix} \in diag(\mathbb{R}^2)$,

das heißt, es gibt Elemente $x \notin diag(\mathbb{R}^2)$ mit $f_A(x) \neq f_{A_n}(x)$.

*Anmerkung:* Man die die Ungleichheit $f_A \neq f_{A_n}$ auch anders begründen, indem man zeigt, daß $f_A$ ein $\mathbb{R}$-Homomorphismus und $f_{A_n}$ kein $\mathbb{R}$-Homomorphismus ist.

**A4.568.08:** Zwei Aufgaben in jeweils umgekehrter Fragerichtung:

1. Betrachten Sie die Familie $(A_n)_{n\in\mathbb{R}}$ von Matrizen $A_n = \begin{pmatrix} n & c-n \\ n & d-n \end{pmatrix}$ mit konstant gewählten Zahlen $c, d \in \mathbb{R}$ und berechnen Sie $f_{A_n}(diag(\mathbb{R}^2))$, also die Produkte der Form $A_n \cdot \begin{pmatrix} a \\ a \end{pmatrix}$.

2. Finden Sie Familien $(A_n)_{n\in\mathbb{R}}$ von Matrizen $A_n$, die jeweils die folgenden Zuordnungen bewirken:

a) $\begin{pmatrix} a \\ 2a \end{pmatrix} \longmapsto \begin{pmatrix} 3a \\ 6a \end{pmatrix}$, b) $\begin{pmatrix} a \\ 3a \end{pmatrix} \longmapsto \begin{pmatrix} 3a \\ 9a \end{pmatrix}$.

**B4.568.08:** Zur Bearbeitung der Aufgabe im einzelnen:

1. Die zu bildenden Produkte sind

$$A_n \cdot \begin{pmatrix} a \\ a \end{pmatrix} = \begin{pmatrix} n & c-n \\ n & d-n \end{pmatrix} \cdot \begin{pmatrix} a \\ a \end{pmatrix} = \begin{pmatrix} na+(c-n)a \\ na+(d-n)a \end{pmatrix} = \begin{pmatrix} na+ca-na \\ na+da-na \end{pmatrix} = \begin{pmatrix} ca \\ da \end{pmatrix}.$$

2a) Matrizen der Form $A_n = \begin{pmatrix} 2n+1 & 1-n \\ 2n & 3-n \end{pmatrix}$ liefern die Produkte $A_n \cdot \begin{pmatrix} a \\ 2a \end{pmatrix}$

$$= \begin{pmatrix} 2n+1 & 1-n \\ 2n & 3-n \end{pmatrix} \cdot \begin{pmatrix} a \\ a \end{pmatrix} = \begin{pmatrix} (2n+1)a+(1-n)2a \\ 2na+(3-n)2a \end{pmatrix} = \begin{pmatrix} 2na+a+2a-2na \\ 2na+6a-2na \end{pmatrix} = \begin{pmatrix} 3a \\ 6a \end{pmatrix}.$$

2b) Matrizen der Form $A_n = \begin{pmatrix} 3n & 1-n \\ 3n & 3-n \end{pmatrix}$ liefern die Produkte $A_n \cdot \begin{pmatrix} a \\ 3a \end{pmatrix}$

$$= \begin{pmatrix} 3n & 1-n \\ 3n & 3-n \end{pmatrix} \cdot \begin{pmatrix} a \\ 3a \end{pmatrix} = \begin{pmatrix} 3na+(1-n)3a \\ 3na+(3-n)3a \end{pmatrix} = \begin{pmatrix} 3na+3a-3na \\ 3na+9a-3na \end{pmatrix} = \begin{pmatrix} 3a \\ 6a \end{pmatrix}.$$

**A4.568.09:** Beschreiben Sie die geometrische Wirkung der Zuordnung $x = \begin{pmatrix} x_1 \\ x_2 \end{pmatrix} \longmapsto x^* = \begin{pmatrix} x_1 \\ c \end{pmatrix}$. Läßt sich diese Zuordnung vermöge einer Matrix $A$ in der Form $f_A(x) = Ax = x^*$ darstellen?

**B4.568.09:** Zur Bearbeitung im einzelnen:

1. Alle Punkte der Ebene werden parallel zur Koordinate $K_2$ zu der $K_1$-Parallelen durch $c$ verschoben.

2. Ist $c = 0$, dann liefert die Matrix $A = \begin{pmatrix} 1 & 0 \\ 0 & 0 \end{pmatrix}$ die gewünschte Zuordnung. Für $c \neq 0$ gibt es hingegen keine solche Matrix $A$, denn es gibt für die zweite Matrixzeile kein Zahlenpaar $(a_{21}, a_{22})$ mit $a_{21}x_1 + a_{22}x_2 = c$, für alle $x \in \mathbb{R}^2$.

**A4.568.10:** Untersuchen Sie die Bildpunkte $f_A(x) = x^* = Ax$ unter der Funktion $f_A : \mathbb{R}^2 \longrightarrow \mathbb{R}^2$ mit der Matrix $A = \begin{pmatrix} 2 & -1 \\ 2 & 1 \end{pmatrix}$, insbesondere für die Punkte $x$, deren erste Komponente konstant $c$ ist, also für die Bildmenge der Geraden $G = \{x \in \mathbb{R}^2 \mid x_1 = c\}$. (Die Bearbeitung soll anhand einer Wertetabelle für die Zuordnung $x \longmapsto x^*$ und einer Skizze mit $c = 3$ Verschiebungsziel, Verschiebungsrichtung sowie Form und Lage der Bildgeraden beschreiben.)

**B4.568.10:**

Zunächst eine Wertetabelle, die die Daten zu der nebenstehenden Skizze liefert:

$$\begin{array}{cccccc} x & \begin{pmatrix} 3 \\ -6 \end{pmatrix} & \begin{pmatrix} 3 \\ -5 \end{pmatrix} & \begin{pmatrix} 3 \\ -4 \end{pmatrix} & \begin{pmatrix} 3 \\ -3 \end{pmatrix} & \begin{pmatrix} 3 \\ -2 \end{pmatrix} \\ x^* & \begin{pmatrix} 12 \\ 0 \end{pmatrix} & \begin{pmatrix} 11 \\ 1 \end{pmatrix} & \begin{pmatrix} 10 \\ 2 \end{pmatrix} & \begin{pmatrix} 9 \\ 3 \end{pmatrix} & \begin{pmatrix} 8 \\ 4 \end{pmatrix} \end{array}$$

$$\begin{array}{cccccc} x & \begin{pmatrix} 3 \\ -1 \end{pmatrix} & \begin{pmatrix} 3 \\ 0 \end{pmatrix} & \begin{pmatrix} 3 \\ 1 \end{pmatrix} & \begin{pmatrix} 3 \\ 2 \end{pmatrix} & \begin{pmatrix} 3 \\ 3 \end{pmatrix} \\ x^* & \begin{pmatrix} 7 \\ 5 \end{pmatrix} & \begin{pmatrix} 6 \\ 6 \end{pmatrix} & \begin{pmatrix} 5 \\ 7 \end{pmatrix} & \begin{pmatrix} 4 \\ 8 \end{pmatrix} & \begin{pmatrix} 3 \\ 9 \end{pmatrix} \end{array}$$

$$\begin{array}{cccc} x & \begin{pmatrix} 3 \\ 4 \end{pmatrix} & \begin{pmatrix} 3 \\ 5 \end{pmatrix} & \begin{pmatrix} 3 \\ 6 \end{pmatrix} \\ x^* & \begin{pmatrix} 2 \\ 10 \end{pmatrix} & \begin{pmatrix} 1 \\ 11 \end{pmatrix} & \begin{pmatrix} 0 \\ 12 \end{pmatrix} \end{array}$$

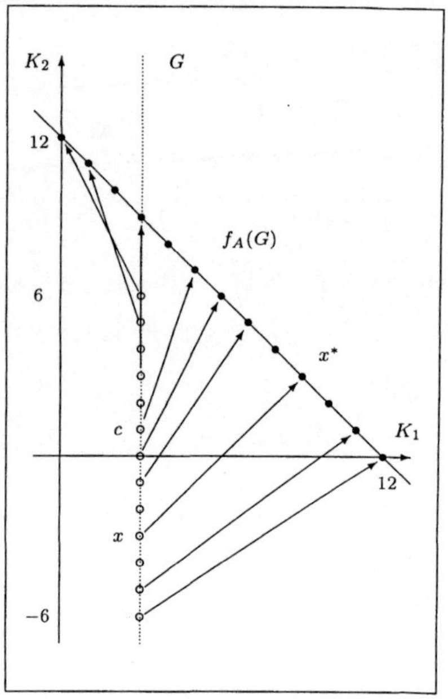


Die Skizze zeigt die Gerade $G = \{x \in \mathbb{R}^2 \mid x_1 = 3\}$ (gepunktete Linie) als $K_2$-Parallele im Abstand $c = 3$ sowie ihre Bildmenge $f_A(G)$. Die Berechnung $f_A(x) = Ax = \begin{pmatrix} 2 & -1 \\ 2 & 1 \end{pmatrix} \cdot \begin{pmatrix} c \\ x_2 \end{pmatrix} = \begin{pmatrix} 2c - x_2 \\ 2c + x_2 \end{pmatrix}$ zeigt, daß $f_A(G) = \{z \in \mathbb{R}^2 \mid z_2 = 2c - z_1\}$ eine Parallele zur Nebendiagonalen $ND$ mit dem Abstand $d(f_A(G), ND) = c\sqrt{2}$ ist.

**A4.568.11:** Man berechne jeweils die Zahl $a$ mit

a) $\begin{pmatrix} 1 & 2 \\ 3 & 4 \end{pmatrix} \cdot \begin{pmatrix} 2 \\ a \end{pmatrix} = \begin{pmatrix} 4 \\ 10 \end{pmatrix}$, b) $\begin{pmatrix} 2 & 1 \\ 3 & 2 \end{pmatrix} \cdot \begin{pmatrix} a \\ 3 \end{pmatrix} + \begin{pmatrix} 3 \\ 4 \end{pmatrix} = \begin{pmatrix} 16 \\ 25 \end{pmatrix}$.

c) Warum gibt es keine Zahl $a$ mit der Eigenschaft $\begin{pmatrix} 1 & 2 \\ 3 & 4 \end{pmatrix} \cdot \begin{pmatrix} 2 \\ a \end{pmatrix} = \begin{pmatrix} 4 \\ 3 \end{pmatrix}$ ?

**B4.568.11:** Die Existenz der jeweiligen Zahl $a$ in a) und b) wird durch folgende Äquivalenzen geprüft:

a) $\begin{pmatrix} 1 & 2 \\ 3 & 4 \end{pmatrix} \cdot \begin{pmatrix} 2 \\ a \end{pmatrix} = \begin{pmatrix} 4 \\ 10 \end{pmatrix} \Leftrightarrow 2a = 2$ und $4a = 4 \Leftrightarrow a = 1$,

b) $\begin{pmatrix} 2 & 1 \\ 3 & 2 \end{pmatrix} \cdot \begin{pmatrix} a \\ 3 \end{pmatrix} + \begin{pmatrix} 3 \\ 4 \end{pmatrix} = \begin{pmatrix} 16 \\ 25 \end{pmatrix} \Leftrightarrow 2a = 10$ und $3a = 15 \Leftrightarrow a = 5$,

c) $\begin{pmatrix} 1 & 2 \\ 3 & 4 \end{pmatrix} \cdot \begin{pmatrix} 2 \\ a \end{pmatrix} = \begin{pmatrix} 4 \\ 3 \end{pmatrix} \Leftrightarrow 2a = 2$ und $4a = 3 \Leftrightarrow a = 1$ und $a = \frac{3}{4} \Leftrightarrow a \in \emptyset$.

**A4.568.12:** Zu bearbeiten sind die folgenden Aufgaben/Fragen:

a) Welche neutralen Elemente haben $(Mat(2,3,\mathbb{R}), +)$ und $(Mat(2,\mathbb{R}), \cdot)$ ? (mit Nachweisen)

b) Man stelle die Matrizen $A = \begin{pmatrix} 4 & 2 & 8 \\ 2 & 0 & 16 \end{pmatrix}$ und $B = \begin{pmatrix} \frac{1}{2} & 4 \\ -2 & -\frac{7}{2} \end{pmatrix}$ als $\mathbb{R}$-Produkte dar.

c) Für welche Matrix $A \in Mat(2,\mathbb{R})$ gilt $A \cdot \begin{pmatrix} x_1 \\ x_2 \end{pmatrix} = \begin{pmatrix} -x_1 \\ x_2 \end{pmatrix}$ ? (mit Nachweis)

d) Man beschreibe kurz die Wirkung der Multiplikation $A \cdot \begin{pmatrix} x_1 \\ x_2 \end{pmatrix} = \begin{pmatrix} -x_1 \\ -x_2 \end{pmatrix}$ auf Punkte $\begin{pmatrix} x_1 \\ x_2 \end{pmatrix}$.

**B4.568.12:** Zur Bearbeitung der Aufgaben/Fragen im einzelnen:

a$_1$) Die Matrix $N = \begin{pmatrix} 0 & 0 & 0 \\ 0 & 0 & 0 \end{pmatrix}$ ist das neutrale Element in $(Mat(2,3,\mathbb{R}),+)$,

a$_2$) Die Matrix $E = \begin{pmatrix} 1 & 0 \\ 0 & 1 \end{pmatrix}$ ist das neutrale Element in $Mat(2,\mathbb{R}),\cdot)$.

b) $A = \begin{pmatrix} 4 & 2 & 8 \\ 2 & 0 & 16 \end{pmatrix} = 2 \cdot \begin{pmatrix} 2 & 1 & 4 \\ 1 & 0 & 8 \end{pmatrix}$ und $B = \begin{pmatrix} \frac{1}{2} & 4 \\ -2 & -\frac{7}{2} \end{pmatrix} = \frac{1}{2} \cdot \begin{pmatrix} 1 & 8 \\ -4 & -7 \end{pmatrix}$ als $\mathbb{R}$-Produkte.

c) Die Beziehung $A \cdot \begin{pmatrix} x_1 \\ x_2 \end{pmatrix} = \begin{pmatrix} a_{11} & a_{12} \\ a_{21} & a_{22} \end{pmatrix} \cdot \begin{pmatrix} x_1 \\ x_2 \end{pmatrix} = \begin{pmatrix} a_{11}x_1 + a_{12}x_2 \\ a_{21}x_1 + a_{22}x_2 \end{pmatrix} = \begin{pmatrix} -x_1 \\ x_2 \end{pmatrix}$ liefert aus der ersten Zeile $a_{11} = -1$ und $a_{12} = 0$ sowie aus der zweiten Zeile $a_{21} = 0$ und $a_{22} = 1$, also ist damit $A = \begin{pmatrix} -1 & 0 \\ 0 & 1 \end{pmatrix}$ die durch die vorgegebene Bedingung festgelegte Matrix.

d) Die Wirkung der Multiplikation $A \cdot \begin{pmatrix} x_1 \\ x_2 \end{pmatrix} = \begin{pmatrix} -x_1 \\ -x_2 \end{pmatrix}$ auf Punkte $\begin{pmatrix} x_1 \\ x_2 \end{pmatrix}$, kurz auch in der Form $Ax = -x$ geschrieben, ist die Punktspiegelung (am Koordinatenursprung).

**A4.568.13:** Man berechne die folgenden Produkte:

Aufgabenteil a):

$$\begin{pmatrix} 2 & 0 \\ 0 & 2 \end{pmatrix} \cdot \begin{pmatrix} 2 & 3 \\ 0 & 2 \end{pmatrix}$$
$$\begin{pmatrix} 2 & 3 \\ 0 & 2 \end{pmatrix} \cdot \begin{pmatrix} 2 & 0 \\ 0 & 2 \end{pmatrix}$$
$$\begin{pmatrix} 2 & 1 \\ 0 & 2 \end{pmatrix} \cdot \begin{pmatrix} 0 & 1 \\ 2 & 3 \end{pmatrix}$$
$$\begin{pmatrix} 0 & 1 \\ 2 & 3 \end{pmatrix} \cdot \begin{pmatrix} 2 & 1 \\ 0 & 2 \end{pmatrix}$$

Aufgabenteil b):

$$\begin{pmatrix} 2 & 3 \\ 4 & 5 \end{pmatrix} \cdot \begin{pmatrix} 0 & 0 \\ 8 & 10 \end{pmatrix}$$
$$\begin{pmatrix} 2 & 3 \\ 4 & 5 \end{pmatrix} \cdot \begin{pmatrix} 8 & 10 \\ 0 & 0 \end{pmatrix}$$
$$\begin{pmatrix} 2 & 3 \\ 4 & 5 \end{pmatrix} \cdot \begin{pmatrix} 0 & 8 \\ 0 & 10 \end{pmatrix}$$
$$\begin{pmatrix} 2 & 3 \\ 4 & 5 \end{pmatrix} \cdot \begin{pmatrix} 8 & 0 \\ 10 & 0 \end{pmatrix}$$

c) Kommentieren Sie die Ergebnisse von Aufgabe a) in bezug auf die Multiplikation von Matrizen

d) sowie die Ergebnisse von Aufgabe b) in bezug auf die „Zeilen mit Null" / „Spalten mit Null".

**B4.568.13:** Man berechne die folgenden Produkte:

Aufgabenteil a):

$$\begin{pmatrix} 2 & 0 \\ 0 & 2 \end{pmatrix} \cdot \begin{pmatrix} 2 & 3 \\ 0 & 2 \end{pmatrix} = \begin{pmatrix} 4 & 6 \\ 0 & 4 \end{pmatrix}$$
$$\begin{pmatrix} 2 & 3 \\ 0 & 2 \end{pmatrix} \cdot \begin{pmatrix} 2 & 0 \\ 0 & 2 \end{pmatrix} = \begin{pmatrix} 4 & 6 \\ 0 & 4 \end{pmatrix}$$
$$\begin{pmatrix} 2 & 1 \\ 0 & 2 \end{pmatrix} \cdot \begin{pmatrix} 0 & 1 \\ 2 & 3 \end{pmatrix} = \begin{pmatrix} 2 & 5 \\ 4 & 6 \end{pmatrix}$$
$$\begin{pmatrix} 0 & 1 \\ 2 & 3 \end{pmatrix} \cdot \begin{pmatrix} 2 & 1 \\ 0 & 2 \end{pmatrix} = \begin{pmatrix} 0 & 2 \\ 4 & 8 \end{pmatrix}$$

Aufgabenteil b):

$$\begin{pmatrix} 2 & 3 \\ 4 & 5 \end{pmatrix} \cdot \begin{pmatrix} 0 & 0 \\ 8 & 10 \end{pmatrix} = \begin{pmatrix} 24 & 30 \\ 40 & 50 \end{pmatrix}$$
$$\begin{pmatrix} 2 & 3 \\ 4 & 5 \end{pmatrix} \cdot \begin{pmatrix} 8 & 10 \\ 0 & 0 \end{pmatrix} = \begin{pmatrix} 16 & 20 \\ 32 & 40 \end{pmatrix}$$
$$\begin{pmatrix} 2 & 3 \\ 4 & 5 \end{pmatrix} \cdot \begin{pmatrix} 0 & 8 \\ 0 & 10 \end{pmatrix} = \begin{pmatrix} 0 & 46 \\ 0 & 82 \end{pmatrix}$$
$$\begin{pmatrix} 2 & 3 \\ 4 & 5 \end{pmatrix} \cdot \begin{pmatrix} 8 & 0 \\ 10 & 0 \end{pmatrix} = \begin{pmatrix} 46 & 0 \\ 82 & 0 \end{pmatrix}$$

c) Die ersten beiden Produkte zeigen, daß in Ausnahmefällen die Multiplikation von Matrizen kommutativ sein kann. Die nächsten beiden Produkte zeigen, daß die Multiplikation von Matrizen im allgemeinen nicht kommutativ ist.

d) Das dritte und das vierte Produkt zeigen, daß durch Faktoren, in deren einer Spalte nur das Element 0 auftritt, wieder Matrizen mit derselben Eigenschaft erzeugt werden. Die beiden ersten Produkte zeigen, daß ein analoger Sachverhalt mit Zeilen, in deren einer Zeile nur das Element 0 auftritt, im allgemeinen nicht gilt.

**A4.570.01:** Im folgenden wird ein $\mathbb{R}$-Homomorphismus $u : \mathbb{R}^3 \longrightarrow \mathbb{R}^2$ betrachtet, der durch die Funktionswerte einer Basis $B'$ von $\mathbb{R}^3$ definiert ist. Ferner wird eine Basis $D'$ von $\mathbb{R}^2$ betrachtet: Es sei

$$B' = \{b_1 = \begin{pmatrix} 1 \\ 0 \\ 0 \end{pmatrix}, b_2 = \begin{pmatrix} 1 \\ 1 \\ 0 \end{pmatrix}, b_3 = \begin{pmatrix} 1 \\ 1 \\ 1 \end{pmatrix}\} \text{ und } D' = \{d_1 = \begin{pmatrix} 1 \\ 2 \end{pmatrix}, d_2 = \begin{pmatrix} -2 \\ 1 \end{pmatrix}\}.$$

Die Funktion $u : B' \longrightarrow \mathbb{R}^2$ (mit gleichnamiger linearer Fortsetzung) sei definiert durch

$$u(b_1) = 3d_1 - 2d_2, \quad u(b_2) = -d_1 + d_2, \quad u(b_3) = 2d_1 - d_2.$$

Berechnen Sie nun die Abbildungsmatrix $M_{C_2C_3}(u)$ bezüglich der kanonischen Basen $C_2$ und $C_3$.

**B4.570.01:** Zur Bearbeitung der Aufgabe im einzelnen:

Die Angaben $u(b_1)$, $u(b_2)$ und $u(b_3)$ zu $B'$ liefern die Abbildungsmatrix $M_{D'B'} = \begin{pmatrix} 3 & -1 & 2 \\ -2 & 1 & -1 \end{pmatrix}$.

Die Funktion $u : \mathbb{R}^3 \longrightarrow \mathbb{R}^2$ soll nun vermöge der kanonischen Basen $C_3 = \{e_1, e_2, e_3\}$ von $\mathbb{R}^3$ und $C_2 = \{e_1, e_2\}$ von $\mathbb{R}^2$ formuliert werden. Dazu werden die beiden Transformations-Matrizen $T_{C_3,B'}$ und $T_{C_2,D'}$ ermittelt: Die $B'$-Darstellungen der Elemente von $C_3 = \{e_1, e_2, e_3\}$

$$e_1 = \begin{pmatrix} 1 \\ 0 \\ 0 \end{pmatrix} = 1 \cdot \begin{pmatrix} 1 \\ 0 \\ 0 \end{pmatrix} + 0 \cdot \begin{pmatrix} 1 \\ 1 \\ 0 \end{pmatrix} + 0 \cdot \begin{pmatrix} 1 \\ 1 \\ 1 \end{pmatrix} = 1 \cdot b_1 + 0 \cdot b_2 + 0 \cdot b_3$$

$$e_2 = \begin{pmatrix} 0 \\ 1 \\ 0 \end{pmatrix} = -1 \cdot \begin{pmatrix} 1 \\ 0 \\ 0 \end{pmatrix} + 1 \cdot \begin{pmatrix} 1 \\ 1 \\ 0 \end{pmatrix} + 0 \cdot \begin{pmatrix} 1 \\ 1 \\ 1 \end{pmatrix} = -1 \cdot b_1 + 1 \cdot b_2 + 0 \cdot b_3$$

$$e_3 = \begin{pmatrix} 0 \\ 0 \\ 1 \end{pmatrix} = 0 \cdot \begin{pmatrix} 1 \\ 0 \\ 0 \end{pmatrix} - 1 \cdot \begin{pmatrix} 1 \\ 1 \\ 0 \end{pmatrix} + 1 \cdot \begin{pmatrix} 1 \\ 1 \\ 1 \end{pmatrix} = 0 \cdot b_1 - 10 \cdot b_2 + 1 \cdot b_3$$

sowie die $D'$-Darstellungen der Elemente von $C_2 = \{e_1, e_2\}$

$$e_1 = \begin{pmatrix} 1 \\ 0 \end{pmatrix} = \tfrac{1}{5} \cdot \begin{pmatrix} 1 \\ 2 \end{pmatrix} - \tfrac{2}{5} \cdot \begin{pmatrix} -2 \\ 1 \end{pmatrix} = \tfrac{1}{5} \cdot d_1 - \tfrac{2}{5} \cdot d_2$$

$$e_2 = \begin{pmatrix} 0 \\ 1 \end{pmatrix} = \tfrac{2}{5} \cdot \begin{pmatrix} 1 \\ 2 \end{pmatrix} + \tfrac{1}{5} \cdot \begin{pmatrix} -2 \\ 1 \end{pmatrix} = \tfrac{2}{5} \cdot d_1 + \tfrac{1}{5} \cdot d_2$$

liefern $T_{C_3,B'} = \begin{pmatrix} 1 & -1 & 0 \\ 0 & 1 & -1 \\ 0 & 0 & 1 \end{pmatrix}$ und $T_{C_2,D'} = \frac{1}{5}\begin{pmatrix} 1 & 2 \\ -2 & 1 \end{pmatrix}$ mit $(T_{C_2,D'})^{-1} = \begin{pmatrix} 1 & -2 \\ 2 & 1 \end{pmatrix}$.

Das nebenstehende Diagramm zeigt in der Darstellung durch Matrizen die bei dieser Untersuchung beteiligten Funktionen. Die Angabe der jeweiligen Matrizen liefert dann sofort die Beziehung

$$M_{C_2C_3}(u) = (T_{C_2D'})^{-1} \cdot M_{D'B'}(u) \cdot T_{C_3B'},$$

mit der dann die Abbildungsmatrix $M_{C_2C_3}(u)$ berechnet wird:

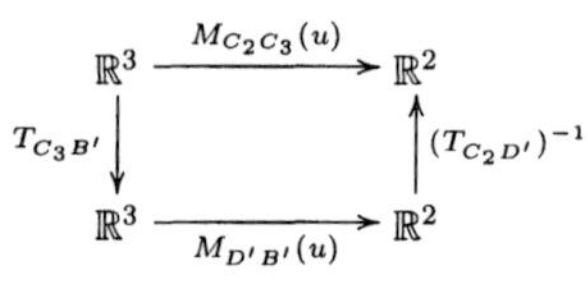


$$M_{C_2C_3}(u) = \begin{pmatrix} 1 & -2 \\ 2 & 1 \end{pmatrix} \cdot \begin{pmatrix} 3 & -1 & 2 \\ -2 & 1 & -1 \end{pmatrix} \cdot \begin{pmatrix} 1 & -1 & 0 \\ 0 & 1 & -1 \\ 0 & 0 & 1 \end{pmatrix} = \begin{pmatrix} 7 & -10 & 7 \\ 4 & -5 & 4 \end{pmatrix}.$$

*Anmerkung:* Zur Kontrolle der Ermittlung von $M_{C_2C_3}$ kann man gemäß dem ersten Diagramm in Bemerkung 4.570.4 die Kommutativität $u(T_{C_2,D'}) \circ u_{C_2C_3} = u_{D'B'} \circ u(T_{C_3,B'})$ nachrechnen. Mit zugehörigen Matrizen gilt: $T_{C_2,D'} \cdot M_{C_2C_3}(u) \cdot \begin{pmatrix} x_1 \\ x_2 \\ x_3 \end{pmatrix} = \begin{pmatrix} 3x_1 - 4x_2 + 3x_3 \\ -2x_1 + 3x_2 - 2x_3 \end{pmatrix} = M_{D'B'}(u) \cdot T_{C_3,B'} \cdot \begin{pmatrix} x_1 \\ x_2 \\ x_3 \end{pmatrix}$.

**A4.604.01:** In dieser Aufgabe werden die Konstruktionen der Dualen Räume $E^*$ und $f^*$ in Abschnitt 4.600 und die der Bidualen Räume $E^{**}$ und $f^{**}$ in Abschnitt 4.602 parallel behandelt.

1. Zeigen Sie: Für $K$-Homomorphismen $E \xrightarrow{f} F \xrightarrow{g} G$ gelten folgende Beziehungen:

a$_1$) $(g \circ f)^* = f^* \circ g^*$ a$_2$) $(id_E)^* = id_{E^*}$

b$_1$) $(g \circ f)^{**} = g^{**} \circ f^{**}$ b$_2$) $(id_E)^{**} = id_{E^{**}}$

Beschreiben Sie die Zuordnungen $f \longmapsto f^*$ und $f \longmapsto f^{**}$ als Funktionen.

2. Zeigen Sie: Ist $f : E \longrightarrow F$ ein $K$-Isomorphismus vorgelegt, dann sind auch die beiden Funktionen $f^* : F^* \longrightarrow E^*$ und $f^{**} : E^{**} \longrightarrow F^{**}$ $K$-Isomorphismen und für den zu $f$ inversen Homomorphismus $f^{-1}$ gelten die Beziehungen $(f^{-1})^* = (f^*)^{-1}$ und $(f^{-1})^{**} = (f^{**})^{-1}$.

3. Beweisen Sie die beiden Formeln $(f+g)^* = f^* + g^*$ und $(f+g)^{**} = f^{**} + g^{**}$. Was bedeuten diese Formeln für welche Funktionen?

**B4.604.01:** Zur Bearbeitung der Aufgabe im einzelnen:

1. Für die Kompositionen $G^* \xrightarrow{g^*} F^* \xrightarrow{f^*} E^*$ und $E^{**} \xrightarrow{f^{**}} F^{**} \xrightarrow{g^{**}} G^{**}$ gilt im einzelnen:

a$_1$) Für alle $u \in G^*$ gilt $(g \circ f)^*(u) = u \circ (g \circ f) = (u \circ g) \circ f = f^*(u \circ g) = f^*(g^*(u)) = (f^* \circ g^*)(u)$.

a$_2$) Für alle $u \in E^*$ gilt $(id_E)^*(u) = u \circ id_E = u = id_{E^*}(u)$.

b$_1$) Unter Verwendung von a$_1$) gilt $(g \circ f)^{**} = ((g \circ f)^*)^* = (f^* \circ g^*)^* = g^{**} \circ f^{**}$.

b$_2$) Unter Verwendung von a$_2$) gilt $(id_E)^{**} = ((id_E)^*)^* = (id_{E^*})^* = id_{(E^*)^*} = id_{E^{**}}$.

Die Zuordnung $f \longmapsto f^*$ definiert die Funktion $(-)^* : Hom_K(E,F) \longrightarrow Hom_K(F^*, E^*)$.

Die Zuordnung $f \longmapsto f^{**}$ definiert die Funktion $(-)^{**} : Hom_K(E,F) \longrightarrow Hom_K(E^{**}, F^{**})$.

Die genannten Formeln bedeuten im übrigen, daß die Konstruktionen Dualer und Bidualer Homomorphismen kommutative Diagramme in kommutative Diagramme überführen, im einfachsten Fall:

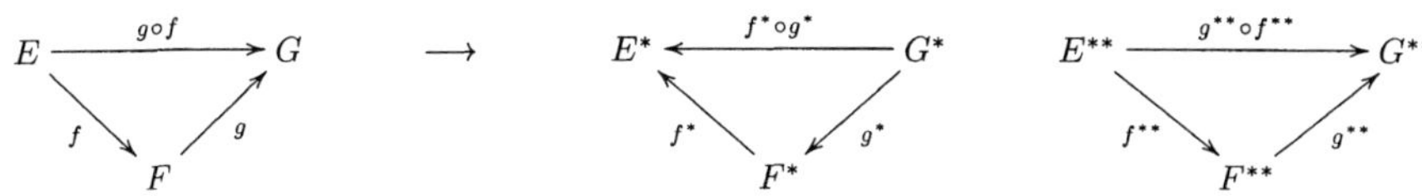


2. Ist $f : E \longrightarrow F$ ein $K$-Isomorphismus, dann gelten mit dem zu $f$ inversen $K$-Homomorphismus $f^{-1} : F \longrightarrow E$ die beiden Beziehungen $f^{-1} \circ f = id_E$ und $f \circ f^{-1} = id_F$. Nach Aufgabenteil 1 gilt dann

a) $id_{E^*} = (f^{-1} \circ f)^* = f^* \circ (f^{-1})^*$ und $id_{F^*} = (f \circ f^{-1})^* = (f^{-1})^* \circ f^*$, also $(f^{-1})^* = (f^*)^{-1}$,

b) $id_{E^{**}} = (f^{-1} \circ f)^{**} = (f^{-1})^{**} \circ f^{**}$ und $id_{F^{**}} = (f \circ f^{-1})^{**} = f^{**} \circ (f^{-1})^{**}$, also $(f^{-1})^{**} = (f^{**})^{-1}$.

3. Für alle $f, g \in Hom_K(E,F)$ gelten die folgenden Beziehungen:

a) Für alle $u \in F^*$ gilt $(f+g)^*(u) = u \circ (f+g) = (u \circ f) + (u \circ g) = f^*(u) + g^*(u) = (f^* + g^*)(u)$.

b) Für alle $u \in E^{**}$ gilt $(f+g)^{**}(u) = (((f+g)^*)^f*)(u) = u \circ (f+g)^* = u \circ (f^* + g^*) = (u \circ f^*) + (u \circ g^*)$ $= f^{**}(u) + g^{**}(u) = (f^{**} + g^{**})(u)$.

Die beiden Formeln $(f+g)^* = f^* + g^*$ und $(f+g)^{**} = f^{**} + g^{**}$ besagen, daß die beiden Funktionen

$$(-)^* : Hom_K(E,F) \longrightarrow Hom_K(F^*, E^*) \quad \text{und} \quad (-)^{**} : Hom_K(E,F) \longrightarrow Hom_K(E^{**}, F^{**})$$

Gruppen-Homomorphismen bezüglich der Additionen in den entsprechenden $K$-Vektorräumen sind.

*Anmerkung:* In der Sprache der Funktoren bedeuten diese beiden Gruppen-Homomorphien, daß die beiden Funktoren $(-)^*, (-)^{**} : K - mod \longrightarrow K - Mod$ additive Funktoren sind.

**A4.604.02:** Beschreiben Sie den wesentlichen Unterschied zwischen den beiden $K$-Isomorphismen $h_B : E \longrightarrow E^*$ und $i_E : E \longrightarrow E^{**}$ für endlich-dimensionale $K$-Vektorräume $E$ in Corollar 4.600.5/1 und in Satz 4.602.3/2.

**B4.604.02:** Der $K$-Isomorphismus $h_B : E \longrightarrow E^*$ ist von der Wahl der Basis $B$ abhängig, das heißt, je zwei verschiedene Basen $B$ und $B'$ von $E$ erzeugen verschiedene $K$-Isomorphismen $h_B, h_{B'} : E \longrightarrow E^*$. Demgegenüber ist $i_E : E \longrightarrow E^{**}$ unabhängig von Basen von $E$ definiert, daher auch die Bezeichnung *kanonischer Isomorphismus.*

**A4.604.03:** Es sei $C = \{e_1, e_2\}$ die kanonische Basis von $K^2$.

1a) Berechnen Sie zu $u \in K^{2*}$ den Funktionswert $u(x)$ zu $x \in K^2$ bezüglich der $C^*$-Darstellung von $u$.

1b) Kommentieren Sie $u(x)$ hinsichtlich der kanonischen Isomorphie $Hom_K(K^2, K) \cong Mat(1, 2, K)$.

2. Beschreiben Sie den zu Teil 1 analogen Sachverhalt für $K^n$ (ohne Berechnung).

3. Berechnen Sie insbesondere zu einer Basis $B = \{b, d\} \subset K^2$ die Funktionswerte $b^*(x)$ und $d^*(x)$.

**B4.604.03:** Zur Bearbeitung der Aufgabe im einzelnen:

1a) Mit der $C$-Darstellung $x = x_1e_1 + x_2e_2$ von $x \in K^2$ und der $C^*$-Darstellung $u = a_1e_1^* + a_2e_2^*$ der Funktion $u \in K^{2*}$ gilt $u(x) = (a_1e_1^* + a_2e_2^*)(x) = (a_1e_1^* + a_2e_2^*)(x_1e_1 + x_2e_2)$
$= (a_1e_1^*)(x_1e_1) + (a_2e_2^*)(x_1e_1) + (a_1e_1^*)(x_2e_2) + (a_2e_2^*)(x_2e_2)$
$= (a_1x_1e_1^*)(e_1) + (a_2x_1e_2^*)(e_1) + (a_1x_2e_1^*)(e_2) + (a_2x_2e_2^*)(e_2) = a_1x_1 + 0 + 0 + a_2x_2 = a_1x_1 + a_2x_2.$

1b) Das Ergebnis $u(x) = a_1x_1 + a_2x_2$ folgt mit den verwendeten kanonischen Basen auch sofort aus der kanonischen $K$-Isomorphie $Hom_K(K^2, K) \cong Mat(1, 2, K)$, die erlaubt, jeden $K$-Homomorphismus $u : K^2 \longrightarrow K$ vermöge einer Matrix $A = (a_1 \ \ a_2) \in Mat(,2, K)$ durch die Zuordnung $u(x) = u_A(x) = Ax = a_1x_1 + a_2x_2$ zu beschreiben.

2. Im Fall $K^n$ ist $u : K^n \longrightarrow K$ durch die Zuordnungsvorschrift $u(x) = \sum\limits_{1 \le k \le n} a_kx_k$ definiert – oder anders gesagt, es ist $u(x) = u_A(x) = Ax$ mit einer Matrix $A \in Mat(1, n, K)$.

3a) Die Berechnung der Zahlen $a_1$ und $a_2$, also der beiden Koeffizienten der Matrix $A$, erfolgt mit den Vorgaben der Basiselemente $b$ und $d$ im ersten Fall mit Hilfe von $b^*(b) = 1$ und $b^*(b) = a_1b_1 + a_2b_2$ sowie $b^*(d) = 0$ und $b^*(d) = a_1d_1 + a_2d_2$: Aus dem damit gegebenen linearen Gleichungssystem

$$a_1b_1 + a_2b_2 = 1 \quad \text{und} \quad a_1d_1 + a_2d_2 = 0$$

lassen sich die beiden Zahlen $a_1 = -\frac{d_2}{b_2d_1 - b_1d_2}$ und $a_2 = \frac{d_1}{b_2d_1 - b_1d_2}$ berechnen.

3b) Die Berechnung der Zahlen $a_1$ und $a_2$, also der beiden Koeffizienten der Matrix $A$, erfolgt mit den Vorgaben der Basiselemente $b$ und $d$ im zweiten Fall mit Hilfe von $d^*(b) = 0$ und $d^*(b) = a_1b_1 + a_2b_2$ sowie $d^*(d) = 1$ und $d^*(d) = a_1d_1 + a_2d_2$: Aus dem damit gegebenen linearen Gleichungssystem

$$a_1b_1 + a_2b_2 = 0 \quad \text{und} \quad a_1d_1 + a_2d_2 = 1$$

lassen sich die beiden Zahlen $a_1 = -\frac{b_2}{b_1d_2 - b_2d_1}$ und $a_2 = \frac{b_1}{b_1d_2 - b_2d_1}$ berechnen.

Beispiel: Für die Basiselemente $b = \begin{pmatrix} 2 \\ 1 \end{pmatrix}$ und $d = \begin{pmatrix} 1 \\ 2 \end{pmatrix}$ gilt im ersten Fall $a_1 = \frac{2}{3}$ und $a_2 = -\frac{1}{3}$, womit $b^*(x) = \frac{2}{3}x_1 - \frac{1}{3}x_2$ gilt, im zweiten Fall $a_1 = -\frac{2}{3}$ und $a_2 = \frac{1}{3}$, womit $d^*(x) = -\frac{2}{3}x_1 + \frac{1}{3}x_2$ gilt.

*Anmerkung:* Die Zahlen $a_1$ und $a_2$ (und damit $u_A$) existieren (im ersten Fall) offenbar genau dann, wenn $b_2d_1 - b_1d_2 \neq 0$ gilt, wenn also $det(u) = det(M_{CC}(u)) = det[d, b] \neq 0$ gilt. (Im zweiten Fall gilt ein analoger Sachverhalt.)

**A4.604.04:** Mit Bezug auf die Corollare 4.600.5 und 4.600.6 folgende Aufgaben:

1. Geben Sie anhand der dualen Basis $C^*$ von $K^{2*}$ (bezüglich der kanonischen Basis $C = \{e_1, e_2\}$ von $K$) für den $K$-Homomorphismus $h_C(z) : K^2 \longrightarrow K$ (zu einem beliebig, aber fest gewählten Element $z \in K^2$) die Funktionswerte der beiden Basiselemente $e_1$ und $e_2$ von $C$ sowie eines beliebigen Elementes $x \in K^2$ an. Zeigen Sie dabei auch $e_1^* = pr_1$ und $e_2^* = pr_2$.

2. Untersuchen Sie analog $h_B : K^2 \longrightarrow K^{2*}$ mit der Basis $B = \{b_1 = e_1, b_2 = \binom{1}{1}\}$.

**B4.604.04:** Zur Bearbeitung der Aufgabe im einzelnen:

1a) Für $k \in \{1,2\}$ haben die beiden Elemente $e_k^* : K^2 \longrightarrow K$ für die Elemente von $C$ die Eigenschaft

$$h_C(e_k)(e_j) = e_k^*(e_j) = \begin{cases} 1, & \text{falls } e_k = e_j \text{ (also } k = j), \\ 0, & \text{falls } e_k \neq e_j \text{ (also } k \neq j). \end{cases}$$

1b) Jedes Element aus $K^{2*} = Hom_K(K^2, K)$ hat bezüglich des $K$-Isomorphismus' $h_C$ die Form $h_C(z)$ mit einem jeweils zugehörigen Element $z \in K^2$ mit der $C$-Darstellung $z = z_1e_1 + z_2e_2$. Bezüglich der dualen Basis $C^*$ hat der $K$-Homomorphismus $h_C(z) : K^2 \longrightarrow K$ die $C^*$-Darstellung $h_C(z) = z_1e_1^* + z_2e_2^*$.

1c) Für die Elemente $e_1$ und $e_2$ der kanonischen Basis $C$ von $K^2$ gilt dann insbesondere
$h_C(z)(e_1) = (z_1e_1^* + z_2e_2^*)(e_1) = z_1e_1^*(e_1) + z_2e_2^*(e_1) = z_1 \cdot 1 + z_2 \cdot 0 = z_1$ und
$h_C(z)(e_2) = (z_1e_1^* + z_2e_2^*)(e_2) = z_1e_1^*(e_2) + z_2e_2^*(e_2) = z_1 \cdot 0 + z_2 \cdot 1 = z_2$.

Dabei gilt $e_k^* = pr_k$ für $k \in \{1,2\}$, wie die folgenden Funktionswerte zeigen:

$$\begin{array}{llll} e_1^*(e_1) = 1 & pr_1(e_1) = 1 & e_2^*(e_1) = 0 & pr_2(e_1) = 0 \\ e_1^*(e_2) = 0 & pr_1(e_2) = 0 & e_2^*(e_2) = 1 & pr_2(e_2) = 1 \end{array}$$

1d) Ist $x \in K^2$ mit der $C$-Darstellung $x = x_1e_1 + x_2e_2$ beliebig gewählt, dann liefert der $K$-Homomorphismus $h_C(z) : K^2 \longrightarrow K$ den Funktionswert

$$h_C(z)(x) = h_C(z)(x_1e_1 + x_2e_2) = x_1h_C(z)(e_1) + x_2h_C(z)(e_2) = x_1z_1 + x_2z_2.$$

*Anmerkung:* Ohne Verwendung von 1c) kann man diesen Funktionswert auch direkt berechnen:
$h_C(z)(x) = (z_1e_1^* + z_2e_2^*)(x) = z_1e_1^*(x) + z_2e_2^*(x) = z_1e_1^*(x_1e_1 + x_2e_2) + z_2e_2^*(x_1e_1 + x_2e_2)$
$= z_1x_1e_1^*(e_1) + z_1x_2e_1^*(e_2) + z_2x_1e_2^*(e_1) + z_2x_2e_2^*(e_2) = x_1z_1 + 0 + 0 + x_2z_2 = x_1z_1 + x_2z_2$.

2a) Für $k \in \{1,2\}$ haben die beiden Elemente $b_k^* : K^2 \longrightarrow K$ für die Elemente von $B$ die Eigenschaft

$$h_B(b_k)(b_j) = b_k^*(b_j) = \begin{cases} 1, & \text{falls } b_k = b_j \text{ (also } k = j), \\ 0, & \text{falls } b_k \neq b_j \text{ (also } k \neq j). \end{cases}$$

2b) Jedes Element aus $K^{2*} = Hom_K(K^2, K)$ hat bezüglich des $K$-Isomorphismus' $h_B$ die Form $h_B(z)$ mit einem jeweils zugehörigen Element $z \in K^2$ mit der $B$-Darstellung $z = (z_1 - z_2)b_1 + z_2b_2$. Bezüglich der zu $B$ dualen Basis $B^*$ hat der $K$-Homomorphismus $h_B(z) : K^2 \longrightarrow K$ dann die $B^*$-Darstellung $h_B(z) = (z_1 - z_2)b_1^* + z_2b_2^*$.

2c) Für die Elemente $b_1$ und $b_2$ der genannten Basis $B$ von $K^2$ gilt dann insbesondere
$h_B(z)(b_1) = ((z_1 - z_2)b_1^* + z_2b_2^*)(b_1) = (z_1 - z_2)b_1^*(b_1) + z_2b_2^*(b_1) = (z_1 - z_2) \cdot 1 + z_2 \cdot 0 = z_1 - z_2$ und
$h_B(z)(b_2) = ((z_1 - z_2)b_1^* + z_2b_2^*)(b_2) = (z_1 - z_2)b_1^*(b_2) + z_2b_2^*(b_2) = (z_1 - z_2) \cdot 0 + z_2 \cdot 1 = z_2$.

Dabei gilt zwar $b_2^* = pr_2$, aber $b_1^* \neq pr_1$, wie die folgenden Funktionswerte zeigen:

$$\begin{array}{llll} b_1^*(b_1) = 1 & pr_1(b_1) = 1 & b_2^*(b_1) = 0 & pr_2(b_1) = 0 \\ b_1^*(b_2) = 0 & pr_1(b_2) = 1 & b_2^*(b_2) = 1 & pr_2(e_2) = 1 \end{array}$$

2d) Ist $x \in K^2$ mit der $B$-Darstellung $x = (x_1 - x_2)b_1 + x_2b_2$ beliebig gewählt, dann liefert der $K$-Homomorphismus $h_B(z) : K^2 \longrightarrow K$ den Funktionswert
$h_B(z)(x) = h_B(z)((x_1 - x_2)b_1 + x_2b_2) = (x_1 - x_2)h_B(z)(b_1) + x_2h_B(z)(b_2) = (x_1 - x_2)(z_1 - z_2) + x_2z_2$.

**A4.604.05:** Beweisen Sie, daß im Fall eines nicht endlich-dimensionalen $K$-Vektorraums $E$ die in Satz 4.600.4 konstruierte Menge $B^*$ kein Erzeugendensystem und damit auch keine Basis von $E^*$ ist.

*Anmerkung:* Für einen nicht endlich-dimensionalen $K$-Vektorraum $E$ kann man zunächst $card(B) = card(B')$ für je zwei Basen $B, B' \subset E$ zeigen und analog zu Definition 4.530.4 dann gleichermaßen $dim_K(E) = card(B)$ vereinbaren, wobei $card(B)$ irgend eine Kardinalzahl mit $card(B) \geq card(\mathbb{N})$ ist. Man kann nun weiter für den zugehörigen dualen Raum die Beziehung $dim_K(E^*) = card(K)^{dim_K(E)}$ zeigen, womit also stets $dim_K(E^*) > dim_K(E)$ gilt.

**B4.604.05:** Unter der Annahme $E^* = L_K(B^*)$ gibt es zu jedem $f \in E^*$ eine endliche Teilmenge $B' \subset B$, so daß $f$ eine $B^*$-Darstellung $f = \sum_{b \in B'} a_b b^*$ besitzt. Wählt man $f \in E^*$ mit $f(B) = \{1\}$ sowie ein Element $b_0 \in B \setminus B'$, so liegt der Widerspruch $1 = f(b_0) = (\sum_{b \in B'} a_b b^*)(b_0) = \sum_{b \in B'} a_b b^*(b_0) = 0$ vor.

**A4.604.06:** Betrachten Sie zu einem $K$-Homomorphismus $f : E \longrightarrow F$ zwischen $K$-Vektorräumen $E$ und $F$ das folgende (mit $i = in_{Bild(f)}$ und surjektivem $n$ naheliegenderweise kommutative) Diagramm mit exakten Sequenzen:

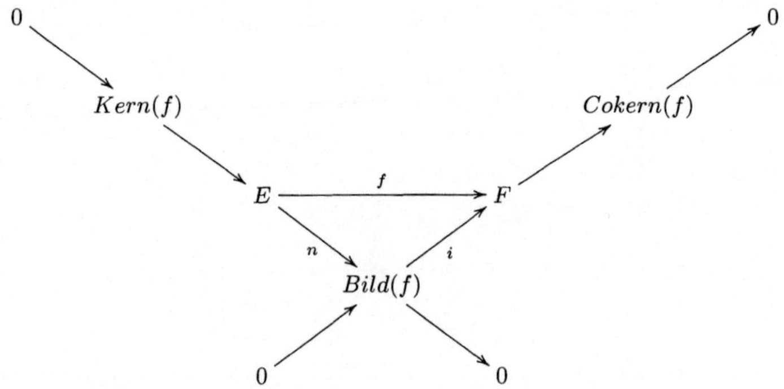


Ergänzen Sie das dazu duale Diagramm so, daß sich daran die drei Isomorphismen ablesen lassen:
$(Cokern(f))^* \longrightarrow Kern(f^*)$, $\quad (Bild(f))^* \longrightarrow Bild(f^*)$, $\quad (Kern(f))^* \longrightarrow Cokern(f^*)$.

**B4.604.06:** Das folgende Diagramm zu $f^* : F^* \longrightarrow E^*$ ist kommutativ, enthält nur exakte Sequenzen und liefert die gewünschten Isomorphismen:

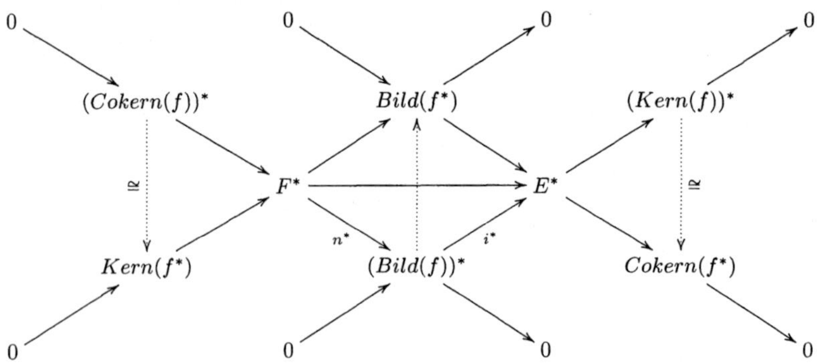


**A4.604.06:** Beweisen Sie, daß der in Satz 4.602.3 behandelte $K$-Isomorphismus $i_E : E \longrightarrow E^{**}$

1. im Fall eines endlich-dimensionalen $K$-Vektorraums $E$ surjektiv ist, also $E^{**} = Bild(i_E)$ gilt,
2. im Fall eines nicht endlich-dimensionalen $K$-Vektorraums $E$ nicht surjektiv ist.

**B4.604.06:** Zur Bearbeitung beider Aufgabenteile im einzelnen:

1. Es wird gezeigt, daß es zu jedem Element $h \in E^{**}$ ein Element $z \in E$ gibt mit $i_E(z) = h$: Zunächst ist jedes Element $h \in E^{**}$ eindeutig definiert durch die Festlegung $h(b^*) = a_b$ der Funktionswerte $h(b^*)$ für die Elemente $b^*$ der zu einer endlichen Basis $B$ von $E$ dualen Basis $B^*$. Erzeugt man nun ein Element $z \in E$ als $B$-Darstellung $z = \sum\limits_{b \in B} a_b b$ mit $a_b = h^*(b)$, so gilt $i_E(z)(b^*) = b^*(z) = b^*(\sum\limits_{b \in B} a_b b) = \sum\limits_{b \in B} a_b b^*(b) = a_b = h(b^*)$, für alle $b \in B$, folglich gilt via linearer Fortsetzung $i_E(z) = h$.

2. Zunächst wird als Vorbetrachtung eine linear unabhängige Teilmenge $D$ von $E^*$ nach dem Muster von Satz 4.604.4 konstruiert: Es sei dazu nun $B$ eine Basis von $E$. Zu jedem $b \in B$ sei $f_b : E \longrightarrow K$ durch $f_b(b') = \begin{cases} 1, & \text{falls } b = b', \\ 0, & \text{falls } b \neq b', \end{cases}$ für alle $b' \in B$ definiert, wodurch als lineare Fortsetzung ein zugehöriger $K$-Homomorphismus $f : E \longrightarrow K$, also ein Element von $E^*$, geliefert wird. Die Menge $D = \{f_b \mid b \in B\}$

ist nach dem ersten Beweisteil zu Satz 4.600.4 dann linear unabhängig.

Nach dem Basisergänzungssatz (Satz 4.512.5) läßt sich $D$ zu einer Basis $F$ von $E^*$ ergänzen. Damit läßt sich eine Funktion $h : E^* \longrightarrow K$, also ein Element $h \in E^{**}$, für Elemente $f \in E^*$ definieren durch

$$h(f) = \begin{cases} 1\,, & \text{falls } f \in D, \\ 0\,, & \text{falls } f \in F \setminus D. \end{cases}$$

Es wird nun $h \notin Bild(i_E)$ gezeigt: Angenommen jedoch $h \in Bild(i_E)$, dann gibt es ein Element $z \in E$ mit $i_E(z) = h$ und zu $z$ gibt es eine endliche Teilmenge $B' \subset B$ mit endliche Teilmenge $B' \subset B$, so daß $z$ eine $B$-Darstellung $z = \sum\limits_{b \in B'} a_b b$ besitzt. Wählt man nun ein Element $b_0 \in B \setminus B'$, so liegt der Widerspruch $1 = h(f_{b_0}) = i_E(z)(f_{b_0}) = f_{b_0}(z) = f_{b_0}(\sum\limits_{b \in B'} a_b b) = \sum\limits_{b \in B'} a_b f_{b_0}(b) = 0$ vor.

**A4.604.07:** Bearbeiten Sie die folgenden Einzelaufgaben:

1. Begründen Sie, daß

a) alle Projektionen $pr_k : K^n \longrightarrow K$ mit $k \in \{1, ..., n\}$ Elemente von $K^{n*}$ sind,

b) $Pol_{(1)}(\mathbb{R}) \longrightarrow \mathbb{R}$ mit $u \longmapsto u'$ (Ableitungsfunktion von $u$) Element von $(Pol_{(1)}(\mathbb{R}))^*$ ist,

c) $Rin([a,b], \mathbb{R}) \longrightarrow \mathbb{R}$ mit $u \longmapsto \int\limits_a^b u$ (Riemann-Integral zu $u$) Element von $(Rin([a,b], \mathbb{R}))^*$ ist,

d) zu fest gewählter Funktion $u_0$ die Zuordnung $u \longmapsto \int\limits_0^1 (u_0 u)$ ein Element von $(Rin([0,1], \mathbb{R}))^*$ liefert,

e) $Pol_{(n)}(\mathbb{R}) \longrightarrow \mathbb{R}$ mit $f \longmapsto f(0)$ (Ordinatenabschnitt) Element von $(Pol_{(n)}(\mathbb{R}))^*$ ist.

2. Konstruieren Sie eine Basis $B = \{f_1, f_2\}$ von $Pol_{(1)}(\mathbb{R})$, so daß die Menge $B^* = \{f_1^*, f_2^*\}$ von Funktionen $f_1^*, f_2^* : Pol_{(1)}(\mathbb{R}) \longrightarrow \mathbb{R}$, definiert durch $f_1^*(u) = \int\limits_0^1 u$ und $f_2^*(u) = \int\limits_0^2 u$, die zu $B$ duale Basis von $(Pol_{(1)}(\mathbb{R}))^*$ ist.

**B4.604.07:** Zur Bearbeitung der Aufgabe im einzelnen:

1a) Die Projektionen $pr_k : K^n \longrightarrow K$ mit $k \in \{1, ..., n\}$ sind $K$-Homomorphismen.

1b) Die Differentiation ist $\mathbb{R}$-Homomorphismus und liefert für $f \in Pol_{(1)}(\mathbb{R})$ Zahlen aus $\{0, 1\}$.

1c) Die Riemann-Integration mit $u \longmapsto \int\limits_a^b u$ ist $\mathbb{R}$-Homomorphismus und liefert Zahlen aus $\mathbb{R}$.

1d) Die Begründung ist dieselbe wie in Teil 1c).

1e) $d : Pol_{(n)}(\mathbb{R}) \longrightarrow \mathbb{R}$ mit $d(f) = f(0)$ ist $\mathbb{R}$-Homomorphismus und liefert Zahlen aus $\mathbb{R}$.

2. Zunächst sei eine Menge $M = \{f_1, f_2\} \subset Pol_{(1)}(\mathbb{R})$ von Funktionen $f_1 = a_1 + b_1 \cdot id$ und $f_1 = a_1 + b_1 \cdot id$ vorgelegt. Hinsichtlich der Definition der dualen Basis liegen die folgenden vier Bedingungen vor:

(1a) $f_1^*(f_1) = 1$ (1b) $f_1^*(f_2) = 0$ (2a) $f_2^*(f_1) = 0$ (2b) $f_2^*(f_2) = 1$.

Unter Verwendung von Stammfunktionen $F_k$ mit $F_k = a_k \cdot id + \frac{1}{2} b_k \cdot id^2$ zu $f_k$ für $k \in \{1, 2\}$ gelten dann folgende Sachverhalte, die in jeder Zeile zu einem Gleichungssystem führen:

(1a) $f_1^*(f_1) = \int\limits_0^1 f_1 = F_1(1) - F(0) = a_1 + \frac{1}{2} b_1 = 1$, (2a) $f_2^*(f_1) = \int\limits_0^2 f_1 = F_1(2) - F(0) = 2a_1 + 2b_1 = 0$,

(1b) $f_1^*(f_2) = \int\limits_0^1 f_2 = F_2(1) - F(0) = a_2 + \frac{1}{2} b_2 = 0$, (2b) $f_2^*(f_2) = \int\limits_0^2 f_2 = F_2(2) - F(0) = 2a_2 + 2b_2 = 1$.

Dabei hat das aus (1a) und (2a) bestehende System die Lösung $(a_1, b_1) = (2, -2)$ und das aus (1b) und (2b) bestehende System die Lösung $(a_2, b_2) = (-\frac{1}{2}, 1)$. Das bedeutet, daß die beiden Funktionen $f_1 = 2 - 2 \cdot id$ und $f_2 = -\frac{1}{2} + id$ eine Teilmenge $B = \{f_1, f_2\}$ von $Pol_{(1)}(\mathbb{R})$ bilden, die die Teilmenge $B^* = \{f_1^*, f_2^*\}$ von $(Pol_{(1)}(\mathbb{R}))^*$ erzeugt. Es bleibt noch zu zeigen, daß $B = \{f_1, f_2\}$ eine Basis von $Pol_{(1)}(\mathbb{R})$ ist, die dann $B^* = \{f_1^*, f_2^*\}$ als zugehörige duale Basis von $B$ in $(Pol_{(1)}(\mathbb{R}))^*$ liefert:

a) $B$ ist zunächst linear unabhängig, denn liegt eine Beziehung der Form $u_1 f_1 + u_2 f_2 = 0$ vor, dann folgt $(2u_1 - \frac{1}{2} u_2) + (u_2 - 2u_1) id = 0$, daraus $2u_1 - \frac{1}{2} u_2 = 0$ und $u_2 - 2u_1 = 0$ und somit dann $u_1 = u_2 = 0$.

b) $B$ ist ein Erzeugendensystem von $Pol_{(1)}(\mathbb{R})$, denn jedes Element $f = a + b \cdot id$ von $Pol_{(1)}(\mathbb{R})$ besitzt eine Darstellung der Form $f = u_1 f_1 + u_2 f_2$: Wie man leicht ermittelt, leisten die Zahlen $u_1 = a + \frac{1}{2}b$ und $u_2 = 2a + 2b$ das Verlangte.

**A4.604.08:** Es sei $f : E \longrightarrow E$ ein $K$-Homomorphismus eines endlich-dimensionalen $K$-Vektorraums $E$, ferner sei $M_{BB}(f)$ die durch eine beliebige Basis $B$ von $E$ erzeugte Abbildungsmatrix. Zeigen Sie:

1. Definiert man die *Spur von f* als Spur von $M_{BB}(f)$, in Zeichen also $spur(f) = spur(M_{BB}(f))$, so gilt
$$spur(f) = \sum_{b \in B} (b^* \circ f)(b).$$
2. Die Funktion *spur* läßt sich als $K$-Homomorphismus auf $Hom_K(E, E)$ beschreiben.
3. Insbesondere läßt sich *spur* als $K$-Homomorphismus auf $Mat(n, K)$ beschreiben.

**B4.604.08:** Es sei $dim_K(K) = n$, ferner sei $B = \{b_1, ..., b_n\}$ eine Basis von $E$.

1. Verwendet man der Einfachheit halber die Darstellung $M_{BB}(f) = (a_{ik})_{1 \leq i,k \leq n}$, dann folgt die behauptete Beziehung durch einfaches Ausrechnen:
$$\sum_{b_i \in B} (b_i^* \circ f)(b_i) = \sum_{b_i \in B} b_i^*(f(b_i)) = \sum_{b_i \in B} b_i^*(\sum_{b_k \in B} a_{ik} b_k) = \sum_{b_i \in B} (\sum_{b_k \in B} a_{ik} b_i^*(b_k)) = \sum_{b_i \in B} a_{ii} = spur(f).$$

2. Bezüglich derselben Basis $B$ ist die Funktion $spur : Hom_K(E, E) \longrightarrow K$ ein $K$-Homomorphismus, denn es gelten die Beziehungen $spur(f + g) = \sum_{b \in B} (b^* \circ (f + g))(b) = \sum_{b \in B} b^*(f(b) + g(b))$
$= \sum_{b \in B} b^*(f(b)) + b^*(g(b)) = \sum_{b \in B} (b^* \circ f)(b) + \sum_{b \in B} (b^* \circ g)(b) = spur(f) + spur(g)$, für alle $f, g \in Hom_K(E, E)$, sowie $spur(cf) = \sum_{b \in B} (b^* \circ cf)(b) = \sum_{b \in B} c(b^* \circ f)(b) = c \cdot \sum_{b \in B} (b^* \circ f)(b) = c \cdot spur(f)$, für alle $c \in K$.

3. $spur : Mat(n, K) \longrightarrow K$ ist wegen $spur(cA + dB) = c \cdot spur(A) + d \cdot spur(B)$ $K$-homomorph.

**A4.604.09:** Im folgenden werden zu Matrizen $A \in Mat(n, K)$ die durch $R_A(X) = AX$ definierten Rechtstranslationen $R_A : Mat(n, K) \longrightarrow Mat(n, K)$ sowie die Funktion $spur : Mat(n, K) \longrightarrow K$ (als Summe der Elemente der Hauptdiagonalen einer Matrix) betrachtet.

1. Weisen Sie nach, daß die durch die Zuordnungsvorschrift $A \longmapsto F_A = spur \circ R_A$ definierte Funktion $F : Mat(n, K) \longrightarrow Hom_K(Mat(n, K), K) = Mat(n, K)^*$ ein $K$-Isomorphismus ist.
2. Zeigen Sie: Zu jedem Element $g \in Mat(n, K)^*$ mit der Eigenschaft $g(XY) = g(YX)$, für alle $X, Y \in Mat(n, K)$, gibt es ein Element $c \in K$ mit $g = c \cdot spur$.

**B4.604.09:** Zur Bearbeitung der Aufgabe im einzelnen:

1a) Die angegebenen Funktionen $R_A$ und *spur* sind – wie gleich noch einmal gezeigt wird – $K$-Homomorphismen, somit sind auch die Kompositionen $F_A = spur \circ R_A$ dann $K$-Homomorphismen. Im einzelnen:

1a$_1$) $R_A$ ist ein $K$-Homomorphismus, denn für alle $X, Y \in Mat(n, K)$ und für alle $c \in K$ gilt $R_A(X+Y) = A(X + Y) = AX + AY = R_A(X) + R_A(Y)$ und $R_A(cX) = A(cX) = c(AX) = c \cdot R_A(X)$.

1a$_2$) *spur* ist ein $K$-Homomorphismus, denn für alle $X, Y \in Mat(n, K)$ und für alle $c \in K$ gelten die Beziehungen $spur(X + Y) = \sum_{1 \leq i \leq n} (x_{ii} + y_{ii}) = \sum_{1 \leq i \leq n} x_{ii} + \sum_{1 \leq i \leq n} y_{ii} = spur(X) + spur(Y)$ und $spur(cX) = \sum_{1 \leq i \leq n} cx_{ii} = c \sum_{1 \leq i \leq n} x_{ii} = c \cdot spur(X)$.

1b) Die Funktion $F : Mat(n, K) \longrightarrow Mat(n, K)^*$ ist ein $K$-Homomorphismus, denn für alle Matrizen $A, B \in Mat(n, K)$ und für alle Elemente $c \in K$ gilt:

Da für alle $X \in Mat(n, K)$ sowohl $F(A + B)(X) = F_{A+B}(X) = (spur \circ R_{A+B})(X)$
$= (spur \circ R_A)(X) + (spur \circ R_B)(X) = F_A(X) + F_B(X) = (F_A + F_B)(X) = (F(A) + F(B))(X)$
als auch $F(cA)(X) = F_{cA}(X) = (spur \circ R_{cA})(X) = c(spur \circ R_A)(X) = cF_A(X) = (cF_A)(X)$ gilt, liegen die beiden $K$-Homomorphie-Formeln $F(A + B) = F(A) + F(B)$ und $F(cA) = cF(A)$ vor.

1c) Die Funktion $F : Mat(n, K) \longrightarrow Mat(n, K)^*$ ist bijektiv.

2. Nach Aufgabenteil 1 gibt es zu jedem Element $g \in Mat(n, K)^*$ eine Matrix $A \in Mat(n, K)$ mit $g = F_A$. Wegen der Voraussetzung $g(XY) = g(YX)$, für alle $X, Y \in Mat(n, K)$, gilt folglich $spur(AXY) = (spur \circ R_A)(XY) = F_A(XY) = F_A(YX) = (spur \circ R_A)(YX) = spur(AYX)$, insbesondere gilt $spur(AE_{ij}E_{kl}) = spur(AE_{kl}E_{ij})$, wobei die Matrix $E_{uv}$ diejenige Matrix mit $e_{uv} = 1$ und 0 an allen anderen Positionen

bezeichne.

Betrachtet man nun $A = (a_{ik})_{1 \leq i,k \leq n}$, dann kann man leicht erkennen:

a) Ist $j = k$ und $l \neq i$, dann ist $a_{ij} = 0$ für $i \neq j$,

b) ist $j = k$ und $l = i$, dann ist $a_{ii} = a_{jj}$,

folglich gibt es ein Element $c \in K$ mit $A = cE$, woraus $g(Y) = F_A(Y) = spur(AY) = spur(cEY) = c \cdot spur(Y)$, für alle $Y \in Mat(n, K)$ folgt. Somit ist schließlich $g = c \cdot spur$.

**A4.604.10:** Die Aussagen von Aufgabe A4.604.09 lassen sich im Rahmen unitärer $K$-Vektorräume noch auf eine ganz andere Art zeigen. Dazu folgende Rahmensituation (die in Abschnitten 4.6x behandelt ist): Ein *Skalares Produkt* auf einem (endlich-dimensionalen) $K$-Vektorraum $E$ ist eine positiv-definite, symmetrische $K$-bilineare Funktion $s : E \times E \longrightarrow K$. Ein Skalares Produkt $s$ heißt insbesondere *nicht-degeneriert*, falls gilt: Gilt $s(x, z) = 0$ für alle $z \in E$, dann ist $x = 0$.

Es sei nun $E$ ein endlich-dimensionaler $K$-Vektorraum mit einem nicht-degenerierten Skalaren Produkt $s : E \times E \longrightarrow K$.

1. Zu jedem $u \in E$ sei eine Funktion $h_u : E \longrightarrow K$ definiert durch $h_u(x) = s(x, u)$. Zeigen Sie:

a) Für alle $u \in E$ ist die Funktion $h_u$ ein Element aus $E^* = Hom_K(E, K)$, also ein $K$-Homomorphismus.

b) Die durch die Zuordnung $u \longmapsto h_u$ definierte Funktion $h : E \longrightarrow E^*$ ist ein $K$-Isomorphismus.

2. Zeigen Sie: Die Funktion $S : Mat(n, K) \times Mat(n, K) \longrightarrow K$ mit $S(X, Y) = spur(XY)$ ist ein nicht-degeneriertes Skalares Produkt auf dem $K$-Vektorraum $Mat(n, K)$.

*Zusatz:* Mit Teil 2 ist nach der Aussage b) in Teil 1 die Funktion $F : Mat(n, K) \longrightarrow Mat(n, K)^*$, definiert durch $A \longmapsto F_A = spur \circ R_A$, also mit $F_A(X) = spur(AX)$, dann ein $K$-Isomorphismus.

**B4.604.10:** Zur Bearbeitung der Aufgabe im einzelnen:

1a) Zu jedem $u \in E$ ist die Funktion $h_u : E \longrightarrow K$ mit $h_u(x) = s(x, u)$ ein $K$-Homomorphismus, denn für alle $x, z \in E$ und für alle $c \in K$ gelten die Beziehungen $h_u(x + z) = s(x + z, u) = s(x, u) + s(z, u) = h_u(x) + h_u(z)$ sowie $h_u(cx) = s(cx, u) = c \cdot s(x, u) = c \cdot h_u(x)$.

1b) Die durch $u \longmapsto h_u$ definierte Funktion $h : E \longrightarrow E^*$ ist ein $K$-Isomorphismus, denn: Die von einer Basis $B$ von $E$ erzeugte Menge $h(B) = \{h(b) = h_b \mid b \in B\} \subset E^*$ ist – wie gleich gezeigt wird – linear unabhängig, woraus wegen $dim_K(E) = dim_K(E^*)$ aber schon folgt, daß $h(B)$ eine Basis von $E^*$ ist. Setzt man diese bijektive Zuordnung zwischen den Basen $B$ und $h(B)$ linear fort, so wird ein $K$-Isomorphismus $h : E \longrightarrow E^*$ erzeugt.

Die Menge $h(B) = \{h_{b_1}, ..., h_{b_n}\}$ ist linear unabhägig, denn gilt $\sum_{b \in B} a_b h(b) = 0$, so gilt für alle $x \in E$ dann $0 = \sum_{b \in B} a_b s(b, x) = s(\sum_{b \in B} a_b b, x)$, woraus aber $\sum_{b \in B} a_b b = 0$ folgt, da das Skalare Produkt als nicht-degeneriert vorausgesetzt ist. Da $B$ eine Basis ist, folgt aus dieser Beziehung schließlich $a_b = 0$, für alle $b \in B$, also ist $h(B)$ linear unabhängig.

2. Die Funktion $S : Mat(n, K) \times Mat(n, K) \longrightarrow K$ mit $S(X, Y) = spur(XY)$ ist ein nicht-degeneriertes Skalares Produkt auf $Mat(n, K)$, denn:

a) Daß $S$ eine $K$-bilineare Funktion ist, folgt unmittelbar aus der $K$-Homomorphie von *spur*.

b) Daß $S$ eine symmetrie Funktion ist, folgt unmittelbar aus der Symmetrie von *spur*.

c) $S$ ist nicht-degeneriert, denn: Es gelte $S(X, Z) = spur(XZ) = 0$ für alle $Z \in Mat(n, K)$, dann gilt insbesondere $S(X, E_{ik}) = spur(XE_{ik}) = 0$ für alle $1 \leq i, k \leq n$, woraus aber $X = N$ (Null-Matrix) folgen muß.

**A4.605.01:** Zeigen Sie, daß die Konstruktionen in Definition 4.605.1 $K$-Unterräume darstellen.

**B4.605.01:** Zur Bearbeitung der Aufgabe im einzelnen:

1. $ann(U)$ ist ein $K$-Unterraum von $E^*$, denn gemäß den drei Kriterien in Satz 4.502.2 gilt:

a) Die Null-Funktion $0 : E \longrightarrow K$ als $K$-Homomorphismus ist wegen $U \subset E = Kern(0)$ Element von $ann(U)$, folglich ist die Menge $ann(U)$ nicht leer.

b) Es gilt $ann(U) + ann(U) \subset ann(U)$, denn mit $u, v \in ann(U)$ gilt $U \subset Kern(u)$ und $U \subset Kern(v)$. Ist nun $x \in U$, dann gilt $x \in Kern(u)$ und $x \in Kern(v)$, also ist $u(x) = 0$ und $v(x) = 0$, folglich gilt $(u+v)(x) = u(x) + v(x) = 0$ und damit $x \in Kern(u+v)$. Das bedeutet also $U \subset Kern(u+v)$, womit $u + v \in ann(U)$ folgt.

c) Es gilt $K \cdot ann(U) \subset ann(U)$, denn: Ist $u \in ann(U)$, gilt $U \subset Kern(u)$, ist ferner $c \in K$, dann gilt: Ist nun $x \in U$, dann gilt $x \in Kern(u)$, also ist $(cu)(x) = cu(x) = 0$, folglich gilt $x \in Kern(cu)$. Das bedeutet also $U \subset Kern(cu)$, womit $cu \in ann(U)$ folgt.

2. Daß $gns(S)$ ein $K$-Unterraum von $E$ ist, ist als Durchschnitt von Unterräumen klar.

*Anmerkung:* Wie die Beweise zeigen, lassen sich $ann(U)$ und $gns(S)$ auch für Teilmengen $U \subset E$ und $S \subset E^*$ bilden. Allerdings werden diese Situationen im folgenden nicht weiter auftreten.

**A4.605.02:** Für die weiteren Aufgaben ist es günstig, die einzelnen allgemein formulierten Sachverhalte stets durch ein Beispiel zu illustrieren. Dazu betrachte man als einfachstes Beispiel den $\mathbb{R}$-Vektorraum $\mathbb{R}^2$ – auch im geometrischen Sinne als eine durch ein übliches Cartesisches Koordinaten-System strukturierte Ebene – und seine $\mathbb{R}$-Unterräume: Der Nullraum $\{0\}$, ferner alle Mengen der Form $\mathbb{R}x$ mit $x \in \mathbb{R}^2$ als Menge aller Geraden durch den Nullpunkt (sofern $x \neq 0$ gilt), schließlich $\mathbb{R}^2$ selbst. Geben Sie

1. die $\mathbb{R}$-Unterräume $ann(\{0\})$ sowie $ann(\mathbb{R}x)$ und $ann(\mathbb{R}^2)$ an,
2. die $\mathbb{R}$-Unterräume $gns(\{0\})$ für die Null-Funktion 0 sowie $gns(\mathbb{R}f_A)$ für $A \neq 0$ und $gns(\mathbb{R}^{2*})$ an.

**B4.605.02:** Zur Bearbeitung der Aufgabe im einzelnen:

1a) Es gilt $ann(\{0\}) = \mathbb{R}^{2*}$, denn für alle $\mathbb{R}$-Homomorphismen $f : \mathbb{R}^2 \longrightarrow \mathbb{R}$ gilt $0 \in Kern(f)$.

1b) Es gilt $ann(\mathbb{R}^2) = \{0\}$, denn nur der Kern der Null-Funktion $0 : \mathbb{R}^2 \longrightarrow \mathbb{R}$ ist $\mathbb{R}^2$.

1c) Zu einem $\mathbb{R}$-Unterraum der Form $\mathbb{R}z$ von $\mathbb{R}^2$, wobei $dim_{\mathbb{R}}(\mathbb{R}z) = 0$ mit $z = 0$ und $dim_{\mathbb{R}}(\mathbb{R}z) = 1$ mit $z \neq 0$ gelten kann, ist zunächst $ann(\mathbb{R}z) = \{f_A \in \mathbb{R}^{2*} \mid \mathbb{R}z \subset Kern(f_A)\}$ mit Matrizen $A \in Mat(1, 2, \mathbb{R})$. Die Bedingung $\mathbb{R}z \subset Kern(f_A)$ liefert vermöge der Äquivalenzen

$$\mathbb{R}z \subset Kern(f_A) \Leftrightarrow f_A(x) = 0, \text{ für alle } x \in \mathbb{R}z \Leftrightarrow f_A(cz) = 0, \text{ für alle } c \in \mathbb{R}$$
$$\Leftrightarrow c(a_1z_1 + a_2z_2) = 0, \text{ für alle } c \in \mathbb{R} \Leftrightarrow A = (-z_2, z_1) \text{ oder } A = (z_2, -z_1)$$

mit der Bezeichnung $Z = (-z_2, z_1)$ dann $ann(\mathbb{R}z) = \{cf_Z \in \mathbb{R}^{2*} \mid c \in \mathbb{R}\} = \mathbb{R}f_Z$.

*Anmerkung 1:* Die Komposition von Zuordnungen

$$z = \begin{pmatrix} z_1 \\ z_2 \end{pmatrix} \overset{u}{\longmapsto} D \cdot z = \begin{pmatrix} 0 & -1 \\ 1 & 0 \end{pmatrix} \cdot \begin{pmatrix} z_1 \\ z_2 \end{pmatrix} = \begin{pmatrix} -z_2 \\ z_1 \end{pmatrix} \overset{v}{\longmapsto} Z = (-z_2, z_1) \overset{w}{\longmapsto} f_Z$$

mit der durch die Matrix $D$ bewirkten Drehung von $z$ um 90°, mit $v = (-)^t$ (Transponieren der Matrix) und $w = mat$ (Homomorphismus $f_Z$ zur Matrix $Z$ ) liefert dann insgesamt einen $\mathbb{R}$-Isomorphismus $h : \mathbb{R}^2 \longrightarrow Hom_{\mathbb{R}}(\mathbb{R}^2, \mathbb{R})$ mit $h(z) = f_Z$. Das folgende kommutative Diagramm zeigt dann den Übergang zu Unterräumen:

$$\begin{array}{ccc} \mathbb{R}^2 & \xrightarrow{h} & Hom_{\mathbb{R}}(\mathbb{R}^2, \mathbb{R}) = \mathbb{R}^{2*} \\ \downarrow{\scriptstyle \mathbb{R}\cdot(-)} & & \downarrow{\scriptstyle \mathbb{R}\cdot(-)} \\ UR(\mathbb{R}^2) & \xrightarrow{ann} & UR(\mathbb{R}^{2*}) \end{array} \qquad \begin{array}{ccc} z & \longmapsto & f_Z \\ \downarrow & & \downarrow \\ \mathbb{R}z & \longmapsto & \mathbb{R}f_Z \end{array}$$

*Anmerkung 2:* Die in Anmerkung 1 genannte Zuordnung $u$ mit der Matrix $D$ liefert – in der Sprache der Vektoren im Sinne der Geometrie – einen zu dem Vektor $z$ (als Richtungsvektor der Ursprungsgeraden $\mathbb{R}z$) orthogonalen Vektor $Z^t$ (als transponierte Matrix) Aus diesem Grund nennt man $\mathbb{R}f_Z$ auch den zu $\mathbb{R}z$ *orthogonalen Raum* in $UR(\mathbb{R}^{2*})$, $\mathbb{R}f_Z$ ist also ein 1-dimensionaler Unterraum von $\mathbb{R}^{2*}$.

2a) Es gilt $gns(\{0\}) = \bigcap\limits_{f\in\{0\}} Kern(f) = Kern(0) = \mathbb{R}^2$.

2b) Es gilt $gns(\mathbb{R}f_A) = \bigcap\limits_{u\in\mathbb{R}f_A} Kern(u) = Kern(f_A) = \mathbb{R}\begin{pmatrix} a_2 \\ -a_1 \end{pmatrix}$ mit $A = (a_1\ \ a_2)$.

2c) Es gilt $gns(\mathbb{R}^{2*}) = \bigcap\limits_{f\in\mathbb{R}^{2*}} Kern(f) = \{0\}$.

**A4.605.03:** Geben Sie für $K$-Vektorräume $E$ die Räume $ann(\{0\})$, $ann(E)$, $gns(\{0\})$ und $gns(E)$ an.

**B4.605.03:** Für beliebige $K$-Vektorräume $E$ gilt im einzelnen:
$ann(\{0\}) = \{f \in E^* \mid \{0\} \subset Kern(f)\} = E^*$, $ann(E) = \{f \in E^* \mid E \subset Kern(f)\} = \{0\}$,
$gns(\{0\}) = \bigcap\limits_{f\in\{0\}} Kern(f) = Kern(0) = E$ mit Null-Funktion 0, $gns(E) = \bigcap\limits_{f\in E^*} Kern(f) = \{0\}$.

**A4.605.04:** Haben die durch $U \longmapsto ann(U)$ und $S \longmapsto gns(S)$ definierten Funktionen (siehe Bemerkung zu Beginn des Abschnitts) Ordnungs-Eigenschaften bezüglich Inklusion?

**B4.605.04:** Zunächst ist zu bemerken, daß die Mengen $UR(E)$ und $UR(E^*)$ zu einem $K$-Vektorraum $E$ jeweils bezüglich Inklusion geordnete Mengen sind (jedoch im allgemeinen keine linear geordneten Mengen, wie schon die Unterräume $\mathbb{R}x$ und $\mathbb{R}z$ für $x \neq z$ in Aufgabe A4.605.02 zeigen). Bezüglich dieser Ordnung gilt dann:

1. Die durch $U \longmapsto ann(U)$ definierte Funktionen ist antiton, denn für Unterräume $U, V \subset E$ mit $U \subset V$ gilt $ann(V) \subset ann(U)$, denn: $f \in ann(V) \Rightarrow V \subset Kern(f) \Rightarrow U \subset V \subset Kern(f) \Rightarrow f \in ann(U)$.
2. Die durch $S \longmapsto gns(S)$ definierte Funktion ist ebenfalls antiton, denn für Unterräume $S, T \subset E^*$ mit $S \subset T$ gilt $gns(S) = \bigcap\limits_{f\in S} Kern(f) \supset \bigcap\limits_{f\in T} Kern(f) = gns(T)$.

**A4.605.05:** Zeigen Sie: Für Unterräume $U$ endlich-dimensionaler $K$-Vektorräum $E$ gilt

$$dim_K(ann(U)) = dim_K(E) - dim_K(U).$$

**B4.605.05:** Es sei $B$ eine Basis von $E$ und $B_U \subset B$ eine Basis von $U$. Es wird nun gezeigt, daß die Menge $(B \setminus B_U)^*$ eine Basis von $ann(U)$ ist, woraus dann die Behauptung folgt:

a) $(B \setminus B_U)^*$ ist linear unabhängig, da $B \setminus B_U \subset B$ linear unabhängig ist.

b) $(B \setminus B_U)^*$ ist Erzeugendensystem von $ann(U)$, das heißt, es gilt $L_K((B \setminus B_U)^*) = ann(U)$, denn:

$b_1$) Wegen $b_i^*(b_j) = 0$, für alle $b_i \in B \setminus B_U$ und $b_j \in B_U$ gilt zunächst $L_K((B \setminus B_U)^*) \subset ann(U)$.

$b_1$) Ist $u \in ann(U)$, so besitzt $u$ als Element von $E^*$ zunächst eine $B^*$-Darstellung $u = \sum\limits_{b\in B} a_b b^*$, wobei aber $u(b^*) = 0$ für alle $b^* \in B_U$ gilt, es gilt also $u = \sum\limits_{b\in B\setminus B_U} a_b b^*$, woraus $ann(U) \subset L_K((B \setminus B_U)^*)$ folgt.

**A4.605.06:** Zu jedem Unterraum $U$ eines $K$-Vektorraums $E$ liefert (nach Bemerkung 4.600.2/5)

die exakte Sequenz (S:) $\quad 0 \longrightarrow U \xrightarrow{in_U} E \xrightarrow{nat_U} E/U \longrightarrow 0$ zunächst

die exakte Sequenz $(S^*:)$ $\quad 0 \longrightarrow (E/U)^* \xrightarrow{(nat_U)^*} E^* \xrightarrow{(in_U)^*} U^*$.

1. Geben Sie noch einmal die Vorschriften der Funktionen $(nat_U)^*$ und $(in_U)^*$ an.
2. Zeigen Sie anhand von Basen, daß für $K$-Vektorräume eine ergänzte exakte Sequenz vorliegt:

$$(S^*:) \quad 0 \longrightarrow (E/U)^* \xrightarrow{(nat_U)^*} E^* \xrightarrow{(in_U)^*} U^* \longrightarrow 0\,.$$

3. Zeigen Sie die Beziehung $Kern((in_U)^*) = ann(U)$.
4. Beweisen Sie die Aussage von Aufgabe A4.605.05 anhand der Aufgabenteile 2 und 3.
5. Zeigen Sie (auch elementweise) die Beziehung $(E/U)^* \cong ann(U)$.

**B4.605.06:** Zur Bearbeitung der Aufgabe im einzelnen:

1a) Die Funktion $(nat_U)^* : (E/U)^* \longrightarrow E^*$ ist definiert durch die Vorschrift $(nat_U)^*(g) = g \circ nat_U$.

1b) Die Funktion $(in_U)^* : E^* \longrightarrow U^*$ ist definiert durch die Vorschrift $(in_U)^*(f) = f \circ in_U$.

2. Zu zeigen ist, daß die Funktion $(in_U)^*$ surjektiv ist. Dazu seien eine Basis $B_U$ von $U$ und eine ergänzte Basis $B$ von $E$ mit $B_U \subset B$ folgendermaßen verwendet: Ist $g \in U^*$, dann sei dazu eine Funktion $f \in E^*$, also ein $K$-Homomorphismus $f : E \longrightarrow K$, konstruiert durch

$$f(b) = \begin{cases} g(b)\,, & \text{falls } b \in B_U, \\ 0\,, & \text{falls } b \in B \setminus B_U. \end{cases}$$

Damit gilt dann $f(x) = g(x)$, für alle $x \in U$, folglich gilt $(in_U)^*(f) = f \circ in_U = g$, die Funktion $(in_U)^*$ ist also surjektiv.

3. Es gilt $Kern((in_U)^*) = \{f \in E^* \mid (in_U)^*(f) = 0\} = \{f \in E^* \mid f \circ in_U = 0\}$ $= \{f \in E^* \mid U \subset Kern(f)\} = ann(U)$.

Man kann die Behauptung aber auch an dem folgenden kommutativen Diagramm ablesen:

$$\begin{array}{ccccccccc}
0 & \longrightarrow & (E/U)^* & \xrightarrow{(nat_U)^*} & E^* & \xrightarrow{(in_U)^*} & U^* & \longrightarrow & 0 \\
 & & \downarrow \cong & & \downarrow = & & \downarrow \cong & & \\
0 & \longrightarrow & ann(U) & \xrightarrow{in_{ann(U)}} & E^* & \xrightarrow{nat_{ann(U)}} & E^*/ann(U) & \longrightarrow & 0
\end{array}$$

4. Nach den Aufgabenteilen 2 und 3 gilt $E^*/ann(U) = E^*/Kern((in_U)^*) \cong Bild((in_U)^*) = U^*$, woraus dann $dim_K(U) = dim_K(U^*) = dim_K(E^*/ann(U) = dim_K(E^*) - dim_K(ann(U))$ und somit $dim_K(ann(U)) = dim_K(E^*) - dim_K(U) = dim_K(E) - dim_K(U) = codim_K(U)$ folgt, sofern $E$ ein endlich-dimensionaler $K$-Vektorraum ist.

5. Zu zeigen ist $Bild((nat_U)^*) = ann(U)$. Diese Gleichheit gilt aufgrund der beiden Inklusionen:

a) Es gilt $Bild((nat_U)^*) \subset ann(U)$, denn für jedes Elment $g \in (E/U)^*$ und für alle Elemente $u \in U$ gilt $(nat_U)^*(g)(u) = (g \circ nat_U)(u) = g(u+U) = g(0) = 0$, also gilt $U \subset Kern((nat_U)^*(g)) = Kern(g \circ nat_U)$, folglich gilt $(nat_U)^*(g) \in ann(U)$.

b) Es gilt $Bild((nat_U)^*) \supset ann(U)$, denn zu $f \in ann(U)$ kann man wegen $U \subset Kern(f)$ ein Element $g \in (E/U)^*$ mit $f = g \circ nat_U$ wählen, womit dann $f = g \circ nat_U = (nat_U)^*(g) \in Bild((nat_U)^*)$ gilt.

Man kann die Behauptung aber auch an dem folgenden kommutativen Diagramm ablesen (in dem $in_K$ abkürzend die Einbettung bezeichne), wenn man Aufgabenteil 3 verwendet:

$$\begin{array}{ccccccccc}
0 & \longrightarrow & (E/U)^* & \xrightarrow{(nat_U)^*} & E^* & \xrightarrow{(in_U)^*} & U^* & \longrightarrow & 0 \\
 & & \downarrow \cong & & \downarrow = & & \downarrow = & & \\
0 & \longrightarrow & Kern((in_U)^*) & \xrightarrow{in_K} & E^* & \xrightarrow{(in_U)^*} & Bild((in_U)^*) & \longrightarrow & 0
\end{array}$$

**A4.605.07:** Zeigen Sie: Für $K$-Unterräume $U$ endlich-dimensionaler $K$-Vektorräume $E$ gilt

$$U \cong ann(ann(U)).$$

*Anmerkung:* Man kann zeigen, daß diese Isomorphie auf der Gleichheit $i_E(U) = ann(ann(U))$ beruht.

**B4.605.07:** Unter Verwendung der Aussage von Aufgabe A4.605.03 gilt

$dim_K(ann(ann(U))) = dim_K(E^*) - dim_K(ann(U)) = dim_K(E^*) - dim_K(E) + dim_K(U) = dim_K(U)$.

**A4.605.08:** Zeigen Sie für $K$-Homomorphismen $f : E \longrightarrow F$ endlich-dimensionaler $K$-Vektorräume:

$$Kern(f^*) = ann(Bild(f)) \quad \text{und} \quad Kern(f) = gns(Bild(f^*)).$$

**B4.605.08:** Die beiden Behauptungen folgen aus den Äquivalenzen:

$u \in Kern(f^*) \Leftrightarrow f^*(u) = 0 \Leftrightarrow u \circ f = 0 \Leftrightarrow Bild(f) \subset Kern(u) \Leftrightarrow u \in ann(Bild(f))$ sowie

$x \in Kern(f) \Leftrightarrow f(x) = 0 \Leftrightarrow (u \circ f)(x) = 0$, für alle $u \in F^*$

$\Leftrightarrow f^*(u)(x) = 0$, für alle $u \in F^* \Leftrightarrow x \in \bigcap_{u \in Bild(f^*)} Kern(u) \Leftrightarrow x \in gns(Bild(f^*))$.

Man kann die erste Behauptung aber auch an dem folgenden kommutativen Diagramm ablesen:

$$\begin{array}{ccccccccc} 0 & \longrightarrow & ann(Bild(f)) & \longrightarrow & F^* & \longrightarrow & F^*/ann(Bild(f)) & \longrightarrow & 0 \\ & & \downarrow = & & \downarrow = & & \downarrow \cong & & \\ 0 & \longrightarrow & Kern(f^*) & \longrightarrow & F^* & \longrightarrow & Bild(f^*) & \longrightarrow & 0 \end{array}$$

**A4.605.09:** Zeigen Sie für $K$-Homomorphismen $f : E \longrightarrow F$ endlich-dimensionaler $K$-Vektorräume:

$$Bild(f^*) = ann(Kern(f)) \quad \text{und} \quad Bild(f) = gns(Kern(f^*)).$$

**B4.605.09:** Man kann diese Beziehungen wieder elementweise zeigen, beispielsweise gilt:

$v \in Bild(f^*) \Rightarrow v = u \circ f \Rightarrow Kern(v) = Kern(u \circ f) \Rightarrow Kern(f) \subset Kern(u \circ f) \Rightarrow v = u \circ f \in Kern(f)$.

Man kann die erste Behauptung aber auch an dem folgenden kommutativen Diagramm ablesen:

$$\begin{array}{ccccccccc} 0 & \longrightarrow & Bild(f^*) & \longrightarrow & E^* & \longrightarrow & E^*/Bild(f^*) & \longrightarrow & 0 \\ & & \downarrow \cong & & \downarrow = & & \downarrow \cong & & \\ 0 & \longrightarrow & ann(Kern(f) & \longrightarrow & E^* & \longrightarrow & E^*/ann(Kern(f)) & \longrightarrow & 0 \end{array}$$

**A4.605.10:** Nun soll gezeigt werden, daß die eingangs genannten Funktionen $ann : UR(E) \longrightarrow UR(E^*)$ und $gns : UR(E^*) \longrightarrow UR(E)$ zueinander invers sind. Weisen Sie also nach: Für alle Unterräume $U$ von $E$ und für alle Unterräume $S$ von $E^*$ gelten die beiden folgenden Beziehungen:

$$gns(ann(U)) = U \quad \text{und} \quad ann(gns(S)) = S.$$

Bilden Sie Beispiele für den $\mathbb{R}$-Vektorraum $\mathbb{R}^2$ und seine Unterräume gemäß Aufgabe A4.506.02.

**B4.605.10:** Zur Bearbeitung der Aufgabe im einzelnen:

1a) Es gilt zunächst $U \subset gns(ann(U))$, denn mit Elementen $f \in E^*$ gilt die Inklusion $U \subset \bigcap_{U \subset Kern(f)} Kern(f) = \bigcap_{f \in ann(U)} Kern(f) = gns(ann(U))$.

1b) Es gilt $gns(ann(U)) \subset U$, denn: Angenommen es gibt ein Element $z \in gns(ann(U))$ mit $z \notin U$, dann gibt es nach Aufgabe A4.530.01/4 ein Element $f \in E^*$ mit $f(z) \neq 0$ und $f(u) = 0$, für alle $u \in U$, woraus $f \in ann(U)$ folgt. Andererseits bedeutet $z \in gns(ann(U))$ jedoch $f(z) = 0$, womit ein Widerspruch vorliegt, die Annahme also falsch ist.

2a) Es gilt zunächst $S \subset \{f \in E^* \mid f(u) = 0$, für alle $u \in gns(S)\} = ann(gns(S))$.

2b) Es gilt $ann(gns(S)) \subset S$, wie mit Teil 2a) die folgenden Überlegungen zeigen:
Zunächst gilt $gns(S) = \{x \in E \mid f(x) = 0$, für alle $f \in S\} = \{x \in E \mid i_E(x)(f) = 0$, für alle $f \in S\}$
$\cong \{h \in E^{**} \mid h(f) = 0$, für alle $f \in S\} = ann(S)$, folglich gilt $dim_K(gns(S)) = dim_K(ann(S))$
$= dim_K(E^*) - dim_K(S)$. Andererseits gilt $dim_K(ann(gns(S)) = dim_K(E^*) - dim_K(gns(S))$,
beide Beziehungen liefern dann schließlich $dim_K(ann(gns(S)) = dim_K(S)$.

**A4.605.11:** $E$, $F$ und $G$ seien $K$-Vektorräume. Prüfen Sie die Gültigkeit der folgenden Äquivalenzzeichen und beweisen Sie die gültigen Aussagen (nötigenfalls mit zusätzlichen Bedingungen) unter Verwendung der Aufgaben A4.605.06 und A4.605.08:

| | | | | |
|---|---|---|---|---|
| $0 \longrightarrow E \xrightarrow{f} F$ exakt | $\Leftrightarrow$ | $F^* \xrightarrow{f^*} E^* \longrightarrow 0$ exakt | $\Leftrightarrow$ | $0 \longrightarrow E^{**} \xrightarrow{f^{**}} F^{**}$ exakt |
| $F \xrightarrow{g} G \longrightarrow 0$ exakt | $\Leftrightarrow$ | $0 \longrightarrow G^* \xrightarrow{g^*} F^*$ exakt | $\Leftrightarrow$ | $F^{**} \xrightarrow{g^{**}} G^{**} \longrightarrow 0$ exakt |
| $E \xrightarrow{f} F$ $K$-isomorph | $\Leftrightarrow$ | $F^* \xrightarrow{f^*} E^*$ $K$-isomorph | $\Leftrightarrow$ | $E^{**} \xrightarrow{f^{**}} F^{**}$ $K$-isomorph |

**B4.605.11:** Die folgenden Implikationen liefern die Behauptungen. Es gilt im einzelnen:

1a) $f$ injektiv $\Rightarrow$ $Kern(f) = 0$ $\Rightarrow$ $gns(Bild(g^*)) = 0$
$\Rightarrow$ $Bild(f^*) = ann(gns(Bild(f^*))) = ann(0) = E^*$ $\Rightarrow$ $f^*$ surjektiv,

1b) $f^*$ surjektiv $\Rightarrow$ $Bild(f^*) = E^*$ $\Rightarrow$ $Kern(f) = gns(Bild(f^*) = ann(E^*) = 0$ $\Rightarrow$ $f$ injektiv,

2a) $g$ surjektiv $\Rightarrow$ $Bild(g) = G$ $\Rightarrow$ $Kern(g^*) = ann(Bild(g) = ann(G) = 0$ $\Rightarrow$ $g^*$ injektiv,

2b) $g^*$ injektiv $\Rightarrow$ $Kern(g^*) = 0$ $\Rightarrow$ $ann(Bild(g)) = 0$
$\Rightarrow$ $Bild(g) = gns(ann(Bild(f))) = gns(0) = G$ $\Rightarrow$ $g$ surjektiv.

Die Äquivalenzen der dritten Zeile folgen unmittelbar aus den beiden ersten Zeilen.

**A4.605.12:** Zeigen Sie bezüglich eines endlich-dimensionalen $K$-Vektorraums $E$: Für alle Unterräume $U$ und $V$ von $E$ sowie für alle Unterräume $S$ und $T$ von $E^*$ gelten die vier folgenden Beziehungen:

$$ann(U+V) = ann(U) \cap ann(V) \quad \text{und} \quad ann(U \cap V) = ann(U) + ann(V),$$
$$gns(S+T) = gns(S) \cap gns(T) \quad \text{und} \quad gns(S \cap T) = gns(S) + gns(T).$$

Bilden Sie Beispiele für den $\mathbb{R}$-Vektorraum $\mathbb{R}^2$ und seine Unterräume gemäß Aufgabe A4.506.02.

*Anmerkung:* Diese vier Beziehungen gelten gleichermaßen für jeweils endlich viele Summanden.

**B4.605.12:** Zur Bearbeitung der Aufgabe im einzelnen:

1a) Es gilt offenbar $ann(U) \cap ann(V) = \{f \in E^* \mid U \subset Kern(f)\} \cap \{f \in E^* \mid V \subset Kern(f)\}$
$= \{f \in E^* \mid U \subset Kern(f) \text{ und } V \subset Kern(f)\} = \{f \in E^* \mid U + V \subset Kern(f)\} = ann(U+V)$.

$1b_1$) Es gilt offenbar $ann(U) + ann(V) = \{f \in E^* \mid U \subset Kern(f)\} + \{f \in E^* \mid V \subset Kern(f)\}$
$= \{f \in E^* \mid (U \cap V) \subset Kern(f)\} \subset ann(U \cap V)$.

$1b_2$) Die Inklusion $ann(U \cap V) \subset ann(U) + ann(V)$ folgt aus Teil $1b_1$) sowie der folgenden Berechnung von Dimensionen: Mit Teil 1a) und Aufgabe A4.605.03 sowie Corollar 4.600.5/2 und Satz 4.534.6 gilt:

$dim_K(ann(U) + ann(V)) = dim_K(ann(U)) + dim_K(ann(V)) - dim_K(ann(U) \cap ann(V))$
$= dim_K(ann(U)) + dim_K(ann(V)) - dim_K(ann(U+V))$
$= dim_K(E) - dim_K(U) + dim_K(E) - dim_K(V) - dim_K(E) + dim_K(U+V)$
$= dim_K(E) - dim_K(U) - dim_K(V) + dim_K(U+V) = dim_K(E) - dim_K(U \cap V) = dim_K(ann(U \cap V))$.

Beispiele für den $\mathbb{R}$-Vektorraum $\mathbb{R}^2$ und seine Unterräume gemäß Aufgabe A4.506.02, wobei jeweils der nicht-triviale Fall $y \neq z$ sowie $y \neq 0$ und $z \neq 0$ vorausgesetzt sei:

1. Es gilt $ann(\mathbb{R}y + \mathbb{R}z) = ann(\mathbb{R}^2) = \{0\}$ und $ann(\mathbb{R}y) \cap ann(\mathbb{R}z) = \mathbb{R}f_Y \cap \mathbb{R}f_Z = \{0\}$.
2. Es gilt $gns(\mathbb{R}f_Y + \mathbb{R}f_Z) = gns(\mathbb{R}^{2*}) = \{0\} = gns(\mathbb{R}f_Y) \cap gns(\mathbb{R}f_Z)$ und
$gns(\mathbb{R}f_Y \cap \mathbb{R}f_Z) = gns(\{0\}) = \mathbb{R}^2 = gns(\mathbb{R}f_Y) + gns(\mathbb{R}f_Z)$.

**A4.607.01:** Für einen $K$-Homomorphismus $f : E \longrightarrow F$ endlich-dimensionaler $K$-Vektorräume $E$ und $F$ sei gemäß Definition 4.607.1 die Zahl $rang(f) = dim_K(Bild(f))$ festgelegt. Zeigen Sie mit dem Hinweis in der Anmerkung zu Satz 4.607.5 die Beziehung $rang(f) = rang(f^*)$.

**B4.607.01:** Die exakte Sequenz $0 \longrightarrow Kern(f) \xrightarrow{in} E \xrightarrow{f} F$ erzeugt zunächst die exakte Sequenz $F^* \xrightarrow{f^*} E^* \xrightarrow{in^*} (Kern(f))^* \longrightarrow 0$ mit surjektivem $in^*$ und $Kern(in^*) = Bild(f^*)$, woraus der Homomorphiesatz $E^*/Bild(f^*) \cong (Kern(f))^*$ liefert. Damit gilt dann $rang(f) = dim_K(Bild(f)) = dim_K(E) - dim_K(Kern(f)) = dim_K(E^*) - dim_K((Kern(f))^*) = dim_K(Bild(f^*)) = rang(f^*)$.

**A4.607.02:** Für einen $K$-Homomorphismus $f : E \longrightarrow F$ endlich-dimensionaler $K$-Vektorräume $E$ und $F$ sei gemäß Definition 4.607.1 die Zahl $rang(f) = dim_K(Bild(f))$ festgelegt. Zeigen Sie mit den Aussagen in Abschnitt 4.605 die Beziehung $rang(f) = rang(f^*)$.

**B4.607.02:** Die Behauptung kann auf folgende Weisen gezeigt werden:

a) $rang(f^*) = dim_K(Bild(f^*)) = dim_K(F^*) - dim_K(Kern(f^*)) = dim_K(F) - dim_K(ann(Bild(f)))$
$= dim_K(Bild(f)) = rang(f)$,

b) $rang(f^*) = dim_K(Bild(f^*)) = dim_K(ann(Kern(f))) = dim_K(E) - dim_K(Kern(f))$
$= dim_K(Bild(f)) = rang(f)$.

**A4.607.03:** Zu einem $K$-Homomorphismus $f : E \longrightarrow F$ endlich-dimensionaler $K$-Vektorräume $E$ und $F$ mit Basen $B \subset E$ und $D \subset F$ liegt für die Abbildungsmatrix zu $f^*$ die Beziehung

$$M_{D^*B^*}(f^*) = (M_{DB}(f))^t$$

vor. Das heißt also, daß $f^*$ bezüglich der dualen Basen $B^* \subset E^*$ und $D^* \subset F^*$ durch die transponierte Abbildungsmatrix $(M_{DB}(f))^t$zu $f$ beschrieben wird. Das begründet auch, $f^*$ als zu $f$ transponiert zu nennen (siehe Bemerkung 4.600.2/5).

**B4.607.03:** Bezüglich der vorgegebenen Basen $B \subset E$ und $D \subset F$ sowie der Abbildungsmatrix $M_{DB}(f) = (a_{bd})_{b \in B, d \in D}$ ist $f$ definiert durch $f(b) = \sum_{d \in D} a_{bd}d$, womit $a_{bd} = d^*(f(b)) = f^*(d^*)(b)$ gilt. Ist nun andererseits $M_{D^*B^*}(f^*) = (c_{db})_{d \in D, b \in B}$, so gilt $f^*(d^*) = \sum_{b \in B} c_{db}b^*$ und somit $c_{db} = f^*(d^*)(b)$, woraus mit $a_{bd} = f^*(d^*)(b)$ dann $c_{db} = a_{bd}$, für alle $b \in B$ und für alle $d \in D$, folgt.

**A4.607.04:** Wenden Sie Aufgabe A4.607.02 auf $E = K^n$ und $F = K^m$ an und zeigen Sie mit Aufgabe A4.607.01: Für jede Matrix $A \in Mat(m, n, K)$ gilt $zrang(A) = srang(A)$.

**B4.607.04:** Betrachtet man zu $A$ und den jeweiligen kanonischen Basen von $K^n$ und $K^m$ den zugehörigen $K$-Homomorphismus $f_A : K^n \longrightarrow K^m$, dann gilt

$$zrang(A) = srang(A^t) = rang(f_A^*) = rang(f_A) = srang(A).$$

**A4.607.05:** Zunächst einige Definitionen: Es sei $f : E \times F \longrightarrow G$ eine $K$-bilinare Funktion mit $K$-Vektorräumen $E$, $F$ und $G$, ferner seien Teilmengen $S \subset E$ und $T \subset F$ betrachtet.

a) Elemente $x \in E$ heißen *$T$-orthogonal* (*zu $T$ orthogonal*), falls $f(x, y) = 0$ für alle $y \in T$ gilt.

b) Die Menge aller $T$-orthogonalen Elemente in $E$ wird der *$T$-Kern von $f$* genannt und bezeichnet mit

$$Kern(f, T) = \{x \in E \mid f(x, y) = 0, \text{ für alle } y \in T\}.$$

a') Elemente $y \in F$ heißen *$S$-orthogonal* (*zu $S$ orthogonal*), falls $f(x, y) = 0$ für alle $x \in S$ gilt.

b') Die Menge aller $S$-orthogonalen Elemente in $F$ wird der *$S$-Kern von $f$* genannt und bezeichnet mit

$$Kern(f, S) = \{y \in F \mid f(x, y) = 0, \text{ für alle } x \in S\}.$$

*Anmerkung:* Die Idee zu diesen Begriffen rührt aus der Tatsache, daß Skalare Produkte (in der Vektoriellen Geometrie) bilineare Funktionen sind und im Rahmen von Vektoren zwei Vektoren genau dann orthogonal sind, wenn ihr Skalares Produkt Null ist.

Weisen Sie nun die Gültigkeit der folgenden Aussagen nach:

1. $Kern(f,T) \subset E$ und $Kern(f,S) \subset F$ sind jeweils Unterräume.

2. Sind $F/Kern(f,E)$ und $E/Kern(f,F)$ endlich-dimensional, so gibt es einen $K$-Isomorphismus

$$F/Kern(f,E) \xrightarrow{\cong} (E/Kern(f,F))^*.$$

3. Für Matrizen $M \in Mat(m,n,K)$ gilt $srang(M) = zrang(M)$.

*Hinweis zu Teil 3:* Betrachten Sie das $m$-Tupel $(z_1,...,z_m)$ der Zeilen und das $n$-Tupel $(s_1,...,s_n)$ der Spalten von $M$ sowie das Skalare Produkt $g : K^n \times L_K(\{z_1,...,z_m\}) \longrightarrow K$.

**B4.607.05:** Zur Bearbeitung der Aufgabe im einzelnen:

1. $Kern(f,T) \subset E$ ist Unterraum von $E$, denn zunächst ist $0 \in Kern(f,T)$ nicht leer. Sind ferner Elemente $x, x' \in Kern(f,T)$ vorgegeben, so gilt, $f(x,y) = 0$ und $f(x',y) = 0$, für alle $y \in T$, folglich gilt wegen der Bilinearität von $f$ dann $f(x+x',y) = f(x,y) + f(x',y)$, für alle $y \in T$. Aus demselben Grund gilt $f(ax,y) = af(x,y) = 0$, für alle $y \in T$. Somit ist $Kern(f,T)$ Unterraum von $E$. Auf entsprechnde Weise zeigt man, daß $Kern(f,S) \subset F$ Unterraum von $F$ ist.

2. Im folgenden sei $L = Kern(f,F) \subset E$ und $R = Kern(f,E) \subset F$ abgekürzt. Damit dann:

a) Zunächst wird zu einer bilinearen Funktion $f : E \times F \longrightarrow K$ eine Funktion $f^* : E/L \times F/R \longrightarrow K$ durch die Zuordnung $([x],[y]) \longmapsto f(x,y)$ definiert. Diese Zuordnung ist wohldefiniert, denn für Elemente $[x] = [x'] \in E/L$ und $[y] = [y'] \in F/R$ gilt $f(x,y) = f(x+x'-x', y+y'-y') = f(x',y') + f(x-x', y-y') = f(x',y')$, denn es ist $x - x' \in L$ und $y - y' \in R$. Wie man leicht nachrechnet, ist $f^*$ bilinear. Die Erzeugung von $f^*$ aus $f$ zeigt noch einmal das folgende kommutative Diagramm:

$$\begin{array}{ccc} E \times F & \xrightarrow{\quad f \quad} & K \\ {\scriptstyle nat \times nat}\downarrow & \nearrow {\scriptstyle f^*} & \\ E/L \times F/R & & \end{array}$$

b) Eine Funktion $h_F : F/R \longrightarrow Hom_K(E/L, K) = (E/L)^*$ sei so festgelegt, daß zu jedem Element $[y] \in F/R$ die Funktion $h_F([y]) : E/L \longrightarrow K$ durch $(h_F([y]))([x]) = f^*([x],[y])$ definiert werden kann. Die Funktionen $h_F([y])$ kann man jeweils als Teil der bilinearen Funktion $f^*$ ansehen, insofern sind sie wohldefinierte $K$-Homomorphismen. Ferner ist $h_F$ selbst $K$-Homomorphismus.

Darüber hinaus ist $h_F$ injektiv, denn es ist $Kern(h_F) = \{[y] \in F/R \mid f^*([x],[y]) = 0$, für alle $[x] \in E/L\}$ $= \{[y] \in F/R \mid f(x,y) = 0$, für alle $x \in E\} = \{[y] \in F/R \mid y \in R\} = \{[0]\}$.

Entsprechend läßt sich ein injektiver $K$-Homomorphismus $h_E : E/L \longrightarrow Hom_K(F/R, K) = (F/R)^*$ definieren.

c) Die Teile a) und b) liefern $dim_K(F/R) \leq dim_K(E/L)^* = dim_K(E/L) \leq dim_K(F/R)^* = dim_K(F/R)$, folglich gilt insgesamt $dim_K(F/R) = dim_K(E/L)^*$ und somit schließlich $F/R \cong (E/L)^*$.

3. Mit dem $m$-Tupel $(z_1,...,z_m)$ der Zeilen und dem $n$-Tupel $(s_1,...,s_n)$ der Spalten von $M$ beachte man zunächst $zrang(M) = dim_K(L_K(\{z_1,...,z_m\}))$ sowie $srang(M) = dim_K(L_K(\{s_1,...,s_n\}))$.

a) Die Funktion $f : K^n \longrightarrow L_K(\{s_1,...,s_n\})$ mit $x \longmapsto Mx$ ist ein surjektiver $K$-Homomorphismus und liefert folglich die exakte Sequenz $0 \longrightarrow Kern(f) \longrightarrow K^n \xrightarrow{f} L_K(\{s_1,...,s_n\}) \longrightarrow 0$. Damit gilt dann $dim_K(K^n) - dim_K(Kern(f)) = dim_K(L_K(\{s_1,...,s_n\})) = srang(M)$.

b) Die Funktion $g : K^n \times L_K(\{z_1,...,z_m\}) \longrightarrow K$ mit der Zuordnung $x,y) \longmapsto \sum_{1 \leq k \leq n} x_k y_k$ ist als Einschränkung des Skalaren Produkts $K^n \times K^n \longrightarrow K$ bilinear, wobei folgende Beziehungen gelten:

Es gilt $Kern(g, L_K(\{z_1,...,z_m\})) = Kern(f)$, wie die Äquivalenzen $x \in Kern(f) \Leftrightarrow Mx = 0 \Leftrightarrow g(z_i,x) = 0$, für alle $i \in \{1,...,m\} \Leftrightarrow x \in Kern(g, L_K(\{z_1,...,z_m\})) \subset K^n$ zeigen.

Es gilt $Kern(g, K^n) = 0$, denn mit der kanonischen Basis $\{c_1,...,c_n\}$ von $K^n$ gelten die Äquivalenzen $y \in Kern(g, K^n) \Leftrightarrow g(c_k, y) = y_k = 0$, für alle $i \in \{1,...,m\} \Leftrightarrow y = 0 \in L_K(\{z_1,...,z_m\}) \subset K^n$.

Damit gilt dann insgesamt $K^n/Kern(f) \cong L_K(\{z_1,...,z_m\})$, woraus die zu der in a) ermittelten Beziehung analoge Beziehung $dim_K(K^n) - dim_K(Kern(f)) = dim_K(L_K(\{z_1,...,z_m\})) = zrang(M)$ folgt.

c) Die Teile a) und b) zusammen zeigen dann die Behauptung $srang(M) = zrang(M)$.

**A4.616.01:** Geben Sie zu folgenden Daten jeweils das zugehörige lineare Gleichungssystem in der Form $(f_A, b)$ an und entscheiden Sie seine Lösbarkeit:

a) $A = \begin{pmatrix} 1 & 0 & 1 \\ 0 & 1 & 2 \end{pmatrix} \quad b = \begin{pmatrix} 5 \\ 6 \end{pmatrix}$ b) $A = \begin{pmatrix} 0 & 0 & 0 \\ 0 & 0 & 0 \end{pmatrix} \quad b = \begin{pmatrix} 0 \\ 0 \end{pmatrix}$

c) $A = \begin{pmatrix} 0 & 0 & 0 \\ 1 & 2 & 3 \end{pmatrix} \quad b = \begin{pmatrix} 5 \\ 6 \end{pmatrix}$ d) $A = \begin{pmatrix} 0 & 0 & 0 \\ 0 & 0 & 0 \end{pmatrix} \quad b = \begin{pmatrix} 5 \\ 6 \end{pmatrix}$

e) $A = \begin{pmatrix} 1 & 0 & 0 \\ 0 & 1 & 0 \\ 0 & 0 & 1 \end{pmatrix} \quad b = \begin{pmatrix} 1 \\ 2 \\ 3 \end{pmatrix}$ f) $A = \begin{pmatrix} 1 & 0 & 2 \\ 2 & 1 & 4 \\ 1 & 0 & 2 \end{pmatrix} \quad b = \begin{pmatrix} 1 \\ 0 \\ 0 \end{pmatrix}$

**B4.616.01:** Zur Bearbeitung der einzelnen Aufgaben:

a) Das zugehörige lineare Gleichungssystem hat die Form $(f_A, b)$ bezüglich des durch die Matrix $A$ erzeugten $\mathbb{R}$-Homomorphismus' $f_A : \mathbb{R}^3 \longrightarrow \mathbb{R}^2$. Dieses Gleichungssystem ist lösbar, wie die Ranggleichheit $rang(A) = 2 = rang(A, b)$ zeigt.

b) Das zugehörige lineare Gleichungssystem hat die Form $(f_A, b)$ bezüglich des durch die Matrix $A$ erzeugten $\mathbb{R}$-Homomorphismus' $f_A : \mathbb{R}^3 \longrightarrow \mathbb{R}^2$. Dieses Gleichungssystem ist lösbar, wie die Ranggleichheit $rang(A) = 0 = rang(A, b)$ zeigt.

c) Das zugehörige lineare Gleichungssystem hat die Form $(f_A, b)$ bezüglich des durch die Matrix $A$ erzeugten $\mathbb{R}$-Homomorphismus' $f_A : \mathbb{R}^3 \longrightarrow \mathbb{R}^2$. Dieses Gleichungssystem ist nicht lösbar, wie die Rangungleichheit $rang(A) = 1 < 2 = rang(A, b)$ zeigt.

d) Das zugehörige lineare Gleichungssystem hat die Form $(f_A, b)$ bezüglich des durch die Matrix $A$ erzeugten $\mathbb{R}$-Homomorphismus' $f_A : \mathbb{R}^3 \longrightarrow \mathbb{R}^2$. Dieses Gleichungssystem ist nicht lösbar, wie die Rangungleichheit $rang(A) = 0 < 1 = rang(A, b)$ zeigt.

e) Das zugehörige lineare Gleichungssystem hat die Form $(f_A, b)$ bezüglich des durch die Matrix $A$ erzeugten $\mathbb{R}$-Homomorphismus' $f_A : \mathbb{R}^3 \longrightarrow \mathbb{R}^3$. Dieses Gleichungssystem ist lösbar, wie die Ranggleichheit $rang(A) = 3 = rang(A, b)$ zeigt.

f) Das zugehörige lineare Gleichungssystem hat die Form $(f_A, b)$ bezüglich des durch die Matrix $A$ erzeugten $\mathbb{R}$-Homomorphismus' $f_A : \mathbb{R}^3 \longrightarrow \mathbb{R}^3$. Dieses Gleichungssystem ist nicht lösbar, wie die Rangungleichheit $rang(A) = 2 < 3 = rang(A, b)$ zeigt.

**A4.616.02:** Im folgenden sind zu linearen Gleichungssystemen $(f_A, b)$ jeweils die erweiterten Matrizen $(A, b)$ genannt. Geben Sie zunächst den jeweils zugrunde liegenden $\mathbb{R}$-Homomorphismus $f_A$ an und bestimmen Sie dann die Lösbarkeit von $(f_A, b)$.

$$\begin{pmatrix} 2 & 1 & 0 \\ 0 & 2 & 1 \end{pmatrix} \quad \begin{pmatrix} 0 & 0 & 1 \\ 1 & 4 & 1 \end{pmatrix} \quad \begin{pmatrix} 1 & 2 & 1 \\ 3 & 4 & 3 \end{pmatrix} \quad \begin{pmatrix} 0 & 0 & 0 \\ 1 & 2 & 1 \end{pmatrix}$$

$$\begin{pmatrix} -1 & 2 & -2 \\ 0 & 1 & 0 \\ 2 & -1 & 0 \end{pmatrix} \quad \begin{pmatrix} 1 & 2 & 3 \\ 4 & 5 & 6 \\ -3 & -2 & -1 \end{pmatrix}$$

$$\begin{pmatrix} 1 & 2 & -2 & 1 & 1 \\ -1 & 0 & 3 & 7 & 2 \\ 0 & -2 & -1 & -1 & 3 \\ 3 & 4 & -2 & 1 & 4 \end{pmatrix} \quad \begin{pmatrix} 1 & -1 & 0 & 3 \\ 2 & 0 & -2 & 4 \\ -2 & 3 & -1 & -2 \\ 1 & 7 & -1 & 2 \\ 1 & 2 & 3 & 4 \end{pmatrix}$$

**B4.616.02:** Zur Bearbeitung der einzelnen Aufgaben:

a) $(A,b) = \begin{pmatrix} 2 & 1 & 0 \\ 0 & 2 & 1 \end{pmatrix}$ liefert $f_A : \mathbb{R}^2 \longrightarrow \mathbb{R}^2$ mit $A = \begin{pmatrix} 2 & 1 \\ 0 & 2 \end{pmatrix}$ und $b = \begin{pmatrix} 0 \\ 1 \end{pmatrix}$. Das zugehörige Gleichungssystem $(f_A, b)$ ist wegen der Ranggleichheit $rang(A) = 2 = rang(A,b)$ lösbar.

b) $(A,b) = \begin{pmatrix} 0 & 0 & 1 \\ 1 & 4 & 1 \end{pmatrix}$ liefert $f_A : \mathbb{R}^2 \longrightarrow \mathbb{R}^2$ mit $A = \begin{pmatrix} 0 & 0 \\ 1 & 4 \end{pmatrix}$ und $b = \begin{pmatrix} 1 \\ 1 \end{pmatrix}$. Das zugehörige Gleichungssystem $(f_A, b)$ ist wegen der Rangungleichheit $rang(A) = 1 < 2 = rang(A,b)$ nicht lösbar.

c) $(A,b) = \begin{pmatrix} 1 & 2 & 1 \\ 3 & 4 & 3 \end{pmatrix}$ liefert $f_A : \mathbb{R}^2 \longrightarrow \mathbb{R}^2$ mit $A = \begin{pmatrix} 1 & 2 \\ 3 & 4 \end{pmatrix}$ und $b = \begin{pmatrix} 1 \\ 3 \end{pmatrix}$. Das zugehörige Gleichungssystem $(f_A, b)$ ist wegen der Ranggleichheit $rang(A) = 2 = rang(A,b)$ lösbar.

d) $(A,b) = \begin{pmatrix} 0 & 0 & 0 \\ 1 & 2 & 1 \end{pmatrix}$ liefert $f_A : \mathbb{R}^2 \longrightarrow \mathbb{R}^2$ mit $A = \begin{pmatrix} 0 & 0 \\ 1 & 2 \end{pmatrix}$ und $b = \begin{pmatrix} 0 \\ 1 \end{pmatrix}$. Das zugehörige Gleichungssystem $(f_A, b)$ ist wegen der Ranggleichheit $rang(A) = 1 = rang(A,b)$ lösbar.

e) $(A,b) = \begin{pmatrix} -1 & 2 & -2 \\ 0 & 1 & 0 \\ 2 & -1 & 0 \end{pmatrix}$ liefert $f_A : \mathbb{R}^2 \longrightarrow \mathbb{R}^3$ mit $A = \begin{pmatrix} -1 & 2 \\ 0 & 1 \\ 2 & -1 \end{pmatrix}$ und $b = \begin{pmatrix} -2 \\ 0 \\ 0 \end{pmatrix}$. Das zugehörige Gleichungssystem $(f_A, b)$ ist wegen der Rangungleichheit $rang(A) = 2 < 3 = rang(A,b)$ nicht lösbar, denn wie man leicht ermittelt, ist $(A^*, b^*) = \begin{pmatrix} -1 & 2 & -2 \\ 0 & 1 & 0 \\ 0 & 3 & -4 \end{pmatrix}$ eine Gauß-Jordan-Matrix zu $(A,b)$ mit $rang(A) = rang(A^*) = 2 < 3 = rang(A^*, b^*) = rang(A,b)$.

f) $(A,b) = \begin{pmatrix} 1 & 2 & 3 \\ 4 & 5 & 6 \\ -3 & -2 & -1 \end{pmatrix}$ liefert $f_A : \mathbb{R}^2 \longrightarrow \mathbb{R}^3$ mit $A = \begin{pmatrix} 1 & 2 \\ 4 & 5 \\ -3 & -1 \end{pmatrix}$ und $b = \begin{pmatrix} 3 \\ 6 \\ -1 \end{pmatrix}$. Das zugehörige Gleichungssystem $(f_A, b)$ ist wegen der Rangungleichheit $rang(A) = 2 = rang(A,b)$ lösbar, denn wie man leicht ermittelt, ist $(A^*, b^*) = \begin{pmatrix} 1 & 2 & 3 \\ 0 & 1 & 2 \\ 0 & 0 & 0 \end{pmatrix}$ eine Gauß-Jordan-Matrix zu $(A,b)$ mit $rang(A) = rang(A^*) = 2 = rang(A^*, b^*) = rang(A,b)$.

g) Die Matrix $A$ liefert $f_A : \mathbb{R}^4 \longrightarrow \mathbb{R}^4$ mit einer $(4,4)$-Matrix $A$. Mit dem angegebenen 4-Tupel $b$ wird die erweiterte Matrix $(A,b)$ zu einer Gauß-Jordan-Matrix $(A^*, b^*)$ umgeformt:

$$\begin{matrix} \mathrm{I} \\ \mathrm{II} \\ \mathrm{III} \\ \mathrm{IV} \end{matrix} \begin{pmatrix} 1 & 2 & -2 & 1 & 1 \\ -1 & 0 & 3 & 7 & 2 \\ 0 & -2 & -1 & -1 & 3 \\ 3 & 4 & -2 & 1 & 4 \end{pmatrix} = (A,b)$$

$$\begin{matrix} \mathrm{I}' = \mathrm{I} \\ \mathrm{II}' = \mathrm{I} + \mathrm{II} \\ \mathrm{III}' = \mathrm{II}' + \mathrm{III} \\ \phantom{x} \end{matrix} \begin{pmatrix} 1 & 2 & -2 & 1 & 1 \\ 0 & 2 & 1 & 8 & 7 \\ 0 & 0 & 0 & 7 & 6 \\ 0 & -2 & 4 & -2 & 1 \end{pmatrix}$$

$$\begin{matrix} \mathrm{I}^* = \mathrm{I} \\ \mathrm{II}^* = \mathrm{II}' \\ \mathrm{III}^* = \mathrm{II}' + \mathrm{IV}' \\ \phantom{x} \end{matrix} \begin{pmatrix} 1 & 2 & -2 & 1 & 1 \\ 0 & 2 & 1 & 8 & 3 \\ 0 & 0 & 5 & 6 & 4 \\ 0 & 0 & 0 & 7 & 6 \end{pmatrix} = (A^*, b^*)$$

Wegen der Ranggleichheit $rang(A) = rang(A^*) = 4 = rang(A^*, b^*) = rang(A,b)$ ist das zugehörige lineare Gleichungssystem $(f_A, b)$ lösbar.

h) Die Matrix $A$ liefert $f_A : \mathbb{R}^3 \longrightarrow \mathbb{R}^5$ mit einer $(5,3)$-Matrix $A$. Mit dem angegebenen 5-Tupel $b$ wird die erweiterte Matrix $(A, b)$ zu einer Gauß-Jordan-Matrix $(A^*, b^*)$ umgeformt:

$$\begin{matrix} \text{I} \\ \text{II} \\ \text{III} \\ \text{IV} \\ \text{V} \end{matrix} \begin{pmatrix} 1 & -1 & 0 & 3 \\ 2 & 0 & -2 & 4 \\ -2 & 3 & -1 & -2 \\ 1 & 7 & -1 & 2 \\ 1 & 2 & 3 & 4 \end{pmatrix} = (A, b)$$

$$\begin{matrix} \text{I}' = \text{I} \\ \text{II}' = \text{II} + \text{III} \\ \text{III}' = \text{III} + 2\text{I} \\ \text{IV}' = \text{IV} \\ \text{V}' = \text{V} \end{matrix} \begin{pmatrix} 1 & -1 & 0 & 3 \\ 0 & 3 & -3 & 2 \\ 0 & 1 & -1 & 4 \\ 1 & 7 & -1 & 2 \\ 1 & 2 & 3 & 4 \end{pmatrix}$$

$$\begin{matrix} \text{I}^* = \text{I} \\ \text{II}^* = \text{II}' \\ \text{III}^* = \text{II}' - 3\text{III}' \\ \text{IV}^* = \text{IV} \\ \text{V}^* = \text{V} \end{matrix} \begin{pmatrix} 1 & -1 & 0 & 3 \\ 0 & 3 & -3 & 2 \\ 0 & 0 & 0 & -10 \\ 1 & 7 & -1 & 2 \\ 1 & 2 & 3 & 4 \end{pmatrix}$$

$$\begin{matrix} \text{IV}^* \\ \text{V}^* \\ \text{I}^* \\ \text{II}^* \\ \text{III}^* \end{matrix} \begin{pmatrix} 1 & 7 & -1 & 2 \\ 1 & 2 & 3 & 4 \\ 1 & -1 & 0 & 3 \\ 0 & 3 & -3 & 2 \\ 0 & 0 & 0 & -10 \end{pmatrix} = (A^*, b^*)$$

Wegen der Rangungleichheit $rang(A) = rang(A^*) = 3 \neq 4 = rang(A^*, b^*) = rang(A, b)$ ist das zugehörige lineare Gleichungssystem $(f_A, b)$ nicht lösbar.

**A4.616.03:** Betrachten Sie noch einmal die Matrix $(A, b)$ in Beispiel 4.616.6/a. Führen Sie die Elementaren Umformungen weiter, bis die ersten drei Spalten die Einheitsmatrix $E_3$ darstellen, also eine Gauß-Jordan-Matrix $(E_3, b^{**})$ ermittelt ist. Kommentieren Sie die beiden Gauß-Jordan-Matrizen $(A, b^*)$ und $(E_3, b^{**})$ hinsichtlich der Bestimmung einer Lösung des linearen Gleichungssystems $(f_A, b)$.

**B4.616.03:** Zunächst folgende Entwicklungsschritte:

$$\begin{matrix} \text{I}^* \\ \text{II}^* \\ \text{III}^* \end{matrix} \begin{pmatrix} 1 & 2 & 3 & 1 \\ 0 & 3 & 5 & 0 \\ 0 & 0 & 1 & -9 \end{pmatrix} = (A^*, b^*)$$

$$\begin{matrix} \text{I}^* \\ \text{II}^{**} = \frac{5}{3}\text{II}^{**} \\ \text{III}^* \end{matrix} \begin{pmatrix} 1 & 2 & 3 & 1 \\ 0 & 1 & \frac{5}{3} & 0 \\ 0 & 0 & 1 & -9 \end{pmatrix}$$

$$\begin{matrix} \text{I}^* \\ \text{II}^{***} = \text{II}^{**} - \frac{5}{3}\text{III}^* \\ \text{III}^* \end{matrix} \begin{pmatrix} 1 & 2 & 3 & 1 \\ 0 & 1 & 0 & 15 \\ 0 & 0 & 1 & -9 \end{pmatrix}$$

$$\begin{matrix} \text{I}^* - 2\text{II}^{***} - 3\text{III}^* \\ \text{II}^{***} \\ \text{III}^* \end{matrix} \begin{pmatrix} 1 & 0 & 0 & -2 \\ 0 & 1 & 0 & 15 \\ 0 & 0 & 1 & -9 \end{pmatrix} = (E_3, b^{**})$$

Eine Lösung $x$ des linearen Gleichungssystems $(f_A, b)$ liefert die Matrix $(A^*, b^*)$ auf folgende Weise: Aus der Bedingung $A^*x = b^*$ liefert die dritte Zeile unmittelbar $x_3 = -9$, womit dann die zweite Zeile aus $3x_2 + 5x_3 = 0$ dann $x_2 = 15$ liefert. Schließlich liefert die erste Zeile, $x_1 + 2x_2 + 3x_3 = 1$, damit dann $x_1 = -2$. Demgegenüber läßt sich diese Lösung $x$ aus der Darstellung $(E_3, b^{**})$ direkt ablesen, denn wie man sofort sieht, ist $x = b^{**}$.

**A4.616.04:** Prüfen Sie zunächst die Invertierbarkeit der folgenden Matrizen und berechnen Sie dann jeweils die inverse Matrix nach dem Gauß-Jordan-Verfahren in Bemerkung 4.616.7:

$$A = \begin{pmatrix} 1 & 2 & 3 \\ 2 & 1 & 1 \\ 3 & 1 & 1 \end{pmatrix} \qquad C = \begin{pmatrix} 1 & 1 & 1 \\ 2 & -1 & -2 \\ 3 & 3 & 1 \end{pmatrix}$$

**B4.616.04:** Die Matrizen $A$ und $C$ sind wegen $det(A) = -1$ und $det(C) = 6$ invertierbar. Ihre inversen Matrizen werden nach dem Gauß-Jordan-Verfahren auf folgende Weise ermittelt:

$$\begin{array}{r} \text{I} \\ \text{II} \\ \text{III} \end{array} \begin{pmatrix} 1 & 2 & 3 & 1 & 0 & 0 \\ 2 & 1 & 1 & 0 & 1 & 0 \\ 3 & 1 & 1 & 0 & 0 & 1 \end{pmatrix} = (A, E)$$

$$\begin{array}{r} \text{I}^* = \text{I} \\ \text{II}^* = 2\text{I} - \text{II} \\ \text{III}^* = 3\text{I} - \text{III} \end{array} \begin{pmatrix} 1 & 2 & 3 & 1 & 0 & 0 \\ 0 & 3 & 5 & 2 & -1 & 0 \\ 0 & 5 & 8 & 3 & 0 & -1 \end{pmatrix}$$

$$\begin{array}{r} \text{I}^* \\ \text{II}^{**} = \frac{1}{3}\text{II}^* \\ \text{III}^{**} = 5\text{II}^* - 3\text{III}^* \end{array} \begin{pmatrix} 1 & 2 & 3 & 1 & 0 & 0 \\ 0 & 1 & \frac{5}{3} & \frac{2}{3} & -\frac{1}{3} & 0 \\ 0 & 0 & 1 & 1 & -5 & 3 \end{pmatrix}$$

$$\begin{array}{r} \text{I}^{**} = \text{I}^* - 2\text{II}^{**} \\ \text{II}^{**} \\ \text{III}^{**} \end{array} \begin{pmatrix} 1 & 0 & -\frac{1}{3} & -\frac{1}{3} & \frac{2}{3} & 0 \\ 0 & 1 & \frac{5}{3} & \frac{2}{3} & -\frac{1}{3} & 0 \\ 0 & 0 & \frac{1}{3} & \frac{1}{3} & -\frac{5}{3} & 1 \end{pmatrix}$$

$$\begin{array}{r} \text{I}^{***} = \text{I}^{**} + \text{II}^{**} \\ \text{II}^{**} \\ \text{III}^{***} = (-5)\text{III}^{**} \end{array} \begin{pmatrix} 1 & 0 & 0 & 0 & -1 & 1 \\ 0 & 1 & \frac{5}{3} & \frac{2}{3} & -\frac{1}{3} & 0 \\ 0 & 0 & -\frac{5}{3} & -\frac{5}{3} & \frac{25}{3} & -5 \end{pmatrix}$$

$$\begin{array}{r} \text{I}^{***} \\ \text{II}^{**} + \text{III}^{***} \\ (-\frac{3}{5})\text{III}^{***} \end{array} \begin{pmatrix} 1 & 0 & 0 & 0 & -1 & 1 \\ 0 & 1 & 0 & -1 & 8 & -5 \\ 0 & 0 & 1 & 1 & -5 & 3 \end{pmatrix} = (E, A^{-1})$$

$$\begin{array}{r} \text{I} \\ \text{II} \\ \text{III} \end{array} \begin{pmatrix} 1 & 1 & 1 & 1 & 0 & 0 \\ 2 & -1 & -2 & 0 & 1 & 0 \\ 3 & 3 & 1 & 0 & 0 & 1 \end{pmatrix} = (C, E)$$

$$\begin{array}{r} \text{I} \\ \text{II}^* = (-2)\text{I} + \text{II} \\ \text{III}^* = (-3)\text{I} + \text{III} \end{array} \begin{pmatrix} 1 & 1 & 1 & 1 & 0 & 0 \\ 0 & -3 & -4 & -2 & 1 & 0 \\ 0 & 0 & -2 & -3 & 0 & 1 \end{pmatrix}$$

$$\begin{array}{r} \text{I} \\ \text{II}^{**} = (-\frac{1}{3})\text{II}^* \\ \text{III}^{**} = (-\frac{1}{2})\text{III}^* \end{array} \begin{pmatrix} 1 & 1 & 1 & 1 & 0 & 0 \\ 0 & 1 & \frac{4}{3} & \frac{2}{3} & -\frac{1}{3} & 0 \\ 0 & 0 & 1 & \frac{3}{2} & 0 & -\frac{1}{2} \end{pmatrix}$$

$$\begin{array}{r} \text{I}^* = \text{I} - \text{III}^{**} \\ \text{II}^{***} = \text{II}^{**} - \frac{4}{3}\text{III}^{**} \\ \text{III}^{**} \end{array} \begin{pmatrix} 1 & 1 & 0 & -\frac{1}{2} & 0 & \frac{1}{2} \\ 0 & 1 & 0 & -\frac{4}{3} & -\frac{1}{3} & \frac{2}{3} \\ 0 & 0 & 1 & \frac{3}{2} & 0 & -\frac{1}{2} \end{pmatrix}$$

$$\begin{array}{r} \text{I}^* - \text{II}^{***} \\ \text{II}^{***} \\ \text{III}^{**} \end{array} \begin{pmatrix} 1 & 0 & 0 & \frac{5}{6} & \frac{1}{3} & -\frac{1}{6} \\ 0 & 1 & 0 & -\frac{4}{3} & -\frac{1}{3} & \frac{2}{3} \\ 0 & 0 & 1 & \frac{3}{2} & 0 & -\frac{1}{2} \end{pmatrix} = (E, C^{-1})$$

Damit ist die zu $C$ inverse Matrix die Matrix $C^{-1} = \frac{1}{6} \cdot \begin{pmatrix} 5 & 2 & -1 \\ -8 & -2 & 4 \\ 9 & 0 & -3 \end{pmatrix}$.

**A4.616.05:** Beantworten Sie anhand eines Beispiels die Frage: Was liefert das in Bemerkung 4.616.7 geschilderte Gauß-Jordan-Verfahren, falls die behandelte Matrix – im Gegensatz zu den Matrizen in Aufgabe A4.616.04 – nicht invertierbar ist?

**B4.616.05:** Das folgende kleine Beispiel zeigt anhand einer Matrix $A$ mit $det(A) = 0$, also einer nicht-invertierbaren Matrix $A$, daß Elementare Umformungen stets eine Zeile liefern, die an jeder Stelle nur die Zahl Null enthält:

$$\begin{matrix} \text{I} \\ \text{II} \end{matrix} \quad \begin{pmatrix} 1 & 3 & 1 & 0 \\ 2 & 6 & 0 & 1 \end{pmatrix} = (A, E_2)$$

$$\begin{matrix} \text{I} \\ \text{II} - 2\text{I} \end{matrix} \quad \begin{pmatrix} 1 & 3 & 1 & 0 \\ 0 & 0 & -2 & 1 \end{pmatrix}$$

$$\begin{matrix} 2\text{I} - \text{II} \\ \text{II} \end{matrix} \quad \begin{pmatrix} 0 & 0 & 2 & -1 \\ 2 & 6 & 0 & 1 \end{pmatrix}$$

Allgemeiner kann man sagen: Ist $A \in Mat(n, K)$ nicht invertierbar, dann gilt $rang(A) < n$, somit ist mindestens eine Zeile Linearkombination anderer Zeilen. Das bedeutet, daß bei Elementaren Umformungen stets eine Zeile entsteht, bei der an jeder Stelle die Zahl Null auftritt, das heißt aber, daß die ersten $n$ Spalten einer solchermaßen umgeformten Matrix nicht die Einheits-Matrix ergeben können.

**A4.616.06:** Berechnen Sie $Kern(f_C)$ bezüglich der in Aufgabe A4.616.04 angegebenen Matrix $C$ und begründen Sie mit dem Ergebnis die Invertierbarkeit von $C$.

**B4.616.06:** Zur Bearbeitung im einzelnen:

1. Die erweiterte Matrix $(C, 0) = \begin{pmatrix} 1 & 1 & 1 & 0 \\ 2 & -1 & -2 & 0 \\ 3 & 3 & 1 & 0 \end{pmatrix}$ liefert $(C^*, 0) = \begin{pmatrix} 6 & 6 & 6 & 0 \\ 0 & 3 & 12 & 0 \\ 0 & 0 & 2 & 0 \end{pmatrix}$ als eine zugehörige Gauß-Jordan-Matrix. Damit ist dann $Kern(f_C) = L(f_C, 0) = L(f_{C^*}, 0) = 0$ (denn für ein Element $x$ mit $C^*x = 0$ folgt aus $2x_3 = 0$ zunächst $x_3 = 0$ und somit $x_2 = x_1 = 0$).

2. Für $\mathbb{R}$-Homomorphismen $f_A : \mathbb{R} \longrightarrow \mathbb{R}$ ist $Kern(f_A) = 0$ äquivalent zur Injektivität von $f_A$ und im Rahmen endlich-dimensionaler Vektorräume auch äquivalent zur Bijektivität von $f_A$, die wiederum äquivalent zur Invertierbarkeit von $A$ ist.

**A4.616.07:** Betrachten Sie die Matrizen $B = \begin{pmatrix} 1 & 1 & 1 \\ 1 & 2 & -1 \\ 2 & 4 & -2 \end{pmatrix}$ und $C$ aus Aufgabe A4.616.04.

1. Berechnen Sie die Matrix $M$, für die $f_M = f_B \circ f_C$ gilt.
2. Bestimmen Sie $Kern(f_M)$ und $dim_{\mathbb{R}}(Kern(f_M))$.
3. Untersuchen Sie die Invertierbarkeit von $B$ sowie auf zweierlei Weise die Invertierbarkeit von $M$.

**B4.616.07:** Zur Bearbeitung der Aufgabe im einzelnen:

1. Wegen $f_{BC} = f_B \circ f_C$ gilt $M = BC = \begin{pmatrix} 1 & 1 & 1 \\ 1 & 2 & -1 \\ 2 & 4 & -2 \end{pmatrix} \cdot \begin{pmatrix} 1 & 1 & 1 \\ 2 & -1 & -2 \\ 3 & 3 & 1 \end{pmatrix} = \begin{pmatrix} 6 & 3 & 0 \\ 2 & -4 & -4 \\ 4 & -8 & -8 \end{pmatrix}$.

2. Zu dem homogenen linearen Gleichungssystem $(f_M, 0)$ wird die erweiterte Matrix $(M, 0)$ und dazu wiederum eine Gauß-Jordan-Matrix $(M^*, 0) = \begin{pmatrix} 6 & 3 & 0 & 0 \\ 0 & 15 & 12 & 0 \\ 0 & 0 & 0 & 0 \end{pmatrix}$ erzeugt. Für $x \in Kern(f_{M^*})$ liefert die Wahl $x_3 = 5$ mit der mittleren Zeile $x_2 = -4$ und die erste Zeile aus beidem dann $x_1 = 2$. Für dieses Element $x$ ist dann $Kern(f_M) = Kern(f_{M^*}) = \mathbb{R} \cdot x$, woraus $dim_{\mathbb{R}}(Kern(f_M)) = 1$ folgt.

3. Daß $B$ und $M$ nicht invertierbar sind, zeigen einerseits die Berechnungen von $det(B) = 0$ und

$det(M) = 0$, andererseits die aus den Zeilenrängen sofort erkennbaren Beziehungen $rang(B) = 2 < 3$ und $rang(M) = 2 < 3$. Darüber hinaus ist $f_M$ wegen $Kern(f_M) \neq 0$ nicht injektiv, also auch nicht bijektiv, woraus ebenfalls die Nicht-Invertierbarkeit von $M$ folgt.

**A4.616.08:** Zeigen Sie: Zu jedem beliebig, aber fest gewählten Element $x \in \mathbb{R}^m$ gibt es unendlich viele lineare Gleichungssysteme der Form $(f_A, b)$, die die Lösung $x$ besitzen.

**B4.616.08:** Es bezeichne $E_m \in Mat(m, \mathbb{R})$ die Einheits-Matrix. Zu jedem beliebigen Element $x \in \mathbb{R}^m$ haben dann die linearen Gleichungssysteme $(f_{aE_m}, ax)$ die Lösung $x$, wobei $a$ eine beliebige reelle Zahl mit $a \neq 0$ sein kann.

**A4.616.09:** Klären Sie den in Bemerkung 4.616.5/2 beschriebenen Sachverhalt auf formale Weise durch Betrachtung geeigneter Zuordnungen und zugehöriger Funktionen.

**B4.616.09:** Zu Matrizen $A \in Mat(m, n, \mathbb{R})$ und erweiterten Matrizen $(A, b) \in Mat(m, n+1, \mathbb{R})$ betrachte man auf $Mat(m, n+1, \mathbb{R})$ die Äquivalenz-Relation $R$, definiert durch

$$((A, b), (A', b')) \in R \Leftrightarrow L(f_A, b) = L(f_{A'}, b').$$

Mit dieser Äquivalenz-Relation ist nach dem Speziellen Abbildungssatz (Corollar 1.142.2) das folgende kommutative Diagramm von Mengen (oder auch von $\mathbb{R}$-Vektorräumen) verbunden:

$$\begin{array}{ccc} Mat(m, n+1, \mathbb{R}) & \xrightarrow{L} & \mathbb{R}^m \\ {\scriptstyle nat}\downarrow & \nearrow_{L^*} & \\ Mat(m, n+1, \mathbb{R}) \,/\, R & & \end{array} \qquad \begin{array}{ccc} (A, b) & \longmapsto & L(f_A, b) \\ \downarrow & \nearrow & \\ [(A, b)] & & \end{array}$$

Dabei ist $L$ zunächst eine surjektive Funktion (denn zu jedem Element $x \in \mathbb{R}^m$ läßt sich ein lineares Gleichungssystem finden, das $x$ als Lösung besitzt, siehe Aufgabe A4.616.08), folglich ist $L^*$ eine bijektive Funktion (ein $\mathbb{R}$-Isomorphismus). Man beachte insbesondere, daß alle Gauß-Jordan-Matrizen $(A^*, b^*)$ zu $(A, b)$ in der Äquivalenzklasse $[(A, b)]$ enthalten sind.

**A4.616.10:** Jemand behauptet: Sind alle Koeffizienten von $(A, b)$ aus $\mathbb{Z}$, dann lassen sich Gauß-Jordan-Matrizen $(A^*, b^*)$ konstruieren, deren Koeffizienten ebenfalls aus $\mathbb{Z}$ sind. Ferner gilt für alle Zeilen je zweier Gauß-Jordan-Matrizen zu $(A, b)$: Die beiden Zeilen mit der jeweils selben Position sind ganzzahlige Vielfache voneinander. Stimmt diese Aussage?

**B4.616.10:** Der erste Teil der Aussage stimmt, den bei den jeweiligen Äquivalenz-Umformungen, die zu einer Gauß-Jordan-Matrix führen, werden nur Addition/Subtraktion und Multiplikation ganzer Zahlen benötigt. Der zweite Teil der Aussage stimmt allerdings nicht, wie das folgende Beispiel bei der jeweils zweiten Zeile in den beiden Gauß-Jordan-Matrizen zeigt:

$$\begin{array}{c} \text{I} \\ \text{II} \\ \text{III} \end{array} \begin{pmatrix} 1 & 2 & 4 & 6 \\ 2 & 1 & 6 & 4 \\ 1 & 6 & 4 & 2 \end{pmatrix} = (A, b)$$

$$\begin{array}{r} \text{I} \\ \text{II}^* = 2\text{I} - \text{II} \\ \text{III}^* = \text{I} - \text{III} \end{array} \begin{pmatrix} 1 & 2 & 4 & 6 \\ 0 & 3 & 2 & 8 \\ 0 & -4 & 0 & 4 \end{pmatrix} \qquad \begin{array}{r} \text{I} \\ \text{II}^* = 2\text{III} - \text{I} \\ \text{III}^* = \text{II} - 2\text{III} \end{array} \begin{pmatrix} 1 & 2 & 4 & 6 \\ 0 & 4 & 0 & -4 \\ 0 & -11 & -2 & 0 \end{pmatrix}$$

$$\begin{array}{r} \text{I} \\ \text{II}^* \\ \text{III}^{**} = 4\text{II}^* + 3\text{III}^* \end{array} \begin{pmatrix} 1 & 2 & 4 & 6 \\ 0 & 3 & 2 & 8 \\ 0 & 0 & 8 & 44 \end{pmatrix} \qquad \begin{array}{r} \text{I} \\ \text{II}^* \\ \text{III}^{**} = 11\text{II}^* + 4\text{III}^* \end{array} \begin{pmatrix} 1 & 2 & 4 & 6 \\ 0 & 4 & 0 & -4 \\ 0 & 0 & -8 & -44 \end{pmatrix}$$

Wie man im übrigen nun auf zweierlei Weise nachrechnen kann, ist $x = -\frac{1}{2}\begin{pmatrix} 28 \\ 2 \\ -11 \end{pmatrix}$ eine Lösung des zugehörigen linearen Gleichungssystems $(f_A, b)$.

**A4.622.01:** Betrachten Sie die folgende (mehr oder minder praktische) Situation: Ein mit $1\,t$ belastbarer Wagen soll vollständig mit Steinen zu je $20\,kg$ und je $40\,kg$ beladen werden.
Welche Verteilungen sind (unabhängig vom Volumen) einerseits generell, andererseits aber dann noch möglich, wenn doppelt soviele $20\,kg$-Steine wie $40\,kg$-Steine geladen werden sollen?

Diskutieren Sie beide Fragen einzeln im Hinblick auf
a) Übertragung der Sachverhalte in simultan zu betrachtende mathematisch-formale Bedingungen,
b) Techniken der algebraischen Lösbarkeit der Fragestellungen,
c) tatsächliche Lösungen und ihre graphische Darstellbarkeit in geeigneten Koordinaten-Systemen.

**B4.622.01:** Zur Bearbeitung der Aufgabe im einzelnen:

1. Kommt es nicht auf ein bestimmtes Verhältnis der Anzahlen beider Steinsorten an, so kann man feststellen (mit allen numerischen Angaben in der Einheit $kg$): Bezeichnet $x_1$ die Anzahl der $20\,kg$-Steine und $x_2$ die Anzahl der $40\,kg$-Steine, so wird eine Beladung des Wagens durch die Beziehung (Gleichung) $20x_1 + 40x_2 = 1000$ repräsentiert.

Wie man leicht durch Probieren findet, sind beispielsweise $x = (x_1, x_2) = (10, 20)$ oder $x = (x_1, x_2) = (30, 10)$ mögliche, aber nicht alle Lösungen dieser Gleichung. Stellt man diese Gleichung nämlich etwa in der Form $x_2 = -\frac{1}{2}x_1 + 25$ dar, so liefern alle geraden Zahlen $x_1 \in \mathbb{N}_0$ die 26 möglichen Lösungen $x = (x_1, x_2)$, etwa $(0, 25)$ oder $(50, 0)$, wie auch die graphische Darstellung der Gleichung $x_2 = -\frac{1}{2}x + 25$ in einem Koordinaten-System $(K_1, K_2)$ zeigt, wobei insbesondere zu beachten ist, das ja nur Lösungen $x$ mit ganzzahligen Komponenten in Frage kommen.

2. Sollen nun aber, und das ist die zweite Frage, der Wagen mit doppelt sovielen $20\,kg$-Steine wie mit $40\,kg$-Steine beladen werden, so liegt mit der Anzahl $x_1$ der $20\,kg$-Steine und der Anzahl $\frac{1}{2}x_1$ der $40\,kg$-Steine die Gleichung $20x_1 + 40 \cdot \frac{1}{2}x_1 = 1000$, also $40x_1 = 1000$, und damit die rationale Zahl $x_1 = \frac{50}{4} = 12,5$ vor. Das bedeutet, daß unter der genannten Zusatzbedingung der Wagen nicht vollständig mit $1\,t$ beladen werden kann. (In einer zugehörigen graphischen Darstellung liefert diese Gleichung in $(K_1, K_2)$ eine Ordinatenparallele durch $x_1 = 12,5$, die also keine Zahlenpaare $x = (x_1, x_2)$ mit nur ganzzahligen Komponenten enthalten kann.

**A4.622.02:** Zeigen Sie zunächst, daß das lineare Gleichungssystem $(f_A, b)$ zu Beispiel 4.616.6c die Lösung $\begin{pmatrix} -2 \\ 5 \end{pmatrix}$ hat. Berechnen Sie dann ohne diese Kenntnis die Lösungsmenge dieses Systems.

**B4.622.02:** Zur Bearbeitung der Aufgabe betrachte man zunächst die Matrizen:

$$\begin{matrix} \text{I} \\ \text{II} \\ \text{III} \\ \text{IV} \end{matrix} \begin{pmatrix} 2 & 1 & 1 \\ 3 & 2 & 4 \\ 4 & 2 & 2 \\ 6 & 4 & 8 \end{pmatrix} = (A, b) \qquad \begin{matrix} \text{I}^* \\ \text{II}^* \\ \text{III}^* \\ \text{IV}^* \end{matrix} \begin{pmatrix} 2 & 1 & 1 \\ 0 & 1 & 5 \\ 0 & 0 & 0 \\ 0 & 0 & 0 \end{pmatrix} = (A^*, b^*)$$

1. Wie man sofort anhand der Gauß-Jordan-Matrix und der beiden Gleichungen

$$2x_1 + x_2 = 1 \quad \text{und} \quad x_2 = 5$$

sieht, hat dieses Lineare Gleichungssystem die angegebene Lösung.

2. Daß das Lineare Gleichungssystem $(f_A, b)$ über $f_A : \mathbb{R}^2 \longrightarrow \mathbb{R}^4$ tatsaächlich genau eine Lösung hat, zeigen $rang(A) = 2$ (denn zwei der Zeilen in $A$ sind Vielfache der beiden anderen Zeilen, das zeigt dann auch die Gauß-Jordan-Matrix) und der Dimensions-Satz für endlich-dimensionale Vektorräume (Corollar 4.534.4) mit $dim_{\mathbb{R}}(Kern(f_A)) = dim_{\mathbb{R}}(\mathbb{R}^2) - rang(A) = 2 - rang(A) = 0$. Wie die Gauß-Jordan-Matrix dann wieder sofort zeigt, hat $(f_A, b)$ die angegebene Lösung $\begin{pmatrix} -2 \\ 5 \end{pmatrix}$.

**A4.622.03:** Betrachten Sie die beiden folgenden Linearen Gleichungssysteme A und B:

$$\begin{aligned} 3x_1 + 3x_2 - 1x_4 &= 11 \\ 2x_1 + 1x_2 - 2x_4 &= -1 \\ 1x_1 + 1x_2 + 2x_4 &= 13 \end{aligned} \qquad \begin{aligned} 4x_1 - 2x_2 + 1x_4 &= 6 \\ 2x_1 + 1x_2 - 1x_4 &= 3 \\ 1x_1 + 1x_2 + 1x_4 &= 9 \end{aligned}$$

1. Stellen Sie beide Systeme in der Form $Ax = b$ bzw. $Bx = c$ mit Abbildungsmatrizen $A$ und $B$ und Elementen $b, c \in \mathbb{R}$ dar.
2. Geben Sie die mit beiden Systemen verbundenen $\mathbb{R}$-Homomorphismen $f_A$ und $f_B$ an.
3. Berechnen Sie dann die Lösungsmengen $L(f_A, b)$ und $L(f_B, c)$ der Linearen Gleichungssysteme $(f_A, b)$ und $(f_B, c)$ nach dem Gauß-Jordan-Verfahren.

**A4.622.04:** Zu berechnen ist die Lösungsmenge $L(f_A, b)$ des linearen Gleichungssystems $(f_A, b)$ bezüglich der Abbildungsmatrix $A = \begin{pmatrix} 1 & 2 & 1 & 2 & 1 \\ 1 & 1 & 3 & 5 & 2 \\ 1 & 2 & 4 & 1 & 3 \end{pmatrix}$ und dem Element $b = \begin{pmatrix} 1 \\ 3 \\ 4 \end{pmatrix}$ also mit dem $\mathbb{R}$-Homomorphismus $f_A : \mathbb{R}^5 \longrightarrow \mathbb{R}^3$ und dem Element $b \in \mathbb{R}^3$. $(f_A, b)$ hat dann die Darstellung $A \cdot x = b$:

$$A \cdot x = \begin{pmatrix} 1 & 2 & 1 & 2 & 1 \\ 1 & 1 & 3 & 5 & 2 \\ 1 & 2 & 4 & 1 & 3 \end{pmatrix} \cdot \begin{pmatrix} x_1 \\ x_2 \\ x_3 \\ x_4 \\ x_5 \end{pmatrix} = \begin{pmatrix} 1 \\ 3 \\ 4 \end{pmatrix} = b \qquad \begin{aligned} x_1 + 2x_2 + x_3 + 2x_4 + x_5 &= 1 \\ x_1 + x_2 + 3x_3 + 5x_4 + 2x_5 &= 3 \\ x_1 + 2x_2 + 4x_3 + x_4 + 3x_5 &= 4 \end{aligned}$$

**B4.622.04:** Zur Bearbeitung der Aufgabe im einzelnen:

1. Zu der erweiterten Matrix $(A, b)$ wird zunächst eine Gauß-Jordan-Matrix der Form $(A^*, b^*)$ ermittelt:

Die Matrix

$$\begin{matrix} \text{I} \\ \text{II} \\ \text{III} \end{matrix} \begin{pmatrix} 1 & 2 & 1 & 2 & 1 & 1 \\ 1 & 1 & 3 & 5 & 2 & 3 \\ 1 & 2 & 4 & 1 & 3 & 4 \end{pmatrix} = (A, b)$$

liefert anhand der angegebenen Berechnungen die folgende Gauß-Jordan-Matrix:

$$\begin{matrix} \text{I}^* \\ \text{II}^* = \text{II} - \text{I} \\ \text{III}^* = \text{III} - \text{I} \end{matrix} \begin{pmatrix} 1 & 2 & 1 & 2 & 1 & 1 \\ 0 & -1 & 2 & 3 & 1 & 2 \\ 0 & 0 & 3 & -1 & 2 & 3 \end{pmatrix} = (A^*, b^*)$$

*Anmerkung:* An diesem Beispiel kann besonders gut einsehen, daß die Bildung von Gauß-Jordan-Matrizen $(A^*, b^*)$ zu $(A, b)$ keineswegs eine eindeutig bestimmte Matrix liefert (siehe Bemerkung 6.016.5/2), denn die angegebenen Subtraktionen können in gleicher Weise ausgeführt werden, wenn man in $(A, b)$ zunächst Zeilen vertauscht. Zusätzlich unterscheiden sich andere Formen von der angegebenen Darstellung durch Vielfache der angegebenen Zeilen (wobei ein Vertauschen der Zeilen in $(A^*, b^*)$ wegen der Ziffern 0 links der Hauptdiagonalen dann nicht mehr in Frage kommt), also etwa anstelle der Zeile III* die Zeile:

$$4 \cdot \text{III}^* \quad \begin{pmatrix} 0 & 0 & 12 & -4 & 8 & 12 \end{pmatrix}$$

2. Es wird nun zunächst geprüft, ob das Lineare Gleichungssystem $(f_A, b)$ Lösungen besitzt: Es ist also zu untersuchen, ob $rang(A) = rang(A, b)$ bzw. die dazu äquivalente Bedingung $rang(A^*) = rang(A^*, b^*)$ gilt. Da der Zeilenrang einer Matrix gleich ihrem Spaltenrang ist, ist klar, daß für beliebige $(3, k)$- oder $(k, 3)$-Matrizen $N$ mit $k \geq 3$ stets $1 \leq rang(N) \leq 3$ gilt, das heißt also, daß im vorliegenden Fall nur die Zahlen 1, 2 oder 3 als $rang(A)$ auftreten können.

Da nun die Teilmenge ersten drei Spalten von $A^*$ eine linear unabhängige Teilmenge von $\mathbb{R}^3$ bilden, gilt $rang(A^*) = 3$. Damit gilt $3 = rang(A^*) \leq rang(A^*, b^*) \leq 3$, folglich gilt $rang(A^*) = rang(A^*, b^*)$ und somit $rang(A) = rang(A, b)$ und somit ist das Lineare Gleichungssystem $(f_A, b)$ lösbar.

3. Berechnung einer Lösung $z \in \mathbb{R}^5$ des inhomogenen Systems $(f_{A^*}, b^*)$:

a) In der dritten (allgemein: in der letzten) Zeile von $(f_{A^*}, b^*)$, also in

$$\begin{pmatrix} 0 & 0 & 3 & -1 & 2 \end{pmatrix} \cdot z = 3, \qquad 3z_3 - z_4 + 2z_5 = 3,$$

sei der Einfachheit halber $z_3 = 0$ und $z_4 = 0$ gewählt, womit dann $z_5 = \frac{3}{2}$ folgt.

b) Die mittlere (allgemein: vorletzte) Zeile von $(f_{A^*}, b^*)$, also

$$\begin{pmatrix} 0 & -1 & 2 & 3 & 1 \end{pmatrix} \cdot z = 2, \qquad -z_2 + 2z_3 - 3z_4 + 1z_5 = 2,$$

liefert mit den drei Zahlen $z_i$ aus a), $z_3 = 0$, $z_4 = 0$ und $z_5 = \frac{3}{2}$, dann $z_2 = -\frac{1}{2}$.

c) Die erste Zeile von $(f_{A^*}, b^*)$,

$$\begin{pmatrix} 1 & 2 & 1 & 2 & 1 \end{pmatrix} \cdot z = 1, \qquad z_1 + 2z_2 + z_3 + 2z_4 + z_5 = 1$$

liefert mit den Zahlen aus a) und b) dann schließlich $z_1 = \frac{1}{2}$.

Die Berechnungen liefern also $z = \frac{1}{2} \cdot \begin{pmatrix} 1 \\ -1 \\ 0 \\ 0 \\ 3 \end{pmatrix} \in \mathbb{R}^5$ als eine Lösung des inhomogenen Systems $(f_{A^*}, b^*)$.

*Anmerkung:* Jede Wahl von $z_3$ und $z_4$ (oder von $z_3$ und $z_5$ oder von $z_4$ und $z_5$) in a) liefert jeweils eine zugehörige (also andere) Lösung $z$ des inhomogenen Systems. Gelegentlich kann man aber auf Anhieb erkennen, ob nicht genügend kleine ganze Zahlen auch für die zu berechnende Zahl eine ganze Zahl liefern. Beispielsweise liefert die Wahl $z_4 = 0$ und $z_5 = 0$ dann $z_3 = 1$. (Allerdings ist dabei die Wahl $z_3 = z_4 = z_5 = 0$ wegen $b_3^* = 3 \neq 0$ natürlich ausgeschlossen).

4. Beachtet man, daß $Kern(f_A)$ gerade die Lösungsmenge $L(f_A, 0)$ des zu $(f_A, b)$ gehörenden homogenen Systems ist, dann ist zunächst $dim_{\mathbb{R}}(Kern(f_A))$, also die Anzahl der Elemente einer Basis von $Kern(f_A)$ zu berechnen: Mit $rang(A) = 3$ liefert der Dimensions-Satz für endlich-dimensionale Vektorräume (Corollar 4.534.4) dann die Beziehung

$$dim_{\mathbb{R}}(Kern(f_A)) = dim_{\mathbb{R}}(D(f)) - dim_{\mathbb{R}}(Bild(f_A)) = dim_{\mathbb{R}}(\mathbb{R}^5) - rang(A) = 5 - 3 = 2.$$

5. Unter Verwendung von Teil 4 ist nun $Kern(f_A) = L(f_A, 0)$ zu berechnen: Wegen $dim_{\mathbb{R}}(Kern(f_A)) = 2$ ist $Kern(f_A)$ ein zweidimensionaler $\mathbb{R}$-Unterraum von $\mathbb{R}^5$ und hat also mit einer zweielementigen Basis $\{v, w\}$ eine Darstellung $Kern(f_A) = \mathbb{R} \cdot v + \mathbb{R} \cdot w$. Das bedeutet also, daß solche Basiselemente $v$ und $w$ unter Verwendung des Systems $(f_{A^*}, 0)$ zu berechnen sind:

a) Berechnung einer Lösung $v \in \mathbb{R}^5$ des homogenen Systems $(f_{A^*}, 0)$:

$a_1$) In der dritten (allgemein: letzten) Zeile von $(f_{A^*}, 0)$, also in

$$\begin{pmatrix} 0 & 0 & 3 & -1 & 2 \end{pmatrix} \cdot v = 0, \qquad 3v_3 - v_4 + 2v_5 = 0,$$

seien Zahlen $v_3 = 0$ und $v_4 = 2$ gewählt, woruas dann $v_5 = 1$ folgt.

*Anmerkung:* Die Wahl $v_3 = 0$ und $v_4 = 0$ ist bei der Bearbeitung dieses homogenen Systems nicht zulässig, das sie $v_5 = 0$ und damit auch $v_2 = v_1 = 0$ zur Folge hätte, das heißt, diese Wahl lieferte den Nullvektor $v = 0$, der ohnehin Element von $Kern(f_A)$ ist, aber als Element einer Basis nicht in Frage kommen kann, denn $\{0, w\}$ ist linear abhängig.

$a_2$) Die mittlere (allgemein: vorletzte Zeile von $(f_{A^*}, 0)$, also

$$\begin{pmatrix} 0 & -1 & 2 & 3 & 1 \end{pmatrix} \cdot v = 0, \qquad -v_2 + 2v_3 + 3v_4 + v_5 = 0,$$

liefert mit den drei Zahlen $v_i$ aus $a_1$), $v_3 = 0$, $v_4 = 2$ und $v_5 = 1$, dann $v_2 = 7$.

$a_3$) Die erste Zeile von $(f_{A^*}, 0)$, also

$$\begin{pmatrix} 1 & 2 & 1 & 2 & 1 \end{pmatrix} \cdot v = 0, \qquad v_1 + 2v_2 + v_3 + 2v_4 + v_5 = 0,$$

liefert mit den Zahlen $v_i$ aus $a_1$) und $a_2$) dann schließlich $v_1 = -19$.

Damit ist $v = \begin{pmatrix} -19 \\ 7 \\ 0 \\ 2 \\ 1 \end{pmatrix} \in \mathbb{R}^5$ als eine Lösung des homogenen Systems $(f_{A^*}, 0)$ gefunden.

b) Berechnung einer zweiten Lösung $w$ des homogenen Systems $(f_{A^*}, 0)$, so daß aber $\{v, w\}$ linear unabhängig ist, nach demselben Verfahren wie im vorstehenden Teil a):

Die Wahl $x_3 = 2$ und $x_4 = 0$ liefert eine Lösung $w = \begin{pmatrix} -1 \\ 1 \\ 2 \\ 0 \\ -3 \end{pmatrix}$ des homogenen Systems $(f_{A^*}, 0)$, wobei (und das ist entweder durch die Wahlen von $x_3$ und $x_4$ oder durch die folgende Überlegung zu begründen) $\{v, w\}$ linear unabhängig ist, denn aus einer Beziehung $av + bw = 0$ mit $a, b \in \mathbb{R}$ folgt (unter Verwendung der dritten und der vierten Zeile von $v$ und $w$ dann $0 \cdot a + 2b = 0$ und $2a + 0 \cdot b = 0$, folglich gilt $a = b = 0$.

6. Schließlich ist – zum Abschluß aller Berechnungen – unter Verwendung von $L(f_A, b) = L(f_{A^*}, b^*)$ noch die Lösungsmenge $L(f_A, b)$ anzugeben:

Das Lineare Gleichungssystem $(f_A, b)$ hat die Lösungsmenge

$$L(f_A, b) = L(f_{A^*}, b^*) = z + Kern(f_A) = z + \mathbb{R} \cdot v + \mathbb{R} \cdot w = \tfrac{1}{2} \cdot \begin{pmatrix} 1 \\ -1 \\ 0 \\ 0 \\ 3 \end{pmatrix} + \mathbb{R} \cdot \begin{pmatrix} -19 \\ 7 \\ 0 \\ 2 \\ 1 \end{pmatrix} + \mathbb{R} \cdot \begin{pmatrix} -1 \\ 1 \\ 2 \\ 0 \\ -3 \end{pmatrix}.$$

*Anmerkung:* Um zu zeigen, daß die berechneten Zahlen numerisch plausibel sind, wird die erste Gleichung des in der Aufgabe vorgelegten Linearen Gleichungssystems durch zwei Beispiele nachgeprüft (um die Richtigkeit aller Zahlen zu zeigen, müßten aber alle Gleichungen überprüft werden):

Wählt man beispielsweise $a = 2$ und $b = -1$, dann ist

$$z + av + bw = z + 2v - w = \frac{1}{2} \cdot \begin{pmatrix} -73 \\ 25 \\ -4 \\ 8 \\ 13 \end{pmatrix} \text{ eine Lösung } \begin{pmatrix} x_1 \\ x_2 \\ x_3 \\ x_4 \\ x_5 \end{pmatrix}$$

für die erste Zeile des Linearen Gleichungssystems $(f_A, b)$, denn tatsächlich gilt:

$$x_1 + 2x_2 + x_3 + 2x_4 + x_5 = \frac{1}{2} \cdot (-73 + 50 - 4 + 16 + 13) = \frac{1}{2} \cdot 2 = 1,$$

wählt man nun etwa $a = 2$ und $b = -3$, dann ist

$$z + av + bw = z + 2v - 3w = \frac{1}{2} \cdot \begin{pmatrix} -69 \\ 21 \\ -12 \\ 8 \\ 25 \end{pmatrix} \text{ eine Lösung } \begin{pmatrix} x_1 \\ x_2 \\ x_3 \\ x_4 \\ x_5 \end{pmatrix}$$

für die erste Zeile des Linearen Gleichungssystems $(f_A, b)$, denn tatsächlich gilt wieder:

$$x_1 + 2x_2 + x_3 + 2x_4 + x_5 = \frac{1}{2} \cdot (-69 + 42 - 12 + 16 + 25) = \frac{1}{2} \cdot 2 = 1.$$

**A4.622.05:** In den Aufgaben A4.616.01 und A4.616.02 sollte die Lösbarkeit linearer Gleichungssysteme untersucht werden. Bestimmen Sie zu den lösbaren Systemen jeweils die Lösungsmenge.

**B4.622.05:** Im folgenden werden die sechste und die achte Matrix von Aufgabe A4.616.02, die jeweils lösbare Lineare Gleichungssysteme repräsentieren, verwendet. Im einzelnen:

1. Das durch $(A,b) = \begin{pmatrix} 1 & 2 & 3 \\ 4 & 5 & 6 \\ -3 & -2 & -1 \end{pmatrix}$ mit Gauß-Jordan-Matrix $(A^*,b^*) = \begin{pmatrix} 1 & 2 & 3 \\ 0 & 1 & 2 \\ 0 & 0 & 0 \end{pmatrix}$ erzeugte lineare Gleichungssystem $(f_A,b)$ über $f_A : \mathbb{R}^2 \longrightarrow \mathbb{R}^3$ ist wegen $rang(A) = 2$ und $dim_{\mathbb{R}}(Kern(f_A)) = 2 - rang(A) = 0$ eindeutig lösbar und besitzt, wie die Gauß-Jordan-Matrix zeigt, die Lösungsmenge $L(f_A,b) = \{\begin{pmatrix} -1 \\ 2 \end{pmatrix}\}$.

2. Das durch $(A,b) = \begin{pmatrix} 1 & 2 & -2 & 1 & 1 \\ -1 & 0 & 3 & 7 & 2 \\ 0 & -2 & -1 & -1 & 3 \\ 3 & 4 & -2 & 1 & 4 \end{pmatrix}$ mit $(A^*,b^*) = \begin{pmatrix} 1 & 2 & -2 & 1 & 1 \\ 0 & 2 & 1 & 8 & 3 \\ 0 & 0 & 5 & 6 & 4 \\ 0 & 0 & 0 & 7 & 6 \end{pmatrix}$, als einer zugehörigen Gauß-Jordan-Matrix, erzeugte Lineare Gleichungssystem $(f_A,b)$ über $f_A : \mathbb{R}^4 \longrightarrow \mathbb{R}^4$ ist wegen $rang(A) = 4$ und $dim_{\mathbb{R}}(Kern(f_A)) = 4 - rang(A) = 0$ eindeutig lösbar und besitzt, wie die Gauß-Jordan-Matrix zeigt, die Lösungsmenge $L(f_A,b) = \{\frac{1}{70} \cdot \begin{pmatrix} 232 \\ -127 \\ -16 \\ 60 \end{pmatrix}\}$.

**A4.622.06:** Berechnen Sie zu folgendem, durch die erweiterte Matrix $(A,b)$ gegebenen linearen Gleichungssystem $(f_A,b)$ die Lösungsmenge $(f_A,b)$:

$$\begin{pmatrix} 1 & -3 & -1 & 4 \\ 2 & 1 & 1 & 3 \\ 3 & -2 & -2 & 1 \end{pmatrix} \quad \begin{pmatrix} 1 & -3 & -1 & 4 \\ 1 & -2 & 0 & 5 \\ 2 & -7 & -3 & 7 \end{pmatrix} \quad \begin{pmatrix} 1 & -3 & -1 & 4 \\ 1 & -2 & 0 & 5 \\ 1 & -1 & 1 & 8 \end{pmatrix} \quad \begin{pmatrix} 7 & -2 & 2 & 0 \\ -1 & 6 & -2 & 0 \\ -3 & 2 & 3 & 0 \end{pmatrix}$$

$$\begin{pmatrix} 7 & -8 & -2 & 2 \\ -1 & 64 & 6 & 19 \\ -3 & 16 & 2 & 3 \end{pmatrix} \quad \begin{pmatrix} 3 & -1 & 2 & 3 \\ 4 & -3 & 1 & 1 \\ 2 & 1 & 1 & 2 \end{pmatrix} \quad \begin{pmatrix} 1 & 9 & 7 \\ 2 & -1 & 3 \\ 7 & 6 & 30 \end{pmatrix} \quad \begin{pmatrix} 5 & 3 & -7 & 6 & 0 \\ 3 & 5 & -8 & -2 & 0 \\ 7 & 1 & -6 & -10 & 0 \\ 1 & 23 & -28 & 10 & 0 \end{pmatrix}$$

**A4.622.07:** Berechnen Sie zu folgendem, durch die erweiterte Matrix $(A,b)$ gegebenen linearen Gleichungssystem $(f_A,b)$ die Lösungsmenge $(f_A,b)$ in Abhängigkeit der Zahl $c$ :

$$\begin{pmatrix} 3 & 2 & 2 & -1 & 1 \\ -2 & 0 & 3 & 0 & 2 \\ 1 & 2 & 5 & -1 & c \end{pmatrix}$$

**B4.622.07:** Zur Bearbeitung der Aufgabe im einzelnen:

Die Matrix $A$ liefert $f_A : \mathbb{R}^4 \longrightarrow \mathbb{R}^3$ mit einer $(3,4)$-Matrix $A$. Mit dem in $(A,b)$ angegebenen 4-Tupel $b$ wird $(A,b)$ zu einer Gauß-Jordan-Matrix $(A^*,b^*)$ umgeformt:

$$\begin{matrix} \text{I} \\ \text{II} \\ \text{III} \end{matrix} \begin{pmatrix} 3 & 2 & 2 & -1 & 1 \\ -2 & 0 & 3 & 0 & 2 \\ 1 & 2 & 5 & -1 & c \end{pmatrix} = (A,b)$$

$$\begin{matrix} \text{I} \\ \text{II}^* = 2\text{I} + 3\text{II} \\ \text{III}^* = \text{I} - 3\text{III} \end{matrix} \begin{pmatrix} 3 & 2 & 2 & -1 & 1 \\ 0 & 4 & 13 & -2 & 8 \\ 0 & -4 & -13 & 2 & 1-3c \end{pmatrix}$$

$$\begin{matrix} \text{I}^* \\ \text{II}^* \\ \text{II}^* + \text{III}^* \end{matrix} \begin{pmatrix} 3 & 2 & 2 & -1 & 1 \\ 0 & 4 & 13 & -2 & 8 \\ 0 & 0 & 0 & 0 & 3-3c \end{pmatrix} = (A^*,b^*)$$

Wie die letzte Zeile in $(A^*,b^*)$ zeigt, ist das lineare Gleichungssystem $(f_A,b)$ genau dann lösbar, falls

$c = 3$ gilt. Weiterhin liefert der Dimensions-Satz für endlich-dimensionale Vektorräume (Corollar 4.534.4) zusammen mit der Ranggleichheit $rang(A) = rang(A^*) = 2 = rang(A^*, b^*) = rang(A, b)$ die Beziehung $dim_{\mathbb{R}} = 4 - rang(A) = 4 - 2 = 2$.

Zunächst zur Berechnung einer speziellen Lösung $z$ des inhomogenen Systems $(f_A, b)$: Mit den Wahlen $z_3 = 0$ und $z_4 = 0$ liefert die zweite Gleichung dann $4z_2 = 8$, also $z_2 = 2$. Damit liefert die erste Zeile schließlich $z_1 = -1$.

Wegen $dim_{\mathbb{R}}(Kern(f_A)) = 2$ sind zwei linear unabhängige Lösungen $u$ und $v$ des zugehörigen homogenen Systems zu berechnen. Dazu im einzelnen: Die Wahlen $u_3 = 0$ und $u_4 = 1$ liefern $u_2 = \frac{1}{2}$ und $u_1 = 0$, die Wahlen $v_3 = 1$ und $v_4 = 0$ liefern $v_2 = -\frac{13}{4}$ und $v_1 = \frac{3}{2}$.

Diese Berechnungen liefern dann (für den Fall $c = 3$) die Lösungsmenge

$$L(f_A, b) = z + \mathbb{R}u + \mathbb{R}v = \begin{pmatrix} -1 \\ 2 \\ 0 \\ 0 \end{pmatrix} + \mathbb{R}\begin{pmatrix} 0 \\ 1 \\ 0 \\ 2 \end{pmatrix} + \mathbb{R}\begin{pmatrix} 6 \\ -13 \\ 4 \\ 0 \end{pmatrix}.$$

**A4.622.08:** Es seien die Familie $(A_c)_{c \in \mathbb{R}}$ von Matrizen $A_c = \begin{pmatrix} 1 & 2 & -1 \\ 2 & 3 & 1 \\ -2 & 5 & c \end{pmatrix}$ sowie $b = \begin{pmatrix} 2 \\ -3 \\ -11 \end{pmatrix}$ und damit eine Familie $(f_{A_c}, b)_{c \in \mathbb{R}}$ Linearer Gleichungssysteme über $\mathbb{R}$-Homomorphismen $f_{A_c} : \mathbb{R}^3 \longrightarrow \mathbb{R}^3$ vorgegeben.

1. Bestimmen Sie die Lösungsmengen $L(f_{A_c}, b)$ der Linearen Gleichungssysteme $(f_{A_c}, b)$.
2. Untersuchen Sie $f_{A_c}$ auf mehrerlei Wegen hinsichtlich Isomorphie. (Verwenden Sie dabei entweder $Kern(f_{A_c})$ und $rang(A_c)$ oder aber die Determinante von $A_c$. Nennen Sie zuvor jedoch die dabei in Frage kommenden Kriterien für Isomorphie.)

**B4.622.08:** Zur Bearbeitung der Aufgabe im einzelnen:

1a) Zur besseren Übersicht seien noch einmal $f_{A_c} : \mathbb{R}^3 \longrightarrow \mathbb{R}^3$ und $(f_{A_c}, b)$ genannt:

$$f_{A_c}(x) = A_c \cdot x = \begin{pmatrix} 1 & 2 & -1 \\ 2 & 3 & 1 \\ -2 & 5 & c \end{pmatrix} \cdot \begin{pmatrix} x_1 \\ x_2 \\ x_3 \end{pmatrix} = \begin{pmatrix} x_1 + 2x_2 - x_3 \\ 2x_1 + 3x_2 + x_3 \\ -2x_1 + 5x_2 + cx_3 \end{pmatrix} = \begin{pmatrix} 2 \\ -3 \\ -11 \end{pmatrix} = b.$$

1b) Zu der erweiterten Matrix $(A_c, b)$ wird eine Gauß-Jordan-Matrix $(A_c^*, b^*)$ ermittelt:

$$\begin{array}{r} \text{I} \\ \text{II} \\ \text{III} \end{array} \begin{pmatrix} 1 & 2 & -1 & 2 \\ 2 & 3 & 1 & -3 \\ -2 & 5 & c & -11 \end{pmatrix} = (A_c, b)$$

$$\begin{array}{r} \text{I} \\ \text{II}^* = 2\text{I} - \text{II} \\ \text{III}^* = \text{II} + \text{III} \end{array} \begin{pmatrix} 1 & 2 & -1 & 2 \\ 0 & 1 & -3 & 7 \\ 0 & 8 & 1+c & -14 \end{pmatrix}$$

$$\begin{array}{r} \text{I} \\ \text{II}^* \\ \text{III}^{**} = 8\text{II}^* - \text{III}^* \end{array} \begin{pmatrix} 1 & 2 & -1 & 2 \\ 0 & 1 & -3 & 7 \\ 0 & 0 & -(25+c) & 70 \end{pmatrix} = (A_c^*, b^*)$$

1c) Betrachtet man in der Gauß-Jordan-Matrix $(A_c^*, b^*)$ den Koeffizienten $-(25 + c)$, dann ist klar, daß zur Berechnung einer Lösung $z \in \mathbb{R}^3$ des inhomogenen Systems $(f_{A_c^*}, b^*)$ offensichtlich die beiden Fälle $c = -25$ und $c \neq -25$ zu unterscheiden sind. Dazu im einzelnen:

$c_1$) Der Fall $c = -25$ liefert mit der dritten Zeile, also mit $0 \cdot z_2 = 70$, den Widerspruch $0 = 70$, das heißt, in diesem Fall besitzt das Lineare Gleichungssystem $(f_{A_c}, b)$ keine Lösung, es gilt also $L(f_{A_c}, b) = \emptyset$.

$c_2$) Der Fall $c \neq -25$ liefert mit der dritten Zeile zunächst die Beziehung $-(25 + c) \cdot z_3 = 70$, also $z_3 = -\frac{70}{25+c}$, woraus mit der zweiten Zeile, $z_2 - 3z_3 = 7$, dann $z_2 = 7 + 3z_3 = \frac{7c-35}{25+c}$ und mit der ersten

Zeile, $z_1 - 2z_2 + z_3$ schließlich $z_1 = \frac{50-12c}{25+c}$ folgt. Damit ist in diesem Fall $z = \frac{1}{25+c} \cdot \begin{pmatrix} 50-12c \\ -35+7c \\ -70 \end{pmatrix}$ eine Lösung des inhomogenen Systems, womit auch der einzige Fall mit $L(f_{A_c}, b) \neq \emptyset$ beschrieben ist.

1d) Zur vollständigen Berechnung der Lösungsmenge $L(f_{A_c}, b)$ im Fall $c \neq -25$ ist $Kern(f_{A_c}) = L(f_{A_c}, 0)$ zu ermitteln: Nun gilt $v \in Kern(f_{A_c})$ genau dann, wenn $v \in Kern(f_{A_c^*})$, wenn also $A_c^* \cdot v = 0$ gilt. Diese Überlegung liefert mit der Matrix $(A_c^*, 0) = \begin{pmatrix} 1 & 2 & -1 & 0 \\ 0 & 1 & -3 & 0 \\ 0 & 0 & -(25+c) & 0 \end{pmatrix}$ aus $A_c^* \cdot v = 0$ die Beziehung $-(25+c) \cdot v_3 = 0$ und damit $v_3 = 0$. Folglich gilt auch $v_2 = 0$ und $v_1 = 0$, das bedeutet insgesamt jedoch $Kern(f_{A_c}) = 0$, womit neben der oben genannten Lösung des inhomogenen Systems keine weiteren Lösungen mehr hinzukommen. Anders gesagt: Im Fall $c \neq -25$ ist $(f_{A_c}, b)$ eindeutig lösbar mit der in $c_2$) angegebenen Lösung $z$.

2. Wie anhand der vorstehenden Bearbeitungsteile schon zu vermuten ist, sind auch in diesem Zusammenhang wieder die oben betrachteten Fälle $c \neq -25$ und $c = -25$ zu unterscheiden, denn schon der Fall $c = -25$, für den keine Lösung des Systems vorliegt, zeigt, daß in diesem Fall $f_{A_c}$ nicht surjektiv sein kann. Den Hinweisen in der Aufgabenstellung folgend seien zunächst aber entsprechende Isomorphie-Kriterien genannt: Ein $\mathbb{R}$-Homomorphismus $h : \mathbb{R}^n \longrightarrow \mathbb{R}^n$ ist genau dann $\mathbb{R}$-Homomorphismus,

$\alpha$) wenn er injektiv und surjektiv ist, wenn also $Kern(h) = 0$ und $rang(h) = \dim_{\mathbb{R}}(Bild(h)) = n$ gilt,

$\beta$) wenn er einen inversen $\mathbb{R}$-Homomorphismus besitzt, wenn also $det(M(h)) \neq 0$ gilt.

Mit Hilfe dieser beiden Kriterien seien nun die Fälle $c \neq -25$ und $c = -25$ separat betrachtet:

2a) Es gelte $c = -25$. In diesem Fall liegen folgende Sachverhalte vor:

$\alpha$) Mit der Matrix $A_c^* = \begin{pmatrix} 1 & 2 & -1 \\ 0 & 1 & -3 \\ 0 & 0 & 0 \end{pmatrix}$ liefert das inhomogene System $A_c^* \cdot x = 0$ mit der Wahl $x_2 = 3$ aus der zweiten Zeile, $x_2 - 3x_3 = 0$, dann $x_3 = 1$, aus der ersten Zeile, $x_1 + 2x_2 - x_3 = 0$, dann $x_1 = -5$. Das bedeutet aber $Kern(f_{A_c}) = \mathbb{R} \cdot \begin{pmatrix} -5 \\ 3 \\ 1 \end{pmatrix}$, also ist $f_{A_c}$ nicht injektiv. Darüber hinaus ist $f_{A_c}$ aber auch nicht surjektiv, denn nach dem Dimensions-Satz für endlich-dimensionale $\mathbb{R}$-Vektorräume (Corollar 4.534.4) gilt $rang(A_c) = \dim_{\mathbb{R}}(\mathbb{R}^3) - \dim_{\mathbb{R}}(Kern(f_{A_c})) = 3 - 1 = 2 < 3$.

$\beta$) Die in $\alpha$) betrachtete Matrix $A_c^*$ besitzt offensichtlich die Determinante $det(A_c^*) = 0$, folglich ist $f_{A_c}$ nicht invertierbar und somit kein Isomorphismus.

2b) Es gelte $c \neq -25$. In diesem Fall liegen folgende Sachverhalte vor:

$\alpha$) Mit der Matrix $A_c^* = \begin{pmatrix} 1 & 2 & -1 \\ 0 & 1 & -3 \\ 0 & 0 & -(25+c) \end{pmatrix}$ hat Bearbeitungsteil 1d) bereits $Kern(f_{A_c}) = 0$ ergeben, folglich ist $f_{A_c}$ im vorliegenden Fall injektiv. Darüber hinaus ist $f_{A_c}$ aber auch surjektiv, wie aus der Berechnung $rang(A_c) = \dim_{\mathbb{R}}(\mathbb{R}^3) - \dim_{\mathbb{R}}(Kern(f_{A_c})) = 3 - 0 = 3$ folgt.

$\beta$) Im vorliegenden Fall gilt $\det(A_c) = \det \begin{pmatrix} 1 & 2 & -1 \\ 2 & 3 & 1 \\ -2 & 5 & c \end{pmatrix} = 3c - 4 - 10 - 6 - 5 - 4c = -25 - c = -(25+c) \neq 0$, das heißt also, daß $f_{A_c}$ invertierbar und folglich Isomorphismus ist.

**A4.622.09:** Betrachten Sie die Familie $(A_c, b)_{c \in \mathbb{R} \setminus \{0\}}$ von erweiterten Abbildungsmatrizen

$$(A_c, b) = \begin{pmatrix} 1 & 2 & 1 & c & 1 \\ 2 & -2 & -1 & c & 3 \\ 3 & 3 & -2 & 2c & 5 \end{pmatrix}.$$

1. Geben Sie die zugehörige Familie $(f_{A_c})_{c \in \mathbb{R} \setminus \{0\}}$ der $\mathbb{R}$-Homomorphismen $f_{A_c}$ an.
2. Zeigen Sie, daß die linearen Gleichungssysteme $(f_{A_c}, b)$ lösbar sind.
3. Bestimmen Sie die Lösungsmenge $L(f_{A_1}, b)$ des linearen Gleichungssystems $(f_{A_1}, b)$.

4. Bestimmen Sie die Lösungsmenge $L(f_{A_c}, b)$ des linearen Gleichungssystems $(f_{A_c}, b)$.
5. Diskutieren Sie entsprechend den oben ausgeschlossenen Fall $c = 0$.

**B4.622.09:**

1. Untersucht wird die Familie $(f_{A_c})_{c\in\mathbb{R}\setminus\{0\}}$ von $\mathbb{R}$-Homomorphismen $f_{A_c} : \mathbb{R}^4 \longrightarrow \mathbb{R}^3$ mit $f_{A_c}(x) = A_c x$.
2. Zu der erweiterten Matrix $(A_c, b)$ wird eine Gauß-Jordan Form $(A_c^*, b^*)$ ermittelt:

$$\begin{matrix} \text{I} \\ \text{II} \\ \text{III} \end{matrix} \begin{pmatrix} 1 & 2 & 1 & c & 1 \\ 2 & -2 & -1 & c & 3 \\ 3 & 3 & -2 & 2c & 5 \end{pmatrix} = (A_c, b)$$

$$\begin{matrix} \text{I}^* = \text{I} \\ \text{II}^* = 2\cdot\text{I} - \text{II} \\ \text{III}^* = 3\cdot\text{I} - \text{III} \end{matrix} \begin{pmatrix} 1 & 2 & 1 & c & 1 \\ 0 & 6 & 3 & c & -1 \\ 0 & 3 & 5 & c & -2 \end{pmatrix}$$

$$\begin{matrix} \text{I}^* \\ \text{II}^* \\ 2\cdot\text{III}^* - \text{II}^* \end{matrix} \begin{pmatrix} 1 & 2 & 1 & c & 1 \\ 0 & 6 & 3 & c & -1 \\ 0 & 0 & 7 & c & -3 \end{pmatrix} = (A_c^*, b^*)$$

Wegen $rang(A_c^*, b^*) = 3 = rang(A_c^*)$ ist auch $rang(A_c, b) = 3 = rang(A_c)$, also ist $(f_{A_c}, b)$ lösbar.

3a) Zur Bestimmung einer speziellen Lösung $x$ des inhomogenen Gleichungssystems $(f_{A_1}, b)$ wird die Matrix $(A_1^*, b^*) = \begin{pmatrix} 1 & 2 & 1 & 1 & 1 \\ 0 & 6 & 3 & 1 & -1 \\ 0 & 0 & 7 & 1 & -3 \end{pmatrix}$ betrachtet: Wird $x_3 = 1$ gewählt, so folgt $x_4 = -10$ und damit $x_2 = 1$ und schließlich $x_1 = 8$, folglich ist $x = \begin{pmatrix} 8 \\ 1 \\ 1 \\ -10 \end{pmatrix}$ eine spezielle Lösung des Systems $(f_{A_1}, b)$.

3b) Wegen $dim_{\mathbb{R}}(Kern(f_{A_1})) = dim_{\mathbb{R}}(\mathbb{R}^4) - rang(A_1) = 4 - 3 = 1$ ist eine Lösung $z$ des zugehörigen homogenen Systems $(f_{A_1}, 0)$ mit der erweiterten Matrix $(A_1^*, 0) = \begin{pmatrix} 1 & 2 & 1 & 1 & 0 \\ 0 & 6 & 3 & 1 & 0 \\ 0 & 0 & 7 & 1 & 0 \end{pmatrix}$ zu berechnen: Wird $z_3 = 1$ gewählt, so folgt $z_4 = -7$ und damit $z_2 = \frac{2}{3}$ und schließlich $z_1 = \frac{14}{3}$, folglich ist $z = \frac{1}{3}\begin{pmatrix} 14 \\ 2 \\ 3 \\ -21 \end{pmatrix}$ eine Lösung des homogenen Systems $(f_{A_1}, 0)$.

3c) Damit ist schließlich $L(f_{A_1}, b) = x + Kern(f_{A_1}) = x + \mathbb{R}z = \begin{pmatrix} 8 \\ 1 \\ 1 \\ -10 \end{pmatrix} + \mathbb{R}\begin{pmatrix} 14 \\ 2 \\ 3 \\ -21 \end{pmatrix}$.

4a) Zur Bestimmung einer Lösung $x$ des inhomogenen Systems $(f_{A_c}, b)$ wird $(A_c^*, b^*)$ betrachtet: Wird $x_3 = c$ gewählt, so folgt $x_4 = -\frac{3}{c} - 7$ und damit $x_2 = \frac{2}{3}c + \frac{1}{3}$ und schließlich $x_1 = \frac{14}{3}c + \frac{10}{3}$, folglich ist $x = \frac{1}{3}\begin{pmatrix} 14c + 10 \\ 2c + 1 \\ 3c \\ -\frac{9}{c} - 21 \end{pmatrix}$ eine spezielle Lösung des inhomogenen Systems $(f_{A_c}, b)$.

4b) Wegen $dim_{\mathbb{R}}(Kern(f_{A_c})) = dim_{\mathbb{R}}(\mathbb{R}^4) - rang(A_c) = 4 - 3 = 1$ ist eine Lösung $z$ des zugehörigen homogenen Systems $(f_{A_c}, 0)$ mit der erweiterten Matrix $(A_c^*, 0)$ zu berechnen: Wird $z_3 = c$ gewählt, so folgt $z_4 = -7$ und damit $z_2 = \frac{2}{3}c$ und schließlich $z_1 = -\frac{7}{3}c + 7$, folglich ist $z = \frac{1}{3}\begin{pmatrix} -7c + 21 \\ 2c \\ 3c \\ -21 \end{pmatrix}$ eine Lösung des homogenen Systems $(f_{A_c}, 0)$.

4c) Damit ist schließlich $L(f_{A_c}, b) = x + Kern(f_{A_c}) = x + \mathbb{R}z = \frac{1}{3}\begin{pmatrix} 14c+10 \\ 2c+1 \\ 3c \\ -\frac{9}{c}-21 \end{pmatrix} + \mathbb{R}\begin{pmatrix} -7c+21 \\ 2c \\ 3c \\ -21 \end{pmatrix}$.

5. Betrachtet man $c = 0$, dann liegt ein $\mathbb{R}$-Homomorphismus $f_{A_c} : \mathbb{R}^3 \longrightarrow \mathbb{R}^3$ mit $f_{A_c}(x) = A_c x$ vor.
Zu der erweiterten Matrix $(A_0, b)$ wird eine Gauß-Jordan Form $(A_0^*, b^*)$ ermittelt (Kommentare zum Verfahren mit römischen Ziffern):

Die Matrix

$$\begin{matrix} \mathrm{I} \\ \mathrm{II} \\ \mathrm{III} \end{matrix} \begin{pmatrix} 1 & 2 & 1 & 1 \\ 2 & -2 & -1 & 3 \\ 3 & 3 & -2 & 5 \end{pmatrix}$$

liefert auf analoge Weise die Matrix $(A_0^*, b^*)$:

$$\begin{matrix} \mathrm{I}^* \\ \mathrm{II}^* \\ 2\cdot\mathrm{III}^* - \mathrm{II}^* \end{matrix} \begin{pmatrix} 1 & 2 & 1 & 1 \\ 0 & 6 & 3 & -1 \\ 0 & 0 & 7 & -3 \end{pmatrix}$$

Wegen $rang(A_0^*, b^*) = 3 = rang(A_0^*)$ ist auch $rang(A_0, b) = 3 = rang(A_0)$, also ist $(f_{A_c}, b)$ lösbar. Wegen $dim_{\mathbb{R}}(Kern(f_{A_0})) = dim_{\mathbb{R}}(\mathbb{R}^3) - rang(A_0) = 3 - 3 = 0$ ist das System $(f_{A_0}, b)$ eindeutig lösbar.

**A4.623.01:** Anna kaufte vorgestern zwei Brötchen und einen Liter Milch für zusammen 0,90 WE. Gestern kaufte sie fünf Brötchen, zwei Liter Milch und vier Eier für zusammen 2,70 WE. Heute hat sie – Anna hat neuerdings offenbar öfter Besuch – wiederum fünf Brötchen, zwei Liter Milch und sechs Eier für zusammen 3,10 WE (zu gleichen Einzelpreisen) gekauft.

1. Erstellen Sie aus den genannten Daten ein lineares Gleichungssystem (auch in der Form $(f_A, b)$).
2. Berechnen Sie daraus die (jeweils konstanten) Preise für ein Brötchen, einen Liter Milch und ein Ei.
3. Begründen Sie ohne weitere Berechnungen, daß dieses lineare Gleichungssystem eindeutig lösbar ist.

**B4.623.01:** Zur Bearbeitung der Aufgabe im einzelnen:

1. Die zu betrachtende Matrix ist $A = \begin{pmatrix} 2 & 1 & 0 \\ 5 & 2 & 4 \\ 5 & 2 & 6 \end{pmatrix}$, das zu betrachtende 3-Tupel von Preisen ist $b = \begin{pmatrix} 9 \\ 27 \\ 31 \end{pmatrix}$, wobei der Einfachheit halber in $\frac{1}{10}$ WE gerechnet wird (es treten dann nur ganze Zahlen auf). Somit sind der $\mathbb{R}$-Homomorphismus $f_A : \mathbb{R}^3 \longrightarrow \mathbb{R}^3$ mit $f_A(x) = A \cdot x$ und das lineare Gleichungssystem $(f_A, b)$ zu untersuchen.

2. Die erweiterte Matrix $(A, b)$ hat das Aussehen $(A, b) = \begin{pmatrix} 2 & 1 & 0 & 9 \\ 5 & 2 & 4 & 27 \\ 5 & 2 & 6 & 31 \end{pmatrix}$ und liefert eine Gauß-Jordan-Matrix $(A^*, b^*) = \begin{pmatrix} 2 & 1 & 0 & 9 \\ 0 & 1 & -8 & -9 \\ 0 & 0 & 2 & 4 \end{pmatrix}$, wobei die neue zweite Zeile die Differenz aus dem Fünffachen der ersten Zeile und dem Zweifachen der zweiten Zeile, die neue dritte Zeile die Differenz aus zweiter und dritter Zeile besteht.
Wegen $rang(A) = rang(A^*) = 3 = rang(A^*, b^*) = rang(A, b)$ ist das Gleichungssystem lösbar.

Betrachtet man nun $A^* \cdot z = b^*$, dann liefert die dritte Zeile $z_3 = 2$, womit die zweite Zeile dieses Systems, $z_2 - 8z_3 = -9$, dann $z_2 = 7$ und mit der ersten Zeile, $2z_1 + z_2 = 9$ dann schließlich $z_1 = 1$ liefert. Somit ist $z = \begin{pmatrix} 1 \\ 7 \\ 2 \end{pmatrix}$ eine Lösung des inhomogenen Systems $(f_A, b)$. Da das zugehörige homogene System offenbar nur die Lösung 0 hat, ist $z$ die einzige Lösung des Systems, womit folgende Preise vorliegen: Ein Brötchen kostet 0,10 WE, ein Liter Milch 0,70 WE und ein Ei 0,20 WE.

3. Daß das betrachtete lineare Gleichungssystem tatsächlich eindeutig lösbar ist, zeigt mit $rang(A) = 3$ der Dimensions-Satz für endlich-dimensionale Vektorräume (Corollar 4.534.4), der im vorliegenden Fall $dim_{\mathbb{R}}(Kern(f_A)) = 3 - rang(A) = 0$ liefert.

**A4.623.02:** Franz – so ist zu lesen – ist ein geselliger Mensch und lädt gerne Gäste ein, leider mangelt es ihm an der nötigen Kochkunst. Da er sich aber nicht lumpen lassen will, beschränkt er sich jeweils auf ein kaltes Souper. Für zwei solche Abende kauft er (zu gleichen Einzelpreisen) jeweils ein (vom allerfeinsten, wie sich versteht): Für den
a) ersten Abend: 3 Flaschen Wein, 1 Pfund Seelachs und 2 Baguettes, wofür er 62 WE bezahlt.
b) zweiten Abend: 4 Flaschen Wein, 1 kg Seelachs und 3 Baguettes, wofür er 91 WE bezahlt.

1. Erstellen Sie aus den genannten Daten ein lineares Gleichungssystem (auch in der Form $(f_A, b)$).
2. Zeigen Sie anhand geeigneter Matrizen, daß dieses lineare Gleichungssystem lösbar ist.
3. Berechnen Sie die Menge $L(f_A, b)$ aller theoretisch möglichen Lösungen dieses Systems. Nennen Sie dann aber noch die Menge $L^*(f_A, b)$ aller Lösungen mit ganzen (positiven) WE-Beträgen. Kann man die Anzahl dieser Lösungen bestimmen? Wenn ja, geben Sie sie an.

4. Existiert eine Lösung des Systems, bei der ein Baguette gerade 4 WE kostet? Wenn ja, welche?

5. Das in Teil 1 zu bestimmende Gleichungssystem soll nun durch einen dritten Einkauf gleicher Lebensmittel (besser: Genußmittel) so ergänzt werden, daß dieses ergänzte System genau eine Lösung mit positiven Komponenten besitzt. Ermitteln Sie einen solchen Einkauf (mit Beweis).

**B4.623.02:** Zur Bearbeitung der Aufgabe im einzelnen:

1. Den vorgegebenen Daten ist die (2,3)-Matrix $A = \begin{pmatrix} 3 & 1 & 2 \\ 4 & 2 & 3 \end{pmatrix}$ sowie das 2-Tupel $b = \begin{pmatrix} 62 \\ 91 \end{pmatrix}$ von Einzelpreisen zu entnehmen, folglich liegt ein lineares Gleichungssystem $(f_A, b)$ über dem $\mathbb{R}$-Homomorphismus $f_A : \mathbb{R}^3 \longrightarrow \mathbb{R}^2$ mit $f_A(x) = A \cdot x$ vor.

2. Die Daten in Teil 1 liefern die erweiterte Matrix $(A, b) = \begin{pmatrix} 3 & 1 & 2 & 62 \\ 4 & 2 & 3 & 91 \end{pmatrix}$ und durch Subtraktion des Vierfachen der ersten Zeile von dem Dreifachen der zweiten Zeile dann eine zugehörige Gauß-Jordan-Matrix $(A^*, b^*) = \begin{pmatrix} 3 & 1 & 2 & 62 \\ 0 & 2 & 1 & 25 \end{pmatrix}$. Aus $rang(A) = rang(A^*) = 2 = rang(A^*, b^*) = rang(A, b)$, also der Gleichheit dieser Ränge folgt somit die Lörbarkeit des zu untersuchenden Gleichungssystems.

3a) Zur Berechnung der Menge $L(f_A, b)$ aller (theoretisch möglichen) Lösungen $x$ des Systems wird bezüglich der Matrix $(A^*, b^*)$ in der zweiten Zeile dieses Systems, $2x_2 + x_3 = 25$, die Zahl $x_2 = 11$ gewählt, woraus $x_3 = 3$ und mit der ersten Zeile, $3x_1 + x_2 + 2x_3 = 62$ dann $x_1 = 15$ folgt. Somit ist $x = \begin{pmatrix} 15 \\ 11 \\ 3 \end{pmatrix}$ zunächst eine spezielle Lösung des inhomogenen Systems $(f_A, b)$. Beachtet man nun nach dem Dimensions-Satz (Corollar 4.534.4) die Beziehung $dim_{\mathbb{R}}(Kern(f_A)) = dim_{\mathbb{R}}(\mathbb{R}^3) - rang(A) = 3 - 2 = 1$, so hat die Lösungsmenge $L(f_A, b)$ die Darstellung $L(f_A, b) = x + Kern(f_A) = x + \mathbb{R}v$ mit einer Lösung $v$ des zugehörigen homogenen Systems $(f_A, 0)$.

Betrachtet man zur Berechnung einer Lösung $v \neq 0$ des homogenen Systems die Gauß-Jordan-Matrix $(A^*, 0) = \begin{pmatrix} 3 & 1 & 2 & 0 \\ 0 & 2 & 1 & 0 \end{pmatrix}$, so liefert die Wahl $v_3 = 6$ mit $2v_2 + v_3 = 0$ zunächst $v_2 = -3$ und mit $3v_1 + v_2 + 2v_3$ dann $v_1 = -3$. Folglich ist $v = \begin{pmatrix} -3 \\ -3 \\ 6 \end{pmatrix} = -3 \cdot \begin{pmatrix} 1 \\ 1 \\ -2 \end{pmatrix}$ eine Lösung des zugehörigen homogenen Systems $(f_A, 0)$. Insgesamt hat dann das lineare Gleichungssystem $(f_A, b)$ die Lösungsmenge

$$L(f_A, b) = x + \mathbb{R}v = \begin{pmatrix} 15 \\ 11 \\ 3 \end{pmatrix} + \mathbb{R} \cdot \begin{pmatrix} 1 \\ 1 \\ -2 \end{pmatrix}.$$

3b) Zunächst ist $L^+(f_A, b) = \{\begin{pmatrix} 15 + r \\ 11 + r \\ 3 - 2r \end{pmatrix} \mid -11 < r < \frac{3}{2}\}$ die Menge aller positiven Lösungen von $(f_A, b)$. Sollen nun darüber hinaus nur ganzzahlige positive Lösungen ermittelt werden, so haben offenbar die Lösungen $\begin{pmatrix} 15 + r \\ 11 + r \\ 3 - 2r \end{pmatrix}$ genau dann jeweils nur ganzzahlige Komponenten, wenn $r \in \mathbb{Z}$ und $-10 \leq r \leq 1$ gilt. Die Menge $L^*(f_A, b)$ dieser Lösungen enthält also genau zwölf Elemente.

4. Für $r = -\frac{1}{2}$ ist $\begin{pmatrix} 14,5 \\ 10,5 \\ 4 \end{pmatrix}$ eine Lösung von $(f_M, b)$, denn es ist $3 \cdot 14,5 + 1 \cdot 10,5 + 4 \cdot 2 = 62$.

5. Betrachtet man die zweite Zeile von $(A, b)$, also $\begin{pmatrix} 4 & 2 & 3 & 91 \end{pmatrix}$, und legt als neue dritte Zeile nun etwa die Zeile $\begin{pmatrix} 4 & 2 & 1 & 85 \end{pmatrix}$ fest, so entsteht durch Substraktion dieser Zeile von jener Zeile dann die Matrix $(B^*, c^*) = \begin{pmatrix} 3 & 1 & 2 & 61 \\ 0 & 2 & 1 & 25 \\ 0 & 0 & 2 & 6 \end{pmatrix}$ mit $rang(A^*) = rang(B^*) = 3$. Somit ist $Kern(f_{B^*}) = 0$ und das bedeutet, daß das System $(f_{B^*}, c^*)$ die einzige Lösung $x$ aus Teil 3a) besitzt.

**A4.623.03:** Franz – so ist an anderer Stelle zu lesen – kann zwar nicht kochen, aber umso emphatischer basteln. Bei der Planung seines ersten Projekts hatte er jedoch, wie er nun erzählt, keinen genügenden Vorrat an passenden Schrauben (Franz arbeitet *in Holz*). Seine Freude am eigenen Werk war über alle Maßen groß und er beschloß, gleich zwei neue und noch größere Projekte in Angriff zu nehmen, für die er nun wiederum Schrauben kaufen mußte. Bei insgesamt also drei Einkäufen besorgte er am
– ersten Tag 3 Schachteln A-Schrauben, 1 Schachtel B-Schrauben und 2 Schachteln C-Schrauben für insgesamt 43 WE,
– zweiten Tag 4 Schachteln A-Schrauben, 1 Schachtel B-Schrauben und 3 Schachteln C-Schrauben für insgesamt 53 WE,
– dritten Tag 12 Schachteln A-Schrauben, 4 Schachteln B-Schrauben und 5 Schachteln C-Schrauben für insgesamt 166 WE.

1. Erstellen Sie aus den genannten Daten ein lineares Gleichungssystem (auch in der Form $(f_A, b)$).

2. Berechnen Sie daraus die (jeweils konstanten) Preise für die Schachteln der drei Schraubensorten.

3. Franz hatte seine Schraubenkäufe aber schon früher mal erzählt, und behauptete seinerzeit, beim dritten Einkauf 168 WE (bei gleichen Einzelpreisen) bezahlt zu haben. Entscheiden Sie durch geeignete Berechnungen, ob sich Franz bei seiner ersten oder bei seiner zweiten Schilderung geirrt hat. Tatsächlich ist nur eine der beiden Schilderungen sinnvoll. Welche ist das?

4. Franz behauptet nun neuerdings, er habe sich in beiden Schilderungen beim dritten Einkauf geirrt und anstelle von 5 Schachteln C-Schrauben tatsächlich 8 solche Schachteln gekauft und insgesamt 172 WE bezahlt. Ist dieser Sachverhalt realistisch, wenn ja, zu welchen möglichen Schachtelpreisen (auf ganze Hundertstel WE gerechnet)?

**B4.623.03:** Zur Bearbeitung der Aufgabe im einzelnen:

1. Die in der Aufgabe zunächst beschriebenen drei Einkäufe liefern ein lineares Gleichungssystem $(f_A, b)$ über dem $\mathbb{R}$-Homomorphismus $f_A : \mathbb{R}^3 \longrightarrow \mathbb{R}^3$, definiert durch $f_A(x) = A \cdot x$ sowie der erweiterten Matrix

$$(A, b) = \begin{pmatrix} 3 & 1 & 2 & 43 \\ 4 & 1 & 3 & 53 \\ 12 & 4 & 5 & 166 \end{pmatrix} \quad \begin{matrix} \text{I} \\ \text{II} \\ \text{III} \end{matrix}$$

2. Zur Berechnung möglicher Lösungen von $(f_A, b)$ wird zunächst eine Gauß-Jordan-Matrix berechnet:

$$(A^*, b^*) = \begin{pmatrix} 3 & 1 & 2 & 43 \\ 0 & 1 & -1 & 13 \\ 0 & 0 & 3 & 6 \end{pmatrix} \quad \begin{matrix} \text{I} \\ \text{4I - 3II} \\ \text{4I - III} \end{matrix}$$

Dieses System ist wegen $rang(A) = rang(A^*) = 3 = rang(A^*, b^*) = rang(A, b)$ zunächst lösbar, ferner zeigt der Dimensionssatz für endlich-dimensionale $\mathbb{R}$-Vektorräume (Corollar 4.534.4) dann mit der Beziehung $dim_{\mathbb{R}}(Kern(f_A)) = 3 - rang(A) = 3 - 3 = 0$, daß das System $(f_A, b)$ eindeutig lösbar ist. Diese Lösung soll nun berechnet werden: Ausgehend von der Darstellung $A^* \cdot z = b^*$ liefert die dritte Zeile, $3z_3 = 6$, sofort $z_3 = 2$, damit folgt aus der zweiten Zeile, $z_2 - z_3 = 13$, dann $z_2 = 15$ und aus der ersten Zeile, $3z_1 + z_2 + z_3 = 43$, schließlich $z_1 = 8$. Damit ist $z = \begin{pmatrix} 8 \\ 15 \\ 2 \end{pmatrix}$ die (also eindeutig bestimmte) Lösung von $(f_A, b)$.

3. Franzens zweite Schilderung liefert in entsprechender Weise die erweiterte Matrix

$$(A, c) = \begin{pmatrix} 3 & 1 & 2 & 43 \\ 4 & 1 & 3 & 53 \\ 12 & 4 & 5 & 168 \end{pmatrix} \quad \begin{matrix} \text{I} \\ \text{II} \\ \text{III} \end{matrix}$$

sowie eine zugehörige Gauß-Jordan-Matrix

$$(A^*, c^*) = \begin{pmatrix} 3 & 1 & 2 & 43 \\ 0 & 1 & -1 & 13 \\ 0 & 0 & 3 & 4 \end{pmatrix} \quad \begin{matrix} \text{I} \\ \text{4I - 3II} \\ \text{4I - III} \end{matrix}$$

Nach demselben Verfahren wie in Teil 2 kann man feststellen, daß auch dieses System genau eine Lösung $z$ besitzt. Allerdings zeigt schon die Berechnung $z_3 = \frac{4}{3}$, daß dieses System offensichtlich nicht dem praktischen Rahmen der Einkäufe entspricht, folglich muß die erste Schilderung die zutreffende sein. (Nebenbei: Die Lösung dieses Systems ist $z = \frac{1}{9}\begin{pmatrix} 78 \\ 129 \\ 12 \end{pmatrix}$.)

4. Franzens dritte Schilderung schließlich liefert die erweiterte Matrix

$$(B,d) = \begin{pmatrix} 3 & 1 & 2 & 43 \\ 4 & 1 & 3 & 53 \\ 12 & 4 & 8 & 172 \end{pmatrix} \quad \begin{matrix} \text{I} \\ \text{II} \\ \text{III} \end{matrix}$$

woraus wieder durch Elementare Umformungen folgende Gauß-Jordan-Matrix berechnet weden kann:

$$(B^*,d^*) = \begin{pmatrix} 3 & 1 & 2 & 43 \\ 0 & 1 & -1 & 13 \\ 0 & 0 & 0 & 0 \end{pmatrix} \quad \begin{matrix} \text{I} \\ \text{4I - 3II} \\ \text{4I - III} \end{matrix}$$

Wie man sieht, kann die dritte, informationslose Zeile ersatzlos gestrichen werden, eine Beobachtung, die auch schon die Matrix $(B,d)$ liefert, denn in dieser Matrix ist die dritte Zeile ein Vielfaches der ersten Zeile (Multiplikation mit 4). Hinsichtlich der möglichen Lösungen des Systems $(f_B,d)$ bedeutet das einerseits, daß auch die Lösung $z$ in Teil 1 Lösung dieses Systems ist, andererseits, daß nun – da die Anzahl der Bedingungen (Gleichungen) reduziert ist – weitere Lösungen existieren müssen. Das zeigt im übrigen auch die folgende Berechnung:

Wegen $rang(B) = rang(B^*) = 2 = rang(B^*,d^*) = rang(B,d)$ ist das System $(f_B,d)$ lösbar, ferner zeigt wieder der Dimensions-Satz für endlich-dimensionale $\mathbb{R}$-Vektorräume (Corollar 4.534.4) mit der Beziehung $dim_{\mathbb{R}}(Kern(f_B)) = 3 - rang(B) = 3 - 2 = 1$, daß die Lösungsmenge des linearen Gleichungssystems $(f_B,d)$ die Form $L(f_B,d) = z + Kern(f_B)$ besitzt.

Somit ist also $Kern(f_B) = L(f_B,0)$ zu bestimmen: Betrachtet man dazu das zugehörige homogene System $(f_B,0)$ in der Form $B^* \cdot v = 0$ und wählt $v_3 = 1$, so folgt $v_2 = 1$ und damit dann $v_1 = -1$, das heißt also, daß $v = \begin{pmatrix} -1 \\ 1 \\ 1 \end{pmatrix}$ eine Lösung $v \neq 0$ dieses homogenen Systems ist. Folglich ist schließlich

$$L(f_B,d) = z + Kern(f_B) = z + \mathbb{R}v = \begin{pmatrix} 8 \\ 15 \\ 2 \end{pmatrix} + \mathbb{R} \cdot \begin{pmatrix} -1 \\ 1 \\ 1 \end{pmatrix}$$

die Menge aller theoretisch möglichen Lösungen des linearen Gleichungssystems $(f_B,d)$.

Für auf ganze $\frac{1}{100}$ WE berechnete Schachtelpreise liegt dann folgende Teilmenge vor:

$$L^* = \{\begin{pmatrix} 8-n \\ 15+n \\ 2+n \end{pmatrix} \mid n \in \tfrac{1}{100} \cdot \mathbb{N} \text{ und } 0 < n < 8\}.$$

**A4.623.04:** Betrachten Sie im folgenden das lineare Gleichungssystem $(f_A,b)$ über dem $\mathbb{R}$-Homomorphismus $f_A : \mathbb{R}^4 \longrightarrow \mathbb{R}^2$ mit $f_A(x) = A \cdot x$ mit der erweiterten Matrix $(A,b) = \begin{pmatrix} 3 & 1 & 2 & 4 & 7 \\ 4 & 1 & 3 & 5 & 8 \end{pmatrix}$.

1. Berechnen Sie die Lösungsmenge $L(f_A,b)$ von $(f_A,b)$.
2. Berechnen Sie die durch sogenannte Nebenbedingungen definierten Teilmengen von $L(f_A,b)$:

$L_r(f_A,b)$ aller Lösungen mit rationalen Komponenten,
$L_g(f_A,b)$ aller Lösungen mit ganzzahligen Komponenten,
$L_{pr}(f_A,b)$ aller Lösungen mit positiven rationalen Komponenten,
$L_{nng}(f_A,b)$ aller Lösungen mit nicht-negativen ganzzahligen Komponenten.

3. Wie kann man zum einen anhand von $L_{pg}(f_A,b)$ (der Menge der positiven ganzzahligen Lösungen), zum anderen ohne Verwendung der Aufgabenteile 1 und 2 erkennen, daß $(f_A,b)$ tatsächlich keine Lösung mit positiven ganzzahligen Komponenten besitzt?

4. Untersuchen Sie anhand der Daten von $(A, b)$ folgende Situation: Vier Sorten von Schrauben, A-, B-, C- und D-Schrauben, seien in Einheiten von jeweils 0,25 kg verpackt. Kann man für praktische Zwecke vernünftige Lösungen von $(f_A, b)$ finden, bei denen alle vier Schraubensorten beteiligt sind?

**B4.623.04:** Zur Bearbeitung der Aufgabe im einzelnen:

1. Die vorgegebene erweiterte Matrix $(A, b) = \begin{pmatrix} 3 & 1 & 2 & 4 & 7 \\ 4 & 1 & 3 & 5 & 8 \end{pmatrix}$ liefert durch Subtraktion des Dreifachen der zweiten Zeile vom Vierfachen der ersten Zeile eine zugehörige Gauß-Jordan-Matrix:

$$(A^*, b^*) = \begin{pmatrix} 3 & 1 & 2 & 4 & 7 \\ 0 & 1 & -1 & 1 & 4 \end{pmatrix}.$$

Wählt man nun für eine beliebige Lösung $z = \begin{pmatrix} z_1 \\ z_2 \\ z_3 \\ z_4 \end{pmatrix}$ von $(f_{A^*}, b^*)$ die Komponenten $z_2 = z_3 = 0$, dann liefert die zweite Zeile in $(A^*, b^*)$ zunächst $z_4 = 4$ und die erste Zeile dann aus $3z_1 + 4z_4 = 7$ schließlich $z_1 = -3$. Somit ist $z = \begin{pmatrix} -3 \\ 0 \\ 0 \\ 4 \end{pmatrix}$ eine Lösung des genannten inhomogenen linearn Gleichungssystems.

Da nun weiter $rang(A) = rang(A^*) = 2$ als offensichtlicher Spaltenrang von $(A^*)$ gilt, gilt dann nach dem Dimensions-Satz für endlich-dimensionale $\mathbb{R}$-Vektorräume (Corollar 4.534.4) weiterhin die Beziehung $dim_{\mathbb{R}}(Kern(f_A)) = 4 - rang(A) = 2$, das heißt, die Lösungsmenge $L(f_A, 0) = Kern(f_A)$ hat als Unterraum von $\mathbb{R}^4$ eine zweielementige Basis $\{u, v\}$, deren Elemente nun zu berechnen sind:

Wählt man für eine Lösung $u = \begin{pmatrix} u_1 \\ u_2 \\ u_3 \\ u_4 \end{pmatrix}$ von $(f_{A^*}, 0)$ die Komponenten $u_2 = 0$ und $u_3 = 1$, dann liefert die zweite Zeile in $(A^*, 0)$ zunächst $u_4 = 1$ und die erste Zeile aus $3u_1 + 2u_3 + 4u_4 = 3u_1 + 2 + 4 = 0$ dann $u_1 = -2$. Somit ist $u = \begin{pmatrix} -2 \\ 0 \\ 1 \\ 1 \end{pmatrix}$ eine Lösung von $(f_A, 0)$. Wählt man weiterhin für eine zweite Lösung $v = \begin{pmatrix} v_1 \\ v_2 \\ v_3 \\ v_4 \end{pmatrix}$ von $(f_{A^*}, 0)$ die Komponenten $v_2 = 1$ und $v_3 = 0$, dann folgt auf entsprechende Weise $v_4 = -1$ und aus $3v_1 + 1v_2 + 4(-1) = 0$ dann $v_1 = 1$. Folglich ist $v = \begin{pmatrix} 1 \\ 1 \\ 0 \\ -1 \end{pmatrix}$ eine zweite Lösung von $(f_A, 0)$. Dabei ist die Menge $\{u, v\}$ tatsächlich linear unabhängig, denn es gibt keine reelle Zahl $a$ mit der Eigenschaft $au_2 = a \cdot 0 = 1 = v_2$ (mit den zweiten Komponenten von $u$ und $v$).

Die vorstehenden Berechnungen liefern dann die Lösungsmenge $L(f_A, b)$ von $(f_A, b)$:

$$L(f_A, b) = z + Kern(f_A) = z + \mathbb{R}u + \mathbb{R}v = \begin{pmatrix} -3 \\ 0 \\ 0 \\ 4 \end{pmatrix} + \mathbb{R} \cdot \begin{pmatrix} -2 \\ 0 \\ 1 \\ 1 \end{pmatrix} + \mathbb{R} \cdot \begin{pmatrix} 1 \\ 1 \\ 0 \\ -1 \end{pmatrix}.$$

2. Unter Verwendung der in Aufgabenteil 1 ermittelten 4-Tupel $z$, $u$ und $v$, die jeweils nur ganzzahlige Komponenten enthalten, kann man nun zunächst feststellen: Die Menge aller Lösungen von $(f_A, b)$ mit rationalen Komponenten ist $L_r(f_A, b) = z + \mathbb{Q}u + \mathbb{Q}v$, die Menge aller Lösungen von $(f_A, b)$ mit ganzzahligen Komponenten ist $L_g(f_A, b) = z + \mathbb{Z}u + \mathbb{Z}v$.

Zur Bestimmung der Mengen $L_{pr}(f_A,b)$ und $L_{nng}(f_A,b)$ sei zunächst die Menge $L_p(f_A,b)$ aller Lösungen mit positiven reellen Komponenten ermittelt: Da jede solche Lösung die Form

$$\begin{pmatrix} x_1 \\ x_2 \\ x_3 \\ x_4 \end{pmatrix} = z + au + bv = \begin{pmatrix} -3 \\ 0 \\ 0 \\ 4 \end{pmatrix} + a \begin{pmatrix} -2 \\ 0 \\ 1 \\ 1 \end{pmatrix} + b \begin{pmatrix} 1 \\ 1 \\ 0 \\ -1 \end{pmatrix} = \begin{pmatrix} -3-2a+b \\ b \\ a \\ 4+a-b \end{pmatrix}$$

mit $a, b \in \mathbb{R}$ hat, wird die Menge $L_p(f_A,b)$ durch die (komponentnweise) Konjunktion der vier Aussagen

1. $-3-2a+b>0 \Leftrightarrow b>2a+3$ 2. $b>0$
3. $a>0$ 4. $4+a-b>0 \Leftrightarrow b<a+4$

festgelegt. Zur näheren Kennzeichnung von Zahlenpaaren $(a,b)$ mit den beiden Eigenschaften 1. und 4. werden nun Funktionen $f,g:\mathbb{R} \longrightarrow \mathbb{R}$ mit $f(a)=2a+3$ und $g(a)=a+4$ betrachtet. Diese Funktionen haben die Schnittstelle $a=1$ (berechnet aus $2a+3=a+4$) und den zugehörigen Schnittpunkt $(1,g(1))=(1,5)$.

Damit ist die Menge $P=\{(a,b)\in \mathbb{R}^+ \times \mathbb{R}^+ \mid b>f(a) \text{ und } b<g(a)\}$ die Menge der Punkte, die, anschaulich betrachtet in dem Koordinaten-System $(Abs, Ord)$ innerhalb des Dreiecks mit den Eckpunkten $(0,f(0))=(0,3)$, $(0,g(0))=(0,4)$ und $(1,5)$ echt enthalten sind (also nicht Punkte der Dreiecksseiten sind). Damit ist dann

$$L_{pr}(f_A,b)=\{z+au+bv \mid (a,b)\in P \text{ und } a,b\in \mathbb{Q}\}.$$

Da innerhalb des genannten Dreiecks keine Punkte mit ganzzahligen Komponenten enthalten sind, liefern die drei Eckpunkte die Elemente von $L_{nng}(f_A,b)$, also $z+3v$, $z+4v$ und $z+u+5v$. Somit ist

$$L_{nng}(f_A,b)=\{\begin{pmatrix} 0 \\ 3 \\ 0 \\ 1 \end{pmatrix}, \begin{pmatrix} 1 \\ 4 \\ 0 \\ 0 \end{pmatrix}, \begin{pmatrix} 0 \\ 5 \\ 1 \\ 0 \end{pmatrix}\}$$

die Menge der Lösungen mit nicht-negativen ganzzahligen Komponenten von $(f_A,b)$.

3. Da die Menge $L_{pg}(f_A,b)$ der positiven ganzzahligen Lösungen von $(f_A,b)$ einerseits eine Teilmenge von $L_{nng}(f_A,b)$ sein muß und andererseits die drei Elemente von $L_{nng}(f_A,b)$ jeweils zweimal die Komponente 0 enthalten, gilt $L_{pg}(f_A,b)=\emptyset$.

Man kann diesen Sachverhalt aber schon an der Matrix $(A,b)$ selbst erkennen, denn mit 1 als kleinster positiver ganzer Zahl ist $3\cdot 1+1\cdot 1+2\cdot 1+4\cdot 1=10>7$ (und $4\cdot 1+1\cdot 1+3\cdot 1+5\cdot 1=13>8$).

4. Unter Verwendung der Menge $L_{pr}(f_A,b)$ in Teil 2 sind zu dieser Menge alle Paare der Form $(\frac{1}{4},b)$, $(\frac{1}{2},b)$ und $(\frac{3}{4},b)$ gesucht, die Elemente von $L_{pr}(f_A,b)$ liefern:

Wegen $\frac{14}{4}=f(\frac{1}{4})<b<g(\frac{1}{4})=\frac{17}{4}$ sind das zunächst die beiden Paare $(\frac{1}{4},\frac{15}{4})$ und $(\frac{1}{4},\frac{16}{4})$, wegen der weiteren Bedingung $\frac{16}{4}=f(\frac{2}{4})<b<g(\frac{2}{4})=\frac{18}{4}$ kommt noch das Paar $(\frac{2}{4},\frac{17}{4})$ hinzu. Hingegen liefert die Bedingung $\frac{18}{4}=f(\frac{3}{4})<b<g(\frac{3}{4})=\frac{19}{4}$ kein solches Paar.

Somit liefert die in der Aufgabe gestellte Frage die drei Lösungen

$$\begin{pmatrix} -3 \\ 0 \\ 0 \\ 4 \end{pmatrix} + \frac{1}{4}\begin{pmatrix} -2 \\ 0 \\ 1 \\ 1 \end{pmatrix} + \frac{15}{4}\begin{pmatrix} 1 \\ 1 \\ 0 \\ -1 \end{pmatrix} = \frac{1}{4}\begin{pmatrix} 1 \\ 15 \\ 1 \\ 2 \end{pmatrix},$$

$$\begin{pmatrix} -3 \\ 0 \\ 0 \\ 4 \end{pmatrix} + \frac{1}{4}\begin{pmatrix} -2 \\ 0 \\ 1 \\ 1 \end{pmatrix} + \frac{16}{4}\begin{pmatrix} 1 \\ 1 \\ 0 \\ -1 \end{pmatrix} = \frac{1}{4}\begin{pmatrix} 2 \\ 16 \\ 1 \\ 1 \end{pmatrix} \quad \text{und}$$

$$\begin{pmatrix} -3 \\ 0 \\ 0 \\ 4 \end{pmatrix} + \frac{2}{4}\begin{pmatrix} -2 \\ 0 \\ 1 \\ 1 \end{pmatrix} + \frac{17}{4}\begin{pmatrix} 1 \\ 1 \\ 0 \\ -1 \end{pmatrix} = \frac{1}{4}\begin{pmatrix} 1 \\ 17 \\ 2 \\ 1 \end{pmatrix}.$$

**A4.623.05:** Franz hatte sich endlich entschlossen – seiner Gesundheit und auch den neuen Gardinen zuliebe – sich das Rauchen abzugewöhnen. Allerdings, so hatte er schon geahnt, war das jedoch nicht ohne Genußmittelersatz zu bewerkstelligen, es mußten also entsprechende Einkäufe vorgenommen werden:

Er kaufte fünf kleine Tüten Sahnebonbons (die echten, die der Großvater schon genascht hatte), fünf Großpackungen Kaugummi und drei Tafeln allerfeinste Schokolade: alles zusammen für 36 WE.

Schneller als vermutet war dieser Vorrat aufgebraucht und der allerletzte Bonbon gelutscht. Franz mußte wieder einkaufen und zwar zu denselben Einzelpreisen sieben Tüten Bonbons, zehn Pakete Kaugummi und fünf Tafeln Schokolade, wofür er insgesamt 58 WE bezahlte.

1. Erstellen Sie aus den genannten Daten ein lineares Gleichungssystem der Form $(f_A, b)$ über einer geeigneten Funktion $f_A$, das die Einzelpreise zu berechnen gestattet.
2. Ermitteln Sie eine Gauß-Jordan-Form der zugehörigen erweiterten Matrix $(A, b)$.
3. Begründen Sie die Lösbarkeit des linearen Gleichungssystems anhand dafür geeigneter Matrizen.
4. Berechnen Sie die Lösungsmenge $L(f_A, b)$ des linearen Gleichungssystems $(f_A, b)$.
5. Berechnen Sie die Menge $L^+(f_A, b)$ der Lösungen von $(f_A, b)$ mit positiven Komponenten.
6. Weisen Sie nach, daß $(f_A, b)$ genau eine Lösung mit ganzzahligen positiven Komponenten besitzt und geben Sie diese Lösung an.
7. Ergänzen Sie das in Teil 1 zu erstellende System um einen dritten Einkauf gleicher Dinge, so daß das neue System genau eine Lösung mit positiven Komponenten hat (mit Beweis).

**B4.623.05:** Zur Bearbeitung der Aufgabe im einzelnen:

1. Die zu betrachtende Matrix ist $A = \begin{pmatrix} 5 & 5 & 3 \\ 7 & 10 & 5 \end{pmatrix}$, das zu betrachtende 2-Tupel von Preisen ist $b = \begin{pmatrix} 36 \\ 58 \end{pmatrix}$. Somit sind der $\mathbb{R}$-Homomorphismus $f_A : \mathbb{R}^3 \longrightarrow \mathbb{R}^2$ mit $f_A(x) = A \cdot x$ und das lineare Gleichungssystem $(f_A, b)$ zu untersuchen.

2. Die erweiterte Matrix $(A, b)$ hat das Aussehen $(A, b) = \begin{pmatrix} 5 & 5 & 3 & 36 \\ 7 & 10 & 5 & 58 \end{pmatrix}$ und liefert eine Gauß-Jordan-Matrix $(A^*, b^*) = \begin{pmatrix} 5 & 5 & 3 & 36 \\ 0 & 15 & 4 & 38 \end{pmatrix}$ durch Subtraktion des Siebenfachen der ersten Zeile von dem Fünffachen der zweiten Zeile.

3. Wegen $rang(A) = rang(A^*) = 2$ (wie anhand des Zeilenrangs 2 der Matrix $A^*$ sofort zu sehen ist) ist das zu betrachtende lineare Gleichungssystem $(f_A, b)$ lösbar.

4. Betrachtet man das System $A^* \cdot z = b^*$, dann liefert die Wahl $z_2 = 0$ mit der zweiten Zeile dieses Systems, $15z_2 + 4z_3 = 38$, dann $z_3 = \frac{19}{2}$ und mit der ersten Zeile, $5z_1 + 5z_2 + 3z_3 = 36$, dann $z_1 = \frac{3}{2}$. Somit ist dann $z = \frac{1}{2}\begin{pmatrix} 3 \\ 0 \\ 19 \end{pmatrix}$ eine Lösung des inhomogenen Systems $(f_A, b)$.

Mit dem Dimensions-Satz für endlich-erzeugbare $\mathbb{R}$-Vektorräume (Corollar 4.534.4) gilt die Beziehung $dim_{\mathbb{R}}(Kern(f_A)) = dim_{\mathbb{R}}(\mathbb{R}^3) - rang(A) = 3 - 2 = 1$. Damit hat die Lösungsmenge $L(f_A, b)$ von $(f_A, b)$ dann die Form $L(f_A, b) = z + Kern(f_A) = z + \mathbb{R} \cdot v$ mit einer speziellen Lösung $v$ des zugehörigen homogenen Systems $(f_A, 0)$.

Betrachtet man nun die Matrix $(A^*, 0) = \begin{pmatrix} 5 & 5 & 3 & 0 \\ 0 & 15 & 4 & 0 \end{pmatrix}$ und das homogene System $A^* \cdot v = 0$, so liefert die Wahl $v_2 = 1$ mit $15v_2 + 4v_3 = 0$ dann $v_3 = -\frac{15}{4}$ und mit $5v_1 + 5v_2 + 3v_3$ dann $v_1 = \frac{5}{4}$. Somit ist dann $v = \frac{1}{4}\begin{pmatrix} 5 \\ 4 \\ -15 \end{pmatrix}$ eine Lösung des zugehörigen homogenen Systems $(f_A, 0)$.

Das lineare Gleichungssystem $(f_A, b)$ mit den vorgegebenen Daten hat somit die Lösungsmenge

$$L(f_A, b) = \frac{1}{2}\begin{pmatrix} 3 \\ 0 \\ 19 \end{pmatrix} + \mathbb{R} \cdot \begin{pmatrix} 5 \\ 4 \\ -15 \end{pmatrix}.$$

5. Sollen die Komponenten der Lösungen $\frac{1}{2}\begin{pmatrix}3\\0\\19\end{pmatrix}+r\cdot\begin{pmatrix}5\\4\\-15\end{pmatrix}=\begin{pmatrix}\frac{3}{2}+5r\\4r\\\frac{19}{2}-15r\end{pmatrix}$ mit $r\in\mathbb{R}$ positiv sein, dann muß $r$ so gewählt werden, daß $\frac{3}{2}+5r>0$, $4r>0$ und $\frac{19}{2}-15r>0$ gilt. Diese drei Ungleichungen liefern die äquivalenten Bedingungen $r>-\frac{3}{10}$, $r>0$ sowie $r<\frac{19}{30}$. Damit ist dann $L^+(f_A,b)=\{\begin{pmatrix}\frac{3}{2}+5r\\4r\\\frac{19}{2}-15r\end{pmatrix}\mid 0<r<\frac{19}{30}\}$ die Menge aller positiven Lösungen des Gleichungssystems.

6. Soll beispielsweise die erste Komponente einer Lösung aus $L^+(f_A,b)$ ganzzahlig sein, soll also die Bedingung $\frac{3}{2}+5r\in\mathbb{N}$ gelten, dann muß $r$ die Form $r=\frac{a}{2}$ haben. Wegen der Bedingung $0<r=\frac{a}{2}<\frac{19}{30}$ muß dabei aber $a=1$, also $r=\frac{1}{2}$ sein. Folglich liefert $r=\frac{1}{2}$ die einzige Lösung des Gleichungssystems mit positiven ganzzahligen Komponenten, nämlich das Tripel $\begin{pmatrix}4\\2\\2\end{pmatrix}$.

7. Betrachtet man nun in Teil 2 die zweite Zeile von $(A,b)$, also $\begin{pmatrix}7&10&5&58\end{pmatrix}$, und legt als neue dritte Zeile dann die Zeile $\begin{pmatrix}7&10&1&50\end{pmatrix}$ fest, so entsteht durch Substraktion dieser Zeile von jener Zeile die Matrix

$$(B^*,c^*)=\begin{pmatrix}5&5&3&36\\0&15&4&38\\0&0&4&8\end{pmatrix}$$

mit $rang(B)=rang(B^*)=3$. Somit ist $Kern(f_B)=0$ und $(f_B,c)$ besitzt die einzige Lösung $z$ aus Aufgabenteil 4.

**A4.623.06:** Beweisen Sie die Äquivalenz der Aussagen in Bemerkung 4.614.6: Für lineare Gleichungssysteme $(f_A,b)$ über $\mathbb{R}$-linearen Funktionen $f_A:\mathbb{R}^n\longrightarrow\mathbb{R}^m$ und Matrizen $A\in Mat(m,n,\mathbb{R})$ sind die jeweils untereinander stehenden Aussagen äquivalent sind:

| | | | |
|---|---|---|---|
| $a_1$) | Für jedes Element $b\in Bild(f_A)$ hat $(f_A,b)$ genau eine Lösung | $b_1$) | Es gibt ein Element $b\in Bild(f_A)$, für das $(f_A,b)$ unendlich viele Lösungen hat |
| $a_2$) | $f_A$ ist injektiv | $b_2$) | $f_A$ ist nicht injektiv |
| $a_3$) | $Kern(f_A)=0$ | $b_3$) | $Kern(f_A)\neq 0$ |
| $a_4$) | $dim_{\mathbb{R}}(Kern(f_A))=0$ | $b_4$) | $dim_{\mathbb{R}}(Kern(f_A))>0$ |
| $a_5$) | $dim_{\mathbb{R}}(\mathbb{R}^n)=n=dim_{\mathbb{R}}(Bild(f_A))$ | $b_5$) | $dim_{\mathbb{R}}(\mathbb{R}^n)=n>dim_{\mathbb{R}}(Bild(f_A))$ |
| $a_6$) | $dim_{\mathbb{R}}(\mathbb{R}^n)=n=rang(A)$ | $b_6$) | $dim_{\mathbb{R}}(\mathbb{R}^n)=n>rang(A)$ |

**B4.623.06:** Aus logischen Gründen braucht nur die Äquivalenz der Aussagen $a_k$) gezeigt zu werden:

$a_1)\Rightarrow a_2)$: Aus $f_A(x)=f_A(z)$ und $f_A(z)=b$ folgt $x,z\in L(f_A,b)$, woraus nach $a_1$) aber $x=z$ folgen muß, somit ist $f_A$ injektiv.

$a_2)\Rightarrow a_1)$: Ist $f_A$ injektiv, dann liefert $x\neq z$ auch $f_A(x)\neq f_A(z)$, also sind die Mengen $L(f_A,b)$ stets einelementig.

$a_2)\Leftrightarrow a_3)$: Diese Äquivalenz gilt schon bei Gruppem.

$a_3)\Leftrightarrow a_4)$: ist klar.

$a_4)\Leftrightarrow a_5)$: Diese Äquivalenz folgt aus dem Dimensions-Satz (Corollar 4.534.4).

$a_5)\Leftrightarrow a_6)$: Diese Äquivalenz beruht auf $rang(f)=dim_{\mathbb{R}}(Bild(f_A))$.

*Anmerkung:* Man kann die Äquivalenz $a_1)\Leftrightarrow a_3)$ auch direkt zeigen:

$a_1)\Rightarrow a_3)$: Ist $x\in Kern(f_A)$, dann gilt $f_A(x)=0$. Da wegen der $\mathbb{R}$-Linearität von $f_A$ aber auch $f_A(0)=0$ gilt, liefert die Voraussetzung $x=0$, also ist $Kern(f_A)=0$.

$a_3)\Rightarrow a_1)$: Für Elemente $x,z\in L(f_A,b)$ gilt $f_A(x)=b$ und $f_A(z)=b$, woraus die $\mathbb{R}$-Linearität von $f_A$ dann $f_A(x-z)=f_A(x)-f_A(z)=0$, mit der Voraussetzung also $x-z\in Kern(f_A)=0$ liefert. Somit ist $x-z=0$, also $x=z$.

**A4.630.01:** Betrachten Sie einerseits (in gewohnter Form) eine $\mathbb{R}$-lineare Funktion $f_C : \mathbb{R}^2 \longrightarrow \mathbb{R}^3$ mit der Vorschrift $f_C(x) = Cx$ (Linksmultiplikation mit einer $(3,2)$-Matrix $C$) und andererseits die $\mathbb{R}$-lineare Funktion $f_{C^t} : \mathbb{R}^2 \longrightarrow \mathbb{R}^3$ mit $f_{C^t}(x^t) = x^tC^t$ (Rechtsmultiplikation mit der $(2,3)$-Matrix $C^t$). (Man beachte, daß hier die Transpositionszeichen gegenüber Beispiel 4.630.2 vertauscht sind.)

1. Welcher Zusammenhang besteht zwischen beiden Funktionen?
2. Welcher Zusammenhang besteht zwischen linearen Gleichungssystemen über $f_C$ und $f_{C^t}$ ?

**B4.630.01:** Zunächst eine Berechnung von Funktionswerten:

$$f_C(x) = Cx = \begin{pmatrix} c_{11} & c_{12} \\ c_{21} & c_{22} \\ c_{31} & c_{32} \end{pmatrix} \cdot \begin{pmatrix} x_1 \\ x_2 \end{pmatrix} = \begin{pmatrix} c_{11}x_1 + c_{12}x_2 \\ c_{21}x_1 + c_{22}x_2 \\ c_{31}x_1 + c_{32}x_2 \end{pmatrix}$$

$$f_{C^t}(x^t) = x^tC^t = \begin{pmatrix} x_1 & x_2 \end{pmatrix} \cdot \begin{pmatrix} c_{11} & c_{21} & c_{31} \\ c_{12} & c_{22} & c_{32} \end{pmatrix} = \begin{pmatrix} c_{11}x_1 + c_{12}x_2 & c_{21}x_1 + c_{22}x_2 & c_{31}x_1 + c_{32}x_2 \end{pmatrix}$$

1. Der Zusammenhang zwischen den beiden Funktionen $f_C$ und $f_{C^t}$ läßt sich durch die beiden Beziehungen $(f_{C^t}(x^t))^t = (x^tC^t)^t = C^{tt}x^{tt} = Cx = f_C(x)$ und $(f_C(x))^t = f_{C^t}(x^t)$ kennzeichnen.

2. Der Zusammenhang zwischen linearen Gleichungssystemen über $f_C$ und $f_{C^t}$ läßt sich folgendermaßen beschreiben: Ein Element $x$ ist genau dann Lösung von $(f_C, b)$, wenn $x^t$ Lösung von $(f_{C^t}, b^t)$ ist.

*Anmerkung:* Die genannten Sachverhalte gelten naheliegenderweise für beliebige Exponenten $n, m \in \mathbb{N}$.

**A4.630.02:** In einem zweistufigen Produktionsprozeß werden aus zwei Sorten elektronischer Grund-Gatter $G_1$ und $G_2$ Module der Sorten $Z_1$, $Z_2$ und $Z_3$ zusammengesetzt. Aus diesen Zwischenbausteinen werden dann anschließend Meßgeräte $E_1$ und $E_2$ montiert. Den dabei benötigten Materialbedarf zeigt die nebenstehende Skizze.

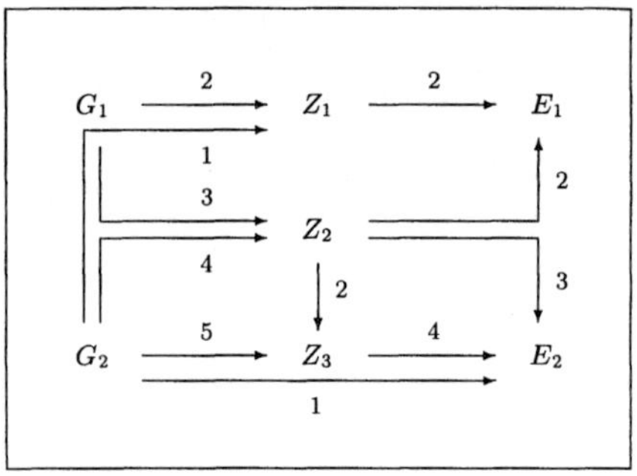


Es sollen nun täglich 120 Meßgeräte der Sorte $E_1$ und 80 Meßgeräte der Sorte $E_2$, ferner für Ersatzteillieferungen 4 Module der Sorte $Z_1$ und 5 Module der Sorte $Z_3$ produziert werden. In welchen Stückzahlen werden die Grund-Gatter dazu benötigt?

**B4.630.02:** Unter Berücksichtigung des Pfeiles $Z_2 \xrightarrow{2} Z_3$ ist zunächst

$$G_Z = \begin{pmatrix} 2 & 3 & 0 \\ 1 & 4 & 5 \end{pmatrix} + \begin{pmatrix} 0 & 2\cdot 3 & 0 \\ 0 & 2\cdot 4 & 0 \end{pmatrix} = \begin{pmatrix} 2 & 9 & 0 \\ 1 & 12 & 5 \end{pmatrix}.$$

Unter Berücksichtigung des Pfeiles $G_2 \xrightarrow{1} E_2$ ist mit

$$Z = \begin{pmatrix} 0 & 0 \\ 0 & 1 \end{pmatrix} \text{ dann } G_E + Z = G_ZZ_E + Z = \begin{pmatrix} 2 & 9 & 0 \\ 1 & 12 & 5 \end{pmatrix} \cdot \begin{pmatrix} 2 & 0 \\ 2 & 3 \\ 0 & 4 \end{pmatrix} + \begin{pmatrix} 0 & 0 \\ 0 & 1 \end{pmatrix} = \begin{pmatrix} 22 & 27 \\ 25 & 57 \end{pmatrix}.$$

Stellt man nun die Bestellung der Meßgeräte der beiden Sorten als 2-Tupel $m$ dar, dann gilt

$$(G_E + Z)m = \begin{pmatrix} 22 & 27 \\ 25 & 57 \end{pmatrix} \cdot \begin{pmatrix} 120 \\ 80 \end{pmatrix} = \begin{pmatrix} 4800 \\ 8560 \end{pmatrix}.$$

Die Zusatzbestellung der 4 Module der Sorte $Z_1$ (Ersatzteile) liefert

$$\begin{pmatrix} 2 & 3 \\ 1 & 4 \end{pmatrix} \cdot \begin{pmatrix} 4 \\ 0 \end{pmatrix} = \begin{pmatrix} 8 \\ 4 \end{pmatrix}.$$

Die Zusatzbestellung der 5 Module der Sorte $Z_3$ (Ersatzteile) liefert

$$\begin{pmatrix} 2 & 0 \\ 1 & 5 \end{pmatrix} \cdot \begin{pmatrix} 0 \\ 5 \end{pmatrix} + \begin{pmatrix} 2 & 3 \\ 1 & 4 \end{pmatrix} \cdot \begin{pmatrix} 0 \\ 2 \cdot 5 \end{pmatrix} = \begin{pmatrix} 0 \\ 25 \end{pmatrix} + \begin{pmatrix} 30 \\ 40 \end{pmatrix}.$$

Somit werden für die gesamte Bestellung $4800+8+30 = 4838$ Gatter der Sorte 1 und $8560+4+65 = 8629$ Gatter der Sorte 2 benötigt.

**A4.630.03:** Ein Betrieb stellt aus drei Rohprodukten $R_1$, $R_2$ und $R_3$ und Zwischenprodukten $Z_1$ und $Z_2$ die beiden Endprodukte $E_1$ und $E_2$ her. Der Bedarf an Teilen ist in folgender Skizze angegeben. Auf Lager liegen 1000 Stück der Sorte $R_1$, 1200 Stück der Sorte $R_2$ und 3800 Stück der Sorte $R_3$.

Es liegen nun die in der Tabelle genannten drei Kundenaufträge vor. Welcher dieser Aufträge läßt sich mit den vorhandenen Lagerbeständen realisieren? Berechnen Sie gegebenenfalls Fehlbestände.

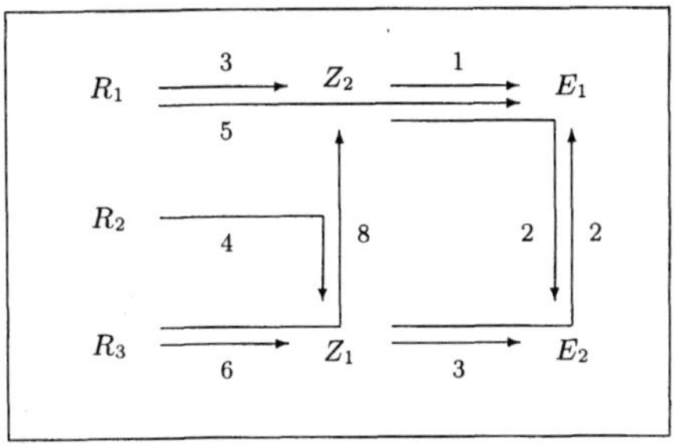


| | Auftrag 1 | Auftrag 2 | Auftrag 3 |
|---|---|---|---|
| $E_1$ | 50 | 60 | 20 |
| $E_2$ | 80 | 60 | 100 |
| $Z_1$ | 10 | 0 | 0 |
| $Z_2$ | 5 | 10 | 0 |
| $R_1$ | 0 | 50 | 0 |
| $R_2$ | 0 | 0 | 10 |
| $R_3$ | 15 | 100 | 5 |

**B4.630.03:** Zunächst zeigt die Matrix $R_E$ die Anzahlen der Rohprodukte für die Endprodukte:

$$R_E = R_Z \cdot Z_E = \begin{pmatrix} 0 & 3 \\ 4 & 0 \\ 6 & 8 \end{pmatrix} \cdot \begin{pmatrix} 2 & 3 \\ 1 & 2 \end{pmatrix} = \begin{pmatrix} 3 & 6 \\ 8 & 12 \\ 20 & 34 \end{pmatrix}.$$

Auftrag 1: Anzahlen Rohprodukte für Endprodukte: $R_E \cdot m = \begin{pmatrix} 3 & 6 \\ 8 & 12 \\ 20 & 34 \end{pmatrix} \cdot \begin{pmatrix} 50 \\ 80 \end{pmatrix} = \begin{pmatrix} 630 \\ 1360 \\ 3720 \end{pmatrix}.$

Auftrag 1: Anzahlen Rohprodukte für Zwischenprodukte $Z_1$: $R_Z \cdot \begin{pmatrix} 10 \\ 0 \end{pmatrix} = \begin{pmatrix} 0 & 3 \\ 4 & 0 \\ 6 & 8 \end{pmatrix} \cdot \begin{pmatrix} 10 \\ 0 \end{pmatrix} = \begin{pmatrix} 0 \\ 40 \\ 60 \end{pmatrix}.$

Auftrag 1: Anzahlen Rohprodukte für Zwischenprodukte $Z_2$: $R_Z \cdot \begin{pmatrix} 0 \\ 5 \end{pmatrix} = \begin{pmatrix} 0 & 3 \\ 4 & 0 \\ 6 & 8 \end{pmatrix} \cdot \begin{pmatrix} 0 \\ 5 \end{pmatrix} = \begin{pmatrix} 15 \\ 0 \\ 40 \end{pmatrix}.$

Auftrag 2: Anzahlen Rohprodukte für Endprodukte: $R_E \cdot m = \begin{pmatrix} 3 & 6 \\ 8 & 12 \\ 20 & 34 \end{pmatrix} \cdot \begin{pmatrix} 60 \\ 60 \end{pmatrix} = \begin{pmatrix} 540 \\ 1200 \\ 3240 \end{pmatrix}.$

Auftrag 2: Anzahlen Rohprodukte für Zwischenprodukte $Z_2$: $R_Z \cdot \begin{pmatrix} 0 \\ 10 \end{pmatrix} = \begin{pmatrix} 0 & 3 \\ 4 & 0 \\ 6 & 8 \end{pmatrix} \cdot \begin{pmatrix} 0 \\ 10 \end{pmatrix} = \begin{pmatrix} 30 \\ 0 \\ 80 \end{pmatrix}.$

Auftrag 3: Anzahlen Rohprodukte für Endprodukte: $R_E \cdot m = \begin{pmatrix} 3 & 6 \\ 8 & 12 \\ 20 & 34 \end{pmatrix} \cdot \begin{pmatrix} 20 \\ 100 \end{pmatrix} = \begin{pmatrix} 660 \\ 1360 \\ 3800 \end{pmatrix}.$

Die folgende Tabelle zeigt alle Anzahlen im Überblick, woraus sofort zu den nicht erfüllbaren Aufträgen 1 und 3 die jeweiligen Fehlbestände errechnet werden können:

| | Bestand | Auftrag 1 | Auftrag 2 | Auftrag 3 |
|---|---|---|---|---|
| $R_1$ | 1000 | $630+0+15+0=645$ | $540+30+50=620$ | $660+0=660$ |
| $R_2$ | 1200 | $1360+40+0+0=1400$ | $1200+0+0=1200$ | $1360+10=1370$ |
| $R_3$ | 3800 | $3720+60+40+15=3835$ | $3240+80+100=3420$ | $3800+5=3805$ |
| Auftrag | | nicht erfüllbar | erfüllbar | nicht erfüllbar |

**A4.630.04:** Ein Betrieb stellt aus drei Grundprodukten $R_1$, $R_2$ und $R_3$ und vier Zwischenprodukten $Z_1$, $Z_2$, $Z_3$ und $Z_4$ die drei Endprodukte $E_1$, $E_2$ und $E_3$ her. Die Anzahlen der benötigten Mengeneinheiten (Teile) für die Konstruktion von Zwischen- und Endprodukten zeigen die folgenden Matrizen. Nun liegt ein in der Tabelle im einzelnen spezifizierter Auftrag (Bestellung) mit Anzahlen vor:

$$R_Z = \begin{pmatrix} 22 & 13 & 0 & 10 \\ 10 & 14 & 15 & 10 \\ 12 & 12 & 4 & 10 \end{pmatrix} \qquad Z_E = \begin{pmatrix} 60 & 50 & 30 \\ 10 & 15 & 15 \\ 80 & 90 & 10 \\ 20 & 100 & 80 \end{pmatrix}$$

| | | |
|---|---|---|
| $Z_1 : 10$ | $Z_2 : 20$ | $Z_3 : 50$ |
| $E_1 : 100$ | $E_2 : 200$ | $E_3 : 150$ |

1. Welche Anzahlen von Rohprodukten werden für die Herstellung der Endprodukte benötigt?
2. Welche Anzahlen von Rohprodukten werden für die Herstellung der Zwischenprodukte benötigt?
3. Welche Anzahlen von Rohprodukten und Zwischenprodukten werden insgesamt benötigt?
4. Berechnen Sie $R_Z(Z_E E + Z)$ und bestätigen Sie $R_E E + R_Z Z = R_Z(Z_E E + Z)$.

**B4.630.04:** Zur Bearbeitung der Aufgabe im einzelnen:

1. Mit $E = \begin{pmatrix} 100 \\ 200 \\ 150 \end{pmatrix}$ ist $R_E \cdot E = (R_Z \cdot Z_E) \cdot E = \begin{pmatrix} 1650 & 2295 & 1655 \\ 2140 & 3060 & 1455 \\ 1360 & 2140 & 1380 \end{pmatrix} \cdot \begin{pmatrix} 100 \\ 200 \\ 150 \end{pmatrix} = \begin{pmatrix} 872250 \\ 1044250 \\ 771000 \end{pmatrix}$,

das heißt, zur Herstellung von insgesamt 450 Einheiten der drei Endprodukte in der Verteilung $E$ werden 872250 Einheiten des Grundprodukts $R_1$, 1044250 Einheiten des Grundprodukts $R_2$ und 771000 Einheiten des Grundprodukts $R_3$ benötigt.

2. Mit $Z = \begin{pmatrix} 10 \\ 20 \\ 50 \\ 0 \end{pmatrix}$ ist $R_Z \cdot Z = \begin{pmatrix} 22 & 13 & 0 & 10 \\ 10 & 14 & 15 & 10 \\ 12 & 12 & 4 & 10 \end{pmatrix} \cdot \begin{pmatrix} 10 \\ 20 \\ 50 \\ 0 \end{pmatrix} = \begin{pmatrix} 480 \\ 1130 \\ 680 \end{pmatrix} = Z^*$, das heißt, zur Herstellung von insgesamt 80 Einheiten der drei Zwischenprodukte in der Verteilung $Z$ werden 480 Einheiten des Grundprodukts $R_1$, 1130 Einheiten des Grundprodukts $R_2$ und 680 Einheiten des Grundprodukts $R_3$ benötigt.

3a) Zur Erfüllung des Auftrags werden mit $R_E E + R_Z Z$ insgesamt 872730 Einheiten des Grundprodukts $R_1$, 1045380 Einheiten des Grundprodukts $R_2$ und 771680 Einheiten des Grundprodukts $R_3$ benötigt.

3b) Neben den in dem Auftrag genannten Anzahlen für die drei Zwischenprodukte $Z_1$ (10), $Z_2$ (20) und $Z_3$ (50) sind in den bestellten Endprodukten mit $Z_E E = \begin{pmatrix} 20500 \\ 6250 \\ 27500 \\ 34000 \end{pmatrix}$ folgende Anzahlen von Zwischenprodukten enthalten: 20500 der Sorte $Z_1$, 6250 der Sorte $Z_2$, 27500 der Sorte $Z_3$ und 34000 der Sorte $Z_4$.

4. Es gilt einerseits $R_E E + R_Z Z = \begin{pmatrix} 872250 \\ 1044250 \\ 771000 \end{pmatrix} + \begin{pmatrix} 480 \\ 1130 \\ 680 \end{pmatrix} = \begin{pmatrix} 872730 \\ 1045380 \\ 771680 \end{pmatrix}$ und andererseits gilt gleichfalls $R_Z(Z_E E + Z) = \begin{pmatrix} 22 & 13 & 0 & 10 \\ 10 & 14 & 15 & 10 \\ 12 & 12 & 4 & 10 \end{pmatrix} \cdot ( \begin{pmatrix} 60 & 50 & 30 \\ 10 & 15 & 15 \\ 80 & 90 & 10 \\ 20 & 100 & 80 \end{pmatrix} \cdot \begin{pmatrix} 100 \\ 200 \\ 150 \end{pmatrix} + \begin{pmatrix} 10 \\ 20 \\ 50 \\ 0 \end{pmatrix} ) =$

$$\begin{pmatrix} 22 & 13 & 0 & 10 \\ 10 & 14 & 15 & 10 \\ 12 & 12 & 4 & 10 \end{pmatrix} \cdot \left( \begin{pmatrix} 20500 \\ 6250 \\ 27500 \\ 34000 \end{pmatrix} + \begin{pmatrix} 10 \\ 20 \\ 50 \\ 0 \end{pmatrix} \right) = \begin{pmatrix} 22 & 13 & 0 & 10 \\ 10 & 14 & 15 & 10 \\ 12 & 12 & 4 & 10 \end{pmatrix} \cdot \begin{pmatrix} 20510 \\ 6270 \\ 27550 \\ 34000 \end{pmatrix} = \begin{pmatrix} 872730 \\ 1045380 \\ 771680 \end{pmatrix}.$$

**A4.630.05:** Bei der in Aufgabe A4.630.04 beschriebenen Produktion erweist sich zur Montage der Zwischenprodukte $Z_1$, $Z_2$, $Z_3$ und $Z_4$ die Produktion von Zwischenprodukten $Y_1$, $Y_2$, $Y_3$ und $Y_4$ als günstig (womit $R_Z$ dann in $R_Y$ umzubennen ist). Geben Sie eine geeignete Verflechtungs-Matrix $Y_Z$ an und berechnen Sie die Antworten zu den in der genannten Aufgabe gestellten Fragen 1 und 2 mit dem um $(Y_1, Y_3) = (20, 40)$ erweiterten Auftrag.

**B4.630.05:** Im folgenden werden mit der angebenenen Matrix $Y_Z$ zunächst die beiden anschließend verwendeten Produkte $R_Z = R_Y \cdot Y_Z$ und $R_E = R_Z \cdot Z_E = R_Y \cdot Y_Z \cdot Z_E$ berechnet:

$$R_Z = R_Y \cdot Y_Z = \begin{pmatrix} 22 & 13 & 0 & 10 \\ 10 & 14 & 15 & 10 \\ 12 & 12 & 4 & 10 \end{pmatrix} \cdot \begin{pmatrix} 2 & 0 & 2 & 4 \\ 1 & 2 & 4 & 4 \\ 2 & 1 & 0 & 2 \\ 4 & 4 & 1 & 1 \end{pmatrix} = \begin{pmatrix} 97 & 66 & 106 & 150 \\ 104 & 83 & 86 & 136 \\ 84 & 68 & 82 & 114 \end{pmatrix}$$

$$R_E = R_Z \cdot Z_E = \begin{pmatrix} 97 & 66 & 106 & 150 \\ 104 & 83 & 86 & 136 \\ 84 & 68 & 82 & 114 \end{pmatrix} \cdot \begin{pmatrix} 60 & 50 & 30 \\ 10 & 15 & 15 \\ 80 & 90 & 10 \\ 20 & 100 & 80 \end{pmatrix} = \begin{pmatrix} 17960 & 30380 & 16960 \\ 16670 & 27785 & 16105 \\ 14560 & 24000 & 13480 \end{pmatrix}$$

1\. Mit $E = \begin{pmatrix} 100 \\ 200 \\ 150 \end{pmatrix}$ ist $R_E \cdot E = \begin{pmatrix} 17960 & 30380 & 16960 \\ 16670 & 27785 & 16105 \\ 14560 & 24000 & 13480 \end{pmatrix} \cdot \begin{pmatrix} 100 \\ 200 \\ 150 \end{pmatrix} = \begin{pmatrix} 10416000 \\ 9939750 \\ 8278000 \end{pmatrix} = E^*$, das heißt, zur Herstellung von insgesamt 450 Einheiten der drei Endprodukte in der Verteilung $E$ werden 10416000 Einheiten des Grundprodukts $R_1$, 9939750 Einheiten des Grundprodukts $R_2$ und 8278000 Einheiten des Grundprodukts $R_3$ benötigt.

2a) Mit $Y = \begin{pmatrix} 20 \\ 0 \\ 30 \\ 0 \end{pmatrix}$ ist $R_Y \cdot Y = \begin{pmatrix} 22 & 13 & 0 & 10 \\ 10 & 14 & 15 & 10 \\ 12 & 12 & 4 & 10 \end{pmatrix} \cdot \begin{pmatrix} 20 \\ 0 \\ 30 \\ 0 \end{pmatrix} = \begin{pmatrix} 440 \\ 650 \\ 360 \end{pmatrix} = Y^*$, das heißt, zur Herstellung von insgesamt 50 Einheiten der beiden Zwischenprodukte in der Verteilung $Y$ werden 440 Einheiten des Grundprodukts $R_1$, 650 Einheiten des Grundprodukts $R_2$ und 360 Einheiten des Grundprodukts $R_3$ benötigt.

2b) Mit $Z = \begin{pmatrix} 10 \\ 20 \\ 50 \\ 0 \end{pmatrix}$ ist $R_Z \cdot Z = \begin{pmatrix} 97 & 66 & 106 & 150 \\ 104 & 83 & 86 & 136 \\ 84 & 68 & 82 & 114 \end{pmatrix} \cdot \begin{pmatrix} 10 \\ 20 \\ 50 \\ 0 \end{pmatrix} = \begin{pmatrix} 7590 \\ 7000 \\ 6300 \end{pmatrix} = Z^*$, das heißt, zur Herstellung von insgesamt 80 Einheiten der drei Zwischenprodukte in der Verteilung $Z$ werden 7590 Einheiten des Grundprodukts $R_1$, 7000 Einheiten des Grundprodukts $R_2$ und 6300 Einheiten des Grundprodukts $R_3$ benötigt.

**A4.630.06:** In einer kleineren Stadt erscheinen zwei Tageszeitungen $Z_1$ und $Z_2$. Durch das Übergangsverhalten der Käufer, die von einem Tag zum anderen entweder die Zeitung wechseln oder zu Nichtkäufern werden, können sich die Marktanteile im Lauf der Zeit ändern. Kennt man das (oft konstante) Übergangsverhalten, so kann man Erkenntnisse über die Marktentwicklung gewinnen.

Die folgenden Angaben beziehen sich auf die Gesamtanzahl der Personen in der betrachteten Stadt: Am Montag kaufen 24% die Zeitung $Z_1$, 39% die Zeitung $Z_2$ und 37% keine der beiden Zeitungen. Das Übergangsverhalten von Sonntag zu Montag mit Nichtkäufern $N$ zeigt die folgende Tabelle:

| | | |
|---|---|---|
| von $Z_1$ nach $Z_1$: 40% | von $Z_1$ nach $Z_2$: 30% | von $Z_1$ nach $N$: 30% |
| von $Z_2$ nach $Z_1$: 20% | von $Z_2$ nach $Z_2$: 60% | von $Z_2$ nach $N$: 20% |
| von $Z_3$ nach $Z_1$: 20% | von $Z_2$ nach $Z_3$: 30% | von $Z_3$ nach $N$: 50% |

Berechnen Sie die Markanteile der beiden Zeitungen für Sonntag.

**B4.630.06:** Zu der durch die Tabelle gelieferten Übergangs-Matrix

$$C = \begin{pmatrix} 40\% & 30\% & 30\% \\ 20\% & 60\% & 20\% \\ 20\% & 30\% & 50\% \end{pmatrix} \text{ und der Montags-Anteile } m = \begin{pmatrix} 24\% & 39\% & 37\% \end{pmatrix}$$

ist eine $(1,3)$-Matrix $x = \begin{pmatrix} x_1 & x_2 & x_3 \end{pmatrix}$ als Lösung des linearen Gleichungssystems $x \cdot C = m$ gesucht. Multipliziert man des leichteren Rechnens halber die Koeffizienten von $C$ mit 10 und die Komponenten von $m$ mit 100 (und behält $x$ bei), so hat dieses lineare Gleichungssystem die Darstellung:

$$x \cdot C = \begin{pmatrix} x_1 & x_2 & x_3 \end{pmatrix} \cdot \begin{pmatrix} 4 & 3 & 3 \\ 2 & 6 & 2 \\ 2 & 3 & 5 \end{pmatrix} = \begin{pmatrix} 24 & 39 & 37 \end{pmatrix} = m$$

Unter Verwendung der transponierten Übergangs-Matrix ist dann das lineare Gleichungssystem $(f_{C^t}, m)$ zu untersuchen, also das 3-Tupel $x^t$ mit

$$f_{C^t}(x^t) = C^t \cdot x^t = \begin{pmatrix} 4 & 2 & 2 \\ 3 & 6 & 3 \\ 3 & 2 & 5 \end{pmatrix} \cdot \begin{pmatrix} x_1 \\ x_2 \\ x_3 \end{pmatrix} = \begin{pmatrix} 24 \\ 39 \\ 37 \end{pmatrix} = m^t$$

zu suchen. Die dabei eindeutig existierende Lösung $x$ läßt sich unter Verwendung der im folgenden enthaltenen Gauß-Jordan-Matrix $((C^t)^*, (m^t)^*)$ der erweiterten Matrix $(C^t, m^t)$ ablesen, mit der gilt:

$$(C^t)^* \cdot x^t = \begin{pmatrix} 4 & 2 & 2 \\ 0 & 6 & 2 \\ 0 & 0 & 5 \end{pmatrix} \cdot \begin{pmatrix} x_1 \\ x_2 \\ x_3 \end{pmatrix} = \begin{pmatrix} 24 \\ 28 \\ 25 \end{pmatrix} = (m^t)^*.$$

Diese Darstellung liefert zunächst $x_3 = 5$, damit dann $x_2 = 3$ und schließlich $x_1 = 2$, woraus nach Division mit 10 dann folgt: Am Sonntag kauften 20% die Zeitung $Z_1$, 30% die Zeitung $Z_2$ und 50% keine der beiden Zeitungen.

**A4.630.07:** Bei der heutigen Wahl haben 27,5% die Partei $P_1$, 41% die Partei $P_2$ und 31,5% die Partei $P_3$ gewählt. Welchen Ausgang hatte die Wahl vor vier Jahren, wenn das Übergangsverhalten bezüglich beider Wahlen durch die folgende Tabelle beschrieben ist?

| | | |
|---|---|---|
| von $P_1$ nach $P_1$: 80% | von $P_1$ nach $P_2$: 10% | von $P_1$ nach $P_3$: 10% |
| von $P_2$ nach $P_1$: 10% | von $P_2$ nach $P_2$: 70% | von $P_2$ nach $P_3$: 20% |
| von $P_3$ nach $P_1$: 10% | von $P_2$ nach $P_3$: 30% | von $P_3$ nach $P_3$: 60% |

**B4.630.07:** Zu der durch die Tabelle gelieferten Übergangs-Matrix

$$C = \begin{pmatrix} 80\% & 10\% & 10\% \\ 10\% & 70\% & 20\% \\ 10\% & 30\% & 60\% \end{pmatrix} \text{ und der heutigen Anteile } m = \begin{pmatrix} 27{,}5\% & 41{,}0\% & 31{,}5\% \end{pmatrix}$$

ist eine $(1,3)$-Matrix $x = \begin{pmatrix} x_1 & x_2 & x_3 \end{pmatrix}$ als Lösung des linearen Gleichungssystems $x \cdot C = m$ gesucht. Multipliziert man des leichteren Rechnens halber die Koeffizienten von $C$ mit 10 und die Komponenten von $m$ mit 100 (und behält $x$ bei), so hat dieses lineare Gleichungssystem die Darstellung:

$$x \cdot C = \begin{pmatrix} x_1 & x_2 & x_3 \end{pmatrix} \cdot \begin{pmatrix} 8 & 1 & 1 \\ 1 & 7 & 2 \\ 1 & 3 & 6 \end{pmatrix} = \begin{pmatrix} 275 & 410 & 315 \end{pmatrix} = m$$

Unter Verwendung der transponierten Übergangs-Matrix ist dann das lineare Gleichungssystem $(f_{C^t}, m)$ zu untersuchen, also das 3-Tupel $x^t$ mit

$$f_{C^t}(x^t) = C^t \cdot x^t = \begin{pmatrix} 8 & 1 & 1 \\ 1 & 7 & 3 \\ 1 & 2 & 6 \end{pmatrix} \cdot \begin{pmatrix} x_1 \\ x_2 \\ x_3 \end{pmatrix} = \begin{pmatrix} 275 \\ 410 \\ 315 \end{pmatrix} = m^t$$

zu suchen. Die dabei eindeutig existierende Lösung $x$ läßt sich unter Verwendung der im folgenden enthaltenen Gauß-Jordan-Matrix $((C^t)^*, (m^t)^*)$ der erweiterten Matrix $(C^t, m^t)$ ablesen, mit der gilt:

$$(C^t)^* \cdot x^t = \begin{pmatrix} 8 & 1 & 1 \\ 0 & 55 & 23 \\ 0 & 0 & 56 \end{pmatrix} \cdot \begin{pmatrix} x_1 \\ x_2 \\ x_3 \end{pmatrix} = \begin{pmatrix} 275 \\ 3005 \\ 1960 \end{pmatrix} = (m^t)^*.$$

Diese Darstellung liefert zunächst $x_3 = 35$, damit dann $x_2 = 40$ und schließlich $x_1 = 25$, woraus nach Division durch 100 dann folgt: Bei der Wahl vor vier Jahren haben 25% der Wähler die Partei $P_1$, 40% die Partei $P_2$ und 35% die Partei $P_3$ gewählt.

**A4.630.08:** Betrachten Sie die Situation und die Daten in Beispiel 4.630.2.

1. Welche Anzahlen von Käufern liegen in neun folgenden Wochen bei derselben Übergangs-Matrix vor?
2. Gibt es Tupel $k$ von Käuferanzahlen mit $k = k^*$ ? Wenn ja, welche und wieviele?

**B4.630.08:** Zur Bearbeitung der Aufgabe im einzelnen:

1. Mit der transponierten Übergangs-Matrix $C^t$ in Beispiel 4.630.2 werden für die Wochen 2 bis 10 nacheinander die Produkte $C^tk$, $(C^t)^2k$, $(C^t)^3k$, $(C^t)^4k$, $(C^t)^5k$, ..., allgemein $(C^t)^nk$ für die $(n+1)$-te Woche gebildet, deren Ergebnisse (jeweils mit Komponentensumme 1000) die folgende Tabelle zeigt:

| Woche 1 | Woche 2 | Woche 3 | Woche 4 | Woche 5 | Woche 6 |
|---|---|---|---|---|---|
| $\begin{pmatrix} 500 \\ 200 \\ 300 \end{pmatrix}$ | $\begin{pmatrix} 450 \\ 260 \\ 290 \end{pmatrix}$ | $\begin{pmatrix} 425 \\ 278 \\ 297 \end{pmatrix}$ | $\begin{pmatrix} 412,5 \\ 283,4 \\ 304,1 \end{pmatrix}$ | $\begin{pmatrix} 406,25 \\ 285,02 \\ 308,73 \end{pmatrix}$ | $\begin{pmatrix} 403,125 \\ 285,506 \\ 311,369 \end{pmatrix}$ |

| Woche 7 | Woche 8 | Woche 9 | Woche 10 |
|---|---|---|---|
| $\begin{pmatrix} 401,5625 \\ 285,6518 \\ 312,7857 \end{pmatrix}$ | $\begin{pmatrix} 400,78125 \\ 285,69554 \\ 313,52321 \end{pmatrix}$ | $\begin{pmatrix} 400,390625 \\ 285,708662 \\ 313,900713 \end{pmatrix}$ | $\begin{pmatrix} 400,1953125 \\ 285,7125986 \\ 314,0920889 \end{pmatrix}$ |

2. Die Bedingung $k = k^*$ bedeutet $f_{C^t}(k^t) = C^t \cdot k^t = k^t$ und liefert das lineare Gleichungssystem

$$\begin{aligned} 7k_1 + 2k_2 + 2k_3 &= 10k_1 & \qquad -3k_1 + 2k_2 + 2k_3 &= 0 \\ 2k_1 + 5k_2 + 2k_3 &= 10k_2 & 2k_1 - 5k_2 + 2k_3 &= 0 \\ 1k_1 + 3k_2 + 6k_3 &= 10k_3 & 1k_1 + 3k_2 - 4k_3 &= 0 \end{aligned}$$

Die erweiterte Matrix $(M,0) = \begin{pmatrix} -3 & 2 & 2 & 0 \\ 2 & -5 & 2 & 0 \\ 1 & 3 & -4 & 0 \end{pmatrix}$ des rechts angegebenen Systems liefert eine Gauß-Jordan-Matrix $(M^*,0) = \begin{pmatrix} -3 & 2 & 2 & 0 \\ 0 & -11 & 10 & 0 \\ 0 & 0 & 0 & 0 \end{pmatrix}$, die zeigt, daß $k^t = \begin{pmatrix} 14 \\ 10 \\ 11 \end{pmatrix}$ eine spezielle Lösung des linearen Gleichungssystems $(f_M, 0)$ ist. Die vollständige Lösungsmenge von $(f_M, 0)$ und damit zugleich des linearen Gleichungssystems $(f_{C^t}, k^t)$ ist dann die Menge $L(f_{C^t}, k^t) = L(f_M, 0) = \mathbb{R} \cdot k^t$.

*Anmerkung:* In der Sprache der Funktionen ist $\mathbb{R} \cdot k^t$ die Menge der Fixpunkte von $f_{C^t} : \mathbb{R} \longrightarrow \mathbb{R}$.

**A4.630.09:** Das folgende Problem betrifft die Auslastung von Transport- und Straßennetzen (allgemeiner: Ströme in Netzwerken): Der nebenstehend abgebildete Ausschnitt aus einem Straßennetz zeigt ein System von Einbahnstraßen (mit Pfeilrichtungen). Die Zahlenangaben bezeichnen die stündlichen Durchflußmengen (in 1000 Fahrzeugen pro Stunde).

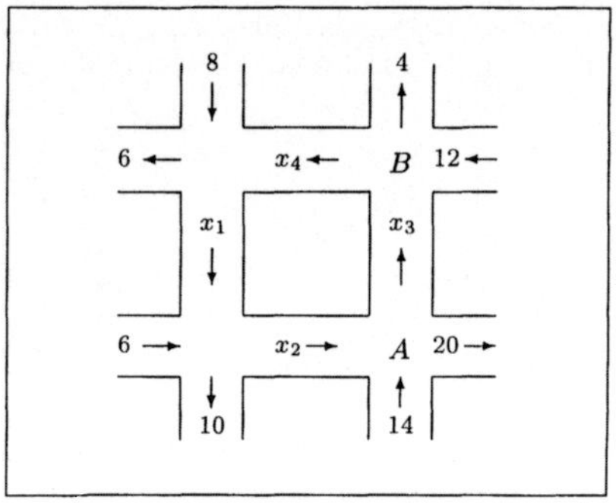


1. Welche Kapazitäten $x_1, x_2, x_3, x_4$ sind im Rahmen der angegebenen Daten überhaupt möglich?
2. Wie groß sind die Kapazitäten $x_1, x_2, x_3, x_4$ zu wählen, so daß ohne Veränderung der angegebenen Durchflußmengen die Straße von $A$ nach $B$ wegen Erneuerung der Fahrbahn geschlossen werden kann?

**B4.630.09:** Betrachtet man nacheinander die Durchfluß-Daten an den vier Kreuzungen, dann liefert jede dieser Kreuzungen eine Bedingung für $x_k$ mit $1 \leq k \leq 4$, nämlich in folgenden Formen:

$$\begin{array}{rcl} 6 + x_1 & = & x_4 + 8 \\ 10 + x_2 & = & x_1 + 6 \\ 20 + x_3 & = & x_2 + 14 \\ 4 + x_4 & = & x_3 + 12 \end{array} \qquad \begin{array}{l} x_1 = x_4 + 2 \\ x_2 = x_1 - 4 \\ x_3 = x_2 - 6 \\ x_4 = x_3 + 8 \end{array} \qquad \begin{array}{l} 1x_1 + 0x_2 + 0x_3 - 1x_4 = 2 \\ 1x_1 - 1x_2 + 0x_3 + 0x_4 = 4 \\ 0x_1 + 1x_2 - 1x_3 + 0x_4 = 6 \\ 0x_1 + 0x_2 + 1x_3 - 1x_4 = -8 \end{array}$$

Betrachtet man zu dem linearen Gleichungssystem in der dritten Version zunächst die erweiterte Matrix mit Bezeichnung $(M, b)$ und eine zugehörige Gauß-Jordan-Matrix $(M^*, b^*)$,

$$(M, b) = \begin{pmatrix} 1 & 0 & 0 & -1 & 2 \\ 1 & -1 & 0 & 0 & 4 \\ 0 & 1 & -1 & 0 & 6 \\ 0 & 0 & 1 & -1 & -8 \end{pmatrix} \qquad (M^*, b^*) = \begin{pmatrix} 1 & 0 & 0 & -1 & 2 \\ 0 & 1 & 0 & -1 & -2 \\ 0 & 0 & 1 & -1 & -8 \\ 0 & 0 & 0 & 0 & 0 \end{pmatrix},$$

dann zeigt die letzte Zeile der Matrix $(M^*, b^*)$, daß das oben genannte lineare Gleichungssystem nicht eindeutig lösbar ist. Zunächst wird also eine spezielle Lösung $z$ des Systems $(f_M, b)$ über dem durch $M$ erzeugten $\mathbb{R}$-Homomorphismus $f_M : \mathbb{R}^4 \longrightarrow \mathbb{R}^4$ ermittelt: Die Wahl $z_4 = 16$ liefert zunächst $z_3 = 8$, woraus dann nacheinander die Zahlen $z_2 = 14$ und $z_1 = 18$ folgen.

Da $Kern(f_M)$ die Dimension 1 hat, ist nun eine Lösung $x$ des zugehörigen homogenen Systems zu ermitteln: Wie man sofort sieht, liefert die Wahl $x_4 = 1$ dann $x_3 = x_2 = x_1 = 1$, somit liegt formal (also noch nicht auf die Ausgangssituation bezogen) die folgende Lösungsmenge vor:

$$L(f_M, b) = z + Kern(f_M) = z + \mathbb{R}x = \begin{pmatrix} 18 \\ 14 \\ 8 \\ 16 \end{pmatrix} + \mathbb{R}\begin{pmatrix} 1 \\ 1 \\ 1 \\ 1 \end{pmatrix} = \begin{pmatrix} 10 \\ 6 \\ 0 \\ 8 \end{pmatrix} + \mathbb{R}\begin{pmatrix} 1 \\ 1 \\ 1 \\ 1 \end{pmatrix}.$$

Beachtet man nun, daß als Lösungen des praktischen Problems nur nicht-negative ganze Zahlen in Frage kommen, ist die Menge aller möglichen Kapazitäten (wieder in der Einheit 1000 Kfz/h):

$$\begin{pmatrix} 10 \\ 6 \\ 0 \\ 8 \end{pmatrix} + \mathbb{N}_0 \begin{pmatrix} 1 \\ 1 \\ 1 \\ 1 \end{pmatrix} = \{ \begin{pmatrix} 10+n \\ 6+n \\ 0+n \\ 8+n \end{pmatrix} \mid n \in \mathbb{N}_0 \}.$$

Diese Darstellung beantwortet auch sofort die in der Aufgabe gestellte zweite Frage: Betrachtet man $z_3 = 0$, dann heißt das, daß in diesem Fall auf dem Straßenstück von $A$ nach $B$ ohnehin keine Autos fahren, dieses Straßenstück also ohne Auswirkungen auf den gesamten Verkehr gesperrt werden kann.

**A4.632.01:** Berechnen Sie analog zu Aufgabe A4.630.07 mit der dort verwendeten Matrix $C$ die weiteren Käuferanzahlen für die Wochen 2 bis 10 bei der Anfangsverteilung (Woche 1) $k = \begin{pmatrix} 700 & 200 & 100 \end{pmatrix}$. Treffen Sie zunächst eine Vermutung über das Konvergenz-Verhalten der dabei entstehenden Komponenten-Folgen und begründen Sie dann Ihre Vermutung.

**B4.632.01:** Zur Bearbeitung der Aufgabe im einzelnen:

1. Mit der transponierten Übergangs-Matrix $C^t$ in Beispiel 4.630.2 werden für die Wochen 2 bis 10 nacheinander die Produkte $C^tk$, $(C^t)^2k$, $(C^t)^3k$, $(C^t)^4k$, $(C^t)^5k$, ..., allgemein $(C^t)^nk$ für die $(n+1)$-te Woche gebildet, deren Ergebnisse (jeweils mit Komponentensumme 1000) die folgende Tabelle zeigt:

| Woche 1 | Woche 2 | Woche 3 | Woche 4 | Woche 5 | Woche 6 |
|---|---|---|---|---|---|
| $\begin{pmatrix} 700 \\ 200 \\ 100 \end{pmatrix}$ | $\begin{pmatrix} 550 \\ 260 \\ 190 \end{pmatrix}$ | $\begin{pmatrix} 475 \\ 278 \\ 247 \end{pmatrix}$ | $\begin{pmatrix} 437,5 \\ 283,4 \\ 279,1 \end{pmatrix}$ | $\begin{pmatrix} 418,75 \\ 285,02 \\ 296,23 \end{pmatrix}$ | $\begin{pmatrix} 409,375 \\ 285,506 \\ 305,119 \end{pmatrix}$ |

| Woche 7 | Woche 8 | Woche 9 | Woche 10 |
|---|---|---|---|
| $\begin{pmatrix} 404,6875 \\ 285,6518 \\ 309,6607 \end{pmatrix}$ | $\begin{pmatrix} 402,34375 \\ 285,69554 \\ 311,96071 \end{pmatrix}$ | $\begin{pmatrix} 401,171875 \\ 285,708662 \\ 313,194630 \end{pmatrix}$ | $\begin{pmatrix} 400,5859375 \\ 285,7125986 \\ 313,7014639 \end{pmatrix}$ |

2. Die drei Komponenten-Folgen haben dann die folgenden Anfangsglieder:

$$(v_1(1), v_1(2), v_1(3), ...) = (550;\ 475;\ 437,5;\ 418,75;\ 409,375;\ 404,6875;\ 402,34375;\ 401,171875; ...),$$
$$(v_2(1), v_2(2), v_2(3), ...) = (260;\ 278;\ 283,4;\ 285,02;\ 285,506;\ 285,6518;\ 285,69554;\ 285,708662; ...),$$
$$(v_3(1), v_3(2), v_3(3), ...) = (190;\ 247;\ 279,1;\ 296,23;\ 305,119;\ 309,6607;\ 311,96071;\ 313,194630; ...).$$

Diese drei Folgen sind offenbar konvergent und konvergieren nach Satz 4.632.6 tatsächlich gegen dieselbe Grenzverteilung wie in Beispiel 4.632.1, nämlich gegen

$$v^* = (v_1^*, v_2^*, v_3^*) = (lim(v_1), lim(v_2), lim(v_3)) = \tfrac{1}{105}(42000, 30000, 33000) \approx (400,00;\ 285,71;\ 314,29),$$

wobei die zweite Folge $v_2$ mit der dortigen Folge $v_2$ identisch ist.

**A4.632.03:** Nennen Sie zu der Folge $v_1$ in Beispiel 4.632.1 eine iterative und eine rekursive Darstellung. Untersuchen Sie dann die analoge Folge $v_1$, die bei der Bearbeitung von Aufgabe A4.632.01 entsteht.

**B4.632.03:** Die Folge $v_1$ in Beispiel 4.632.1 hat die beiden folgenden Darstellungen:

a) Für alle $n \in \mathbb{N}$ gilt $v_1(n) = 400 + \frac{50}{2^{n-1}}$, womit eine iterative Darstellung von $v_1$ vorliegt.

b) (RA) $v_1(1) = 450$ und (RS) $v_1(n+1) = v_1(n) - \frac{50}{2^n}$, für alle $n \in \mathbb{N}$, ist eine rekursive Darstellung.

*Anmerkung:* Setzt man zusätzlich $v_1(0) = 500$ (Anfangsbedingung), dann gilt analog:

a) Für alle $n \in \mathbb{N}_0$ gilt $v_1(n) = 400 + \frac{50}{2^{n-1}}$, womit eine iterative Darstellung von $v_1$ vorliegt.

b) (RA) $v_1(0) = 500$ und (RS) $v_1(n+1) = v_1(n) - \frac{50}{2^n}$, für alle $n \in \mathbb{N}_0$, ist eine rekursive Darstellung.

Die im Rahmen von Aufgabe A4.632.01 ermittelte Folge $v_1$ hat die beiden folgenden Darstellungen:

a) Für alle $n \in \mathbb{N}$ gilt $v_1(n) = 400 + \frac{150}{2^{n-1}}$, womit eine iterative Darstellung von $v_1$ vorliegt.

b) (RA) $v_1(1) = 550$ und (RS) $v_1(n+1) = v_1(n) - \frac{150}{2^n}$, für alle $n \in \mathbb{N}$, ist eine rekursive Darstellung.

*Anmerkung:* Die obige Anmerkung gilt analog, wenn man zusätzlich $v_1(0) = 700$ (Anfangsbedingung) festsetzt.

## 4.636 MAGISCHE QUADRATE (TEIL 1)

Im folgenden bezeichne $MQ(n,Z)$ die Menge der magischen Quadrate der Ordnung $n$ mit Koeffizienten aus einer Zahlenmenge $Z \in \{\mathbb{N},\mathbb{Z},\mathbb{Q},\mathbb{R}\}$, ferner $MQ(n,Z,z) = \{A \in MQ(n,Z) \mid s(A) = z \in Z\}$ die Menge der Magischen Quadrate aus $MQ(n,Z)$ mit gleichen Zeilen-, Spalten- und Diagonalensummen $s$. Weiterhin bezeichne $U_n = (1)_{1\le i,k\le n}$ die Eins-Matrix (alle Koeffizienten sind 1) aus $Mat(n,Z)$.

In den folgenden Aufgaben sollen diese Mengen und mögliche algebraische Strukturen auf diesen Mengen näher untersucht werden, wobei die drei dabei beteiligten Paramter $n$, $Z$ und $z$ variiert werden (also gewissermaßen die Schrauben sind, an denen gedreht werden kann). Zunächst ein einfacher Fall:

**A4.636.01:** Bearbeiten Sie die folgenden Einzelaufgaben:

1. Geben Sie die Menge $MQ(2,\mathbb{Z})$ an.
2. Zeigen Sie, daß die Menge $MQ(2,\mathbb{Z})$ bezüglich der auf $Mat(2,\mathbb{Z})$ koeffizientenweise definierten Addition und koeffizientenweise definierten $\mathbb{Z}$-Multiplikation einen $\mathbb{Z}$-Untermodul von $Mat(2,\mathbb{Z})$ bildet.
3. Zeigen Sie, daß $s : MQ(2,\mathbb{Z}) \longrightarrow \mathbb{Z}$ mit $A \longmapsto s(A)$ ein $\mathbb{Z}$-Isomorphismus ist. Was ist $Kern(s)$ ?
4. Ist $MQ(2,\mathbb{Z})$ abgeschlossen gegenüber der Multiplikation von Matrizen?
5. Welche der Aufgaben 1 bis 4 lassen sich für $Z = \mathbb{N}$ oder $Z = \mathbb{N}_0$ formulieren und bearbeiten?
6. Bearbeiten Sie die Aufgaben 1 bis 4 für $Z = \mathbb{Q}$.
7. Geben Sie jeweils eine Basis von $MQ(2,\mathbb{Z})$ und von $MQ(2,\mathbb{Q})$ sowie $dim_{\mathbb{Q}}(MQ(2,\mathbb{Q}))$ an.
8. Wenden Sie Corollar 4.534.4 (Dimensions-Satz) auf den $\mathbb{Q}$-Isomorphismus $s : MQ(2,\mathbb{Q}) \longrightarrow \mathbb{Q}$ an.

**B4.636.01:** Zur Bearbeitung der Aufgabe im einzelnen:

1. Die folgenden Überlegungen liefern $MQ(2,\mathbb{Z}) = \{\begin{pmatrix} n & n \\ n & n \end{pmatrix} \mid n \in \mathbb{Z}\}$, denn wie man auf formal unterschiedliche Weisen zeigen kann, müssen bei magischen Quadraten der Ordnung 2 stets alle vier Koeffizienten gleich sein:

a) Soll die Matrix $A = \begin{pmatrix} a_{11} & a_{12} \\ a_{21} & a_{22} \end{pmatrix}$ ein magisches Quadrat mit $s = s(A)$ sein, so gilt:

| | | | |
|---|---|---|---|
| (1) $a_{11} + a_{12} = s$ | (3) $a_{21} + a_{22} = s$ | (5) $a_{12} + a_{21} = s$ | (7) $a_{12} + a_{22} = s$ |
| (2) $a_{21} + a_{12} = s$ | (4) $a_{12} + a_{22} = s$ | (6) $a_{22} + a_{21} = s$ | (8) $a_{11} + a_{22} = s$ |

Betrachtet man nun die jeweils untereinander stehenden Beziehungen, dann liefern deren Differenzen

$$a_{11} = a_{21} \qquad a_{21} = a_{12} \qquad a_{12} = a_{22} \qquad a_{12} = a_{11}$$

woraus dann insgesamt $a_{11} = a_{12} = a_{21} = a_{22}$ folgt (wobei (7) und (8) eigentlich entbehrlich sind).

b) Magische Quadrate $A = (a_{ik})_{1\le i,k\le 2}$ liefern (wie in 4.636.2) folgende lineare Gleichungssysteme:

$$\begin{array}{ll}
1a_{11} + 1a_{12} + 0a_{21} + 0a_{22} = s & \text{Summe Zeile 1} \\
0a_{11} + 0a_{12} + 1a_{21} + 1a_{22} = s & \text{Summe Zeile 2} \\
1a_{11} + 0a_{12} + 1a_{21} + 0a_{22} = s & \text{Summe Spalte 1} \\
0a_{11} + 1a_{12} + 0a_{21} + 1a_{22} = s & \text{Summe Spalte 2} \\
1a_{11} + 0a_{12} + 0a_{21} + 1a_{22} = s & \text{Summe Hauptdiagonale} \\
0a_{11} + 1a_{12} + 1a_{21} + 0a_{22} = s & \text{Summe Nebendiagonale}
\end{array}$$

Dieses System liefert folgende erweiterte Matrix $(M,b)$ mit zugehöriger Gauß-Jordan-Matrix $(M^*,b^*)$:

$$(M,b) = \begin{pmatrix} 1 & 1 & 0 & 0 & s \\ 0 & 0 & 1 & 1 & s \\ 1 & 0 & 1 & 0 & s \\ 0 & 1 & 0 & 1 & s \\ 1 & 0 & 0 & 1 & s \\ 0 & 1 & 1 & 0 & s \end{pmatrix} \qquad (M^*,b^*) = \begin{pmatrix} 1 & 1 & 0 & 0 & s \\ 0 & 1 & -1 & 0 & 0 \\ 0 & 0 & 1 & -1 & 0 \\ 0 & 0 & 0 & 2 & s \\ 0 & 0 & 0 & 0 & 0 \\ 0 & 0 & 0 & 0 & 0 \end{pmatrix}$$

Die Matrix $(M^*,b^*)$, deren fünfte und sechste Zeile natürlich gestrichen werden können, wird nun in folgender Weise weiter verwendet: Die vierte Zeile liefert $2a_{22} = s$, also ist $a_{22} = \frac{s}{2}$. Die dritte Zeile,

$a_{21} - a_{22} = 0$, liefert damit $a_{21} = \frac{s}{2}$, womit die zweite Zeile dann $a_{12} = \frac{s}{2}$ und die erste Zeile schließlich ebenfalls $a_{11} = s - \frac{s}{2} = \frac{s}{2}$ liefert. Dabei muß hier $s \in 2\mathbb{Z}$ gewählt werden, damit die Koeffizienten der Matrix ganzzahlig sind.

2. Wie $A+B = \begin{pmatrix} n & n \\ n & n \end{pmatrix} + \begin{pmatrix} m & m \\ m & m \end{pmatrix} = \begin{pmatrix} n+m & n+m \\ n+m & n+m \end{pmatrix}$ und $cA = \begin{pmatrix} cn & cn \\ cn & cn \end{pmatrix}$ mit $c \in \mathbb{Z}$ zeigt, ist $MQ(2,\mathbb{Z})$ abgeschlossen gegenüber Addition und $\mathbb{Z}$-Multiplikation. Da zudem $MQ(2,\mathbb{Z})$ offensichtlich nicht leer ist, ist $MQ(2,\mathbb{Z})$ ein $\mathbb{Z}$-Untermodul von $Mat(2,\mathbb{Z})$.

3. Wie die Elemente $A$ der Menge $MQ(2,\mathbb{Z})$ zeigen, treten als Summen $s(A)$ nur gerade ganze Zahlen auf, so daß als Wertebereich von $s$ der Bildbereich $Bild(s) = 2\mathbb{Z}$ gewählt werden kann. Das bedeutet, daß zunächst eine surjektive Funktion $s : MQ(2,\mathbb{Z}) \longrightarrow 2\mathbb{Z}$ mit $A \longmapsto s(A)$ vorliegt. Die Anwendung des Homomorphiesatzes verlangt nun aber noch entsprechende algebraische Strukturen, im einzelnen:

a) $MQ(2,\mathbb{Z})$ (nach Teil 2) und $2\mathbb{Z}$ (als Untermodul von $\mathbb{Z}$) sind $\mathbb{Z}$-Moduln.

b) Die Funktion $s : MQ(2,\mathbb{Z}) \longrightarrow 2\mathbb{Z}$ ist $\mathbb{Z}$-Homomorphismus, denn nach den Berechnungen in Teil 2 gilt $s(A) + s(B) = 2n + 2m = 2(n+m) = s(A+B)$ und $s(cA) = 2cn = c(2n) = c \cdot s(A)$ mit $c \in \mathbb{Z}$.

c) Der Untermodul $Kern(s)$ von $MQ(2,\mathbb{Z})$ enthält nur das neutrale Element der additiven Gruppe $MQ(2,\mathbb{Z})$, also nur die Null-Matrix $N = \begin{pmatrix} 0 & 0 \\ 0 & 0 \end{pmatrix}$, der $\mathbb{Z}$-Homomorphismus $s : MQ(2,\mathbb{Z}) \longrightarrow 2\mathbb{Z}$ ist somit injektiv, insgesamt also bijektiv. Somit gilt $MQ(2,\mathbb{Z}) \,/\, Kern(s) \cong MQ(2,\mathbb{Z}) \cong 2\mathbb{Z}$.

*Anmerkung:* Die zu $Kern(s)$ korrespondierende Äquivalenz-Relation $R$ ist definiert durch die Vorschrift $(A,B) \in R \Leftrightarrow s(A) = s(B)$ und erzeugt damit die Quotientenmenge $MQ(2,\mathbb{Z}) \,/\, R \cong MQ(2,\mathbb{Z})$.

4. Wie $A \cdot B = \begin{pmatrix} n & n \\ n & n \end{pmatrix} \cdot \begin{pmatrix} m & m \\ m & m \end{pmatrix} = \begin{pmatrix} 2nm & 2nm \\ 2nm & 2nm \end{pmatrix}$ zeigt, ist $MQ(2,\mathbb{Z})$ abgeschlossen gegenüber der Multiplikation von Matrizen. Da diese Multiplikation mit den Modul-Strukturen verträglich ist, bildet $MQ(2,\mathbb{Z})$ eine $\mathbb{Z}$-Algebra (allerdings ohne neutralem Element bezüglich Multiplikation). Ferner: Bezüglich des $\mathbb{Z}$-Homomorphismus' $s : MQ(2,\mathbb{Z}) \longrightarrow 2\mathbb{Z}$ gilt die Beziehung $s(AB) = 4nm = s(A) \cdot s(B)$, das heißt, $s$ ist auch ein multiplikativer Homomorphismus.

5. Die wesentlichen Eigenschaften für $MQ(2,\mathbb{N})$ (und analog für $MQ(2,\mathbb{N}_0)$) sind:

a) $MQ(2,\mathbb{N})$ ist abgeschlossen gegenüber Addition (also auch gegenüber $\mathbb{N}$-Multiplikation).

b) $MQ(2,\mathbb{N})$ ist eine additive abelsche Halbgruppe ($MQ(2,\mathbb{N}_0)$ mit neutralem Element).

c) $s : MQ(2,\mathbb{N}) \longrightarrow 2\mathbb{N}$ mit $A \longmapsto s(S)$ ist ein Halbgruppen-Isomorphismus.

d) $MQ(2,\mathbb{N})$ ist abgeschlossen gegenüber der Multiplikation von Matrizen.

6. Die wesentlichen Eigenschaften für $MQ(2,\mathbb{Q})$ sind:

a) Nach dem Beweis zu Teil 1 müssen in Matrizen $A$ aus $MQ(2,\mathbb{Q})$ ebenfalls alle vier Koeffizienten gleich sein, es ist also $MQ(2,\mathbb{Q}) = \{\begin{pmatrix} a & a \\ a & a \end{pmatrix} \mid a \in \mathbb{Q}\}$.

b) Die Funktion $s : MQ(2,\mathbb{Q}) \longrightarrow \mathbb{Q}$ mit $A \longmapsto s(A)$ ist surjektiv, da sich jede Zahl $a \in \mathbb{Q}$ als Summe $a = \frac{a}{2} + \frac{a}{2}$ darstellen läßt, ferner ist $s$ naheliegenderweise injektiv. Weiterhin ist mit einem zu Teil 3b) analogen Beweis dann $s$ ein $\mathbb{Q}$-Isomorphismus.

c) $MQ(2,\mathbb{Q})$ ist ebenfalls abgeschlossen gegenüber der Multiplikation von Matrizen.

d) Der $\mathbb{Q}$-Isomorphismus $s : MQ(2,\mathbb{Q}) \longrightarrow \mathbb{Q}$ ist ferner ein multiplikativer Homomorphismus.

7. Die Menge $U_2 = \{\begin{pmatrix} 1 & 1 \\ 1 & 1 \end{pmatrix}\}$ ist sowohl eine Basis von $MQ(2,\mathbb{Z})$ (freier $\mathbb{Z}$-Modul) als auch eine Basis von $MQ(2,\mathbb{Q})$, somit hat der $\mathbb{Q}$-Vektorraum $MQ(2,\mathbb{Q})$ die $\mathbb{Q}$-Dimension $dim_{\mathbb{Q}}(MQ(2,\mathbb{Q})) = 1$.

8. Corollar 4.222.4 liefert $1 = dim_{\mathbb{Q}}(MQ(2,\mathbb{Q})) = dim_{\mathbb{Q}}(Kern(s)) + dim_{\mathbb{Q}}(Bild(s)) = 0 + 1 = 1$.

*Anmerkung:* Die Angaben in den Teilen 6, 7 und 8 gelten analog für $MQ(2,\mathbb{R})$.

**A4.636.02:** Bearbeiten Sie folgende Aufgaben (mit den zu Anfang angegebenen Bezeichnungen):

1. Treffen Sie Aussagen über die Mengen $MQ(3,\mathbb{Z},1)$, $MQ(3,\mathbb{Z},2)$, $MQ(3,\mathbb{Q},1)$ und $MQ(3,\mathbb{Q},2)$.
2. Welche Form haben die magischen Quadrate aus $MQ(3,Z,0)$ mit $Z \in \{\mathbb{Z},\mathbb{QR}\}$ ?
3. Welche algebraischen Strukturen tragen die Mengen $MQ(3,\mathbb{Z},0)$ und $MQ(3,\mathbb{Z},z)$ mit $s \neq 0$ ?

**B4.636.02:** Zur Bearbeitung der Aufgabe im einzelnen.

1. Die Mengen $MQ(3,\mathbb{Z},1)$ und $MQ(3,\mathbb{Z},2)$ sind offenbar leer, das heißt, es gibt offenbar keine magischen $(3,3)$-Quadrate $A$ mit ganzzahligen Koeffizienten und Summen $s(A) = 1$ oder $s(A) = 2$.

Die Mengen $MQ(3,\mathbb{Q},1)$ und $MQ(3,\mathbb{Q},2)$ sind nicht leer, denn sie enthalten beispielsweise:

$$A(1) = \tfrac{1}{3}\begin{pmatrix} 5 & -4 & 2 \\ -2 & 1 & 4 \\ 0 & 6 & -3 \end{pmatrix} \text{ sowie } A(1) = \tfrac{1}{3}\begin{pmatrix} -1 & 2 & 2 \\ 4 & 1 & -2 \\ 0 & 0 & 3 \end{pmatrix} \text{ und } A(2) = 2\cdot A(1).$$

2. Nach Bemerkung 4.636.2 haben die magischen Quadrate aus $MQ(3,Z,0)$ stets die Form

$$\begin{pmatrix} -u & -v & u+v \\ v+2u & 0 & -(v+2u) \\ -(u+v) & v & u \end{pmatrix} \text{ oder auch } \begin{pmatrix} u & -(u+v) & v \\ -(u-v) & 0 & u-v \\ -v & u+v & -u \end{pmatrix}.$$

3. Die Menge $MQ(3,\mathbb{Z},0)$ bildet bezüglich der koeffizientenweise definierten Addition eine Untergruppe von $Mat(3,\mathbb{Z})$ und insofern auch einen $\mathbb{Z}$-Modul. Hingegen ist die Menge $MQ(3,\mathbb{Z},z)$ mit $z \neq 0$ gegenüber der Addition nicht abgeschlossen, trägt also keine der üblichen algebraischen Strukturen.

**A4.636.03:** Zerlegen Sie die am Ende von Bemerkung 4.636.2 angegebene Darstellung der Matrix $A$ in eine Linearkombination mit drei einzelnen Matrizen und kommentieren Sie diese Darstellung im Sinne von Bemerkung 4.636.3. Untersuchen Sie ferner die dann auf gleiche Weise konstruierbare Funktion wie in Aufgabe A4.636.07.

**B4.636.03:** Die am Ende von Bemerkung 4.636.2 angegebene Matrix $A$ kann dargestellt werden als

$$\begin{pmatrix} a_{11} & a_{12} & a_{13} \\ a_{21} & a_{22} & a_{23} \\ a_{31} & a_{32} & a_{33} \end{pmatrix} = \tfrac{1}{3}s\begin{pmatrix} 2 & 2 & -1 \\ -2 & 1 & 4 \\ 3 & 0 & 0 \end{pmatrix} + a_{32}\begin{pmatrix} 0 & -1 & 1 \\ 1 & 0 & -1 \\ -1 & 1 & 0 \end{pmatrix} + a_{33}\begin{pmatrix} -1 & 0 & 1 \\ 2 & 0 & -2 \\ -1 & 0 & 1 \end{pmatrix}.$$

also als Linearkombination $A = \frac{1}{3}sM_1 + a_{32}M_2 + a_{32}M_3$ mit den angegebenen Matrizen $M_1$, $M_2$ und $M_3$.

**A4.636.04:** Verwenden Sie im folgenden, daß die Menge $MQ(3,\mathbb{Q})$ bezüglich der auf $Mat(3,\mathbb{Q})$ koeffizientenweise definierten Addition und koeffizientenweise definierten $\mathbb{Q}$-Multiplikation einen $\mathbb{Q}$-Unterraum von $Mat(3,\mathbb{Q})$ mit $dim_{\mathbb{Q}}(MQ(3,\mathbb{Q})) = 3$ bildet.

1. Zeigen Sie: Die Funktion $s : MQ(3,\mathbb{Q}) \longrightarrow \mathbb{Q}$ mit $A \longmapsto s(A)$ ist ein $\mathbb{Q}$-Homomorphismus.
2. Zeigen Sie, daß die Menge $MQ(3,\mathbb{Q},0)$ einen $\mathbb{Q}$-Unterraum von $MQ(3,\mathbb{Q})$ bildet.
3. Bestimmen Sie (mit Nachweis) eine Basis von $MQ(3,\mathbb{Q},0)$.
4. Wenden Sie Corollar 4.333.4 (Dimensions-Satz) auf den $\mathbb{Q}$-Isomorphismus $s : MQ(3,\mathbb{Q}) \longrightarrow \mathbb{Q}$ an.
5. Wenden Sie Satz 4.017.2 (Homomorphiesatz der Modultheorie) auf $s : MQ(3,\mathbb{Q}) \longrightarrow \mathbb{Q}$ an.
6. Ist $MQ(3,\mathbb{Q})$ abgeschlossen gegenüber der Multiplikation von Matrizen?

**B4.636.04:** Zur Bearbeitung der Aufgabe im einzelnen:

1. Die Summe $A + B = (a_{ik})_{1\leq i,k\leq 3} + (b_{ik})_{1\leq i,k\leq 3} = (a_{ik} + b_{ik})_{1\leq i,k\leq 3}$ zweier magischer Quadrate aus $MQ(3,\mathbb{Q})$ ist ebenfalls ein magisches Quadrat aus $MQ(3,\mathbb{Q})$ mit $s(A+B) = s(A) + s(B)$, wie man durch acht Einzelbeweise zeigt: So gilt etwa für die erste Zeile

$$s_1(A+B) = \sum_{1\leq k\leq 3} (a_{1k} + b_{1k}) = \sum_{1\leq k\leq 3} a_{1k} + \sum_{1\leq k\leq 3} b_{1k} = s_1(A) + s_1(B).$$

Weiterhin sind $\mathbb{Q}$-Produkte $cA = (ca_{ik})_{1\leq i,k\leq 3}$ magischer Quadrate $A$ aus $MQ(3,\mathbb{Q})$ mit rationalen Zahlen $c$ wieder magische Quadrate aus $MQ(3,\mathbb{Q})$ mit $s(cA) = c\cdot s(A)$, wie man wieder durch acht Einzelbeweise zeigt: So gilt etwa für die erste Zeile

$$s_1(cA) = \sum_{1\le k\le 3} ca_{1k} = c\cdot \sum_{1\le k\le 3} a_{1k} = c\cdot s_1(A).$$

Die Homomorphie-Eigenschaften $s(A+B) = s(A)+s(B)$, für alle Elemente $A,B \in MQ(3,\mathbb{Q})$, und $s(cA) = c\cdot s(A)$, für alle $c\in\mathbb{Q}$, folgen unmittelbar aus diesen Berechnungen.

2. Zum Aufgabenteil 2 kann man entweder einen elementweise geführten Nachweis erbringen oder einfach $Kern(s) = MQ(3,\mathbb{Q},0)$ feststellen, womit $MQ(3,\mathbb{Q},0)$ ein Unteraum von $MQ(3,\mathbb{Q})$ ist (wobei $MQ(3,\mathbb{Q},0)$ die einzige der Mengen $MQ(3,\mathbb{Q},z)$ ist, die einen solchen Unterraum von $MQ(3,\mathbb{Q})$ bildet, da den anderen das neutrale Element bezüglich Addition fehlt).

4. Die Mengen $\{M_2, M_3\}$ in Bearbeitung B4.636.03 oder $\{B_2, B_3\}$ in Bemerkung 4.636.3 der jeweiligen beiden Matrizen bilden jeweils eine Basis von $Kern(s) = MQ(3,\mathbb{Q},0)$, denn wie beispielsweise für die zweite Menge gezeigt wird, gilt im einzelnen:

Die Menge $\{B_2, B_3\}$ ist ein Erzeugendensystem von $MQ(3,\mathbb{Q},0)$, wie mit der Darstellung von Elementen aus $MQ(3,\mathbb{Q},0)$ in Bearbeitung B4.636.03 die folgende Beziehung zeigt:

$$\begin{pmatrix} u & -(u+v) & v \\ -(u-v) & 0 & u-v \\ -v & u+v & -u \end{pmatrix} = u\begin{pmatrix} 1 & -1 & 0 \\ -1 & 0 & 1 \\ 0 & 1 & -1 \end{pmatrix} + v\begin{pmatrix} 0 & -1 & 1 \\ 1 & 0 & -1 \\ -1 & 1 & 0 \end{pmatrix}.$$

Weiterhin ist die Menge $\{B_2, B_3\}$ als Teilmenge der linear unabhängigen Menge $\{U_3, B_2, B_3\}$ ebenfalls linear unabhängig. Dieser Sachverhalt folgt aber auch aus der Beziehung $aB_2 + bB_3 = 0$ mit zwei Zahlen $a,b\in\mathbb{R}$, mit den konkreten Zahlen also:

$$a\begin{pmatrix} 1 & -1 & 0 \\ -1 & 0 & 1 \\ 0 & 1 & -1 \end{pmatrix} + b\begin{pmatrix} 0 & -1 & 1 \\ 1 & 0 & -1 \\ -1 & 1 & 0 \end{pmatrix} = \begin{pmatrix} 0 & 0 & 0 \\ 0 & 0 & 0 \\ 0 & 0 & 0 \end{pmatrix}$$

Diese Beziehung liefert sofort $a = 0$ und $b = 0$, also ist die Menge $\{B_2, B_3\}$ linear unabhängig.

5. Der Homomorphiesatz der Modultheorie (Satz 4.017.2) liefert nun zu dem surjektiven (aber nicht injektiven) $\mathbb{Q}$-Homomorphismus $s$ das folgende kommutative Diagramm mit $\mathbb{Q}$-Isomorphismus $s^*$, definiert durch die Zuordnung $MQ(n,\mathbb{Q},z) \longmapsto z$.

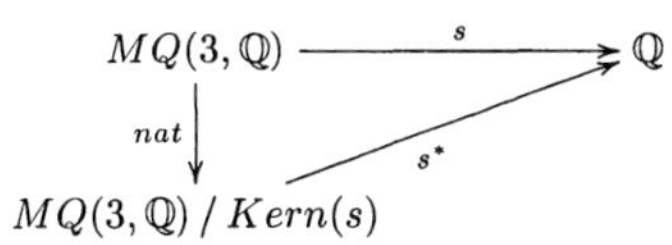


6. $MQ(3,\mathbb{Q})$ ist nicht abgeschlossen gegenüber der Multiplikation von Matrizen, wie das folgende Beispiel mit den schon in B4.636.02 genannten Matrizen zeigt: In dem Produkt

$$\tfrac{1}{3}\begin{pmatrix} 5 & -4 & 2 \\ -2 & 1 & 4 \\ 0 & 6 & -3 \end{pmatrix} \cdot \tfrac{1}{3}\begin{pmatrix} -1 & 2 & 2 \\ 4 & 1 & -2 \\ 0 & 0 & 3 \end{pmatrix} = \tfrac{1}{3}\begin{pmatrix} -7 & 2 & 8 \\ 2 & -1 & 2 \\ 8 & 2 & -7 \end{pmatrix}$$

sind zwar alle Zeilen- und Spaltensummen 1, jedoch sind die Diagonalensummen jeweils 5.

**A4.636.05:** Bearbeiten Sie folgende Aufgaben (mit den zu Anfang angegebenen Bezeichnungen):

1. Zeigen Sie: Mit der *Lo-Shu-Matrix* $L$ gilt $L_{\mathbb{R}}(L, L^t, U_3) \cong \mathbb{R}^3$.
2. Gilt ein analoger Sachverhalt auch für die *Dürer-Matrix* $D$ ?

**B4.636.05:** Zur Bearbeitung der Aufgabe im einzelnen:

1. Es ist lediglich zu zeigen, daß die Menge $\{L, L^t, U_3\} \subset Mat(3,\mathbb{R})$ linear unabhängig ist, denn in diesem Fall ist $L_{\mathbb{R}}(L, L^t, U_3)$ ein 3-dimensionaler $\mathbb{R}$-Vektorraum, der folglich isomorph zu $\mathbb{R}^3$ ist. Also:

Es werden drei Zahlen $a,b,c\in\mathbb{R}$ betrachtet mit $aL + bL^t + cU_3 = 0$, mit konkreten Zahlen:

$$a\begin{pmatrix} 4 & 9 & 2 \\ 3 & 5 & 7 \\ 8 & 1 & 6 \end{pmatrix} + b\begin{pmatrix} 4 & 3 & 8 \\ 9 & 5 & 1 \\ 2 & 7 & 6 \end{pmatrix} + c\begin{pmatrix} 1 & 1 & 1 \\ 1 & 1 & 1 \\ 1 & 1 & 1 \end{pmatrix} = \begin{pmatrix} 0 & 0 & 0 \\ 0 & 0 & 0 \\ 0 & 0 & 0 \end{pmatrix}$$

Diese Beziehung liefert ein Gleichungssystem mit insgesamt neun Einzelgleichungen, von denen für die weitere Überlegung aber nur etwa die folgenden vier benötigt werden:

$$\begin{array}{llll} \text{(I)} & 4a+4b+c=0 & \text{(II)} & 9a+3b+c=0 \\ \text{(III)} & 5a+5b+c=0 & \text{(IV)} & 6a+6b+c=0 \end{array}$$

Zunächst liefert die Differenz (IV) − (III) die Beziehung $a = -b$, woraus mit (I) dann $c = 0$ folgt. Beide Daten liefern mit (II) dann $a = 0$ und somit auch $b = 0$. Definitionsgemäß ist somit die Menge $\{L, L^t, U_3\}$ linear unabhängig.

2. Für die *Dürer-Matrix* $D$ gilt in der Tat ein analoger Sachverhalt. Dazu ist lediglich wieder zu zeigen, daß die Menge $\{D, D^t, U_4\} \subset Mat(4, \mathbb{R})$ linear unabhängig ist, denn in diesem Fall ist $L_{\mathbb{R}}(D, D^t, U_4)$ ein 3-dimensionaler $\mathbb{R}$-Unterraum von $MQ(4, \mathbb{R})$ und folglich isomorph zu $\mathbb{R}^3$. Also:
Es werden drei Zahlen $a, b, c \in \mathbb{R}$ betrachtet mit $aD + bD^t + cU_4 = 0$, mit konkreten Zahlen:

$$a\begin{pmatrix} 16 & 3 & 2 & 13 \\ 5 & 10 & 11 & 8 \\ 9 & 6 & 7 & 12 \\ 4 & 15 & 14 & 1 \end{pmatrix} + b\begin{pmatrix} 16 & 5 & 9 & 4 \\ 2 & 10 & 6 & 15 \\ 2 & 11 & 7 & 14 \\ 13 & 8 & 12 & 1 \end{pmatrix} + c\begin{pmatrix} 1 & 1 & 1 & 1 \\ 1 & 1 & 1 & 1 \\ 1 & 1 & 1 & 1 \\ 1 & 1 & 1 & 1 \end{pmatrix} = \begin{pmatrix} 0 & 0 & 0 & 0 \\ 0 & 0 & 0 & 0 \\ 0 & 0 & 0 & 0 \\ 0 & 0 & 0 & 0 \end{pmatrix}$$

Diese Beziehung liefert ein Gleichungssystem mit insgesamt 16 Einzelgleichungen, von denen für die weitere Überlegung aber nur etwa die folgenden vier benötigt werden:

$$\begin{array}{llll} \text{(I)} & 16a+16b+c=0 & \text{(II)} & 3a+5b+c=0 \\ \text{(III)} & 10a+10b+c=0 & \text{(IV)} & a+b+c=0 \end{array}$$

Zunächst liefert die Differenz (I) − (II) die Beziehung $b = -a$, woraus mit (II) dann $c = 2a$ folgt. Beide Daten liefern mit (IV) dann $a = 0$ und somit auch $b = 0$ und $c = 0$. Definitionsgemäß ist somit die Menge $\{D, D^t, U_3\}$ linear unabhängig.

**A4.636.06:** Betrachten Sie in Bemerkung 4.636.3 die Form $A = a_{22}U_3 + (a_{11} - a_{22})B_2 + (a_{13} - a_{22})B_3$, geben Sie diese Summe mit den Abkürzungen $u = a_{11} - a_{22}$ und $v = a_{13} - a_{22}$ als eine Matrix an und kommentieren Sie daran die Idee, die zu der Konstruktion dieser Basis $\{U_3, B_2, B_3\}$ führt.

**B4.636.06:** Mit den genannten Abkürzungen hat $A = a_{22}U_3 + uB_2 + vB_3$ die Darstellung

$$A = \begin{pmatrix} a_{11} & a_{12} & a_{13} \\ a_{21} & a_{22} & a_{23} \\ a_{31} & a_{32} & a_{33} \end{pmatrix} = \begin{pmatrix} a_{22}+u & a_{22}-(u+v) & a_{22}+v \\ a_{22}-(u-v) & a_{22} & a_{22}+(u-v) \\ a_{22}-v & a_{22}+(u+v) & a_{22}-u \end{pmatrix},$$

an der sich folgendes erkennen läßt: Für alle magischen Quadrate $A \in M(3, \mathbb{R})$ gilt stets

$$a_{22} = \tfrac{1}{2}(a_{11} + a_{33}) = \tfrac{1}{2}(a_{13} + a_{31}) = \tfrac{1}{2}(a_{12} + a_{32}) = \tfrac{1}{2}(a_{21} + a_{23}).$$

*Anmerkung:* Magische Quadrate $A$ der Ordnung 3 lassen sich somit auf folgende einfache Weise herstellen: Die Zahl $a_{22}$ in der Mitte und die Zahl $u$ werden willkürlich gewählt, womit anhand der Nebendiagonale die Summe $s(A)$ feststeht. Anschließend wird $v$ beliebig gewählt, die restlichen vier Zahlen werden dann über Summen/Differenzen der bislang vorliegenden Zahlen berechnet.

**A4.636.07:** Was kann man bezüglich Bemerkung 4.636.3 über die folgende Funktion sagen ?

$$K : MQ(3, \mathbb{R}) \longrightarrow \mathbb{R}^3 \text{ mit der Zuordnungsvorschrift } A = (a_{ik})_{1 \le i,k \le 3} \longmapsto \begin{pmatrix} a_{22} \\ a_{11} - a_{22} \\ a_{13} - a_{22} \end{pmatrix}$$

**B4.636.07:** Zunächst gilt $MQ(3, \mathbb{R}) \cong \mathbb{R}^3$ nach Bemerkung 4.636.2. Es wird nun gezeigt, daß die angegebene Funktion $K$ ein solcher $\mathbb{R}$-Isomorphismus ist:

1. $K$ ist surjektiv, denn jedes beliebige Element $t = \begin{pmatrix} a_{22} \\ u \\ v \end{pmatrix}$ aus $\mathbb{R}^3$ besitzt das in Aufgabe A4.636.05 anzugebende magische Quadrat als Urbild.

2. $K$ ist injektiv, denn durch die Vorgabe von $t$ ist das Urbild eindeutig bestimmt.

3. $K$ ist $\mathbb{R}$-Homomorphismus, denn mit $A = (a_{ik})_{1\leq i,k\leq n}$ und $B = (b_{ik})_{1\leq i,k\leq n}$ sowie $c \in \mathbb{R}$ gilt

$$K(A+B) = \begin{pmatrix} a_{22}+b_{22} \\ (a_{11}+b_{11})-(a_{22}+b_{22}) \\ (a_{13}+b_{13})-(a_{22}+b_{22}) \end{pmatrix} = \begin{pmatrix} a_{22}+b_{22} \\ (a_{11}-a_{22})+(b_{11}-b_{22}) \\ (a_{13}-a_{22})+(b_{13}-b_{22}) \end{pmatrix} = K(A)+K(B),$$

$$K(cA) = \begin{pmatrix} ca_{22} \\ ca_{11}-ca_{22} \\ ca_{13}-ca_{22} \end{pmatrix} = \begin{pmatrix} ca_{22} \\ c(a_{11}-a_{22}) \\ c(a_{13}-a_{22}) \end{pmatrix} = c\cdot K(A).$$

**A4.636.08:** Bearbeiten Sie folgende Aufgaben (mit den zu Anfang angegebenen Bezeichnungen):

1. Bezüglich welcher Relation sind die Mengen $MQ(n,Z,s)$ Äquivalenzklassen?

2. Zeigen Sie, daß die Menge $MQ(n,\mathbb{Q})$ bezüglich der auf $Mat(n,\mathbb{Q})$ koeffizientenweise definierten Addition und koeffizientenweise definierten $\mathbb{Q}$-Multiplikation einen $\mathbb{Q}$-Unterraum von $Mat(n,\mathbb{Q})$ bildet.

3. Zeigen Sie: Die Funktion $s : MQ(n,\mathbb{Q}) \longrightarrow \mathbb{Q}$ mit $A \longmapsto s(A)$ ist ein $\mathbb{Q}$-Homomorphismus.

4. Nennen und beschreiben Sie $Kern(s)$.

5. Wenden Sie auf $s : MQ(n,\mathbb{Q}) \longrightarrow \mathbb{Q}$ Satz 4.017.2 (Homomorphiesatz der Modultheorie) an.

6. Ist $MQ(n,\mathbb{Q})$ abgeschlossen gegenüber der Multiplikation von Matrizen?

**B4.636.08:** Zur Bearbeitung der Aufgabe im einzelnen:

1. Die auf der Menge $MQ(n,Z)$ durch die Vorschrift $(A,B) \in R \Leftrightarrow s(A) = s(B)$ definierte Relation $R$ ist offensichtlich eine Äquivalenz-Relation mit der Quotientenmenge $MQ(n,Z)\,/\,R = \{MQ(n,Z,z) \mid z \in Z\}$.

2. Zunächst ist $MQ(n,\mathbb{Q})$ nicht leer, denn $MQ(n,\mathbb{Q})$ enthält beispielsweise die Nullmatrix $(0)_{1\leq i,k\leq n}$ und die Eins-Matrix $U_n = (1)_{1\leq i,k\leq n}$.
Weiterhin ist die Summe $A + B = (a_{ik})_{1\leq i,k\leq n} + (b_{ik})_{1\leq i,k\leq n} = (a_{ik} + b_{ik})_{1\leq i,k\leq n}$ zweier magischer Quadrate aus $MQ(n,\mathbb{Q})$ ebenfalls ein magisches Quadrat aus $MQ(n,\mathbb{Q})$ mit $s(A+B) = s(A)+s(B)$, wie man durch $2n+2$ Einzelbeweise zeigt: So gilt etwa für die erste Zeile

$$s_1(A+B) = \sum_{1\leq k\leq n} (a_{1k}+b_{1k}) = \sum_{1\leq k\leq n} a_{1k} + \sum_{1\leq k\leq n} b_{1k} = s_1(A)+s_1(B).$$

Schließlich sind $\mathbb{Q}$-Produkte $cA = (ca_{ik})_{1\leq i,k\leq n}$ magischer Quadrate $A$ aus $MQ(n,\mathbb{Q})$ mit rationalen Zahlen $c$ wieder magische Quadrate aus $MQ(n,\mathbb{Q})$ mit $s(cA) = c\cdot s(A)$, wie man wieder durch $2n+2$ Einzelbeweise zeigt: So gilt etwa für die erste Zeile

$$s_1(cA) = \sum_{1\leq k\leq n} ca_{1k} = c\cdot \sum_{1\leq k\leq n} a_{1k} = c\cdot s_1(A).$$

3. Die Homomorphie-Eigenschaften $s(A+B) = s(A)+s(B)$, für alle Elemente $A,B \in MQ(n,\mathbb{Q})$, und $s(cA) = c\cdot s(A)$, für alle $c \in \mathbb{Q}$, folgen unmittelbar aus Aufgabenteil 2.

4. Zunächst gilt $Kern(s) = MQ(n,\mathbb{Q},0)$, wobei $MQ(n,\mathbb{Q},0)$ die einzige der Mengen $MQ(n,\mathbb{Q},s)$ ist, die einen $\mathbb{Q}$-Unterraum von $MQ(n,\mathbb{Q})$ bildet (da den anderen Mengen das bezüglich Addition neutrale Element fehlt). $Kern(s)$ enthält beliebig viele Elemente (siehe Aufgabe A4.636.04).

5. Nach Teil 3 ist die Funktion $s : MQ(n,\mathbb{Q}) \longrightarrow \mathbb{Q}$ nicht injektiv, jedoch surjektiv, denn $z \in \mathbb{Q}$ besitzt beispielsweise die Urbilder $(\frac{z}{n})_{1\leq i,k\leq n}$. Der Homomorphiesatz der Modultheorie (Satz 4.017.2) liefert nun das folgende kommutative Diagramm mit einem $\mathbb{Q}$-Isomorphismus $s^*$, definiert durch die Zuordnung $MQ(n,\mathbb{Q},z) \longmapsto z$ (siehe Teil 1).

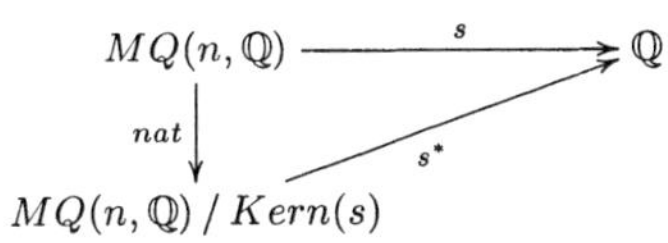


6. Wie B4.636.04/6 zeigt, ist $MQ(n,\mathbb{Q})$ nicht abgeschlossen gegenüber der Multiplikation von Matrizen.

**A4.636.09:** Berechnen Sie $L^{-1}$ des *Lo-Shu-Quadrats* $L \in MQ(3, \mathbb{Q})$. Ist $L^{-1}$ ebenfalls ein magisches Quadrat? Führen Sie weitere Untersuchungen dieser Art durch.

**B4.636.09:** Das *Lo-Shu-Quadrat* $L \in MQ(3, \mathbb{Q})$ besitzt wegen $det(L) = 360$ eine inverse Matrix $L^{-1}$:

$$L = \begin{pmatrix} 4 & 9 & 2 \\ 3 & 5 & 7 \\ 8 & 1 & 6 \end{pmatrix} \qquad L^{-1} = \frac{1}{360} \begin{pmatrix} 23 & -52 & 53 \\ 38 & 8 & -22 \\ -37 & 68 & -7 \end{pmatrix}.$$

Zur Berechnung von $L^{-1}$ wird das in Satz 1.784.5 angegebene Verfahren verwendet. Im einzelnen:

$$\text{Ist } A = \begin{pmatrix} a_{11} & a_{12} & a_{13} \\ a_{21} & a_{22} & a_{23} \\ a_{31} & a_{32} & a_{33} \end{pmatrix} \text{ und } det(A) \neq 0, \text{ dann ist } A^{-1} = \frac{1}{det(A)} \begin{pmatrix} D_{11} & -D_{21} & D_{31} \\ -D_{12} & D_{22} & -D_{32} \\ D_{13} & -D_{23} & D_{33} \end{pmatrix},$$

wobei $D_{ik}$ die Determinante derjenigen Teilmatrix $A_{ik}$ von $A$ bezeichne, die durch Weglassen der $i$-ten Zeile und der $k$-ten Spalte entsteht. Im vorliegenden Fall also:

$$D_{11} = det\begin{pmatrix} 5 & 7 \\ 1 & 6 \end{pmatrix} = 23 \qquad D_{12} = det\begin{pmatrix} 3 & 7 \\ 8 & 6 \end{pmatrix} = -38 \qquad D_{13} = det\begin{pmatrix} 3 & 5 \\ 8 & 1 \end{pmatrix} = -37$$

$$D_{21} = det\begin{pmatrix} 9 & 2 \\ 1 & 6 \end{pmatrix} = 52 \qquad D_{22} = det\begin{pmatrix} 4 & 2 \\ 8 & 6 \end{pmatrix} = 8 \qquad D_{23} = det\begin{pmatrix} 4 & 9 \\ 8 & 1 \end{pmatrix} = -68$$

$$D_{31} = det\begin{pmatrix} 9 & 2 \\ 5 & 7 \end{pmatrix} = 53 \qquad D_{32} = det\begin{pmatrix} 4 & 2 \\ 3 & 7 \end{pmatrix} = 22 \qquad D_{33} = det\begin{pmatrix} 4 & 9 \\ 3 & 5 \end{pmatrix} = 35$$

$$\text{ist dann } L^{-1} \cdot L = \frac{1}{360} \cdot \begin{pmatrix} 23 & -52 & 53 \\ 38 & 8 & -22 \\ -37 & 68 & -7 \end{pmatrix} \cdot \begin{pmatrix} 4 & 9 & 2 \\ 3 & 5 & 7 \\ 8 & 1 & 6 \end{pmatrix} = \frac{1}{360} \cdot \begin{pmatrix} 360 & 0 & 0 \\ 0 & 360 & 0 \\ 0 & 0 & 360 \end{pmatrix} = E.$$

Die inverse Matrix $L^{-1}$ des *Lo-Shu-Quadrats* $L \in MQ(3, \mathbb{Q})$ ist ebenfalls ein magisches Quadrat, denn wie man leicht nachrechnet, stimmen alle Zeilen-, Spalten- und Diagonalensummen überein und es gilt $s(L^{-1}) = \frac{1}{360} \cdot 24 = \frac{1}{15}$.

*Anmerkung 1:* Die durch $L$ definierte Funktion $f_L : \mathbb{R}^3 \longrightarrow \mathbb{R}^3$ mit $f_L(x) = Lx$ ist ein $\mathbb{R}$-Isomorhismus.

**A4.640.01:** Nennen Sie die Negationen zu den in Bemerkung 4.640.1/2 genannten Aussagen.

**B4.640.01:** Ist ein Paar $(c, f_A)$ mit einer Zahl $c$ und einem $\mathbb{R}$-Homomorphismus $f_A : \mathbb{R}^n \longrightarrow \mathbb{R}^n$ mit einer Matrix $A \in Mat(n, \mathbb{R})$ vorgelegt, so sind die folgenden Aussagen äquivalent:

a) Nur das $n$-Tupel $x = 0 \in \mathbb{R}^n$ hat die Eigenschaft $f_A(x) = cx$, also $Ax = cx$.

b) Für den $\mathbb{R}$-Homomorphismus $f_{A-cE} : \mathbb{R}^n \longrightarrow \mathbb{R}^n$ gilt $Kern(f_{A-cE}) = 0$.

c) Der $\mathbb{R}$-Homomorphismus $f_{A-cE} : \mathbb{R}^n \longrightarrow \mathbb{R}^n$ ist Isomorphismus.

d) Das homogene lineare Gleichungssystem $(f_{A-cE}, 0)$ besitzt nur 0 als Lösung.

e) Es gilt $det(A - cE) \neq 0$ (das heißt, daß die Menge der Spalten von $A - cE$ linear unabhängig ist).

**A4.640.02:** Berechnen Sie zu $f_A : \mathbb{R}^2 \longrightarrow \mathbb{R}^2$ mit der Matrix $A = \begin{pmatrix} 8 & 3 \\ 4 & 7 \end{pmatrix}$ die charakteristische Funktion $p_A$ zu $f_A$ und ihre Nullstellenmenge als Menge $ew(f_A) = N(p_A)$ der Eigenwerte $c$ zu $f_A$, ferner die von den Eigenwerten $c$ erzeugten Eigenräume $er(c, f_A)$ mit ihren Dimensionen.

**B4.640.02:** Zur Untersuchung der Funktion $f_A$ im einzelnen:

1. $f_A$ erzeugt die charakteristische Funktion $p_A : \mathbb{C} \longrightarrow \mathbb{C}$, definiert durch $p_A(c) = c^2 - 15c + 44$, mit der Nullstellenmenge $N(p_A) = \{4, 11\} = ew(f_A)$. Für diese beiden Eigenwerte gilt:

2a) Der Eigenwert $c_1 = 4$ erzeugt zunächst die Matrix $A - 4E = \begin{pmatrix} 4 & 3 \\ 4 & 3 \end{pmatrix}$ mit der Determinante $det(A - 4E) = 0$ und $rang(A - 4E) = 1$, also gilt $dim_{\mathbb{R}}(Kern(f_{A-4E})) = dim_{\mathbb{R}}(er(4, f_A)) = 2 - 1 = 1$. Dazu liefert das homogene lineare Gleichungssystem $(f_{A-4E}, 0)$ als spezielle Lösung den Eigenvektor $x_1 = \begin{pmatrix} 3 \\ -4 \end{pmatrix}$ und damit zu $(4, f_A)$ dann $er(4, f_A) = Kern(f_{A-4E}) = L_{\mathbb{R}}(\{x_1\}) = \mathbb{R}x_1 = \mathbb{R}\begin{pmatrix} 3 \\ -4 \end{pmatrix}$.

2b) Der Eigenwert $c_2 = 11$ erzeugt zunächst die Matrix $A - 11E = \begin{pmatrix} -3 & 3 \\ 4 & -4 \end{pmatrix}$ mit der Determinante $det(A - 11E) = 0$ und $rang(A - 11E) = 1$, also gilt $dim_{\mathbb{R}}(Kern(f_{A-11E})) = dim_{\mathbb{R}}(er(11, f_A)) = 2 - 1 = 1$. Dazu liefert das homogene lineare Gleichungssystem $(f_{A-11E}, 0)$ als spezielle Lösung den Eigenvektor $x_1 = \begin{pmatrix} 1 \\ 1 \end{pmatrix}$ und damit zu $(11, f_A)$ dann $er(11, f_A) = Kern(f_{A-11E}) = L_{\mathbb{R}}(\{x_1\}) = \mathbb{R}x_1 = \mathbb{R}\begin{pmatrix} 1 \\ 1 \end{pmatrix}$.

**A4.640.03:** Berechnen Sie zu $f_A : \mathbb{R}^2 \longrightarrow \mathbb{R}^2$ mit der Matrix $A = \begin{pmatrix} 5 & 4 \\ -1 & 1 \end{pmatrix}$ die charakteristische Funktion $p_A$ zu $f_A$ und ihre Nullstellenmenge als Menge $ew(f_A) = N(p_A)$ der Eigenwerte $c$ zu $f_A$, ferner die von den Eigenwerten $c$ erzeugten Eigenräume $er(c, f_A)$ mit ihren Dimensionen.

**B4.640.03:** Zur Untersuchung der Funktion $f_A$ im einzelnen:

1. $f_A$ erzeugt die charakteristische Funktion $p_A : \mathbb{C} \longrightarrow \mathbb{C}$, definiert durch $p_A(c) = c^2 - 6c + 9 = (c - 3)^2$, mit der Nullstellenmenge $N(p_A) = \{3\} = ew(f_A)$ mit der 2-fachen Nullstelle und damit mit dem 2-fach auftretenden Eigenwert $c = 3$.

2. Der Eigenwert $c = 3$ erzeugt zunächst die Matrix $A - 3E = \begin{pmatrix} 2 & 4 \\ -1 & -2 \end{pmatrix}$ mit der Determinante $det(A - 3E) = 0$ und $rang(A - 3E) = 1$, also gilt $dim_{\mathbb{R}}(Kern(f_{A-3E})) = dim_{\mathbb{R}}(er(3, f_A)) = 2 - 1 = 1$. Dazu liefert das homogene lineare Gleichungssystem $(f_{A-3E}, 0)$ als spezielle Lösung den Eigenvektor $x_1 = \begin{pmatrix} -2 \\ 1 \end{pmatrix}$ und damit zu $(3, f_A)$ dann $er(3, f_A) = Kern(f_{A-3E}) = L_{\mathbb{R}}(\{x_1\}) = \mathbb{R}x_1 = \mathbb{R}\begin{pmatrix} -2 \\ 1 \end{pmatrix}$.

**A4.640.04:** Zeigen Sie, daß in Beispiel 4.640.4/3 tatsächlich $rang(A - 7E) = 2$ gilt.

**B4.640.04:** $rang(A-7E) = rang \begin{pmatrix} -5 & -1 & 2 \\ -1 & -5 & -2 \\ 2 & -2 & -2 \end{pmatrix} = 2$, denn $\begin{pmatrix} 2 \\ -2 \\ -2 \end{pmatrix} = -\frac{1}{2}\begin{pmatrix} -5 \\ -1 \\ 2 \end{pmatrix} - \frac{1}{2}\begin{pmatrix} 1 \\ 5 \\ 2 \end{pmatrix}$.

**A4.640.05:** Berechnen Sie zu $f_A : \mathbb{R}^3 \longrightarrow \mathbb{R}^3$ mit der Matrix $A = \begin{pmatrix} -2 & 2 & -3 \\ 2 & 1 & -6 \\ -1 & -2 & 0 \end{pmatrix}$ die charakteristische Funktion $p_A$ zu $f_A$ und ihre Nullstellenmenge als Menge $ew(f_A) = N(p_A)$ der Eigenwerte $c$ zu $f_A$, ferner die von den Eigenwerten $c$ erzeugten Eigenräume $er(c, f_A)$ mit ihren Dimensionen.

**B4.640.05:** Zur Bearbeitung der Aufgabe im einzelnen:

1. Der $\mathbb{R}$-Homomorhismus $f_A : \mathbb{R}^3 \longrightarrow \mathbb{R}^3$ erzeugt die charakteristische Funktion $p_A : \mathbb{C} \longrightarrow \mathbb{C}$, definiert durch $p_A(c) = -c^3 - c^2 + 21c + 45$. Wie man zeigen kann, hat $p_A(c)$ auch die Darstellung $p_A(c) = -(c-5)(c+3)^2$ durch drei Linearfaktoren, es gilt also $N(p_A) = \{-3, 5\} = ew(A)$, wobei allerdings die Nullstelle $-3$ doppelt auftritt.

a) Der Eigenwert $c_1 = -3$ erzeugt zunächst die Matrix $A + 3E = \begin{pmatrix} 1 & 2 & -3 \\ 2 & 4 & -6 \\ -1 & -2 & 3 \end{pmatrix}$ mit Determinante $det(A+3E) = 0$ und $rang(A+3E) = 1$, folglich gilt $dim_{\mathbb{R}}(Kern(f_{A+3E})) = dim_{\mathbb{R}}(er(-3, f_A)) = 3 - 1 = 2$. Dazu liefert das homogene lineare Gleichungssystem $(f_{A+3E}, 0)$ die beiden linear unabhängigen Eigenvektoren $x_1 = \begin{pmatrix} 3 \\ 0 \\ 1 \end{pmatrix}$ und $x_2 = \begin{pmatrix} -2 \\ 1 \\ 0 \end{pmatrix}$ zu $(-3, f_A)$ und damit zu $(-3, f_A)$ den 2-dimensionalen Eigenraum $er(-3, f_A) = Kern(f_{A+3E}) = L_{\mathbb{R}}(\{x_1, x_2\}) = \mathbb{R}x_1 + \mathbb{R}x_2 = \mathbb{R}\begin{pmatrix} 3 \\ 0 \\ 1 \end{pmatrix} + \mathbb{R}\begin{pmatrix} -2 \\ 1 \\ 0 \end{pmatrix}$.

b) Der Eigenwert $c_2 = 5$ erzeugt zunächst die Matrix $A - 5E = \begin{pmatrix} -7 & 2 & -3 \\ 2 & -4 & -6 \\ -1 & -2 & -5 \end{pmatrix}$ mit der Determinante $det(A-5E) = 0$ und $rang(A-5E) = 2$, folglich gilt $dim_{\mathbb{R}}(Kern(f_{A-5E})) = dim_{\mathbb{R}}(er(5, f_A)) = 3 - 2 = 1$. Dazu liefert das homogene lineare Gleichungssystem $(f_{A-5E}, 0)$ als spezielle Lösung den Eigenvektor $x_3 = \begin{pmatrix} 1 \\ 2 \\ -1 \end{pmatrix}$ und damit zu $(5, f_A)$ dann $er(5, f_A) = Kern(f_{A-5E}) = L_{\mathbb{R}}(\{x_3\}) = \mathbb{R}x_3 = \mathbb{R}\begin{pmatrix} 1 \\ 2 \\ -1 \end{pmatrix}$.

**A4.640.06:** Verifizieren Sie die Aussagen der beiden Beispiele 4.640.6/5/6.

**B4.640.06:** Zu den beiden Beispielen im einzelnen:

a) Die Einheits-Matrix $E \in Mat(n, \mathbb{R})$ erzeugt die charakteristische Funktion $p_E : \mathbb{C} \longrightarrow \mathbb{C}$, definiert durch $p_E(c) = (1-c)^n$, mit der Nullstellenmenge $N(p_E) = \{1\} = ew(id)$ mit der $n$-fach auftretenden Nullstelle 1. Dieser Eigenwert erzeugt die Null-Matrix $N = E - E$ mit $rang(N) = 0$, folglich ist $dim_{\mathbb{R}}(er(1, id)) = dim_{\mathbb{R}}(Kern(f_N)) = n - rang(N) = n - 0 = n$, also ist $er(1, id) = \mathbb{R}^n$ der Eigenraum der identischen Funktion.

b) Die Null-Matrix $N \in Mat(n, \mathbb{R})$ erzeugt die charakteristische Funktion $p_N : \mathbb{C} \longrightarrow \mathbb{C}$, definiert durch $p_N(c) = (-c)^n$, mit der Nullstellenmenge $N(p_N) = \{0\} = ew(n)$. Dieser Eigenwert erzeugt ebenfalls die Null-Matrix $N = N - N$ mit $rang(N) = 0$, folglich ist $dim_{\mathbb{R}}(er(0, f_N)) = dim_{\mathbb{R}}(Kern(f_N)) = n - rang(N) = n - 0 = n$, also ist $er(0, f_N) = \mathbb{R}^n$ der Eigenraum der Null-Funktion.

**A4.640.07:** Berechnen Sie zu $f_A : \mathbb{R}^2 \longrightarrow \mathbb{R}^2$ mit der Matrix $A = \begin{pmatrix} cos(\alpha) & -sin(\alpha) \\ sin(\alpha) & cos(\alpha) \end{pmatrix}$ mit $\alpha \in \mathbb{R}$ die charakteristische Funktion $p_A$ zu $f_A$ und ihre Nullstellenmenge als Menge $ew(f_A) = N(p_A)$ der Eigenwerte $c$ zu $f_A$, ferner die von den Eigenwerten $c$ erzeugten Eigenräume $er(c, f_A)$ mit ihren Dimensionen.

**B4.640.07:** Zur Bearbeitung der Aufgabe im einzelnen:

1. Der $\mathbb{R}$-Homomorhismus $f_A : \mathbb{R}^2 \longrightarrow \mathbb{R}^2$ erzeugt die charakteristische Funktion $p_A : \mathbb{C} \longrightarrow \mathbb{C}$, definiert durch $p_A(c) = det(A - cE) = (cos(\alpha) - c)^2 + sin^2(\alpha) = c^2 - 2cos(\alpha)c + 1$. Wie man weiter berechnet, gilt $N(p_A) = \{cos(\alpha) - i \cdot sin(\alpha), cos(\alpha) + i \cdot sin(\alpha)\} = ew(f_A)$, wobei diese beiden Nullstellen von $p_A$ genau dann reell sind, wenn $\alpha \in \mathbb{Z}\pi$ gilt.

2a₁) Im Fall $\alpha \in 2\mathbb{Z}\pi$ ist $cos(\alpha) = 1$ und $sin(\alpha) = 0$, also $A - cE = \begin{pmatrix} 1-c & 0 \\ 0 & 1-c \end{pmatrix}$, somit ist $p_A$ definiert durch $p_A(c) = det(A - cE) = (1 - c)^2$, folglich ist $N(p_A) = \{1\}$. Der Eigenwert $c = 1$ erzeugt dann die Null-Matrix $A - E = N$ mit $rang(N) = 0$. Damit ist $er(1, f_A) = \mathbb{R}^n$ der Eigenraum zu $(1, f_A)$.

2a₂) Im Fall $\alpha \in (2\mathbb{Z} + 1)\pi$ ist $cos(\alpha) = -1$ und $sin(\alpha) = 0$, also $A - cE = \begin{pmatrix} -1-c & 0 \\ 0 & -1-c \end{pmatrix}$, somit ist $p_A$ definiert durch $p_A(c) = det(A - cE) = (1 + c)^2$, folglich ist $N(p_A) = \{-1\}$. Der Eigenwert $c = -1$ erzeugt dann die Null-Matrix $A + E = N$ mit $rang(N) = 0$. Damit ist $er(-1, f_A) = \mathbb{R}^n$ der Eigenraum zu $(-1, f_A)$.

2b₁) Der Eigenwert $c_1 = cos(\alpha) - i \cdot sin(\alpha)$ erzeugt zunächst die Matrix $A - (cos(\alpha) - i \cdot sin(\alpha))E = \begin{pmatrix} i \cdot sin(\alpha) & -sin(\alpha) \\ sin(\alpha) & i \cdot sin(\alpha) \end{pmatrix}$ mit der Determinante $det(A - c_1E) = 0$ und $rang(A - c_1E) = 1$ (denn die zweite Zeile ist das $i$-fache der ersten Zeile), also gilt $dim_{\mathbb{R}}(Kern(f_{A-c_1E})) = dim_{\mathbb{R}}(er(c_1, f_A)) = 2 - 1 = 1$. Dazu liefert das homogene lineare Gleichungssystem $(f_{A-c_1E}, 0)$ im Fall $\alpha \notin \mathbb{Z}\pi$ als spezielle Lösung den Eigenvektor $x_1 = \begin{pmatrix} i \\ -1 \end{pmatrix}$ und damit zu $(c_1, f_A)$ dann den Eigenraum

$$er(c_1, f_A) = Kern(f_{A-c_1E}) = L_{\mathbb{R}}(\{x_1\}) = \mathbb{R}x_1 = \mathbb{R}\begin{pmatrix} i \\ -1 \end{pmatrix}.$$

2b₂) Der Eigenwert $c_2 = cos(\alpha) + i \cdot sin(\alpha)$ erzeugt zunächst die Matrix $A - (cos(\alpha) + i \cdot sin(\alpha))E = \begin{pmatrix} -i \cdot sin(\alpha) & -sin(\alpha) \\ sin(\alpha) & -i \cdot sin(\alpha) \end{pmatrix}$ mit der Determinante $det(A - c_2E) = 0$ und $rang(A - c_2E) = 1$ (denn die zweite Zeile ist das $(-i)$-fache der ersten Zeile), also gilt $dim_{\mathbb{R}}(Kern(f_{A-c_2E})) = dim_{\mathbb{R}}(er(c_2, f_A)) = 2 - 1 = 1$. Dazu liefert das homogene lineare Gleichungssystem $(f_{A-c_2E}, 0)$ im Fall $\alpha \notin \mathbb{Z}\pi$ als spezielle Lösung den Eigenvektor $x_1 = \begin{pmatrix} -i \\ 1 \end{pmatrix}$ und damit zu $(c_2, f_A)$ dann den Eigenraum

$$er(c_2, f_A) = Kern(f_{A-c_2E}) = L_{\mathbb{R}}(\{x_1\}) = \mathbb{R}x_1 = \mathbb{R}\begin{pmatrix} -i \\ 1 \end{pmatrix}.$$

**A4.640.08:** Verifizieren Sie die beiden Angaben in Bemerkung 4.640.3/6 für $n = 2$.

**B4.640.08:** Zum Nachweis der beiden Formeln im einzelnen, wobei der in Bemerkung 4.640.1/4 angegebene Radikand $R = \frac{1}{4}(a_{11} + a_{22})^2 - a_{11}a_{22} + a_{12}a_{21}$, der bei der Berechnung der beiden Nullstellen $c_1$ und $c_2$ der quadratischen Funktion $p_A : \mathbb{C} \longrightarrow \mathbb{C}$ mit $p_A(c) = c^2 - (a_{11} + a_{22})c + a_{11}a_{22} - a_{12}a_{21}$ auftritt, verwendet wird:

1. Es gilt $c_1 + c_2 = \frac{1}{2}(a_{11} + a_{22}) + \sqrt{R} + \frac{1}{2}(a_{11} + a_{22}) - \sqrt{R} = a_{11} + a_{22} = spur(A)$.

2. Es gilt $c_1c_2 = (\frac{1}{2}(a_{11} + a_{22}) + \sqrt{R})^2(\frac{1}{2}(a_{11} + a_{22}) - \sqrt{R})^2 = \frac{1}{4}(a_{11} + a_{22})^2 - (\sqrt{R})^2 = \frac{1}{4}(a_{11} + a_{22})^2 - R$ $= \frac{1}{4}(a_{11} + a_{22})^2 - (\frac{1}{4}(a_{11} + a_{22})^2 - a_{11}a_{22} + a_{12}a_{21}) = a_{11}a_{22} - a_{12}a_{21} = det(A)$.

**A4.640.09:** Ermitteln Sie bezüglich folgender Matrizen $A$ Eigenwerte und Eigenräume zu $f_A$. Geben Sie ferner Kerne und Bilder aller dabei auftretenden Matrizen an.

$$\begin{pmatrix} 2 & 1 \\ 2 & 1 \end{pmatrix} \qquad \begin{pmatrix} 2 & 0 \\ 2 & 1 \end{pmatrix} \qquad \begin{pmatrix} 1 & 0 \\ 0 & 3 \end{pmatrix}$$

**B4.640.09:** Die Berechnungsergebnisse in tabellarischer Form:

| | | | |
|---|---|---|---|
| Matrix $A$ | $\begin{pmatrix} 2 & 1 \\ 2 & 1 \end{pmatrix}$ | $\begin{pmatrix} 2 & 0 \\ 2 & 1 \end{pmatrix}$ | $\begin{pmatrix} 1 & 0 \\ 0 & 3 \end{pmatrix}$ |
| $det(A)$ | 0 | 2 | 3 |
| $rang(A)$ | 1 | 2 | 2 |
| $Bild(f_A)$ | $\mathbb{R}\begin{pmatrix} 1 \\ 1 \end{pmatrix}$ | $\mathbb{R}\begin{pmatrix} 1 \\ 1 \end{pmatrix} + \mathbb{R}\begin{pmatrix} 0 \\ 1 \end{pmatrix}$ | $\mathbb{R}\begin{pmatrix} 1 \\ 0 \end{pmatrix} + \mathbb{R}\begin{pmatrix} 0 \\ 3 \end{pmatrix}$ |
| $Kern(f_A)$ | $\mathbb{R}\begin{pmatrix} 2 \\ -1 \end{pmatrix}$ | $\{\begin{pmatrix} 0 \\ 0 \end{pmatrix}\}$ | $\{\begin{pmatrix} 0 \\ 0 \end{pmatrix}\}$ |
| $p_A(c)$ | $c^2 - 3c$ | $c^2 - 3c + 2$ | $(1-c)(3-c)$ |
| $N(p_A) = \{c_1, c_2\}$ | $\{0, 3\}$ | $\{1, 2\}$ | $\{1, 3\}$ |
| Matrix $A - c_1E$ | $\begin{pmatrix} 2 & 1 \\ 2 & 1 \end{pmatrix}$ | $\begin{pmatrix} 1 & 0 \\ 2 & 0 \end{pmatrix}$ | $\begin{pmatrix} 0 & 0 \\ 0 & 2 \end{pmatrix}$ |
| $det(A - c_1E)$ | 0 | 0 | 0 |
| $rang(A - c_1E)$ | 1 | 1 | 1 |
| $Bild(f_{A-c_1E})$ | $\mathbb{R}\begin{pmatrix} 1 \\ 1 \end{pmatrix}$ | $\mathbb{R}\begin{pmatrix} 1 \\ 2 \end{pmatrix}$ | $\mathbb{R}\begin{pmatrix} 0 \\ 2 \end{pmatrix}$ |
| $Kern(f_{A-c_1E})$ | $\mathbb{R}\begin{pmatrix} 2 \\ -1 \end{pmatrix}$ | $\mathbb{R}\begin{pmatrix} 0 \\ 1 \end{pmatrix}$ | $\mathbb{R}\begin{pmatrix} 1 \\ 0 \end{pmatrix}$ |
| Matrix $A - c_2E$ | $\begin{pmatrix} -1 & 1 \\ 2 & -2 \end{pmatrix}$ | $\begin{pmatrix} 0 & 0 \\ 2 & -1 \end{pmatrix}$ | $\begin{pmatrix} -2 & 0 \\ 0 & 0 \end{pmatrix}$ |
| $det(A - c_2E)$ | 0 | 0 | 0 |
| $rang(A - c_2E)$ | 1 | 1 | 1 |
| $Bild(f_{A-c_2E})$ | $\mathbb{R}\begin{pmatrix} 1 \\ -2 \end{pmatrix}$ | $\mathbb{R}\begin{pmatrix} 0 \\ 1 \end{pmatrix}$ | $\mathbb{R}\begin{pmatrix} -2 \\ 0 \end{pmatrix}$ |
| $Kern(f_{A-c_2E})$ | $\mathbb{R}\begin{pmatrix} 1 \\ -1 \end{pmatrix}$ | $\mathbb{R}\begin{pmatrix} 1 \\ 2 \end{pmatrix}$ | $\mathbb{R}\begin{pmatrix} 0 \\ 1 \end{pmatrix}$ |

**A4.640.10:** Berechnen Sie zu $f_A : \mathbb{C}^2 \longrightarrow \mathbb{C}^2$ mit der Matrix $A = \begin{pmatrix} 4 & 2i \\ -2i & 1 \end{pmatrix}$ die charakteristische Funktion $p_A$ zu $f_A$ und ihre Nullstellenmenge als Menge $ew(f_A) = N(p_A)$ der Eigenwerte $c$ zu $f_A$, ferner die von den Eigenwerten $c$ erzeugten Eigenräume $er(c, f_A)$ mit ihren Dimensionen.

**B4.640.10:** Zur Untersuchung der Funktion $f_A : \mathbb{C}^2 \longrightarrow \mathbb{C}^2$ im einzelnen:

1. $f_A$ erzeugt die charakteristische Funktion $p_A : \mathbb{C} \longrightarrow \mathbb{C}$, definiert durch $p_A(c) = c^2 - 5c = c(c-5)$, mit der Nullstellenmenge $N(p_A) = \{0, 5\} = ew(f_A)$.

2a) Der Eigenwert $c = 0$ erzeugt zunächst die Matrix $A - 0E = A$ mit der Determinante $det(A) = 0$ und $rang(A) = 1$ (denn die erste Zeile ist das $(2i)$-fache der zweiten Zeile), also gilt $dim_{\mathbb{C}}(Kern(f_A)) = dim_{\mathbb{C}}(er(0, f_A)) = 2-1 = 1$. Dazu liefert das lineare Gleichungssystem $(f_A, 0)$ als Lösung den Eigenvektor $x_1 = \begin{pmatrix} 1 \\ 2i \end{pmatrix}$ und damit zu $(0, f_A)$ dann $er(0, f_A) = Kern(f_A) = L_{\mathbb{C}}(\{x_1\}) = \mathbb{C}x_1 = \mathbb{C}\begin{pmatrix} 1 \\ 2i \end{pmatrix}$.

2b) Der Eigenwert $c = 5$ erzeugt zunächst die Matrix $A - 5E = \begin{pmatrix} -1 & 2i \\ -2i & -4 \end{pmatrix}$ mit der Determinante $det(A - 5E) = 0$ und $rang(A - 5i) = 1$ (denn die zweite Zeile ist das $(2i)$-fache der ersten Zeile), also gilt $dim_{\mathbb{C}}(Kern(f_A)) = dim_{\mathbb{C}}(er(0, f_A)) = 2 - 1 = 1$. Dazu liefert das homogene lineare Gleichungssystem $(f_A, 0)$ als spezielle Lösung den Eigenvektor $x_2 = \begin{pmatrix} 2i \\ 1 \end{pmatrix}$ und damit zu $(5, f_A)$ dann $er(5, f_A) = Kern(f_A) = L_{\mathbb{C}}(\{x_2\}) = \mathbb{C}x_2 = \mathbb{C}\begin{pmatrix} 2i \\ 1 \end{pmatrix}$.

*Anmerkung:* Die Menge $\{x_1, x_2\}$ ist linear unabhängig und insofern eine Basis von $\mathbb{C}^2$.

**A4.640.11:** Betrachten Sie den von der *Frobenius-Matrix* $F = \begin{pmatrix} 0 & 1 & 0 \\ 0 & 0 & 1 \\ -u_0 & -u_1 & -u_2 \end{pmatrix}$ (benannt nach *Georg Frobenius* (1849 - 1917) erzeugten $\mathbb{R}$-Homomorphismus $f_F : \mathbb{R}^3 \longrightarrow \mathbb{R}^3$ mit Zahlen $u_0, u_1, u_2 \in \mathbb{R}$.

1. Berechnen Sie zu $f_F$ die charakteristische Funktion $p_F : \mathbb{C} \longrightarrow \mathbb{C}$.
2. Zeigen Sie, daß zu jedem Eigenwert $c$ zu $f_F$ der Vektor $x = \begin{pmatrix} 1 \\ c \\ c^2 \end{pmatrix}$ Eigenvektor ist.
3. Bestimmen Sie $dim_{\mathbb{R}}(er(c, f_F))$ für beliebige Eigenwerte $c$ zu $f_F$.
4. Bestimmen Sie $ew(f_F)$ und die zugehörigen Eigenräume zu $(u_0, u_1, u_2) = (-45, -21, 1)$.

*Anmerkung:* Für die nach demselben Muster entsprechend definierte *Frobenius-Matrix* $F \in Mat(n, \mathbb{R})$ sind für alle $n \geq 3$ die Dimensionen $dim_{\mathbb{R}}(er(c, f_F))$ gleich.

**B4.640.11:** Zur Bearbeitung der Aufgabe im einzelnen:

1. Die Funktion $p_F : \mathbb{C} \longrightarrow \mathbb{C}$ ist definiert durch $p_F(c) = det(F - cE) = det \begin{pmatrix} -c & 1 & 0 \\ 0 & -c & 1 \\ -u_0 & -u_1 & -u_2 - c \end{pmatrix}$
$= (-c)(-c)(-u_2 - c) + (-u_0) - (-c)(-u_1) = -(u_0 + cu_1 + c^2u_2 + c^3) = (-1)^3(u_0 + cu_1 + c^2u_2 + c^3)$.

2. Es gilt $(F - cE)x = \begin{pmatrix} -c & 1 & 0 \\ 0 & -c & 1 \\ -u_0 & -u_1 & -u_2 - c \end{pmatrix} \cdot \begin{pmatrix} 1 \\ c \\ c^2 \end{pmatrix} = \begin{pmatrix} 0 \\ 0 \\ -(u_0 + cu_1 + c^2u_2 + c^3) \end{pmatrix} = \begin{pmatrix} 0 \\ 0 \\ 0 \end{pmatrix}$,
denn es ist $c \in N(p_F)$, also gilt $p_F(c) = -(u_0 + cu_1 + c^2u_2 + c^3) = 0$. Somit ist $x$ Eigenvektor zu $(c, f_F)$.

3. Mit $rang(F - cE) = 2$ ist $dim_{\mathbb{R}}(er(c, f_F)) = dim_{\mathbb{R}}(Kern(f_{F-cE})) = 3 - rang(F - cE) = 1$.

4a) Die Daten $(u_0, u_1, u_2) = (-45, -21, 1)$ liefern für $p_F$ die Vorschrift $p_F(c) = -c^3 - c^2 + 21c + 45 = -(c - 5)(c + 3)^2$ durch drei Linearfaktoren, es gilt also $N(p_F) = \{-3, 5\} = ew(F)$ mit der zweifachen Nullstelle $-3$. (Das ist dieselbe Funktion wie $p_A$ in Aufgabe A4.640.05.)

4b) Der Eigenwert $c_1 = -3$ erzeugt zunächst die Matrix $F + 3E = \begin{pmatrix} 3 & 1 & 0 \\ 0 & 3 & 1 \\ 45 & 21 & 2 \end{pmatrix}$ mit Determinante $det(F + 3E) = 0$ und $rang(F + 3E) = 2$, folglich gilt $dim_{\mathbb{R}}(Kern(f_{F+3E})) = dim_{\mathbb{R}}(er(-3, f_F)) = 3 - 2 = 1$. Dazu liefert das homogene lineare Gleichungssystem $(f_{F+3E}, 0)$ als Lösung den Eigenvektor $x_1 = (-\frac{1}{3}) \begin{pmatrix} 1 \\ -3 \\ 9 \end{pmatrix}$ und damit zu $(-3, f_F)$ den zugehörigen Eigenraum

$$er(-3, f_F) = Kern(f_{F+3E}) = L_{\mathbb{R}}(\{x_1\}) = \mathbb{R}x_1 = \mathbb{R} \begin{pmatrix} 1 \\ -3 \\ 9 \end{pmatrix}.$$

4c) Der Eigenwert $c_2 = 5$ erzeugt zunächst die Matrix $F - 5E = \begin{pmatrix} -5 & 1 & 0 \\ 0 & -5 & 1 \\ 45 & 21 & -6 \end{pmatrix}$ mit der Determinante $det(F - 5E) = 0$ und $rang(F - 5E) = 2$, folglich gilt $dim_{\mathbb{R}}(Kern(f_{F-5E})) = dim_{\mathbb{R}}(er(5, f_F)) = 3 - 2 = 1$. Dazu liefert das homogene lineare Gleichungssystem $(f_{F-5E}, 0)$ als spezielle Lösung den Eigenvektor $x_2 = \frac{1}{5} \begin{pmatrix} 1 \\ 5 \\ 25 \end{pmatrix}$ und damit zu $(5, f_F)$ dann $er(5, f_F) = Kern(f_{F-5E}) = L_{\mathbb{R}}(\{x_2\}) = \mathbb{R}x_2 = \mathbb{R} \begin{pmatrix} 1 \\ 5 \\ 25 \end{pmatrix}$.

*Anmerkung:* Die Eigenvektoren $x_1$ und $x_2$ bestätigen die Aussage von Aufgabenteil 2.

**A4.640.13:** Besitzt ein $\mathbb{R}$-Homomorphismus $f_A : \mathbb{R} \longrightarrow \mathbb{R}$ mit $A \in Mat(n, \mathbb{R})$ ein Paar $(c, \overline{c})$ konjugiert komplexer Eigenwerte, dann gilt: Ist $x \in \mathbb{C}^n$ ein Eigenvektor zu $(c, f_A)$, dann ist $\overline{x}$ (als das $n$-Tupel der zu den Komponenten von $x$ konjugiert komplexen Zahlen) ein Eigenvektor zu $(\overline{c}, d_A)$.

**B4.640.13:** Mit $Ax = cx$ gilt $\overline{Ax} = \overline{cx}$, woraus mit $\overline{Ax} = \overline{A} \cdot \overline{x} = A \cdot \overline{x}$ (denn $\overline{A} = A$) und $\overline{cx} = \overline{c} \cdot \overline{x}$ dann $A \cdot \overline{x} = \overline{c} \cdot \overline{x}$ folgt.

**A4.641.01:** Bilden Sie Beispiele zu den Aussagen von Lemma 4.641.1.

**B4.641.01:** Beispiele zu den Aussagen von Lemma 4.641.1:

1. Für jedes Paar $(u, v)$ ganzer Zahlen mit $v \neq 0$ ist $A = \frac{1}{v}\begin{pmatrix} u & \sqrt{u(v-u)} \\ \sqrt{u(v-u)} & v-u \end{pmatrix}$ nach Bemerkung 1.785.3/1 eine idempotente Matrix (beispielsweise liefert $(u, v) = (1, 1)$ die Einheits-Matrix $E$ und $(u, v) = (0, 1)$ die Nullmatrix $N$). Mit der Matrix $A$ gilt $ew(f_A) \subset \{0, 1\}$, denn betrachtet man die zugehörige charakteristische Funktion $p_A$ mit der Zuordnungsvorschrift
$p_A(c) = det(A - cE) = det(\frac{1}{v}\begin{pmatrix} u-cv & \sqrt{u(v-u)} \\ \sqrt{u(v-u)} & v-u-cv \end{pmatrix}) = \frac{1}{v^2}det\begin{pmatrix} u-cv & \sqrt{u(v-u)} \\ \sqrt{u(v-u)} & v-u-cv \end{pmatrix} =$
$\frac{1}{v^2}((u-cv)(v-u-cv) - u(v-u)) = \frac{1}{v^2}(u(v-u) - cuv - cv(v-u) + c^2v^2 - u(v-u)) = \frac{1}{v^2}(c^2v^2 - cv^2) =$
$c^2 - c = c(c-1)$, so gilt $p_A(c) = 0$ genau dann, wenn $c \in \{0, 1\}$ gilt, es ist also $ew(f_A) = N(p_A) = \{0, 1\}$.

2. Orthogonale Matrizen $A \in Mat(2, \mathbb{R})$ haben beispielsweise die Form $A = \begin{pmatrix} cos(\alpha) & -sin(\alpha) \\ sin(\alpha) & cos(\alpha) \end{pmatrix}$ mit $\alpha \in \mathbb{R}$. Nach Aufgabe A4.640.07, in der diese Matrix schon untersucht ist, gilt nun folgendes:
a) Ist $\alpha \in 2\mathbb{Z}\pi$, dann hat $f_A$ den Eigenwert 1, ist $\alpha \in (2\mathbb{Z}+1)\pi$, dann hat $f_A$ den Eigenwert $-1$. Somit gilt mit $c \in ew(f_A)$ auch $\frac{1}{c} \in ew(f_A)$.
b) Ist $\alpha \notin \mathbb{Z}\pi$, dann hat $f_A$ die beiden Eigenwerte $c_1 = cos(\alpha) - i \cdot sin(\alpha)$ und $c_2 = cos(\alpha) + i \cdot sin(\alpha)$. Unter Verwendung von Bemerkung 1.882.1/5 gilt dann $\frac{1}{c_1} = \frac{cos(\alpha)+i\cdot sin(\alpha)}{cos^2(\alpha)+sin^2(\alpha)} = cos(\alpha) + i \cdot sin(\alpha) = c_2$ und entsprechend $\frac{1}{c_2} = \frac{cos(\alpha)-i\cdot sin(\alpha)}{cos^2(\alpha)+sin^2(\alpha)} = cos(\alpha) - i \cdot sin(\alpha) = c_1$. Somit gilt mit $c \in ew(f_A)$ auch in diesem Fall $\frac{1}{c} \in ew(f_A)$.
*Anmerkung:* Daß die Matrix $A$ orthogonal ist, rechnet man leicht mit $A^tA = E$ nach.

**A4.641.02:** Es sei $A \in Mat(n, \mathbb{R})$ ein magisches Quadrat (siehe Abschnitte 4.636 und 4.637).
1. Zeigen Sie: Für $A$ mit der Summe $s(A)$ hat $f_A$ den Eigenwert $s(A)$ und den Eigenvektor $x = (1, ..., 1)^t$.
2. Kann man dabei die Anforderungen an $A$ abschwächen?

**B4.641.02:** Die Gültigkeit der Behauptung in Teil 1 zeigt die folgende Zeile:

$$A \cdot \begin{pmatrix} 1 \\ \vdots \\ 1 \end{pmatrix} = \begin{pmatrix} a_{11} + ... + a_{1n} \\ \vdots \\ a_{n1} + ... + a_{nn} \end{pmatrix} = \begin{pmatrix} s(A) \\ \vdots \\ s(A) \end{pmatrix} = s(A) \cdot \begin{pmatrix} 1 \\ \vdots \\ 1 \end{pmatrix}.$$

Wie diese Berechnung zeigt, brauchen in $A$ lediglich alle Zeilensummen gleich sein.

**A4.641.03:** Betrachten Sie den $\mathbb{R}$-Homomorphismus $f_A : \mathbb{R}^4 \longrightarrow \mathbb{R}^4$ mit $A = \begin{pmatrix} 0 & 1 & 0 & 0 \\ 0 & 0 & 1 & 0 \\ 0 & 0 & 0 & 1 \\ 0 & 32 & -32 & 10 \end{pmatrix}$.

1. Berechnen Sie $Kern(f_A)$ und $Bild(f_A)$.
2. Berechnen Sie die Menge $Fix(f_A)$ der Fixelemente von $f_A$.
3. Geben Sie jeweils einen Unterraum $U$ von $\mathbb{R}^4$ mit $f_A(U) = U$ für die Fälle $dim_{\mathbb{R}}(U) \in \{2, 3\}$ an.
*Hinweis zu Teil 3:* Es sei $U \subset \mathbb{R}^4$ ein 2-dimensionaler Unterraum von $\mathbb{R}^4$ mit einer Basis $B = \{b_1, b_2\}$. Aus der Bedingung $f_A(U) = U$ folgt, daß dann auch jedes Element $f_A(x)$ mit $x \in U$ eine $B$-Darstellung $f(x) = a_1b_1 + a_2b_2$ besitzen muß. Es sind also zwei solche Basiselemente $b_k$ mit $f_A(b_k) = c_kb_k$ zu ermitteln.
4. Erzeugen Sie eine Frobenius-Matrix $A \in Mat(4, \mathbb{R})$, deren charakteristische Funktion $p_A$ durch die

Zuordnungsvorschrift $p_A(c) = c(c-1)(c-2)^2$ definiert ist. Berechnen Sie dann zu dem $\mathbb{R}$-Homomorphismus $f_A : \mathbb{R}^4 \longrightarrow \mathbb{R}^4$ den Unterraum $Fix(f_A)$, geben Sie dessen Dimension an und prüfen Sie ihn hinsichtlich der Eigenschaft $f_A(U) = U$.

**B4.641.03:** Zur Bearbeitung der Aufgabe im einzelnen:

1a) Zur Berechnung von $Kern(f_A)$ wird das homogene lineare Gleichungssystem $(f_A, 0)$ betrachtet: Ist $x \in \mathbb{R}^4$ eine Lösung dieses Systems, so liefern die ersten drei Zeilen von $A$ sofort $x_2 = x_3 = x_4 = 0$, womit die vierte Zeile von $A$ eine beliebige Zahl $x_1$ zuläßt. Somit ist $Kern(f_A) = L(f_A, 0) = \mathbb{R}\begin{pmatrix}1\\0\\0\\0\end{pmatrix}$.

1b) Zur Berechnung von $Bild(f_A)$ wird die kanonische Basis $C = \{e_1, e_2, e_3, e_4\}$ von $\mathbb{R}^4$ betrachtet. Sie liefert das Erzeugendensystem $\{f_A(e_1), f_A(e_2), f_A(e_3), f_A(e_4)\}$ von $Bild(f_A)$. Betrachtet man ferner die Matrix $A$ in Spaltendarstellung $A = [a_1, a_2, a_3, a_4]$, so kann man $f_A(e_k) = a_k$, für alle $k \in \{1,2,3,4\}$, feststellen, somit ist $\{f_A(e_2), f_A(e_3), f_A(e_4)\} = \{a_2, a_3, a_4\}$ eine Basis von $Bild(f_A)$ mit $dim_{\mathbb{R}}(Bild(f_A)) = 3$. Dieses Ergebnis folgt aber auch aus dem Dimensions-Satz (siehe Corollar 5.434.4), der im vorliegenden Fall die Beziehung $dim_{\mathbb{R}}(Bild(f_A)) = 4 - dim_{\mathbb{R}}(Kern(f_A)) = 4 - 1 = 3$ liefert.

2. Die Fixelemente von $f_A$ sind diejenigen Elemente $x \in D(f_A)$, für die $f_A(x) = x$, also $(f_A - id)(x) = 0$ und somit $(A - E)(x) = 0$ gilt. Bildet man nun zu $A - E$ die erweiterte Matrix $(A - E, 0)$ und ersetzt in $(A - E, 0)$ die Zeile IV durch 32II + IV, so entsteht die Gauß-Jordan-Matrix $(A - E, 0)^* = \begin{pmatrix}-1 & 1 & 0 & 0 & 0\\ 0 & -1 & 1 & 0 & 0\\ 0 & 0 & -1 & 1 & 0\\ 0 & 0 & 0 & 9 & 0\end{pmatrix}$, die dann die Lösungsmenge $L(f_{A-E}, 0) = Fix(f_A) = 0$ liefert, denn: Ist $x \in \mathbb{R}^4$ eine Lösung dieses Systems, so liefert die letzte Zeile der Matrix aus $9x_4 = 0$ zunächst $x_4 = 0$, womit dann weiter $x_3 = x_2 = x_1 = 0$ folgt. Die Menge der Fixelemente von $f_A$ besteht also nur aus dem Nullelement.

3a) Nach dem Hinweis zur Aufgabe sind zu Eigenwerten $c_1 \neq 0$ und $c_2 \neq 0$ zu $A$ zwei linear unabhängige Eigenvektoren (siehe Satz 4.640.5) $b_1$ zu $(c_1, A)$ und $b_2$ zu $(c_2, A)$ zu ermitteln.

Da $A$ eine Frobenius-Matrix ist (siehe Aufgabe A4.640.11), läßt sich die Zuordnungsvorschrift ihrer charakteristischen Funktion $p_A$ an $A$ direkt ablesen und ist demnach definiert durch $p_A(c) = det(A - cE) = c^4 - 10c^3 + 32c^2 - 32c$. Diese Funktion besitzt die Nullstellenmenge $N(p_A) = \{0, 2, 4\} = ew(A)$ mit doppelt auftretender Nullstelle 4. Der Eigenwert $c = 0$ liefert wegen $A - 0E = A$ den in diesem Zusammenhang aber nicht wichtigen Eigenraum $er(0, A) = Kern(f_A)$.

Der Eigenwert $c = 2$ erzeugt die Matrix $A - 2E = \begin{pmatrix}-2 & 1 & 0 & 0\\ 0 & -2 & 1 & 0\\ 0 & 0 & -2 & 1\\ 0 & 32 & -32 & 8\end{pmatrix}$. Ersetzt man darin die Zeile IV durch 16II + IV, so entsteht die neue vierte Zeile $(0, 0, -16, 8)$. Ist $x \in \mathbb{R}^4$ eine Lösung des homogenen linearen Gleichungssystems $(f_{A-2E}, 0)$ und wählt man dabei $x_4 = 2$, so folgt mit den anderen Zeilen $x_3 = 1$ sowie $x_2 = \frac{1}{2}$ und $x_1 = \frac{1}{4}$.

Der Eigenwert $c = 4$ erzeugt die Matrix $A - 4E = \begin{pmatrix}-4 & 1 & 0 & 0\\ 0 & -4 & 1 & 0\\ 0 & 0 & -4 & 1\\ 0 & 32 & -32 & 6\end{pmatrix}$. Ersetzt man darin die Zeile IV durch 8II + IV, so entsteht die neue vierte Zeile $(0, 0, -24, 6)$. Ist $z \in \mathbb{R}^4$ eine Lösung des homogenen linearen Gleichungssystems $(f_{A-2E}, 0)$ und wählt man dabei $z_4 = 4$, so folgt mit den anderen Zeilen $z_3 = 1$ sowie $z_2 = \frac{1}{4}$ und $z_1 = \frac{1}{16}$.

Der gesuchte Unterraum $U$ hat dann die Darstellung $U = \mathbb{R}x + \mathbb{R}z = \mathbb{R}\begin{pmatrix}1\\2\\4\\8\end{pmatrix} + \mathbb{R}\begin{pmatrix}1\\4\\16\\64\end{pmatrix}$. Dabei gilt

$f_A(U) = U$, denn in $f_A(U) = f_A(\mathbb{R}x + \mathbb{R}z) = \mathbb{R}f_A(x) + \mathbb{R}f_A(z) = \mathbb{R}\cdot Ax + \mathbb{R}\cdot Az = \mathbb{R}x + \mathbb{R}z$ ist

$$Ax = \begin{pmatrix} 0 & 1 & 0 & 0 \\ 0 & 0 & 1 & 0 \\ 0 & 0 & 0 & 1 \\ 0 & 32 & -32 & 10 \end{pmatrix} \begin{pmatrix} 1 \\ 2 \\ 4 \\ 8 \end{pmatrix} = \begin{pmatrix} 2 \\ 4 \\ 8 \\ 16 \end{pmatrix} = 2x \text{ und } Az = \begin{pmatrix} 0 & 1 & 0 & 0 \\ 0 & 0 & 1 & 0 \\ 0 & 0 & 0 & 1 \\ 0 & 32 & -32 & 10 \end{pmatrix} \begin{pmatrix} 1 \\ 4 \\ 16 \\ 64 \end{pmatrix} = \begin{pmatrix} 4 \\ 16 \\ 64 \\ 256 \end{pmatrix} = 4z.$$

3b) Als einziger 3-dimensionaler Unterraum $U \subset \mathbb{R}^4$ mit $f_A(U) = U$ kommt wegen der Inklusion $f_A(Bild(f_A)) \subset Bild(f_A)$ nur $U = Bild(f_A)$ in Frage. Allerdings bleibt dabei noch die Gleichheit $f_A(Bild(f_A)) = Bild(f_A)$ zu prüfen:

Für die in Teil 1b) genannte Basis $\{a_2, a_3, a_4\}$ von $Bild(f_A)$ mit $Bild(f_A) = \mathbb{R}a_2 + \mathbb{R}a_3 + \mathbb{R}a_4$ gilt $f_A(Bild(f_A)) = f_A(\mathbb{R}a_2 + \mathbb{R}a_3 + \mathbb{R}a_4) = f_A(\mathbb{R}a_2) + f_A(\mathbb{R}a_3) + f_A(\mathbb{R}a_4) = \mathbb{R}f_A(a_2) + \mathbb{R}f_A(a_3) + \mathbb{R}f_A(a_4)$ $= \mathbb{R}\cdot Aa_2 + \mathbb{R}\cdot Aa_3 + \mathbb{R}\cdot Aa_4$.

Dabei ist die Menge $\{f_A(a_2), f_A(a_3), f_A(a_4)\} = \{Aa_2, Aa_3, Aa_4\}$ nach folgenden Berechnungen linear unabhängig und folglich eine Basis von $f_A(Bild(f_A))$, somit gilt $f_A(Bild(f_A)) = Bild(f_A)$.

$$Aa_2 = A\begin{pmatrix} 1 \\ 0 \\ 0 \\ 32 \end{pmatrix} = \begin{pmatrix} 0 \\ 0 \\ 32 \\ 320 \end{pmatrix}, \quad Aa_3 = A\begin{pmatrix} 0 \\ 1 \\ 0 \\ -32 \end{pmatrix} = \begin{pmatrix} 1 \\ 0 \\ -32 \\ -288 \end{pmatrix}, \quad Aa_4 = A\begin{pmatrix} 0 \\ 0 \\ 1 \\ 10 \end{pmatrix} = \begin{pmatrix} 0 \\ 1 \\ 10 \\ 68 \end{pmatrix}$$

4a) Die Zuordnungsvorschrift $p_A(c) = c(c-1)(c-2)^2 = c^4 - 5c^3 + 8c^2 - 4c$ liefert $A = \begin{pmatrix} 0 & 1 & 0 & 0 \\ 0 & 0 & 1 & 0 \\ 0 & 0 & 0 & 1 \\ 0 & 4 & -8 & 5 \end{pmatrix}$ als zugehörige Frobenius-Matrix. Wie in Teil 2 wird zu $A-E$ die erweiterte Matrix $(A-E, 0)$ gebildet. Ersetzt man in $(A-E, 0)$ die Zeile IV durch 4II + IV, so entsteht die Matrix $\begin{pmatrix} -1 & 1 & 0 & 0 & 0 \\ 0 & -1 & 1 & 0 & 0 \\ 0 & 0 & -1 & 1 & 0 \\ 0 & 0 & -4 & 4 & 0 \end{pmatrix}$, bei der die dritte und die vierte Zeile linear abhängig sind, folglich kann die vierte Zeile durch $(0,0,0,0,0)$ ersetzt werden. Das Gleichungssystem $L(f_{A-E}, 0)$ besitzt dann die Lösungsmenge $L(f_{A-E}, 0) = Fix(f_A) =$ $\mathbb{R}\begin{pmatrix} 1 \\ 1 \\ 1 \\ 1 \end{pmatrix}$, denn: Ist $x \in \mathbb{R}^4$ eine Lösung dieses Systems, so kann man $x_4 = 1$ wählen, womit dann weiter $x_3 = x_2 = x_1 = 1$ folgt. Die Menge $Fix(f_A)$ bildet also einen 1-dimensionalen Unterraum von $\mathbb{R}^4$.

4b) Da für alle $x \in Fix(f_A)$ definitionsgemäß $f_A(x) = x$ gilt, gilt $f_A(Fix(f_A)) = Fix(f_A)$.

**A4.643.01:** Zeigen Sie direkt: Ähnliche Matrizen haben dieselben Eigenwerte.

**B4.643.01:** Mit den in Bemerkung 4.643.7 genannten Daten gilt:

Zu zeigen ist die Äquivalenz $c \in ew(A) \Leftrightarrow c \in ew(B)$. Dazu zunächst eine Vorüberlegung: Es gilt $T^{-1}AT - cE = T^{-1}AT - T^{-1}cET = T^{-1}(A - cE)T$, folglich gilt nach Satz 1.782.5 (Determinaten-Produkt-Satz) $det(T^{-1}AT - cE) = det(T^{-1}(A - cE)T) = det(T^{-1}) \cdot det(A - cE) \cdot det(T)$. Damit gilt nun:

a) $c \in ew(A) \Rightarrow det(A - cE) = 0 \Rightarrow det(T^{-1}AT - cE) = 0 \Rightarrow det(B - cE) = 0 \Rightarrow c \in ew(B)$,

b) $c \in ew(B) \Rightarrow det(B - cE) = 0 \Rightarrow det(T^{-1}AT - cE) = 0 \Rightarrow det(A - cE) = 0 \Rightarrow c \in ew(A)$, denn es gilt $det(T^{-1}) \neq 0$ und $det(T) \neq 0$.

**A4.643.02:** Zeigen Sie (anhand von Beispielen): Ähnliche Matrizen haben dieselbe Spur.

**B4.643.02:** Beispiele dafür, daß ähnliche Matrizen dieselbe Spur haben:

1. Für die beiden ähnlichen Matrizen $A$ und $T^tAT$ in Beispiel 4.643.4 gilt $spur(A) = 9 = spur(T^tAT)$.

**A4.643.03:** Zeigen Sie, daß ähnliche Matrizen aus $Mat(n, \mathbb{R})$ dieselbe Determinante haben.

**B4.643.03:** Sind $A, B \in Mat(n, \mathbb{R})$ zueinander ähnliche Matrizen, dann gibt es definitionsgemäß eine reguläre Matrix $U \in Mat(n, \mathbb{R})$ mit $B = U^{-1}AU$, woraus der Determinanten-Produkt-Satz dann $det(B) = det(U^{-1}) \cdot det(A) \cdot det(U) = det(U^{-1}) \cdot det(U) \cdot det(A) = det(U^{-1}U) \cdot det(A) = det(E) \cdot det(A)$ $= 1 \cdot det(A) = det(A)$ liefert.

**A4.643.04:** Zeigen Sie: Sind $A, B \in Mat(n, K)$ ähnliche Matrizen und ist ferner $c$ ein beliebiger Eigenwert von $A$ (und somit auch von $B$), dann gilt $dim_K(er(c, f_A)) = dim_K(er(c, f_B))$, die von $c$ bezüglich $f_A$ und $f_B$ erzeugten Eigenräume haben also dieselbe $K$-Dimension.

**B4.643.04:** Für ähnliche Matrizen $A, B \in Mat(n, K)$ gilt $rang(A) = rang(B)$ (siehe dazu auch Aufgabe A4.643.07), folglich gilt $rang(A - cE) = rang(B - cE)$ und damit gemäß Bemerkung 6.240.3/4 schließlich $dim_K(er(c, f_A)) = n - rang(A - cE) = n - rang(B - cE) = dim_K(er(c, f_B))$.

**A4.643.05:** Zeigen Sie, daß die Produkte $AB$ und $BA$

a) der Matrizen $A = \begin{pmatrix} 1 & 2 \\ 0 & 1 \end{pmatrix}$ und $B = \begin{pmatrix} 3 & 0 \\ 3 & 2 \end{pmatrix}$ dieselbe charakteristische Funktion haben,

b) beliebiger regulärer Matrizen $A, B \in Mat(n, K)$ dieselbe charakteristische Funktion haben.

**B4.643.05:** Zur Bearbeitung der beiden Aufgabenteile im einzelnen:

a) Mit $AB = \begin{pmatrix} 1 & 2 \\ 0 & 1 \end{pmatrix} \cdot \begin{pmatrix} 3 & 0 \\ 3 & 2 \end{pmatrix} = \begin{pmatrix} 9 & 4 \\ 3 & 2 \end{pmatrix}$ und $BA = \begin{pmatrix} 3 & 0 \\ 3 & 2 \end{pmatrix} \cdot \begin{pmatrix} 1 & 2 \\ 0 & 1 \end{pmatrix} = \begin{pmatrix} 3 & 6 \\ 3 & 4 \end{pmatrix}$ sind die beiden charakteristischen Funktionen $p_{AB}$ und $p_{BA}$ durch die beiden Zuordnungsvorschriften $p_{AB}(c) = det(AB - cE) = (9-c)(2-c) - 12 = c^2 - 11c + 6$ und $p_{BA}(c) = det(BA - cE) = (3-c)(8-c) - 18$ $= c^2 - 11c + 6$ definiert und sind damit identisch.

b) Die Darstellung $AB = (B^{-1}B)(AB) = B^{-1}(BA)B$ zeigt, daß $AB$ und $BA$ ähnlich sind.

**A4.643.06:** Bearbeiten Sie folgende Aufgabenteile:

1. Zeigen Sie, daß die Ähnlichkeit von Matrizen eine Äquivalenz-Relation $R_{sim}$ auf $Mat(n, \mathbb{R})$ ist.

2. Mit $R_{sim}$ und $R_{ew}$ liegen auf $Mat(n, \mathbb{R})$ zwei Äquivalenz-Relationen vor. Untersuchen Sie die Gültigkeit von Inklusionsbeziehungen zwischen beiden Relationen.

3. Kennzeichen Sie die Äquivalenzklassen $[E]_{sim}$ und $[E]_{ew}$ für die Einheits-Matrix $E$.

4. Untersuchen Sie $[A]_{sim}$ und $[A]_{ew}$ für eine beliebige Matrix $A \in Mat(n,\mathbb{R})$ hinsichtlich Inklusion.

5. Weisen Sie nach: Für Diagonalmatrizen $D \in Mat(3,\mathbb{R})$ mit paarweise verschiedenen Diagonalelementen $c_1, c_2, c_3$ gilt $[D]_{sim} = [D]_{ew}$.

6. Wenden Sie auf die Funktion $ew$ den Speziellen Abbildungssatz (Corollar 1.142.2) an.

**B4.643.06:** Zur Bearbeitung der Aufgabe im einzelnen:

1. Für die Ähnlichkeit zweier Matrizen $A, B \in Mat(n,\mathbb{R})$ sei die Bezeichnung $(A,B) \in R_{sim}$ festgelegt. Es wird nun gezeigt, daß die dadurch bezeichnete Relation $R_{sim}$ die folgenden Eigenschaften hat:

a) Die Relation $R_{sim}$ ist reflexiv, denn für alle Matrizen $A \in Mat(n,\mathbb{R})$ gilt wegen $A = E^{-1}AE$ mit der regulären Einheits-Matrix $E$ stets $(A,A) \in R_{sim}$.

b) Die Relation $R_{sim}$ ist symmetrisch, denn zu der Situation $(A,B) \in R_{sim}$ gibt es eine reguläre Matrix $U \in Mat(n,\mathbb{R})$ mit $B = U^{-1}AU$, woraus $A = (UU^{-1})A(UU^{-1}) = U(U^{-1})AU(U^{-1}) = UBU^{-1} = (U^{-1})^{-1}BU^{-1}$ und somit $(B,A) \in R_{sim}$ folgt.

c) Die Relation $R_{sim}$ ist transitiv, denn zu den Situationen $(A,B) \in R_{sim}$ und $(B,C) \in R_{sim}$ gibt es reguläre Matrizen $U, V \in Mat(n,\mathbb{R})$ mit $B = U^{-1}AU$ und $C = V^{-1}BV$, woraus $C = V^{-1}(U^{-1}AU)V = (UV)^{-1}A(UV)$ mit der regulären Matrix $UV$ folgt, also gilt $(A,C) \in R_{sim}$.

2. Nach Satz 4.643.1/3 gilt $R_{sim} \subset R_{ew}$, allerdings gilt nicht die Gleichheit.

3. Für $E$ gilt $[E]_{sim} = \{E\}$, denn: Für $A \in [E]_{sim}$ gibt es eine reguläre Matrix $T$ mit $E = T^{-1}AT$, folglich gilt $TE = TT^{-1}AT = AT$ und damit dann $E = TT^{-1} = TET^{-1} = ATT^{-1} = A$. Die Klasse $[E]_{ew}$ ist hingegen beliebig groß, denn sie enthält beispielsweise alle oberen Dreiecksmatrizen der Form $A = \begin{pmatrix} 1 & a & b \\ 0 & 1 & c \\ 0 & 0 & 1 \end{pmatrix}$, da mit $p_A(c) = det(A - cE) = (1-c)^3 = p_E(c)$ dann $ew(A) = N(p_A) = \{1\} = N(p_E) = ew(E)$, also $A \in [E]_{ew}$ gilt. (Ein analoger Sachverhalt gilt auch für alle unteren Dreiecksmatrizen $A$ mit der Hauptdiagonalen $(1,1,1)$.)

*Anmerkung:* Im übrigen gilt $er(1,E) = \mathbb{R}^3$ und $er(1,A) = \mathbb{R} \cdot (1,0,0)^t$ für $a,b,c \notin \{0\}$.

4. Nach Satz 4.643.1/3 gilt $[A]_{sim} \subset [A]_{ew}$ für alle Matrizen $A \in Mat(n,\mathbb{R})$, Gleichheit allerdings nicht.

5. Nach Aufgabenteil 4 bleibt unter den genannten Voraussetzungen die Inklusion $[D]_{ew} \subset [D]_{sim}$ zu zeigen: Es sei $A \in [D]_{ew}$, folglich gilt $ew(A) = \{c_1, c_2, c_3\}$. Betrachtet man nun jeweils einen Eigenvektor $x_k$ zu $c_k$ mit $k \in \{1,2,3\}$, dann ist die Menge $\{x_1, x_2, x_3\}$ linear unabhängig wegen der paarweisen Verschiedenheit von $c_1, c_2, c_3$, woraus folgt, daß die Matrix $X = [x_1, x_2, x_3]$ regulär ist. Für diese Matrix $X$ gilt dann $AX = [Ax_1, Ax_2, Ax_3] = [c_1x_1, c_2x_2, c_3x_3] = XD$, folglich gilt $A = XDX^{-1}$, also $D = X^{-1}AX$ und somit $A \in [D]_{sim}$.

6. Im folgenden wird die Funktion $ew : Mat(n,\mathbb{R}) \longrightarrow \mathbb{C}$ mit der Zuordnung $A \longmapsto ew(A) \subset \mathbb{C}$ betrachtet. (Beschränkt man sich auf symmetrische Matrizen, kann man auch die Funktion $ew : Sym(n,\mathbb{R}) \longrightarrow \mathbb{R}$ untersuchen.)

Diese Funktion liefert auf $Mat(n,\mathbb{R})$ eine Äquivalenz-Relation $R_{ew}$ vermöge der Vorschrift $(A,B) \in R_{ew} \Leftrightarrow ew(A) = ew(B)$ und nach dem Speziellen Abbildungssatz eine injektive Funktion $ew^*$ mit dem nebenstehenden kommutativen Diagramm. Je zwei verschiedene Äquivalenzklassen haben also verschiedene Mengen von Eigenwerten.

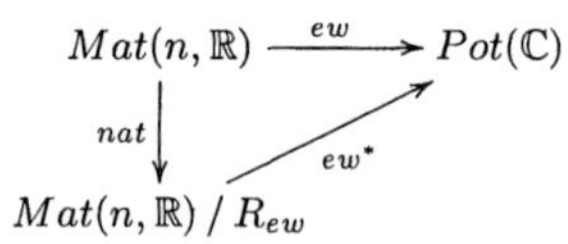


**A4.643.07:** Es wird ein weiteres Verwandtschaftsverhältnis zwischen Matrizen besprochen:

Zwei Matrizen $A$ und $B$ in $Mat(m,n,\mathbb{R})$ heißen *äquivalente Matrizen*, falls es zwei reguläre Matrizen $S \in Mat(m,\mathbb{R})$ und $T \in Mat(n,\mathbb{R})$ gibt mit der Eigenschaft $B = S^{-1}AT$.

1. Zeigen Sie: Die Äquivalenz von Matrizen erzeugt eine Äquivalenz-Relation $R_{eq}$ auf $Mat(m,n,\mathbb{R})$.

2. Beschreiben Sie – analog zu Bemerkung 4.643.2 und Satz 4.643.3 – den Zusammenhang zwischen dem Begriff der Äquivalenz von Matrizen und der Aussage von Satz 4.570.3.

3. Zeigen Sie: Zwei Matrizen sind genau dann äquivalent, wenn sie denselben Rang haben.

4. Mit $R_{sim}$ und $R_{eq}$ liegen auf $Mat(n,\mathbb{R})$ zwei Äquivalenz-Relationen vor. Untersuchen Sie die Gültigkeit von Inklusionsbeziehungen zwischen beiden Relationen.

5. Geben Sie zu jeder Äquivalenzklasse $[A]_{eq}$ einen möglichst einfach gebauten Repräsentanten an.

**B4.643.07:** Zur Bearbeitung der Aufgabe im einzelnen:

1. Die Relation $R_{eq}$ ist eine Äquivalenz-Relation auf der Menge $Mat(m,n,\mathbb{R})$, denn:

a) Die Relation $R_{eq}$ ist reflexiv, denn für alle Matrizen $A \in Mat(m,n,\mathbb{R})$ gilt wegen $A = E_m^{-1}AE_n$ mit den regulären Einheits-Matrizen $E_m \in Mat(m,\mathbb{R})$ und $E_n \in Mat(n,\mathbb{R})$ stets $(A,A) \in R_{eq}$.

b) Die Relation $R_{eq}$ ist symmetrisch, denn zu der Situation $(A,B) \in R_{eq}$ gibt es zwei reguläre Matrizen $U \in Mat(m,\mathbb{R})$ und $V \in Mat(n,\mathbb{R})$ mit $B = U^{-1}AV$, woraus $A = (UU^{-1})A(VV^{-1}) = U(U^{-1})AV(V^{-1}) = UBV^{-1}) = (U^{-1})^{-1}BV^{-1}$ und somit $(B,A) \in R_{eq}$ folgt.

c) Die Relation $R_{eq}$ ist transitiv, denn zu den Situationen $(A,B) \in R_{eq}$ und $(B,C) \in R_{eq}$ gibt es reguläre Matrizen $U,V \in Mat(m,\mathbb{R})$ und $S,T \in Mat(n,\mathbb{R})$ mit $B = U^{-1}AV$ und $C = S^{-1}BT$, woraus $C = S^{-1}BT = S^{-1}(U^{-1}AV)T = (US)^{-1}A(VT)$ mit den regulären Matrizen $US$ und $VT$ folgt, also gilt $(A,C) \in R_{eq}$.

2. Satz 4.570.3 sagt für einen $K$-Homomorphismus $u : E \longrightarrow F$ endlich-dimensionaler $K$-Vektorräume $E$ und $F$: Zu allen Paaren $((B,B'),(D,D'))$ mit Basen $B,B' \subset E$ und $D,D' \subset F$ sind die Abbildungsmatrizen $M_{DB}(u)$ und $M_{D'B'}(u)$ äquivalente Matrizen.

Kürzer gesagt: Alle Abbildungsmatrizen zu einem solchen $K$-Homomorphismus $u$ sind äquivalent.

Anders gesagt: Zu jedem solchen $K$-Homomorphismus $u$ gibt es (bezüglich $R_{eq}$) eine eindeutig bestimmte Klasse äquivalenter Matrizen (die alle denselben Rang haben).

Noch anders gesagt: Jedes Paar $(B,D)$ von Basen $B \subset E$ und $D \subset F$ liefert gemäß Satz 4.560.3 einen $K$-Isomorphismus $M_{DB}$ und dazu jeweils ein kommutatives Diagramm mit derselben Funktion $M_{eq}$ mit der Zuordnung $u \longmapsto [M_{DB}(u)]$:

$$\begin{array}{ccc} Hom_K(E,F) & \xrightarrow{M_{DB}} & Mat(m,n,K) \\ {\scriptstyle rang}\downarrow & \searrow^{M_{eq}} & \downarrow{\scriptstyle nat} \\ \{0,...,min(m,n)\} & \xrightarrow[bijektiv]{} & Mat(m,n,K)\,/\,R_{eq} \end{array} \qquad \begin{array}{ccc} u & \longmapsto & M_{DB}(u) \\ \downarrow & & \downarrow \\ rang(u) & \longmapsto & [M_{DB}(u)]_{eq} \end{array}$$

Dieses Diagramm zeigt insbesondere, daß die Quotientenmenge $Mat(m,n,K)\,/\,R_{eq}$ endlich mit Kardinalzahlen von 0 bis $min(m,n)$ ist, daß also mit der Äquivalenz-Relation $R_{eq}$ einerseits nur eine geringe Information verbunden ist, man andererseits aber sagen kann: Der Rang der Abbildungsmatrix ist unabhängig von den gewählten Basen $B$ und $D$, folglich liefert $rang(u) = dim_K(Bild(u))$ unmittelbar die Dimension von $Bild(u)$.

Umgekehrt gesagt (im Sinne von Satz 4.560.3): Zwei Matrizen $A,B \in Mat(m,n,K)$ sind genau dann äquivalent, wenn sie sich bezüglich eines Paares $((B,B'),(D,D'))$ von Basen $B,B' \subset E$ und $D,D' \subset F$ als Abbildungsmatrizen $A = M_{DB}(u)$ und $B = M_{D'B'}(u)$ desselben $K$-Homomorphismus' $u : E \longrightarrow F$ auffassen lassen.

3a) Zwei Matrizen $A,B \in Mat(m,n,K)$ seien äquivalent. Es gibt dann reguläre Matrizen $S$ und $T$ mit $B = S^{-1}AT$, woraus unter Verwendung von Anmerkung 3 zu Lemma 4.604.10 die Beziehung $rang(B) = rang(S^{-1}AT) \leq min(rang(S^{-1}), rang(A), rang(T)) = min(m, rang(A), n) = rang(A)$ folgt. Auf analoge Weise liefert eine Darstellung $A = U^{-1}BV$ die Beziehung $rang(A) \leq rang(B)$, insgesamt gilt also $rang(A) = rang(B)$.

3b) Aus Aufgabenteil 2 folgt unmittelbar, daß ranggleiche Matrizen äquivalent sind.

4. Es gilt $R_{sim} \subset R_{eq}$, denn zu Matrizen $A,B \in Mat(n,\mathbb{R})$ mit $(A,B) \in R_{sim}$ gibt es defnitionsgemäß eine reguläre Matrix $T$ mit $B = T^{-1}AT$, folglich gilt $(A,B) \in R_{eq}$. Die umgekehrte Inklusion gilt nicht, das heißt, äquivalente Matrizen sind im allgemeinen nicht ähnlich, wie das folgende Beispiel zeigt: Die Matrizen $A = \begin{pmatrix} 1 & 0 \\ 0 & 0 \end{pmatrix}$ und $B = \begin{pmatrix} 0 & 1 \\ 0 & 0 \end{pmatrix}$ sind wegen $rang(A) = 1 = rang(B)$ nach Aufgabenteil

3 äquivalent, jedoch nicht ähnlich, denn: Wären $A$ und $B$ ähnlich, dann gäbe es eine reguläre Matrix $T = \begin{pmatrix} t_{11} & t_{12} \\ t_{21} & t_{22} \end{pmatrix} \in Mat(2, \mathbb{R})$ mit $B = T^{-1}AT$, also mit

$$T^{-1}AT = \frac{1}{det(T)} \begin{pmatrix} t_{22} & -t_{12} \\ -t_{21} & t_{11} \end{pmatrix} \cdot \begin{pmatrix} 1 & 0 \\ 0 & 0 \end{pmatrix} \cdot \begin{pmatrix} t_{11} & t_{12} \\ t_{21} & t_{22} \end{pmatrix} = \frac{1}{det(T)} \begin{pmatrix} t_{22} & 0 \\ -t_{21} & 0 \end{pmatrix} \cdot \begin{pmatrix} t_{11} & t_{12} \\ t_{21} & t_{22} \end{pmatrix}$$

$= \frac{1}{det(T)} \begin{pmatrix} t_{11}t_{22} & t_{12}t_{22} \\ -t_{11}t_{21} & -t_{22}t_{21} \end{pmatrix} = \begin{pmatrix} 0 & 1 \\ 0 & 0 \end{pmatrix} = B$, woraus $t_{11}t_{22} = -t_{11}t_{21} = -t_{22}t_{21} = 0$ sowie $t_{12}t_{22} = 1$ folgte. Aus der zweiten Beziehung folgt $t_{12} \neq 0$ und $t_{22} \neq 0$, womit die erste Beziehung dann aber $t_{11} = 0$ und $t_{21} = 0$ liefert, womit jedoch ein Widerspruch zu $det(T) \neq 0$ vorliegt, das bedeutet also, daß es keine solche reguläre Matrix $T$ geben kann.

5. Ist die Äquivalenzklasse $[A]_{eq}$ zu $A \in Mat(m, n, K)$ durch $rang(A) = k$ mit $0 \leq k \leq min(m, n)$ bestimmt, dann ist im Fall $k > 0$ mit der Einheits-Matrix $E_k$ mit $rang(E_k) = k$ dann die Matrix $E_{(k)} = \begin{pmatrix} E_k & 0 \\ 0 & 0 \end{pmatrix}$ ein Repräsentant von $[A]_{eq}$. Ist $rang(A) = 0$, dann ist $[A]_{eq} = [N]_{eq} = \{N\}$ mit der Null-Matrix $N$.

**A4.644.01:** Zeigen Sie, daß die Menge der Diagonalmatrizen $D \in Mat(n,K)$, in deren Hauptdiagonalen das Element 0 nicht enthalten ist, eine abelsche Halbgruppe $Diam(n,K)$ mit neutralem Element bildet. Zeigen Sie ferner, daß $Diam(2,K)$ eine abelsche Gruppe ist.

**B4.644.01:** Es bezeichne $diam(a_1,...,a_n)$ die von einem $n$-Tupel $(a_1,...,a_n)$ erzeugte Diagonalmatrix.

1. Die Produkte $diam(a_1,...,a_n) \cdot diam(b_1,...,b_n) = diam(a_1b_1,...,a_nb_n)$ zeigen, daß die Multiplikation auf $Diam(n,K)$ eine innere Komposition und darüber hinaus kommutativ ist. Das bezüglich Multiplikation neutrale Element in $Diam(n,K)$ ist die Matrix $diam(1,...,1)$.

2. Jedes Element $diam(a_1,a_2) \in Diam(2,K)$ ist wegen $det(diam(a_1,a_2)) = a_1a_2 \neq 0$ regulär und besitzt das bezüglich Multiplikation inverse Element $(diam(a_1,a_2))^{-1} = \frac{1}{a_1a_2} \cdot diam(a_2,a_1)$, denn es gilt $diam(a_1,a_2) \cdot (diam(a_1,a_2))^{-1} = \frac{1}{a_1a_2} \cdot diam(a_2,a_1) \cdot diam(a_1,a_2) = \frac{1}{a_1a_2} \cdot diam(a_1a_2,a_1a_2) = diam(1,1)$.

**A4.644.02:** Führen Sie die in Beispiel 4.644.1 nur angedeuteten Berechnungen im einzelnen aus.

**B4.644.02:** In Beispiel 4.644.1 sind die folgenden Berechnungen zu ergänzen:

1. Die Bedingungen $x_1z = 0$ und $x_3z = 0$ liefern für einen zu berechnenden Vektor $z$ aus $\begin{pmatrix} 1 \\ 1 \\ 0 \end{pmatrix} \cdot \begin{pmatrix} z_1 \\ z_2 \\ z_3 \end{pmatrix} = 0$ und $\begin{pmatrix} 1 \\ -1 \\ 2 \end{pmatrix} \cdot \begin{pmatrix} z_1 \\ z_2 \\ z_3 \end{pmatrix} = 0$ dann die beiden Gleichungen (I) $z_1 + z_2 = 0$ und (II) $z_1 - z_2 + 2z_3 = 0$, die zusammen die Gleichung $2z_1 + 2z_3 = 0$ erzeugen, wobei die Wahl $z_1 = -1$ dann $z_2 = 1$ und $z_3 = 1$ liefert. (Zur Definition des Skalaren Produkts siehe etwa Abschnitte 4.66x und 5.108.)

2. Die Menge $\{x_1, x_3, z\}$ bildet ein Orthogonalsystem, das heißt, die Vektoren dieser Menge sind paarweise orthogonal (in Zeichen: $\perp$). Dazu ist nun – da nach der Konstruktion von $z$ schon $x_1 \perp z$ und $x_3 \perp z$ gilt – die Eigenschaft $x_1 \perp x_3$ wieder mit Hilfe des Skalaren Produkts zu prüfen: In der Tat gilt $x_1x_3 = \begin{pmatrix} 1 \\ 1 \\ 0 \end{pmatrix} \cdot \begin{pmatrix} 1 \\ -1 \\ 2 \end{pmatrix} = 1 - 1 + 0 = 0.$

3. Die Menge $B = \{x_1^0, x_3^0, z^0\}$ bildet ein Orthonormalsystem, das heißt, zusätzlich zur paarweisen Orthogonalität sind diese Vektoren noch normiert, das wiederum heißt, daß sie die Länge 1 haben. Allgemein: Bezeichnet man mit $|u|$ die Länge eines Vektors $u \neq 0$, dann hat der zugehörige normierte Vektor $u^0 = \frac{1}{|u|}u$ die Länge 1. Im vorliegenden Fall sind also die Längen von $x_1$, $x_3$ und $z$ zu berechnen:

a) Es gilt $|x_1|^2 = 1^2 + 1^2 + 0^2 = 2$, folglich hat $x_1^0 = \frac{1}{|x_1|}x_1 = \frac{1}{\sqrt{2}}x_1 = \frac{1}{2}\sqrt{2}x_1$ die Länge 1.

b) Es gilt $|x_3|^2 = 1^2 + (-1)^2 + 2^2 = 6$, folglich hat $x_3^0 = \frac{1}{|x_3|}x_3 = \frac{1}{\sqrt{6}}x_3 = \frac{1}{6}\sqrt{6}x_3$ die Länge 1.

c) Es gilt $|z|^2 = (-1)^2 + 1^2 + 1^2 = 3$, folglich hat $z^0 = \frac{1}{|z|}z = \frac{1}{\sqrt{3}}z = \frac{1}{3}\sqrt{3}z$ die Länge 1.

4. Bei der durch ihre Spalten dargestellten Matrix $T = [\frac{1}{2}\sqrt{2}x_1\,,\, \frac{1}{6}\sqrt{6}x_3\,,\, \frac{1}{3}\sqrt{3}z] = \frac{1}{6}\sqrt{6} \cdot [\sqrt{3}x_1\,,\, x_3\,,\, \sqrt{2}z]$ wurden bei der ersten und der dritten Spalte $\mathbb{R}$-Produkte mit den Faktoren $\frac{1}{6}\sqrt{6} \cdot \sqrt{3} = \frac{1}{6}\sqrt{18} = \frac{3}{6}\sqrt{2} = \frac{1}{2}\sqrt{2}$ sowie $\frac{1}{6}\sqrt{6} \cdot \sqrt{2} = \frac{1}{6}\sqrt{12} = \frac{2}{6}\sqrt{3} = \frac{1}{3}\sqrt{3}$ verwendet.

5. Mit $T^tT = \frac{1}{6}\sqrt{6} \cdot \begin{pmatrix} \sqrt{3} & \sqrt{3} & 0 \\ 1 & -1 & 2 \\ -\sqrt{2} & \sqrt{2} & \sqrt{2} \end{pmatrix} \cdot \frac{1}{6}\sqrt{6} \cdot \begin{pmatrix} \sqrt{3} & 1 & -\sqrt{2} \\ \sqrt{3} & -1 & \sqrt{2} \\ 0 & 2 & \sqrt{2} \end{pmatrix} = \frac{1}{6} \cdot \begin{pmatrix} 6 & 0 & 0 \\ 0 & 6 & 0 \\ 0 & 0 & 6 \end{pmatrix} = E$ ist gezeigt, daß die reguläre Matrix $T$ insbesondere auch orthogonal ist.

(Generell gilt: Die aus einer Orthonormalbasis $\{b_1, b_2, b_3\}$ gebildete Matrix $[b_1, b_2, b_3]$ ist orthogonal.)

6. Schließlich ist noch das Matrizenprodukt $T^tAT$ mit der transponierten Matrix $T^t$ zu berechnen:

Es gilt $T^tAT = \frac{1}{6}\sqrt{6}\cdot\begin{pmatrix}\sqrt{3} & \sqrt{3} & 0\\ 1 & -1 & 2\\ -\sqrt{2} & \sqrt{2} & \sqrt{2}\end{pmatrix}\cdot\begin{pmatrix}2 & -1 & 2\\ -1 & 2 & -2\\ 2 & -2 & 5\end{pmatrix}\cdot\frac{1}{6}\sqrt{6}\cdot\begin{pmatrix}\sqrt{3} & 1 & -\sqrt{2}\\ \sqrt{3} & -1 & \sqrt{2}\\ 0 & 2 & \sqrt{2}\end{pmatrix}$

$$= \frac{1}{6}\cdot\begin{pmatrix}\sqrt{3} & \sqrt{3} & 0\\ 7 & -7 & 14\\ -\sqrt{2} & \sqrt{2} & \sqrt{2}\end{pmatrix}\cdot\begin{pmatrix}\sqrt{3} & 1 & -\sqrt{2}\\ \sqrt{3} & -1 & \sqrt{2}\\ 0 & 2 & \sqrt{2}\end{pmatrix} = \frac{1}{6}\cdot\begin{pmatrix}6 & 0 & 0\\ 0 & 42 & 0\\ 0 & 0 & 6\end{pmatrix} = \begin{pmatrix}1 & 0 & 0\\ 0 & 7 & 0\\ 0 & 0 & 1\end{pmatrix}.$$

Die Matrix $T^tAT$ ist also eine Diagonalmatrix mit der Diagonalen $(1, 7, 1)$, die gerade die drei Eigenwerte zu $A$ mit Vielfachheiten enthält.

**A4.662.01:** Beweisen Sie: Jeder $\mathbb{R}$-Endomorphismus $t : E \longrightarrow E$ mit $t \circ t = -id_E$ erzeugt auf dem $\mathbb{R}$-Vektorraum $E$ eine $\mathbb{C}$-Vektorraumstruktur vermöge der auf der abelschen Gruppe $E$ definierten äußeren Komposition $\mathbb{C} \times E \longrightarrow E$ mit $((a, a'), x) \longmapsto ax + a't(x)$.

**B4.662.01:** Für alle $(a, a'), (b, b') \in \mathbb{C}$ und $x, z \in E$ gelten folgende Verträglichkeits-Bedingungen:

1. $(a, a')(x+z) = a(x+z)+a't(x+z) = ax+az+a't(x)+a't(z)ax+a't(x)+az+a't(z) = (a, a')x+(a, a')z$,
2. $((a, a') + (b, b'))x = (a + b, a' + b')x = (a + b)x + (a' + b')t(x) = ax + bx + a't(x) + b't(x) = ax + a't(x) + bx + b't(x) = (a, a')x + (b, b')x$,
3. $((a, a')(b, b'))x = (ab - a'b', ab' + a'b)x = (ab - a'b')x + (ab' + a'b)t(x) = abx - a'b'x + ab't(x) + ab't(x) = abx + ab't(x) + a'bt(x) + a'b'(t \circ t)(x) = a(bx + b't(x)) + a'(bt(x) + b't(t(x))) = a(bx + b't(x)) + a'(t(bx) + t(b'(t(x))) = a(bx + b't(x)) + a't(bx + b't(x)) = (a, a')(bx + b't(x)) = (a, a')((b, b')x)$,
4. $(1, 0)x = 1x + 0t(x) = x$.

**A4.662.02:** Beweisen Sie (zu den Daten siehe Bemerkung 4.662.6/2/4):

1. Die Funktion $t : \mathbb{R}^{2n} \longrightarrow \mathbb{R}^{2n}$, definiert durch $t(x_1, z_1, ..., x_n, z_n) = (-z_1, x_1, ..., -z_n, x_n)$, ist ein $\mathbb{R}$-Endomorphismus mit der Eigenschaft $t \circ t = -id_{\mathbb{R}^{2n}}$.
2. Mit dem Euklidischen Skalaren Produkt $s_{\mathbb{R}}$ auf $\mathbb{R}^{2n}$ gilt $s_{\mathbb{R}}(x, z) = w(x, t(z))$, für alle $x, z \in \mathbb{R}^{2n}$.
3. Mit der Funktion $u$ ist $(t \circ u)(x) = u(x) \cdot (0, 1) = u(x) \cdot i$.

**B4.662.02:** Zur Bearbeitung der Aufgabe im einzelnen:

1a) $t$ ist ein $\mathbb{R}$-Homomorphismus, denn für Elemente $x = (x_1, x_1', ..., x_n, x_n')$ und $z = (z_1, z_1', ..., z_n, z_n')$ aus $\mathbb{R}^{2n}$ gilt $t(x + z) = t(x_1 + z_1, x_1' + z_1', ..., x_n + z_n, x_n' + z_n')$
$= (-x_1' - z_1', x_1 + z_1, ..., -x_n' - z_n', x_n + z_n) = (-x_1', x_1, ..., -x_n', x_n) + (-z_1', z_1, ..., -z_n', z_n) = t(x) + t(z)$
und $t(ax) = t(ax_1, ax_1', ..., ax_n, ax_n') = (-ax_1', ax_1, ..., -ax_n', ax_n) = a(-x_1', x_1, ..., -x_n', x_n) = at(x)$.

1b) Es gilt $t \circ t = -id_{\mathbb{R}^{2n}}$, denn mit Elementen der Form $x = (x_1, x_1', ..., x_n, x_n')$ gilt $t(t(x_1, x_1', ..., x_n, x_n')) = t(-x_1', x_1, ..., -x_n', x_n) = (-x_1, -x_1', ..., -x_n, -x_n') = (-1)(x_1, x_1', ..., x_n, x_n') = -id_{\mathbb{R}^{2n}}(x_1, x_1', ..., x_n, x_n')$.

2. Es seien Elemente $x = (x_1, x_1', ..., x_n, x_n')$ und $z = (z_1, z_1', ..., z_n, z_n')$ aus $\mathbb{R}^{2n}$ vorgelegt. Zunächst ist $t(z) = (-z_1', z_1, ..., -z_n', z_n)$, also hat $w(x, t(z))$ die Darstellung $w(x, t(z)) = \sum_{1 \leq i \leq n} (x_i z_i - (-x_i' z_i')) = \sum_{1 \leq i \leq n} (x_i z_i + x_i' z_i') = s_{\mathbb{R}}(x, z)$.

3. Für Elemente $x = (x_1, x_1', ..., x_n, x_n')$ aus $\mathbb{R}^{2n}$ gilt $u(x) \cdot (0, 1) = ((x_1, x_1'), ..., (x_n, x_n')) \cdot (0, 1) = ((x_1, x_1')(0, 1), ..., (x_n, x_n')(0, 1)) = ((-x_1', x_1), ..., (-x_n', x_n)) = t(u(x))$.

**A4.664.01:** Die Aufgabe soll zunächst zeigen, daß auf einem Vektorraum mehrere Skalare Produkte definiert werden können. Daß diese Erkenntnis von Belang ist, zeigt dann der jeweils zweite Aufgabenteil: Verschiedene Skalare Produkte führen zu unterschiedlichen Meßergebnissen (in der Geometrie dann etwa Längen und Winkel), deren Vergleich die besondere und anschauliche Rolle des Euklidischen Skalaren Produkts (Definition 4.664.2) deutlich werden läßt.

1. Welche der Funktionen $s : \mathbb{R}^2 \times \mathbb{R}^2 \longrightarrow \mathbb{R}$, definiert durch die folgenden Zuordnungsvorschriften, sind Skalare Produkte auf $\mathbb{R}^2$ ?

a) $s(x,z) = x_1z_1 + x_2z_2$, b) $s(x,z) = x_1z_1 - x_2z_2$,
c) $s(x,z) = |x_1z_1 + x_2z_2|$, d) $s(x,z) = x_1z_1 + 2x_2z_2$,
e) $s(x,z) = max(x_1,x_2) \cdot max(z_1,z_2)$, f) $s(x,z) = x_1z_1 - x_1z_2 - x_2z_1 + 2x_2z_2$.

2. Prüfen Sie bei den positiven Ergebnissen von 1. jeweils nach, ob die kanonische Basis $C = \{e_1, e_2\}$ von $\mathbb{R}^2$ bezüglich des jeweiligen Skalaren Produkts eine normierte und/oder orthogonale Basis von $\mathbb{R}^2$ ist.

3. Bearbeiten Sie die zu 1. und 2. analogen Aufgaben jeweils für die Funktionen $s : \mathbb{R}^3 \times \mathbb{R}^3 \longrightarrow \mathbb{R}$, definiert durch die folgenden Zuordnungsvorschriften:

a) $s(x,z) = x_1z_1 + x_2z_2 + x_3z_3$, b) $s(x,z) = x_1z_1 + tx_2z_2 + x_3z_3$ mit $t \in \mathbb{R}^+$,
c) $s(x,z) = |x_1z_3 + x_2z_1|$, d) $s(x,z) = 2(x_1z_1 + x_3z_3) + x_2z_2 + x_2z_3 + x_3z_2$.

**B4.664.01:** Zur Bearbeitung der Aufgabe im einzelnen:

1. Für die jeweiligen Funktionen $s$ gelten folgende Sachverhalte (mit $x, y, z \in \mathbb{R}^2$ und $a \in \mathbb{R}$):

a) $s(x,x) = x_1{}^2 + x_2{}^2 > 0$, sofern $x \neq 0$, also $x_1 \neq 0$ oder $x_2 \neq 0$,
$s(x,z) = x_1z_1 + x_2z_2 = z_1x_1 + z_2x_2 = s(z,x)$,
$s(x+y,z) = (x_1+y_1)z_1 + (x_2+y_2)z_2 = x_1z_1 + x_2z_2 + y_1z_1 + y_2z_2 = s(x,z) + s(y,z)$
$s(ax,z) = (ax_1)z_1 + (ax_2)z_2 = a(x_1z_1 + x_2z_2) = a \cdot (s(x,z)$,
die in a) definierte Funktion $s$ ist also ein Skalares Produkt auf $\mathbb{R}^2$,

b) $s(x,x) = x_1{}^2 - x_2{}^2 < 0$, falls $\|x_2\| < \|x_1\|$,
die in b) definierte Funktion $s$ ist also kein Skalares Produkt auf $\mathbb{R}^2$,

c) $s((-1)\binom{1}{0}, \binom{1}{0}) = |-1+0| = 1 \neq -1 = (-1) \cdot 1 = (-1) \cdot, s(\binom{1}{0}, \binom{1}{0})$,
die in c) definierte Funktion $s$ ist also kein Skalares Produkt auf $\mathbb{R}^2$,

d) $s(x,x) = x_1{}^2 + 2x_2{}^2 > 0$, sofern $x \neq 0$, also $x_1 \neq 0$ oder $x_2 \neq 0$,
$s(x,z) = x_1z_1 + 2x_2z_2 = z_1x_1 + 2z_2x_2 = s(z,x)$,
$s(x+y,z) = (x_1+y_1)z_1 + 2(x_2+y_2)z_2 = x_1z_1 + 2x_2z_2 + y_1z_1 + 2y_2z_2 = s(x,z) + s(y,z)$
$s(ax,z) = (ax_1)z_1 + 2(ax_2)z_2 = a(x_1z_1 + 2x_2z_2) = a \cdot (s(x,z)$,
die in d) definierte Funktion $s$ ist also ein Skalares Produkt auf $\mathbb{R}^2$,

e) $s(x+y,z) \neq s(x,z) + s(y,z)$, denn für $x = \binom{1}{-1}$ und $y = \binom{-1}{0}$ ist
$max(x_1+y_1, x_2+y_2) = max(0,-1) = 0 \neq 1 = 1+0$
$= max(1,-1) + max(-1,0) = max(x_1,x_2) + max(y_1,y_2)$,
die in e) definierte Funktion $s$ ist also kein Skalares Produkt auf $\mathbb{R}^2$,

f) $s(x,x) = x_1{}^2 - x_1x_2 - x_1x_2 + 2x_2{}^2 = (x_1 - x_2)^2 + x_2{}^2 > 0$, sofern $x \neq 0$, also $x_i \neq 0$,
$s(x,z) = x_1z_1 - x_1z_2 - x_2z_1 + 2x_1z_1 = z_1x_1 - z_1x_2 - z_2x_1 + 2z_1x_1 = s(z,x)$,
$s(x+y,z) = (x_1+y_1)z_1 - (x_1+y_1)z_2 - (x_2+y_2)z_1 + 2(x_2+y_2)z_2$
$= x_1z_1 + y_1z_1 - x_1z_2 - y_1z_2 - x_2z_1 + 2x_2z_2 + 2y_2z_2 = s(x,z) + s(y,z)$
$s(ax,z) = (ax_1)z_1 - (ax_1)z_1 - (ax_2)z_1 + 2(ax_2)z_2 = a \cdot (s(x,z)$,
die in f) definierte Funktion $s$ ist also ein Skalares Produkt auf $\mathbb{R}^2$.

2. Bezüglich des in 1a) genannten Skalaren Produkts $s$ ist $C$ eine Orthonormalbasis, denn wegen $\|e_1\| = \sqrt{s(e_1,e_1)} = \sqrt{1+0} = 1$ und $\|e_2\| = \sqrt{s(e_2,e_2)} = \sqrt{0+1} = 1$ ist $C$ eine normierte Basis, wegen $cos(e_1,e_2) = \frac{s(e_1,e_2)}{\|e_1\|\|e_2\|} = \frac{0}{1} = 0$, also $w(e_1,e_2) = 90^0$ ist $C$ eine orthogonale Basis.

Bezüglich des in 1d) genannten Skalaren Produkts $s$ ist $C$ keine Orthonormalbasis, denn es gilt zwar

$\|e_1\| = \sqrt{s(e_1,e_1)} = \sqrt{1+0} = 1$, aber wegen $\|e_2\| = \sqrt{s(e_2,e_2)} = \sqrt{0+2} = \sqrt{2}$ ist $C$ keine normierte Basis, ferner ist $cos(e_1,e_2) = \frac{s(e_1,e_2)}{\|e_1\|\|e_2\|} = \frac{0}{\sqrt{2}} = 0$, also $w(e_1,e_2) = 90^0$, folglich ist $C$ orthogonal.

Bezüglich des in 1f) genannten Skalaren Produkts $s$ ist $C$ keine Orthonormalbasis, denn es gilt zwar $\|e_1\| = \sqrt{s(e_1,e_1)} = \sqrt{1-0-0+0} = 1$, aber wegen $\|e_2\| = \sqrt{s(e_2,e_2)} = \sqrt{0-0-0+2} = \sqrt{2}$ ist $C$ keine normierte Basis, ferner ist $cos(e_1,e_2) = \frac{s(e_1,e_2)}{\|e_1\|\|e_2\|} = \frac{0-1-0+0}{\sqrt{2}} = -\frac{1}{2}\sqrt{2}$, also $w(e_1,e_2) = 45^0$, folglich ist $C$ nicht orthogonal.

3. Für die jeweiligen Funktionen $s$ gelten folgende Sachverhalte (mit $x,y,z \in \mathbb{R}^3$ und $a \in \mathbb{R}$):

a) $s(x,x) = {x_1}^2 + {x_2}^2 + {x_3}^2 > 0$, sofern $x \neq 0$, also $x_i \neq 0$,
$s(x,z) = x_1z_1 + x_2z_2 + x_3z_3 = z_1x_1 + z_2x_2 + z_3x_3 = s(z,x)$,
$s(x+y,z) = (x_1+y_1)z_1 + (x_2+y_2)z_2 + (x_3+y_3)z_3$
$= x_1z_1 + x_2z_2 + x_2z_3 + y_1z_1 + y_2z_2 + y_3z_3 = s(x,z) + s(y,z)$
$s(ax,z) = (ax_1)z_1 + (ax_2)z_2 + (ax_3)z_3 = a(x_1z_1 + x_2z_2 + x_3z_3) = a \cdot s(x,z)$,
die in a) definierte Funktion $s$ ist also ein Skalares Produkt auf $\mathbb{R}^3$,

b) $s(x,x) = {x_1}^2 + t{x_2}^2 + {x_3}^2 > 0$, sofern $x \neq 0$, also $x_i \neq 0$,
$s(x,z) = x_1z_1 + tx_2z_2 + x_3z_3 = z_1x_1 + tz_2x_2 + z_3x_3 = s(z,x)$,
$s(x+y,z) = (x_1+y_1)z_1 + t(x_2+y_2)z_2 + (x_3+y_3)z_3$
$= x_1z_1 + tx_2z_2 + x_2z_3 + y_1z_1 + ty_2z_2 + y_3z_3 = s(x,z) + s(y,z)$
$s(ax,z) = (ax_1)z_1 + t(ax_2)z_2 + (ax_3)z_3 = a(x_1z_1 + tx_2z_2 + x_3z_3) = a \cdot s(x,z)$,
die in b) definierte Funktion $s$ ist also ein Skalares Produkt auf $\mathbb{R}^3$,

d) zunächst $s(x,x) = 2({x_1}^2 + {x_3}^2) + {x_2}^2 + x_2x_3 + x_3x_2 = 2{x_1}^2 + {x_3}^2 + {x_2}^2 + 2x_2x_3 + {x_3}^2$
$= 2{x_1}^2 + 2{x_1}^2 + (x_2+x_3)^2 \geq 0$, dabei ist der Fall $x \neq 0$ noch zu untersuchen:
$\alpha)$ : Ist $x_1 \neq 0$ oder $x_3 \neq 0$, dann ist $2{x_1}^2 > 0$ oder $2{x_3}^2 > 0$, also ist auch $s(x,x) > 0$.
$\beta)$ : Ist $x_2 \neq 0$ und $x_3 \neq -x_2$, dann ist $(x_2+x_3)^2 > 0$, also auch $s(x,x) > 0$.
$\gamma)$ : Ist $x_2 \neq 0$ und $x_3 = -x_2$, dann ist ${x_3}^2 > 0$, also auch $s(x,x) > 0$.
$s(x,z) = 2(x_1z_1 + x_3z_3) + x_2z_2 + x_2z_3 + x_3z_2 = 2(z_1x_1 + z_3x_3) + z_2x_2 + z_2x_3 + z_3x_2 = s(z,x)$,
$s(x+y,z) = 2((x_1+y_1)z_1 + (x_3+y_3)z_3) + (x_2+y_2)z_2 + (x_2+y_2)z_3 + (x_3+y_3)z_2$
$= 2(x_1z_1 + x_3z_3) + 2(y_1z_1 + y_3z_3) + x_2z_2 + y_2z_2 + x_2z_3 + y_2z_3 + x_3z_2 + y_3z_2 = s(x,z) + s(y,z)$
$s(ax,z) = 2(ax_1z_1 + ax_3z_3) + ax_2z_2 + ax_2z_3 + ax_3z_2$
$= a(2(x_1z_1 + x_3z_3) + x_2z_2 + x_2z_3 + x_3z_2) = a \cdot s(x,z)$,
die in d) definierte Funktion $s$ ist also ein Skalares Produkt auf $\mathbb{R}^3$.

Bezüglich des in 3a) genannten Skalaren Produkts $s$ ist $C = \{e_1,e_2,e_3\}$ eine Orthonormalbasis, denn wegen $\|e_1\| = \sqrt{s(e_1,e_1)} = \sqrt{1+0+0} = 1$, $\|e_2\| = \sqrt{s(e_2,e_2)} = \sqrt{0+1+0} = 1$ und $\|e_3\| = \sqrt{s(e_3,e_3)} = \sqrt{0+0+1} = 1$ ist $C$ eine normierte Basis. Wegen $cos(e_1,e_2) = \frac{s(e_1,e_2)}{\|e_1\|\|e_2\|} = \frac{0}{1} = 0$, $cos(e_2,e_3) = \frac{s(e_2,e_3)}{\|e_2\|\|e_3\|} = \frac{0}{1} = 0$, $cos(e_1,e_3) = \frac{s(e_1,e_3)}{\|e_1\|\|e_3\|} = \frac{0}{1} = 0$, also $w(e_1,e_2) = 90^0$, $w(e_2,e_3) = 90^0$ und $w(e_1,e_3) = 90^0$, ist $C$ eine orthogonale Basis.

Bezüglich des in 3b) genannten Skalaren Produkts $s$ gilt: Wegen $\|e_1\| = \sqrt{s(e_1,e_1)} = \sqrt{1+0+0} = 1$, $\|e_2\| = \sqrt{s(e_2,e_2)} = \sqrt{0+t+0} = \sqrt{t}$ und $\|e_3\| = \sqrt{s(e_3,e_3)} = \sqrt{0+0+1} = 1$ ist $C$ keine normierte Basis, jedoch gilt $cos(e_i,e_k) = \frac{s(e_i,e_k)}{\|e_i\|\|e_k\|} = \frac{0}{\sqrt{t}} = 0$, also $w(e_i,e_k) = 90^0$, folglich ist $C$ orthogonal.

Bezüglich des in 3d) genannten Skalaren Produkts $s$ ist $C$ keine Orthonormalbasis, denn sie ist wegen $\|e_1\| = \sqrt{2}, \|e_2\| = 1$ und $\|e_3\| = \sqrt{2}$ keine normierte Basis, wegen $cos(e_1,e_2) = \frac{s(e_1,e_2)}{\|e_1\|\|e_2\|} = \frac{0}{\sqrt{2}} = 0$, $cos(e_2,e_3) = \frac{s(e_2,e_3)}{\|e_2\|\|e_3\|} = \frac{1}{\sqrt{2}} = \frac{1}{2}\sqrt{2}$, also $w(e_2,e_3) = 45^0$, und $cos(e_1,e_3) = \frac{s(e_1,e_3)}{\|e_1\|\|e_3\|} = \frac{0}{2} = 0$ ist $C$ nicht orthogonal.

**A4.664.02:** Betrachten Sie die beiden Skalaren Produkte $s,t : \mathbb{R}^2 \times \mathbb{R}^2 \longrightarrow \mathbb{R}$ auf $\mathbb{R}^2$, definiert durch die Zuordnungsvorschriften $s(x,z) = x_1z_1 + x_2z_2$ und $t(x,z) = x_1z_1 - x_1z_2 - x_2z_1 + 2x_2z_2$, sowie die zugehörigen Winkelmaß-Funktionen $w_s, w_t : \mathbb{R}^2 \times \mathbb{R}^2 \longrightarrow [0,\pi]$ und berechnen Sie jeweils $w_s(x,z)$ und $w_t(x,z)$ für

a) $x = \binom{1}{0}$ und $z = \binom{0}{1}$,
b) $x = \binom{3}{1}$ und $z = \binom{2}{4}$,
c) $x = \binom{-1}{0}$ und $z = \binom{1}{1}$,
d) $x = \binom{1}{\sqrt{3}}$ und $z = \binom{\sqrt{3}}{1}$.

**B4.664.02:** Es gelten folgende Berechnungen:

a) Mit $s(x,z) = s(\binom{1}{0}, \binom{0}{1}) = 0 + 0 = 0$ ist $w_s(x,z) = arccos\ (0) = \frac{1}{2}\pi$,
mit $t(x,z) = t(\binom{1}{0}, \binom{0}{1}) = 0 - 1 - 0 + 2 \cdot 0 = -1$ ist $w_t(x,z) = arccos\ (\frac{-1}{1 \cdot 1}) = arccos\ (-1) = \pi$.

b) Mit $s(x,z) = s(\binom{3}{1}, \binom{2}{4}) = 6 + 4 = 10$ sowie $\|x\| = \sqrt{10}$ und $\|z\| = \sqrt{20}$
ist $w_s(x,z) = arccos\ (\frac{10}{\sqrt{10} \cdot \sqrt{20}}) = arccos\ (\frac{1}{2}\sqrt{2}) = \frac{1}{4}\pi$,
mit $t(x,z) = t(\binom{3}{1}, \binom{2}{4}) = 6 - 12 - 2 + 8 = 0$ ist $w_t(x,z) = arccos\ (0) = \frac{1}{2}\pi$.

d) Mit $s(x,z) = s(\binom{1}{\sqrt{3}}, \binom{\sqrt{3}}{1}) = \sqrt{3} + \sqrt{3} = 2\sqrt{3}$ sowie $\|x\| = \|z\| = \sqrt{4} = 2$
ist $w_s(x,z) = arccos\ (\frac{1}{2}\sqrt{3}) = \frac{1}{6}\pi$,
mit $t(x,z) = t(\binom{1}{\sqrt{3}}, \binom{\sqrt{3}}{1}) = 1 \cdot \sqrt{3} - 1 - 3 + 2\sqrt{3} = 3\sqrt{3} - 4$
ist $w_t(x,z) = arccos(\frac{3}{4}\sqrt{3} - 1) \approx 1,27\ (\approx 72,6^0)$.

**A4.664.03:** Untersuchen Sie für Winkelmaß-Funktionen $w : E \times E \longrightarrow [0,\pi]$ die Fragen:
a) Warum wird bei der Definition von $w$ anstelle von *cos* nicht *sin* verwendet?
b) Sind Winkelmaß-Funktionen $w$ $\mathbb{R}$-bilinear?

**B4.664.3:**
a) Die Definition $w(x,z) = arccos\ (\frac{s(x,z)}{\|x\|\|z\|})$ lieferte $w(x,z) = arc\text{-}sin\ (\frac{s(x,z)}{\|x\|\|z\|}) = arc\text{-}sin\ (1) = \frac{1}{2}\pi$, das heißt, das Winkelmaß eines Elementes (Vektors) $x$ mit sich selbst wäre unsinnigerweise $90^0$.
b) Untersucht man Winkelmaß-Funktionen $w$ beispielsweise hinsichtlich $\mathbb{R}$-Homogenität, also hinsichtlich der Gültigkeit der Formel $w(ax,z) = a \cdot w(x,z)$ mit $a \in \mathbb{R}$, dann zeigt die Zeile

$$w(ax,z) = arccos\ (\frac{s(ax,z)}{\|ax\|\|z\|}) = arccos\ (\frac{a \cdot s(x,z)}{|a|\|x\|\|z\|}) = \begin{cases} w(x,z), & \text{falls} \quad a \geq 0 \\ -w(x,z) = \pi - w(x,z), & \text{falls} \quad a < 0 \end{cases}$$

daß $w$ nicht $\mathbb{R}$-homogen ist. Analoge Betrachtungen zeigen, daß $w$ auch nicht komponentenweise homomorph, insgesamt also auch nicht $\mathbb{R}$-bilinear sind.

**A4.664.04:** Bearbeiten Sie folgende Eintelaufgaben:
1. Beweisen Sie folgenden Sachverhalt: Auf dem $\mathbb{R}$-Vektorraum $Rin([a,b],\mathbb{R})$ der Riemann-integrierbaren Funktionen $[a,b] \longrightarrow \mathbb{R}$ (zu denen auch die stetigen Funktionen $[a,b] \longrightarrow \mathbb{R}$ gehören) ist die folgende Funktion $s$ ein Skalares Produkt:

$$s : Rin([a,b],\mathbb{R}) \times Rin([a,b],\mathbb{R}) \longrightarrow \mathbb{R}, \quad \text{definiert durch} \quad s(f,g) = \int_a^b (f \cdot g).$$

2. Ist die Funktion $s : D((-1,1),\mathbb{R}) \times D((-1,1),\mathbb{R}) \longrightarrow \mathbb{R}$, definiert durch $s(f,g) = (f \cdot g)'(0)$, ein Skalares Produkt auf der Menge $D((-1,1),\mathbb{R})$ der differenzierbaren Funktionen $(-1,1) \longrightarrow \mathbb{R}$ ?

**B4.664.04:** Zur Bearbeitung der Aufgabe im einzelnen:
1. Die Funktion $s$ hat die in Definition 4.664.1 genannten vier Eigenschaften:
a) Ist $f \neq 0$, dann ist $f^2 \geq 0$, woraus $s(f,f) = \int_a^b f^2$ folgt.
b) Es gilt $s(f,g) = \int_a^b (fg) = \int_a^b (gf) = s(g,f)$.
c) Es gilt $s(f+g,h) = \int_a^b ((f+g) \cdot h)g) = \int_a^b (fg + fh) = \int_a^b (fg) + \int_a^b (fh) = s(f,g) + s(f,h)$.
d) Für alle $c \in \mathbb{R}$ gilt $s(cf,g) = \int_a^b (cf \cdot g) = \int_a^b c(f \cdot g) = c \cdot \int_a^b (f \cdot g) = c \cdot s(f,g)$.
2. Die Funktion $s$ ist nicht positiv-definit, aber eine symmetrische Bilinearform, denn:
a) Für $id = id_{(-1,1)} \neq 0$ ist stets $s(id,id) = (id^2)'(0) = (2 \cdot id)(0) = 0$, also enthält $D((-1,1),\mathbb{R})$ Elemente $f \neq 0$, für die $s(f,f) = 0$ ist, folglich ist $s$ nicht positiv-definit.
b) $s$ ist symmetrisch, denn für alle $f,g \in D((-1,1),\mathbb{R})$ ist $s(f,g) = s(g,f)$ wegen $(fg)' = (gf)'$.
c) Es gilt $s(f+g,h) = ((f+g)h)'(0) = (fh+gh)'(0) = (fh)'(0) + (gh)'(0) = s(f,h) + s(g,h)$.
d) Es gilt $s(af,g) = ((af)g)'(0) = a(fg)'(0) = a \cdot s(f,g)$.

**A4.664.05:** Betrachten Sie einen dreidimensionalen $\mathbb{R}$-Vektorraum $E$ mit Basis $B = \{b_1, b_2, b_3\}$ sowie die von jeder beliebigen Funktion $*_B : B \times B \longrightarrow \mathbb{R}$ mit der Zuordnung $(b_i, b_k) \longmapsto b_i *_B b_k$ erzeugte $\mathbb{R}$-bilineare Fortsetzung $*_B : E \times E \longrightarrow \mathbb{R}$, definiert durch

$$x *_B z = \sum_{1 \le k \le 3} x_1 z_k(b_1 *_B b_k) + \sum_{1 \le k \le 3} x_2 z_k(b_2 *_B b_k) + \sum_{1 \le k \le 3} x_3 z_k(b_3 *_B b_k)$$

für $B$-Darstellungen $x = x_1 b_1 + x_2 b_2 + x_3 b_3$ und $z = z_1 b_1 + z_2 b_2 + z_3 b_3$ von Elementen $x$ und $z$ aus $E$.

Betrachten Sie nun die durch nebenstehende Tabelle definierte Funktion $*_B : B \times B \longrightarrow \mathbb{R}$ mit der Zuordnung $(b_i, b_k) \longmapsto b_i *_B b_k$.

| $*_B$ | $b_1$ | $b_2$ | $b_3$ |
|---|---|---|---|
| $b_1$ | 2 | 0 | 0 |
| $b_2$ | 0 | 1 | 1 |
| $b_3$ | 0 | 1 | 2 |

1. Geben Sie zunächst die Zuordnungsvorschrift dieser dadurch definierten $\mathbb{R}$-bilinearen Fortsetzung $*_B : E \times E \longrightarrow \mathbb{R}$ an, begründen Sie dann, daß sie symmetrisch ist, und weisen Sie nach, daß sie auch positiv-definit ist, daß die Funktion $*_B : E \times E \longrightarrow \mathbb{R}$ also insgesamt ein Skalarprodukt auf $E$ ist.

2. Berechnen Sie bezüglich dieses Skalaren Produkts die $*_B$-Beträge $|b|_B$ der drei Elemente von $B$ sowie die von diesen Elementen paarweise gebildeten Winkel-Innenmaße.

3. Betrachten Sie die Menge $C = \{c_1, c_2, c_3\}$, definiert durch $c_1 = b_3 - b_2$, $c_2 = \frac{1}{3}\sqrt{3}(b_1 + b_2)$ und $c_3 = \frac{1}{6}\sqrt{6}(2b_2 - b_1)$.
Berechnen Sie die Produkte $c_i *_B c_k$ für alle $i, k \in \{1, 2, 3\}$ bezüglich der in Aufgabenteil 1 genannten Funktion $*_B : E \times E \longrightarrow \mathbb{R}$, deren Ergebnisse in nebenstehender Tabelle genannt sind und eine Funktion $*_C : C \times C \longrightarrow \mathbb{R}$ erzeugen.

| $*_C$ | $c_1$ | $c_2$ | $c_3$ |
|---|---|---|---|
| $c_1$ | 1 | 0 | 0 |
| $c_2$ | 0 | 1 | 0 |
| $c_3$ | 0 | 0 | 1 |

4a) Weisen Sie zunächst nach, daß in $C$-Darstellungen $x = x_1 c_1 + x_2 c_2 + x_3 c_3$ von Elementen $x \in E$ die Koeffizienten $x_i$ die Form $x_i = x * c_i$ haben. Berechnen Sie mit diesen Darstellungen dann die $C$-Darstellungen der Elemente von $B$.

4b) Weisen Sie nach, daß $C$ eine Basis von $E$ ist. Welche besondere Eigenschaft dieser Basis läßt sich aus der Tabelle zu Aufgabenteil 3 unmittelbar ablesen?

5. Verwenden Sie die numerischen Ergebnisse von Aufgabenteil 4, um die Invarianz von Betrag und Winkel-Innemaßen bei einem Wechsel der Basis zu begründen.

6. Betrachten Sie den kanonischen $\mathbb{R}$-Isomorphismus $E \longrightarrow \mathbb{R}^3$ bezüglich der kanonischen Basen $C$ von $E$ und $C_3$ von $\mathbb{R}^3$ und berechnen Sie die Beträge der Basiselemente von $B$ in $\mathbb{R}^3$.

**B4.664.05:** Zur Bearbeitung der Aufgabe im einzelnen:

1a) Mit den $B$-Darstellungen $x = x_1 b_1 + x_2 b_2 + x_3 b_3$ und $z = z_1 b_1 + z_2 b_2 + z_3 b_3$ von $x, z \in E$ ist die Funktion $*_B : E \times E \longrightarrow \mathbb{R}$ gemäß der in der Aufgabe angegebenen Zuordnungstabelle definiert durch die Zuordnungsvorschrift $x *_B z = 2x_1 z_1 + x_2 z_2 + x_2 z_3 + x_3 z_2 + 2x_3 z_3$.

1b) Da die Funktion $*_B : B \times B \longrightarrow \mathbb{R}$ symmetrisch ist – das ist erkennbar in der Zuordnungstabelle an der Symmetrie zur Hauptdiagonalen – ist auch die Funktion $*_B : E \times E \longrightarrow \mathbb{R}$ symmetrisch.

1c) Die Funktion $*_B : E \times E \longrightarrow \mathbb{R}$ ist positiv-definit, denn für alle $x \in E$ mit gilt zunächst $x *_B x = 2x_1 x_1 + x_2 x_2 + x_2 x_3 + x_3 x_2 + 2x_3 x_3 = 2x_1^2 + x_2^2 + 2x_2 x_3 + 2x_3^2 = 2x_1^2 + (x_2 + x_3)^2 + x_3^2 \ge 0$. Es gilt darüber hinaus $x *_B x > 0$, sofern $x \neq 0$ ist, denn $x \neq 0$ ist, wie man leicht überlegt, äquivalent zu der Disjunktion $(x_1 \neq 0) \vee (x_2 \neq 0) \vee (x_3 \neq 0)$, woraus in jedem dieser drei Fälle $x *_B x > 0$ folgt.

1d) Die Funktion $*_B : E \times E \longrightarrow \mathbb{R}$ ist $\mathbb{R}$-bilinear sowie nach den Aufgabenteilen 1b) und 1c) symmetrisch und positiv-definit, folglich ein Skalarprodukt auf $E$.

2a) Die $*_B$-Beträge bezüglich des Skalarprodukts $*_B$ der Elemente von $B$ sind gemäß Tabelle die Zahlen $|b_1|_B = \sqrt{b_1 *_B b_1} = \sqrt{2}$ sowie $|b_2|_B = \sqrt{b_2 *_B b_2} = 1$ und $|b_3|_B = \sqrt{b_3 *_B b_3} = \sqrt{2}$.

2b) Für die Cosinuus der von den Elementen von $B$ paarweise gebildeten Winkel gilt zunächst $cos(b_1, b_2) = \frac{b_1 *_B b_2}{|b_1|_B \cdot |b_2|_B} = 0$ sowie $cos(b_1, b_3) = \frac{b_1 *_B b_3}{|b_1|_B \cdot |b_3|_B} = 0$ und $cos(b_2, b_3) = \frac{b_2 *_B b_3}{|b_2|_B \cdot |b_3|_B} = \frac{1}{1 \cdot \sqrt{2}} = \frac{1}{2}\sqrt{2}$, folglich haben die zugehörigen Winkel die Maße $wi(b_1, b_2) = 90°$ sowie $wi(b_1, b_3) = 90°$ und $wi(b_2, b_3) = 45°$.

3. Man beachte zunächst, daß die $\mathbb{R}$-Bilinearität der Funktion $* : E \times E \longrightarrow \mathbb{R}$ gestattet, ihre Funktionswerte nach dem Muster $a_1(x + y) * a_2(u + v) = a_1 a_2(x * u + x * v + y * u + y * v)$ zu berechnen, ferner gilt $x * y = y * x$ wegen der Symmetrie. Damit gilt dann im einzelnen für $c_i *_B c_k$, für alle $i, k \in \{1, 2, 3\}$:

$c_1 * c_1 = (b_3 - b_2) * (b_3 - b_2) = b_3b_3 - b_2b_3 - b_2b_3 + b_2b_2 = 2 - 1 - 1 + 1 = 1,$
$c_2 * c_2 = \frac{1}{3}\sqrt{3}(b_1 + b_2) * \frac{1}{3}\sqrt{3}(b_1 + b_2) = \frac{1}{3}(b_1b_1 + 2b_1b_2 + b_2b_2) = \frac{1}{3}(2 + 0 + 1) = 1,$
$c_3 * c_3 = \frac{1}{6}\sqrt{6}(2b_2 - b_1) * \frac{1}{6}\sqrt{6}(2b_2 - b_1) = \frac{1}{6}(4b_2b_2 - 2b_2b_1 - 2b_1b_2 + b_1b_1) = \frac{1}{6}(4 - 0 - 0 + 2) = 1,$
$c_1 * c_2 = (b_3 - b_2) * \frac{1}{3}\sqrt{3}(b_1 + b_2) = \frac{1}{3}\sqrt{3}(b_3b_1 + b_3b_2 - b_2b_1 - b_2b_2) = \frac{1}{3}\sqrt{3}(0 + 1 - 0 - 1) = 0,$
$c_1 * c_3 = (b_3 - b_2) * \frac{1}{6}\sqrt{6}(2b_2 - b_1) = \frac{1}{6}\sqrt{6}(2b_2b_3 - b_1b_3 - 2b_2b_2 + b_1b_2) = \frac{1}{6}\sqrt{6}(2 - 0 - 2 + 0) = 0,$
$c_2 * c_3 = \frac{1}{3}\sqrt{3}(b_1 + b_2) * \frac{1}{6}\sqrt{6}(2b_2 - b_1) = \frac{1}{18}\sqrt{18}(2b_1b_2 - b_1b_1 + 2b_2b_2 - b_1b_2) = \frac{1}{3}\sqrt{2}(0 - 2 + 2 - 0) = 0.$

4a$_1$) Betrachtet man die $C$-Darstellung $x = x_1c_1 + x_2c_2 + x_3c_3$ eines Elements $x \in E$, dann gilt für jedes $c_i \in C$ die Beziehung $x{*_C}c_i = (x_1c_1+x_2c_2+x_3c_3){*_C}c_i = x_1(c_1{*_C}c_i)+x_2(c_2{*_C}c_i)+x_3(c_3{*_C}c_i) = x_1 \cdot 1 = x_i$, denn in der zuletzt genannten Summe sind genau zwei Summanden Null. Das zeigt die Tabelle in Aufgabenteil 3 durch $c_i *_C c_i = 1$, für alle $i \in \{1,2,3\}$ sowie $c_i *_C c_k \neq 0$, für alle $i, k \in \{1,2,3\}$ mit $i \neq k$.

4a$_2$) Berechnungen der $C$-Darstellungen der Elemente aus $B$: Betrachtet man $C$-Darstellungen $b_k = a_{k1}c_1 + a_{k2}c_2 + a_{k3}c_3$ der Elemente $b_k \in B$, dann haben die Koeffizienten $a_{k2}$ nach Aufgabenteil 4a$_1$) die Form $a_{ki} = b_k *_C c_i$, es gilt also

$a_{11} = b_1 *_C c_1 = b_1 *_C (b_3 - b_2) = b_1b_3 - b_1b_2 = 0 - 0 = 0,$
$a_{12} = b_1 *_C c_2 = b_1(\frac{1}{3}\sqrt{3}(b_1 + b_2)) = \frac{1}{3}\sqrt{3}(b_1b_1 + b_1b_2) = \frac{1}{3}\sqrt{3}(2 + 0) = \frac{2}{3}\sqrt{3},$
$a_{13} = b_1 *_C c_3 = b_1(\frac{1}{6}\sqrt{6}(2b_2 - b_1)) = \frac{1}{6}\sqrt{6}(2b_1b_2 - b_1b_1) = \frac{1}{6}\sqrt{6}(0 - 2) = -\frac{1}{3}\sqrt{6},$
$a_{21} = b_2 *_C c_1 = b_2(b_3 - b_2) = b_2b_3 - b_2b_2 = 1 - 1 = 0,$
$a_{22} = b_2 *_C c_2 = b_2(\frac{1}{3}\sqrt{3}(b_1 + b_2)) = \frac{1}{3}\sqrt{3}(b_2b_1 + b_2b_2) = \frac{1}{3}\sqrt{3}(0 + 1) = \frac{1}{3}\sqrt{3},$
$a_{23} = b_2 *_C c_3 = b_2(\frac{1}{6}\sqrt{6}(2b_2 - b_1)) = \frac{1}{6}\sqrt{6}(2b_2b_2 - b_2b_1) = \frac{1}{6}\sqrt{6}(2 - 0) = \frac{1}{3}\sqrt{6},$
$a_{31} = b_3 *_C c_1 = b_3(b_3 - b_2) = b_3b_3 - b_3b_2 = 2 - 1 = 1,$
$a_{32} = b_3 *_C c_2 = b_3(\frac{1}{3}\sqrt{3}(b_1 + b_2)) = \frac{1}{3}\sqrt{3}(b_3b_1 + b_3b_2) = \frac{1}{3}\sqrt{3}(0 + 1) = \frac{1}{3}\sqrt{3},$
$a_{33} = b_3 *_C c_3 = b_3(\frac{1}{6}\sqrt{6}(2b_2 - b_1)) = \frac{1}{6}\sqrt{6}(2b_2b_3 - b_3b_1) = \frac{1}{6}\sqrt{6}(2 - 0) = \frac{1}{3}\sqrt{6},$

womit folgende $C$-Darstellungen der drei Elemente von $B$ vorliegen:

$b_1 = a_{11}c_1 + a_{12}c_2 + a_{13}c_3 = 0 \cdot c_1 + \frac{2}{3}\sqrt{3} \cdot c_2 - \frac{1}{3}\sqrt{6} \cdot c_3 = \frac{1}{3}\sqrt{3} \cdot (2 \cdot c_2 - \sqrt{2} \cdot c_3),$
$b_2 = a_{21}c_1 + a_{22}c_2 + a_{23}c_3 = 0 \cdot c_1 + \frac{1}{3}\sqrt{3} \cdot c_2 + \frac{1}{3}\sqrt{6} \cdot c_3 = \frac{1}{3}\sqrt{3} \cdot (c_2 + \sqrt{2} \cdot c_3),$
$b_3 = a_{31}c_1 + a_{32}c_2 + a_{33}c_3 = 1 \cdot c_1 + \frac{1}{3}\sqrt{3} \cdot c_2 + \frac{1}{3}\sqrt{6} \cdot c_3 = c_1 + \frac{1}{3}\sqrt{3} \cdot (c_2 + \sqrt{2} \cdot c_3).$

4b) Die Menge $C = \{c_1, c_2, c_3\}$ ist eine Basis von $E$, denn es gilt:

a) $C$ ist Erzeugendensystem von $E$, denn: Da $B$ eine Basis von $E$ ist, besitzt jedes Element $x \in E$ eine eindeutige $B$-Darstellung $x = a_1b_1 + a_2b_2 + a_3b_3$. Verwendet man die in Aufgabenteil 4a$_2$) ermittelten $C$-Darstellungen von $b_1$, $b_2$ und $b_3$, dann ist

$$x = a_1b_1 + a_2b_2 + a_3b_3 = a_3c_1 + \tfrac{1}{3}\sqrt{3} \cdot (2a_1 + a_2 + a_3)c_2 + \tfrac{1}{3}\sqrt{6} \cdot (-a_1 + a_2 + a_3)c_3$$

eine von $B$ erzeugte $C$-Darstellung von $x \in E$.

b) $C$ ist linear unabhängig, denn betrachtet man eine Linearkombination $0 = a_1c_1 + a_2c_2 + a_3c_3 = a_1(b_3 - b_2) + a_2\frac{1}{3}\sqrt{3}(b_1 + b_2) + a_3\frac{1}{6}\sqrt{6}(2b_2 - b_1) = a_1b_3 + (-a_1 + \frac{1}{3}\sqrt{3}a_2 + \frac{1}{3}\sqrt{6}a_3)b_2 + (\frac{1}{3}\sqrt{3}a_2 - \frac{1}{6}\sqrt{6}a_3)b_1$, so folgt wegen der linearen Unabhängigkeit von $B$ dann $a_1 = 0$, damit dann $\frac{1}{3}\sqrt{3}(a_2 + \sqrt{2}a_3) = 0$ und $\frac{1}{6}\sqrt{3}(2a_2 - \sqrt{2}a_3) = 0$ und schließlich $a_2 = 0$ und $a_3 = 0$.

4c) Die Tabelle im Aufgabenteil 3 zeigt, daß $C = \{c_1, c_2, c_3\}$ eine Orthonormalbasis des $\mathbb{R}$-Vektorraums $E$ ist, denn es gilt $c_i *_C c_i = 1$, für alle $i \in \{1,2,3\}$ sowie $c_i *_C c_k \neq 0$, für alle $i, k \in \{1,2,3\}$ mit $i \neq k$.

5a) Die drei $C$-Skalarprodukte

$b_1 *_C b_1 = (\frac{1}{3}\sqrt{3})^2(2 \cdot c_2 - \sqrt{2} \cdot c_3) *_C (2 \cdot c_2 - \sqrt{2} \cdot c_3) = \frac{1}{3}(4c_2 *_C c_2 - 4\sqrt{2}c_2 *_C c_3 + 2c_3 *_C c_3) = \frac{1}{3}(4 + 2) = 2,$
$b_2 *_C b_2 = (\frac{1}{3}\sqrt{3})^2(c_2 + \sqrt{2} \cdot c_3) *_C (c_2 + \sqrt{2} \cdot c_3) = \frac{1}{3}(c_2 *_C c_2 + 2\sqrt{2}c_2 *_C c_3 + 2c_3 *_C c_3) = \frac{1}{3}(1 + 2) = 1,$
$b_3 *_C b_3 = (c_1 + \frac{1}{3}\sqrt{3} \cdot (c_2 + \sqrt{2} \cdot c_3)) *_C (c_1 + \frac{1}{3}\sqrt{3} \cdot (c_2 + \sqrt{2} \cdot c_3)) = 1 + 1 = 2,$

liefern die drei $*_C$-Beträge $|b_1|_C = \sqrt{b_1 *_C b_1} = \sqrt{2}$, $|b_2|_C = \sqrt{b_2 *_C b_2} = 1$ und $|b_3|_C = \sqrt{b_3 *_C b_3} = \sqrt{2}$.

Kommentar: Nach den Aufgabenteilen 2a) und 5a) gilt $|b_k|_C = |b_k|_B$, für alle $k \in \{1,2,3\}$. Das bedeutet, daß das bei Basiswechsel (hier von $B$ nach $C$) erzeugte Skalarprodukt (hier $*_C$) dieselben Beträge wie das ursprüngliche Skalarprodukt (hier $*_B$) liefert.

5b) Mit den drei $C$-Skalarprodukten

$$\begin{aligned} b_1 *_C b_2 &= (\tfrac{1}{3}\sqrt{3}\cdot(2\cdot c_2 - \sqrt{2}\cdot c_3)) *_C (\tfrac{1}{3}\sqrt{3}\cdot(c_2+\sqrt{2}\cdot c_3)) \\ &= \tfrac{1}{9}(2\cdot c_2 *_C c_2 - 2\sqrt{2}\cdot c_2 *_C c_3 + 2\sqrt{2}\cdot c_2 *_C c_3 - 2\cdot c_3 *_C c_3) = \tfrac{1}{9}(2-2) = 0, \\ b_1 *_C b_3 &= (\tfrac{1}{3}\sqrt{3}\cdot(2\cdot c_2 - \sqrt{2}\cdot c_3)) *_C (c_1 + \tfrac{1}{3}\sqrt{3}\cdot(c_2+\sqrt{2}\cdot c_3)) \\ &= \tfrac{1}{3}\sqrt{3}\cdot(2\cdot c_1 *_C c_2 - \sqrt{2}\cdot c_1 *_C c_3) + b_1 *_C b_2 = 0+0 = 0, \\ b_2 *_C b_3 &= (\tfrac{1}{3}\sqrt{3}\cdot(c_2+\sqrt{2}\cdot c_3)) *_C (c_1 + \tfrac{1}{3}\sqrt{3}\cdot(c_2+\sqrt{2}\cdot c_3)) \\ &= \tfrac{1}{3}\sqrt{3}\cdot(c_1 *_C c_2 + \sqrt{2}\cdot c_1 *_C c_3) + \tfrac{1}{3}\cdot(c_2 *_C c_2 + 2\sqrt{2}\cdot c_2 *_C c_3 + 2\cdot c_3 *_C c_3) = 0 + \tfrac{1}{3}(1+2) = 1 \end{aligned}$$

ist dann für die Cosinuus der von den Elementen von $B$ paarweise gebildeten Winkel gilt zunächst $cos(b_1,b_2) = \frac{b_1 *_C b_2}{|b_1|_C \cdot |b_2|_C} = 0$ sowie $cos(b_1,b_3) = \frac{b_1 *_C b_3}{|b_1|_C \cdot |b_3|_C} = 0$ und $cos(b_2,b_3) = \frac{b_2 *_C b_3}{|b_2|_C \cdot |b_3|_C} = \frac{1}{1\cdot\sqrt{2}} = \frac{1}{2}\sqrt{2}$, folglich haben die zugehörigen Winkel die Maße $wi(b_1,b_2) = 90°$, $wi(b_1,b_3) = 90°$ und $wi(b_2,b_3) = 45°$.

Kommentar: Nach den Aufgabenteilen 2a) und 5b) gilt $wi_B(b_i,b_k) = wi_C(b_i,b_k)$, für alle $k \in \{1,2,3\}$. Das bedeutet, daß das bei Basiswechsel (hier von $B$ nach $C$) erzeugten Skalarprodukt (hier $*_C$) dieselben Winkel-Innenmaße wie das ursprüngliche Skalarprodukt (hier $*_B$) liefert.

6. Unter dem angegebenen kanonischen $\mathbb{R}$-Isomorphismus $E \longrightarrow \mathbb{R}^3$ haben die Bilder der drei Elemente von $B$ die Darstellungen $b_1 = \frac{1}{3}\sqrt{3}\begin{pmatrix}0\\2\\-\sqrt{2}\end{pmatrix}$ sowie $b_2 = \frac{1}{3}\sqrt{3}\begin{pmatrix}0\\1\\\sqrt{2}\end{pmatrix}$ und $b_3 = \frac{1}{3}\begin{pmatrix}3\\\sqrt{3}\\\sqrt{6}\end{pmatrix}$.

Berechnet man die (konkatenativ geschriebenen) Skalarprodukte in $\mathbb{R}^3$, nämlich

$$b_1b_1 = (\tfrac{1}{3}\sqrt{3})^2\begin{pmatrix}0\\2\\-\sqrt{2}\end{pmatrix}\begin{pmatrix}0\\2\\-\sqrt{2}\end{pmatrix} = \tfrac{1}{3}(4+2) = 2,\ b_2b_2 = (\tfrac{1}{3}\sqrt{3})^2\begin{pmatrix}0\\1\\\sqrt{2}\end{pmatrix}\begin{pmatrix}0\\1\\\sqrt{2}\end{pmatrix} = \tfrac{1}{3}(1+2) = 1$$

und $b_3b_3 = (\frac{1}{3})^2\begin{pmatrix}3\\\sqrt{3}\\\sqrt{6}\end{pmatrix}\begin{pmatrix}3\\\sqrt{3}\\\sqrt{6}\end{pmatrix} = \frac{1}{9}(9+3+6) = 2$, so gilt ebenfalls $|b_1| = \sqrt{2}$, $|b_2| = 1$ und $|b_3| = \sqrt{2}$.

Die Produkte $b_1b_2 = \frac{1}{9}(0+2-2) = 0$ sowie $b_1b_3 = \frac{1}{9}\sqrt{3}(0+2\sqrt{3}-\sqrt{12}) = \frac{1}{9}\sqrt{3}\sqrt{3}(0+2-2) = 0$ und $b_2b_3 = \frac{1}{9}\sqrt{3}(0+\sqrt{3}+\sqrt{12}) = \frac{1}{9}\sqrt{3}\sqrt{3}(0+1+2) = 1$ liefern für die Innemaße der von den Elementen von $B$ paarweise gebildeten Winkel zunächst $cos(b_1,b_2) = \frac{b_1b_2}{|b_1|\cdot|b_2|} = 0$ sowie $cos(b_1,b_3) = \frac{b_1b_3}{|b_1|\cdot|b_3|} = 0$ und $cos(b_2,b_3) = \frac{b_2b_3}{|b_2|\cdot|b_3|} = \frac{1}{1\cdot\sqrt{2}} = \frac{1}{2}\sqrt{2}$, folglich ist $wi(b_1,b_2) = 90°$, $wi(b_1,b_3) = 90°$ und $wi(b_2,b_3) = 45°$.

# Symbol-Verzeichnis buch$^{\text{MAT}}$X

## buch$^{\text{MAT}}$1 Mengen, Funktionen, Grundstrukturen, Zahlen

| | | |
|---|---|---|
| $W(p)$ | Wahrheitswert einer Aussage $p$ mit $W(p) \in \{w, f\}$ | 1.001 |
| $p \wedge q$ | Konjunktion der Aussagen $p$ und $q$ ($p$ *und* $q$) | 1.002 |
| $p \vee q$ | Disjunktion der Aussagen $p$ und $q$ ($p$ *oder* $q$) | 1.002 |
| $p \Rightarrow q$ | Implikation der Aussagen $p$ und $q$ (*wenn* $p$, *dann* $q$) | 1.002 |
| $p \Leftrightarrow q$ | Äquivalenz der Aussagen $p$ und $q$ ($p$ *genau dann, wenn* $q$) | 1.002 |
| $\neg p$ | Negation der Aussage $p$ (*nicht* $p$, *non* $p$) | 1.002 |
| $Th(M)$ | Theorie einer Menge $M$ | 1.004 |
| $\exists$ | Existenzquantor (*es gibt* ...) | 1.004 |
| $\forall$ | Allquantor (*für alle* ...) | 1.004 |
| $w(s)$ | Leitwert eines Schalterzustandes $s$ | 1.080 |
| $s_1 \wedge s_2$ | Reihenschaltung (Schaltalgebra) | 1.080 |
| $s_1 \vee s_2$ | Parallelschaltung (Schaltalgebra) | 1.080 |
| $x_1 \wedge x_2$ | UND-Gatter (Signal-Verarbeitung) | 1.081 |
| $x_1 \vee x_2$ | ODER-Gatter (Signal-Verarbeitung) | 1.081 |

| | | |
|---|---|---|
| $\underline{n}$ | Menge der ersten $n$ natürlichen Zahlen $\underline{n} = \{1, ..., n\}$ | 1.101 |
| $\mathbb{N}$, $\mathbb{N}_0$ | Menge (Halbgruppe) der natürlichen Zahlen ohne/mit Null ($\mathbb{N}_0 = \mathbb{N} \cup \{0\}$) | 1.101 |
| $\mathbb{Z}$ | Menge (Ring) der ganzen Zahlen | 1.830 |
| $\mathbb{Z}_*$ | Menge der ganzen Zahlen ohne Null ($\mathbb{Z}_* = \mathbb{Z} \setminus \{0\}$) | 1.830 |
| $\mathbb{Z}^+$, $\mathbb{Z}^-$ | Menge der positiven ganzen Zahlen / negativen ganzen Zahlen | 1.830 |
| $\mathbb{Z}_0^+$, $\mathbb{Z}_0^-$ | Menge der nicht-negativen ganzen Zahlen / nicht-positiven ganzen Zahlen | 1.830 |
| $\mathbb{Q}$ | Menge (Körper) der rationalen Zahlen (analog: $\mathbb{Q}_*$, $\mathbb{Q}^+$, $\mathbb{Q}^-$, $\mathbb{Q}_0^+$, $\mathbb{Q}_0^-$ ) | 1.850 |
| $\mathbb{R}$ | Menge (Körper) der reellen Zahlen (analog: $\mathbb{R}_*$, $\mathbb{R}^+$, $\mathbb{R}^-$, $\mathbb{R}_0^+$, $\mathbb{R}_0^-$ ) | 1.860 |
| $\mathbb{R}^\star$ | Erweiterung der Menge der reellen Zahlen zu $\mathbb{R}^\star = \mathbb{R} \cup \{-\star, +\star\}$ | 1.869 |
| $\mathbb{R}^n$ | Menge der $n$-Tupel $(x_1, ..., x_n)$ reeller Zahlen (analog: $\mathbb{N}^n$, $\mathbb{Z}^n$, $\mathbb{Q}^n$, $\mathbb{C}^n$) | 1.501 |
| $\mathbb{R}^{\mathbb{N}}$ | Menge der Funktionen (Folgen) $\mathbb{N} \longrightarrow \mathbb{R}$ | 2.001 |
| $\mathbb{R}^{(\mathbb{N})}$ | Menge der endlichen Folgen $\mathbb{N} \longrightarrow \mathbb{R}$ | 1.780 |
| $\mathbb{C}$ | Menge (Körper) der komplexen Zahlen (analog: $\mathbb{C}_*$) | 1.880 |
| $\mathbb{H}$ | Menge der Hamiltonschen Quaternionen | 1.715 |
| $\mathbb{O}$ | Menge der Cayleyschen Oktaven | 1.715 |

| | | |
|---|---|---|
| $M = N$ | Gleichheit zweier Mengen $M$ und $N$ | 1.101 |
| $\emptyset$ | die Leere Menge (enthält kein Element) | 1.001 |
| $\{x\}$, $\{x, z\}$ | einelementige, zweielementige Menge | 1.001 |
| $x \in M$ | $x$ ist Element der Menge $M$ | 1.101 |
| $x \notin M$ | $x$ ist kein Element der Menge $M$ | 1.101 |
| $T \subset M$ | $T$ ist Teilmenge der Menge $M$ | 1.101 |
| $T \not\subset M$ | $T$ ist keine Teilmenge der Menge $M$ | 1.101 |
| $M \supset T$ | $M$ ist Obermenge der Menge $T$ (also $T \subset M$) | 1.101 |
| $M \not\supset T$ | $M$ ist keine Obermenge der Menge $T$ (also $T \not\subset M$) | 1.101 |
| $M \cap N$ | Durchschnitt (Schnittmenge) der Mengen $M$ und $N$ | 1.102 |
| $\bigcap\limits_{i \in I} M_i$ | Durchschnitt der Familie $(M_i)_{i \in I}$ von Mengen $M_i$ | 1.150 |
| $M \cup N$ | Vereinigung der Mengen $M$ und $N$ | 1.102 |
| $\bigcup\limits_{i \in I} M_i$ | Vereinigung der Familie $(M_i)_{i \in I}$ von Mengen $M_i$ | 1.150 |
| $M \setminus N$ | mengentheoretische Differenz der Mengen $M$ und $N$ | 1.102 |
| $C_A(M)$ | Komplement der Menge $M$ bezüglich der Menge $A$ | 1.102 |
| $M \times N$ | Cartesisches Produkt der Mengen $M$ und $N$ mit Paaren $(x, z) \in M \times N$ | 1.110 |

| | | |
|---|---|---|
| $\prod_{i\in I} M_i$ | Cartesisches Produkt der Familie $(M_i)_{i\in I}$ von Mengen $M_i$ | 1.160 |
| $M^n$ | $n$-faches Cartesisches Produkt der Menge $M$ | 1.160 |
| $card(M)$ | Kardinalzahl der Menge $M$ | 1.101 |
| $\underline{M}$ | Mengensystem | 1.150 |
| $x\ R\ z$ | Element $x$ steht mit Element $z$ in Relation $R$ (auch $(x,z) \in R \subset M \times N$) | 1.120 |
| $diag(M)$ | Diagonale einer Menge $M$ | 1.120 |
| $[x]_R$, $[x]$ | Äquivalenzklasse mit Repräsentant $x$ bezüglich Äquivalenz-Relation $R$ | 1.140 |
| $M/R$ | Quotientenmenge von $M$ nach Relation $R \subset M \times M$ | 1.140 |
| $nat$ | natürliche Funktion $nat : M \longrightarrow M/R$, $x \longmapsto [x]$ | 1.140 |
| $f : M \longrightarrow N$ | Funktion $f$ mit Definitionsbereich $M$ und Wertebereich $N$ (auch $M \xrightarrow{f} N$) | 1.130 |
| $x \longmapsto f(x)$ | Zuordnung von $x$ zu Funktionswert $f(x)$ | 1.130 |
| $D(f)$ | Definitionsbereich (-menge) einer Funktion $f$ | 1.130 |
| $W(f)$ | Wertebereich (-menge) einer Funktion $f$ | 1.130 |
| $Bild(f)$ | Bildbereich (-menge) einer Funktion $f$ | 1.130 |
| $id_M$ | die identische Funktion $M \longrightarrow M$ auf einer Menge $M$ (mit $id_M(x) = x$) | 1.130 |
| $in_A$ | die Inklusion(s-Funktion) $A \longrightarrow M$ zu $A \subset M$ (mit $in_A(x) = x$) | 1.130 |
| $pr_k$ | $k$-te Projektion $M_1 \times M_2 \longrightarrow M_k$ (mit $k \in \{1,2\}$) | 1.130 |
| $in_k$ | $k$-te Injektion $M_k \longrightarrow M_1 \times M_2$ (mit $k \in \{1,2\}$) | 1.130 |
| $f_1 \times f_2$ | Cartesisches Produkt $M_1 \times M_2 \longrightarrow M_1 \times M_2$ zu $f_k : M_k \longrightarrow M_k$ | 1.130 |
| $f \mid T$ | Einschränkung einer Funktion $f$ auf $T \subset D(f)$ | 1.130 |
| $ind_T$ | Indikator-Funktion zu $T \subset M$ | 1.130 |
| $g \circ f$ | Komposition $M \xrightarrow{f} N \xrightarrow{g} P$ | 1.131 |
| $f^{-1}$ | inverse Funktion (Umkehrfunktion) einer bijektiven Funktion $f$ | 1.133 |
| $f^o$ | induzierte Funktion $Pot(M) \longrightarrow Pot(N)$ zu $M \xrightarrow{f} N$ | 1.151 |
| $f^u$ | induzierte Funktion $Pot(N) \longrightarrow Pot(M)$ zu $M \xrightarrow{f} N$ | 1.151 |
| $f^o(S)$ | Bildmenge von $S \subset M$ bezüglich $M \xrightarrow{f} N$ (auch $f[S]$) | 1.130 |
| $f^u(T)$ | Urbildmenge von $T \subset N$ bezüglich $M \xrightarrow{f} N$ (auch $f^{-1}[T]$) | 1.130 |
| $(f,b)$ | Gleichung über Funktion $f : M \longrightarrow N$ und Element $b \in N$ | 1.136 |
| $L(f,b)$ | Lösungsmenge der Gleichung $(f,b)$ | 1.136 |
| $(Abs, Ord)$ | Cartesisches Koordinaten-System zur Darstellung von Funktionen $T \longrightarrow \mathbb{R}$ | 1.130 |
| $(K_1, K_2)$ | Cartesisches Koordinaten-System zur Darstellung geometrischer Objekte | 1.130 |
| $graph(f)$ | Menge der Punkte $(x, f(x))$ einer Funktion $f : T \longrightarrow \mathbb{R}$ | 1.130 |
| $exp_a$ | Exponential-Funktion $\mathbb{R} \longrightarrow \mathbb{R}^+$ zur Basis $a$ | 1.250 |
| $log_a$ | Logarithmus-Funktion $\mathbb{R}^+ \longrightarrow \mathbb{R}$ zur Basis $a$ | 1.250 |
| $os(T)$ | Menge der oberen Schranken einer Teilmenge $T$ einer geordneten Menge | 1.320 |
| $us(T)$ | Menge der unteren Schranken einer Teilmenge $T$ einer geordneten Menge | 1.320 |
| $gr(T)$ | größtes Element in einer Teilmenge $T$ einer geordneten Menge | 1.320 |
| $kl(T)$ | kleinstes Element in einer Teilmenge $T$ einer geordneten Menge | 1.320 |
| $max(T)$ | maximales Element in einer Teilmenge $T$ einer geordneten Menge | 1.320 |
| $min(T)$ | minimales Element in einer Teilmenge $T$ einer geordneten Menge | 1.320 |
| $sup(T)$ | Supremum (kleinste obere Schranke) zu einer Teilmenge $T$ einer geord. Menge | 1.320 |
| $inf(T)$ | Infimum (größte untere Schranke) zu einer Teilmenge $T$ einer geord. Menge | 1.320 |
| $sup(f)$ | Supremum $sup(Bild(f))$ für Funktion $M \longrightarrow N$ mit geordneter Menge $N$ | 1.323 |
| $inf(f)$ | Infimum $inf(Bild(f))$ für Funktion $M \longrightarrow N$ mit geordneter Menge $N$ | 1.323 |
| $(x,z)$ | offenes $M$-Intervall mit Grenzen $x \prec z$ in linear geordneter Menge $(M, \prec)$ | 1.310 |
| $[x,z)$ | links-abgeschlossenes rechts-offenes $M$-Intervall mit Grenzen $x \prec z$ | 1.310 |
| $(x,z)$ | links-offenes rechts-abgeschlossenes $M$-Intervall mit Grenzen $x \prec z$ | 1.310 |
| $[x,z]$ | abgeschlossenes $M$-Intervall mit Grenzen $x \prec z$ | 1.310 |

| | | |
|---|---|---|
| $Ckom(K)$ | *Cantor*-Komplettierung eines angeordneten Körpers $K$ | 2.063, 2.065 |
| $Dkom(K)$ | *Dedekind*-Komplettierung eines angeordneten Körpers $K$ | 1.735 |
| $Dkom(M)$ | *Dedekind*-Komplettierung einer linear geordneten Menge $M$ | 1.325 |
| $Wkom(K)$ | *Weierstraß*-Komplettierung eines angeordneten Körpers $K$ | 2.066 |

| | | |
|---|---|---|
| $Abb(M,N)$ | Menge der Funktionen $M \longrightarrow N$ (auch $N^M$) | 1.130 |
| $Inj(M,N)$ | Menge der injektiven Funktionen $M \longrightarrow N$ | 1.132 |
| $Sur(M,N)$ | Menge der surjektiven Funktionen $M \longrightarrow N$ | 1.132 |
| $Bij(M,N)$ | Menge der bijektiven Funktionen $M \longrightarrow N$ | 1.132 |
| $S(M,M) = S_M$ | Symmetrische Gruppe der bij. Funktionen $M \longrightarrow M$ bezüglich Komposition | 1.501 |
| $BF(M,N)$ | Menge der beschränkten Funktionen $M \longrightarrow N$ mit geordneter Menge $N$ | 1.323 |
| $Hom(G,H)$ | Menge der Gruppen-Homomorphismen $G \longrightarrow H$ | 1.502 |
| $Hom_A(E,F)$ | Menge ($A$-Modul) der $A$-Homomorphismen $E \longrightarrow F$ | 1.402 |

| | | |
|---|---|---|
| $Mat(m,n,M)$ | Menge der Matrizen vom Typ $(m,n)$ mit Koeffizienten aus $M$ | 1.780 |
| $Mat(n,M)$ | Menge der quadratischen Matrizen vom Typ $(n,n)$ mit Koeffizienten aus $M$ | 1.780 |
| $Mat(I,K,M)$ | Menge der Matrizen vom Typ $(I,K)$ mit Koeffizienten aus $M$ | 4.041 |
| $det(M)$ | Determinante einer Matrix $M$ | 1.782 |

| | | |
|---|---|---|
| $t \mid a$ | $t \in \mathbb{Z}_*$ ist Teiler von $a \in \dot{\mathbb{Z}}$ | 1.838 |
| $Teil(a)$ | Menge der Teiler einer ganzen Zahl $a$ | 1.838 |
| $Teil^+(a)$ | Menge der positiven Teiler einer ganzen Zahl $a$ | 1.838 |
| $ggT(a,b)$ | größter gemeinsamer Teiler von $a, b \in \mathbb{Z}$ | 1.838 |
| $kgV(a,b)$ | kleinstes gemeinsames Vielfaches von $a, b \in \mathbb{Z}$ | 1.838 |
| $div(a,b)$ | Funktionswert der Euklidischen Funktion $div : \mathbb{Z} \times \mathbb{Z}_* \longrightarrow \mathbb{Z}$ | 1.837 |
| $mod(a,b)$ | Funktionswert der Euklidischen Funktion $mod : \mathbb{Z} \times \mathbb{Z}_* \longrightarrow \mathbb{Z}$ | 1.837 |

| | | |
|---|---|---|
| $A[X]$ | Polynom-Ring über $A$ | 1.620 |
| $grad(f)$ | Grad eines Polynoms / einer Polynom-Funktionen $\mathbb{R} \xrightarrow{f} \mathbb{R}$ | 1.786, 2.432 |
| $Pol(T,\mathbb{R})$ | Menge aller Polynom-Funktionen $T \longrightarrow \mathbb{R}$ mit $T \subset \mathbb{R}$ | 1.786, 2.438 |
| $Pol_n(T,\mathbb{R})$ | Menge aller Polynom-Funktionen $T \xrightarrow{f} \mathbb{R}$ mit $grad(f) = n$ | 1.786 |
| $Pol_{(n)}(T,\mathbb{R})$ | Menge aller Polynom-Funktionen $T \xrightarrow{f} \mathbb{R}$ mit $grad(f) \leq n$ | 1.786 |
| $Pot(\mathbb{R}^+,\mathbb{R}^+)$ | Menge aller Potenz-Funktionen $\mathbb{R}^+ \longrightarrow \mathbb{R}^+$ | 1.220 |
| $K(\mathbb{R},\mathbb{R})$ | Menge aller konstanten Funktionen $\mathbb{R} \longrightarrow \mathbb{R}$ | 1.711 |

BUCH$^{\text{MAT}}$2 ANALYSIS (FOLGEN, STETIGE FUNKTIONEN, DIFFERENTIATION, INTEGRATION)

| | | |
|---|---|---|
| $x : \mathbb{N} \longrightarrow M$ | Folge in Funktionsschreibweise | 2.001 |
| $x = (x_n)_{n \in \mathbb{N}}$ | Folge in Indexschreibweise | 2.001 |
| $lim(x)$ | Grenzwert einer Folge in Funktionsschreibweise $x : \mathbb{N} \longrightarrow M$ | 2.040, 2.403 |
| $lim(x_n)_{n \in \mathbb{N}}$ | Grenzwert einer Folge in Indexschreibweise | 2.040, 2.403 |
| $lim(f, x_0)$ | Grenzwert einer Funktion $f$ bezüglich $x_0$ | 2.090 |
| $Abb(\mathbb{N},M)$ | Menge der Folgen $\mathbb{N} \longrightarrow M$ mit beliebiger Menge $M \neq \emptyset$ | 2.001 |
| $BF(\mathbb{N},M)$ | Menge der beschränkten Folgen $\mathbb{N} \longrightarrow M$ mit geordneter Menge $M$ | 2.006 |
| $Kon(\mathbb{R})$ | Menge der konvergenten Folgen $T \longrightarrow \mathbb{R}$ | 2.045, 2.403 |
| $Kon(\mathbb{R},a)$ | Menge der konvergenten Folgen $T \longrightarrow \mathbb{R}$ mit Grenzwert $a$ | 2.045 |
| $Kon(T,L)$ | Menge der konvergenten Folgen $T \longrightarrow \mathbb{R}$ mit Grenzwert in $L$ | 2.045 |
| $CF(\mathbb{R})$ | Menge der Cauchy-konvergenten Folgen $T \longrightarrow \mathbb{R}$ | 2.050, 2.403 |
| $Ari(\mathbb{R})$ | Menge der arithmetischen Folgen $\mathbb{R} \longrightarrow \mathbb{R}$ | 2.011 |
| $Geo(\mathbb{R})$ | Menge der geometrischen Folgen $\mathbb{R} \longrightarrow \mathbb{R}$ | 2.011 |

| | | |
|---|---|---|
| $sx : \mathbb{N}_0 \longrightarrow T$ | Reihe, definiert über $T$-Folge $x : \mathbb{N}_0 \longrightarrow T$ | 2.101 |
| $SF(T)$ | Menge der summierbaren $T$-Folgen $\mathbb{N}_0 \longrightarrow T$ | 2.110, 2.135 |
| $ASF(T)$ | Menge der absolut-summierbaren $T$-Folgen $\mathbb{N}_0 \longrightarrow T$ | 2.110, 2.135 |

| | | |
|---|---|---|
| $C(I,\mathbb{R})$ | Menge der stetigen Funktionen $I \longrightarrow \mathbb{R}$ | 2.203, 2.215, 2.406, 2.430 |

| | | |
|---|---|---|
| $f', f'', f'''$ | Erste, zweite, dritte Ableitungsfunktion einer differenzierbaren Funktion $f$ | 2.303 |

| | | |
|---|---|---|
| $epi(Y)$ | Klasse aller Epimorphismen $X \longrightarrow Y$ | 4.441 |
| $E_X \; supp \; E_Y$ | $E_X$ Supplement von $E_Y$ | 4.443 |
| $K(S)$ | Grothendieck-Gruppe zu kleiner Kategorie $S$ | 4.447 |
| $K(S)^+$ | Grothendieck-Gruppe zu spezieller Kategorie $S$ | 4.447 |
| $red(X)$ | Reduktion zu $BG$-Modul $X$ | 4.449 |
| $colim(T)$ | Colimes zu einem Funktor $T : C \longrightarrow D$ | 4.450 |
| $Hom_K(E, F)$ | abelsche Gruppe der $K$-Homomorphismen $E \longrightarrow F$ | 4.504 |
| $End_K(E)$ | Ring der $K$-Endomorphismen $E \longrightarrow E$ | 4.504 |
| $Aut_K(E)$ | Ring der $K$-Automorphismen $E \longrightarrow E$ | 4.504 |
| $Fix(f)$ | Menge/Unterraum der Fixelemente zu Funktion/$K$-Homomorphismus $f$ | 4.504 |
| $rang(f)$ | Rang zu einem $K$-Homomorphismus $f$ | 4.536 |
| $Ari(\mathbb{R})$ | Menge der arithmetischen Folgen $\mathbb{N} \longrightarrow \mathbb{R}$ | 4.552 |
| $Geo(\mathbb{R})$ | Menge der geometrischen Folgen $\mathbb{N} \longrightarrow \mathbb{R}$ | 4.552 |
| $ann(U)$ | Annulator eines Unterraums $U$ von $E$ | 4.605 |
| $gns(S)$ | Kerndurchschnitt eines Unterraums $S$ von $E^*$ | 4.605 |
| $rang(A)$ | Rang einer Matrix $A$ | 4.607 |
| $srang(A)$ | Spaltenrang einer Matrix $A$ | 4.607 |
| $zrang(A)$ | Zeilenrang einer Matrix $A$ | 4.607 |
| $(A^*, b^*)$ | Gauß-Jordan-Matrix zu einer erweiterte Matrix $(A, b)$ | 4.616 |
| $ew(A)$ | Menge der Eigenwerte zu $\mathbb{R}$-Homomorphismus $f_A$ | 4.640 |
| $er(c, f_A)$ | Eigenraum zu Eigenwert $c$ und $\mathbb{R}$-Homomorphismus $f_A$ | 4.640 |

## BUCH$^{MAT}$5 GEOMETRIE (METRISCHE, VEKTORIELLE UND ANALYTISCHE GEOMETRIE)

| | | |
|---|---|---|
| $PE$ | Menge der Punkte einer Ebene | 5.001 |
| $GE$ | Menge der Geraden der Ebene $PE$ | 5.001 |
| $GE(S)$ | Geradenbüschel mit gemeinsamem Punkt $S$ | 5.001 |
| $HE$ | Menge der Halbgeraden der Ebene $PE$ | 5.001 |
| $HE(S)$ | Halbgeradenbüschel mit Anfangspunkt $S$ | 5.001 |
| $A, B, C, ...$ | Punkte der Ebene $PE$ | 5.001 |
| $g = g(A, B)$ | Gerade zu Punkten $A, B \in PE, A \neq B$ | 5.001 |
| $h = h(A, B)$ | Halbgerade mit Anfangspunkt $A \in PE$ | 5.001 |
| $d(A, B)$ | Abstand der Punkte $A, B \in PE$ | 5.001 |
| $s = s(A, B)$ | Strecke mit den Endpunkten $A, B \in PE$ | 5.003 |
| $M(s)$ | Mittelpunkt der Strecke $s = s(A, B)$ | 5.003 |
| $ms(s)$ | Mittelsenkrechte zu der Strecke $s$ | 5.004 |
| $d_s$ | Länge einer Strecke $s$ (insbesondere $d_a$, $d_b$, $d_c$ im Dreieck) | 5.003 |
| $(h, h')$ | Winkel zu Halbgeraden $h, h'$ mit demselben Anfangspunkt | 5.001, 5.002 |
| $(s, s')$ | Winkel zu Strecken $s, s'$ mit demselben Anfangspunkt | 5.002 |
| $(X, S, Y)$ | Winkel mit Scheitelpunkt $S$ und Punkten $X \neq S, Y \neq S$ | 5.002 |
| $wi(h, h')$ | Winkel-Innenmaß (in Grad) zu dem Winkel $(h, h')$ | 5.001, 5.002 |
| $wa(h, h')$ | Winkel-Außenmaß (in Grad) zu dem Winkel $(h, h')$ | 5.002 |
| $wh(h, h')$ | Winkelhalbierende zu dem Winkel $(h, h')$ | 5.004 |
| $wh(X, S, Y)$ | Winkelhalbierende zu dem Winkel $(X, S, Y)$ | 5.004 |
| $lot(A, g)$ | Lotgerade zu $g$ durch $A \notin g$ | 5.004 |
| $g \perp g'$ | Orthogonalität(srelation) für Geraden $g, g'$ | 5.004 |
| $g \parallel g'$ | Parallelität(srelation) für Geraden $g, g'$ | 5.004 |
| $Par(g)$ | Geradenbündel aller Geraden $g'$ mit $g' \parallel g$ | 5.004 |
| $e(A_1, ..., A_n)$ | ebenes $n$-Eck mit den Eckpunkten $A_1, ..., A_n \in PE$ | 5.005 |
| $v(A, B, C, D)$ | Viereck mit den Eckpunkten $A, B, C, D \in PE$ | 5.018 |
| $Fe(A_1, ..., A_n)$ | Fläche des ebenen $n$-Ecks $e(A_1, ..., A_n)$ | 5.005 |

| | | |
|---|---|---|
| $Ae(A_1, ..., A_n)$ | Flächeninhalt des ebenen $n$-Ecks $e(A_1, ..., A_n)$ | 5.005 |
| $ink(A_1, ..., A_n)$ | Inkreis des ebenen $n$-Ecks $e(A_1, ..., A_n)$ | 5.016 |
| $umk(A_1, ..., A_n)$ | Umkreis des ebenen $n$-Ecks $e(A_1, ..., A_n)$ | 5.014 |
| $d(A, B, C)$ | Dreieck mit den Eckpunkten $A, B, C \in PE$ | 5.013 |
| $ms(a)$ | Mittelsenkrechte zur Dreiecksseite $a$ | 5.014 |
| $h(a)$ | Höhe zur Dreiecksseite $a$ durch $A$ | 5.015 |
| $wh(a, b)$ | Winkelhalbierende zu den Dreiecksseiten $a, b$ | 5.016 |
| $wh(A)$ | Winkelhalbierende zu den Dreiecks-Eckpunkt $A$ | 5.016 |
| $sh(a)$ | Seitenhalbierende zur Dreiecksseite $a$ durch $A$ | 5.017 |
| $k = k(M, r)$ | Kreislinie (Kreissphäre) mit Mittelpunkt $M$ und Radius $r$ | 5.022 |
| $M(k)$ | Mittelpunkt des Kreises $k$ | 5.022 |
| $r(k) \in \mathbb{R}_0^+$ | Radius des Kreises $k$ | 5.022 |
| $Fk = Fk(M, r)$ | Kreisfläche des Kreises $k = k(M, r)$ | 5.022 |
| $Ak = Ak(M, r)$ | Flächeninhalt des Kreises $k = k(M, r)$ | 5.022 |
| $e(F_1, F_2, a)$ | Ellipse mit Brennpunkten $F_1$, $F_2$ und großer Halbachse $a$ | 5.023 |
| $h(F_1, F_2, a)$ | Hyperbel mit Brennpunkten $F_1$, $F_2$ und Scheitelpunktabstand $a$ | 5.024 |
| $p(F, L)$ | Parabel mit Brennpunkt $F$ und Leitlinie $L$ | 5.025 |
| $pol^*(g, x)$ | Pol zu Kegelschnitt-Figur $x$ und Sekante $g$ | 5.023, 5.024, 5.025 |
| $pol(P, x)$ | Polare zu Kegelschnitt-Figur $x$ und Punkt $P$ | 5.023, 5.024, 5.025 |
| $G(a, b, c)$ | Gerade als Relation mit Parametern $a, b, c$ | 5.042 |
| $K(M, r)$ | Kreis als Relation mit Mittelpunkt $M$ und Radius $r$ | 5.050 |
| $E(M, a, b)$ | Ellipse als Relation mit Mittelpunkt $M$ und Halbachsen(längen) $a$ und $b$ | 5.052 |
| $H(M, a, b)$ | Hyperbel als Relation mit Mittelpunkt $M$ und Halbachsen(längen) $a$ und $b$ | 5.054 |
| $P(S, p)$ | Parabel als Relation mit Scheitelpunkt $S$ und Parameter $p$ | 5.056 |
| $T(C, a, b)$ | Tangente an Ellipse/Hyperbel im Punkt $C$ | 5.052, 5.054 |
| $N(C, a, b)$ | Normale an Ellipse/Hyperbel im Punkt $C$ | 5.052, 5.054 |
| $T(C, X)$ | Tangente an Kreis/Parabel $X$ im Punkt $C$ | 5.050, 5.056 |
| $N(C, X)$ | Normale an Kreis/Parabel $X$ im Punkt $C$ | 5.050, 5.056 |
| $pol(P, X)$ | Polare zu Kegelschnitt-Figur $X$ zu einem Punkt $P$ | 5.052, 5.054, 5.056 |
| $\mathbb{V}$ | $\mathbb{R}$-Vektorraum der Vektoren im dreidimensionalen Raum | 5.102 |
| $\mathbb{R}^3$ | $\mathbb{R}$-Vektorraum der Vektoren in einem dreidimensionalen Koordinaten-System | 5.106 |
| $(K_1, K_2, K_3)$ | Cartesisches Koordinaten-System mit Kooordinaten $K_1$, $K_2$, $K_3$ | 5.106 |
| $C_3$, $C_n$ | kanonische Basis $\{e_1, e_2, e_3\}$ von $\mathbb{R}^3$ bzw. $\{e_1, ..., e_n\}$ von $\mathbb{R}^n$ | 5.106 |
| $\|x\|$ | Länge eines Vektors $x$ | 5.108 |
| $x \perp y$ | Orthogonalität zweier Vektoren $x \neq 0$ und $y \neq 0$ | 5.108 |
| $xy$ | Skalares Produkt zweier Vektoren $x$ und $y$ | 5.108 |
| $x^0$ | normierter Vektor zu einem Vektor $x$ ($\|x^0\| = 1$) | 5.108 |
| $wi(x, z)$ | Winkel-Innenmaß zweier Vektoren $x \neq 0$ und $y \neq 0$ | 5.108 |
| $x \times y$ | Vektorielles Produkt zweier Vektoren $x$ und $y$ | 5.110 |
| $(x\ y\ z)$ | Spatprodukt dreier Vektoren $x$, $y$ und $z$ | 5.112 |
| $\mathbb{R}x$ | Menge aller $\mathbb{R}$-Produkte mit Vektor $x$ | 5.120 |
| $d(p, G)$ | Abstand eines Punktes $p$ zu einer Geraden $G$ | 5.122 |
| $G \parallel G'$ | Parallelität zweier Geraden (Ebenen) $G$ und $G'$ | 5.126 |
| $G\ ws\ G'$ | Windschiefheit zweier Geraden $G$ und $G'$ | 5.126 |
| $AF(\mathbb{V})$ | Halbgruppe der affinen Funktionen | 5.200 |
| $AG(\mathbb{R}^3)$ | Gruppe der regulär-affinen Funktionen | 5.200, 5.202 |
| $E(\mathbb{R}^3)$ | Gruppe der äquiformen Funktionen | 5.210, 5.212 |
| $E^+(\mathbb{R}^3)$ | Gruppe der gleichsinnig-äquiformen Funktionen | 5.210, 5.212 |
| $B(\mathbb{R}^3)$ | Gruppe der Bewegungen (mit $M^tM = E$) | 5.212, 5.220 |
| $B^+(\mathbb{R}^3)$ | Gruppe der eigentlichen Bewegungen (insbesondere $det(M) = 1$) | 5.212, 5.220 |
| $GL_1(3, \mathbb{R})$ | Untergruppe der 1-regulären Matrizen in $Mat(3, \mathbb{R})$ | 5.208 |
| $O_k(3, \mathbb{R})$ | Untergruppe der $k$-orthogonalen Matrizen in $GL(3, \mathbb{R})$ | 5.210 |

| | | |
|---|---|---|
| $SL(3,\mathbb{R})$ | Spezielle Lineare Gruppe in $GL(3,\mathbb{R})$ | 5.208 |
| $SA(\mathbb{R}^3)$ | Gruppe der Scherungs-affinen Funktionen | 5.208 |
| $T(\mathbb{R}^3)$ | Gruppe der Translationen | 5.202, 5.212 |
| $DS_0(\mathbb{R}^3)$ | Gruppe der Drehstreckungen (mit Zentrum 0) | 5.212 |
| $D_0(\mathbb{R}^3)$ | Gruppe der Drehungen um einen Drehwinkel $\alpha$ mit Drehzentrum 0 | 5.212 |
| $S_0(\mathbb{R}^3)$ | Gruppe der Streckungen mit Streckfaktor $k > 0$ und Streckzentrum 0 | 5.212 |

BUCH$^{\text{MAT}}$6 STOCHASTIK (WAHRSCHEINLICHKEITS-THEORIE UND STATISTIK)

| | | |
|---|---|---|
| $E^c$ | Gegenereignis zu $E$ (mit $E^c = M \setminus E$ im Ergebnisraum $M$) | 6.006 |
| $\{E, E^c\}$ | Minimalzerlegung zu $M = E \cup E^c$ | 6.006 |
| $1_E$ | Indikator-Funktion (Reduktion) zu Ereignis $E$ | 6.006 |
| $E \Delta F$ | Symmetrische Differenz (von Ereignissen $E$ und $F$) | 6.006 |
| $\sigma(T)$ | von Teilmenge $T \subset M$ erzeugte Menge | 6.008 |
| $b = \{0, 1\}$ | zweielementiger (binärer) Ergebnisraum | 6.012 |
| $ah(e,t)$ | absolute Häufigkeit von $e$ in $t = (t_1, ...t_n)$ | 6.014, 6.224 |
| $rh(e,t)$ | relative Häufigkeit von $e$ in $t = (t_1, ...t_n)$ | 6.014, 6.224 |
| $pr_M, pr_B$ | Wahrscheinlichkeits-Maß, Wahrscheinlichkeits-Funktion | 6.020, 6.040 |
| $(M, pr_M)$ | Wahrscheinlichkeits-Raum mit Wahrscheinlichkeit $pr_M$ auf $M$ | 6.020 |
| $BX$ | Abkürzung für $Bild(X)$ einer Zufallsfunktion $X$ | 6.060 |
| $pX$ | Wahrscheinlichkeits-Verteilung zu einer Zufallsfunktion $X$ | 6.062 |
| $EX$ | Erwartungswert zu einer Zufallsfunktion $X$ | 6.064 |
| $VX$ | Varianz zu einer Zufallsfunktion $X$ | 6.066 |
| $coV(X,Y)$ | Covarianz zu Zufallsfunktionen $X$ und $Y$ | 6.066 |
| $SX$ | Standardabweichung zu einer Zufallsfunktion $X$ | 6.066 |
| $dX$ | Dichte-Funktion zu einer Zufallsfunktion $X$ | 6.070 |
| $fX$ | (cumulative) Verteilungs-Funktion zu einer Zufallsfunktion $X$ | 6.072 |
| $(X,Y)$ | Gemeinsame Zufallsfunktion zu Zufallsfunktionen $X$ und $Y$ | 6.074 |
| $p(X \times Y)$ | Produkt-Verteilung zu Zufallsfunktionen $X$ und $Y$ | 6.080 |
| $p(X + Y)$ | Verteilung der Komplex-Summe zu Zufallsfunktionen $X$ und $Y$ | 6.082 |
| $sp(X,Y)$ | Spurfunktion zu Zufallsfunktionen $X$ und $Y$ | 6.080 |
| $aa(A(f), A^*(f))$ | absolute Abweichung bei Flächeninhalten | 6.112 |
| $ra(A(f), A^*(f))$ | relative Abweichung bei Flächeninhalten | 6.112 |
| $(B, pr_B)$ | Bernoulli-Raum über Binär-Raum $(b = \{0,1\}, pr_b)$ | 6.120 |
| $T_k$, $A_k$ | bestimmte Ereignismengen bei Bernoulli-Räumen | 6.122, 6.124 |
| $pr(R_c)$ | Risikomaß zu Abweichungstoleranz $c$ | 6.126 |
| $pr(S_c)$ | Sicherheitsmaß zu Abweichungstoleranz $c$ | 6.126 |
| $r_T$, $s_T$ | Tschebyschew-Risiko und Tschebyschew-Sicherheit | 6.128 |
| $(n)_k$ | Teilfakultät zu $\binom{n}{k} = \frac{(n)_k}{(k)_k}$ | 6.142 |
| $n!$ | Fakultät zu $n \in \mathbb{N}_0$ | 1.806, 6.142 |
| $\binom{n}{k}$ | Binomialkoeffizient zu $n, k \in \mathbb{N}_0$ | 1.820, 6.142 |
| $T(k,n)$ | Menge der $k$-Tupel über $\underline{n} = \{1, ..., n\}$ | 6.142 |
| $P(k,n)$ | Menge der $k$-Permutationen über $\underline{n} = \{1, ..., n\}$ | 6.142 |
| $K(k,n)$ | Menge der $k$-Kombinationen über $\underline{n} = \{1, ..., n\}$ | 6.142 |
| $M(k,n)$ | Menge der $k$-Mengen über $\underline{n} = \{1, ..., n\}$ | 6.142 |
| $B(n,p)$ | Binomial-Verteilung mit Funktionswerten $B(n,p,k) = B(n,p)(k)$ | 6.160 |
| $f(n,p)$ | Cumulative Verteilungs-Funktion der Binomial-Verteilung | 6.160 |
| $H(N,K,n)$ | Hypergeometrische Verteilung mit Funktionswerten $H(N,K,n,k)$ | 6.166 |
| $f(N,K,n)$ | Cumulative Verteilungs-Funktion der Hypergeometrischen Verteilung | 6.166 |
| $U_{pre}, U_{post}$ | Prä-Ausführungs-Unsicherheit / Post-Ausführungs-Unsicherheit | 6.206 |

| | | |
|---|---|---|
| $U(b, pr)$ | Entropie des Wahrscheinlichkeits-Raums $(b, pr)$ | 6.206 |
| $med(t)$ | Median einer (geordneten) Urliste $t$ | 6.320 |
| $am(t)$ | Arithmetisches Mittel einer Urliste $t$ | 6.320 |
| $gm(t)$ | Geometrisches Mittel einer Urliste $t$ | 6.320 |
| $hm(t)$ | Harmonisches Mittel einer Urliste $t$ | 6.320 |
| $mab(t)$ | Mittlere Abweichung bei einer Urliste $t$ | 6.322 |
| $sab(t)$ | Standardabweichung bei einer Urliste $t$ | 6.322 |
| $var(t)$ | Varianz bei einer Urliste $t$ | 6.322 |
| $pr_{card(E)}$ | Wahrscheinlichkeits-Verteilung zu $X = ah(E, -)$ | 6.344 |
| $f_{card(E)}$ | Cumulative Verteilungs-Funktion zu $X = ah(E, -)$ | 6.344 |
| $B_n$ | Menge $\{0, ..., n = sl(t)\}$ der absoluten Häufigkeiten bei Stichproben $t$ | 6.344 |
| $\alpha$, $\beta$ | Irrtumswahrscheinlichkeiten (1. Art, 2. Art) | 6.346 |
| $H_0$, $H_1$ | Hypothese $H_0$ mit Gegenhypothese $H_1$ | 6.350 |
| $c$ | kritische Grenze bei Alternativ-Hypothesen | 6.352 |

Die angegebenen Nummern gelten für die jeweils jüngste Version der bisher erschienenen Bände.

# NAMENS-VERZEICHNIS buchMATX

| | |
|---|---|
| Abel, Niels Henrik | 1802 - 1829 |
| d'Alembert, Jean Baptiste le Rond | 1717 - 1783 |
| al-Hwârâzmî (auch: al-Khwarizmi) | 780? - 850 |
| Aleksandrov, Pavel Sergejevich | 1896 - 1982 |
| Apollonius von Perge | 262? - 190? |
| Archimedes von Syrakus | 287 - 212 |
| Archytas von Tarent | 428 - 365 |
| Aristoteles von Stagira | 384 - 322 |
| Artin, Emil | 1898 - 1962 |
| Banach, Stefan | 1892 - 1945 |
| Bayes, Thomas | 1702 - 1763 |
| Benford, Frank | 1883 - 1948 |
| Bernays, Paul | 1888 - 1962 |
| Bernoulli, Daniel | 1700 - 1782 |
| Bernoulli, Jakob I | 1654 - 1705 |
| Bernoulli, Johann I | 1667 - 1748 |
| Bernoulli, Nikolaus | 1687 - 1759 |
| Bernstein, Sergej Natanovich | 1880 - 1968 |
| Bessel, Friedrich Wilhelm | 1784 - 1846 |
| Bienaimé, Irénée-Jules | 1796 - 1878 |
| Binet, Jaques | 1786 - 1856 |
| Bolzano, Bernhard | 1781 - 1848 |
| Bonferroni, Carlo Emilio | 1892 - 1960 |
| Boole, George | 1815 - 1864 |
| Borel, Émile | 1871 - 1956 |
| Bourbaki, Nicolas | (Pseudonym) |
| Brouwer, Luitzen Egbertus Jan | 1881 - 1966 |
| Bruno, Giordano | 1548 - 1600 |
| Buffon, George-Louis Leclerc | 1707 - 1788 |
| Cantor, Georg | 1845 - 1918 |
| Cardano, Geronimo | 1501 - 1576 |
| Cauchy, Augustin Louis | 1789 - 1857 |
| Cavalieri, Francesco Bonaventura | 1598 - 1647 |
| Cayley, Arthur | 1821 - 1895 |
| Courant, Richard | 1888 - 1972 |
| Cramer, Gabriel | 1704 - 1752 |
| Dandelin, Pierre Germinal | 1794 - 1847 |
| Darbout, Gaston | 1842 - 1917 |
| Dedekind, Richard | 1831 - 1916 |
| Desargues, Girard | 1593 - 1662 |
| Descartes, René | 1596 - 1650 |
| Dini, Ulisse | 1845 - 1918 |
| Diophantus von Alexandria | 280? - 230? |
| Dirac, Paul Andrien Maurice | 1902 - 1985 |
| Dirichlet, Peter Gustav Lejeune | 1805 - 1859 |
| Ehrenfest, Paul | 1880 - 1933 |
| Einstein, Albert | 1870 - 1955 |
| Epimenides | 620? - 540? |
| Ettingshausen, Andreas Frh. von | 1796 - 1878 |
| Eudoxos von Knidos | 400 - 347 |
| Eukleidis (Euklid) von Alexandria | 365? - 300? |
| Euler, Leonhard | 1707 - 1783 |
| Fermat, Pierre de | 1601 - 1665 |
| Feuerbach, Karl Wilhelm | 1800 - 1834 |
| Ferrari, Ludovico | 1522 - 1565 |
| Fibonacci (Leonardo von Pisa) | 1180? - 1250 |
| Fitting, Hans | 1896 - 1938 |
| Fourier, Jean Baptiste Joseph de | 1768 - 1830 |
| Frege, Gottlob | 1846 - 1925 |
| Fresnel, Augustin Jean | 1788 - 1827 |
| Frobenius, Ferdinand Georg | 1849 - 1917 |
| Galilei, Galileo | 1564 - 1642 |
| Galois, Evariste | 1811 - 1832 |
| Galton, Francis (Sir) | 1822 - 1911 |
| Gauß, Carl Friedrich | 1777 - 1855 |
| Gödel, Kurt | 1906 - 1978 |
| Goldbach, Christian | 1690 - 1764 |
| Gompertz, Benjamin | 1779 - 1865 |
| Gram, Jørgen Pedersen | 1850 - 1916 |
| Graßmann, Hermann Günther | 1809 - 1877 |
| Graunt, John | 1620 - 1674 |
| Gregory, James | 1638 - 1675 |
| Grelling, Kurt | 1886 - 1942 |
| Guldin, Paul | 1577 - 1643 |
| Hadamard, Jacques | 1865 - 1963 |
| Halley, Edmund | 1656 - 1743 |
| Hamilton, William Rowan | 1805 - 1965 |
| Hausdorff, Felix | 1868 - 1942 |
| Heine, Eduard | 1821 - 1881 |
| Hermite, Charles | 1822 - 1901 |
| Heron von Alexandria | um 75? |
| Hertz, Heinrich | 1857 - 1894 |
| Hesse, Otto | 1811 - 1874 |
| Hilbert, David | 1862 - 1943 |
| Hölder, Otto | 1859 - 1937 |
| Hooke, Robert | 1635 - 1703 |
| L'Hospital, Guillaume-François de | 1661 - 1704 |
| Horner, William George | 1768 - 1837 |
| Huygens, Christiaan | 1629 - 1695 |
| Jacobi, Carl Gustav Jakob | 1804 - 1851 |
| Jacobson, Nathan | 1910 - 1999 |
| Jordan, Camille | 1838 - 1922 |
| Joule, James Prescott | 1818 - 1889 |
| Kepler, Johannes | 1571 - 1630 |
| Klein, Felix | 1849 - 1925 |
| Kolmogoroff, Andrej Nikolajewitsch | 1903 - 1987 |
| Kronecker, Leopold | 1823 - 1891 |
| Krull, Wolfgang | 1899 - 1971 |
| Kummer, Ernst Eduard | 1810 - 1893 |
| Lagrange, Joseph Louis | 1736 - 1813 |

Landau, Edmund ..................... 1877 - 1938
Laplace, Piere Simon de ............. 1749 - 1827
Lebesgue, Henri Léon ................ 1875 - 1941
Legendre, Adrien-Marie .............. 1752 - 1833
Leibniz, Wilhelm Gottfried .......... 1646 - 1716
Leonardo Fibonacci von Pisa ........ 1180? - 1250
Leontief, Wassily ................... 1906 - 1999
Levi, Beppo ......................... 1875 - 1961
Lindemann, Carl Louis Ferdinand von 1852 - 1939
Liouville, Joseph ................... 1809 - 1882
Lipschitz, Rudolf ................... 1832 - 1903
Lorentz, Hendrik Antoon ............. 1853 - 1929
MacLaurin, Colin .................... 1698 - 1746
Malthus, Thomas ..................... 1766 - 1834
Markow, Andrej Andrejevich .......... 1856 - 1922
Méré, Antoine Chevalier de .......... 1610 - 1685
Mersenne, Marin ..................... 1588 - 1648
Minkowski, Hermann .................. 1864 - 1909
Mises, Richard von .................. 1883 - 1953
Möbius, August Ferdinand ............ 1790 - 1868
Moivre, Abraham de .................. 1667 - 1754
Morgan, Augustus de ................. 1806 - 1871
Neil, William ....................... 1637 - 1670
Neumann, John von ................... 1903 - 1957
Newton, Isaac ....................... 1643 - 1727
Noether, Emmy ....................... 1882 - 1935
Olivier, Auguste .................... 1829 - 1876
Pacioli, Luca ...................... 1445? - 1517
Pascal, Blaise ...................... 1623 - 1662
Peano, Guiseppe ..................... 1858 - 1932
Pfaff, Johann Friedrich ............. 1765 - 1825
Picard, Emile ....................... 1856 - 1941
Pólya, Georg ........................ 1887 - 1985
Poincaré, Henri ..................... 1854 - 1912
Poisson, Siméon Denis ............... 1781 - 1840
Proklos Diadochus ..................... 410 - 485
Protagoras ........................... 480? - 421
Ptolemaios von Alexandria ............ 85? - 165?
Pythagoras von Samos ................. 580? - 500
Raphson, Joseph ..................... 1652 - 1715
Riemann, Georg Friedrich Bernhard .. 1826 - 1866
Ries, Adam .......................... 1492 - 1559
Riesz, Frigyes ...................... 1880 - 1956
Riesz, Marcel ....................... 1886 - 1969
Rolle, Michel ....................... 1652 - 1719
Russell, Bertrand ................... 1872 - 1969
Schlömilch, Oskar ................... 1823 - 1901
Schmidt, Erhard ..................... 1876 - 1956
Schreier, Otto ...................... 1901 - 1929
Schröder, Ernst ..................... 1841 - 1902
Schwarz, Hermann Amandus ............ 1843 - 1921
Simpson, Thomas ..................... 1710 - 1761
Steiner, Jakob ...................... 1796 - 1863
Steinitz, Ernst ..................... 1871 - 1928
Stifel, Michael ..................... 1487 - 1567
Stirling, James ..................... 1692 - 1770
Stokes, George Gabriel .............. 1819 - 1903
Stone, Charles Arthur ............... 1893 - 1940
Sylvester, James Joseph ............. 1814 - 1897
Tartaglia, Niccolò .................. 1499 - 1557
Taylor, Brooke ...................... 1685 - 1731
Thales von Milet .................... 624? - 548?
Tschebyschew, Pafnuti Lwovich ....... 1821 - 1894
Urysohn, Pavel Samuilovich .......... 1898 - 1924
Vandermonde, Alexandre Théophile .. 1735 - 1796
Verhulst, Pierre-François ........... 1804 - 1849
Viète, François (Viëta) ............. 1540 - 1603
Waerden, Bartel Leendert van der .... 1903 - 1996
Watt, James ......................... 1736 - 1819
Wedderburn, Joseph Henry ............ 1882 - 1948
Weierstraß, Karl Theodor Wilhelm ... 1815 - 1897
Weyl, Hermann ....................... 1885 - 1955
Zassenhaus, Hans .................... 1912 - 1991
Zermelo, Ernst ...................... 1871 - 1953
Zorn, Max ........................... 1906 - 1993

B

## C



## D

E

F

G

## H



## I

J



K

## L

M

Q



R

S

## T

U



V

Die angegebenen Nummern gelten (Irrtümer vorbehalten) für die jeweils jüngste Version der bisher erschienenen Bände.